進化の存在証明

THE GREATEST SHOW ON EARTH

The Evidence for Evolution

リチャード・ドーキンス
RICHARD DAWKINS
垂水雄二［訳］

早川書房

「神は彼らを祝福して言われた。産めよ、増えよ、地に満ちて地を従わせよ。海の魚、空の鳥、地の上を這う生き物をすべて支配せよ」（「創世記」第1章、28節）。世論調査は、あらゆる生物が6000年前のたった1週間に出現したと信じる創造論者が多いことを示している。

人為淘汰がごく短期間になしうること：野生のキャベツ(a) と有用な子孫(b) と怪物のような子孫(c)。ヒマワリ(d) はずっと昔にアメリカ先住民によって人為淘汰され(e)、現代の園芸家によって、さらに磨きをかけられた。

ベルジアン・ブルー種のウシ(f) は、人為的に突然変異させたものである。この女性のムキムキの筋肉(g) は、栄養と鍛錬によって人為的につくられたものである。環境的要因によって導入された変化は、遺伝的な変化をかなり近いところまで模倣できる。

(h) チャウチャウとグレートデーン：どちらも一皮むけばオオカミであるが、数世紀にわたる人為淘汰ののちに生じたこの外見の違いから、誰がいったいそのことを想像できよう。

(a) このマダガスカル島産のランの長い蜜腺から、ダーウィンとウォレスはどちらも、これに見合う長い舌をもつガがやがては発見されるにちがいないと予測した。数年後、それが実際に発見された。すなわち、キサントパススズメガ、俗称ダーウィンスズメガである。(b) バケツラン:「魔法の弾丸」式の受粉をもっとも精巧な形で実践している植物の一つ。(c) バケツランから逃れようともがき、そうするあいだに花粉を体にくっつけているシタバチ。

a

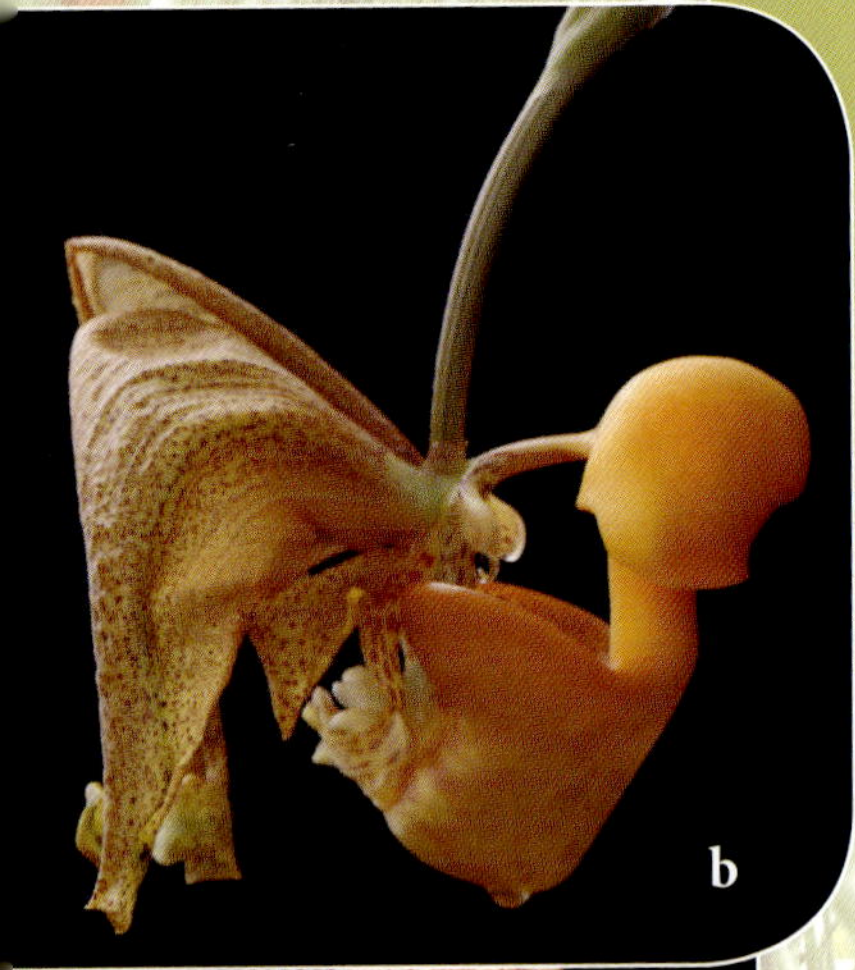

b

c

(d) 自分のことをハチドリと思っているガ？　ホウジャク類は、収斂進化のすばらしい実例である。(e) 優美な姿勢をとるハチドリ。明るい赤色の花はふつう鳥類によって受粉される。昆虫とはちがって、鳥類は光のスペクトラムの赤色域がとくによく見えるからである。(f) アフリカで、赤い花から蜜を吸うタイヨウチョウ。(g) ハンマー・オーキッドの上で荒馬乗りのような行動をとるチンヌス科のハチ。(h) 蜜の罠？　このランは詐欺師で、ミツバチの雌に似ていることを利用して、交尾をしようとする雄をおびきよせる。(i) 私たちの目に見えるマツヨイグサ。(j) 昆虫にはマツヨイグサはこう見えているのか？　そうとは言い切れないが、紫外線域に視覚をもつ昆虫ならこう見えるかもしれないというパターンを示すために、偽りの色で着色してある。(k) クモラン。クモとのこの類似は自然淘汰によってつくられたのだろうか？

d
g
e
f
h
i
j
k

キジ類の雄の派手な色彩(a)は、何世代にもわたって雌によって選択されてきたものである。(b)水中版の雄のキジ? 捕食者のいない水中では、雄のグッピーは捕食者を引きつける派手な色彩を自由に進化させることができる。バラやチューリップと同じように、人間の育種家がこれをとりあげ、その傾向をさらに推し進めた。こうしたグッピーは雌にとって魅力的であるだけでなく、アクアリストにとっても魅力的である。(c)美に潜む危険。擬態した花のなかで、おびき寄せられる昆虫を待ち受けるハナカマキリ。(d)葉に擬態した別のカマキリ。これはコノハカマキリ類の若虫。南アメリカ産のヤモリ(e)のように、枯れ葉に擬態する動物もいる。(f)ヘビの前端ではなく、イモムシの後端。この虫の祖先は、ヘビの頭と似ているため、かなりの数の捕食者を驚かせることができたがゆえに生き残った。

a

b

c

d

e

f

(a) まっただ中にいるゴリラ。目撃証言がいかに信頼できないものであるかを示す驚くべき証拠（本文62ページを参照）。

Figure provided by Daniel Simons. The video depicted in this figure is available as part of a DVD from Viscog Productions (http://www.viscog.com).

(b) もし進化が事実なら、なぜ世界にワニ鴨やカエル猿、イヌ河馬やカンガルー兎が満ちあふれていないのか？　この必殺の主張（本文239ページを参照）を記念して、ジョシュ・ティモネンは、親切にも私に、いたるところの創造論者を称えるために着けていくようにと、ワニ鴨のネクタイをつくってくれた。

(c) 熱烈な創造論者を釣り上げた疑似餌（本文241ページを参照）。

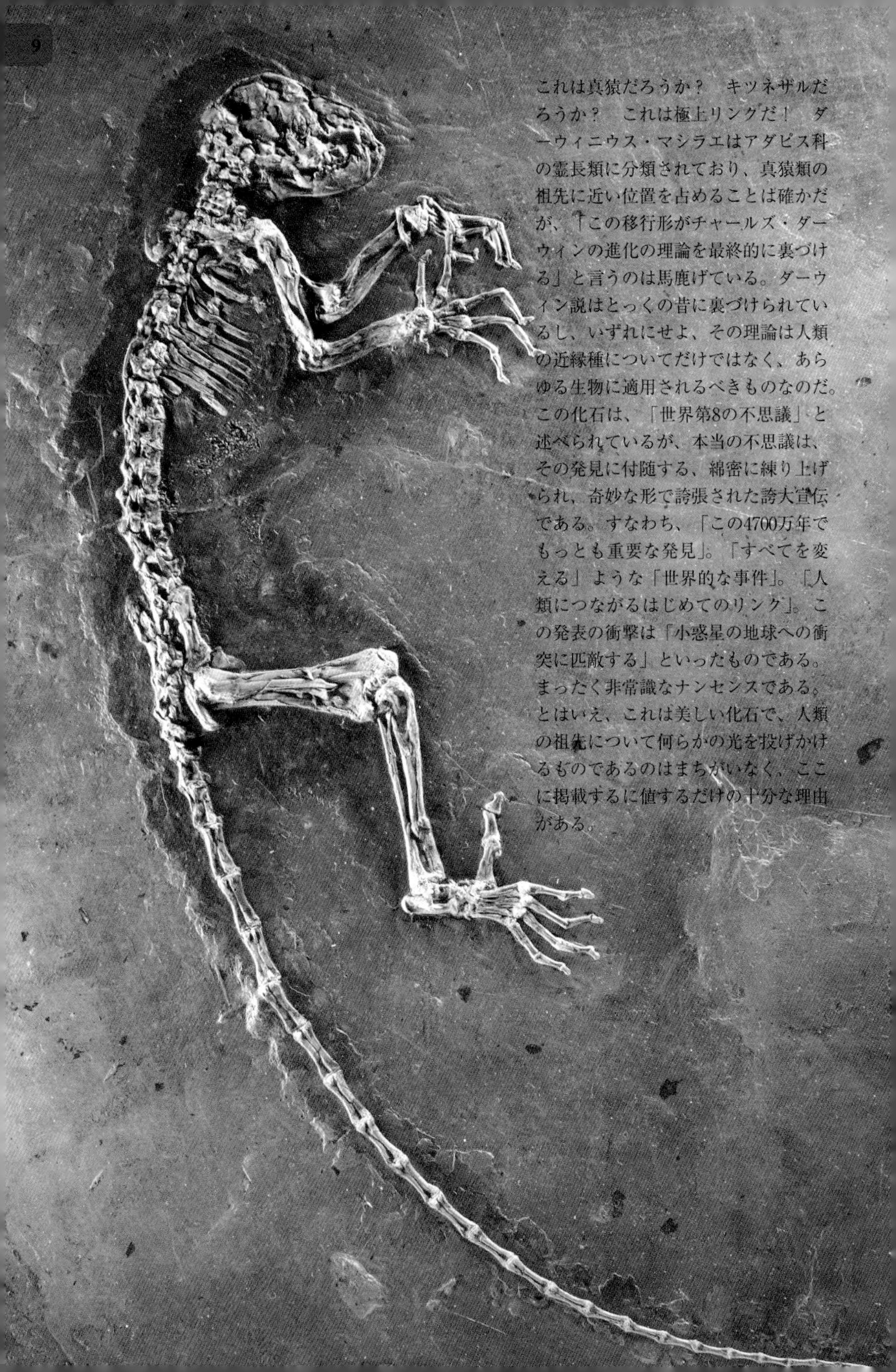

9

これは真猿だろうか？　キツネザルだろうか？　これは極上リンクだ！　ダーウィニウス・マシラエはアダピス科の霊長類に分類されており、真猿類の祖先に近い位置を占めることは確かだが、「この移行形がチャールズ・ダーウィンの進化の理論を最終的に裏づける」と言うのは馬鹿げている。ダーウィン説はとっくの昔に裏づけられているし、いずれにせよ、その理論は人類の近縁種についてだけではなく、あらゆる生物に適用されるべきものなのだ。この化石は、「世界第8の不思議」と述べられているが、本当の不思議は、その発見に付随する、綿密に練り上げられ、奇妙な形で誇張された誇大宣伝である。すなわち、「この4700万年でもっとも重要な発見」。「すべてを変える」ような「世界的な事件」。「人類につながるはじめてのリンク」。この発表の衝撃は「小惑星の地球への衝突に匹敵する」といったものである。まったく非常識なナンセンスである。とはいえ、これは美しい化石で、人類の祖先について何らかの光を投げかけるものであるのはまちがいなく、ここに掲載するに値するだけの十分な理由がある。

(a) 水中から脱出しようとする魚類にとって、陸上に前途洋々たる未来が待ち受けていたデボン紀。この偉大なる移行を具現しているのが、カナダにおける誇るべきティクターリク (b) および (c) の発見だった――あらゆる「ミッシング」リンクと同じように、彼らは発見されるのを待っていたのだ。しかし陸地を発見した動物のすべてが、そこにとどまったわけではない。マナティー (d、赤ん坊を連れている) とジュゴン (e) ――あわせて海牛 (セイレニア＝海の妖精) 類と総称されるが、欲求不満の船乗りたちが人魚と似ていると思ったことが理由のようである――は、海へ戻っていった。背甲をもたない原始的なカメ類である、魅力的なオドントケリス・セミテスタケア (f) から推測されているように、一部の動物は、いったん海へ戻ったあと、ふたたび陸に戻ったのかもしれない。

d

e

f

c

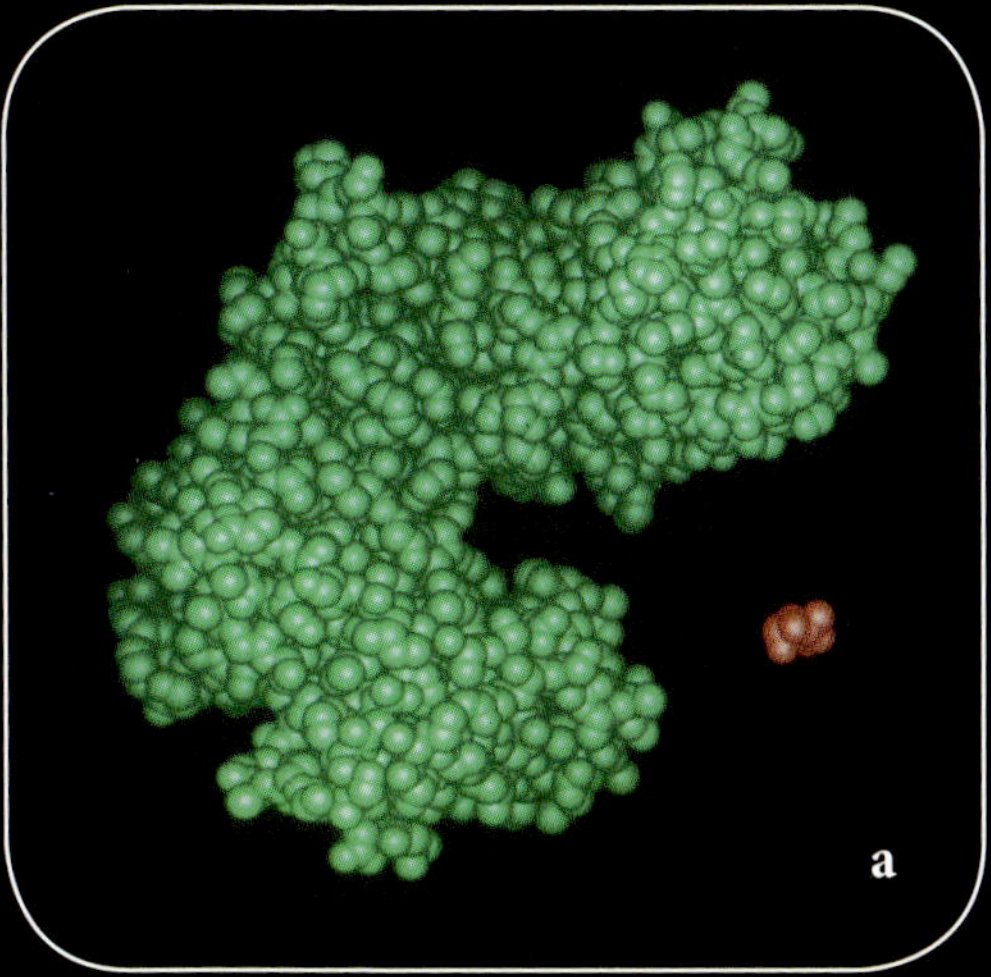

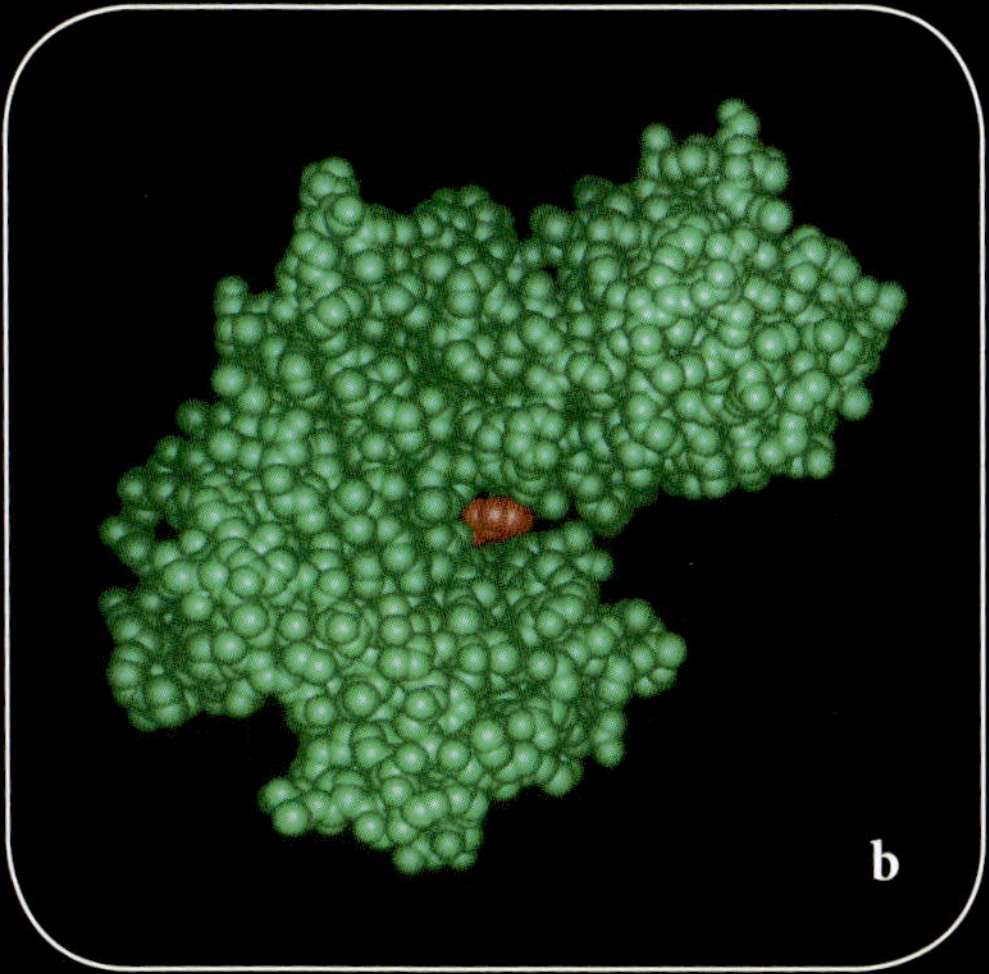

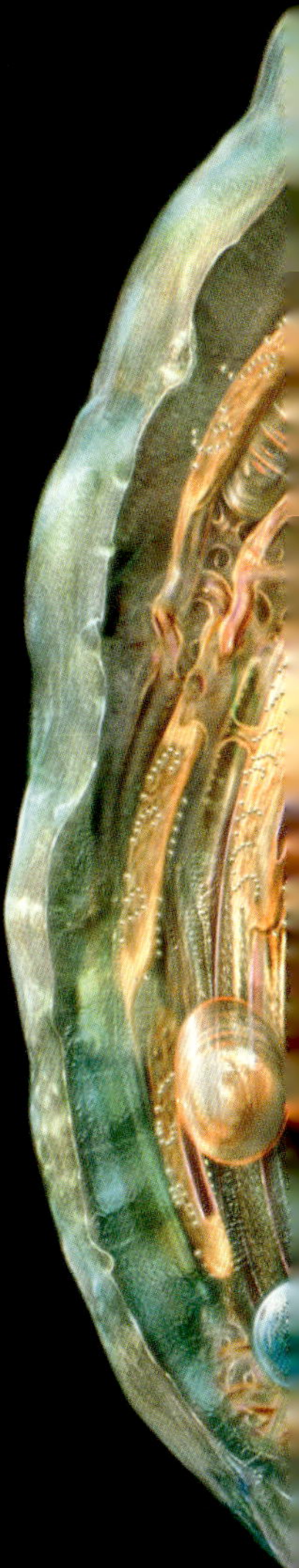

(a) および (b) 大きな緑の分子はヘキソキナーゼで、グルコース（小さな褐色の分子）にリン酸を付加して代謝する重要な酵素。(a) の開いた「顎」（酵素の「活性部位」）は、グルコースをがっちりくわえ込み (b)、リン酸が付加されるまで保持し、そのあとで放す。(c) 単一の細胞でさえ、息をのむほどに複雑である。液の詰まった単なる袋というのにはほど遠く、細胞には膜でできた精巧な機構と、分子でできたコンベアベルトが詰まっている。このように複雑な仕組みがどのようにして組み立てられているかを理解する鍵は、それらがすべて、ローカル・ルールに従う小さな実体によって局地的になされるということである。

c

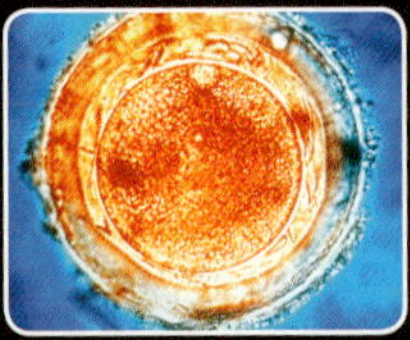

a

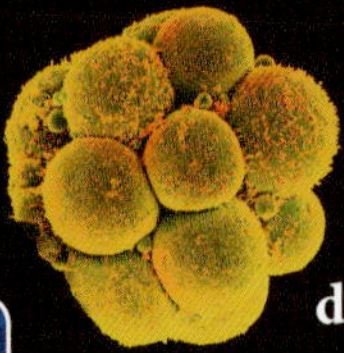

d

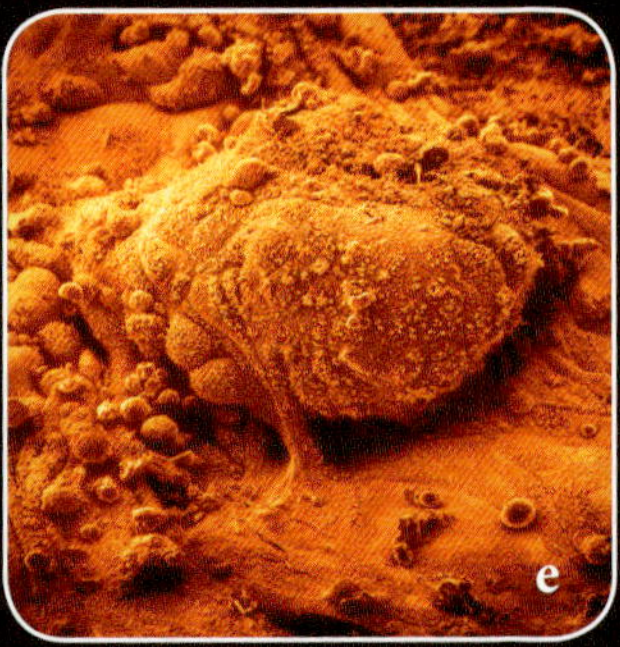

e

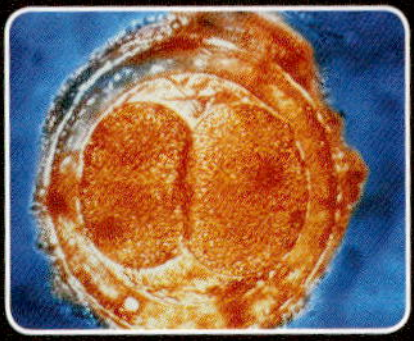

b

ヒトの個体発生段階。受精した卵細胞すなわち接合体(a)は、分裂して2つになり(b)、4つになり、8つになり(c)、16になる(d)が、この間、全体の大きさはまったく増加しない。10日後には、胚は子宮壁に着床する(e)。22日めで神経管が形成されはじめる(f)。24日め(g)では、胚は小さな魚に似ている。25日め(h)には、顔面が形成されている。後頭部近くにある小さな穴は胚の耳。

f

g

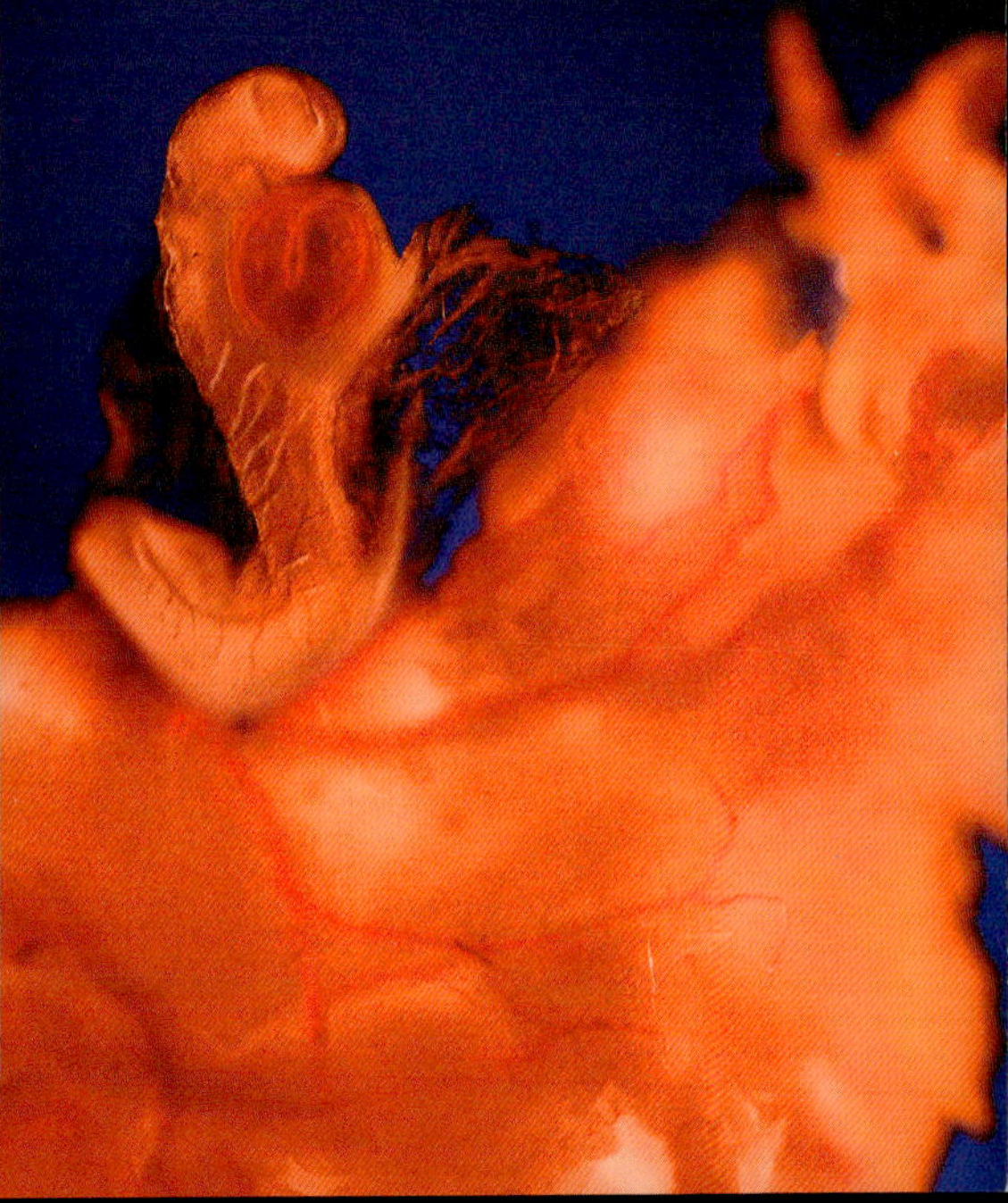

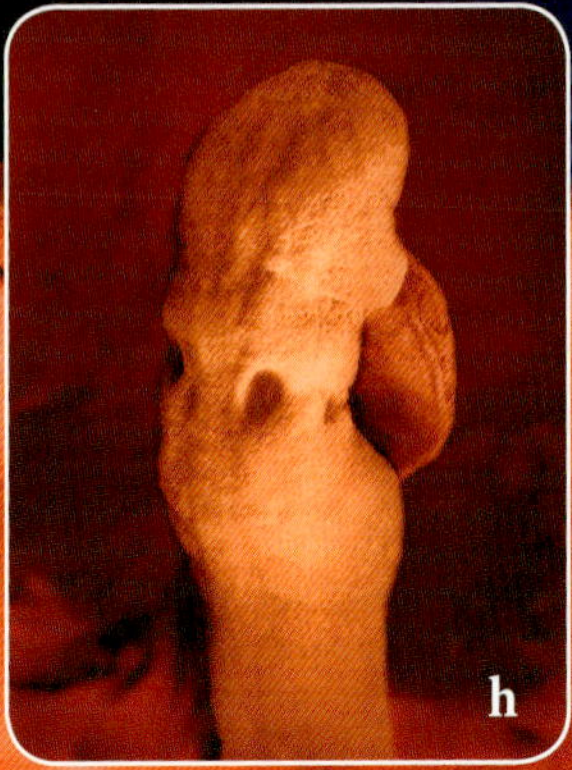

h

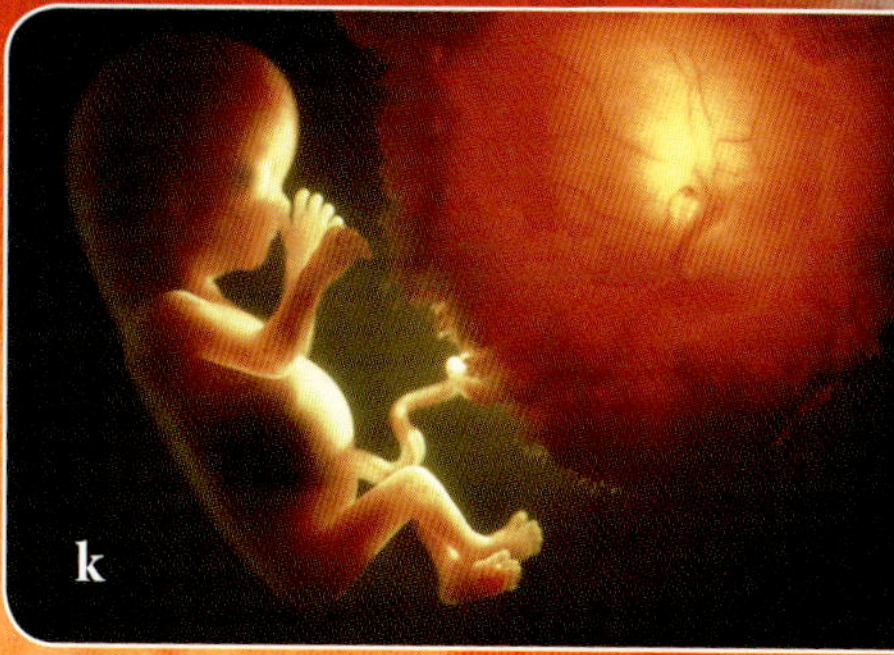

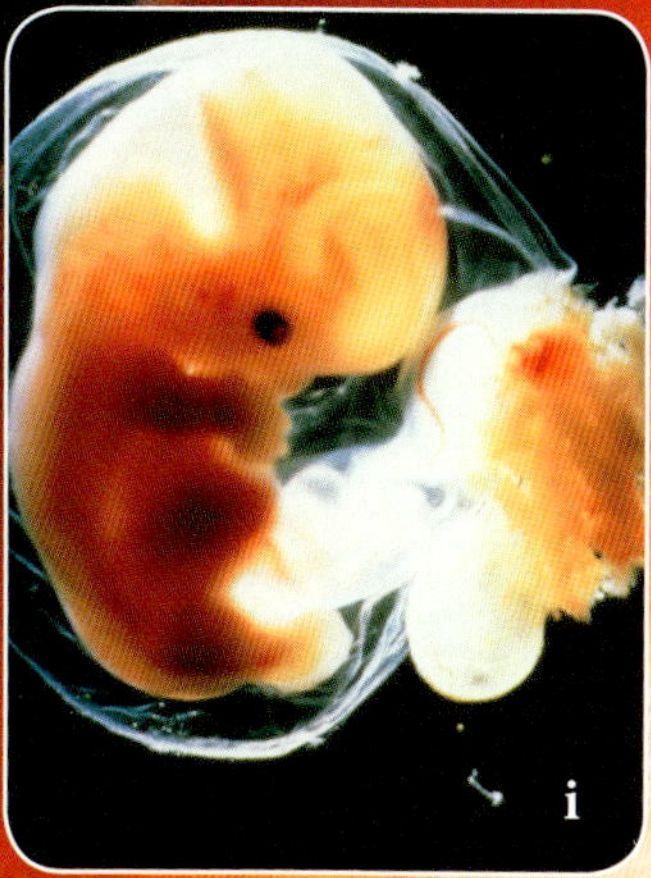

j

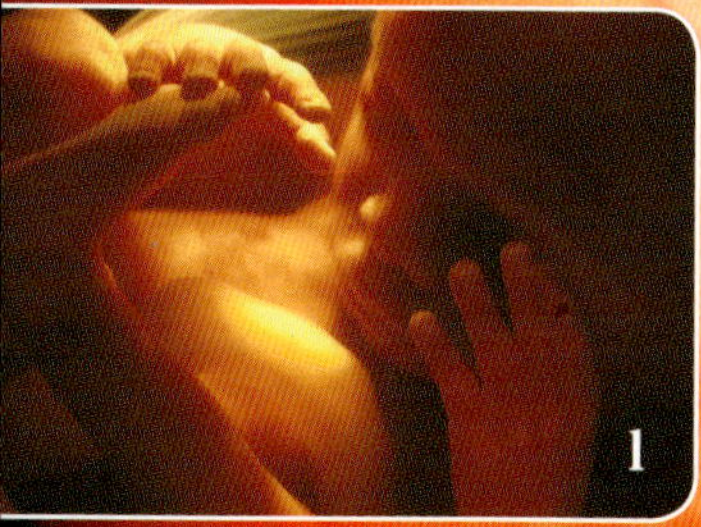

5～6週めには(i)、胚は赤ん坊らしい姿になりはじめ、体のプロポーションを変えながら、誕生(m)まで、およびその後も成長をつづける。

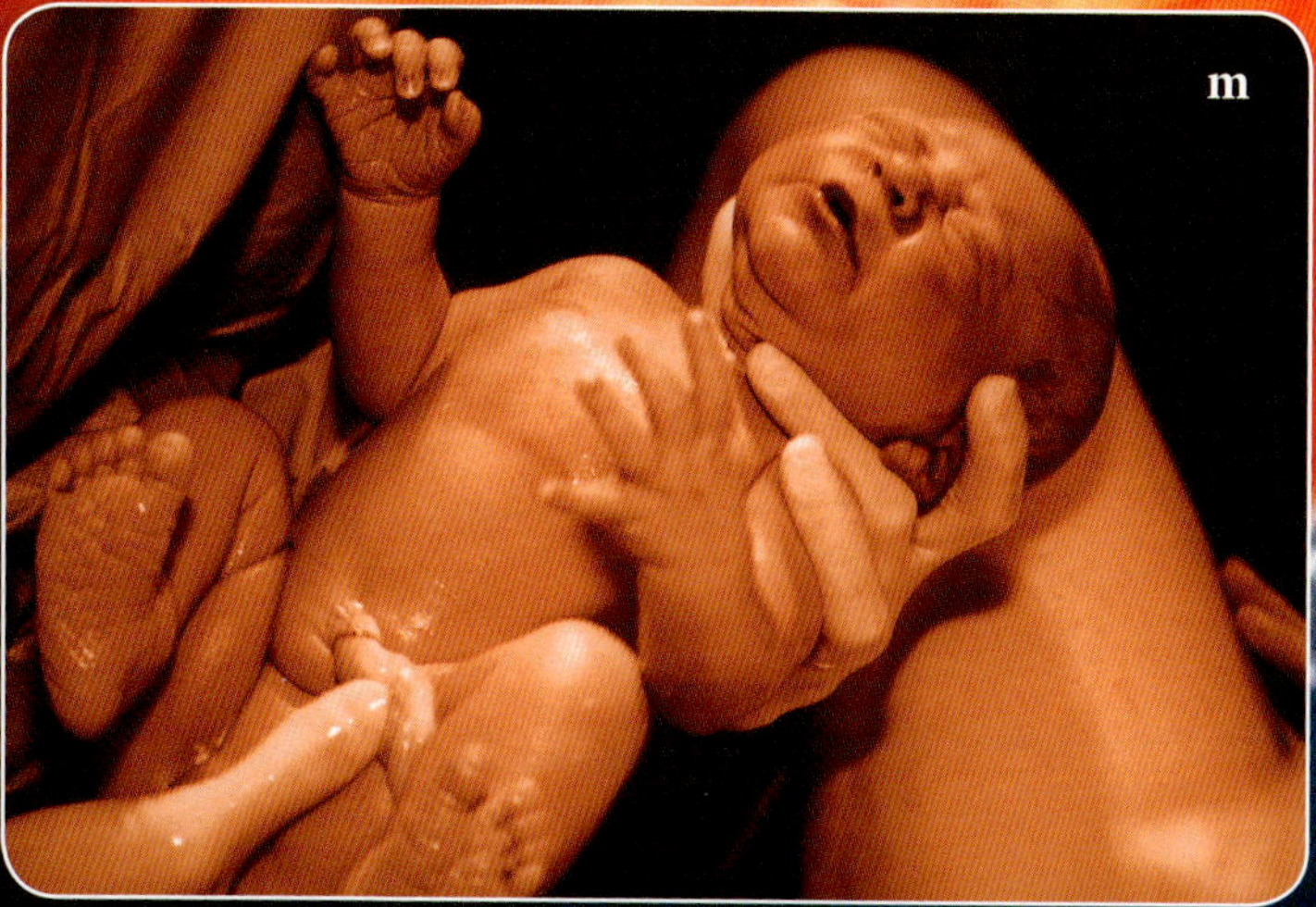

まちがいなく、世界の不思議の1つ。オックスフォード近郊のオトムーアの冬空に舞うホシムクドリの群れ。集団的知性？いやちがう。局所的な単位がローカル・ルールに従っているだけなのだ。

カリフォルニア州の全長にわたって走る巨大な地溝であるサンアンドレアス断層。いつの日か、この州の東側は、バハカリフォルニア半島とともに太平洋の島になるだろう。

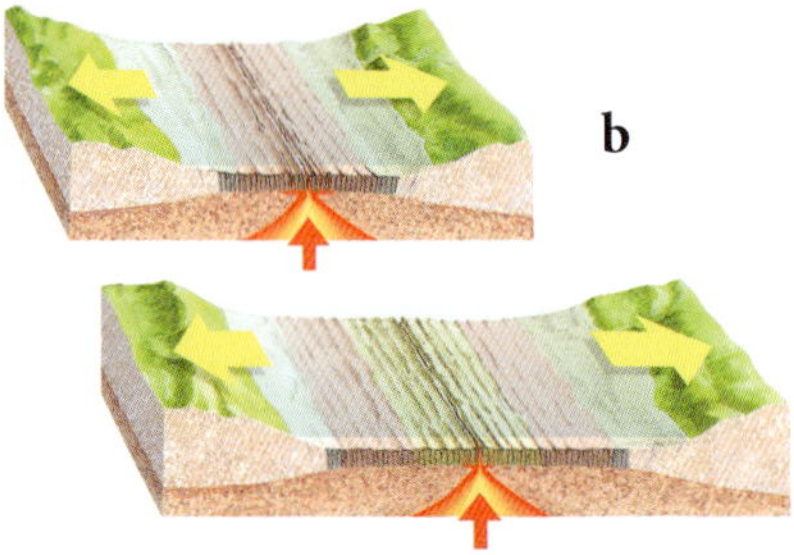

b

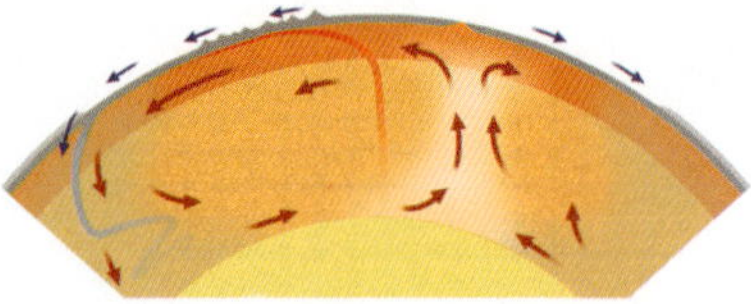

c

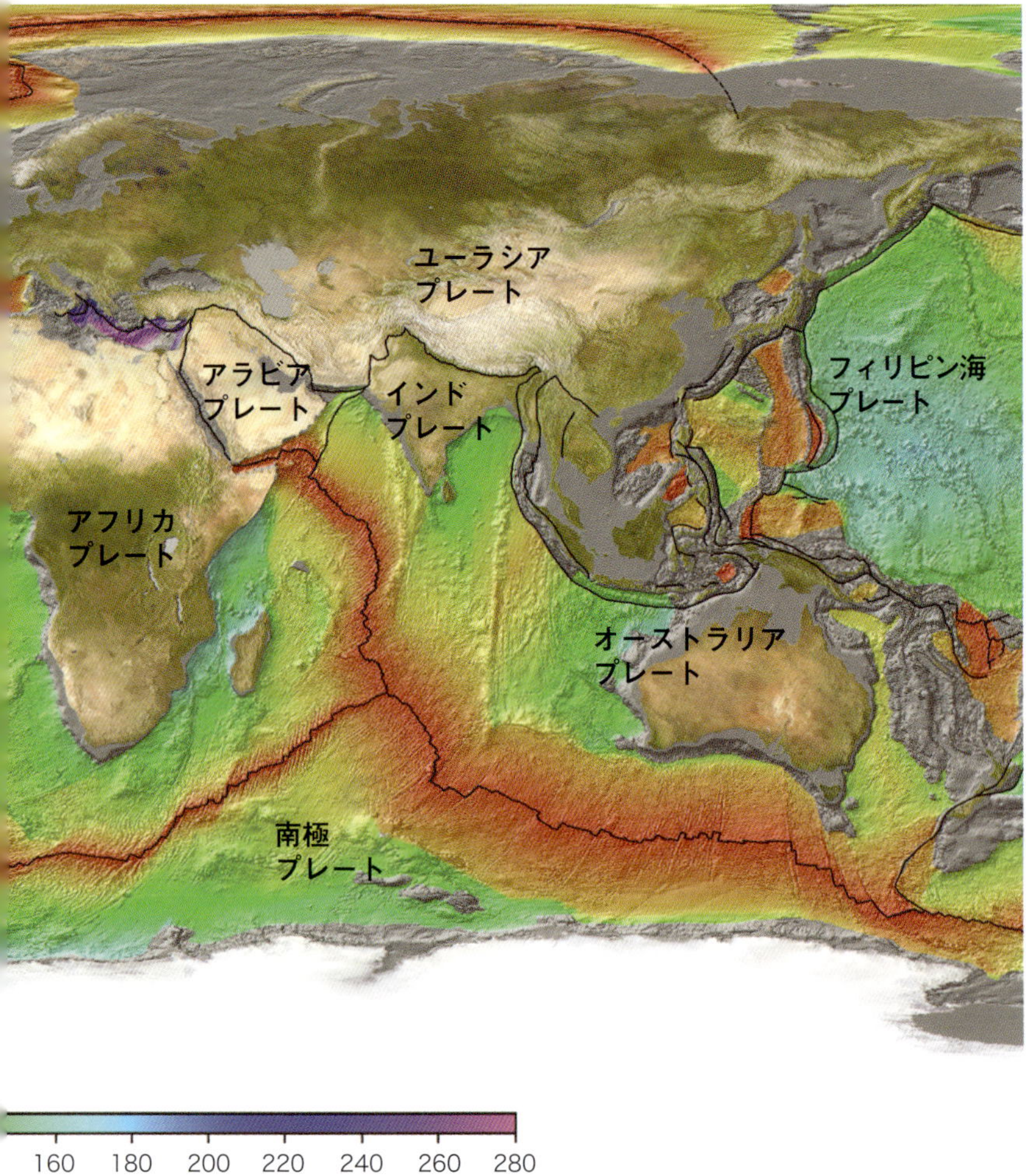
ユーラシア
プレート
アラビア
プレート
インド
プレート
フィリピン海
プレート
アフリカ
プレート
オーストラリア
プレート
南極
プレート
160
180
200
220
240
260
280

(a) 海底の岩石の年代を示す色分け図。第9章の仮想の潜水艦は、ブラジルの出っ張った部分から東に向かう航路をとり、その途中で、大西洋中央海嶺の若い岩石に到達する。(b) ひろがる海洋底と、(c) プレートを動かしている深く ゆっくりとした対流。

a

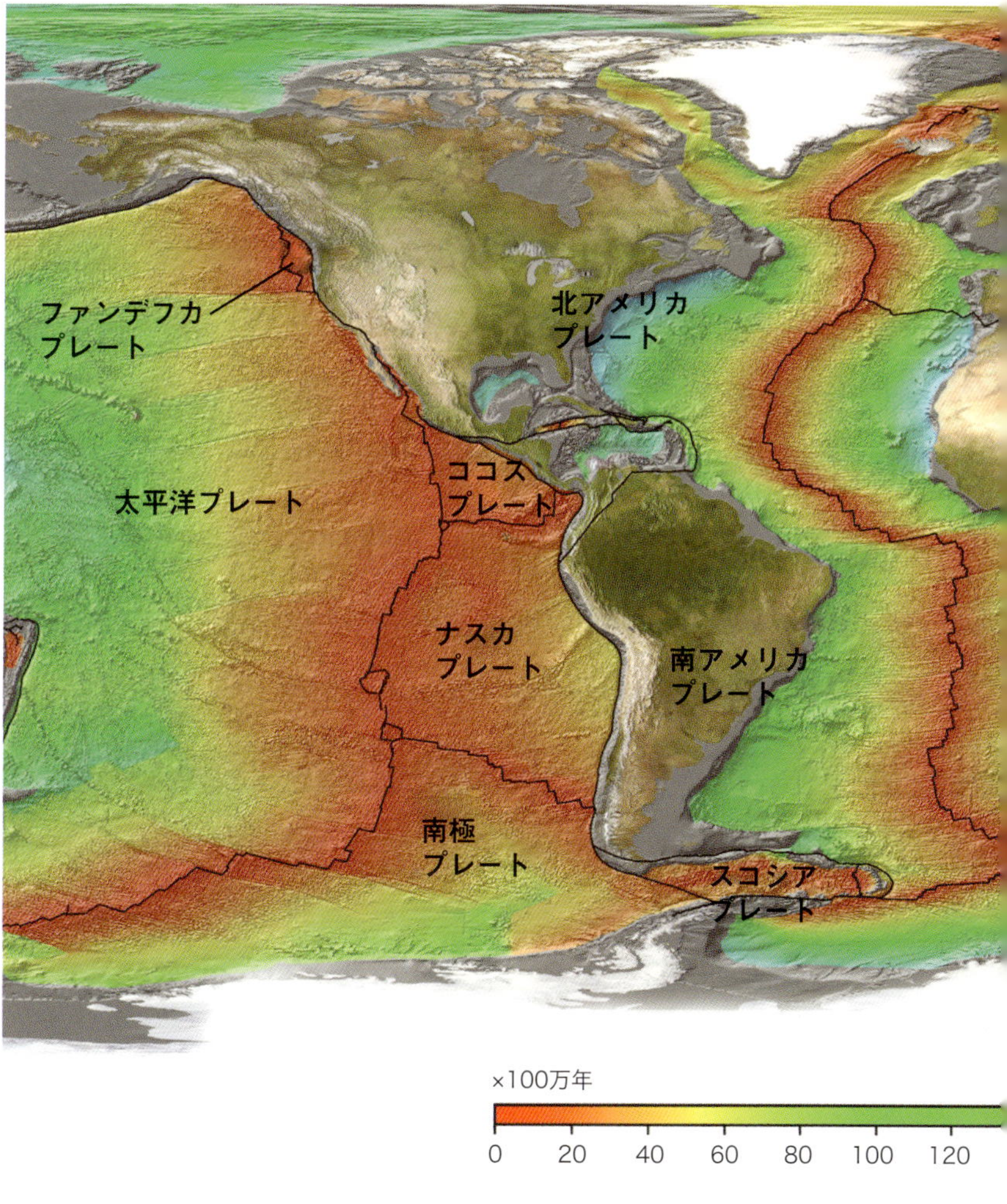

a
b
c
d

ガラパゴス：まだ新しい進化の展示場？

(a) フェルナンディナ島のカルデラ。ガラパゴス諸島のなかでもっとも若い島で、火山活動がもっとも盛んである。(b) ガラパゴス諸島の空中写真。緑の高地（火山）と暗褐色の溶岩原を示している。(c) 魚を求めて海に飛び込むガラパゴスカッショクペリカン。なぜか、*urinator*という亜種名がつけられている。(d) 泳いでいるガラパゴスウミイグアナ。泳ぐという習性はトカゲ類では特異。ガラパゴス諸島の巨大なゾウガメ類は島ごとに異なっている。(e) 鞍形の背甲をもつものは、サボテンを主食とし、首を高いところまで伸ばさなければならない島に固有で、(f) 草を食べ、ドーム型の背甲をもつものとは異なる。(g) 典型的なガラパゴスの風景。黒い溶岩石の上の、ガラパゴスカッショクペリカン、ガラパゴスペンギン（ぎりぎり北半球まで到着した唯一のペンギン）、およびガラパゴスベニイワガニ。

オーストラリアとマダガスカル：
2つの進化の「島」。

(a) カンガルーは、オーストラリアのアンテロープ類に相当するが、走るのではなく、2本脚で跳躍するという特殊化をとげている。

(b) ユーカリ類はオーストラリアの森林の優占種である。

(c) コアラはオーストラリアの森のナマケモノに相当し、同じように代謝速度は遅い。ユーカリ類の葉を食べることに特殊化しているが、おそらく、その毒に対処できる動物がほかにほとんどいないからだろう。育児嚢の赤ん坊に注意。育児嚢が後ろ向きに開口しているのは、たぶん歴史的な偶然のゆえであろう。

(d) カモノハシは、ゴンドワナ大陸の哺乳類がまだ卵生だった大昔から生き残った動物。

(e) ワオキツネザル。もしビーグル号がガラパゴス諸島ではなくマダガスカル島を訪れていれば、「ダーウィンキツネザル」と呼ばれていただろうか？　(f) 火星の樹木は、このマダガスカル島のバオバブよりも奇怪な姿をしているのだろうか？　(g) もしかすると、この世で私がいちばん気に入っている種かもしれない。踊るシファカ。

アオアシカツオドリの足を上げ、空を指すディスプレイを笑うなかれ。こうしたディスプレイは他のカツオドリに強い印象を与えるもので、それが何よりも大切なのだ。

クラーレ・ダルベルト博士の生物多様性への関心は皮膚の上にとどまるだけの浅いものではない。

(a) 南アメリカのクモザル。木登り生活をする動物が第5の肢を必要とするときには、新たな1本を生やすのではなく、すでにあるものを利用する。(b) 東南アジアの森にすむ「飛ぶキツネザル」と呼ばれるヒヨケザルは、キツネザルなどではまったくないが、哺乳類の系統樹の片隅で独自の地位を占めている。「ムササビ」（齧歯類）やフクロムササビ（有袋類）とはちがって、ヒヨケザルは尾を飛膜に取り込んでいる。(c) エジプトルーセットオオコウモリの透明な翼は、ヒトの手との骨格の相同をみごとに示している。

b

c

a

b

c

これらの飛べない鳥たちのずんぐりと短い翼は、自分たちが空を飛んだ祖先の末裔であることを暴露している。ダチョウ(a)はいまでも翼を使うが、バランスをとるのと、社会的なディスプレイのためにしか使わない。ガラパゴスコバネウ(b)は、いまでも他の空を飛べるウ類と同じように、乾かすために役に立たない翼をひろげる。水中で魚を捕らえる達人(c)であるが、ペンギンとちがって、泳ぐのに翼を使わず、水かきのついた大きな足の強い蹴りの力で推進する。

(d)ダグラス・アダムズによれば、「悲しいかな、カカポは飛び方を忘れてしまっただけでなく、飛び方を忘れたことも忘れてしまったかのように思える。どうやら、重大な危険を感じるとカカポは、時に木の上に駆け上がり、そこから飛び立つらしい。そして、猛烈な勢いで飛んで、無様にドタッと地面に着地する」。

d

(e) 翅は地中では邪魔なだけで、それがたぶん働きアリに翅が生えない理由だろう。そのことを証拠だてるのが、女王アリの行動だ。女王は翅をたった1度だけ、育った巣を飛び立って雄を見つけて交尾するために使い、そのあと、新しい巣のために穴を掘って、そこに落ち着く。女王が地中で新しい生活を始めるとき、最初にするのは、翅をなくすことで、場合によっては、文字通り翅を嚙み切るのである。(f) このホラアナサンショウウオのような洞窟にすむ動物は、体が白いことが非常に多い。しかし、真っ暗な洞窟のなかで使うことはないとはいえ、なぜ「わざわざ」眼を退化させるのか？　それについては本文490ページを参照。哺乳類のイルカ (g) は、「ドルフィン・フィッシュ」と呼ばれるシイラのような、高速で泳ぐ大型魚類と表面的には似ているが、それは同じような生活様式をおくっているからである。

c

d

進化的軍拡競争の産物

(a)「汝、枝の上なる茅潜殺し」。カッコウのヒナは本能によって、養い親の子供を、孵化して餌をめぐって競合するようになる前に殺してしまう。(b) このクーズーは、雌ライオンとの1対1の競走に敗れ、その命はまもなく終わりを告げるが、この2種の遺伝子プールのあいだの軍拡競争は進化的な時間を通じて続いていく。(c) 寄生バチがこのイモムシに卵を産みつけ、いま、そこから元気いっぱいに飛び出してきたハチの幼虫たちが、次世代に自分たちの遺伝子を提供することになる。(d) 森の経済においては、光は貴重な必需品。林冠より下ではほとんど光は得られない。なぜなら、林冠そのものが、個々の木のあいだにいっぱいにひろがっていて、ほとんど隙間がないからである。

a
b

見渡すかぎりいたるところに緑があるのは偶然ではない。……少なくとも、人間の10倍の緑色植物がなければ、私たちを動かすエネルギーは生まれてこないだろう。

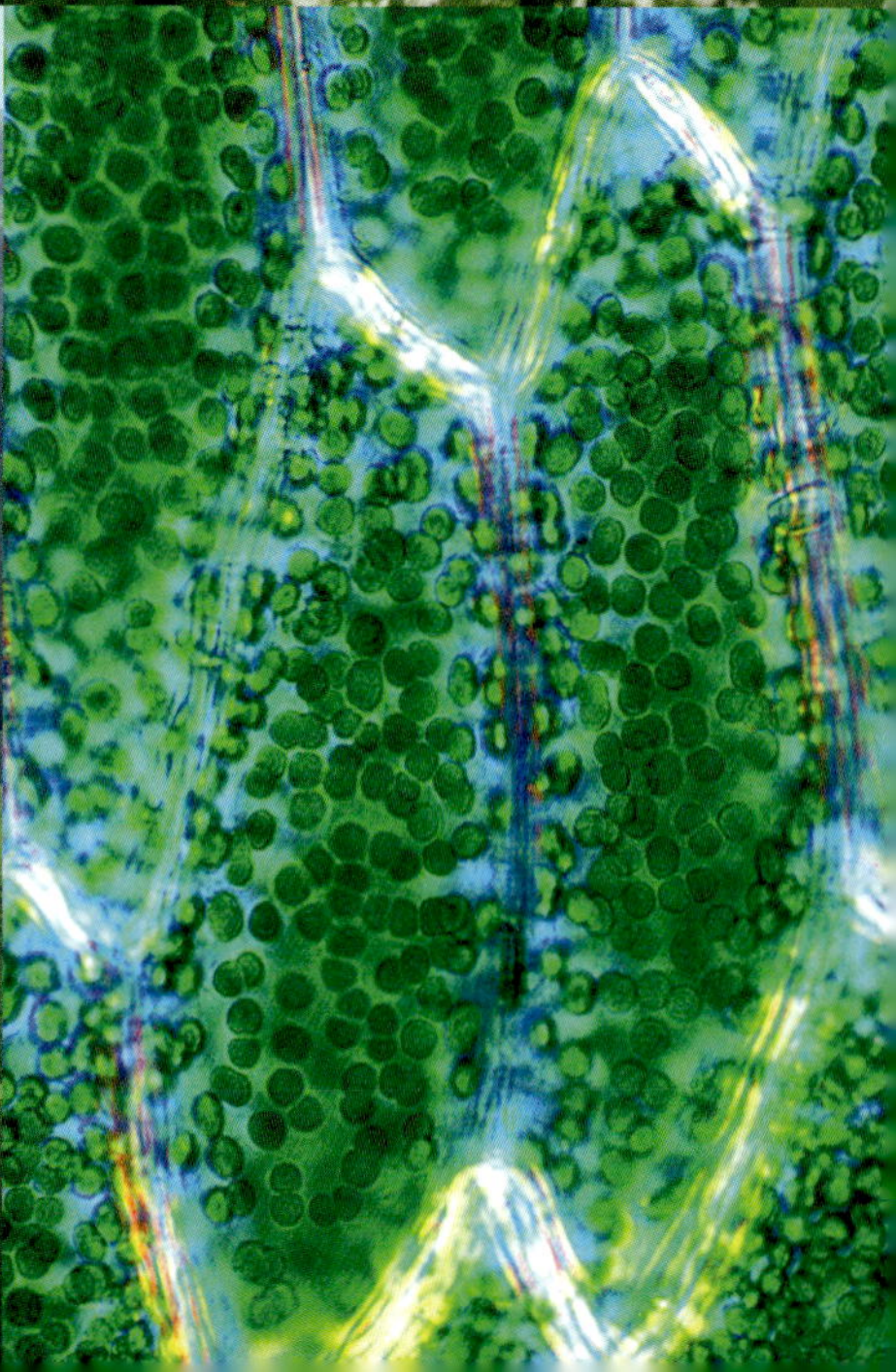

進化の存在証明

THE GREATEST SHOW ON EARTH
The Evidence for Evolution
by
Richard Dawkins

Translated by
Yuji Tarumi
First published 2009 in Japan by
Hayakawa Publishing, Inc.
This book is published in Japan by
direct arrangement with
Brockman, Inc.

装丁／川畑博昭

ジョシュ・ティモネンに

目次

はじめに

進化を支持する証拠は日に日に増し、かつてないほど強力なものになっている。しかし、同時に、逆説的ではあるが、無知にもとづく反対も、私の知るかぎり最強になっている。本書は、進化の「理論」と呼ばれているものが実際に事実――科学における他のいかなるものに劣らず明白な事実――である証拠をまとめた、私の個人的な要約である。

　これが進化論についての初めての著作というわけではないので、これまでの本とどこがちがうのか説明しておく必要があるだろう。それは、私の失われた環《ミッシング・リンク》だと言うこともできるだろう。『利己的な遺伝子』と『延長された表現型』では、それまでよく知られていたのとはちがう、新しい自然淘汰の見方を示したのだが、進化が実際に起こったことを示す証拠については論じなかった。そのあとに書いた三冊の本では、それぞれ異なったやり方で、理解の妨げとなっている主要な障壁を見つけだし、解消しようとつとめた。それらの本、『盲目の時計職人』、『遺伝子の川』、および（三冊のなかでいちばん気に入っている）『不可能の山を登る』では、次のような疑問に対して答えている。「半分だけの眼が何の役に立つのか?」「半分だけの翼が何の役に立つのか?」「ほとんどの突然変異が有害な影響しかおよぼさないことを考えれば、自然淘汰がどうしてうまくいくのか?」。しかしまたしても、これら三冊の本は、さまざまな障壁を取り除きはしたものの、進化が事実である実際の証拠を提示することはしなかった。私のいちばん大部な本である『祖先の物語』では、チョーサーの『カンタベリー物語』を模して、時間を過去にさかのぼって祖先を讃える巡礼ともいうべき形式で、生命の全歴史を書き記した。だが、ここでもやはり、進化が事実であることが前提になっていた。

　これまで書いてきた本をふりかえったとき、進化を支持する証拠そのものについてはっきりと論じたところがどこになく、それは、埋めなければならない重大な空白《ギャップ》であるということに、私は気がついた。ダーウィン誕生の二〇〇周年、および『種の起原』出版一五〇周年にあたるこの二〇〇九年こそ、それを実行するにふさわしい時だと思えた。驚くにはあたらないのだが、同じ考えは他の人にも浮かび、この年には、何冊かのすばらしい本が出版された。なかでも特筆すべきは、ジェリー・コインの『進化が真実である理由』である。《タイムズ文藝付録（*Times Literary Supplement*）》に掲載されたこの本についての書評は、私がとても気に入っているもので、http://richarddawkins.net/article,3594,Heat-the-Hornet,Richard-Dawkins に再録してある。

　私の著作権代理人で、先見の明にあふれ、疲れを知らぬジョン・ブロックマンが、出版社に提案したこの本の仮題は、*Only a Theory*（理論でしかない）だった。後になって、ケネス・ミラーがすでに、彼の一冊の本なみの長大な答弁書のタイトルに先に使っていたことが判明した。ミラーの答弁書は、ときには科学教育の授業内容《シラバス》を決定することになる注目すべき裁判の一つ（この裁判で彼は英雄的な役割を果たした）で提出されたものであった。いずれにせよ、その仮題がこの本にふさわしいかどうかについて、私はずっと疑念をもちつづけていたので、寸分違《たが》わぬタイトルが、最初から密かに棚に並ぶべく待ちかまえていることを知ったときには、すぐさま棚からおろす覚悟はできていた。何年か前に、匿名の支持者が私に「進化、地上最大のショー、唯一の選択肢」というバーナム流の標語《スローガン》の書かれたTシャツを贈ってくれた。ときどき私は、このテーマに関する講演をするときに、このTシャツを着ていくことがあるのだが、ふとこの標語こそ、全部いれると長すぎるとはいえ、この本にまさにぴったりだということに気づいた。私は、これを縮めて、『地上最大のショー』*The Greatest Show on Earth*［邦訳では、諸事情を勘案して、副題を書名とした］にすることに決めた。「理論でしかない」のほうは、創造論者による恣意的な歪曲引用（quote mining）を防ぐための予防措置として「？」を付ければ、第1章の見出しとして、うまい具合にはまるだろう。

執筆にあたっては、多くの人々からさまざまな形で助けを受けた。マイケル・ユドキン、リチャード・レンスキー、ジョージ・オスター、キャロライン・ポンド、ヘンリー・D・グリッシノ＝マイヤー、ジョナサン・ホジキン、マット・リドレー、ピーター・ホランド、ウォルター・ジョイス、ヤン・ウォン、ウィル・アトキンソン、レイサ・メノン、クリストファー・グレアム、ポーラ・カービー、ライザ・バウアー、オーウェン・セリー、ヴィクター・フリン、ジョン・エンドラー、イアン・ダグラス＝ハミルトン、シェイラ・リー、フィル・ロード、クリスティーヌ・ドブラーズ、ランド・ラッセルといった人々である。サリー・ガミナラとヒラリー・レドモン、および彼らの（それぞれ）英国と米国のチームはすばらしく協力的かつ意欲的であった。本書が製作の最終段階にいたるまでの過程で、三度にわたって、科学文献できわめて興味深い新発見が報じられた。そのたびに私は、新しい知見を組み込むことによって、出版の秩序だった複雑な工程を台無しにするのではないかと、おそるおそる尋ねなければならなかった。ふつうの出版者なら、最後の土壇場になってそんな破滅的な申し出をすれば文句を言っただろうが、サリーとヒラリーは三度とも、不平を言うどころか、心温まる熱意をもって応えてくれ、それを実現するために山を動かしてくれた。同じく、献身的で協力的だったのはジリアン・サマースケールズで、洗練された知性とセンスで、本書の整理・編集にあたってくれた。妻のララ・ウォードは、今度もまた、変わることのない激励と、有益な文体的批評と、独特のおしゃれな提案によって私を支えてくれた。本書は、私がチャールズ・シモニーの名を冠した教授職にあった最後の数カ月に着想し、書きはじめたものである。私の辞職後、この教授職は終了することになった。記念すべきはじめての出会いから一四年という年月が過ぎ、七冊の本が出たことになるが、ここでもう一度あらためて、チャールズに対して、大いなる感謝を捧げたい。ララとともに、私たちの友情が末永くつづくことを願っている。

本書は、ジョシュ・ティモネンに捧げられており、あわせて彼と、彼とともに最初に Richard Dawkins.net を立ち上げた、小さいが献身的な一団の人々への感謝を述べておきたい。ウェブ世界ではジョシュがアイデアに溢れたサイト設計者であることが知られているが、それは驚嘆すべき氷山のほんの一角でしかない。ジョシュの才能は奥深いが、氷山というイメージでは、私たちの共同作業における彼の貢献の多彩な幅広さも、それらをなすにあたっての彼の温かく良質なユーモアも、うまく捉えきれないのである。

第1章　理論でしかない？

あなたが、ローマ史とラテン語の教師で、古代世界への自らの熱い想い――オウィディウスのエレギア［哀歌］やホラティウスのオード［頌歌《しょうか》］、キケロの雄弁に現れたラテン語文法の力強い簡潔さ、ポエニ戦争における戦略の精緻《せいち》さ、ユリウス・カエサルの統帥力、後世の皇帝たちの放蕩《ほうとう》ぶりへの――をなんとかして生徒に分け与えたいと願っていると想像してみてほしい。それは大事業であり、時間、集中、そして献身を必要とする。にもかかわらず、群れなして吠え立てる無知なる者たち（ignoramuses――これは ignoramus の複数形で、誤って ignorami と言う人がいるが、ラテン語学者なら、そんな馬鹿なことはしないだろう）のために、自分の貴重な時間がたえず食いちらかされ、教室の生徒たちの気が散らされることに気づく。その連中は、強力な政治的、なかんずく財政的な支援を受けて、あなたの哀れな生徒たちに古代ローマなど存在しなかったと信じ込ませるという試みを、疲れを知らずつづけているのだ。ローマ帝国など存在しなかった。この世界全体は、今生きている人々が覚えている時代のほんの少し前に現れたにすぎない。スペイン語、イタリア語、ポルトガル語、カタルーニャ語［スペインのカタルーニャ地方の言語］、オック語［南フランスのオクシタニア地域の言語］、ロマンシュ語［スイス南東部地方で使われている言語］、こういった言語やそれを構成する各方言は、すべて自然発生的に、しかも個別に生まれたものであり、ラテン語などのいかなる先行言語の恩恵もいっさい受けていないというのだ。あなたは、古典学の学者や教師という高貴なる使命に全力を集中することができず、代わりに、なんといおうと古代ローマは存在したのだという前提を擁護するための防衛戦に、時間とエネルギーを振り向けることを余儀なくされるのである。もしも戦いに忙殺されていなければ泣き出してしまいかねないほど、無知な偏見の押しつけに対する防衛戦である。

このラテン語教師にまつわる私の空想があまりにも理不尽に思えるとしたら、次にもっと現実的《リアル》な例を示そう。あなたは近現代史の教師で、二〇世紀ヨーロッパの歴史の授業が、組織的で、豊かな運動資金をもち、政治的に強力なホロコースト否定論者のグループによって、ボイコットされたり、野次を浴びせかけられたりするなどの方法で妨害されていると想像してみてほしい。先ほどの古代ローマ否定論者とはちがって、ホロコースト否定論者は実在する。彼らはうるさくまくしたて、表面的には説得力があり、学識があるよう見せかけることに長《た》けている。彼らは少なくとも一つの強大な勢力をもつ国家［イラン］の大統領から支持を受け、少なくとも一人のローマカトリック教会の司教がその仲間に含まれている。ヨーロッパ史の教師として、「論争があることを教え」、ホロコーストはけっしてなかったのであり、一団のシオニスト工作者によってでっちあげられたものであるという「もうひとつの説」にも「同じだけの時間」を割《さ》くようにという強硬な要求に自分がたえず直面させられていると想像してみてほしい。おまけに、当世流行《はや》りの相対主義者の知識人が割り込んできて、絶対的真理など存在しないと主張する。ホロコーストが本当にあったかどうかは個人的な信仰の問題だ。あらゆる観点は同じように妥当であり、同じように「尊重される」べきだとのたまうのだ。

今日《こんにち》の多くの理科教師がおかれた状況はそれ以上に悲惨である。生物学の中心的な基本理念をくわしく述べようとするとき、生物の世界を歴史的な文脈のなかに正しく位置づける——それはとりもなおさず進化を意味する――とき、生命そのものの本質を探究し説明するとき、彼らは責め立てられ、窮《きゅう》地《ち》に立たされ、煩《わずら》わされ、虐《いじ》められ、職を失うぞと脅されさえする。少なくとも、ことあるごとに時間を浪費させられる。おそらく父兄から脅迫的な手紙を受け取り、洗脳された子供たちからの嘲《あざけ》りの笑いや堅く腕を組んだ拒絶の姿勢に耐えなければならないだろう。彼らは、「進化」という単語が一律に削除されたり、あるいは「時間につれての変化」に修正されたりした国（または州）認定の教科書を与えられる。かつて私たちは、こうした事柄をアメリカに特異的な現象として笑い飛ばそうとした。今や、英国やその他のヨーロッパの教師たちも同じ問題に直面している。理由の一部はアメリカの影響であるが、もうひとつ重大なのは教室のなかでのイスラム教徒の数が増えていることである――当局が「多文化主義」に肩入れしていることと、人種差別主義者と指弾《しだん》されることへの恐怖とが、その後押しをしている。

高位の聖職者や神学者たちは進化になんの問題も感じておらず、多くの場合、この点に関して科学者を積極的に支持しているとしばしば言われるし、もっともなことだろう。これは私自身が、現在のハリーズ卿である当時のオックスフォード大主教との二度にわたる共同作業における気持ちのいい体験から知っているように、事実であることが多い。二〇〇四年に私たちは《サンデー・タイムズ》に連名記事を投稿したが、その結びの言葉は、「現在では論争は存在しない。進化は事実であり、キリスト教徒の視点からすれば、最高の神の御業《みわざ》の一つである」となっていた。この最後の一文はリチャード・ハリーズによって書かれたものだが、私たちはこの記事の残りのすべての部分に関して意見が一致していた。その二年前に、ハリーズ主教と私がお膳立てをして、連名の手紙を当時の首相であったトニー・ブレアに送ったのだが、その文面は以下のようなものであった。

首相閣下

私どもは、科学者と司教および主教からなる一つのグループとして、ゲーツヘッドのエマニュエル・シティ・テクノロジー・カレッジ［技術系の中等教育学校］における理科教育に懸念を表明するために手紙を差し上げます。

進化論は大きな説明能力をもつ科学理論で、多数の科学分野における幅広い現象を説明することができます。それは、証拠に注意を払うことによって、より精緻なものとし、裏づけられ、また根本的な修正を加えることさえできます。進化論はこの学校の広報官が主張するような、聖書の創世に関する記述と同じ範疇《はんちゅう》に属する一つの「信仰の立場」などではなく、まったく異なった機能と目的をもつものであります。

この問題は、今ある特定の学校で何が教えられているのか、という問題を越えた、もっと大きな広がりをもっています。設立が予定されている新しい世代の宗教学校で教えられる内容、教えられ方について、懸念《けねん》が膨《ふく》らんでいます。私どもは、科学と宗教の研究にかかわるそれぞれの分野がしかるべく尊重されるためには、そのような学校のカリキュラムも、エマニュエル・シティ・テクノロジー・カレッジのカリキュラムと同様、厳密に監視される必要があると信じております。

敬白

Rt［伯爵以下の貴族の敬称］リチャード・ハリーズ師、オックスフォード主教
サー・デイヴィッド・アッテンボローFRS［ロイヤルソサエティ会員］
Rtクリストファー・ハーバート、セントオールバンズ主教
オックスフォードのメイ卿、ロイヤルソサエティ会長

ジョン・エンダービー教授ＦＲＳ、ロイヤルソサエティ物理学部門長
Rtジョン・オリヴァー師、ヘレフォード主教
Rtマーク・サンター師、バーミンガム主教
サー・ニール・チャーマーズ、自然史博物館館長
Rtトマス・バトラー師、サザーク主教
サー・マーティン・リースＦＲＳ、王立天文台長
Rtケネス・スティーヴンソン師、ポーツマス主教
パトリック・ベートソン教授ＦＲＳ、ロイヤルソサエティ生物学部門長
Rtクリスピアン・ホリス師、ローマカトリック教会ポーツマス司教
サー・リチャード・サウスウッドＦＲＳ
サー・フランシス・グレアム＝スミスＦＲＳ、元ロイヤルソサエティ物理学部門長
リチャード・ドーキンス教授ＦＲＳ

ハリーズ主教と私は、この手紙を大急ぎでまとめた。私の覚えているかぎりでは、私たちが声をかけた人々は一〇〇％この手紙に署名してくれた。科学者の側からも、主教の側からもまったく異論はでなかった。

カンタベリー大主教は進化になんの問題も感じていないし、教皇（人間の魂が注入されたのが古生物学的に厳密にはいつだったかをめぐって奇妙な意見の揺れはあるとしても）や、学識のある聖職者や神学の教授も、問題にしていない。本書は、進化が事実であることを示す積極的な証拠に関するものので、以前に書いたことのある反宗教本を意図しているわけではない。あれは別のスローガンのもと

に書いたもので、ここは同じスローガンを掲げる場所ではない。進化を支持する証拠にしっかり耳を傾けた主教や神学者は、抵抗を諦めたのである。なかには嫌々ながらそうする人もいれば、リチャード・ハリーズのように熱狂的にそうする人もいるが、とんでもなく無知な人間を除けば、だれもが、進化が事実であることを認めざるをえなくなる。彼らは、進化の過程をスタートさせるのに神がかかわり、ひょっとしたら、その後の成り行きにも手を差し伸べてしまったのではないかと考えているかもしれない。おそらく彼らは、神が最初に宇宙を始動させ、なんらかの計り知れない目的を完遂するために、計算された一連の調和のとれた法則と物理定数を備えた誕生の儀式を厳粛に執《と》りおこなったのであり、私たちは最終的にその目的に一役果たすことになるのだと考えているだろう。しかし、男女を問わず思慮深く理性的な聖職者は、ときには不承不承《ふしょうぶしょう》、ときには嬉々《きき》として、進化を支持する証拠を受け入れている。

ここでなんとしても避けるべきは、主教や学識ある聖職者が進化を受け入れているのだから、信徒たちもそうするだろうと、呑気に思いこむことである。哀しいかな、付録に掲げたように、実情は正反対であることを示す世論調査からの証拠がどっさりとある。アメリカ人の四〇%以上は人間が他の動物から進化したことを否定し、人類は——そして暗黙のうちに、あらゆる生物も——ここ一万年以内に神によって創造されたと考えている。英国では、数字自体はそれほどでもないが、やはり憂慮すべき多さである。本書が必要とされるゆえんである。それは、科学者にとってだけでなく聖職者にとっても悩ましいことであるにちがいない。本書が必要とされるゆえんである。進化を否定する人々、すなわち、世界の年齢は何十億年という単位ではなく、何千年の単位であると信じる人々や、人類が恐竜と一緒に歩いていたと信じる人々に、私は「歴史否定論者」という呼び名を使うつもりである。重ねて言うがこういう人々が、アメリカの人口の四〇%以上を占めているのである。同様の数値は、ある国ではもっと高く、別の国で

「私はまだ、それは理論にすぎないと言っているんだよ」

はもっと低いが、平均して四〇%というのがいいところだろう。そこで私は、時に、歴史否定論者を四〇%派とも呼ぶことにする。

見識ある主教や神学者に話を戻せば、彼らが遺憾に思っている反科学的なナンセンスとの闘いにもう少し努力を傾けてくれればいいのだが。あまりにも多くの聖職者が、進化が事実で、アダムとエヴァは実在しなかったことを認めていながら、平然と登壇して、説教で、当然のことながらアダムとエヴァが実在しなかったことには一度たりとも触れることなく、アダムやエヴァにまつわるなんらかの道徳的ないしは神学的な主張を述べるのだ！　異議を申し立てられると、彼らは、「原罪」あるいは無垢の美徳にひょっとしたら関係のある何かを、純粋に「象徴的な」意味合いで表そうとしただけだと抗弁することだろう。あるいは、その言葉を文字通りに受け取ったりするほど愚かな人は、どう見たって誰もいないでしょうと、おそるおそる付け加えるかもしれない。しかし彼らの信徒たちは本当にわかっているだろうか？　信徒席に座り、あるいは礼拝用の敷物に跪《ひざまず》く人々が、いったいどのようにして、聖書の章句のどれを文字通りに、どれを象徴的に受け取るべきかわかっていると言えるのか？　教育を受けていない教会員がそれを推し量《おはか》るのが、本当にそんなにたやすいことだろうか？　ほとんどの場合、答えはあきらかにノーであり、誰が戸惑いを感じたとしても、その人を責めることはできない。私の言い分が信じられなければ、付録を見てほしい。

どうか考えてください、主教。どうか用心してください、教区牧師。あなたがたは、ダイナマイトで遊んでいるのであり、手ぐすね引いて待ちかまえている――予防しないかぎりほとんどかならず事が起きるとさえ言うことができるかもしれない――誤解をもてあそんでいるのです。公衆の前で話すときには、賛成なら賛成、反対なら反対とはっきりさせるように、より大きな注意を払うべきではないでしょうか。非難を受ける身になりたくなければ、自ら労を惜しまず、すでにして流布《るふ》している誤解に反論を加え、科学および理科教師に積極的に熱い支援を与えるべきではないでしょうか？

歴史否定論者たちそのものも、本書で私が訴えかけようとする人々のなかに入っている。しかし、たぶんもっと重要なのは、自身は歴史否定論者ではないが、だれか――おそらくは家族や教会のメンバー――歴史否定論者を知っているけれども、この件を弁護するだけの準備が自分にはまだないと考えている人々で、私は、彼らに理論的な武器をさしのべたいと切望している。

進化は事実である。合理的な疑問、深刻な疑問、正気で、常識的、知的な疑問の余地ないものであり、あらゆる疑問を越えて進化は事実である。進化を支持する証拠は、少なくともホロコーストの証拠に劣らず強力であり、ホロコーストには目撃証人がいるということを考慮してさえ、そうである。私たちがチンパンジーの親戚《イトコ》であり、サル類とはそれより遠い親戚であり、ツチブタやマナティーとはもっと遠い親戚であり、バナナやカブとはさらに遠い親戚であるというのは、明々白々たる事実であり、このリストは好きなだけ長くつづけることができる。それはかならずしも事実でなければならなかったわけではない。それは自明で、同義反復的な、明白な事実ではなく、学識のある人々を含めて、大多数がそうではないと考えていた時代があったほどだ。だが進化は、かならずしも事実でなければならないわけではなかったが、事実なのである。私たちがそう考えるのは、支持する証拠が洪水のようにわき上がってきたからである。進化は事実であり、本書でそのことが実証されるだろう。著名な科学者で異を唱える人は誰もいないし、偏見のない読者なら、本書を閉じるときに、それを疑うものは誰もいないだろう。

それではなぜ、「ダーウィンの進化の理論」などと言うのだろう。そう呼ぶことは、創造論の信条を奉じる人々――歴史否定論者、四〇％派――に、偽りの慰めを与え、「理論（theory）」という言葉が譲歩だと考える彼らに、ある種の贈り物ないしは勝利を手渡してしまうのにも等しいように思われる。

理論《セオリー》とは何か？　事実とは何か？

理論でしかない？　まずは「理論」が何を意味するのか考察してみようではないか。『オックスフォード英語大辞典』は、二つの意味（実際にはもっとたくさんあるが、ここで問題になるのはこの二つである）を与えている。

意味1　一団の事実や現象を説明あるいは報告するのに使われる考え方や主張の図式ないし体系。観察または実験によって裏づけないし確立され、既知の事実を説明できるものとして提示ないしは受容された仮説。既知の、または観察された事柄についての一般法則、原理、あるいは原因としてもちだされる発言。

意味2　説明として提案された仮説。転じて、単なる仮説、憶測、推測の意。何かについての考えあるいは考えのひとまとまり。個人的な見解ないし意見。

明らかにこの二つの意味は、互いにまったく異なっている。右で持ちだした、進化という理論に関する私の問いへの答えを簡単に言えば、科学者は1の意味で使っているが、創造論者たちは——ひょっとしたら悪意で、ひょっとしたら本気で——2の意味で使っているということである。1の意味のいい例は、太陽系の太陽中心説（Heliocentric Theory）、すなわち地動説で、地球や他の惑星が太陽のまわりを回っているという理論である。進化論も1の意味に完璧に合致する。ダーウィンの進化論は実際に、「考え方や主張の図式ないし体系」である。それは、膨大な「一団の事実あるいは現象」を確かに説明している。それは「観察または実験によって裏づけないし確立された仮説」であり、状況をよく知らされたうえでの一般的な同意によって、「既知のまたは観察された事柄についての一般法則、原理、あるいは原因としてもちだされる主張」なのである。それが「単なる仮説、憶測、推測」からほど遠いものであるのはまちがいない。科学者と創造論者は、「理論《セオリー》」という単語を、二つのまったく異なる意味で理解している。進化論は地動説とまったく同じ意味で、一つの理論なのである。どちらについても、「理論でしかない」というような形で「でしかない（only）」という単語を使うべきではない。

進化はけっして「証明され」ていないという主張について言えば、証明というのは、科学者たちがこれまで、「それに信を置いてはいけない」とさんざん脅かされてきた手法なのだ。影響力のある哲学者たちは、科学において私たちは何一つ証明することはできないと語る。数学者は物事を証明できる——ある厳格な見方によれば、数学者は証明ができる唯一の人間である——が、科学者ができるのは、せいぜい頑張っても、一生懸命に試みたのだと指摘しながら反証に失敗するくらいのことだ。月は太陽より小さいといった異論の余地ない理論でさえ、たとえばピュタゴラスの定理を証明できるようなやり方で、ある種の哲学者を満足させるようには証明することができない。しかし膨大な量の証拠の蓄積があまりにも強力に支持しているので、それが「事実」の地位にあることを否定するのは、衒学者《ペダント》以外のすべての人間にとって、とてつもなく馬鹿馬鹿しく思える。同じことは進化についてもいえる。パリが北半球にあるのが事実であるのと同じ意味で進化は事実である。たとえ詭弁家《きべんか》どもが町を支配しているとしても(*)、いくつかの理論はまっとうな疑問を差し挟む余地がないものであり、私たちはそれを事実と呼ぶ。一つの理論をよりエネルギーを注いで徹底すればするほど、もしその攻撃にたえて生き残ったとき、その理論は、常識がこころよく事実と呼ぶものに、いっそう緊密に近づいていくのである。

「1の意味の理論」と「2の意味の理論」という言い方をつづけることもできるが、数字は覚えにくい。別の言葉に置き換える必要があるだろう。「2の意味の理論」には代用できる適切な単語がすでにある。それは「仮説（hypothesis）」だ。仮説が立証（あるいは反証）を待たねばならない暫定《ざんてい》的な考えであることは誰もが理解しており、進化論がいまや脱ぎ捨てたのは、まさにこの暫定性である。

＊イエーツの詩で、私の好きな一節ではないが、この場には相応《ふさわ》しい『クール湖の白鳥』という詩集に収められた「トム・オラフリー」という詩の冒頭の一行。

ただし、ダーウィンの時代にはまだ、この重荷がずっしりのしかかっていた。「1の意味の理論」はもっとむずかしい。あたかも「2の意味」は存在しなかったかのように「理論」を単純に使いつづけるのがいいのかもしれない。実際、「仮説」という言葉があることを考えれば、2の意味は、混乱をもたらし不必要なものであるがゆえに、存在させるべきではないと堂々と主張することができる。残念ながら、2の意味の「理論」がふつうに使われているので、独断で使用を禁止することはできない。そこで私は、相当な、しかし許容されるべき自由を行使して、1の意味で数学から「定理（theorem）」という言葉を借用したいと思う。実際にはこれは、あとで見るように誤用なのだが、混乱のリスクよりも利益のほうが勝《まさ》っていると考える。腹を立てている数学者に対する融和《ゆうわ》策として、私はこの綴りを theorum［日本語訳では、「掟理」とする］に変えるつもりである。(*) ここではまず「定理」という用語の厳密な数学的用法について説明し、それと同時に、数学者だけがなにかを証明する資格をもつ（法律家には、その自負が金銭的には十分に報《むく》われているにもかかわらず、その資格はない）という、先に述べた発言を明確にさせたい。

数学者にとっては、証明とは、仮定された公理から一つの結論が必然的に導かれることの論理的実証である。ピュタゴラスの定理は、平行な直線はけっして交差しないなどのユークリッド（エウクレイデス）の公理を仮定しさえすれば、必然的に真である。ピュタゴラスの定理を反証しようとして何千もの直角三角形の長さを測るのは時間の浪費である。ピュタゴラス学派が一度それを証明した以上、誰でもこの定理を用いることができる。それは文句なく真であり、それでおしまいだ。数学者は「予想（conjecture）」と「定理」を区別するために、証明という概念を使うが、これは『オックスフォード英語大辞典』の「理論」の二つの意味の区別と表面的によく似たものだ。予想とは、真実らしく見えるがまだ証明されていない命題であり、証明されたときには定理になる。有名な例は、ゴールドバッハの予想で、これはすべての偶数は二つの素数の和として表すことができるというものである。数学者たちは、300,000,000,000,000,000 までの偶数について反例を一つたりと見つけることができておらず、常識では、喜んでゴールドバッハの事実と呼ぶところであろう。にもかかわらず、証明に成功した人間に高額の賞金が提供されるというのに、いまだに証明されておらず、数学者たちは当然にも、それを定理の座につかせることを拒否している。もし誰かがいつか証明を見つければ、それはゴールドバッハの予想からゴールドバッハの定理へと昇格されるだろうし、あるいは証明を見つけた賢い数学者の名がXであれば、Xの定理となるかもしれない。

カール・セーガンは、宇宙人《エイリアン》に誘拐されたと主張する人々に対する当意即妙の返答において、ゴールドバッハの予想を皮肉たっぷりに使っている。

> 私はときどき、地球外生命体と「コンタクト」したという人からの手紙を受け取る。彼らは私に「地球外生命体になにか質問するよう」求めてくる。そこで私は何年もかけて、ちょっとした質問のリストを準備できるようになった。思い出してほしいのだが、地球外生命体は文明がえらく進んでいるのだ。だから私は「フェルマーの最終定理の簡潔な証明を見せてくださいませんか」といった質問をする。あるいは、ゴールドバッハの予想だったりすることもあるが……私は答えをもらったためしがない。一方で、もし「正しいおこないをしなければいけないのでしょうか」といった質問をすれば、ほとんどいつも答えが返ってきた。漠然とした事柄、とくに月並みな道徳的判断がかかわるような問いに対しては、こうした宇宙人は極端なほど嬉々《きき》として反応し

＊礼儀作法《デコーラム》のためには、これをテオーラムと発音されたい。

てくる。しかし特殊な、彼らがほとんどの人類が知っている以上の何かを本当に知っているかどうか確かめるチャンスのあるような事柄については、沈黙しか返ってこないのである。

フェルマーの最終定理は、ゴールドバッハの予想と同じように、数に関する命題で、誰も反例を見つけることができていなかった。ピエール・ド・フェルマーが古い数学書の余白に「私は真に驚くべき証明を見つけたが……それを書くにはこの余白では狭すぎる」と書いた一六三七年以来ずっと、これを証明するのは数学者たちにとって一種の聖杯であった。結局この「定理」は一九九五年に、英国の数学者アンドリュー・ワイルズによって証明された。それまでは、これはフェルマーの定理ではなく予想と呼ぶべきだと主張する数学者もいたのであるが。ワイルズの成し遂げた証明の長さと複雑さ、ならびに彼が最先端の二〇世紀の方法と知識に依拠していたことを考えて、ほとんどの数学者は、証明したというフェルマーの主張は(嘘をついたのではなく)勘違いだったのだろうと考えている。私がこの話をここでするのは、予想と定理の違いを明らかにしたかったというだけのことである。

すでに話したように、私は数学者の「定理」という用語を借用するつもりだが、礼儀を守るという理由で、数学の「定理(theorem)」の綴りを少し変えて「掟理(theorum)」と綴ることにする。進化論や地動説のような科学的掟理の意味は、『オックスフォード英語大辞典』の「1の意味の」理論と合致する。

[それは]観察または実験によって裏づけないし確立され、既知の事実を説明できるものとして提示ないしは受容された仮説。[または]既知の、または観察された事柄についての一般法則、原理、あるいは原因としてもちだされる発言[である]。

科学的な揑理《テオーラム》は、数学的な定理が証明されるようなやり方で証明されるわけではない——できないのだ。しかし常識は、地球が平らではなくて丸いというのが事実であり、緑の地球が太陽からエネルギーを得ているというのが事実であるというのと同じ意味で、それを事実《ファクト》として扱う。これらはすべて科学的揑理である。膨大な量の証拠によって支持され、すべての見識ある観察者に受け入れられた、言葉の通常の意味で、疑いのない事実なのである。あらゆる事実についてと同様、衒学的《ペダンティック》な立場をとるならば、私たちの観測機器、それを読みとる私たちの感覚器官は、大がかりな信用詐欺の犠牲者である可能性を否定できない。バートランド・ラッセルが言ったように、「われわれはすべて、いまから五分前に、できあいの記憶と、穴のあいた靴下と散髪の必要がある毛髪を与えられて出現したのかもしれない」。現在手に入る証拠を考えれば、進化が事実以外のなにものかであるためには、有神論者でも信じたいと思う人がほとんどいないような、創造主による信用詐欺のごときものが必要だろう。

そろそろ、「事実《ファクト》」の辞書的な意味を確認しておくべきときである。次に示すのは、『オックスフォード英語大辞典』の記述である（この場合もいくつかの定義があるが、ここに挙げたのは、関連のあるものだけである）。

事実（Fact）　実際に起こった事柄、あるいは実際にその通りであること。この性質をもつことが確実に知られている事柄。転じて、実際の観察や信頼できる証言によって知られている特定の真実で、単なる推測、あるいは予想やフィクションとは異なるもの。あるいは、一つの結論を導き出す材料となる実験データそのもののこと。

掟理と同じように、この意味での「事実」は、一連の仮定された公理から不可避的に導かれる証明ずみの数学の定理と同じような、厳格な地位はもっていないことに注意してほしい。加えて言うなら、「実際の観察や信頼できる証言」はおそろしく危ういものだが、法廷では過大評価されている。心理学的な実験によっていくつかの驚愕すべき結果が実証されており、それは「目撃」証拠に格別な価値を与える傾向のあるすべての法律家を不安がらせるはずである。有名な一例は、イリノイ大学のダニエル・J・サイモンズ教授がおこなった実験である。輪をつくって立ち並んだ六人の若者が二個のバスケットボールを互いにトスしあう様子が二五秒間にわたって撮影されている。そして私たち被験者はこの映像を見る。プレイヤーたちはボールをパスし、バウンドさせながら、輪のあいだをジグザグに出たり入ったりして場所を変えていくので、場面ははげしく動きまわり、きわめて複雑である。映像を見せられる前に、私たちは課題として、観察能力のテストを受けなければならないと言われていた。人から人へ何回パスが渡されたか、その総計を数え、最後に書き記せ、というものである。しかし——被験者は知るよしもないのだが——これは本当のテストではないのだ!

映像を見せて、集計結果を集めたあとで、実験者は爆弾を投下する。「それで、このうちでゴリラを見た人は何人いますか?」ほとんどの被験者はキツネにつままれたような顔をしている。みな呆然としている。実験者は映像をリプレイするが、今度は何も数えようとせずにくつろいだやり方で見るように被験者に告げる。驚いたことに、九秒たったところで、ゴリラの着ぐるみを着た一人の男がプレイヤーの輪の真ん中に悠然と歩み出、カメラの前で顔を向けて止まり、被験者に対して挑発的な侮辱をするかのように胸を叩いてから、入ってきたときと同じように、悠然と去っていった(カラー口絵八ページ参照)。ゴリラ男は九秒間ずっと——映像全体の三分の一以上——全身が映っていたのだが、にもかかわらず、大多数の視聴者は彼を見ていなかった。彼らは法廷で宣誓して、ゴリラの着ぐるみを着た男などいなかったと断言するだろうし、正確にボールのパス回数を数えていたのだから、二五秒間ずっと、普段より厳しい集中力をもって観察していたと断言するだろう。これと同じような線に沿った多くの実験がおこなわれていて、同じような結果が得られているし、最後に真相を示されたときに被験者たちは呆然としながら、信じられないという同じような反応を示した。目撃証言、「実際の観察」、「実験のデータ」といったものはすべて、どうしようもなく不確かなものなのであり、少なくともそうなる可能性がある。もちろん、舞台の奇術師たちは、観察者の側のまさにこの不確かさを、聴衆の気を散らすテクニックとして意図的に利用するのである。

　事実に関する辞書の定義は、「単なる推測ではないものとして、実際の観察や信頼できる証言」（傍点引用者）と述べている。「単なる」に込められた軽蔑的なニュアンスは、すこしばかり言い過ぎである。慎重な推論は、私たちの直感がそれを認めることにどれほど強く抵抗しようとも、「実際の観察」よりも信頼できることがありうるからだ。私自身、サイモンズの実験のゴリラを見落としたときにびっくり仰天したし、率直に言えば、ゴリラが本当にそこにいたことが信じられなかった。この映像を二度めに見て、惨《みじ》めになりながらも賢くなった私は、目撃証言を間接的な科学的推論より無条件で優遇するという誘惑に二度とふたたび駆られることはないだろう。ひょっとしたら、陪審員が評決のために退席する前に、このゴリラの映像、あるいはこれと似た類《たぐい》のものを見せるべきなのかもしれない。すべての判事についてもそうだ。

　推測が、究極的には感覚器官による観察にもとづかなければならないのは確かである。たとえば、DNAシークエンサーや大型ハドロン型加速器からのプリントアウトを読むのには眼を使う。しかし——あらゆる直感に反して——疑惑がかけられた実際に起こった事件（たとえば殺人のような）についての直接の観察が、その結果（血痕のなかのＤＮＡ）の間接的な観察よりもかならずしも信頼性が高いとはいえない。人違いは、ＤＮＡ証拠からの間接的な推論よりもむしろ、直接的な目撃証言からのほうが生じやすい。ちなみに、目撃証言にもとづいて誤って有罪とされ、のちに――ときには何年ものちに――ＤＮＡによる新しい証拠が出たために無罪となった人々の悲惨なほど長いリストがある。テキサス州だけでも、法廷でＤＮＡ証拠が認められるようになって以来、三五人の死刑囚が無罪放免になっている。そしてこれは、現在まだ生きている人だけの話なのだ。テキサス州が嬉々として死刑を執行した（ジョージ・Ｗ・ブッシュは知事在任中の六年間に、平均して二週間に一度、死刑執行令に署名した）ことを考えれば、彼らの時代にＤＮＡ証拠を使うことができていれば、死刑に処せられた相当な数の人が無罪放免になっていただろうと思わなければならない。

　この本では、推測（予想）――単なる推測ではなく、適切な科学的推論――をまじめに取り上げ、進化が事実であるという推測の否定しがたい力を示すつもりである。明らかなことだが、進化上の変化の圧倒的多数は直接の目撃観察によって見ることができない。そのほとんどは、私たちが生まれる以前に起こったものであり、いずれにしても、あまりにもゆっくりと進行するために個人の一生のあいだに見ることはできない。同じことはアフリカ大陸と南アフリカ大陸がたえまなく引き離されていく過程にも言える。第９章で見るように、それはあまりにもゆっくりと起こるので、私たちが気づかないだけの話だ。進化については、大陸移動についてと同じく、起こった出来事からの推測だけが、私たちが利用できる手がかりである。なぜなら、私たちはその出来事の起こったあとにしか存在しえないという明白な理由があるからだ。しかし、そのような推測の力を、一瞬たりとも過小評価してはならない。南アメリカ大陸とアフリカ大陸がゆっくりと分離しつつあるというのは、いまや、「事実」という言葉の通常の意味で確立された事実であり、私たちがヤマアラシやザクロと共通祖先をもつというのもそうである。

私たちは、犯罪が起こったあとで現場にやってくる探偵（あるいは刑事）のようなものである。殺人犯の行為は、過去の彼方に消えてしまっている。探偵は、実際の犯行を自分の目で目撃できる望みはないのだ。いずれにせよ、ゴリラの着ぐるみ実験その他の実験は、自分の目を疑うことを教えてくれている。探偵が実際に手にしているのは、残された痕跡であり、そこには自分の目などより信じられるものがどっさりある。すなわち、足跡、指紋（そして現在ではＤＮＡフィンガープリントも）、血痕、手紙、日記などだ。世界が現在の状態に至るためには、あれが起きてああなったという歴史ではなく、これが起きてこうなったという歴史でなければならないというのが、世界の在り方なのである。

辞書に載っている二つの意味の「理論」を隔てる断絶は、多くの歴史的な実例が示すように、橋を架けることができないほど大きな亀裂ではない。科学の歴史では、掟理はしばしば「単なる」仮説として始まる。大陸移動説のように、一つの考え方が嘲笑の泥沼にはまりこんだ状態から出発して、骨の折れる段階を一歩ずつ進んでいき、ようやく掟理、すなわち疑いのない事実の地位に達するということさえある。ここには哲学的にむずかしい問題は何もない。広く支持されていた過去の信念のあるものが決定的な形で誤りだと証明されるという事態があったとしても、だから、将来の証拠がつねに私たちの現在の信念の誤りを示すだろうと怖れなければならないわけではない。私たちの現在の信念の脆弱《ぜいじゃく》さの度合いは、とりわけ、それを支持する証拠がどれほど強力であるかによって決まる。かつて人々は太陽が地球よりも小さいと考えてきた。彼らは不十分な証拠しかもっていなかったからである。現在では私たちは、太陽のほうがはるかに大きいことを決定的に示す証拠をもっている。その証拠は以前には利用できなかったものであるが、それが取って代わられることはけっしてないだろうと、全面的な確信を寄せることができる。これは今のところ反証されずに生き残っているだけの、暫定的な仮説ではない。多くの事柄についての私たちの現在の信念は反証されることがあるかもしれないが、けっして反証されることがないはずの、いくつかの事実のリストを、完璧な確信をもって作成することができる。進化論と地動説は過去にはかならずしもそのリストのなかに含まれていたわけではなかったが、現在では入っている。

生物学者は、進化という事実（すべての生物は親戚関係にある）と、それが何によって推進されたかについての理論（ふつうは自然淘汰を意味し、ラマルクの「用不用」説や「獲得形質の遺伝」などの対抗理論と対比されることがある）とを区別することが多い。しかしダーウィン自身は、どちらも、暫定的、仮説的、推測的な意味での理論だと考えていた。これは、当時にあっては、利用できる証拠にそれほど説得力がなく、著名な科学者たちが進化についても自然淘汰についても異論を唱えることがまだ可能だったからである。現在では進化という事実そのものに異論を唱えることはもはや不可能である――それは徐々に前進して、掟理、すなわち明白に支持される事実となった――が、自然淘汰が主要な推進力であったという点については、まだ（辛うじて）疑いを容れる余地は残っている。

ダーウィンは自伝のなかで、一八三八年にマルサスの『人口論』を「ただ楽しみのために」（マット・リドレーの推測によれば、兄エラズマスの恐るべき知性をもつ友人、ハリエット・マーティノーの影響のもとで）読み、自然淘汰への着想を得たことのしだいを説明している。「こうして、ここに私はついに研究の手段として使える理論をえた」。ダーウィンにとって、自然淘汰は一つの仮説であり、正しいかもしれないが、まちがっているかもしれないものだった。彼は進化についても同じように考えていた。現在の私たちが進化の事実と呼ぶものは、一八三八年には、まだ証拠集めの必要がある仮説であった。ダーウィンが『種の起原』を出版するにいたる一八五九年には、進化論を前進させるだけの十分な証拠を蓄積していたが、自然淘汰についてはそうではなく、事実とみなし得る地位に達するまではまだ遠い道のりがあった。実際、偉大なる『種の起原』の大部分でダーウィンの心を占めていたのは、この、仮説から事実への昇格であった。この昇格作業はずっとつづいてきたが、今日では、まじめにものを考える人間のあいだでは疑問はもはや存在せず、科学者たちは、少なくとも非公式には、進化を事実とみなしている。あらゆる一流の生物学者は自然淘汰がもっとも重要な進化の推進力の一つであることに同意しているが、ただ——一部の生物学者が他の生物学者よりも強く主張するように——、それが唯一の推進力ではない。たとえ、唯一のものではないとしても、適応的進化——正の改良に向かう——の推進力として自然淘汰の代案をあげることができるまっとうな生物学者に、私はまだお目にかかったことがない。

　この本の残りの部分で、私は進化が逃れようのない事実であることを実証し、その驚くべき力、単純さ、そして美を讃えるつもりである。進化は私たちの体の内部に、身の回りに、人々のあいだに存在し、その摂理は何十億年昔の岩石のなかに埋め込まれている。たいがいの場合、目の前で進化が起こるのを観察できるほど私たちが長生きできないことを考えると、事件のあと犯行現場にやってきて推理をおこなう探偵の喩えに立ち戻るべきだろう。科学者を進化という事実に導く推論は、私たちがこれまで、どんな法廷で、どんな時代に、どんな犯罪の罪の立証に用いられたどんな目撃証言よりも、はるかに数多く、はるかに説得力があり、はるかに議論の余地ない証拠に支えられている。合理的疑いを超えた証明？　合理的な疑いだって？　それは、歴史上もっとも控えめな表現というものだ。

第2章　イヌ・ウシ・キャベツ

ダーウィンが舞台に登場するまで、なぜそんなに長い時間がかかったのだろう？　一見したところでは、二世紀前にニュートンによって――あるいは、実際には二〇〇〇年前にアルキメデスによって――示された数学的な考え《アイデア》よりもはるかにたやすく把握できそうに思える、美しいほどに単純な考えに人類が気づくことを、何がいったい遅らせたのだろう？　これまで多くの答えが提案されてきた。ひょっとしたら、大きな変化が起こるのに要する時間の長さに、知性ある人々も恐れをなしたのかもしれない――私たちが地質学的時間（deep time）と呼ぶものと、それを理解しようと試みる人間の寿命と理解力の不釣り合いゆえに。ひょっとしたら、私たちを後ろに引き留めていたのは宗教的な洗脳だったかもしれない。あるいはひょっとしたら、たとえば眼のような、生物の器官の圧倒されるような複雑さだったかもしれない。その複雑さは熟達した技術者によって設計《デザイン》されたという、魅惑的な錯覚をもたらすからである。おそらく、こうしたことすべてがかかわっていたのであろう。ネオダーウィン主義的総合にかかわった大御所、エルンスト・マイアは二〇〇五年に一〇〇歳で亡くなったのだが、繰り返し、もう一つ別の疑念を発していた。マイアにとって、その犯人は、本質主義――現代風の名前でいえば――という古来の哲学的教義であった。進化の発見は死せるプラトンの影響力によって、妨《さまた》げられたのだ(*)。

死《デッド》せるプラトン《ハンド・オブ・プラトン》の影響力

プラトンにとって、私たちが目にしていると思う「実在《リアリティ》」は、私たちが囚われている洞窟の壁に、かがり火のゆらめきがつくりだす影にすぎない。他の古代ギリシアの思想家と同じように、プラトンは根本的には幾何学者であった。砂に書かれたあらゆる三角形は、三角形の真の本質の不完全な影にすぎない。本質的な三角形の線は、幅をもたず長さだけの純粋にユークリッド的な線である。線は無限に幅が狭く、平行な二本は交わらないものと定義される。本質的な三角形の角の和は、実際に、ぴったり二直角になり、それよりピコ秒［一〇の一二乗分の一秒］角たりとも多くも少なくもない。砂に書かれた三角形ではそうは言えない。そうでなく、砂に書かれた三角形は、プラトンにとっては、理念的で、本質的な三角形の不安定な影でしかないのである。

マイアによれば、生物学は、生物学独自の本質主義に悩まされている。生物学的本質主義は、バクやウサギ、センザンコウやヒトコブラクダを、あたかも三角形、菱形《ひしがた》、放物線、あるいは一二面体であるかのように扱う。私たちの見るウサギは、あらゆる完全な幾何学の形体とともに、概念空間のどこかに漂っている完全なウサギの「イデア」、すなわち理念的で、本質的で、プラトン流のウサギの青白い影なのである。血肉《けつにく》をもつウサギは変異があるかもしれないが、それらの変異体はつねに、ウサギの理想的な本質《エッセンス》から逸脱した欠陥品とみなされるのである。

なんとも絶望的なほど反進化論的な図式ではないか！　プラトン主義者はウサギに見られるどんな

変化も本質的なウサギからの勝手気ままな離脱であり、つねに、変化に対する抵抗が存在するにちがいない——あたかも、あらゆる実在のウサギは天空にいる本質的なウサギと目に見えないゴム紐につながれているかのように——と、みなすのである。進化論的な見方はそれとは根本的に対立する。子孫は祖先の形から無限に離れ、お互いどうしも離れて、未来の変異体の潜在的な祖先となる。実際に、ダーウィンの自然淘汰による進化を、彼と独立に同時に発見したアルフレッド・ラッセル・ウォレスは、自らの論文を「変種がもとの型《タイプ》から無限に遠ざかる傾向について」と題していた。

　もし、「標準的ウサギ」がいるとすれば、その栄誉は、疾走し、跳びはねる、変異に富んだ実在のウサギたちの釣り鐘型の分布曲線の中心であることを表しているにすぎない。そしてこの分布は時間とともに移行する。世代が進行するにつれて、徐々に移っていき、いつだとは明確に定義できないが、私たちがウサギと呼ぶものの規範《ノーム》が、別の呼び名を与えたほうがふさわしいところまで逸脱していく時がくるかもしれない。永久不変のウサギ性や、天空に漂うウサギの本質などは存在せず、存在するのは、大きさ、形状、毛色、性癖などに関して統計学的な分布を示している、毛がふさふさし、耳が長く、糞食性で、ヒゲをぴくぴくと動かす個体の集団だけなのである。かつて古い分布曲線の、耳のもっとも長い側の端にいた個体が、地質学的時間の後のほうでの新しい分布曲線では中心に見いだされるかもしれない。十分に大きな世代数が与えられれば、祖先の分布曲線と子孫の分布曲線はまったく重複部分をもたなくなるかもしれない。つまり祖先集団でもっとも長い耳をもつ個体の耳が、子孫の集団のもっとも短い耳をもつ個体の耳よりも短いかもしれないのだ。しかし、進化の過程にあるいかなる世代においても、集団内の支配的なタイプが、その前の世代あるいはその次の世代の最頻値《モード》の

＊これはマイアの言葉ではないが、彼の考えを表現している。

タイプから、大きくかけ離れていることはない。こういう考え方こそ、マイアが集団思考と呼んだものである。彼にとって、集団思考は、本質主義の正反対《アンチテーゼ》のものであった。マイアによれば、ダーウィンが理解に苦しむほど遅い時期に舞台に登場することになった理由は、私たちすべてが――ギリシア思想の影響であれ、その他の理由であれ――精神のDNAのなかに焼きつけられた本質主義をもっていることだった。

プラトン主義の遮眼帯《しゃがんたい》をかけられた精神にとっては、ウサギはどこまでいってもウサギなのだ。類としてのウサギは、統計的平均値の移ろいゆく雲のようなものであるとか、現在の典型的なウサギは一〇〇万年前の典型的なウサギ、あるいはこれから一〇〇万年後の典型的なウサギとは異なっているかもしれないとほのめかすのは、内面のタブーを冒《おか》すことのように思われる。実際、言語の発達を研究している心理学者によれば、子供は生来の本質主義者だという。ひょっとしたら、精神の発達にともなって、さまざまな事物を明確なカテゴリーに分類し、それぞれに固有の名詞を冠していくあいだ正気を保っていなければならないとしたら、本質主義者でいなければならないのかもしれない。創世神話において、アダムが最初にしたのが、すべての動物に名前を与えることだったというのも、驚くにあたらない。

したがって、マイアの見方では、人類がダーウィンの出現を一九世紀もずっと遅くまで待たなければならなかったのも、驚くにあたらない。進化がどれほど反本質論的であるかを劇的に表現するためには、次のことを考えてみてほしい。「集団思考」の進化論的な見方においては、あらゆる動物は他のあらゆる動物と、たとえばウサギはヒョウと、あいだにある中間種の連鎖によってつながっていて、連鎖のどこをとっても、隣どうしは互いに非常によく似ているために、原則として、連鎖の隣りあう種は交雑して、繁殖能力をもつ子供を産むことができる。これ以上完膚《かんぷ》なきまで本質主義者のタブーを冒すことはできないだろう。そして、これは、想像だけに限られた漠然たる思考実験の類《たぐい》ではないのだ。進化論的な見方においては、ウサギとヒョウをつなぐ一連の中間動物が現実に存在し、それらのどの一つといえども命をもって生きていたのであり、どれもみな、なめらかに連《つら》なる長い連続体のどちらかの側に隣接する動物とは同じ種《しゅ》として位置づけられてきたことだろう。実際に、こうした連鎖の一つ一つの環《わ》は、どれも、一方で隣の個体の子供であり、もう一方では隣の個体の親だったのである。しかし、この連鎖の全体はウサギとヒョウをつなぐ、切れ目のない架け橋を構成しているのである――ただし、これから見ていくように、「兎ヒョウ」はけっして存在したことはない。同じような架け橋は、ウサギからウォンバット、ヒョウからロブスター、あらゆる動物から植物その他あらゆる生物までのあいだに存在する。ひょっとしたらあなたはもう、この驚くべき結論が進化論的な世界観から必然的に引き出される理由を自分で推論できたかもしれないが、ともかく、説明させてほしい。私はこれをヘアピン思考実験と呼ぶことにする。

ウサギ、それも任意の雌ウサギ（雌にこだわるのは便宜《べんぎ》上の恣意《しい》にすぎず、雄であったとしても議論にはなんの違いもない）をとりあげてみよう。その母ウサギをすぐ隣におく。今度は祖母ウサギを母ウサギの隣におく。この作業をどんどん後ろにさかのぼって一〇〇万年もつづければ、果てしなく見える雌ウサギの系列ができ、どのウサギも自分の母親と娘のあいだにサンドイッチになっている。私たちは、時間を過去にさかのぼりながら、この系列に沿って監察官のように注意深く調べていく。歩いていくにつれて、ついに、いま通り過ぎようとしている大昔のウサギが、前に見た現生のウサギとほんの少しちがっていることに気がつく。しかし変化の速度はあまりにもゆっくりであるために、世代から世代への変化の趨勢《すうせい》には気づきようがない。ちょうど時計の時針の動きに気づくことができないのと同じである――子供の成長も同じことで、ずっと時間がたってからでないと、娘がティーンエージャーになったことに、さらに後に大人になったことに気づくことができない。世代から世代へのウサギの変化に気づかないもう一つおまけの理由は、どの一〇〇年をとっても、その期間の個体群内部の変異のほうが、母と娘のあいだの変異よりもふつうは大きいことである。そのため、母親と娘、あるいは実際に祖母と孫娘との比較によって「時計の時針」の動きを見極めようと試みたとしても、見つかるようなわずかな相違は、そのあたりの草原を跳ね回っている当のウサギの友人や親戚たちのあいだに見られる相違によって埋没させられてしまうだろう。

にもかかわらず、私たちが時間をさかのぼっていくにつれて、気づかないうちながら着実に、ますますウサギには似ておらず、ますますトガリネズミによく似た（そして、どちらにも非常によく似ているわけではない）祖先にたどりつくだろう。そうした動物の一つを、以下を読んでいけばしだいに明らかになる理由から、私はヘアピン動物と呼ぶことにする。この動物は、ウサギとヒョウのもっとも最近の共通祖先（雌の系列においてだが、この点は重要ではない）である。それが正確にどのような姿をしていたのかはわからないが、それがまぎれもなく存在したことが、進化論的な視点から導かれる。すべての動物と同じように、それはそれ自身の母親や娘と同じ種のメンバーである。ここから、さらに歩みを進めていくが、先ほどと違うのは、私たちがヘアピンカーブを曲がり、時間を現在方向へと、ヒョウを目指していくことだけだ（このヘアピン動物からの系列には多種多様な子孫がいるので、絶えず分かれ道に出会うことになるが、私たちはつねに、最終的にヒョウにたどりつく道だけを選んでいくことにする）。時間を現在に向かって歩むなかで、それぞれのトガリネズミに似た動物の次にはその娘が並んでいる。ゆっくりと、目に見えないほどの程度に、このトガリネズミに似た動物は変化していき、現生のいかなる動物とも似ていないがお互いどうしは強く類似した中間種を経て、ひょっとしたらどことなくオコジョに似た中間種を通り過ぎて、最終的には、いかなる種類の急激な変化にも気づくことなく、私たちはヒョウに到達するのである。

この思考実験については、言っておかなければならない事柄がいろいろある。第一に、私たちはたまたま、ウサギからヒョウまでの道を歩くことを選んだのだが、ヤマアラシからイルカ、ワラビーからキリン、あるいはヒトからタラまでの道を選ぶこともできたのだと、再度繰り返しておきたい。肝心な点は、どんな二つの動物を取り上げても、あらゆる種はあらゆる他の種と一つの祖先を共有しているという単純な理由のゆえに、両者を結びつけるヘアピン回路が存在するに違いない。私たちがなすべきは、一つの種から共通祖先まで時間をさかのぼって歩いていき、それからヘアピンカーブを曲がって、もう一つの種に向かって時間を前に進んでいくことだけである。

第二に、ここでは、現生のある動物を現生の他の動物とつなぐ連鎖について語っているということに注意してほしい。断じてウサギをヒョウに進化させているのではない。私たちが、ヘアピン動物まで進化を逆にたどり、そこからヒョウに向かって進化を進めていると言うことはできると思う。後の章で見るように、残念なことだが、現生の種は他の現生の種に進化するのではなく、あくまで他の種と共通の祖先をもつ、つまり親戚どうしなのだということを、繰り返し何度も説明する必要がある。これはまた、後でわかるように、「もし人類がチンパンジーから進化したのなら、どうしてまだチンパンジーがいるのですか？」という、いらいらするほど頻繁にだされる訴えに対する答えでもある。

第三に、ヘアピン動物から現在方向へ行進を始めるにあたって、私たちは恣意的にヒョウに至る道を選んだのである。これは進化的な歴史の本当の道筋には違いないが、これは重要な論点なので、言葉をかえて繰り返せば、この途上で私たちは、数え切れないほどある他の終着点に向けての進化をたどることができる、無数の分かれ道を無視するという選択をしているのである——なぜなら、このヘアピン動物は、ウサギやヒョウだけでなく、現生哺乳類の大部分にとっての大祖先なのだから。

第四は、すでに強調したことだが、ヘアピン動物からの両端の終着点——たとえばウサギとヒョウ——のあいだの相違がどれだけ根元的で大きなものであろうとも、両者を結びつけている連鎖の一歩一歩は、ごくごく小さいものにすぎない。この鎖の上に並んだあらゆる個体は、その両隣と、母親と娘が似ているのと期待されるのと同じ程度に似ている。そして、すでに述べたように、周囲の集団の典型的なメンバーとよりも、連鎖の隣どうしのほうがより似ているのである。

この思考実験が、いかにして、プラトンの理念的な形［イデア］というギリシア神殿に風穴を開けているかおわかりいただけるだろう。そして、人間に深く本質主義的な先入観がしみこんでいると言ったマイアがもし正しければ、歴史的に進化を受け入れることが人類にとってあれほどむずかしかった理由についても、彼が正しいと考えていいことがわかるだろう。

「本質主義」という言葉そのものは一九四五年になるまで発明［カール・K・ポパーによって］されなかったので、ダーウィンが使うことはできなかった。しかし彼は、その生物学版ともいうべき「種の不変性」についてはよくよく知っており、彼の努力の大半は、その名のもとでの本質主義と闘うことに向けられた。実際、進化についての現代の前提条件を捨て、聴衆の大部分が種の不変性をまったく疑っていない本質主義者たちであったことを思い起こしさえすれば、ダーウィンが何冊かの著作で——『種の起原』そのものよりも他の本でより頻繁に——言っていたことが十全に理解できるだろう。この想定されていた不変性に反論するダーウィンのもっとも有効な武器は、家畜栽培化からの証拠であり、本章の残りの部分では、まさにその家畜栽培化を扱う。

遺伝子プールを彫りだす

ダーウィンは動植物の飼育栽培について熟知していた。彼は愛鳩家《あいきゅうか》や園芸家と親しくし、イヌが大好きだった(*)。ダーウィンはこの問題についてまるまる一冊の本を書いている。『家畜および栽培植物の変異』には、イヌ、ネコ、ウマ、ロバ、ブタ、ウシ、ヒツジ、ヤギ、ウサギ、ハト（二章にわたっている。ダーウィンはハトがとりわけ好きだった）、ニワトリ、他のさまざまな鳥類、および驚くべきキャベツを含むいくつかの植物について、それぞれ一章が当てられている。キャベツは、本質主義と種の不変性に真っ向から対立する植物である。野生のキャベツ（ヤセイカンラン *Brassica oleracea*）は、目立たない植物で、雑草化した野菜のキャベツにどことなく似ている。ほんの数世紀のあいだに、選抜育種という道具箱に用意された、刃先の鋭いものから幅広のものまで取りそろえた鑿《のみ》を巧みに使いこなして、園芸家たちはこのどちらかといえばなんの変哲もない植物を、ブロッコリー、カリフラワー、コールラビ、ケール、メキャベツ、キャベツ、ロマネスコ、そしてもちろん、その他いまでもキャベツと総称されるさまざまな種類の野菜など、お互いどうしが驚くほど異なっているだけでなく、野生の祖先種とも大きく異なる野菜につくりかえたのである。

もう一つのよく知られた例は、オオカミ（*Canis lupus*）から、英国ケンネル・クラブによって認定されている二〇〇以上のイエイヌ（*Canis familiaris*）の品種がつくりだされたことで、膨大な数の品種は、血統育種のアパルトヘイト的なルールによって遺伝的に互いに隔離されている。

ついでにいえば、あらゆるイエイヌの野生の祖先は、本当にオオカミで、唯一オオカミだけだった

＊こんなに気のいい動物だというのに、誰がイヌを好きにならずにいられようか？

と思われる（ただし、家畜化は世界中のさまざまな場所で独立に起こったのかもしれない）。進化論者はつねにそう考えてきたわけではない。ダーウィンは、同時代の多くの人間と同様、イエイヌの祖先としてはオオカミやジャッカルを含めて、何種かの野生のイヌ科動物がいたのではないかと推測していた。ノーベル賞受賞者であるオーストリアの動物行動学者《エソロジスト》コンラート・ローレンツも同じ見方をしていた。彼が一九四九年に著《あらわ》した『人イヌにあう』は、イヌの品種は大きく二つのグループに、すなわちジャッカル由来のもの（大多数）とオオカミ由来のもの（ローレンツ自身のお気に入りで、チャウチャウを含む）に分けられるという見方を推奨している。ローレンツは、各品種の気質や特徴のなかに見いだされると考えた相異以外には、この二分法を支持する証拠はなにももっていなかったように思われる。この問題は、分子遺伝学が登場して決着をつけるまで、未解決のままだった。現在では疑問の余地はない。イエイヌにジャッカルの祖先はまったくかかわっていない。すべてのイヌの品種は改変されたオオカミなのだ。ジャッカルでもなく、コヨーテでもなく、キツネでもない。

家畜栽培化という過程から私が引き出したいと思っている要点は、野生動物の形状や行動を変えるその驚くべき力と、変化の速さである。飼育栽培家《ブリーダー》はまるで、かぎりない可塑性《かそせい》をもつ粘土を使う塑《そ》像《ぞう》製作者か、あるいは鑿を巧みに操る彫刻家のごとく、イヌでもウマでも、ウシでもキャベツでも、自在につくりだすことができるようだ。このイメージについてはすぐ後で立ち戻るつもりである。家畜栽培化と自然の進化との関連は、選抜淘汰の実行者《エージェント》が自然でなく人間ではあるとはいえ、この過程がその他の点ではまったく同じだということにある。これこそ、ダーウィンが『種の起原』の冒頭で、あれほどまで家畜化に重きを置いた理由である。人為選抜（人為淘汰）によって、誰もが進化の原理を理解できる。自然淘汰は、一カ所だけ些細《ささい》な違いがあるだけで、同じものなのだ。

厳密に言えば、飼育栽培家（彫刻家）が彫りだすのは、イヌまたはキャベツの体ではなく、品種または種の遺伝子プールである。遺伝子プールという概念は、「ネオダーウィン主義的総合」という名前で通っている知識と理論の総体にとって枢要《すうよう》である。ダーウィン自身はそれについて何も知らなかった。彼の知的世界にそれは含まれてはおらず、実際には遺伝子も含まれていなかった。もちろんダーウィンは、特徴（形質）が家系に伝わることには気づいていた。子供が両親や兄弟姉妹と似る傾向があることにも気づいていた。イヌやハトの特別な形質を純系として維持できることにも気づいていた。遺伝性は彼の自然淘汰説の中心的な立脚点であった。しかし、遺伝子プールというのはそれとは別のものである。遺伝子プールという概念は、メンデルの遺伝法則のうちの「独立の法則」［個々の遺伝子は次世代への遺伝に際して互いに影響を及ぼさないという法則。ただしメンデル以降に例外が知られるようになった］に照らしてのみ意味をもつ。ダーウィンがメンデルの法則を知ることはけっしてなかった。なぜなら、遺伝学の父とされるオーストリアの修道士グレゴール・メンデルはダーウィンと同時代の人間であったが、彼が自らの発見を発表したドイツの雑誌をダーウィンは見たことがなかったからである。

メンデル流の遺伝子は、悉無律《しつむりつ》（オール・オア・ナッシング）にしたがう実体である。あなたが受胎したとき、父親から受け継ぐのは、青の絵の具と赤の絵の具を混ぜ合わせて紫色をつくるようにして、母親から受け継いだ物質と混ぜ合わせるような物質ではないのだ。もしそちらのほうが本当に遺伝が作用する仕組みであったなら（ダーウィンの時代に、人々が漠然と考えていたように）、私たちはすべて、両親の中間地点、中くらいの平均値になるだろう。その場合には、あらゆる変異は集団から急速に姿を消すだろう（紫色の絵の具と紫色の絵の具をどれほど一生懸命に混ぜ合わせたとしても、もとの赤色や青色を取り戻すことはできない）。もちろん、実際には、集団内で変異が減少するというそのような内在的な傾向など存在しないことは、誰の目にも明らかにわかる。メンデルは、父親の遺伝子と母親の遺伝子が（「遺伝子」という言葉が造語されたのは一九〇九年になってからなので、彼にはこの言葉は使えなかった）、絵の具の混ぜあわせのようではなく、どちらかといえば、一セットのトランプのカードを何度もシャッフルするような形で組み合わせられるからそうなるのだということを示した。今日《こんにち》では、遺伝子は一定の長さのDNA暗号の配列であって、トランプのカードのように物理的に切り離されたものではないことがわかっているが、この原理は依然として有効である。つまり遺伝子は混ぜ合わされるのではなくシャッフルされるのだ。ただし、一団のカードは、偶然の機会がたまたま訪れて離れればなれになるまで、数世代にわたるシャッフルのあいだ互いにくっつきあったままいるので、シャッフルのされ方はけっしてよくはないのだが。

あなたの卵子（あるいはあなたが男なら精子）のどれもが、特定の遺伝子に関して父親由来版か母親由来版のどちらかを含んでおり、両者の混合遺伝子をもつわけではない。そしてその特定の遺伝子はあなたの四人の祖父母のうちの一人、一人だけに由来し、八人の曾祖父母のうちの一人、たった一人から由来するものなのである。(*)

後から考えてみれば、このことは最初からずっと明らかであったはずだ。あなたが雄と雌を交配させるとき、息子か娘が生まれることを予想しているのであって、両性具有の子が生まれるなどとは思ってもいないだろう。(**) 後から考えてみれば、書斎にいるどんな研究者でも、ありとあらゆる形質がこれと同じ、オール・オア・ナッシングの遺伝の原理にしたがっていると一般化できたはずである。興味深いことに、ダーウィン自身はおぼろげながらも、これに近いところまできていたのだが、この関連を完全に理解する直前に止めてしまった。一八六六年に彼は、アルフレッド・ウォレスに宛てた手紙にこう書いている。

親愛なるウォレス様
　いくつかの変種が混じり合わないという言い方で私が何を意味しているか、理解していただけるとは思っていません。それは稔性《ねんせい》の有無［種子ができるかどうか］を言っているのではありません。一例をあげて説明しましょう。私は花の色が非常に異なる変種であるマメ科のペインテッドレディ［*Gompholobium scabrum*］と紫スイートピーを交配させたところ、完璧な両変種が、同じ鞘からさえ得られたのですが、中間的な形質のものは一つもなかったのです。これと同じような種類のことが、貴殿のチョウでも最初に起こったにちがいないと考えるべきだと思っています。……こうした事例は、見たところではとてもすばらしいものですが、それが本当に、この世のあらゆる雌が、明確な雄または雌の子供を産むということよりもすばらしいものなのかどうか、私にはわかりません。

ダーウィンは、遺伝子（今日の私たちならそう呼ぶ）は混じり合わないというメンデルの法則を発

＊これは、メンデルが提唱した遺伝学のモデル、および、一九五〇年代のワトソン＝クリック革命までの、すべての生物学者が従っていた遺伝学のモデルにもとづけば厳密に本当だといえるだろう。現在の私たちがDNAの長い一続きとしての遺伝子について知っていることからすれば、それは真実に近いが、完全な真実ではない。ただ、事実上それを真実とみなしてもかまわない。
＊＊私が子供時代を過ごした農場に、アルーシャと呼ばれる、特別に気性が荒く攻撃的な雌ウシが飼われていた。アルーシャは「変わり者」で、厄介者だった。ある日、牧童のエヴァンスさんが、嘆くような調子でこう言った。「俺にはアルーシャは、どっちかといえば、雄ウシと雌ウシの雑種のように思えるよ」。

見するほんのすぐそこまで近づいていた(*)。この事例は、ヴィクトリア朝時代の他の科学者、たとえばパトリック・マシューやエドワード・ブライスがダーウィン以前に自然淘汰を発見していたという、義憤に駆られたさまざまな擁護者たちによる主張とよく似ている。ダーウィンも認めているように、ある意味でそれは真実であるが、証拠が示すところでは、彼らはそれがどれほど重要なことかを理解していなかったと、私は思っている。ダーウィンやウォレスとちがって、彼らはそれが普遍的な意義をもつ一般的現象——あらゆる生物の進化を改良の方向に向かって推し進める力をもつ——であるとはわかっていなかった。同じように、ウォレス宛のこの手紙は、ダーウィンが遺伝は混じり合わない性質をもつという要点を把握するところまでじれったいほど近づいていたことを示している。しかし、彼はその普遍性を見ぬけず、とりわけ変異がなぜ集団から自動的に消え去らないのかという謎に対する答えになることに気づかなかった。その仕事は、時代の先を行きすぎたメンデルの発見を足場とした、二〇世紀の科学者まで待たなければならなかった(**)。

ここでいよいよ、遺伝子プールという概念が意味をもちはじめる。有性生殖をしている集団、たとえば、南大西洋の孤島、アセンション島のすべてのネズミでは、この島のすべての遺伝子はたえずシャッフルされている。どの世代でも前の世代より変異が少なくなるという固有の傾向は存在しない。つまり、ほおっておけばみんななんの変哲もないありふれた灰色の中間型になっていくというような傾向は存在しない。世代を重ねていっても、遺伝子は原型を保ち、個体から個体へとシャッフルされていくが、けっして互いに混じり合うことはなく、互いに汚染しあうことはない。いつどんなときにも、遺伝子はすべて、個々のネズミの体のなかに収まっているか、さもなければ精子を介して新しいネズミの体に移動している。しかし、数多くの世代を見渡す長期的な視野をとれば、この島のネズミのすべての遺伝子が、よく切られた一セットのトランプのカードのように、混ぜ合わされていることがわかる。

アセンション島のような小さな孤島にすむネズミの遺伝子プールは、どの一匹のネズミについても最近の祖先が島のどこかに生息していた可能性はあるが、ごくまれに船でやってくる密航者はあるとしても、おそらく、近い祖先がこの島以外にはどこにもいないだろうという意味で、自己完結的で、

＊メンデルが結果を発表したドイツ語の雑誌の製本されたものをダーウィンが一部もっていたが、当該のページはダーウィンが死んだときにカットされていないことがわかったという、根強い、しかし誤った噂が存在する。このミームはおそらく、彼がW・O・フォッケによる『植物の雑種（*Die Pflanzen-mischlinge*）』と題する本を所持していたという事実から生まれたものであろう。フォッケは実際に、メンデルに簡単に触れており、そしてそれが書かれているページは、ダーウィンの本では実際にカットされていなかった。しかし、フォッケはメンデルの研究をとくに重要視していなかったし、その深遠な意義を理解していたという証拠も示していない。したがって、ダーウィンがたとえ当該のページをカットしていたとしても、それを取り上げたかどうかは判然としない。いずれにせよ、ダーウィンのドイツ語はたいしたことがなかった。もし彼がメンデルの論文を読んでいたとしたら、生物学の歴史は非常にちがったものになっていただろう。メンデル自身でさえ、自分の発見の重要さを十全に理解していたかどうか議論の余地がある。もし本当に理解していたら、ダーウィンに手紙を書いていてもよかった。ブルノにあるメンデルの修道院の図書室で、私は、『種の起原』のメンデル自身の所蔵本（ドイツ語版）を手に取り、彼自身の書き込みを見たことがあるが、ということは、メンデルはあの本を読んでいたことになる。
＊＊一九〇八年に、愛すべき変わり者で、クリケット好きの数学者G・H・ハーディーと、それとは独立に、ドイツの医師、ヴィルヘルム・ヴァインベルク［ふつうワインベルクと表記される］が着手したこの理論は、偉大な遺伝学者にして統計学者でもあったロナルド・フィッシャーと、またしてもそれとはほぼ独立に、ともに集団遺伝学の共同創始者となったJ・B・S・ホールデンとシューアル・ライトの研究へと発展した。

かなりよくかき混ぜられたプールではないかと私は推測している。しかし、ユーラシア大陸のような大きな陸塊《りくかい》に生息するネズミの遺伝子プールは、それよりはるかに込み入ったものだろう。マドリードに生息するネズミは、その遺伝子の大部分を、たとえばモンゴルやシベリアよりも、ユーラシア大陸の西端に生息している祖先から受け継いでいることだろう。それは、遺伝子の流れを妨《さまた》げる特別な障壁（そういうものが存在するのも事実だが）のためというより、そこにかかわる純然たる距離のせいである。有性生殖のシャッフルによって一つの遺伝子を大陸の一方の端から反対側の端まで動かすには時間がかかる。河川《かせん》や山脈のような物理的な障壁がなくとも、そのような大きな陸塊を横断する遺伝子の流れはなお十分に遅く、「粘性流《ねんせいりゅう》」と呼ぶに値する。ウラジオストックに生息するネズミの遺伝子の大部分は、もとをたどれば東アジアに生息した祖先にいきつくだろう。ユーラシア大陸の遺伝子プールも、アセンション島におけるのと同様にシャッフルされるのだろうが、そこに含まれている距離のために、均一にシャッフルされることはない。さらに、山脈や大河、あるいは砂漠といった部分的な障壁が、均一なシャッフルの邪魔をし、その結果、遺伝子プールはいくつかの区画に分かれ、入り組んだものになっていく。こうした複雑化は、遺伝子プールという概念の価値を低めるものではない。完全にかき混ぜられた遺伝子プールというのは、完全な直線という数学者の抽象と同じように、便宜上の抽象である。実在の遺伝子プールは、アセンション島のような小さな島においてさえ、不完全な近似であり、部分的にしかシャッフルは起こっていない。島が小さければ小さいほど、分割が少なければ少ないほど、完全にかき混ぜられた遺伝子プールという抽象的理想にますます近づくのである。

遺伝子プールについてここまで繰り広げてきた論考を一言で言うなら、私たちが集団のなかで見ている動物個体のそれぞれは、その時点での（あるいはむしろその親の時代の）遺伝子プールの抽出標《サンプリン》本《グ》なのだ、ということになろうか。遺伝子プールのなかに、特定の遺伝子の頻度が増えたり減ったりする固有の傾向は存在しない。しかし、ある遺伝子プールの特定の遺伝子に一貫した増加ないし減少が見られるときには、それはまさしく、まぎれもない進化を意味している。したがって、そこから、ある遺伝子の頻度に一貫した増加ないし減少が起こるのはなぜかという疑問が生じる。もちろん、ここから話が面白くなりはじめるのであり、おいおい、そちらに進んでいくことにする。

　イエイヌの遺伝子プールには、奇妙なことが起きている。純血種のペキニーズやダルメシアンのブリーダーは、一つの遺伝子プールから別の遺伝子プールへの交雑を妨げるために、ありとあらゆる手を尽くす。何世代にもわたる種付け犬の名簿が残されており、純血種ブリーダーにとって混血は、起こってはならない最悪の出来事である。イヌの各品種は、あたかも彼ら自身の小さなアセンション島に幽閉され、他のあらゆる犬種から引き離されているかのようである。しかしこの場合、交雑を妨げているのは、青い海原ではなく人間のルールにほかならない。地理学的にはすべての犬種は分布が重なっているが、飼い主が交尾の機会を規制しているために、彼らにとっては孤島で暮らしているようなものである。もちろん、たまにルールは破られる。船に乗ったネズミがアセンション島に密入国するように、たとえば、ホイペットの雌がつながれた紐から逃げて、スパニエルと交尾するのである。しかしその結果生まれた雑種の子イヌは、どんなに可愛いイヌだろうと、純血ホイペットという札《ふだ》のついた島からは放逐される。この島は純粋なホイペットの島でありつづけるのだ。他の純血のホイペットたちが、ホイペットという札のついた仮想の島が汚されることのない存続を保証してくれる。一つ一つの純血種にあてられた人工的な「島」は数百もある。それぞれの島は、地理的にどこにあるかを言えないという意味で、仮想の島である。純血種のホイペットやポメラニアンは世界中の異なる多くの場所で見つかり、ある地理的な場所から別の場所への遺伝子の移送には自動車、船、飛行機が使われる。ペキニーズの遺伝子プールである仮想の遺伝的な島は、ボクサーの遺伝子プールである仮想の島やセントバーナードの遺伝子プールである仮想の島と、地理的には重なり合っているが、遺伝的には(雌が逃げ出した場合を除いて)重なっていない。

さていよいよ、遺伝子プールに関して論じるきっかけとなった発言に戻ろう。もし人間のブリーダーを彫刻家とみなすのなら、彼らが鑿で刻んでいるのは、イヌの肉体ではなく、遺伝子プールである。ブリーダーは、たとえば、将来のボクサーの鼻づら(吻《ふん》)を短くすることが狙いだと公言するかもしれないので、対象はイヌの肉体のほうであるように見える。そして、そのような意図からもたらされる最終産物は、まるで祖先のイヌの顔に鑿が振るわれたかのように、短い鼻づらになるだろう。しかし、これまで見てきたように、どの一世代の典型的なボクサーも、その時代の遺伝子プールの抽出標本《サンプリング》なのである。長年にわたって彫られ、削られてきたのは遺伝子プールなのだ。長い鼻づらのための遺伝子が遺伝子プールから削りとられ、短い鼻づらのための遺伝子に置き換えられたのである。ダックスフントからダルメシアン、ボクサーからボルゾイ、プードルからペキニーズ、グレートデーンからチワワまで、あらゆる犬種は、文字通りの肉と骨ではなく、その遺伝子プールを彫られ、削られ、こねられ、成形されてきたのである。

すべてが彫刻によってなされるわけではない。私たちがよく知っている犬種の多くは、もともと他の品種との交雑に由来するものであり、それもしばしばごく最近、たとえば一九世紀に起きたことである。もちろん雑種づくりは、仮想の島における遺伝子プールの隔離に対する意図的な侵害を意味する。なかには、細心の配慮にもとづく交配手順が策定されていて、生まれた子犬を(オバマ大統領が楽しそうに自らのことをそう呼ぶように)雑種や合いの子(英語では mongrel ないし mutt)と呼ぶとブリーダーが怒るような雑種づくりもある。「ラブラドゥードル」はスタンダード・プードルとラブラドール・レトリバーの交配種で、両犬種の最良の長所をとりだすことを求めて慎重に練り上げた技術の成果である。ラブラドゥードルの飼い主たちは、純粋な純血種の品種とまったく同じような犬種協会を設立している。他の同じようなデザイナー・ハイブリッド犬についても同様のことがあるのだが、ラブラドゥードル愛好家のなかには考え方の異なる二つの派が存在する。一方の派の人々は、プードルとラブラドールを交配させてラブラドゥードルを作出しつづけることで満足している。もう一方の派の人々は、ラブラドゥードルどうしを交配させて、純血種として育てられるべき新しいラブラドゥードルの遺伝子プールをつくりだそうと試みている。現時点では、第二世代のラブラドゥードルの遺伝子は、組み換えが起こり、正しく交配された純血種で想定されているよりも多くの変異を生みだす。こうしたやり方が、多くの「純粋な」犬種の始まりである。多くの変異を生じる中間段階を経て、後に、慎重な交配を何世代も繰り返しながら、変異をそぎ落としていくのである。

ときには、一個の大きな突然変異の導入から新しい犬種が始まることがある。突然変異は、非ランダムな自然淘汰による進化の素材を構成している遺伝子の、ランダムな変化である。自然状態では、大きな突然変異はめったに生き残らないが、研究しやすいので、研究室の遺伝学者には好まれる。バセット犬やダックスフントのような、非常に短い脚をもつ犬種は、軟骨形成不全症と呼ばれる、単一の遺伝子突然変異をともなう一段階の変化でその特徴を獲得した。これは、自然状態ではおそらく生き残れないと思われる大きな突然変異の古典的な例である。同様の突然変異は、人間の小人症のなかでもっとも数多く見られる疾患の原因になる。胴体はほぼふつうの大きさなのだが、腕と脚が短いのである。他の遺伝的な経路が、もとのプロポーションを保ったままだがミニチュアサイズの犬種をつくりだす。イヌのブリーダーたちは、軟骨形成不全症のような少数の大きな突然変異と、多数の微細な突然変異の組み合わせを選抜していくことによって、大きさと形状の変化を達成する。変化を効果的に達成するためには、遺伝学を理解している必要もない。まったくなにも理解していなくとも、どれとどれを交配させるかを選んでいくだけで、あらゆる種類の望みの形質を育てることができる。これこそ、イヌのブリーダーや他の動物飼育家や植物栽培家全般が、遺伝学について誰かが何かを理解するより何世紀も前に達成していたことなのである。そして、ここには自然淘汰についての一つの教訓がある。なぜなら、自然は当然ながら、何についてであれ、まったく理解せず、気づきさえしていないからだ。

アメリカの動物学者レイモンド・コッピンジャーは、異なる犬種の子犬どうしは、成犬どうしよりも互いにはるかによく似ていると主張する。子犬はちがっているだけの余裕がない。なぜなら、彼らの主要な仕事は乳を吸うこと、つまり吸乳だからであり[*]、吸乳はあらゆる犬種でほとんど同じような課題を突きつける。とりわけ、吸乳をうまくやりたければ、子犬はボルゾイやレトリバーのような長い鼻づらをもつわけにはいかない。これこそ、すべての子犬がパグのように見える理由である。成犬のパグは、顔が正しく成長しなかった子犬だと言うことができる。ほとんどの犬種は離乳後に、相対的に長い鼻づらを発達させる。パグ、ブルドッグ、ペキニーズなどはそうではない。彼らの他の部位は成長するが、鼻づらだけは幼児的なプロポーションのままにとどまる。この現象を表す専門用語がネオテニー（neoteny）で、人間の進化を扱った第7章で、ふたたび出会うことになるだろう。

もし動物のあらゆる部分が同じ比率で成長すれば、成獣はどれも均一に膨らまされた幼獣にすぎなくなってしまうが、これは等成長《イソメトリー》と呼ばれる。等成長はきわめて希である。これに対して、相対成長《アロメトリー》では、異なる部分が異なる比率で成長する。異なる部分どうしの互いの成長比率は単純な数学的関係をもっていることが多く、この現象を、一九三〇年代にサー・ジュリアン・ハクスリーがとくにくわしく研究している。異なる犬種は、体の各部分のあいだの相対成長比を変える遺伝子の助けを借りてさまざまな形状を達成している。たとえば、ブルドッグは、鼻骨の成長を遅くする遺伝的傾向ゆえに、チャーチル風のしかめっ面の持ち主だ。これは周囲の骨、実際には周囲のすべての組織の相対成長に波及効果を及ぼす。そうした波及効果の一つとして、口蓋がへんな具合に引っ張り上げられ、そのためにブルドッグの歯は前に突きだし、よだれを垂らしがちになるという傾向を生じる。ブルドッグは呼吸上の困難も抱えており、ペキニーズも同じ困難を共有している。ブルドッグは、頭が不釣り合いに大きいために、難産という問題さえ抱えている。現在見られるブルドッグは、すべてではないにしても大部分が帝王切開によって生まれたものである。

ボルゾイは正反対だ。彼らは必要以上に長い鼻づらをもっている。実をいえば、誕生前に鼻づらが長くなるという点でボルゾイは異例で、おそらくはこれが理由で、ボルゾイの子犬は他の犬種の子犬よりも吸乳が下手なのだ。コッピンジャーは、長い鼻づらの犬を欲しがる人間の願望はもはや、乳を吸おうとする子犬の生存能力を脅やかすに至っており、ここらが限界なのではないかと考えている。

イヌの家畜化から私たちはどんな教訓を学ぶべきなのだろう？　第一に、グレートデーンからヨークシャー・テリアまで、スコティッシュ・テリアからエアデール・テリアまで、ローデシアン・リッジバックからダックスフンドまで、ホイペットからセントバーナードまで、犬種間に見られる大きな変異は、形態と行動における本当の意味で劇的な変化をごく短期間のあいだにつくりだすのが、遺伝子の非ランダムな人為選抜——遺伝子プールの「彫りと削り」——にとって、いかに容易であるかを実証している。驚くほど少数の遺伝子しかかかわっていないかもしれない。しかし変化はあまりにも大きい——犬種間の相違はあまりにも劇的である——のだから、数世紀どころではなく何百万年をか

＊授乳（suckle）ではない。母親は授乳し、赤ん坊は吸乳（suck）する。

けた進化がどうなるか想像がつくだろう。たったの数世紀、あるいは数十年のあいだにこれほどの進化的な変化がもたらされるのなら、一億年あるいは一〇億年という年月があればどれほどのことが達成できるか、ちょっと考えてみてほしい。

この過程を何世紀にもわたって眺めていくと、イヌのブリーダーたちがイヌの肉を取り上げ、粘土のように押したり、引っ張ったり、こねたりし、多かれ少なかれ自在に、好きな形に仕上げてきたというのも、空疎《くうそ》な思いつきではない。もちろん、前に指摘したように、本当にこねまわしてきたのはイヌの肉ではなく、イヌの遺伝子プールである。そして、「こねる」よりは「彫刻する」のほうがよりいい喩《たと》えである。彫刻家のなかには、粘土の塊《かたまり》をとりあげ、それをこねあげて形にする人もいる。他の彫刻家は、石や木の塊をとりあげ、鑿で断片を削りとることによって形を彫りだす。明らかに、イヌの飼育家たちは、イヌの肉の断片を削りとってイヌの形を彫りだしたりはしない。むしろ、彼らのしていることは、イヌの遺伝子プールからの削り取りによってイヌの形を彫りだすのに近いのだ。けれどもそれは、純粋な削りとりよりはずっと込み入っている。ミケランジェロは、大理石の大きな塊を一つとりあげ、そこから大理石を削りとって、石の中に埋もれていたダヴィデ像を浮かびあがらせた。何一つ付け加えられていない。これに対して遺伝子プールには、たとえば突然変異によって、たえず付け加えがあり、同時に非ランダムな死による削りとりがある。彫刻の喩《アナロジー》えはここで破綻《はたん》を来《きた》すのであり、第8章でふたたび見るように、あまり執拗にこのアナロジーを押しつけるべきではないだろう。

彫刻という発想は、人間のボディ・ビルダーの筋肉ムキムキの肉体と、ベルジアン・ブルー種のウシのように、それと同じような筋肉過剰の動物の例を思い起こさせる［body building は往々にして body sculpture とも表現される］。この歩く牛肉工場とでも言うべき品種は、「ダブル・マッスル」と呼ばれる、特殊な遺伝子操作によってつくられた。ミオスタチンという物質があり、これは筋肉の成長を抑制する。ミオスタチンをつくる遺伝子が機能を果たせないと、筋肉は通常よりも大きく成長する。一つの遺伝子の突然変異が二通り以上の経路で、同じ結果をもたらすことがしばしばあり、そして実際にミオスタチンをつくる遺伝子はさまざまな経路で、機能を果たせなくなり、同じ影響を生じることがある。ほかの例としてはブラック・エキゾティックと呼ばれるブタの品種があり、さまざまな犬種でも、同じ理由のために同じく過剰な筋肉をもつ個体がいる。人間のボディ・ビルダーは、極端な鍛錬法と、しばしば筋肉増強剤（タンパク質同化ステロイドホルモン）を使うことで、同じような肉体を達成している。どちらも、ベルジアン・ブルーやブラック・エキゾティックの遺伝子を模倣した環境操作である。最終結果は同じで、これ自体が一つの教訓である。つまり、遺伝的変化と環境的変化がまったく同じ成果をもたらすことがあるのだ。もしあなたが、ボディビル競技会で優勝する子供を育てたいと望んでいて、何百年もの時間を使えるのなら、遺伝子操作を開始し、ベルジアン・ブルー種のウシやブラック・エキゾティック種のブタを特徴づけているのと厳密に同じ奇形遺伝子をいじくることができる。実際に、ミオスタチン遺伝子の欠失をもつ人間が知られており、それらの人は異常によく筋肉が発達する傾向がある。もしあなたが突然変異の子供で始め、バーベル挙げ（たぶんウシやブタをなだめすかして、これをさせることはできないだろう）も同時にやらせるなら、最後にはおそらくミスター・ユニヴァースよりももっとグロテスクなものを生みだすことができるだろう。

人間の優生学的育種に対する政治的な反対論は、ときに勢い余って、それが不可能だというほとんど確実にまちがった断言をするところまでいってしまう。それは不道徳であるだけでなく、うまく機能しないだろうという意見を耳にすることがあるかもしれない。しかし残念ながら、なにかが道徳的にまちがっている、あるいは政治的に望ましくないからといって、それがうまく機能しないだろうということにはならない。もしあなたがその気になっていて、十分な時間と十分な政治力をもっていれば、卓越したボディ・ビルダー、高飛び選手、砲丸投げ選手、真珠採り、相撲力士、短距離選手、あるいは（動物の先例がないのであまり確信はないが、ありえるのではないかと思っている）卓越した音楽家、詩人、数学者、あるいはワインテイスターの人種を育てうるだろうということを、私は疑っていない。優れた運動能力の選抜育種が可能だと私が確信する理由は、要求される性質が、競走馬や荷馬車馬、グレイハウンドや橇犬の育種で確実に機能することがわかっているものと非常によく似ているからだ。私は知的能力やその他の人間特有の性質の選抜育種の実践的な実現可能性（ただし、道徳的あるいは政治的に望ましいということではない）についてさえ、かなりの確信をもっているが、それは動物の選抜育種での試みが、驚くべきものと考えられていた性質についてさえ、失敗に終わった例がほとんどないからである。たとえば、ヒツジの群れをあやつる術、あるいは「ポインティング［猟犬が立ち上がって獲物の位置を示す行動］」や牛攻め［鎖につながれたウシの鼻にイヌが噛みついて殺す競技。いまは絶滅したがオールド・イングリッシュ・ブルドッグはそのためにつくられた犬種］といったことに適したイヌを育種できるなど、誰が考えられただろう。

母親が赤ん坊を育てるのに必要とされる量を超えてガロン単位の大量のミルクを産する雌ウシが欲しい？ 選抜育種でそれを作出することができる。雌ウシがでっかくて不格好な乳房をもち、その乳房がおびただしい量のミルクをいつまでも、子ウシの正常な離乳期が訪れたあともずっと長く、出しつづけるように改変することができるのだ。たまたま、ウマでは乳馬のような形で育種されたものがいないが、もし試みればできるはずだという私の賭に乗る人がはたしているだろうか。そしてもちろん、同じことは、試みてみたいという人があれば、乳人間も可能だろう。あまりにも多くの女性が、メロンのような乳房が魅力的だという神話にだまされて、外科医に多額の金を支払ってシリコンを胸に埋め込むが、その結果は魅力的とはいえない（私の考えでは）。十分な世代が与えられれば、同じ奇形を、選抜育種によってフリージアン種の雌ウシの流儀で達成できるだろうということを疑う人が誰かいるだろうか？

およそ二五年前に、私は人為淘汰の力を例証するためのコンピューター・シミュレーションを考案した。賞賛に値するバラ、あるいはイヌ、ウシを育種するのに匹敵する一種のコンピューター・ゲームである。プレイヤーは画面上の九つの図形の列――「コンピューター・バイオモルフ」――と対面する。真ん中の一つが、周囲の八つの図形の「親」である。すべての図形は一〇ばかりの「遺伝子」の影響のもとで構築されており、これは、「親」から「子」に受け渡されていく単なる数字であるが、途中で小さな「突然変異」が入り込んでくる可能性をもっている。突然変異というのは、親の遺伝子の数値のわずかな増加ないし減少でしかない。それぞれの図形は、特定のセットの数字の影響のもとで構築されるが、これは一〇ばかりの遺伝子についての特定の数値からなっている。プレイヤーは九つの図形の列を眺め、遺伝子を見ずに、繁殖させたいと思うお気に入りの「体の」形を選ぶ。他の八つの図形は画面から消え、選ばれた一つが中央に移動し、八つの新しい突然変異の「子供」を「産み落とす」。プレイヤーは時間があるかぎり、この過程を何「世代」にもわたって繰り返す。すると、世代の進行につれて、画面上の「生物」の平均的な形は徐々に「進化」していく。世代から世代へ受け渡されていくのは遺伝子だけなので、眼でバイオモルフを直接に選んでいくことによって、プレイヤーは知らず知らずに遺伝子を選んでいることになるのである。これがまさに、育種家が繁殖させるバラやブタを選ぶときに起こっていることなのだ。

遺伝学についてはここまでにしておこう。「発生学」つまり胚発生を考慮に入れると、このゲームはがぜん面白くなりはじめる。画面上のバイオモルフの個体発生は、その「遺伝子」――それらがも

「ブラインドウォッチメイカー」プログラムから生じたバイオモルフ

つ数値――が形に及ぼす過程である。非常に異なった数多くの胚発生を想像することができるが、私はそのうちのかなりのものを試してみた。私の最初のプログラムは、木の生長の発生学を用いたもので、「ブラインドウォッチメイカー」と名づけた。主「幹」は二本の「枝」を生やし、それぞれの枝がまた二本の枝を生やし、さらにこれがまた、ということが繰り返される。枝の数、生える角度と長さは遺伝的制御のもとにあり、遺伝子の数値によって決定される。分枝《ぶんし》をつづける木の発生学の重要な特徴は、再帰的なことである。この「再帰的」という概念についてここではくわしく説明しないが、単一の突然変異がふつうは、樹木の一画だけでなく木の姿全体に一つの影響を及ぼすことを意味している。

ブラインドウォッチメイカー・プログラムは、単純な分枝をする木からスタートするのだが、それは急速に、進化した形状のワンダーランドに迷い込んでしまう。多くのものは不思議な美をもち、あるものは――プレイヤーの意図に応じて――、昆虫、クモ、ヒトデといったおなじみの動物に似ていきさえする。九六ページに示した図は、このゲームのたった一人のプレイヤー（私）が、この奇妙なコンピューター・ワンダーランドの脇道や僻地で見つけた動物の「サファリ・パーク」である。このプログラムの後の改訂版では、この発生学を拡張して、この木の「枝」の色や形を制御する遺伝子も考慮に入れるようにした。

私は、当時アップルコンピュータ社〔現在のアップル社の旧称〕に勤めていたテッド・ケーラーと共同で、「アーソロモルフ」と呼ばれる、さらに洗練されたプログラムを書いたが、これには、「昆虫」、「クモ」、「ムカデ」その他の、節足動物によく似た動物の育種に特別に合わせたいくつかの興味深い生物学的特徴をもつ「発生学」を具現化している。私は、『不可能の山に登る』において、バイオモルフ、「コンコモルフ」（コンピューターによる軟体動物）、および同じような調子の他のプログ

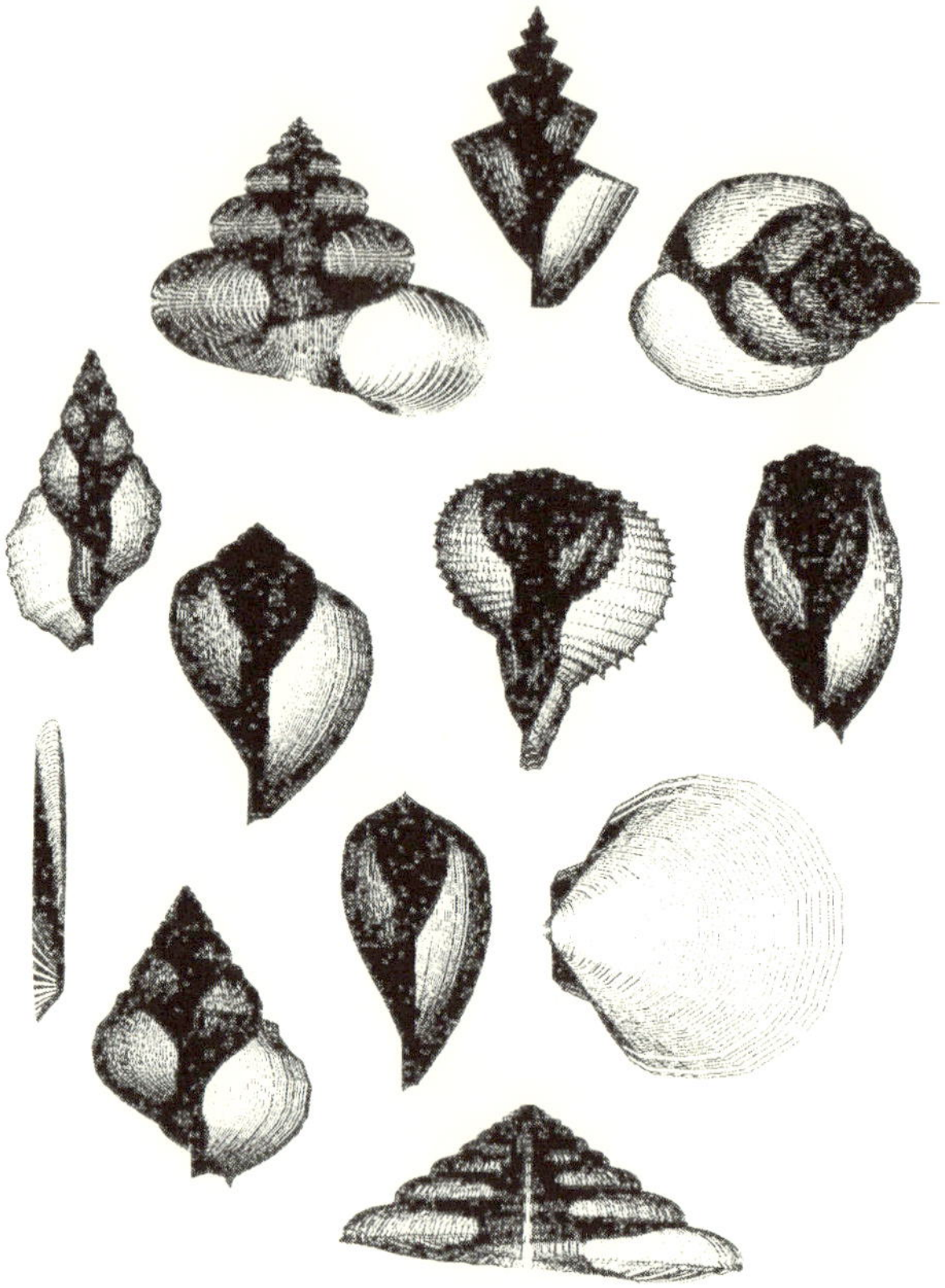

コンコモルフ：人為淘汰の手を借りてコンピューターが生みだした貝殻の形

ラムとともに、アーソロモルフについて詳しく説明した。

たまたま、貝の発生学の数学はかなりよくわかっているので、私の「コンコモルフ」プログラムを使った人為淘汰は、ことのほか生き物そっくりの形を生みだすことができる（前ページの図を参照）。これらのプログラムについては最終章で、まったく別の主張をおこなうために、ふたたび言及するつもりである。ここでは、極度に単純化されたコンピューター環境においてさえ、人為淘汰がどれほどの力をもつかを例証するために紹介したまでだ。農業や園芸の実世界、愛鳩家やイヌのブリーダーの世界では、人為淘汰はそれよりもっと多くのことを達成できる。バイオモルフ、アーソロモルフ、コンコモルフは、次章で人為淘汰そのものが自然淘汰の背後にある原理を例証することになるのと、ちょうど同じような形で、その原理を例証しているのである。

ダーウィンは人為淘汰の威力については自ら経験しており、『種の起原』第一章の最高の場所に人為淘汰をもってきている。ダーウィンは自然淘汰の威力という自らの偉大な洞察を読者が受けいれやすいよう、肩慣らしをさせようとしていたのである。もし人間の育種家がわずか数百年や千年のうちに、オオカミをペキニーズに、キャベツをカリフラワーに変えることができるのなら、野生の動物や植物の非ランダムな生き残りが、何百万年にもわたる期間に、同じことをしてなぜいけないのだろう。それが次章における私の結論になるのだが、戦略その一として、自然淘汰の理解に向かう旅路を容易にするための肩慣らしをつづけていくことにしよう。

第3章　大進化にいたる歓楽の道《プライムローズ・パス》

第2章では、人間の眼が何世代にもわたる選抜育種を通じて、いかにしてイヌの肉を削り、こねあげて、形、色、大きさ、行動パターンの途方もない多様性をつくりあげたかを示した。しかし私たちは、熟慮され計画された選択をおこなうことを習慣とする人類である。人間の育種家と同じことを、ひょっとしたら熟慮も意図もなしにおこない、同じような結果をもたらすことができる動物がほかにいるだろうか？　答えはイエスで、さればこそ本書の肩慣らし作戦は着実に前進することができる。本章では、イヌの育種《ブリーディング》と人為淘汰という慣れ親しんだ陣地から、いくつかの変化に富んだ中間段階を経て、読者の気を惹きながら一歩ずつ、自然淘汰というダーウィンの偉大な発見に向かって歩みを進めていくことにしたい。この誘惑の道（それを歓楽の道〔primrose path＝シェイクスピアが『ハムレット』や『マクベス』で使っている表現で、若さにまかせた享楽生活のことを指し、行き着く先が破滅であるという含意がある〕と呼ぶのはやりすぎだろうか？）に居並ぶそうした中間段階の最初のものによって、私たちは蜜にあふれる甘美な花の世界へと案内される。

野生のバラは好ましい小さな花で、十分に可愛いが、たとえば「平和」、「美しい貴婦人」、「オフィーリア」といった言葉を惜しみなく費やして書くほどのことは何もない。野生のバラは繊細で、まちがいようのない匂いをもっているが、「メモリアルディ（記念日）」、「エリザベスハークネス」、「フラグラントクラウド（芳香の雲）」などの品種のようにうっとりするほどの香りではない。人間の眼と鼻が野生のバラに働きかけをつづけ、大きくし、形を変え、花を八重にし、花の開きを整え、自然の香りをくらくらするほど強烈なものに高め、成長習性を調整し、やがては、洗練された交配計画《プログラム》に組み入れて、数十年にわたる巧妙な選抜育種の後に、今日《こんにち》ではついに、数百にもおよぶ貴重品種が存在する。それぞれ、独自のイメージを伝えるような名前、あるいは誰かを記念した名前をもっている。自分の名前がつけられたバラができて、喜ばない人がいるだろうか？

最初に花を育種したのは昆虫だった

バラは、イヌと同じ物語を語ってくれるが、一つだけ違いがあり、それは私たちの肩慣らし作戦に関係がある。バラの花は、人間の眼と鼻が遺伝的な鑿《のみ》を使った削りに着手する以前にさえ、昆虫の眼と鼻（じつは、触角のことで、昆虫はこれでにおいを嗅ぐ）による何百万年にわたる非常によく似た彫刻作業があったればこそ、そもそも存在できたのである。そして、このことは、私たちの庭を飾るすべての花にあてはまる。

ヒマワリ（*Helianthus annuus*）は北アメリカ原産の植物で、その野生種はアスターか大型のデイジーのような姿をしている。畑に植えられる現在のヒマワリは、花が大皿ほどの大きさになるまでに栽培化されたものだ。(*) この「マンモス」ヒマワリは、もともとロシアで育種《いくしゅ》されたもので、高さが三・五〜五メートル、頭花《とうか》の直径は三〇センチメートル近くになり、これは野生のヒマワリの花盤《かばん》の一〇倍以上の大きさで、野生種がたくさんのもっと小さな花をつけるのとは異なり、植物一個体あたりふつうは一つしか頭花をもたない。ちなみに、ロシア人たちはこのアメリカ産の花の育種を、宗教的な理由のために始めた。四旬節から降臨節のあいだ料理に油を使うことがロシア正教会によって禁止されていた。都合のいいことに、そして私には理解できそうにもない——神学の奥深さを学んだことがないので——理由で、ヒマワリの種子からとった油は、この禁令から免除されるとみなされていた。(**)このことが、近年のヒマワリの選抜育種を推進する経済的圧力の一つとして働いた。けれども、現代よりもはるか以前に、アメリカ先住民がこの栄養に富み、見栄えのいい花を、食物、染料、および装飾のために栽培していたのであり、彼らは野生のヒマワリと度を越えて極端に華美になった現代の栽培品種との、ちょうど中間あたりのものをつくりだしていた。しかしまたしても、すべての派手な色

＊キク科のすべてのメンバーと同じように、それぞれの「花」は実際には多数の小さな花（小花）が中央の茶色い花盤で束ねられたものである。ヒマワリのまわりの黄色い花びらは、実際は、花盤の縁に並ぶ小花だけの花びらである。花盤の残りの部分にある小花も花びらをもってはいるが、小さすぎて気づかないのである。

＊＊ひょっとしたら、ヒマワリは——新世界の植物であるので——聖書ではっきりと言及されていないことが理由かもしれない。神学の徒たちには、食事規定の繊細さと、それをごまかすのに必要な創意工夫とを、どちらも楽しむことができるようだ。南アメリカでは、金曜日に肉を食べてはいけないというカトリックの食事規定に合わせる目的で、カピバラ（巨大なモルモットのような動物）が名目上の魚とみなされていた。おそらくカピバラが水中に生息しているからであろう。フードライターのドリス・レナルズによれば、フランスのカトリック教徒の美食家は、金曜日に肉を食べられるよう、ある抜け道を発見したという。つまり、子牛の足を一本井戸に沈め、あとでそれを「釣り」あげるのだ。彼らはよっぽど神が騙されやすいと考えているにちがいない。

彩をもつ花と同じで、それを待つまでもなくヒマワリの存在そのものが、昆虫による選抜育種に負っていたのである。

同じことは、私たちが気づいているほとんどの花――たぶん、緑以外のなんらかの色がつき、漠然とした植物らしさ以上のなんらかのにおいをもつすべての花――についてもあてはまる。すべての仕事が昆虫によってなされたわけではない――いくつかの花では、最初に選抜育種をしたのはハチドリ、コウモリであり、カエルの場合さえある――が、原理は変わらない。庭の花は、人間によってさらに選抜育種が推進されてきたが、私たちが最初に手がけた野生の花は、昆虫その他の選抜実行者《エージェント》がそもそも私たちの前に花を存在させてくれていたからこそ、注意を引いたのである。何世代にもわたる祖先の花たちは、何世代にもわたる祖先の昆虫、ハチドリ、あるいはその他の自然の媒介動物によって選抜されていたのだった。これは選抜育種の申し分なくすばらしい実例であり、育種家が人間ではなく、昆虫やハチドリだという些細《ささい》な違いがあるにすぎない。少なくとも私は、この違いを些細だと思う。あなたはそう思わないかもしれず、その場合には、さらに私はいくつかの肩慣らし作業を実行しなければならない。

何がいったい私たちに、それが大きな違いだと考えさせるのだろう。一つには、人間はたとえば、できるかぎり、もっとも色の濃い、もっとも黒い紫色のバラを育種することを意識的に始める。さらに言えば、審美的な気まぐれを満足させるために、あるいはほかの人間が金を支払ってくれるだろうと考えるから、そうするのである。一方、昆虫はそれを審美的な理由でおこなうわけではなく……何か別の理由でおこなうのだ。さて、ここで一歩退がって、花とその媒介動物との関係という問題を全体として考察する必要がある。それが背景知識として必要だからだ。ここではその理由は詳細に論じないが、「自分で自分を受精させてはならない」というのが有性生殖の本質なのである。もしそれでいいなら、結局のところ、そもそもあえて有性生殖をすることにほとんど何の利点もなくなるだろう。花粉は、どうにかして一つの植物体から別の植物体へ運ばれなければならない。一つの花のなかに雄の器官と雌の器官をもつ雌雄《しゆう》同体の植物は、しばしば、自家受精を防ぐために度を超すほどに手の込んだ工夫をしている。このことについてダーウィン自身は、サクラソウの達成した巧妙なやり方を研究している。

他家受精の必要性を自明の前提とするならば、花は、同じ種の花と自らを隔てている物理的な距離を飛び越えて花粉を移動させるという離《はな》れ業《わざ》をどのようにして達成しているのだろうか？　すぐに思いつくのは風に頼る方法で、たくさんの植物がそれを利用している。花粉は軽くて細かな粉である。風のある日に、十分な量の花粉を放出すれば、運に恵まれた一粒か二粒が適切な種の花の適切な場所に着陸できるかもしれない。しかし、この風媒《ふうばい》という手段は無駄が多い。花粉症に悩まされている人人が知っているように、膨大な量の余分の花粉をつくらなければならない。圧倒的大多数の花粉は、着陸すべき地点以外の場所に落ちてしまい、エネルギーと出費を要する資材がすべて無駄になってしまう。とはいえ、花粉をもっと効率よく標的にたどりつけさせる方法はある。

なぜ植物は動物のやり方を採用して、歩きまわって自分と同じ種の別の個体を探して、交尾しないのだろう？　これはあなたが考えている以上に扱いのむずかしい疑問である。単純に植物は歩かないのだと言い切ってしまうのは循環論法だが、残念ながら、いまのところはそれですましておくしかないようだ。(*)事実の問題として、植物は歩かないのだ。しかし動物は歩く。そして動物は飛び、自分の

＊オリヴァー・モートンは、この問題および関連の問題を、癪に障るほど詩的な著書、『太陽を食べる』で論じている。

求める形と色をもつ特定の標的を目指すことができる神経系をもっている。それなら、動物をなんとかして花粉まみれにさせ、そのあと同じ種の他の植物まで歩いていくか、できれば飛んでいくように仕向けることのできる、何らかの方法がもしあれば……。

そう、答えは秘密でもなんでもない。まさにそういう方法が実際にあるのだ。その筋書きは、ある場合にはきわめて複雑であり、どれもすべて、とても興味をそそるものである。多くの花は食べ物、ふつうは花蜜《かみつ》という賄賂《わいろ》を使っている。ひょっとしたら、賄賂という言葉はあまりにも底意がありすぎるかもしれない。「提供されるサービスに対する代価」のほうがいいと言う人がいるかもしれない。人間的なやり方と誤解されないかぎりでは、私はどちらでも結構だ。花蜜は砂糖のシロップで、ハチ、チョウ、ハチドリ、コウモリ、その他の「運び屋」の代金および燃料として使うためにのみ、植物が特別につくるものである。それをつくるには大きな出費を必要とし、植物のソーラー・パネルともいえる葉で捉えた太陽エネルギーの一部を注《つ》ぎこまなければならない。ハチやハチドリの視点からすれば、それは高エネルギーの航空燃料である。花蜜の糖分に閉じこめられたエネルギーは、植物内部の経済においては、どこかほかのところ、ひょっとしたら根をつくったり、塊茎《かいけい》、球根、芋《いも》などと呼ばれる地下の貯蔵庫を満たすのに使ったり、あるいは四方にまき散らす莫大な量の花粉をつくったりすることができたかもしれないのだ。明らかに、きわめて多くの植物にとってこの得失評価《トレードオフ》は、昆虫の翅《はね》や鳥の翼に代価を支払い、彼らの飛行筋に糖分を補給するほうを選ぶという形で決着している。しかし、全面的に有無を言わさぬほどの利益ではない。なぜなら、実際に風媒に頼っている花もあり、おそらく彼らの経済的状況の細部が秤《はかり》をそちらの側《がわ》に傾けさせているのだろう。植物はエネルギーの経済をもち、どんな経済についてもそうなのだが、異なった状況のもとでは、得失評価は別の選択肢を支持することになるだろう。ついでながら、これは進化における一つの重要な教訓である。異なった種《しゅ》は異なったやり方でことをおこなうが、私たちは、種の経済全体を検証するまで、その違いを理解できないことが多い。

もし、風媒が他家受精技術のスペクトラムの一方の端――以下でこれを「放漫《ほうまん》な端」と呼ぶことにしたい――にあるとすれば、反対側の端、すなわち「魔法の弾丸」の端には何があるだろう。花粉を拾い上げた花から正確に同じ種の別の花に向かってまっすぐ魔法の弾丸のように飛んでいってくれると信じていいような昆虫はごくまれにしかいない。どんな萎《しお》れた花にでも飛んでいき、あるいはひょっとしたら色さえあっていたらどんな花にでも飛んでいく昆虫もいる。それがたまたま、花蜜を支払ってくれたばかりの花と同じ種であるかどうかは、やはりまだ運任せなのである。にもかかわらず、スペクトラムのずっと先、魔法の弾丸端のすぐ近くに位置する花には惚れ惚れするような実例がいくつかある。このリストの上位にくるのがランで、ダーウィンがランのためにまるまる一冊の本を捧げているのも不思議ではない。

ダーウィンと自然淘汰説の共同発見者であるウォレスはともに、マダガスカル産の驚くべきラン、アングラエクム・セスクイペダレ *Angraecum sesquipedale*（カラー口絵四ページ参照）に注意を引きつけられ、二人とも同じめざましい予言をし、それが後に華々しい形で証明されることになった。このランは、ダーウィン自身の物差しで深さが一一インチ以上に達する筒状の蜜腺をもっている。これはほぼ三〇センチメートルにあたる。近縁種のアングラエクム・ロンギカルカル *Angraecum longicalcar* は、さらに長く四〇センチメートル（一五インチ以上）にも達する、蜜を含んだ距《きょ》［花弁の一部が袋状に突出したもの］をもっている。ダーウィンは、マダガスカル島にアングラエクム・セスクイペダレが存在するということだけを根拠にして、一八六二年のランの本で、「一〇から一一インチまで舌を伸ばすことができるガ」がいるにちがいないと予言した。その五年後にウォレスは（彼がダーウィンの本を読んでいたかどうかははっきりしていない)、その口吻《こうふん》の長さがこの事例に合致するほど長いガについて言及した。

私は大英博物館の収蔵品のなかから、南アメリカ産の *Macrosila cluentius* というガの標本の口吻を慎重に計測し、長さが九・二五インチあることを見つけた! 熱帯アフリカ産のもの(*Macrosila morganii*)は、七・五インチあった。これより二、三インチ長い口吻をもつ種なら、アングラエクム・セスクイペダレの最大級の花の蜜まで届くだろう。この花の蜜腺は一〇〜一四インチの変異がある。マダガスカル島にそのようなガがいると予言してもまず外れる心配はないだろう。この島を訪れる博物学者は、天文学者たちが海王星を探したのと同じほどの確信をもって、それを探すにちがいない。そして、彼らも天文学者たちと同じように成功するだろう!

一九〇三年、ダーウィンは死んでいたが、長生きだったウォレスはまだ存命中に、それまで知られていなかったガが発見され、それがダーウィン/ウォレスの予言を満たすことが判明し、*praedicta*[予言されたもの]という正式な亜種名を授けられた。しかし、このキサントパンスズメガ(*Xanthopan morgani praedicta*)、俗称「ダーウィンスズメガ」は、まだ十分にアングラエクム・ロンギカルカルを受粉させる能力をもっているわけではない。ゆえに私たちは、こういう花があるのだから、さらに長い舌をもつガがどこかにいるに違いないと考えたくなる——天文学者たちの予言どおりに発見された海王星をウォレスが引きあいに出したのと同じほどの確信をもって。ちなみに、このささやかな実例もまた、「進化学は過去の歴史に関するものであるがゆえに、予言などできるはずがない」という申し立てが誤りであることを証明するものである。ダーウィン/ウォレスの予言は、彼らが予言するより以前にキサントパンスズメガがすでにこの世に存在していたのは間違いないとしても、完全に妥当なものだった。彼らは、将来のいつか、誰かがアングラエクム・セスクイペダレの蜜に届くほど十分に長い舌をもつガを発見するだろうと予言していたのだ。

昆虫はすぐれた色覚をもっているが、昆虫に見える可視光線のスペクトラム全体は、赤から紫外線域の方向へ少し偏移《シフト》している。黄色、青色、紫色は人間と同じように見ることができ、人間とちがって紫外線域に深く入り込んだところまで見えるが、「人間の」スペクトラムの端である赤色は見えないのだ。もしあなたの庭に赤い筒状花《つつじょうか》があれば、野外では昆虫によって受粉されるのではなく、スペクトラムの赤色の端を見ることができる小鳥——それが新世界の植物であれば、たぶんハチドリ、旧世界の植物ならタイヨウチョウである——によって受粉されるというのは、確実な予言ではないにせよ、賭としてはかなり勝つ見込みが高いはずだ。私たちの眼には地味にしか見えない花が、実際には、昆虫の眼には斑点や縞模様によってふんだんに飾り立てられているように見えるかもしれないが、その装飾は紫外線域の視覚をもたない私たちには見ることができないのだ。多くの花には、紫外線域の色素で描かれた小さな「滑走路標識」が備わっていて、ミツバチが無事に着陸できるように誘導しているが、それは人間の眼には見えない。

マツヨイグサ（*Oenothera*）は、私たちの眼には黄色に見える。しかし紫外線フィルターを通して撮った写真は、ミツバチの眼に見える模様を示してはいても、通常の人間の視覚では見えない（カラー口絵五ページを参照）。写真では赤く見えるが、それは「偽りの色」で、写真処理の際に恣意《しい》的に選んだ色である。ミツバチがそれを赤色として見ているという意味ではない。紫外線（あるいは黄色でも、他のどんな色でも）がミツバチにはどのように見えているのか、誰にもわからない（私は赤色があなたにとってどのように見えているのかさえ知らない——古くからの陳腐な哲学談義である）。

花に満ちあふれた草原は、自然のタイムズスクエアであり、自然のピカデリー・サーカスである。スローモーションのネオンサインのように、週が変わることに、ちがった花が次々と咲きほこる。花は、たとえば日長時間の変化がもたらす合図によって慎重に促されて、自分と同じ種の他の花と同調して一斉に咲く。草原の緑のキャンバスにぶちまけられた華やかな花の祭典は、動物の眼、ミツバチの眼、チョウの眼、ハナアブの眼による過去の選択によって、形づくられ、色をつけられ、拡大され、めかしこまされてきたものなのだ。このリストに、新世界の森ではハチドリの眼を、アフリカの森ではタイヨウチョウの眼を付け加えなければならないだろう。

ところで、ハチドリとタイヨウチョウは、とりわけ類縁が近いわけではない。両者は同じ生活様式に収斂《しゅうれん》進化したために、互いによく似た姿と振る舞いをし、もっぱら花と蜜（彼らは蜜だけでなく昆虫も食べるけれど）のまわりを飛びまわっている。どちらも蜜腺を探るための長い嘴《くちばし》をもち、それよりも長い舌をさらに伸ばすことができる。タイヨウチョウはハチドリほどホバリング飛行に熟達していないが、ハチドリはヘリコプターのように後進することさえできる。動物界のはるか遠く隔たった地点の高みに立つのではあるが、同じく収斂進化をとげたクロスキバホウジャク（英名はhummingbird hawkmoth）も、驚くほどみごとに長い舌をもち、巧みなホバリング飛行ができる（これら三タイプの花蜜中毒者《ジャンキー》たちもすべて、カラー口絵五ページに示されている）。

収斂進化については、自然淘汰について正しく理解したのちに、本書でふたたび立ち戻ることにする。本章のこの場では、花々はその自然淘汰に至る道を私たちが間違いなく、一歩一歩確実にたどってくるよう誘惑する役割をになっているのだ。ハチドリの眼、ホウジャクガの眼、チョウの眼、ハナアブの眼、ミツバチの眼は、世代から世代へと、野の花に向かってじっくりと目を向け、その形をつくり、色彩を施《ほどこ》し、膨《ふく》らませ、模様や斑点で飾っていく。それは後に人間の眼が園芸品種や、イヌ、ウシ、キャベツ、トウモロコシでしたのと、ほとんどそっくり同じやり方である。

花にとっては、虫媒《ちゅうばい》（昆虫による受粉）は、風媒のあてずっぽうな無駄撃ちの浪費に比べて、経済的には大きな前進といえる。たとえミツバチが無差別に花を訪れ、キンポウゲからヤグルマソウへ、ポピーからクサノオウへ自由気ままにふらふら移っていくとしても、毛におおわれた腹部にしがみついた花粉の粒が正しい標的——同じ種の別の花——に命中する確率は、風に乗せてまき散らした場合よりもはるかに大きい。それより少しましなのは、特定の色、たとえば青色を好むミツバチだろう。あるいは、いかなる固定された色の好みももっていないが、色に対する習慣性を形成する傾向をもち、したがって盛りの花の色を選ぶミツバチである。それよりもっといいのは、ただ一つだけの種を訪れる昆虫である。そして、ダーウィン／ウォレスの予言を思いつかせたマダガスカル島のランのような花がある。この花の蜜は、この種類の花に特殊化した特定の昆虫にしか利用できず、その昆虫は蜜の独占という利益を得ている。そうしたマダガスカル島のガは、究極の魔法の弾丸なのである。

ガの視点からすれば、蜜を確実に提供してくれる花は、従順で、生産性の高い乳牛のようなものである。花の視点からすれば、同じ種の別の花まで確実に花粉を運んでくれるガは、料金の高い宅配便、あるいはよく訓練された伝書鳩のようなものである。どちらの側も、以前よりもいい仕事をするように選抜育種することによって、相手側を家畜化したということができる。バラの貴重品種をつくった育種家は、昆虫が花に及ぼしたのとほとんどまったく同じ種類の影響を及ぼしてきたのである——それをちょっとばかり誇張しただけなのだ。昆虫は花が色鮮やかで派手になるように育種した。園芸家は、それをいっそう色鮮やかに、いっそう人目を引くようにした。昆虫はバラがいいにおいを出すようにした。私たちがそこへやってきて、さらにいいにおいを出すようにした。ミツバチやチョウの好むにおいが、たまたま私たち人間にとっても魅力的だったのは幸運な偶然である。媒介昆虫としてニクバエ類やシデムシ類を使っているアカバナエンレイソウ（*Trillium erectum*）やスマトラオオコンニャク（*Amorphophallus titanum*）のような花は、人間には臭くてたまらないことが多い。なぜなら、これらの花は、腐肉のにおいを真似しているからである。このような花が、人間の栽培化によってにおいを強められることはなかっただろうと、私は思う。

もちろん、昆虫と花の関係は双方向的なものであり、両方向を見るのを怠《おこた》ってはならない。昆虫は花をより美しくなるように育種するが、それは美を楽しむからではない(*)。むしろ花は、昆虫から魅力的なものと知覚されることで利益を得るのである。昆虫は、訪れるのにもっとも魅力的な花を選ぶことで、自分では気づかずに花の美を「育種」する。しかし同時に、花は昆虫の受粉能力を育種しているのである。ここでもまた昆虫は、酪農家が巨大な乳房をもつフリージアン種のウシを育種するように、蜜を大量につくる花を育種している。しかし、花が蜜を配給制限するのは自分のためである。昆虫を満腹にさせてしまえば、二つめの花を探しにでかける誘因《インセンティヴ》をなくさせてしまう——これは最初の花にとっては悪い報《しら》せだ。なぜなら、この二番めの訪問、受粉をさせる訪問こそ、この営みの肝心の点だからである。花の視点からすれば、あまりにも多くの蜜を提供すること（第二の花への訪問がなくなる）と提供する蜜の量を惜しみすぎること（最初の花を訪れさせる誘因にならない）のあいだの微妙なバランスをとらなければならない。

昆虫は花から蜜を吸い、より多くの蜜を生産するように花を育種する——おそらく、いま述べたばかりのように、花の側からの抵抗があるはずだが、それに立ち向かいながら。養蜂家《ようほうか》（あるいは養蜂家の利益を念頭においた園芸家）は、酪農農家がフリージアン種やジャージー種のウシを育種したように、より多くの蜜を生産する花を育種してきたのだろうか？　私はその答えを知りたくてうずうずする。一方、美しくていいにおいのする花を育種する園芸家と、同じことをしているミツバチ、チョウ、ハチドリ、タイヨウチョウのあいだに密接な類似があることについては、疑いの余地がない。

あなたこそ私の自然淘汰の産物

人間以外の眼による選抜育種の例がほかにあるだろうか？　それが、あるのだ。雌のキジ類が、雄の華美な羽毛の色に比べていかにも地味な迷彩色の羽毛をもつことを考えてみればいい。個体としての生き残りだけが唯一の問題であれば、雄のキンケイは、雌のような姿、あるいはヒナだったときのままの姿で大きくなるほうを「選ぶ」だろう。雌とヒナは明らかに十分な迷彩色《カムフラージュ》になっており、個体としての生き残りが最優先事項であれば、雄もきっと同じような姿になっていただろう。同じことは、ギンケイやコウライキジなどの他のキジについても言える。雄はけばけばしい姿で、捕食者にとって魅力的なこと、危険きわまりないほどだが、その姿形は、それぞれの種で、非常に異なっている。雌は目立たない迷彩色で、どの種もかなり同じような姿形をしている。ここでは何が起こっているのだろう？

それを表現する一つの方法がダーウィンの「性淘汰」である。しかし、もう一つ別の言い方――そして私の歓楽の道《プリムローズ・パス》によりふさわしい表現――は、「雌による雄の育種」である。鮮やかな色は実際に捕食者を引きつけるだろうが、雌のキジも引きつける。何世代にもわたる雌が、くすんだ褐色の雄よ

＊少なくとも、彼らがそうすると、あるいは彼らが私たちの理解している意味で何かを楽しんでいると、考えるべき理由はない。この幾度となく繰り返される誘惑については、第12章で立ち戻るつもりである。

りも鮮やかで艶《あで》やかな雄と交尾することを選択したのであり、もし雌によるこの選抜育種がなければ、まちがいなく雄はくすんだ色のままにとどまったことだろう。同じことは、雄のクジャクを育種している雌クジャク、雄を育種しているゴクラクチョウの雌、および雌が（ここでは詳しく述べる必要のない理由でふつうは雌に選択権がある）競合する雄のなかから相手を選ぶ無数の他の鳥類、哺乳類、魚類、両生類、爬虫類、昆虫でも起こっている。庭の花と同じように、人間のキジ愛好家が、先行者である雌キジの選抜育種の成果に改良を加え、たとえばキンケイのみごとな飼養品種をつくりだしているが、これは何世代にもわたる繁殖を通じて徐々に形づくるよりはむしろ、一つないし二つの大きな突然変異を拾い上げることによって作出されている。人間は、ハト（ダーウィンは自分の育種経験からよく知っていた）や、極東産のセキショクヤケイ（*Gallus gallus*）を祖先とするニワトリで、いくつかの驚くべき品種を選抜育種してきた。

本章はもっぱら眼による淘汰をテーマとしているが、他の感覚にも同じことができる。カナリアの

ニワトリの変種：ダーウィンの『家畜および栽培植物の変異』からとった３葉の挿絵

愛好家は、その外見だけでなく、歌声についても育種する。野生のカナリアは黄褐色のフィンチで、見かけはそれほど立派ではない。人間の選抜育種家が、ランダムな遺伝的変異によって生みだされた色のパレットを取り上げ、カナリア色という、鳥の名前が色の名前になるほどはっきりした色に仕上げたのだ。ところで、この鳥のカナリアという名前そのものは原産地のカナリア諸島にちなむもので(*)、その名がスペイン語のカメに由来するガラパゴス諸島の場合とは逆である。しかし、カナリアはその歌声でもっともよく知られており、これもまた、人間の育種家によって調律され、質を高められてきた。嘴を閉じたままさえずるように育種されたローラーカナリアを含めて、さまざまな鳴き鳥の品種がつくられている。ウォータースレージャーはボコボコと水が沸き立つような音で鳴き、ティンブラドは金属的な鈴の音のような音のほかに、スペイン原産の鳥にふさわしく、カスタネットのような音もだす。鳴き鳥として育種された鳥は、歌声が野生の祖先型カナリアに比べて長くて大きく、より頻繁に鳴く。しかし、これらの珍重される歌声はすべて、野生のカナリアで聞かれる要素からできている。さまざまな犬種の行動的な習性や芸が、オオカミの行動レパートリーに見いだされる要素を洗練したものであるのと同じように(**)。

はたしてここでも、人間の育種家は、それ以前に雌鳥が選抜育種に傾けた努力の上にことを進めただけなのである。野生の雌カナリアは長い世代をかけて、格別に魅力的な歌声をもつ雄を選んで交尾

＊ひるがえって、この島名は、プリニウスの『博物誌』の「多数の巨大な大きさのイヌ」がいるという記述によるとされる［イヌの島＝Insula Canaria］。
＊＊たとえば、牧羊犬が羊を追うのは、オオカミが獲物を追いまわす行動から来ていて、一連の行動の最後で獲物を殺す段階がなくなっているのにほかならない。

歌舞伎の侍の面

することによって、無意識のうちに、雄のさえずる能力を育種してきたのだ。カナリアという特別な事例についてはたまたま、もう少し事情がわかっている。カナリア（およびバライロシラコバト）は、ホルモンと繁殖行動の研究材料として人気がある。どちらの種も、雄の鳴き声（テープに録音したものでもよい）が、雌の卵巣を肥大させ、繁殖状態に入らせるホルモンを分泌させ、その結果、交尾を受け入れやすくなることがわかっているからだ。ここで、雄のカナリアはさえずりによって雌を操作しているということもできる。ほとんど、雄が雌にホルモン注射をしているようなものだ。しかしまた、雄がますますいい歌い手になるよう、雌が選抜育種しているともいえる。ここで同じ一つの事象について二通りの見方ができるのは、言わば同じコインの裏表である。ところで、そこには他の種の鳥と同じように、一つ込み入った要素がある。すなわち、さえずりは雌にアピールするだけでなく、ライヴァルの雄に対する抑止でもあることだ――しかし、これについては、脇においておくことにする。

さて、議論を先に進めるために、次の二枚の写真を見てほしい。一枚め（右）は日本の歌舞伎の侍の面を描いた木版画、二枚め（次ページ）は日本近海に見られるヘイケガニ（*Heikea japonica*）の写真である。この属名 *Heikea* は、壇ノ浦の戦い（一一八五年）で源氏に敗退した平家に由来する。伝説によれば、溺れ死んだ平家の侍たちの怨霊が、いまなおヘイケガニの姿を借りて海の底に生きているのだという。こんな伝説ができたのは、怒りで激しく顔をゆがめた侍の顔によく似た、このカニの

ヘイケガニ

甲羅の模様のおかげだ。有名な動物学者サー・ジュリアン・ハクスリーは、この類似に強い印象を受けて次のように書いた。「*Dorippe* と怒った日本の侍の顔との類似は、あまりにも特異的で、あまりにも細部まで似ているため、偶然とは考えられない。……侍の顔により完璧に似たカニがそうでないものよりも食べられる頻度が少なかったために生じたのだ」（*Dorippe* というのは、ハクスリーがこれを書いた一九五二年当時に使われていたヘイケガニの属名である。一九九〇年になって、すでに一八二四年に *Heikea japonica* という学名が付けられていたことが再発見されたために、*Heikea* に戻された――これが、動物命名規約の厳密な優先権ルールである）。

何世代にもわたって迷信深い漁師たちが人間の顔によく似たカニを海に戻したのがヘイケガニを生むことになったというこの理論は、一九八〇年にカール・セーガンが、そのすばらしい著作『コスモス』でそれを論じたときに、援軍を得ることになった。彼の言葉によれば、偶然によって、このカニのはるかに遠い祖先のあいだに、たとえほんのわずかであってさえ、人間の顔に似た個体が生じたと仮定してみよう。壇ノ浦の戦いの以前でさえ、漁師はそのようなカニを食べるのをためらったことだろう。それを海に戻してやることで、彼らは一つの進化的な過程を始動したのである。……カニと漁師がともに世代を経ていくにつれて、侍の顔にもっともよく似た模様をもつカニが優先的に生き残っていく、ついには、単なる人間の顔でないだけでなく、単なる日本人の顔でもなく、険《けわ》しい渋面《じゅうめん》の侍の容貌をつくりだしたのである。

それはすてきな理論であり、すぐに廃《すた》れるにはあまりにもよくできているので、このミームは実際に、伝説を通じて自己複製していった。この理論の真偽について意見を投票できるウェブサイトさえある。それによれば、理論が正しい（総投票数一三三一のうち三一％）、写真はにせものだ（一五％）、日本の工芸職人がそんなふうに見えるように甲羅に彫刻した（六％）、似ているのは単なる偶然の一致だ（三八％）、このカニは本当に溺れた侍の顔がそこに表れているのだという意見さえあった（驚くべきことに一〇％）。もちろん、科学的な真理は投票で決まるわけではなく、私が投票したのは、そうしないと投票の数値を見ることができないという理由からそうしたまでにすぎない。むしろ、投票したのは場をしらけさせる振る舞いだったかもしれないと心配しているほどだ。結局のところ、私はこの類似はおそらく偶然の一致だろうと考えている。その理由は、信頼すべき懐疑論者がカニの甲羅の稜《りょう》や畝《うね》は実際にはその下に付着している筋肉を表していると指摘したからではない。ハクスリー／セーガンの理論に立った場合でさえ、迷信深い漁師が、いかにそれがかすかなものであったにせよ、ある種の類似に気づかなければことは始まらなかったのだ——たとえ類似のもとをつくったのが、単なる筋肉のシンメトリカルな付着パターンであったにせよ。私がより強く心を動かされたのは、同じ懐疑論者による、このカニはいずれにせよ、食用にするにはあまりにも小さすぎるという意見であった。彼によれば、この大きさのカニはすべて、甲羅の模様が人面に似ていようがいまいが海に投げ戻されるという。ただし、このより説得力のある懐疑論の根拠は、私が東京で夕食に招かれ、招いてくれた人がみんなのためにカニ料理を一皿注文したときに、大きく信頼性が損なわれたことは言っておかなければならない。そのカニはヘイケガニよりもはるかに大きなもので、頑丈な石灰化した甲羅でびっしりと覆われていたが、この超人的人士はカニを丸ごとつまみ、一つずつ、まるでリンゴをかじるように、歯茎からひどい血が出るのではないかと思わせるようなギシギシという音を立てながら平然とかぶりついたのだった。ヘイケガニのような小さなカニは、こうした美食家には手もないことだろう。彼ならまちがいなく、眉一つ動かすことなく平然と呑み込んだことだろう。

私がハクスリー／セーガン説に懐疑的な主たる理由は、明らかに人間の脳が、ランダムなパターンをなんとしても顔に見たてたがるということにある。トーストのスライス面、ピザ、あるいは壁のしみに、イエス、聖母マリア、あるいはマザー・テレサの顔が見えたという無数の伝説はもとより、科学的な証拠からもこのことは裏づけられている。この傾向は、その模様《パターン》がランダムな状態から特定の相称性をもつ方向に移行していくときに強められるのだ。あらゆるカニ（ヤドカリ類を除いて）はいずれせよ、左右相称である。私としては、ヘイケガニと侍像との類似が自然淘汰によって強化されてきたと信じたいところなのではあるが、不本意ながら、ただの偶然だと言わざるをえない［この問題については、日本の甲殻類学者酒井恒が、『蟹——その生態の神秘』のなかで、さまざまな科学的証拠によって、人為淘汰説を否定している］。

気にすることはない。人間の漁師はかかわっていないが動物の「漁師」が、不吉なものに似ているという理由で、食物になりうるものをいわば「投げ戻し」（あるいは、そもそも最初から目もくれない）、そしてその類似がまちがいなく偶然のせいではないような例が、ほかにどっさりある。もしあなたが鳥で、森へイモムシ採りにでかけているとき、突然ヘビに対面したとしたら、どうするだろう。びっくりして後ろへ跳びすさったあと、それには近づかないのではなかろうか。だが、実は、この世にはヘビと驚くほどよく似たイモムシ——厳密に言えば、イモムシの後端——がいるのだ。もしあなたがヘビを怖がるのなら、これは本当に相手を引き下がらせる効果がある。恥ずかしながら白状すると、私もヘビが怖い。私は、それが実際には無害なイモムシであることをよくよく知っているにもかかわらず、その虫をつまみ上げるのをためらうだろうとさえ思う（このなみはずれた生物の写真がカラー口絵の七ページに掲載されている）。狩りバチやミツバチに擬態したハナアブをつまみあげるときにも、私は同じ気おくれを感じる。そいつには一対の翅《はね》しかないのだから、針をもたないハエの仲間だということが頭で理解できていてさえ、そうなのだ。ここに示したのは、他のもの、たとえば小石のように食べることのできないものや海草の切れ端、ヘビや狩りバチのように積極的に不快なもの、あるいはその場にいる可能性のある捕食者のギラつく双眼といったものに似ていることによって身を守っている動物の、膨大なリストの一例にすぎない。

それなら、食用にならないか有毒なモデルに似るように、鳥の眼が昆虫を育種してきたのだろうか？　その疑問に対して、ある意味では確実に「そうだ」と答えなければならない。結局のところ、この例と、クジャクの雌が美しい雄を育種し、人間がイヌやバラを育種するのと、どこがちがうというのだ？　おもに、クジャクの雌は、近づいていくことによって魅力的なものを積極的《ポジテイヴ》に育種しているのに対して、イモムシを食べる鳥は、避けることによって、不快なものを消極的《ネガテイヴ》に育種しているのである。そこでつぎに、もう一つ別の例を示す。この場合、「育種」は積極的であるが、にもかかわらず選抜者はその選択から利益を得てはいない。そんなどころの話ではまったくないのだ。

深海にすむアンコウ類は、海底に潜《ひそ》んで獲物が近づくのを辛抱強く待っている他の多くの深海魚と同じく、私たちの基準からすれば目を見張るほど醜い。ひょっとしたら、魚の基準からしてもそうかもしれないが、ただし、彼らがすんでいる深海はあまりにも暗くて、いずれにせよあまりよく見えないので、おそらく問題ではないだろう。他の深海の住人と同じように、雌のアンコウはしばしば、自分で光をつくる――というよりむしろ、発光細菌を宿すような特別な受容器をもっている。そのような「生物発光」は細部まで照らし出すほど明るくはないが、他の魚を引きつけるほどには明るい。ふつうの魚では鰭条《きじょう》の一本である突起が長く伸び、補強されて釣り竿《ざお》のようになっている。なかには、この「竿」があまりにも長く柔軟であるために、竿というよりもむしろ釣り糸と呼んだほうがいいかもしれない、そんな種もあるほどだ。そして、この釣り竿あるいは釣り糸の先端には――ほかに何がありえよう？――餌すなわち疑似餌《ルアー》がついている。この餌は種によってそれぞれ異なるが、つねに、何か食物になるものと似ている。ひょっとしたらゴカイや小魚、あるいは何とも形容しがたいがおいしそうに動きまわる食物片だったりする。この餌は実際に発光することがしばしばある。これも自然のネオンサインのようなもので、この場合には「私を食べにきてください」というメッセージが点滅しているわけだ。小魚が実際に引き寄せられる。そして餌のすぐそばまで近づいていくと、それが小魚の最後の行為となる。その瞬間に、アンコウは巨大な口を開け、獲物は海水と一緒に一気に呑み込まれてしまうからだ。

さて、餌食《えじき》になる小魚たちは、クジャクの雌がより魅力的な雄を育種し、園芸家がより魅力的なバ

＊私の論点に影響を与えるものではないが、この話は、雌のアンコウ類にしか適用できない。雄はごく小さな矮小型で、雌の体に寄生しており、小さな余分の鰭のように取りついている。

ラを育種するのと同じように、ますます魅力的になるように疑似餌を育種していると言えるのだろうか？　そう言ってはならない理由を見つけるのはむずかしい。バラの場合、もっとも魅力的な花が、育種のために庭師に意図的に選ばれる。雌によって選ばれるクジャクの雄についてもほとんど同じことが言える。クジャクの雌は自分が選択していることを意識していないが、バラ栽培家は意識しているということはできる。しかし、この状況下では、それはあまり重要な区別だとは思えない。それよりわずかに説得力のあるのが、アンコウの例と他の二つの例の区別である。餌食となる魚は、相手に餌を与えて生き残りに有利なように育種するという間接的な経路を通じて、実際にもっとも「魅力的な」アンコウを選んで育種しているのだ！　誘引力のない疑似餌をもつアンコウは飢え死にする可能性が高く、したがって繁殖できる可能性が小さい。そして餌食になる小魚は実際に「選択」をおこなっているのである。しかし彼らは自分の命をかけて選択しているのだ！　いま私たちが肉薄しようとしているものこそ真の自然淘汰であり、ここに至ってようやく私たちは、この第3章を通じて徐々に誘い込まれてきたその目的地にたどり着きつつある。

これまでの歩みをまとめるとこうなる。

1　人間は魅力的なバラ、ヒマワリ、その他を選びだして育種し、それによって魅力的な特徴をつくりだす遺伝子を保存していく。これは人為淘汰と呼ばれている。それは、ダーウィンが現れるずっと前から人類が知っていたことで、それがオオカミをチワワに変え、トウモロコシの穂軸を数インチから数フィートにまで引き延ばせるほどに強力なものであることを、誰もが理解していた。

2　クジャクの雌は（意識的で意図的なのかどうかはわからないが、憶測はやめよう）、魅力的な雄を交尾の相手に選んで繁殖し、またしてもそれによって、魅力的な遺伝子を保存している。これは性淘汰と呼ばれ、ダーウィンがそれを発見したか、少なくともはっきりと認識し、名前を付けた。

３　餌食になる小魚（まぎれもなく意図的ではない）は、自らの肉体をもっとも魅力的な個体に提供することによって、生き残りやすさという点で魅力的なアンコウを選択し、それによって魅力的な特徴をつくりだす遺伝子の保存に寄与している。これが――そうだ、ついにここに行き着いた――自然淘汰と呼ばれる、ダーウィンのもっとも偉大な発見であった。

ダーウィンの特別な天才あってこそ、自然が選抜実行者《エージェント》役を果たすことができると気づくのが可能になったのだった。人為淘汰については誰もが、少なくとも、農場や庭園、ドッグ・ショーやハト小屋でなにがしかの経験をもつ人なら誰もが知っていた。[*] しかし、選抜実行者《エージェント》がかならずしもいなくともいいことにはじめて気づいたのはダーウィンだった。自然淘汰は生き残り――あるいは生き残りの失敗――によって自動的におこなうことができる。生き残りを助けてくれた遺伝子（ダーウィンはこの言葉を使わなかった）を伝えることができるのは、生き残って繁殖できた個体だけだからこそ、生き残ることに価値があると、ダーウィンは気づいたのだ。

私はアンコウを例として選んだが、そうしたのは、どの個体が生き残るかを眼を用いて選抜する実行者《エージェント》の代表としても提示できるからである。しかし、すでに私たちはここの議論の要点――ダーウィンの要点――に到達したので、もはや選抜実行者《エージェント》について語る必要がそもそもなくなった。ならばアンコウから積極的に獲物を追い求める、たとえばマグロやターポンのような魚に話を移そう。まっとうな形で言葉や想像力をどれだけ拡大しても、獲物が食われることによってどのターポンが生き残るかを「選択」しているとは主張はできないだろう。けれども、こうは言える。どんな理由であれ、獲物を捕らえるためのよりすぐれた装備——速く泳げる筋肉、鋭敏な眼、その他——をもつターポンこそ生き残る個体であり、したがって、繁殖し、彼らに成功をもたらした遺伝子を伝えていく個体なのだ。彼らは、生きつづけるというまさにその事実によって「選ばれる」のであり、それに対して、いかなる理由であれ、劣った装備しかもたない別のターポンは生き残ることができないだろう。そこで、先にまとめた私たちの理解の歩みにステップ4を付け加えることができる。

4 いかなる種類の選抜実行者《エージェント》がいなくとも、たまたま生き残るのにすぐれた装備をもつという事実によって「選ばれた」個体は、繁殖し、したがってすぐれた装備をもつための遺伝子を伝えていく可能性がきわめて高いだろう。それゆえ、あらゆる種の、あらゆる遺伝子プールは、生き残りと繁殖のためのよりすぐれた装備をつくるための遺伝子で満たされるようになる傾向をもつ。

ここでは、自然淘汰があらゆるものを包括する概念であることに気づいてほしい。私が言及してきたステップ1、2、3およびその他多数の実例は、どれもみな、より一般的な現象の特別な場合として、自然淘汰に組み入れることができる。ダーウィンは、人々がそれまでにも限定された形のものを知っていた一つの現象の、もっとも一般的な場合を考え出した。それまで人々は、人為淘汰という特別な場合でのみそれを知っていた。一般的な場合というのは、ランダムな変異を生じる遺伝的装備の非ランダムな生き残りである。どのようにして非ランダムな生き残りが生じるかは問題ではない。それは実行者による計画的で、明確に意図的な選択でもいい（人間が純血種のグレイハウンドを選んで繁殖させる場合のような）。明確な意図をもたない実行者による無意識の選択のこともありうる（雄を選んで繁殖するクジャクの雌の場合のように）し、選抜実行者——人間が後から考えてそう認められるだけで、選んでいる主体そのものが認めているわけではない——が、自分にとって不都合なほう

＊ヒトラーがダーウィンからヒントを得たというよく言われるデマは、部分的には、ヒトラーもダーウィンもともに、何百年にもわたってすべての人が知っていたこと、すなわち望みの性質を備えた動物を育種できるということに感銘を受けたという事実から来ている。ヒトラーはこの常識を、ヒトという種に差し向けたいと願っていた。ダーウィンはそうではなかった。ダーウィンのひらめきは、もっとはるかに興味深く、独創的な方向に彼を導いた。ダーウィンの偉大な洞察は、選抜実行者がまったく必要ないというものだった。自然が——単純に生き残れるかどうか、あるいは繁殖成功度の差によって——育種家の役割を果たすことができる。ヒトラーの「社会ダーウィニズム」——人種間の闘争という彼の信念——についていえば、実際には非常に反ダーウィン主義的なものである。ダーウィンにとっては、生存闘争は一つの種の内部における個体間の闘争であり、種間、人種間、あるいはその他の集団間の闘争ではなかった。ダーウィンの偉大な本の「生存闘争において有利な race の存続」という、不適切で不幸な副題に惑わされないでほしい。本文そのものから、ダーウィンが race を「共通の由来または起源によって結びつけられた人間、動物、あるいは植物の集団」（『オックスフォード英語大辞典』定義6-I）という意味で使っていないことは、きわめて明白である。むしろ彼は、この辞典の定義6-IIの「なんらかの共通の特徴を一つあるいは複数もつ人間、動物、あるいは事物の集団、あるいはクラス」に近いものを意図していた。6-IIの意味の実例は、「（どの地理的変種に属するかどうかにかかわらず）青い眼をもつすべての個体」といったものである。ダーウィンには使えなかった現代遺伝学の専門的な術語で、彼の副題の「race」の意味を表現するとすれば、「ある特定の対立遺伝子をもつすべての個体」となるだろう。ダーウィン主義的な生存闘争を個体集団のあいだの闘争と考える誤解——いわゆる「群淘汰」誤謬——は、残念ながら、ヒトラーの人種差別主義に限られたものではない。それは、ダーウィン主義に関する素人の誤解にたえず顔を出し、もっとよくわかっているべき職業的な生物学者のあいだにさえ出てくる。

を選ぶ無意識の選択のこともありうる（餌食となる小魚がアンコウの疑似餌に近づくという選択をする場合のように）。あるいはまた、たとえばターポンが、筋肉の奥深くに潜ませている漠然たる生化学的利点のおかげで、獲物を追いかけるときに爆発的な加速が可能になって生き残る場合のように、まったく選択とは認められないような場合もありうる。ダーウィン自身がそのことを、『種の起原』のおなじみの一節で、みごとに語っている。

> 次のように言うことができるだろう。自然淘汰は、日ごとにまた時間ごとに、世界中であらゆる変異を、どんなわずかなものでさえ、くまなく精査していく。悪いものを排除し、よいものはすべて保存し、蓄積していく。機会の許すかぎり、いつでもどこでも、有機的・無機的生活条件に関連してそれぞれの生物を改良するという仕事に、黙々とひそやかに携《たずさ》わっている。私たちは、時計の針が、長い時間の経過を刻んでいくまで、こうして進行する緩《ゆる》やかな変化にまったく気づかない。はるか遠い昔の地質時代を見る私たちの視力はあまりにも不完全なために、かつて生きていた生物の種類《フォーム》と現在の種類とがちがっているということしかわからないのだ。

ここに引用したのは、私のいつもの流儀に従って、『種の起原』の初版の文章である。後の版では興味深い表現の挿入が見られる。「比喩的には次のように言うことができるだろう。自然淘汰は、日ごとにまた時間ごとに、……」（傍点引用者）。「次のように言うことができるだろう……」は、十分に慎重な書き方だと思われるかもしれない。しかしダーウィンは一八六六年に、自然淘汰説の共同発見者であるウォレスから、遺憾ながら誤解を避けるためには、さらに高い防御が必要ではないかとほのめかす、こんな手紙を受け取っている。

拝啓ダーウィン様――私は数多くの知的な人物が、自然淘汰の自動的で必然的な効果を、明確に、あるいはまったく理解できないというありさまに驚かされることがあまりにも多かったので、次のような結論に至りました。この用語そのもの、そしてあなたの説明の仕方が、私たちのような多くの人間にとってどれほど明晰で、どれほどみごとなものであろうとも、それでもなお、一般博物学徒に強い印象を与えるための最善の方策だとは言えないでしょう。

ウォレスはこれに続けて、ジャネと呼ばれるフランス人の著作から引用している。この人物はウォレスやダーウィンとちがって、明らかに、はなはだしく混乱していた。

思うに、このジャネ氏はあなたの弱点を、「自然淘汰がうまく働くためには思考と指示が不可欠」だとはみなさない点にあると考えているのです。同じような異議申し立ては、あなたの主だった批判者たちから何十回となくなされています。私自身も人と話をしているときに、そういう発言を頻繁に耳にしました。そこで私は、自然淘汰（natural selection）という言葉をあなたが採用し、つねにそれを人間の選抜（selection）の効果に引き比べ、さらにまた、しばしば自然が「選択し」、「優遇し」等々と擬人化していることに、その原因のほとんどすべてがあると考えます。少数の人間にとって、この言葉は白日のごとく明白で、絶妙といえるほど示唆に富むものですが、多くの人間にとっては、あきらかに躓《つまず》きの石です。そこで私は、あなたの大著で、また『起原』の将来の版で、この誤解のもとを全面的に避けられる方策を提案したいと思っています。私の考えでは、スペンサーの用語……「最適者生存」を採用することで、何の困難もなく、きわめて効果的に、それができるのではないでしょうか。この用語は事実を簡明に表現しています。「自然淘汰」はその比喩的な表現です。

ウォレスの言い分には一理がある。しかし残念ながら、スペンサーの「最適者生存」という用語は、それ自体の問題をはらんでいる。その問題はウォレスに予見できないもので、私もここで立ち入るつもりはない。ただ、ウォレスの警告にもかかわらず私は、家畜化や人為淘汰に対するものとして自然淘汰という用語を導入したダーウィン自身の戦略に従うほうをよしとする。この件に関してはジャネ氏が話の要点をつかんでいたのではないかと思いたい。しかし私は、ダーウィンの導きにしたがうべき別の理由をもっており、それはまっとうな理由である。科学上の仮説を究極的に検証するのは実験である。実験に特徴的なことは、自然が何かをなし、それを受動的に観察し、それが何と関連しているのかを見るまで、ただ待たなくていいということである。あなたは事態に介入すべく、何かをするのである。あなたが操作するのだ。一貫したやり方で何かを変え、その結果を変化させなかった「対照（群）」と比較するか、あるいは別の変化をさせた場合と比較するのである。

実験による干渉は途方もなく重要なものである。なぜなら、それなしには、観察している相関関係がなんらかの因果的な意義をもつことをけっして確信することができないからだ。そのことはいわゆる「教会の時計の誤謬《ごびゅう》」で例証することができる。二つの隣接した教会の塔の時計が時を告げるのだが、セントA教会のほうがセントB教会よりもほんのわずか先に告げる。このことに気づいた火星人の訪問者が、セントA教会の鐘の音が、セントB教会の鐘の原因ではないとかと推測するかもしれない。私たちはもちろん、そうでないことをよく知っているが、実際のところ、この仮説の真偽を確かめる唯一のテストは、セントA教会の鐘を一時間に一度ではなく、実験としてランダムな時間に鳴ら

油脂含有量の高いものと低いものを選抜育種したトウモロコシの2系列

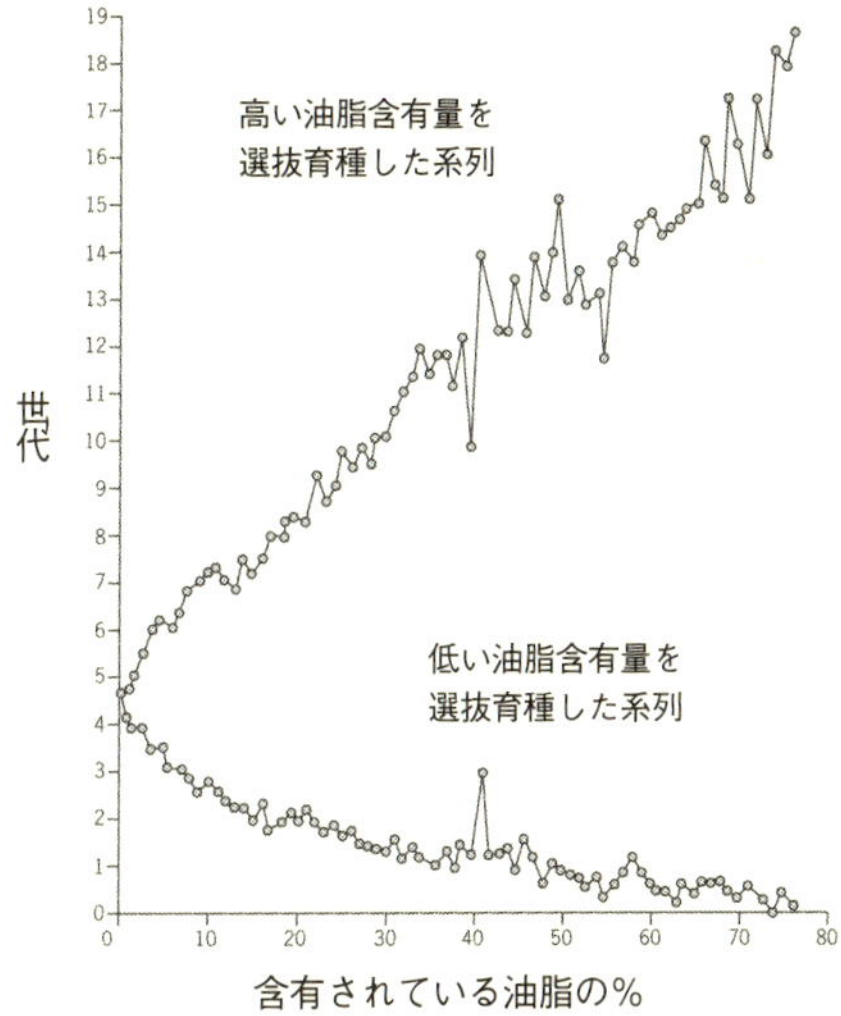

すことだろう。火星人の予想（この場合には、もちろん反証されてしまうだろう）は、セントB教会の鐘はやはり、セントA教会の鐘が鳴った直後に鳴るだろうというものである。観察された相関関係が本当に因果関係を示しているかどうかを決定できるのは、実験的な操作だけなのである。

　もし、ランダムな遺伝的変異の非ランダムな生き残りが重要な進化的結果をもたらすというのがあなたの仮説であれば、この仮説を実験的に検証するには、計画的な人間の干渉が不可欠だ。あなたは事態に介入して、どの変異が生き残り、どの変異が生き残らないかを操作するのである。事態に介入し、人間の育種家として、どういう種類の個体を繁殖させるかを選ぶのだ。もちろん、それは人為淘汰である。人為淘汰は、自然淘汰の単なるアナロジーではない。人為淘汰は、淘汰が進化的な変化を引き起こすという仮説についての、真の実験的――観察だけによるものに対する反語として――検証《テスト》を構成しているのだ。

　人為淘汰について知られている実例のほとんど

虫歯に対する高い抵抗性をもつものと低い抵抗性をもつものを選抜育種したラットの2系列

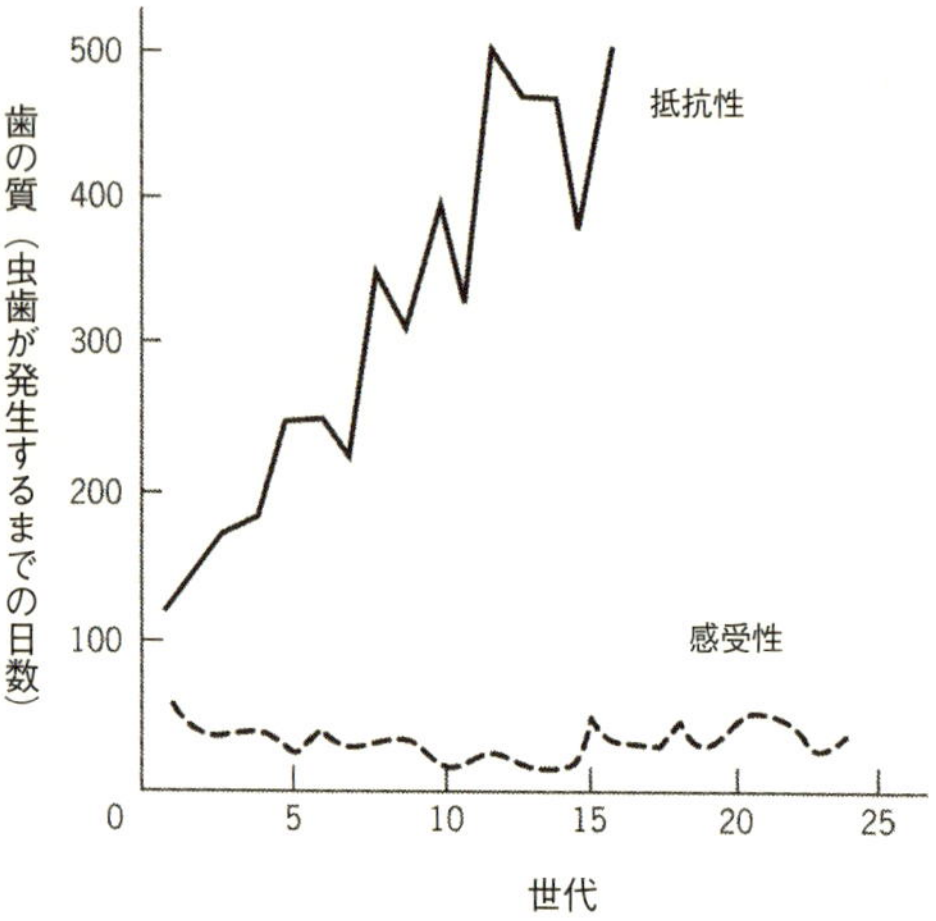

——たとえば、さまざまな犬種の作出——は、実験によって制御された条件下で予想を意図的に検証したというよりはむしろ、歴史の後知恵によって気づくものだ。しかし、適切な実験がなされた場合には、結果はつねに、イヌ、キャベツ、ヒマワリにおける、より個別的な事例の結果から予想されていた通りになる。ここに一つの典型的な実例を示すが、これはイリノイ州試験場が一八九六年（前ページのグラフの世代1）というかなり古い昔に実験を始めたものであるという点で、とりわけすぐれた実例である。この図表は、二つの異なる人為淘汰系列のトウモロコシの油脂含有量を示している。一つは油脂含有量の高いものを選抜していった系列、もう一つは油脂含有量の低いものを選抜していった系列である。これは二つの計画的な操作ないし干渉の結果を比較したものなので、まぎれもない実験といえる。明らかに、その違いは劇的で、差は拡大している。上昇傾向も下降傾向もともに、おそらく最終的には横ばいになるものと思われる。低産出量の系列では、油脂含有量をゼロ以下に落とすことができないからであり、高産出量の系列でも、同様に単純明

快な理由でそうなるだろう。

　もう一つ、人為淘汰の威力を実験室で例証した例があり、これは別の意味で示唆に富んでいる。虫歯に対する抵抗性に関して人為淘汰された、一七世代ほどにわたるラットのグラフが右に示されている。プロットされている数値は、ラットが虫歯にかからない時間を日数で示したものである。実験の開始時点では、虫歯にかからないでいる典型的な期間はおよそ一〇〇日であった。虫歯抵抗性をわずか十数世代にわたって一貫して選抜していくだけで、虫歯にかからない日数は四倍、あるいはそれ以上に伸びた。ここでも、逆の方向に進化するように淘汰された別の系列があわせて描かれている。この場合、実験では、虫歯にかかりやすさ（感受性）を一貫して育種していったのだ。

　この例は、自然淘汰的思考について経験を積む機会を私たちに与えてくれる。実際、ネズミ（ラット）の歯についてのこの議論は、これから自然淘汰そのものに踏み込む三つの遠征のうちの最初のものとなるだろうが、遠征に取りかかる装備はもう揃っている。他の二つの遠征では、ラットの場合と同じように、家畜化から自然淘汰へと歩み寄る「歓楽の道《プリムローズ・パス》」ですでに出会った生き物、すなわちイヌと花をふたたび訪れることになる。

ラットの歯

　もし、ラットの歯を人為淘汰によって改良することがそれほど簡単であるならば、そもそもなぜ、自然淘汰はそんな見るからに不手際な仕事をしてしまったのだろう？　確かに、虫歯には何の利益もない。もし人為淘汰が虫歯を減らすことができるのなら、なぜ自然淘汰はもっと前に、同じ仕事をやってのけなかったのか？　私は二つの答えを考えることができるが、どちらも有益である。

一つめの答えは、人為淘汰に際して材料として使った最初の個体群を構成していたのが、野生のネズミではなく、家畜化され実験室で育種された白ラットだったことである。実験室のラットは、現代の人間と同じように、自然淘汰の刃《やいば》から遮断されて、羽毛布団にくるまれた暮らしをしている。虫歯になりやすくなる趨勢《すうせい》は、野生状態では繁殖成功の見込みを有意に減少させるだろうが、安楽な暮らしをしている実験室の集団ではほとんど差を生じることがなく、どれを繁殖させ、どれを繁殖させないかの決定は、生き残ることを目的としない人間によってなされるのである。

これが疑問に対する一つめの答えである。二つめの答えはもっと面白い。なぜならそれは、人為淘汰についてだけでなく、自然淘汰についても重要な教訓をもたらしてくれるからである。それは得失評価《トレードオフ》の教訓であり、植物の受粉戦略について語ったときにすでに言及したものにほかならない。世の中にタダのものはなく、あらゆる物事には値札がついてくる。虫歯はあらゆる代価を払っても避けるべきことは明白であるように思われ、虫歯がラットの寿命を少なからず縮めることを私は疑わない。しかし、虫歯に対する動物の抵抗力を増大させるために何が起こらなければならないかを、ちょっと考えてみてほしい。細かいことはわからないが、それに出費《コスト》を要するはずだということを私は確信しており、前提とすべきはその点だけなのである。歯の壁を厚くすることで虫歯が防げると仮定してみよう。それには余分のカルシウムが必要になる。余分のカルシウムを見つけるのは不可能ではないが、どこかから手に入れなければならず、タダでは手に入らない。カルシウム（あるいは限りのある他のどんな資源でも）は、空中に漂っているわけではない。食物として体内に取り込まなければならない。そしてカルシウムは潜在的に歯とは別の事柄にも有用である。体にはカルシウムの経済とでも呼べるようなものがある。カルシウムは骨に必要だし、ミルクにも必要だ（ここで私はカルシウムについて語ることを前提としている。たとえそれがカルシウムでなかったとしても、なんらかの出費を要する限りある資源が存在するにちがいなく、その限りある資源が何であれ、この議論は同じようにうまくあてはまる。ここでは議論を進めるためにカルシウムを使い続ける）。ふつう以上に強い歯をもつラットの個体は、他のあらゆる条件が同じなら、虫歯になった歯をもつ個体よりも長生きする傾向があるだろう。しかし、他のあらゆる条件は同じではない。なぜなら、歯を強くするのに必要なカルシウムは、どこかから、たとえば骨からもってこなければならないからである。骨からカルシウムを奪い去らせないような遺伝子をもつライヴァル個体は、結果としてより長く生き残るだろう。なぜなら、歯が悪いのにもかかわらず、すぐれた骨をもっているからである。あるいは、ライヴァルのラットは、カルシウムをより豊富に含むミルクをつくるがゆえに、子供を育てるよりすぐれた資質をもっているかもしれない。経済学者たちが好んで引用するＳＦ作家、ロバート・Ａ・ハインラインの言葉のように、タダ飯なんてものはないのである。私が挙げたラットの例は仮説であるが、経済学的な理由から、歯があまりにも完璧すぎるラットといったようなものは存在するにちがいないと言ってもまちがいではあるまい。ある一つの部門での完全化は、別の部門における犠牲という形で購《あがな》われなければならないのである。

この教訓はすべての生き物にあてはまる。体が生き残るためのすぐれた備えをもっていると予測することはできるが、それは、すべての側面で体が完璧であることをかならずしも意味しない。ほんの少し長い脚をもつアンテロープは、速く走ることができ、ヒョウからより逃れやすいかもしれない。しかし長い脚をもつライヴァルのアンテロープは、捕食者に走り勝つうえでよりすぐれた装備をもつかもしれないが、「体の経済」の他のどこかの部門で、長い脚の代償を支払わなければならない。長い脚用に追加の骨と筋肉をつくるための材料は、どこかほかからもってこなければならず、したがって、長い脚をもつ個体はおそらく捕食される以外の理由で死ぬことになるだろう。あるいは捕食されて死ぬということも十分にありうる。なぜなら、その長い脚は、無事なときには速く走ることができるが、折れる可能性も高く、折れた場合にはまったく走れなくなってしまうからである。体はさまざまな妥協をつぎはぎしたパッチワークなのだ。この点については、軍拡競争を扱った第12章で立ち戻るつもりである。

　家畜化のもとで起こっているのは、野生動物の寿命を縮めている多くのリスクから動物が人為的に遮断されているということだ。純血種の乳牛は莫大な量のミルクを生産することができるかもしれないが、ぶらぶらと垂れ下がって邪魔になる乳房は、ライオンから走って逃げようとする場合、どうしたって重大な障害になるだろう。サラブレッドの競走馬は、走るのにも跳ぶのにもすぐれているが、彼らの脚は競走中に、とくに障害飛越《ひえつ》の際に怪我しやすい。このことは、人為淘汰が、自然淘汰なら許容されない領域まで彼らを追いやったことを示唆している。それだけでなく、サラブレッドは人間から供給される栄養豊かな餌によらないと成長できない。たとえば、英国の土着のポニーが牧場でよく育ちよく殖えるのに対して、競走馬は、ずっと栄養豊かな穀物やサプリメント――こうしたものは野生状態では見つけることができないだろう――を食べさせないかぎり、成功できない。そうした問題についてもまた、軍拡競争の章で立ち戻ることにする。

ふたたびイヌについて

とうとう自然淘汰という話題まで到達したので、さらにいくつかの重要な教訓を得るために、イヌの実例まで戻ることができる。私はイヌが家畜化されたオオカミだと言ったが、この表現もまた、レイモンド・コッピンジャーがきわめて明快に述べているイヌの進化に関する魅力的な理論に照らして、修正の必要がある。彼の考えでは、イヌの進化は単純な人為淘汰の問題だけではない。それは少なくとも同じ程度に、オオカミが人間の生活様式に自然淘汰によって適応していく事例でもあったというのである。イヌに起こった最初の家畜化のほとんどは、人為淘汰によってではなく、自然淘汰を介しての自己家畜化だった。人類が人為淘汰の道具箱にある鑿《のみ》に手を伸ばすよりはるか以前に、すでに自然淘汰がオオカミに手を加え、いかなる人間による介在もなしに、自己家畜化した「村イヌ」につくりかえていたのだ。後になってやっと人類はそうした村イヌを受け入れ、個別に、しかも徹底的に変形させて、イヌ科の達成と美（この言葉が適切だとして）をみせびらかす、今日《こんにち》のクラフツ・ドッグショーやそれと同様の品評会を飾りたてる（この言葉が適切だとして）、虹のごとく多彩な品種の列《スペクトラム》をつくりあげたのである。

コッピンジャーは、逃げ出した家畜が何世代かを経て野生化するとき、ふつうは、祖先の野生動物によく似た姿に戻っていくと指摘する。したがって、野生化したイヌはオオカミにかなり似たものになると予想してもいいだろう。しかしそういうことは起こらない。その代わりに、野犬のままにしておかれたイヌは、第三世界のいたるところに見られる人間集落の周辺をうろつく「村イヌ」――野良犬――となる。この事実を考えると、人間の育種家《ブリーダー》が最終的に働きかけることになったイヌは、もはやオオカミではなくなっていたはずだというコッピンジャーの説は当を得ているように思われる。彼らはすでに自分たち自身でイヌ――村イヌ、野良犬、ひょっとしたらディンゴ――に変わってしまっていたのである。

本物のオオカミは群れ《パック》で狩りをする。村イヌは、ゴミ箱やゴミ捨て場を頻繁に訪れる腐肉漁り屋《スカベンジャー》である。オオカミも人間のゴミ漁りをするが、彼らの「逃走距離」の長さのゆえに、ゴミ漁りは気質的に向いていない。採餌《さいじ》中の動物を見かけたとき、どこまで近づけば逃げ出すかを見ることで、その動物の逃走距離を知ることができる。どんな種についても、与えられた状況下での最適な逃走距離があるはずだ。すなわち、それより短すぎれば、危険が大きく無鉄砲なことになる距離と、それより長すぎれば、あまりにもビクつきすぎで、危険を怖れすぎになる距離との中間のどこかである。危険が迫ったときに逃げ出すのがあまりにも遅すぎる個体は、まさにその危険によって命を落とす可能性が高い。あまりにも早く逃げ出しすぎる個体についても、前者ほど歴然とはしていないが、同じようなことが言える。あまりにも早く逃げ出す個体はたっぷりした食事にありつくことができない。地平線の彼方に最初の危険な兆候が感じられた瞬間に走りだしてしまうからだ。過剰にリスクを回避しすぎることの危険性は見逃されやすい。ライオンの姿をしっかり捉えているのに、油断なく警戒の眼を向けるという以上のことはせずに、落ち着いて草を食《は》んでいるシマウマやアンテロープを見ると、私たちは困惑してしまう。なぜなら私たちの（あるいはサファリ・ガイドの）リスク回避機構は、たとえ一マイル以内にライオンが一頭でもいるとは考えられない場合でさえ、ランドローバー内に私たちをしっかりと閉じこめておくからである。そうするのは、私たちが、脅威に立ち向かうすべをもたないからである。私たちはサファリ・ロッジまで戻ってからちゃんとした食事をとることになる。野外で暮らしていた私たちの祖先なら、危険を冒しているシマウマのほうにずっと強い共感を寄せるだろう。シマウマと同じように、原初の人類は、食べられるリスクと餌を食べられないリスクのバランスをとらなければならなかった。確かに、ライオンが攻撃してくるかもしれない。しかし、あなたの集団《トループ》の大きさによって、捕まるのはあなたではなく、それ以外のメンバーである公算が大きいだろう。そしてもし、あなたがあえて危険を冒して採食場に出たり、水場に降りていかなかったりすれば、いずれにせよ、空腹ないしは渇きのために死ぬことになる。それはすでに二度にわたってお目にかかった、あの経済学的な得失計算《トレードオフ》という教訓である。(＊)

この余談の最終的な要点は、野生のオオカミは、他のあらゆる動物と同じように、過度の大胆さと過度の小心さのあいだのちょうどよく均衡のとれた――そして潜在的に柔軟性のある――最適逃走距離をもっているだろうということである。自然淘汰は逃走距離に作用し、進化的な時間の経過のうちに起こる連続的な環境条件の変化に沿って、距離を長くするか、あるいは反対に短くする方向に移行《シフト》させるだろう。そしてもし、突然オオカミの世界に、村のゴミ捨て場という形で新しい豊かな食料源が出現したとしたら、それは最適点を、連続的な逃走距離のスペクトラムの短い側、この新しい恵みを享受しているときには逃げるのをためらう方向に、移動させることになる。

村のはずれのゴミ捨て場で残飯をあさっている野生のオオカミを思い浮かべてみよう。人間から石や槍を投げられることを怖れている彼らの大部分は、非常に長い逃走距離をもっている。遠くに人間が姿を見せるとすぐに走って逃げて森に身を隠す。しかし、少数の個体は、遺伝的な偶然によって、平均よりもわずかに短い逃走距離をもっている。わずかな危険をすすんで冒すという性向――言ってみれば、勇気はあるが、無鉄砲ではない――は、より強く危険を避けようとするライヴァルたちよりも多くの食物を彼らに獲得させるだろう。世代を重ねていくにつれて、自然淘汰はますます短い逃走

＊心理学者も、人類のリスク負担についての似たようなテストをおこなっていて、興味深い違いが示されている。起業家はリスク負担を示す得点が高く、パイロット、ロッククライマー、モトクロス・ライダー、およびその他の過激なスポーツの愛好者もそうである。女性は男性よりもリスク回避の傾向がある。フェミニストなら、ここで、因果関係の矢印がどちらの方向にも向けられることを指摘するだろう。すなわち、社会が危険を冒さない職業に女性を追いやるから、ますますリスク回避的になったのかもしれないと。

距離を優遇していき、ついには、石を投げる人間たちによってオオカミに本当に危害が加えられる寸前の地点にまで近づいていくだろう。最適逃走距離が、新しく利用できるようになった食物源のゆえに移動してしまったのである。

コッピンジャーの見解によれば、この逃走距離の進化的な短縮に似たような出来事がイヌの家畜化の第一段階であり、それは人為淘汰によってではなく、自然淘汰によって達成されたのである。逃走距離の減少は、馴らしやすさの増大とでも呼べるような、行動的な物差しである。進化過程のこの段階で、人間がもっとも馴らしやすい個体を意図的に選んで育種したわけではない。この初期段階では、人類とこうした原初的なイエイヌとの唯一の相互作用は敵対的なものだった。もしオオカミが家畜化されていったとしたら、それは意図的な家畜化ではなく、自己家畜化によってであった。意図的な家畜化はそのあとにやってきた。

ここで、動物の馴らしやすさ、あるいはその他のどんな特質でもいいのだが、それを――自然にあるいは人為的に――いかにしてつくりあげることができるかについてのヒントを得るために、毛皮交易に用いられるロシアのギンギツネの家畜化について近年におこなわれた、きわめて興味深い実験を考察してみよう。それは私たちに与えてくれる教訓のゆえに、二重に興味深い。つまり、家畜化の過程と選抜育種の「副次効果」について、ダーウィンが知っていたことに付加的な知識を補ってくれるだけでなく、ダーウィンがよく理解していた、人為淘汰と自然淘汰の類似性についても教えてくれるのだ。

ギンギツネは、よく知られているアカギツネ *Vulpes vulpes* の単なる色変わり変種で、その美しい毛皮のゆえに珍重される。ロシアの遺伝学者ドミトリー・ベリヤエフは、一九五〇年代にキツネの毛皮養殖場を管理するために雇われたが、やがて解雇された。彼の科学的な遺伝学がルイセンコの反科

ベリヤエフと馴れたキツネ——馴れるとともにイヌに似た姿になった

学的なイデオロギーと対立したためだった。ルイセンコはペテン師生物学者で、スターリンに取り入ることに成功して、二〇年ほどのあいだ、ソ連の遺伝学および農業全体を乗っ取り、ほとんどを破滅させた。しかし、ベリヤエフはキツネおよび真の非ルイセンコ遺伝学への愛着を失わず、のちに、シベリアの遺伝学研究所の所長となって、どちらの研究をも再開することができるようになった。

野生のキツネは扱いが厄介なので、ベリヤエフは意図的に馴れやすさを選抜する育種を始めた。当時のあらゆる動植物の育種家と同じく、彼の方法は、自然の変異（そのころには遺伝子工学はなかった）を利用し、探し求めている理想に近い雄と雌を選んで、交配させるというものであった。馴れやすさの選抜にあたって、ベリヤエフは、彼の心にもっとも訴えかけたイヌや、もっとも可愛らしい表情で彼を見つめたイヌを選ぶこともできたはずである。これでも十分に、将来の世代における馴れやすさに、望み通りの効果をもたらしたかもしれない。しかし彼はそれよりも体系的な方法、すなわち私が先ほど野生のオオカミとの関連で述べたばかりの「逃走距離」にかなり近い尺度を用いたのだが、ただしそれを子ギツネに適応した。ベリヤエフと共同研究者（およびその後継者たち。というのも、この実験プログラムはベリヤエフの死後も続けられたからである）は、子ギツネを標準化されたテストの対象にした。このテストでは実験者が、手から餌を与えながら、体をさわったり撫でたりしようと試みる。子ギツネは三つのクラスに分類された。クラス3の子ギツネは人間から逃げたり、嚙みついたりするもの。クラス2の子ギツネは触られることを許すが、実験者に対して積極的な反応は見せない。クラス1の子ギツネたちは、もっとも馴れやすいものたちで、実験者に積極的に近寄り、尻尾を振り、クンクンと泣く。この子ギツネが成長したときに、実験者たちは、一貫した方針として、このもっとも馴れやすいクラスからだけ選んで繁殖させた。

この馴れやすさの選抜育種をわずか六世代経たのち、キツネがあまりにも大きな変化を遂げたために、実験者たちは新しいカテゴリー、「家畜化されたエリート」クラスを設けなければならないと考えるようになった。このクラスのキツネたちは、「人間との交流をしきりに確立したがり、注意を引こうとクンクン鳴き、イヌのように、実験者のにおいを嗅ぎ、なめようとした」。実験の最初には、このエリート・クラスに入るキツネは一匹もいなかった。馴れやすさに関する育種が一〇世代を経た後には、一八%がエリート、二〇世代後は三五%、そして三〇〜三五世代以後は、「家畜化されたエリート」個体は、実験個体群のうちの七〇〜八〇%を占めるようになった。

このような結果は、その影響の驚異的な規模と速さを別にすれば、たぶん、それほど驚くようなものではないだろう。三五世代というのは、地質学的な時間尺度ではだれも気づかないうちに通り過ぎるようなものだろう。しかしながら、さらにいっそう興味深いのは、馴れやすさに関する選抜育種の予想外の副次効果だった。それは本当の意味で興味深く、正真正銘、予想できないことだった。イヌ好きだったダーウィンは、きっと夢中になったことだろう。というのは、馴れたキツネはイエイヌのように振る舞っただけでなく、外見も似ていたのである。彼らはキツネらしい毛を失い、ウェルシュコリーのように黒と白のまだらになっていった。尾の先端はキツネの房尾《ふさお》のように下に向くのではなく、イヌのように巻きあがった。雌は、雌ギツネの年一回の発情ではなく、雌イヌと同じように六カ月ごとに発情した。ベリヤエフによれば、イヌのような声を出しさえしたという。

こうしたイヌに似た特徴が得られたのは、あくまで副次効果だった。ベリヤエフと彼のチームは、そういう特徴を意図的に育種したわけではなく、馴れやすさだけを育種したのである。こういう他のイヌに似た特徴は、どうやら、馴れやすさのための遺伝子に便乗して進化してきたようである。遺伝学者にとって、これは驚くことではない。遺伝学者たちは、「多面発現」なる広汎《こうはん》に見られる現象を認めているが、これは一つの遺伝子が見たところではまったく関連のなさそうな二つ以上の効果をもつことを指す。ここで強調したいのは、「見たところでは」という単語だ。胚発生というのは複雑に入り組んだ事柄である。詳細がしだいに明らかになるにつれて、「見たところ関連がなさそう」は、「現在では理解されているが、以前にはわからなかったルートを通じて関連した」に変わるものだ。おそらく、垂れ耳とまだら模様の毛は、イヌだけでなくキツネにおいても、馴れやすさの遺伝子と多面発現的に連関しているのだろう。この事実は、進化について一般的に重要な点を例証している。ある動物のある特徴（形質）に気づいて、そのダーウィン主義的な生存価は何なのかと問うとき、まちがった問いの立て方をしているのかもしれないのだ。とりあげた特徴は問題の形質ではなかったということがありうる。それは、多面発現的に連関した他のなんらかの形質の進化に引きずられて、一緒についてきただけなのかもしれないのだ。

したがって、もしコッピンジャーが正しければ、イヌの進化は単なる人為淘汰の問題ではなく、自然淘汰（家畜化の初期段階ではこちらが主）と人為淘汰（より後の段階になって前面に出てくる）の複雑な混合であった。この移行は切れ目のない形で進行したと思われ、またしても、人為淘汰と自然淘汰の類似性——ダーウィンが認識していたように——が強調されることになる。

ふたたび花について

さていよいよ、自然淘汰へと向かう、ウォームアップ進撃の第三弾として、花と受粉媒介者に話を移して、進化を推進する自然淘汰の威力のほどを見ることにしよう。受粉生物学はいくつかの相当に驚くべき事実を提供してくれる。そしてランにおいて、驚異はその極《きわ》みに達する。ダーウィンがあれほどまでに熱中したのも不思議ではない。彼が先に言及した『蘭が昆虫によって受精されるためのさまざまな仕掛けについて』という本を書いたのも不思議ではない。すでに出会ったマダガスカル島の「魔法の弾丸」を駆使する一部のラン（蘭）は、蜜を与えるが、ほかのランは、媒介者に食べ物を与える出費《コスト》を避けて、かわりに騙して受粉させるという方法を見つけた。雄がだまされて交尾を試みようとするほど雌のハナバチ（あるいは狩りバチやハナアブ）によく似たランがいる。そのような擬態が特定の昆虫の一種に似ていればいるほど、その度合いに応じて、その種の雄は魔法の弾丸としての役割を果たして、そのたった一種のランの花から花へと飛んでいくだろう。たとえそのランが、一種のハナバチではなく「どれかのハナバチ」に似ているだけでさえ、それにだまされるハナバチは、やはり「かなりの魔法の」弾丸になるだろう。ハナバチランあるいはハナアブラン（カラー口絵五ページを参照）を近づいてよく見てみると、本物の昆虫ではないと言うことができるかもしれない。しかし、横目でちらっと見ただけだと、私たちでも騙されてしまうだろう。真正面から見た場合でさえ、私は、写真（h）のハナバチランがミツバチランよりもかなりはっきりとマルハナバチランに近いと言って区別するだろう。昆虫は複眼をもっていて、これは人間のカメラ眼ほど精密ではなく、おまけに雌昆虫のにおいに擬態した誘引物質まで出しているので、昆虫に擬態したランの外見は、十分に雄を騙すことができる。ちなみに、この擬態が、私たちの可視光域の外にある紫外線領域で見たときにより効果が増幅されるというのは当然ありうる。

いわゆるクモラン（*Brassia*）は、また別の種類の騙しによって受粉を達成している（カラー口絵五ページのk）。さまざまな種類の単独性の狩りバチ（「単独性」というのは、悪名高いアシナガバチやスズメバチのような大きな巣をかまえて社会的に生活することがないからである）の雌はクモを捕まえ、針で刺して麻痺させ、そこに卵を産みつけて、幼虫のための生きた食物供給源にする。クモランはあまりによくクモに似ているので、雌の狩りバチは騙されて、針で刺そうと試みる。その過程で花粉塊（ランがつくる花粉粒の集塊）を身につける。彼らが別のクモランに針を刺そうとしたときに、この花粉塊が移される。ついでながら、ランに擬態しているオニグモ科の*Epicadus heterogaster*というまったく正反対の例を、ここに付け加えるという誘惑に私は抗しがたい。蜜を探しにこの「花」にやってきた昆虫は、あっという間にこのクモに食べられてしまうのだ。

　この騙くらかしの術を実践しているもっとも驚嘆すべきランのいくつかは、西オーストラリアに見られる。ハンマー・オーキッドと呼ばれるドラカエア（*Drakaea*）属のさまざまな種がそうだ。それぞれの種は、Thynnid waspと呼ばれるチンヌス科のハチの特定の種と特別な関係をもっている。この花の一部は昆虫とおおまかに似ていて、雄のチンヌス科のハチを騙して交尾を試みさせようとする。ここまでのところは、ドラカエア属は他の昆虫に擬態しているランと劇的に異なってはいない。しかしドラカエア属は、驚くべきおまけのトリックを隠し持っている。すなわち、このにせの「ハチ」は自由に動く「肘」をそなえた、蝶番《ちょうつがい》式の「腕」の先端に据えつけられているのだ。写真にその蝶番をはっきりと見ることができる（カラー口絵五ページのg）。ダミーのハチにしがみついているハチのバタバタとした動きが、「肘」の湾曲を引き起こす。ハチは花の、生殖器官が収まっている他端――これを金床と呼ぼう――にハンマーを打ちつけるように、繰り返し激しくぶつけられる。花粉塊はこぼれ落ちてハチにくっつき、ハチは最終的に脱出して飛び去るが、落胆はしても、賢くなったようには見えない。別のハンマー・オーキッドのところへ行って、この行動《パフォーマンス》を繰り返す。そこで、このハチと体についた花粉塊は、予定通りに金床に叩きつけられ、彼の運んできた荷物はこの花のめしべの上に運命の隠れ場を見つけることになる。私は、王立研究所の子供向けクリスマス講演の一回で、この驚異のパフォーマンスの映像を見せたことがあるが、この講演を収録した「紫外線の庭園」と題する記録で、それを見ることができる。

　同じ講演で、私は南アメリカのバケツランについても論じたが、こちらは、同じように目覚ましいが、かなりちがったやり方で受粉を達成している。これらのランもまた専用の媒介昆虫をもっているが、狩りバチではなく、シタバチ類と呼ばれる小さなハナバチである。またしても、これらのランは蜜を提供しない。しかし、ハチを騙くらかして花に交尾させようとするわけでもない。その代わりに、雄のハチにきわめて重要な助けを提供する。その助けとは、それなくしては雄バチが雌バチを引きつけることができないほどのものなのである。

　南アメリカにしか生息しないこの小さなシタバチ類は、奇妙な習性をもっている。彼らは苦労を厭《いと》わずひたすらいい香りの、あるいはいずれにせよにおいのある物質を集め、それを肥大化した後ろ脚についた特別な収納器に蓄える。種によっては、におい物質は、花、枯れ木、あるいは糞からさえ集められることがある。彼らは、集めたにおい物質を雌の誘引、さもなければ求愛するために使うようだ。多くの昆虫は異性にアピールするために特定のにおいを使うが、大多数のものは特別な腺でにおい物質（フェロモン）をつくる。たとえば、雌のカイコガは、独特のフェロモンを放出することで、驚くほど遠く離れたところにいる雄を誘引する。このにおいは、自分でつくったもので、これを――文字通り何マイルも彼方の微量の痕跡を［実際にはフェロモンが有効な範囲はもっと狭く、何マイルも彼方からはランダムにくるのであり、たまたまフェロモンの有効範囲に入ったものが誘引される］――雄がその触覚で検知する。シタバチの場合には、においを使うのは雄である。そして、雌のガとちがって、自分でフェロモンをつくることはせず、自分が集めてきたにおいのする材料を、純粋な物質としてではなく、熟練の調香師がするように、一緒にして慎重に調合されたブレンドとして使う。種ごとに、さまざまな供給源から集めてきた材料から特徴的なカクテルを調合する。そんななかに、種に特徴的なにおいをつくりだすために、コリアンテス属（*Coryanthes*）のラン——バケツラン——の特定の種の花だけが提供してくれる物質を積極的に必要とする何種かのシタバチがいる。シタバチ類の英名は「orchid bee（ランバチ）」なのである。

なんと複雑に入り組んだ相互依存の図式だろう。ランは通常の「魔法の弾丸」を利用したいからという理由でシタバチを必要とする。ハチのほうは、バケツランの斡旋《あっせん》を通じてしか見つけるのが不可能か、少なくとも見つけるのが非常にむずかしい材料なしには、雌バチを引き寄せることができないという、かなり奇妙な理由でランを必要とする。しかし、受粉が達成されるやり方はさらにいっそう奇妙であり、表面的には、ハチが協力しあうパートナーというよりもむしろ、犠牲者のように見えてしまうほどだ。

雄のシタバチは、自らの性フェロモンをつくるために必要な材料のにおいによってランに誘引される。雄バチはバケツランのバケツの縁に降り立ち、ロウ状の香料を脚にある特別なにおいの袋（勁節《けいせつ》）のなかに掻きこみ始める。しかしバケツの縁は足下がヌルヌルしていて滑りやすい。そしてそれは偶然ではない。ハチはバケツの中に落ちるが、中は液体で満たされているので、ハチは泳ぐ。ハチはバケツのヌルヌルした壁面を登ることができない。たった一つだけ脱出ルートがあり、それはバケツの壁面に開いた、ハチの大きさに合った特別な穴である（カラー口絵四ページの写真では見えない）。ハチは「足がかり段」に導かれて穴にたどりつき、そのなかを這っていく。そこはとても窮屈で、「顎」と呼ばれる出口の部分（写真で見ることができる。旋盤《せんばん》か電気ドリルのチャックのような形をしている）が収縮してハチを捕らえるときに、さらに締めつけがきつくなる。ハチが顎につかまっているあいだに、ハチの背中に二つの花粉塊が糊でくっつけられる。糊が固まるまでしばらく時間がかかり、そのあと顎は弛《ゆる》められて、ハチは解放される。解放されたハチは、花粉塊を装備して飛び立つ。まだなお、自らのフェロモンのための貴重な材料を探し求めて、ハチは別のバケツランの上に降り立ち、同じプロセスが繰り返される。けれども今度は、ハチがバケツの穴をもがき抜けるにつれて、花粉塊はこそげ落とされ、それがこの第二のランの柱頭《ちゅうとう》を受精させるのである。

花と受粉媒介者との親密な関係は、共進化と呼ばれるもののすてきな実例である。共進化はお互いに何か得るものがある生物のあいだで起こることが多く、そこにおける協力関係は、どちらの側も相手側のためになんらかの貢献をし、協力から双方に得るところがある。もう一つの美しい関係として、サンゴ礁の周辺で、世界中の異なる数多くの場所で独立に生じている、掃除魚と大型魚のあいだの一連の関係を紹介しよう。掃除魚は異なるいくつかの種に属しており、なかにはまったく魚ではない掃除エビさえいる――収斂進化のみごとな実例だ。サンゴ礁魚のあいだに見られる掃除行動は、哺乳類における狩りや草食《は》みやアリ食いと同じように、確立された一つの生活様式である。掃除魚は、大きな魚の「お客《クライアント》」の体の寄生虫をつまみとることによって生計を立てている。お客が得ている利益は、サンゴ礁の実験区画からすべての掃除魚を取り除いてみたところ、鮮やかに実証された。そうした場合、多くの種の魚の健康状態が悪化したのである。掃除魚の習性については別の本で論じたことがあるので、ここでは、これ以上は語らない。

共進化は、捕食者と被食者（獲物）、あるいは寄生者と宿主といった、お互いの存在によって利益を得ることがないような種のあいだでも起こる。そういった種類の共進化は、ときに「軍拡競争」と呼ばれるが、この現象については、後に第12章で論じるつもりである。

選抜実行者《エージェント》としての自然

本章および前章に結論をつけることにしよう。選抜——人間の育種家による人為淘汰という形での——は、数世紀（数百年）のうちに、野良犬をペキニーズに、あるいはキャベツをカリフラワーに変えることができる。任意の二つの犬種間の違いに注目すれば、一千年以下の年月でどれほどの変化をもたらせるものか、おおまかなイメージがつかめるだろう。次に問うべきは、生命の全史を説明するのに何千年の歳月が必要なのかであろう。わずか数百年の進化しか要しなかった野良犬とペキニーズを区別している違いの単なる量だけを想像するなら、進化の初めから、たとえば哺乳類の始まりから人類を分かれさせるのに、さらにどれほど多くの時間がかかったのだろう？　あるいは魚類が陸上に進出した時から、とすればどうか？　答えは、生命が始まったのはたった何千年ではなく、何十億年も前だったということである。地球の年齢はおよそ四六億年前、つまり四六〇〇万世紀前だと推定されている。現生のすべての哺乳類の共通祖先が地球上を歩いて以来経過した時間は、およそ二億年である。一世紀すなわち一〇〇年という時間は、私たちにとってはかなり長く思える。二億年を端から端まで並べたらどんなものになるか想像できるだろうか？　魚の祖先が自ら這い上がって陸上に進出して以来経過した時間はおよそ三億五〇〇〇万年である。これは言ってみれば、共通の祖先イヌからあらゆる異なった——実際に非常に異なっている——イヌの品種をつくりだすのに要した時間のおよそ二万倍も長いのである。

ペキニーズと野良犬の違いがおおよそどのくらいの量のものであるかを頭の片隅に置いてみてほしい。といっても、今は正確な推定値の話をしているのではない。どれか一つの犬種とほかのどれかの犬種の違いについて考えてもらってもかまわないだろう。なぜなら、それは、共通祖先から人為淘汰によってもたらされた変化の量の、平均して二倍にあたるからである。進化的変化のこのオーダーを念頭において、過去にさかのぼってこの二万倍という時間をあてはめてみてほしい。そうすれば、魚をヒトに変えてしまうほどの量の変化を進化が達成できたという事実を、かなりたやすく受け入れられるようになるだろう。

　しかし、これらすべては、私たちが地球の年齢を、そして化石記録に残るさまざまな目覚ましい出来事《ランドマーク》を知っていることを前提としている。この本は証拠に関して述べるものなので、年代を断言してすますだけでなく、その年代が正しいことを私は示さなければならない。実際に、どのようにして特定の地層（岩石）の年代がわかるのだろう？　どのようにして化石の年代がわかるのか？　さらに言えば、どのようにして宇宙の年齢がわかるのか？　どのようにして地球の年齢がわかるのか？　私たちには時計が必要であり、そこで時計が次章で語るべき主題となる。

第4章　沈黙と悠久の時

［本章タイトルはキーツの『ギリシアの壺についてのオード』の引用］

もし、進化が事実であることを疑う歴史否定論者が生物学に無知であるとすれば、世界が過去一万年以内に始まったと考えている者たちは無知よりたちが悪いのであって、その思い違いは邪悪の域にまで達している。彼らは生物学上の事実を否定しているだけなく、物理学、地質学、宇宙論、考古学、歴史および化学上の事実をも否定しているのである。本章は、岩石とそこに含まれている化石の年代をどのようにして知るかについて述べたものである。この地球という惑星上で生命に働きかける時間の尺度が何千年ではなく、何十億年という単位である証拠が提示されることになる。

進化学者が犯罪現場に遅れてやってきた探偵（あるいは刑事）の立場にあることを思い出してほしい。物事が起こった時間を正確に突き止めるためには、時間に依存する過程が残す痕跡――広い意味での時計――に頼らなければならない。殺人事件を調べる探偵が最初にすることの一つは、医者あるいは病理学者に死亡時刻を聞くことだ。この情報から多くのことがわかり、推理小説では、病理学者の推定に対してほとんど神秘的な崇敬《すうけい》が与えられている。「死亡時刻」はすべての基礎となる事実で、この誤ることのない軸を中心にして、探偵による多少なりとも強引な推理が展開される。しかし、もちろん、その推定には誤差がつきまとうが、誤差は測定可能であり、ときには非常に大きなものになってしまうこともある。病理学者は、死亡時刻を推定するためにさまざまな時間依存性過程を利用する。すなわち、体温は決まった速度で冷えていくとか、特定の時間から死後硬直が始まる等々の事実である。これらは、殺人事件の捜査官が利用できるかなり粗《あら》い「時計」である。進化学者が利用できる時計はそれらより、潜在的にははるかに精密である——もちろん、かかわっているタイム・スケールとの比率においての話で、絶対的な時間に関してより精密というわけではない。正確な時計を表す喩《たと》えとしては、地質学者の手にあるジュラ紀の岩石のほうが、病理学者が用いることのできる死体の冷却速度よりも説得力があるだろう。

人間のつくる時計は、進化的な基準からすれば非常に短い——時、分、秒の——タイム・スケール（時間尺度）で動き、そこで使われている時間依存性過程は非常に速いものだ。振り子の振動、ヒゲゼンマイの回転、水晶の振動、ロウソクの燃焼、水を入れた容器や砂時計からの水や砂の流出、地球の自転（日時計によって記録される）といったものである。すべての時計は、着実、しかも既知の速度で起こるなんらかの過程を利用している。振り子は、非常に一定した速度で振れるが、その速度は振り子の腕の長さによって決まるのであって、少なくとも理論上は、振れの大きさや先端についた錘《おもり》の質量とは無関係である。旧式の大きな壁掛け時計は、振り子と歯車を一段ずつ進める脱進機を連接させることによって動く。歯車の回転が減速装置を介して、時針、分針、秒針の回転速度まで落とされるわけだ。ゼンマイ歯車をもつ腕時計も同じようにして動く。デジタル時計は、振り子と同等の役目をする電子装置、すなわち、電池からエネルギーを供給されたときに振動するある種の水晶を利用している。水時計やロウソクを使った時計は、ずっと精度は落ちるが、機械時計（イベント計数を用いた）が発明される以前には有用なものだった。水時計やロウソクを使った時計というのは、振り子時計やデジタル時計のように事象《イベント》の計数に依拠するのではなく、なにかの量の測定に依拠している計量時計だ。日時計は時を告げる手段としては厳密な正確さを欠いている。(＊) しかし、日時計が利用している時間依存性過程である地球の自転は、私たちが暦と呼ぶもっとゆっくりとした時計のタイム・スケールでは正確である。なぜなら、このタイム・スケールでは、日時計がもはや計量時計（日時計は連続的に変化する太陽の角度を測っている）ではなく計数時計（昼夜のサイクルを数えている）となるからである。

計数時計と計量時計のどちらも、進化というゆっくりとしたタイム・スケールに適用することができる。しかし、進化を研究するためには、日時計や腕時計のように、現在時刻を告げてくれる時計が必要なわけではない。私たちが必要としているのは、むしろストップウォッチのように、「リセットできる」時計なのだ。私たちが使う進化時計は、どこかの時点をゼロにセットしなおす必要があり、そうすれば、出発時点からの経過時間を計算でき、たとえば、岩石のような対象物の年代を知らせることができる。火成（火山）岩の年代測定のための放射性崩壊時計は、溶岩が固まって岩石が形成された瞬間を便宜《べんぎ》的にゼロとしている。

幸いなことに、ゼロ設定のできる自然の時計としては、いろいろなものが利用可能だ。この多様性は都合がいい。なぜなら、ある時計を使って別の時計の正確さをチェックすることができるからだ。さらに幸運なことに、それらは驚くほど幅広い範囲のタイム・スケールをきめ細かくカヴァーしているが、これもまた私たちの求めるところである。なぜなら、進化的な時間の尺度は、七桁もしくは八

＊「私は日時計、そいでもって、しくじるの
時計がずっとうまく　やれることを」
——ヒレア・ブロック

桁の範囲にまたがっているからである。それがどういうことか、ここで説明しておいたほうがいいだろう。桁はなにがしかの正確さの度合いを意味する。一桁の変動というのは一〇倍（あるいは一〇分の一）のことである。私たちは一〇進法を使っているので、(*)数字の桁は小数点の前または後ろのゼロの数のことになる。したがって、八桁というのは、一億倍である。時計の秒針は分針よりも六〇倍速く、時針よりも七二〇倍速く回転するので、三つの針は三桁以内の範囲を扱っていることになる。これは、私たちが用いる地質時計のレパートリーがもつ八桁に比べればちっぽけなものにすぎない。放射性崩壊を利用した時計は、何分の一秒という、短いタイム・スケールにさえ使うことができる。しかし進化的な事柄に関して言えば、何百年、あるいはひょっとしたら何十年というあたりの時間を計ることができるものがせいぜい、私たちが必要とするもっとも速い時計だろう。自然の時計のスペクトラムのもっとも速いほうの端――年輪と炭素年代法――は、考古学的な目的や、イヌやキャベツの家畜化を扱うような短いタイム・スケールにおける標本の年代決定に有効である。このスペクトラムの反対側には、何億年、いや何十億年という時間さえ計ることができる自然の時計が必要になる。そして、讃《たた》えるべし、自然はまさに私たちが必要とするだけの、幅広い種類の時計を提供してくれているのだ。さらにうまいことに、それぞれの時計の感度領域が互いに重複していて、おかげで、それを利用して互いの精度をチェックしあえるのである。

木の年輪

年輪時計は、木材、たとえばチューダー朝の建物の梁《はり》の年代を、文字通り年の単位まで、驚くほどの正確さで決定することができる。以下に、この時計の仕組みについて説明しよう。第一に、ほとんどの人が知っているように、新しく伐り倒されたばかりの木の年齢を、いちばん外側の輪《リング》が現在を表していると想定して、幹《みき》の年輪から推定することができる。年輪は一年のうちの季節による成長の違い――冬と夏、雨季と乾季――を反映しており、緯度の高い土地ほど、季節差が大きいために、とりわけ顕著になる。幸いなことに、実際には、年齢を決定するために木を伐り倒さなければならないわけではない。木の中央部に穴を開け、コア・サンプルを刳《く》りぬく方法で、木を殺さずに年輪をのぞくことができるのである。しかし、年輪を数えるだけでは、あなたの家の梁が、あるいはヴァイキングの長船《ロングシップ》のマストが、何世紀に生えていた木なのかを知ることはできない。古い、死んでから久しい材木の年代を正確に突き止めようと思うなら、もう少し繊細さが必要である。単に年輪を数えるのではなく、太い輪と細い輪のパターンを調べなければならない。

年輪の存在が成長のいい時期と悪い時期の季節的な周期変化を表しているのと同じように、ある年は他の年よりも成長がいいということがある。気象は一年一年変わるからである。成長を遅らせる干魃《かんばつ》もあれば、成長を促進する豊作の年もある。寒い年があれば暑い年もあり、エル・ニーニョが異常発生する年もあれば、クラカタウ大噴火のような天変地異もある。木の視点からすれば、いい年は悪い年よりも幅の広い輪をつくる。そして、どんな土地であれ、いい年と悪い年の巡ってきた順序を示

＊これはたぶん、私たちが一〇本の手指をもつという進化的偶然にもとづいている。物理学者のフレッド・ホイルは、もし私たちが八本指で生まれてきて、したがって、一〇進法でなく八進法に慣れ親しんでいたとすれば、人類は二進法の算術をつくり上げ、電子計算機を現実の私たちよりも一世紀早く発明していたのではないか（8は2の三乗だから）という、巧妙な推論をおこなっている。

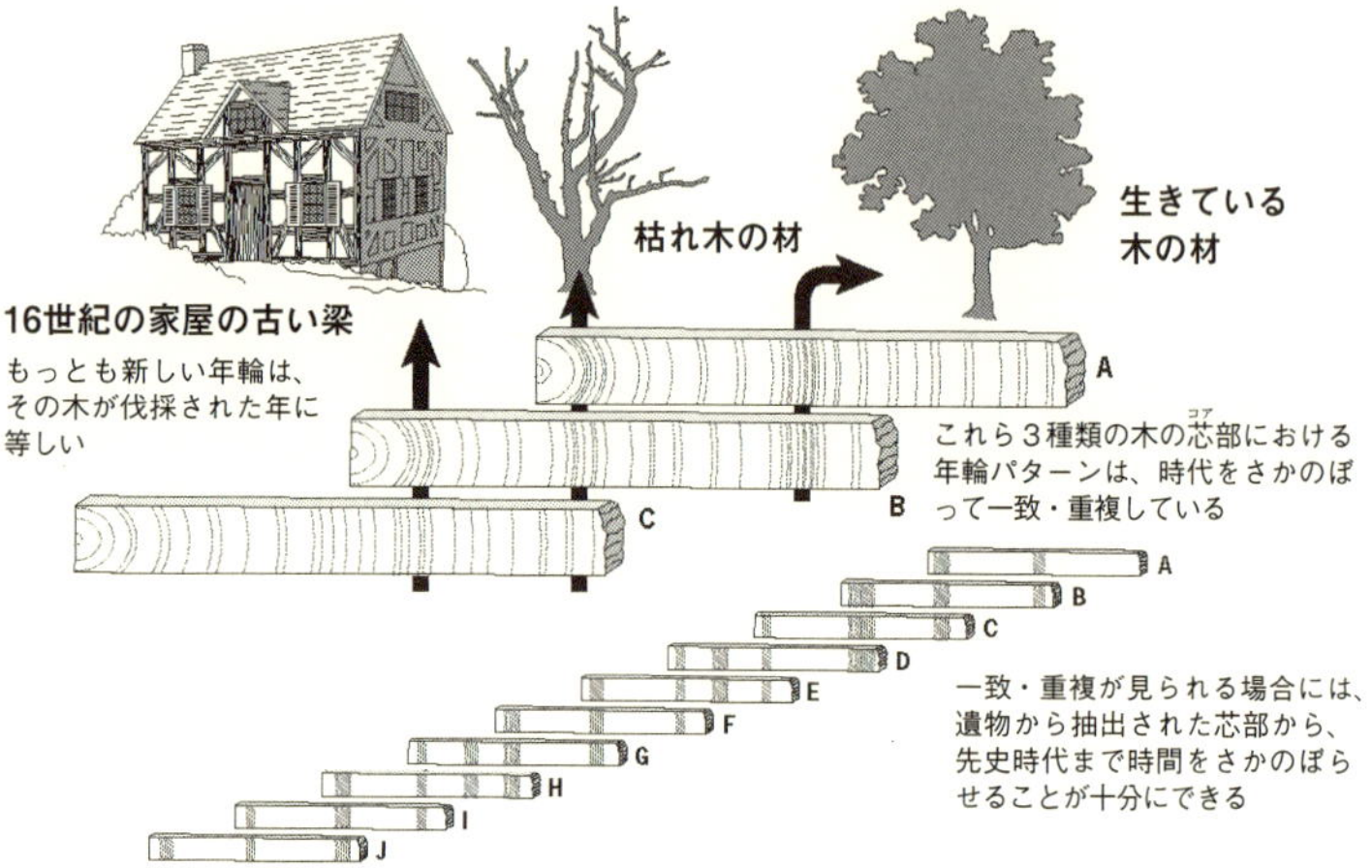

年輪年代学の仕組み

す指標である年輪の幅の広い輪と狭い輪のパターンは、そこに生えるすべての木に認められる十分に特徴的なもの――輪が形成された正確な年の標識となる指紋――になっている。

年輪年代学者たちは最近伐られたばかりの木の年輪を計測する。この場合、その木が倒された年から逆算していけば、すべての輪の正確な年がわかる。そうした測定から年輪パターンの基準コレクションがつくられ、年代を知りたいと思っている考古学的資料の年輪パターンとの比較が可能になる。その結果、次のような報告を得ることができるかもしれない。「このチューダー朝建築の梁は、一五四一年から四七年のあいだに形成されたことがわかっている基準コレクションの年輪配列と一致する特徴的な配列をもっている。したがって、この建物は西暦一五四七年以降に建築されたものである」。

まことにうまい話なのだが、しかし、現在生きている木のうちで、石器時代やそれ以前とまではいわなくとも、チューダー朝時代に生きていたものでもそんなに多くはない。何千年も生きる木もある――イガゴヨウマツ（ブリッスルコーン・パイン）や一部のセコイアの巨木――が、材木として使われる木のほとんどは、樹齢一〇〇年前後で伐採《ばっさい》された若い木である。では、もっと古い時代の基準年輪コレクションはどのようにしてつくるのだろう？　あまりにも遠い昔で、生き残っている最古のイガゴヨウマツでさえさかのぼることができないような時代については、どうなのか？　あなたはもう答えが推測できていると思う。答えは「重複《オーヴァーラップ》」だ。丈夫なロープは長さが一〇〇メートルになるかもしれないが、そこに含まれている一本ずつの繊維はその全長の何分の一にも達しない。年輪年代学で重複原理を使うには、まず現生の木で年代がわかっている基準の「指紋」パターンが必要になる。つぎに、現生の木の古い年輪から一つの指紋を特定し、ずっと以前に死んだ木の若い年輪に同じ指紋を探す。それから、その同じずっと以前に死んだ木の古い年輪を調べ、それよりさらに古い木の若い年輪に、それと同じパターンを探す。という作業をつづけていく。これをつぎつぎとつなぎ合わせていけば、理論的には化石林を利用して何百万年の昔までさかのぼっていくことが可能だ。ただし実用的には、年輪年代法は何千年にわたる考古学的タイム・スケールについてしか使用されない。年輪年代法に関して驚くべきことは、少なくとも理論的には、一億年前の化石林においてさえ、年単位まで正確なことである。ジュラ紀の化石木のこの輪はジュラ紀の別の化石木にあるこの別の輪より正確に二五七年後に形成されたものだと、文字通りに言うことができるのだ！　十分な化石林さえ存在すれば、現在からつぎつぎとつなぎ合わせてさかのぼっていくことによって、この木は単にジュラ紀後期のものだというだけでなく、正確に紀元前一億五一四三万二六五七年前のものだと、年代をつきとめることができるのだ。残念ながら、途切れることなくつながった化石コレクションがないので、実用的な年輪年代法では、私たちがたどれるのは一億一五〇〇年前までである。にもかかわらず、もし十分な化石林を見つけることさえできれば、一億年にもわたる時間の幅のなかで、年単位の年代決定ができるというのは、心躍る考えである。

木の年輪が、年単位までの全面的な正確さを約束してくれる唯一のシステムというわけではけっしてない。氷縞粘土《ひょうこう》(varve)は氷河湖に形成される堆積物《たいせきぶつ》の層である。木の年輪と同じように、この層の厚みは、季節によっても、また年によっても変動するので、理論的には同じ原理を、同程度の正確さをもって使うことができる。サンゴ礁も、木とまったく同じように、年ごとの成長輪をもっている。実際これらの手段は、太古の地震の年代の検出に用いられ、めざましい成果をあげている。ちなみに、木の年輪から地震の年代を知ることもできる。一〇〇〇万年、一億年、あるいは一〇億年といったタイム・スケールにわたって実際に使われているすべての放射性崩壊時計を含めて、私たちが利用することのできる他の年代決定方式のほとんどは、当該のタイム・スケールにほぼ比例した誤差の範囲内でのみ正確なのである。

放射性崩壊時計

さて、いよいよ放射性崩壊時計に話を移そう。これには非常に多くの種類があって、そこから選ぶことができ、すでに述べたように、うまく使い分ければ何百年から何十億年までの全領域をすべて扱うことができる。それぞれの時計は固有の誤差の範囲をもち、ふつうはおよそ一%である。したがって、何十億年前の岩石の年代を決定したいと思うなら、プラスマイナス一〇〇〇万年の誤差はよしとしなければならない。もし一億年前の岩石の年代を決定したいなら、一〇〇万年の誤差は我慢しなければならない。わずか一〇〇〇万年前の岩石なら、プラスマイナス一〇万年の誤差は許さなければならない。

放射性崩壊時計の仕組みを理解するためには、まず、「放射性同位元素」という言葉の意味を理解する必要がある。すべての物質は元素からできており、元素はふつう他の元素と化学的に結合している。元素はおよそ一〇〇種類あり、研究室でしか検出されたことのない元素を含めるともう少し多くなり、自然に見つかる元素だけを数えれば、もう少し少なくなる。炭素、鉄、窒素、アルミニウム、マグネシウム、フッ素、アルゴン、塩素、ナトリウム、ウラン、鉛、酸素、カリウム、錫《すず》といったものが、元素の実例である。原子論は誰もが、創造論者でさえ受け入れていると私は考えているが、その原子論によれば、すべての元素はそれぞれ固有の原子をもっている。原子は、これ以上分割したらもはやその元素でなくなってしまうというところまで可能なかぎり元素を小さく分割していったときの最小の粒子である。原子、たとえば鉛、銅、あるいは炭素の原子はどのような姿をしているのだろう？　まあ、それが鉛、銅、あるいは炭素に似たものに見えないことはまちがいない。それは何にも似ていない。なぜなら、それはあまりにも小さすぎて、超高性能顕微鏡を使ってさえ、あなたの網膜にいかなる像も結ばないからである。原子を視覚化するうえで、アナロジーや模型《モデル》の助けを借りることは可能だ。もっとも有名なモデルは、デンマークの偉大な物理学者、ニールス・ボーアが提案した原子模型である。ボーア模型は、現在ではどちらかといえば時代遅れになったが、言わばミニチュアの太陽系である。太陽の役は原子核が果たし、そのまわりを電子が周回し、これが惑星の役割を演じている。太陽系と同じように、原子の質量のほとんどすべては核（「太陽」）が占めており、容積のほとんどすべては、電子（「惑星」）を核から隔てている空間が占めている。一つ一つの電子は、核に比べればちっぽけなもので、電子と電子、電子と核のあいだの空間は、核や電子の大きさに比べれば巨大なものである。よく好んで使われるアナロジーは、核をスポーツスタジアムの真ん中にいる一匹のハエになぞらえるものである。まわりでもっとも近くにある原子は、隣のスタジアムの真ん中にいるもう一匹のハエである。各原子の電子は、最小のブユよりも小さく、それぞれの中心にいるハエのまわりをブンブンいいながら周回しているが、あまりにも小さいために、ハエと同じ尺度では見ることができない。つまりは、私たちが鉄や岩のずしりとした塊《かたまり》だと思って見ているものは、「本当は」ほとんどまったくの空っぽといえる空間にほかならないのだ。それが中身の詰まった不透明なものに見え、感じられるのは、私たちの感覚器官と脳が、それを中身の詰まった不透明なものとして扱ったほうが便利だとみなすからにすぎない。岩の中を通り抜けることができないのだから、脳にとっては、岩が中身の詰まったものだとするのが便利だ、というわけだ。「中身が詰まっている（solid）」というのは、原子間にはたらく電磁力のために通り抜けたり、落下したりすることができない事物を私たちが体験するやり方なのである。「不透明（opaque）」というのは、光が物体の表面で跳ね返って、通り抜ける光がないとき、私たちが体験する感覚なのである。

少なくともボーア模型で想定されているように、原子の構成には三種類の粒子がかかわっている。電子についてはすでにお目にかかった。他の二つは、電子よりははるかに大きいが、それでも、私たちが想像し、あるいは感覚で体験できるどんなものに比べてもちっぽけである。それらは陽子および中性子と呼ばれ、核のなかに見いだされる。この二つの粒子は互いにほとんど同じ大きさである。どの元素についても陽子の数は決まっていて、電子の数と等しい。この数字は原子番号と呼ばれる。原子番号は一つの元素に固有のものであり、原子番号を順に並べたリスト――周期律表として知られる有名なリスト――に空白はない(*)。この配列のあらゆる番号は正確に一つの、しかもたった一つだけの元素に対応している。原子番号1をもつ元素は水素で、2はヘリウム、3はリチウム、4はベリリウム、5はホウ素、6は炭素、7は窒素、8は酸素という具合に、92のような大きな番号までつづく。

92はウランの原子番号である。

陽子と電子は正反対の符号をもつ電荷をもっている――私たちは便宜のために恣意《しい》的に一方をプラス、他方をマイナスと呼んでいる。これらの電荷は、元素が互いに、ほとんどは電子の媒介によって、化合物を形成するときに重要である。原子内の中性子は陽子と結合して核をつくっている。中性子は陽子とちがって電荷をもたず、化学反応にはまったくかかわらない。どの元素に含まれている陽子、中性子、電子も、他の元素に含まれているものと寸分たがわず同じである。金の風合いをもつ陽子とか、銅の風合いをもつ電子とか、カリウムの風合いをもつ中性子といったものは存在しない。陽子はどこまでいっても陽子であり、銅の原子を銅たらしめているのは、そこに正確に二九個の陽子（および正確に二九個の電子）が存在するという事実なのである。私たちがふつう銅の性質として考えているものは、実は化学の問題にほかならない。化学現象は電子のダンスである。それは電子を介した原子の相互作用に関するすべてなのだ。化学結合は簡単に破れ、再形成される。なぜなら、化学反応においては電子だけが離れたり交換されたりするからである。原子核の内部における引力は、壊すのがはるかにむずかしい。これこそ、「原子の分裂」があれほど恐ろしい響きをもつ理由である――しかし、それは実際に、化学反応に対する「核」反応で起こりうるのであり、放射性年代決定法はそれに依拠したものなのだ。

電子は無視できるほどの質量しかもたないので、原子の全質量、すなわち「質量数」は、陽子と中性子の合計数に等しい。ふつうそれは原子番号の二倍よりいくぶん大きい。なぜなら、核には陽子よ

＊遺憾ながら、それがドミトリー・メンデレーエフの夢のなかに現れたという、広く流布《るふ》した伝説は誤りらしい。

りも数個分多い中性子が存在するからである。陽子の数とちがって、一つの原子内の中性子の数は、元素に固有ではない。どの元素の原子にも同位体《アイソトープ》と呼ばれる異なったタイプ（核種）がありうる。同じ元素の同位体は、中性子の数が異なるが、陽子の数はつねに同じである。フッ素など、いくつかの元素は、自然に生じる同位体をたった一種類しかもっていない。フッ素の原子番号は9で、質量数は19なので、これから、九個の陽子と一〇個の中性子をもつと推定することができる。他の元素は多数の同位体をもっている。鉛はふつうの状態で生じる五つの同位体をもっている。すべて同じ数の、すなわち八二個の陽子（および電子）をもち、これが鉛の原子番号になっているのだが、質量数は二〇二から二〇八までの幅がある。炭素は三つの自然に生じる同位体をもっている。炭素12はもっとも数の多いもので、陽子と同じ数（六個）の中性子をもっている。炭素13というのもあるが、これはあまりにも寿命が短すぎるので頭を悩ます必要がない。炭素14は希《まれ》だが、それほど極端に希でもないので、以下に述べるように、比較的若い有機物試料の年代決定に使うことができる。

さてつぎは、背景として知っておかなければならない、二番めに重要な事実だ。いくつかの同位体は安定だが、その他の同位体は安定ではない。たとえば、鉛202は不安定な同位体で、鉛204、鉛206、鉛207、鉛208は安定な同位体である。「不安定」というのは、その原子がひとりでに崩壊してほかのものになるという意味で、その崩壊の速度（確率）は予測できるが、いつ崩壊するかは予測できない。崩壊速度の予測が可能だというのが、あらゆる放射性崩壊時計の鍵を握っている。「不安定」を言い換えれば「放射性」ということになる。数種類の放射性崩壊があり、有効な時計としての可能性を提供してくれる。本書の目的からすれば、それを理解することは重要ではないが、そうしたことを解明するにあたって物理学者たちが達成したのがどれほど詳細なレベルのものであったかを示すために、ここで説明しておこう。そうした詳細な事実を紹介することで、放射年代測定による証拠を言い逃れ、地球をピーター・パンのごとく若いままに留めおこうとする創造論者たちの絶望的な試みに対し、冷笑的な光を投げかけることが可能になるからだ。

同位体元素のあらゆる種類の不安定さに、中性子がかかわっている。あるものでは、中性子が陽子に変わる。これが意味するのは、質量数は同じままで（陽子と中性子は同じ質量をもっているので）、原子番号が一つ増える、したがってその原子は、周期律表で一つ右隣にある別の元素に変わるということである。たとえば、ナトリウム24が、マグネシウム24へと変わってしまうのである。もう一種類の放射性崩壊では、それと正反対のことが起こる。陽子が中性子に変わるのだ。またしても質量数は同じままだが、今度は原子番号が一つ減り、その原子は周期律表の一つ左隣にある次の元素に変わる。三つめの種類の放射性崩壊も同じ結果を生じる。はぐれものの中性子がたまたま核に衝突し、陽子を一つ叩きだして、代わりにその位置を占めるのである。この場合もまた、質量数に変化はなく、原子番号が一つ下がり、周期律表で一つ左隣の元素に変わる。このほかに、原子がいわゆるアルファ粒子を放出する、もっとも複雑な放射性崩壊（アルファ崩壊）もある。アルファ粒子は、くっつきあった二つの陽子と二つの中性子から構成されている。すなわち、アルファ崩壊によって原子の質量数は四つ下がり、原子番号は二つ下がるのだ。原子は、周期律表で二つ左にある元素に変わる。アルファ崩壊の一つの実例を挙げれば、非常に高い放射能をもつウラン238（九二個の陽子と一四六個の中性子をもつ）がトリウム234（九〇の陽子と一四四の中性子をもつ）に変わる、というものがある。

いよいよ、問題の核心に近づいてきた。あらゆる不安定な同位体、すなわち放射性同位体は、厳密にわかっている固有の速度で崩壊していく。そのうえ、こうした崩壊速度のなかには他の崩壊速度よりもはなはだしく遅いものがある。すべての場合において、崩壊は指数関数的である。指数関数的というのは、たとえばあなたが一〇〇グラムの放射性同位体からスタートしたとして、一定時間内に定まった量、たとえば一〇グラムが別の元素に変わるというのではないという意味である。そうではなく、どれだけ残っているにせよ、そのうちの決まった比率が第二の元素に変わるのである。よく使われる崩壊速度の値が「半減期」である。放射性同位元素の半減期とは、その原子のうちの半分が崩壊するのに要する時間のことを言う。それまでにどれだけの原子が崩壊しているかは問題ではなく、半減期はつねに同じである——これこそ、指数関数的崩壊という言葉が意味するものである。このように順々に半分になっていくものでは、いつまったくゼロになるのかをけっして知り得ないことを理解してもらえると思う。けれども、十分な時間——たとえば、半減期の一〇倍——が経過したあとでは、残っている原子の数はきわめて少なくなっているので、事実上すべてなくなったとみなしてかまわない。たとえば、炭素14の半減期は五〇〇〇年から六〇〇〇年のあいだである。したがって、およそ五万〜六万年前より古い試料については、炭素年代法は役に立たず、もっと遅い時計に切り換える必要がある。

ルビジウム87の半減期は四九〇億年、フェルミウム244の半減期は〇・〇〇三三秒である。ここまで両極端な例を示せば、私たちが利用できる放射性崩壊時計の途方もない幅の広さに十分納得していただけよう。炭素15の二・四秒という半減期は進化に関する問題に答えをだすにはあまりにも短すぎるが、炭素14の五七三〇年という半減期は、考古学的なタイム・スケールで年代決定をするのにはまさにうってつけであり、まもなく、それについて述べるつもりである。進化的なタイム・スケールでもっと多く用いられるのが、一二億六〇〇〇万年という半減期をもつカリウム40で、放射性崩壊時計という考え方全体を説明するための例として、これを使うことにしよう。これはしばしば、カリウム＝アルゴン時計と呼ばれる。なぜなら、アルゴン40は、カリウム40が崩壊してできる元素の一つだからである（周期律表では、カリウム40の左隣にある。異なった種類の放射性崩壊の結果としてできるもう一方はカルシウム40で、これは周期律表では一つ右隣にある)。もしあなたが、一定量のカリウム40からスタートすれば、一二億六〇〇〇万年後には、カリウム40の半分は崩壊してアルゴン40になっている。これが半減期の意味である。それからもう一二億六〇〇〇万年たった後には、残ったうちの半分(もとの四分の一)は崩壊しており、さらに時間が経てばまた同じことが繰り返されていく。一二億六〇〇〇万年より短い時間が経ったのちには、時間に比例して、もとのカリウムはそれより少ない量が崩壊しているだろう。そこで、アルゴン40がまったくない空間に閉じこめられた一定量のカリウムからスタートしたと想像してみてほしい。数億年が経ったのちに、科学者がこの閉じられた空間にやってきて、カリウム40とアルゴン40の相対的な量の比率を測定する。この比率――そこに含まれている絶対量は関係ない――から、カリウム40の半減期がわかっていて、始まったときにはアルゴンがまったくなかったと仮定すれば、この過程がスタートしてから経過した時間を推定することができる――なぜなら、別の言葉で言えば、時計は「ゼロに合わせられていた」からである。ここで、親同位体(カリウム40)と娘同位体(アルゴン40)の比率がわからなければならないことに注意してほしい。それだけでなく、本章の前半で見たように、時計はゼロに合わせられる必要がある。しかし、放射性崩壊時計を「ゼロに合わせる」というのは、何を意味しているのだろうか？　その意味を知るために、結晶化の過程について説明しなければならない。

　地質学者が用いるあらゆる放射性崩壊時計と同じように、カリウム＝アルゴン年代決定法は、いわゆる火成岩《かせいがん》(igneous rock)でしかうまくいかない。igneousというのはラテン語の火(ignis)が語源で、火成岩は熔けていた岩石――花崗岩《かこうがん》の場合には地下のマグマ、玄武岩《げんぶがん》の場合は火山の溶岩――が固まってできたものである。熔けた岩石が固まって花崗岩や玄武岩を形成するとき、結晶の形で岩石になる。これらはふつう、水晶のように大きくて透明な結晶ではなく、あまりにも小さいので、肉眼では結晶には見えない。結晶にはさまざまなタイプがあり、雲母《うんも》のようないくつかのものは、カリウムの原子を含んでいる。そうした原子のなかに放射性同位元素であるカリウム40が存在する。結晶が新しく形成されたとき、熔けていた岩が凝固した瞬間には、カリウム40は存在するがアルゴンは存在しない。結晶中にアルゴンがないという意味で、時計は「ゼロに合わせられた」のである。何百万年もが経つうちに、カリウム40は一つずつゆっくりと崩壊していき、結晶中のアルゴン40の原子がカリウム40に置き換わっていく。かくしてアルゴン40の累積量は、その岩石が形成されてから経過した時間の尺度になる。しかし、つい先ほど説明したばかりの理由によって、この量は、カリウム40に対するアルゴン40の比として表わしたときにのみ意味をもつ。この時計がゼロに合わせられたとき、この比はカリウム40が一〇〇%だったが、一二億六〇〇〇万年後には五〇対五〇になっているだろう。さらにもう一二億六〇〇〇万年が経てば、残っていたカリウム40の半分もアルゴン40に変わっているだろう。そのあとも同じことが繰り返される。この結晶時計はゼロから始まるので、中間的な比率は中間的な時間を表すことになる。そこで地質学者は、今日拾いあげた一片の火成岩のカリウム40とアルゴン40の比を測定することによって、何年くらい昔に、熔けた状態から最初に結晶化したかを推定することができるのだ。火成岩はふつう、カリウム40だけでなく、数多くの異なる放射性同位元素を含んでいる。火成岩の凝固のしかたの幸運な側面は、それが一瞬のうちに起こることである――そのため、岩の一つの塊に含まれるすべての時計が、同時にゼロに合わされるのである。

火成岩だけが放射性崩壊時計を提供できるのではあるが、火成岩にはほとんど、けっしてといっていいほど化石が含まれていない。化石は石灰岩や砂岩のような堆積岩《たいせきがん》のなかに形成されるが、これらは凝固した溶岩ではない。これらは、海や湖や入り江の底に徐々に何層にも堆積していった泥、沈泥《シルト》、あるいは砂である。何年もたつうちに砂や泥は圧縮されて固くなって岩石になる。泥の中にとらわれた死体は、化石化するチャンスがある。たくさんある死体のなかで、実際に化石化するのはごくわずかな割合でしかないが、語るに値するなんらかの化石を含んでいるのは唯一堆積岩だけなのである。

　堆積岩は残念ながら放射性崩壊によって年代決定をすることができない。おそらく、堆積岩の形成にあずかった個々のシルトや砂の粒は、カリウム40やその他の放射性同位体を含んでおり、したがって、放射性崩壊時計を含んでいると言うこともできるだろうが、残念ながら、そうした時計は役に立たない。なぜなら正しくゼロに合わせられていなかったり、てんでばらばらな時間に、ゼロに合わせられていたりするからである。圧縮された砂岩をつくっている砂の粒子も、もともとは火成岩からこぼれ落ちたものかもしれないが、砂の粒子がこぼれ落ちたもとの火成岩はすべてまちまちな時間に凝固したものだ。個々の砂粒はどれも自分なりの時間にゼロに合わせた時計をもっており、その時間はおそらく、堆積岩が形成され、私たちが年代決定をしようとしている化石を埋没させたのよりもずっと以前である。それゆえ、時間を計るという観点からすれば、堆積岩は糞《クソ》である。使えないのだ。私たちにできる最善のこと——それもかなり上等な最善だ——は、堆積岩の近くで見つかった火成岩か、堆積岩に含まれている火成岩の年代を使うことである。

　原則的には、ある化石の年代を決定するためには二層の火成岩のあいだにサンドウィッチ状にはさまれたものを見つけるのが理想だが、かならずしもそうでなければいけないというわけではない。実際に用いられている手法は、それよりもっと洗練されている。すぐ見てわかるほどよく似た堆積岩の地層が、世界中に見られる。放射性崩壊時計が発見されるはるか以前に、そうした地層は識別され、名前を与えられてきた。すなわち、カンブリア紀、オルドビス紀、デボン紀、ジュラ紀、白亜紀、始新世、漸新世、中新世といった名前である。デボン紀の地層は、デボン地方（南西イングランドにある州で、これが名前の由来である）だけでなく、世界中のどの地方でも、デボン紀のものであることは見ればわかる。誰が見てもお互いによく似ており、同じような化石のリストをもっているからだ。地質学者たちはずっと以前から、そうした堆積層が積み重なっていく順序（層序《そうじょ》）を知っている。放射性崩壊時計が出現する以前には、その地層がいつできたかがわからなかっただけのことなのだ。古い堆積層は新しい堆積層の下にくるはず——明らかなことだ——だから、各地層を時代順に並べることができる。たとえば、デボン紀の地層は石炭紀（名前は、この地層からしばしば石炭が見つかることに由来）よりも古いが、そうみなしていいのは、この二つの地層が共存しているところでは、世界中どこでも、つねにデボン紀の地層が石炭紀の地層の下にあるからである（この規則にも例外があるが、それは他の証拠から、傾斜地滑りが起こったか、あるいは褶曲《しゅうきょく》によって上下が逆になったことがわかっている場所で起こる）。よほどの幸運にめぐまれないかぎり、いちばん下のカンブリア紀からいちばん上の現生まで、すべての地層が完全に順序よく並んでいるのを見つけることは、ふつうはできない。しかし各層ははっきりと識別できるので、世界中の地層をつなぎ合わせ、ジグソーパズルのように嵌《は》め合わせていくことによって、相対的な年代を決定することができる。

したがって、化石がどれほど昔のものであるかがわかるようになるずっと以前に、化石が積み重なっている順序、あるいは少なくとも名づけられた堆積層が積み重なっている順序はわかっていた。私たちは、カンブリア紀の化石が、世界中のどこでも、オルドビス紀の化石よりも古く、それはまたシルル紀の化石よりも古いことを知っている。その後には、デボン紀、石炭紀、ペルム紀、三畳紀、ジュラ紀、白亜紀……というように古いものにさかのぼっていく。そして地質学者は、こうした主要な地層の内部に、ジュラ紀前期、中期、後期といった、下位区分も認めている。

名前をつけられた地層はふつう、そこに含まれる化石によって判別される。そして、私たちは進化の証拠として化石の順序を使おうとしているのだ！　そんなことをすれば循環論法に陥る危険があるのではないのか？　絶対にそんなことはない。考えてもみてほしい。カンブリア紀の化石は特徴的な独特の化石群集をなしており、まちがうことなくカンブリア紀のものだと識別できる。私たちはさしあたり、特徴的な化石群集が見つかる場所では、単純にそれをカンブリア紀の地層のラベル――示準《しじゅん》化石――として使っているだけなのである。実際これこそ、石油会社が化石の専門家を雇って、たとえば有孔虫《ゆうこうちゅう》や放散虫《ほうさんちゅう》などと呼ばれる微小化石を手がかりにするのがふつうであるが、特定の地層を判別させる理由なのである。

特徴的な化石のリストは、オルドビス紀の地層、デボン紀の地層、などを識別するのに用いられている。ここまでは、私たちがそうした化石群集を使う目的は、一片の岩石が、たとえばペルム紀のものかシリル紀のものであるかを特定することである。いよいよここから、名前のついた地層が積み重なっている順序を、世界中のものをつなぎ合わせるという補助手段のもとに、どの地層がどの地層よりも古いか、あるいは新しいかを示す証拠として用いる話に移ろう。この二組の情報はすでに確立したものとなっているので、いまや、年代が順次新しくなっていく地層に含まれる化石を調べて、並べてお互いどうしを比較したときに、筋の通った進化的系列を構成しているかどうかを見ることができる。実際に、筋の通った順序で並んでいるだろうか？　特定の種類の化石、たとえば哺乳類の化石は、定まった年代以降にのみ現れ、それ以前にはまったく現れないのだろうか？　こうした疑問に対する答えは、いずれもイエスである。つねにイエスである。例外はない。これは進化が実際にあったという強力な証拠である。なぜならそれは、必然的な事実ではなく、私たちが地層を識別する方法、および時間的な系列を得る方法からかならず導かれなければならないような事柄でもけっしてないからである。

かすかにでも哺乳類と呼ぶことができるようなものは、デボン紀の地層やその他のいかなる古い地層でも、いまだかつて文字通り、一つとして見つかっていないというのが事実である。単に、そうした化石が後代の地層よりもデボン紀の地層に統計学的に希だということではない。そうした化石はある年代より古い地層には、文字通りけっして見られないのである。しかし、そうでなければならないと決まったものではない。デボン紀からしだいに深く掘り進み、シルル紀を抜けて、さらに古いオルドビス紀を抜けて、突然、カンブリア紀——他のどの地層よりも古い——に哺乳類が満ちあふれているのを発見するという事態も、ありえたはずなのだ。これは実際に見られることではなく、あくまで可能性の話だが、この可能性の存在こそは、この議論を循環論法だと非難はできないことを実証しているのである。いつか、誰かがカンブリア紀の地層で哺乳類を掘り出すかもしれないが、その瞬間に、進化論はたちまち粉砕されてしまうだろう。言い換えれば、進化は反証可能な、それゆえに、科学的な理論なのである。この点については、第6章で立ち戻る。

このような発見のパターンを説明しようとする創造論者たちの試みは、しばしば高級喜劇の域に達する。創造論者に言わせれば、主要な動物分類群の化石が発見される順序を理解するための鍵は、ノアの洪水にあるのだそうだ。次に示すのは、賞を貰っている創造論者のウェブサイトから直接引用したものである。

地層に見られる化石の配列は次のことを示している。

（1）無脊椎動物（動きののろい海生動物）は、真っ先に消滅し、それについで、もう少し動きの活発な魚類が洪水の沈泥に押しつぶされるだろう。

（2）両生類（海に近い）が次に、水位の上昇にともなって消滅するだろう。

（3）爬虫類（動きののろい陸上動物）が次に死ぬ。

（4）哺乳類は水位の上昇から逃げることができ、より大型で、逃げ足の速い動物が最後まで生き残れた。

（5）人類は智恵を働かすだろう――丸太にしがみつくといったことをして、洪水から逃れる。

このような経緯は、地層にさまざまな化石が発見される順序を、申し分なく満足がゆくように説明してくれる。それは動物たちが進化した順序ではなく、ノアの洪水のときに水没していった順序なのである。

この驚くべき説明に異論を唱えるべき他のあらゆる理由をさしおいても指摘しておきたいのだが、哺乳類が平均して爬虫類よりも水位の上昇からよりうまく逃げることができるという統計的傾向がいったいどこに存在するというのか。それどころか、進化論にもとづいて予想されるように、地質学的な記録における下の地層には、文字通り哺乳類はまったく存在しないのだ。もし、地層を上から下に向かっていくときに哺乳類の数が統計的な先細りを見せるのであれば、「一目散に逃げる」説は、より強固な基盤の上に立つことになるだろう。また、ペルム紀の地層より上には、文字通り三葉虫はまったく存在せず、白亜紀の地層より上には恐竜（鳥類を除いて）はまったく存在しない。しかしこの場合も、「一目散に逃げる」説が正しいなら、統計的な先細りが見られてしかるべきなのだ。

年代決定と放射性崩壊時計に話を戻そう。名前のついた堆積岩層の相対的な順序はよく知られており、同じ順序が世界中で見られるのだから、堆積岩層の上または下にある、あるいは堆積岩層に埋もれた火成岩を、そうした名前のついた堆積岩層の、ひいてはそこに含まれる化石の年代決定に使うことができる。この方法を洗練することによって、たとえば、石炭紀または白亜紀の上端近くに横たわる化石を、同じ地層のやや下方に横たわる化石より新しいものとして、年代決定をすることができる。

不安定同位体	崩壊後にできる元素	半減期（年）
ルビジウム 87	ストロンチウム	49,000,000,000
レニウム 187	オスミウム 187	41,600,000,000
タリウム 232	鉛 208	14,000,000,000
ウラン 238	鉛 206	4,500,000,000
カリウム 40	アルゴン 40	1,260,000,000
ウラン 235	鉛 207	704,000,000
サマリウム 147	ネオジム 143	108,000,000
ヨウ素 129	キセノン 129	17,000,000
アルミニウム 26	マグネシウム 26	740,000
炭素 14	窒素 14	5,730

放射性崩壊時計

年代を決めたいと思っている特定の化石のすぐ近くに火成岩を見つける必要はない。たとえば、この化石は、デボン紀の地層内における位置からデボン紀後期のものだと判定できるのだ。そして私たちは、世界中のデボン紀の地層と一緒に発見される火成岩の放射年代決定から、デボン紀がおよそ三億六〇〇〇万年前に終わったことを知っているのである。

　カリウム＝アルゴン時計は、地質学者が使うことのできる多様な時計のうちの一つにすぎない。それらの時計はどれも、異なったタイム・スケールのもとで同じ原理を使っている。上に掲げた表は、遅いものから速いものまでの幅をもつ時計のリストである。ここでいま一度、遅いほうの端の四九〇億年から速いほうの端までの六〇〇〇年という、驚くべき半減期の幅に注意してほしい。炭素14のような速い時計は、多少とも異なった動き方をする。その理由は、こうした高速時計の「ゼロ・リセットの仕方」が必然的に異なることである。なぜならば、短い半減期をもつ同位体については、地球が最初に形成されたときに存在した原子はすべて、とっくの昔に姿を消してしまっているのだから。ここで、炭素年代法の仕組みに話を転じる前に、ちょっと立ち止まって、地球が何十億年の単位で計られる歴史をもつ、古い古い惑星であることを支持する、もう一つ別の証拠について考察してみるのも有意義だろう。

　地球上に見られるすべての元素のなかには、一五〇の安定した同位体と一五八の不安定な同位体があり、合計で三〇八の同位体がある。一五八の不安定な同位体のうちで一二一は、消滅したか、炭素14（すぐに見るように）のようにたえず更新されているというだけの理由で存在するものである。さて、ここで消滅していない三七の同位体について考えてみれば、重大なことに気づく。すなわち、どの一つをとっても七億年より大きな半減期をもっている。そしてさらに、消滅してしまった一二一を調べてみると、どの一つをとっても、二億年以下の半減期しかもっていないではないか。ところで、誤解しないようにしてほしい。ここでは、半減期の話をしているのを忘れないでほしい。寿命について話をしているのではないのだ！　一億年の半減期をもつ同位体の運命を考えてみてほしい、地球の年齢の一〇分の一以下しかない半減期をもつ同位体は、事実上消滅したも同然で、特殊な条件下でなければ存在しない。地球上で見いだされる同位体は、非常に古い年齢をもつ惑星上で生き延びてこれるだけ十分に長い半減期をもつものだけなのである。しかし、今では私たちが知っている、特別な理由のために例外が存在する。炭素14はそうした例外の一つであるが、それはある一つの興味深い理由、つまりたえず補充されるという理由で例外的なのだ。したがって、時計としての炭素14の役割は、寿命の長い同位体とはちがったやり方で理解される必要がある。とりわけ注意してほしいのだが、この時計をゼロに合わせるというのは何を意味するのだろうか？　ということだ。

炭素

すべての元素のなかで、炭素は生命にとってもっとも不可欠と思われる元素である――炭素なくしては、どんな惑星上の生命も思い描くのは非常にむずかしい。それは炭素がもつ、鎖、環、およびその他の複雑な分子的構築物を形成するという目覚ましい能力のゆえである。炭素は、光合成を通じて食物連鎖（正確には食物網）に入るが、光合成は、緑色植物が大気中から二酸化炭素分子を取り込み、太陽光から得たエネルギーを使って炭素原子を水と結合させて、糖をつくる過程である。私たち自身および他のすべての生物の体内の炭素は、究極的には、植物を介して、大気中の二酸化炭素に由来するものである。そして、呼吸するとき、運動するとき、そして死ぬときに、たえずリサイクルされて大気中に戻されている。

大気中の二酸化炭素に含まれる炭素の大部分は炭素12で、これは放射性ではない。けれども、およそ一兆あたり一原子が炭素14で、こちらは放射性である。これは崩壊速度がかなり速く、すでに見たように、五七三〇年という半減期で窒素14に変わる。植物の生化学的な反応経路は、この二つの炭素の違いを区別できない。植物にとって、炭素はどこまでいってもただの炭素なのである。したがって、植物は炭素12と一緒に炭素14も取り込み、二種類の炭素原子を、大気中に存在するのと同じ比率で糖に取り込む。大気中から取り込まれた炭素（大気中と同じ比率の炭素14を含む）は、植物が草食動物に食べられ、草食動物が肉食動物に食べられる等々としていくうちに、急速に（炭素14の半減期と比較して）食物連鎖を通じて広がっていく。すべての生物は、動物であろうと植物であろうと、もっている炭素14に対する炭素12の比率はほぼ同じで、それは大気中に見られるのと同じ比率のはずである。

それでは、いつ時計はゼロに合わせられるのか？　動物であれ植物であれ、生物が死ぬその瞬間である。その瞬間に、それは食物連鎖から切り離され、植物を介して大気からの、新鮮な炭素14の流入から切り離される。何百年かが経過するうちに、死体、木片、あるいは一片の布、何であれそのなかにある炭素14は着実に崩壊して炭素12に変わる。したがって、試料中の炭素12に対する炭素14の比率は徐々に低下していき、生きている生物が大気と共有する標準的な比率よりずっとずっと小さくなっていく。最終的にはすべて炭素12だけになってしまうだろう——あるいは、より正確には、炭素14の量は、あまりにも小さくなりすぎて計れなくなる。そこで、炭素14に対する炭素12の比率は、死によってその生物が食物連鎖と大気とのやりとりから切り離されたあと、どれだけの時間が経ったかを計算するのに用いることができる。

まことによくできた話だが、それがうまくいくのは、大気中の炭素14がたえず補給されるからこそである。補給がなければ、短い半減期をもつ炭素14は、その他すべての短い半減期をもつ自然に生じる同位体と一緒に、地球上からとうの昔に姿を消していたことだろう。炭素14は、大気の上層にある窒素原子に宇宙線が衝突することによってたえず生成されているという点で特別なのである。窒素は大気中でもっとも多い気体であり、その質量数は14で、炭素14と変わらない。ちがうのは、炭素14が六つの陽子と八つの中性子をもつのに対して、窒素14は七つの陽子と七つの中性子をもっていることだけなのだ（中性子が陽子とほとんど同じ質量をもつことを思い出してほしい）。宇宙線粒子は、窒素原子の核内にある陽子に衝突して中性子に変えることができる。これが起こるとき、窒素原子は炭素14になる。炭素は周期律表で、窒素の一つ左隣にある。この転換が起こる頻度は、どの時代をとってもほぼ一定で、だからこそ炭素年代法はうまくいくのだ。実際には、この頻度は厳密に一定ではないので、理想的にはその点を補正する必要がある。幸いなことに、大気中の炭素14供給量の変動の正確な較正表《こうせい》があり、年代計算を精密なものにするためにこれを考慮に入れることができる。炭素年代法が扱えるのとほぼ同じ範囲の年代にわたって、私たちは木材の年代を決定する方法——年輪年代法

——をもっていることを思い出してほしい。この方法は、年単位で申し分なく正確である。別になされた年輪年代法で年代のわかっている木材試料の、炭素年代法による年代を調べることによって、炭素年代法の変動誤差を較正できる。したがって、年輪から決定された年代をもたない有機試料（大多数はそうだ）に立ち戻ったときに、そうした較正測定法を使うことができる。

　炭素年代法は、比較的最近の発明で、始められたのは一九四〇年代になってからでしかない。初期の時代には、年代決定の手順に膨大な量の有機試料が必要だった。その後、一九七〇年代に、質量分析法と呼ばれる手法が炭素年代法に適用されるようになり、その結果、現在では、ほんの少量の有機試料しか必要とされない。これによって考古学上の年代決定は革命的に進歩した。もっとも有名な例が〈トリノの聖骸布《せいがいふ》〉だ。なぜなら、この世に知られた布きれには不思議なことに、磔《はりつけ》になった男の顔が刻印されているように見え、多くの人々はそれがイエスの時代から伝わるものではないかと期待していたからである。聖骸布は一四世紀半ばのフランスで初めて歴史記録に姿を現し、それ以前にそれがどこにあったかは誰にもわかっていない。それは一五七八年以来トリノにあったが、一九八三年以降は、ヴァチカンの管理下にあった。質量分析法によって、それ以前なら大量の布を必要としたところが、骸布の切れっ端でも年代決定が可能になったとき、ヴァチカンはこの骸布から小さな布切れを切り取ることを許可した。この布切れは三つに分けられ、それぞれが炭素年代法を専門とする、オックスフォード大学、アリゾナ大学、およびチューリッヒ大学にある三つの代表的な研究所に送られた。慎重に独立性を保った条件下で——一切の情報交換をせず——、三つの研究室はこの布が織られた繊維の提供者である植物のアマが死んだ年代について、それぞれの答を報告した。オックスフォード大学は西暦一二〇〇年、アリゾナ大学は一三〇四年、チューリッヒ大学は一二七四年だった。これらの年代はどれも——正常な誤差の範囲内で——、この骸布が歴史で初めて言及された一三五〇年代という年代と整合する。この骸布の年代決定をめぐってはいまだに論争が残っているが、それは炭素年代法技術そのものに投げかけられた疑問が理由ではない。たとえば、骸布の炭素が一五三二年に起きたことが知られている火事で汚染されたのではないかといった異論である。この骸布は歴史的な関心の対象であって、進化論的な関心の対象ではないので、この問題をこれ以上追及したいとは思わない。しかしながらこれは、炭素年代法という方法と、それが年輪年代法とちがって年単位までの正確さはもたず、一〇〇年単位ほどでしか正確ではないという事実を実証する、格好の実例なのだ。

　現代の進化論探偵が用いることができる時計にはたくさんの種類があり、それぞれが異なる、しかし重複しあうタイム・スケールのうえでもっとも効果を発揮することを、私は繰り返し強調してきた。一つの岩石の年代を、さまざまな放射性崩壊時計を使って別々に推定することができる。まさにその同じ岩石片が凝固したときに、すべての種類の放射性崩壊時計の針が同時にゼロに合わせられたということを心に留めてもらえばいいだけだ。そうした比較をおこなってみると、ちがった種類の時計が互いに一致する——予想される誤差の範囲内で。このことは、時計の正確さに対して大きな信頼を抱かせる。このように互いに較正しあい、既知の岩石で検証することで、これらの時計を地球そのものの年齢といった興味深い年代決定問題に、自信をもって適用することができるようになった。現在四六億年という年齢がひろく認められているが、いくつかの異なる時計による推定はどれもこの値に近いものだ。そのような一致は驚くことでもないのだが、残念ながら、それをあえて強調しておく必要がある。なぜなら、「はじめに」で指摘した（および付録に証拠を示した）ように、米国の人口の約四〇%、そして英国の人口のそれよりいくぶん少ないパーセントの人々が、地球の年齢は何十億年という単位で計れるのとはほど遠い、一万年以下だと信じると主張しているからである。嘆かわしいことに、米国およびイスラム教世界のほとんどにおいて、こうした歴史否定論者の一部が学校で、そしてその授業内容《シラバス》の決定に権力を振るっているのである。

さて、歴史否定論者がたとえば、カリウム＝アルゴン時計には誤ったところがあると主張することもありえよう。現在の非常にゆっくりとしたカリウム40の崩壊速度はノアの洪水以降にのみ生じたことだとしたらどうだろう？　もしそれ以前にはカリウム40の半減期がまるっきり異なっていて、一二億六〇〇〇万年ではなく、たとえば数百年だったとしたらどうだろう？　そのような主張の手前勝手さときたら、でたらめきわまりない。いったいどうして、物理法則がそんなふうに、きわめて大がかりに、しかもきわめて都合よく、変わらなければならないのだ？　まして、複数の時計の一つ一つについて別々に、相互に修正した手前勝手な言い分をつくりあげるとなれば、いっそうでたらめだ。現時点では、この手法を適用することができた同位体はすべて、地球の起原を四〇億年から五〇億年のあいだにおくことで互いに一致している。しかもそれは、同位体の半減期が、今日《こんにち》計測できる値とつねに同じであった――既知の物理諸法則が、実際に、そうであるべきことを強く示唆しているように――という仮定にもとづいて成りたつのである。歴史否定論者は、地球が六〇〇〇年前に始まったという結論に一致するように、すべての同位体の半減期をいちいち別々の比率でいじくりまわさなければならないだろう。それこそが、私が手前勝手な申し立てと呼ぶものだ！　これまた同じ結果を出す他のさまざまな年代決定法、たとえば「核分裂《フィッション・トラック》年代測定法」については、ここでは触れることもしなかった。異なる時計ではタイム・スケールに莫大な違いがあることを心に留めながら、何桁にもわたる多様性をもつすべての時計がお互いに、地球の年齢が四六億年ではなく六〇〇〇年だという一つの結論に達するには、物理諸法則にどれだけ膨大な、作為的で、複雑ないじくりまわしを加えなければならないかを考えてもみてほしい！　こうした操作をおこなおうとする動機が単に、青銅器時代の砂漠にすんでいた一部の部族が作り上げた創世神話を擁護したいから、というだけなら、それにまんまと欺かれる人間がいることこそ、控えめに言っても驚きである。

進化的な時計には分子時計という、もう一つ別のタイプの時計があるのだが、それについては第10章の、分子遺伝学の他のいくつかの考え方を紹介するまで、おいておくことにしよう。

第5章　私たちのすぐ目の前で

ここまで私は、事件が起こったあとで犯罪現場に到着し、残された手がかりから何が起こったかを復元する探偵という喩《たと》えを使ってきた。しかしひょっとしたら私は、進化を自分の目で見るのが不可能だとあまりにも安易に認めすぎたのかもしれない。進化的な変化の圧倒的多数は、いかなる人類が生まれるより以前に起こったのではあるが、いくつかの例は、あまりにも進行が速いので、一人の人間の一生のあいだに起こりつつある進化を自分の目でみることができる。

実は、ゾウにおいてさえ、それが起こっているのではないかということを示す、有力な兆候がある。ゾウはダーウィンその人が、もっとも繁殖の遅いもの、もっとも長い世代時間をもつものの一つとして選びだしていた動物である。アフリカゾウの主要な死亡原因の一つは銃をもった人間たちで、彼らは、象牙細工の原料として売ったり、戦利品《トロフィー》として飾ったりするために、象牙を狩るのである。このことは、少なくとも理論的には、小さな牙をもつ個体が淘汰上有利だということを意味する。進化に関してはいつものことだが、拮抗《きっこう》する淘汰圧があり、進化として私たちの目の前に映るものは、妥協の産物となる。大きな牙は、他のゾウと競合する場合には疑いの余地なく有利だろうし、その利益が銃をもった人間に遭遇したときの不利益とバランスをとることになるだろう。不法な密猟であれ、合

ウガンダのゾウにおける牙重量の変化

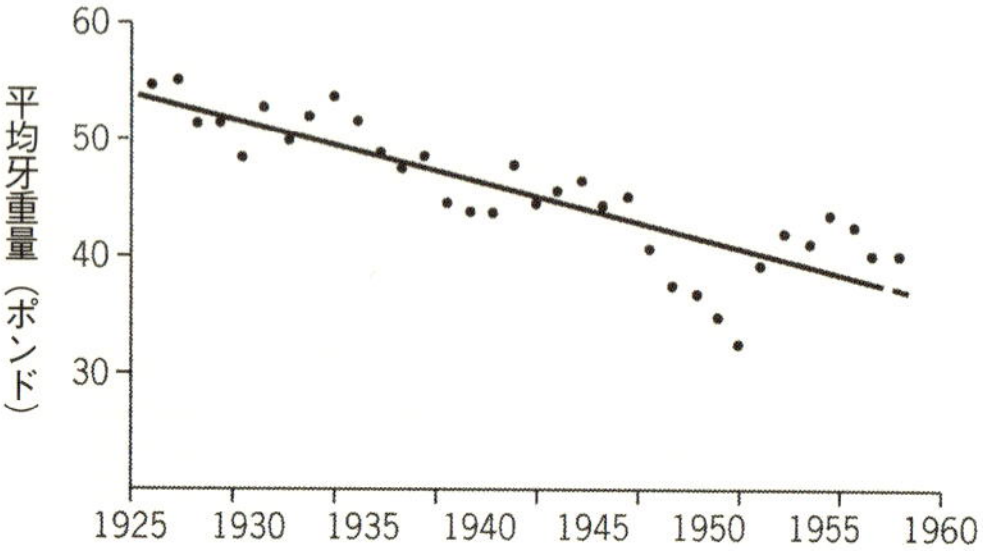

法的な狩猟であれ、人間の狩猟活動になんらかの増大があれば、拮抗していた利益・不利益のバランスは小さな牙の側に傾くことになるだろう。他のあらゆる条件が同じであれば、人間の狩猟の結果としてより小さな牙に向けての進化的傾向が見られるはず、という予測は確かに成り立つが、それが検出できるようになるには、数千年を要すると思われる。一人の人間の一生のうちにそれを見ることができるなどとは期待できまい。さて、ここでいくつかの数字を見てみよう。

上に掲げたグラフは、一九六二年にウガンダ動物保護局が公表したデータを示している。許可証《ライセンス》をもつハンターによって合法的に撃たれたゾウだけを対象としているのだが、一九二五年から一九五八年まで（この間《かん》、ウガンダは英国保護領だった）の牙の平均重量が（いかにも英国保護領時代をしのばせる）ポンドで示されている。各点が年間の数字である。各点を通る直線は目分量で適当に引いたものではなく、線形回帰(*)と呼ばれる統計学的な手法を使って引いたものである。このグラフから、この三三年間にかけての減少傾向の存在が見て取れる。そして、この傾向は統計学的にきわめて有意であり、したがって、それがほぼ確実に、ランダムな偶然の影響ではなく本当の傾向であることを意味している。

牙が短縮していくという統計学的に有意な傾向が存在するからといって、それが進化的な傾向であることにはかならずしもならない。たとえば、二〇世紀を通じて毎年、二〇歳男子の平均身長をグラフにプロットしていけば、より身長が高くなる有意な傾向が多くの国で見られるだろう。これはふつう、進化的な傾向ではなく、むしろ栄養が改善された影響であるとみなされている。にもかかわらずゾウの場合には、大きな牙に対する強い淘汰圧が存在すると推測すべき正当な理由があるのだ。このグラフでは許可された殺戮から得られた牙だけが取り上げられているのではあるが、この傾向をつくりだした淘汰圧がもっぱら密猟に由来するものである可能性が十分にあることをよく考えてほしい。私たちは、それが本物の進化的傾向である可能性を真剣に検討しなければならない。もしそうだとすれば、目を見張るほど速い進化である。もちろん、あまりに大胆な結論に飛びつく前には、十分な注意を払ってしかるべきだ。私たちの観察しているのが強力な自然淘汰だということはありうるし、それが集団内の遺伝子頻度の変化の結果である可能性はきわめて高い。しかし、そのような遺伝的影響は、これまでのところまだ実証されていない。大きな牙のゾウと小さな牙のゾウのあいだの違いは、非遺伝的なものかもしれない。にもかかわらず私は、それが本物の進化的傾向であるという可能性を真剣に受けとめたいという気持ちに傾いている。

＊これについては、つぎのように考えてほしい。考えられるすべての直線を想像する。その一本一本について、それがグラフ上の各点とどれくらいよく一致するかを、各点と直線の距離を測り、その値を（ここで説明するのはあまりにも本筋から遠くかけ離れてしまう正当な数学的理由に基づき、二乗してから）全部合計する。考えられるすべての直線のうちで、直線と各点の距離の二乗をすべて足した総計がもっとも小さな値になる直線が、最適な回帰直線である。こうすることで、個々の点の散らばりに目を惑わされることなく、そこにある傾向を示すことができる。その直線が傾向の指標としてどれほど信頼できるかを計算するために統計学者がおこなう、また別のいくつかの計算が存在する。そうした計算は、有意差検定と呼ばれる。こちらは、その直線に関するデータの散らばりの幅に注目する。

アドリア海の2つの島にすむトカゲの夏の食餌内容

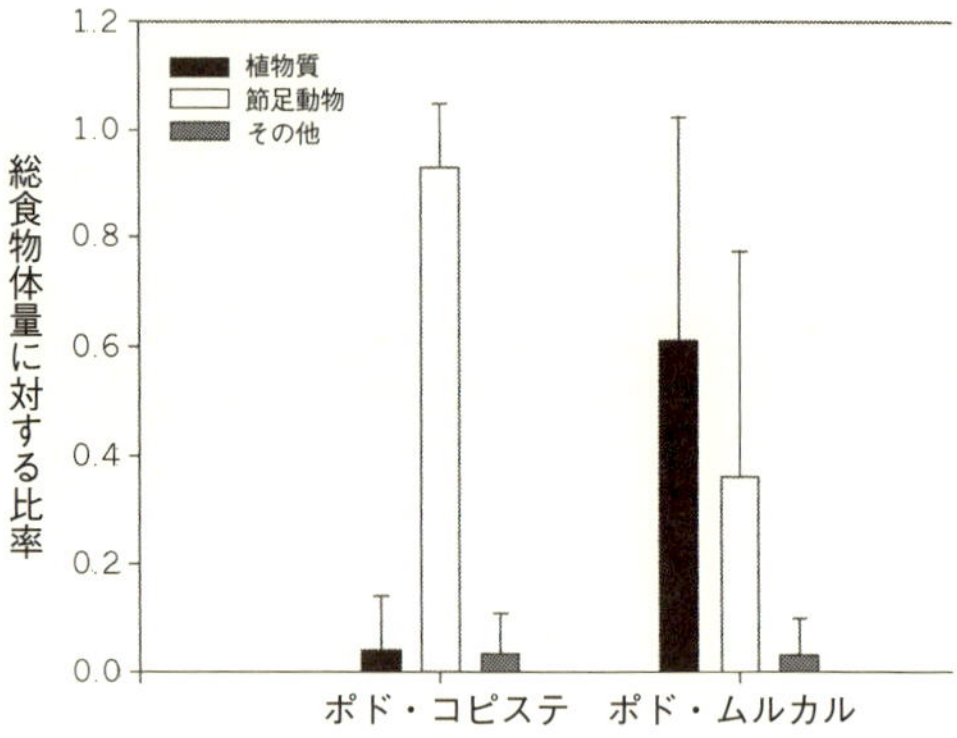

さらに重要なことに、私の同僚で、野生のアフリカゾウの群れに関する世界的権威であるイアン・ダグラス＝ハミルトン博士もこのことを真剣に受けとめ、当然のことながら、もう少しくわしく調べてみる必要があると考えている。彼はこの傾向が一九二五年よりもずっと以前に始まり、一九五八年以降も続いているのではないかと推測している。過去に作用したこれと同じ原因が、アジアのゾウの多くの地域個体群が牙をもたないことの根底にあると推測するだけの理由がある、と彼は思っているのだ。ここには、私たちの目の前で急速な進化が起こっていることを支持する、とりあえず有力な証拠があるように思われるので、さらなる研究をつづけてみる価値はあるだろう。

さてつぎに、いくつかの興味深い研究のあるもう一つの事例、すなわち、アドリア海の島に生息するトカゲの研究に話を転じよう。

ポド・ムルカル島のトカゲ

クロアチア海岸沖に、ポド・コピステとポド・ムルカルという二つの小さな島がある。一九七一年には、地中海の普通種のトカゲで、昆虫を主食とするシクラカベカナヘビ（*Podarcis sicula*）の個体群がポド・コピステ島に見られたが、ポド・ムルカル島にはいなかった。この年に研究者たちが実験のため、ポド・コピステ島から五つがいのシクラカベカナヘビを運んできて、ポド・ムルカル島に放した。そのあと二〇〇八年に、アンソニー・ヘレルをはじめとする主としてベルギー人からなる別の科学者グループが、何が起こったかを見るために、両島を訪れた。彼らはポド・ムルカル島で繁栄しているトカゲ個体群を見つけたが、DNA解析でそれらが実際にシクラカベカナヘビであることが確認された。これらは、移送されてきた最初の五つがいに由来する子孫だと推定される。ヘレルと共同研究者たちは、この移入されたトカゲの子孫の観察をおこない、もともとの祖先の島にすんでいるトカゲと比較した。両者には顕著な違いがあった。このとき科学者たちは、祖先の島であるポド・コピステ島のトカゲは三六年前と変わらないままの祖先のトカゲそのものと言っていいと仮定したが、それはおそらく妥当なものだったろう。言い換えると、彼らは自分たちがポド・ムルカル島の進化したトカゲと、ポド・コピステ島の進化しなかった「祖先」（現在に生きているのだが、祖先と同じタイプのものという意味）とを比較しているのだ、と想定したのである。たとえこの想定がまちがっているとしても――たとえばかりに、ポド・コピステ島のトカゲがポド・ムルカル島のトカゲと同じくらい速く進化していたとしても――、それでもなお私たちは、何十年というタイム・スケールにおける、自然の進化的分岐を観察していることになる。このタイム・スケールなら、一人の人間が一生のうちで観察することができる類《たぐい》のものだ。

そこで、二つの島の個体群のあいだに生じた違い、進化するのにわずか三七年ほどしか要さなかった違いとは何だったのだろう？（*）そう、ポド・ムルカル島のトカゲは、「もとの」ポド・コピステ島の個体群よりも有意に大きな頭をもっていたのだ。これは言い換えれば、嚙む力が著《いちじる》しく増大した

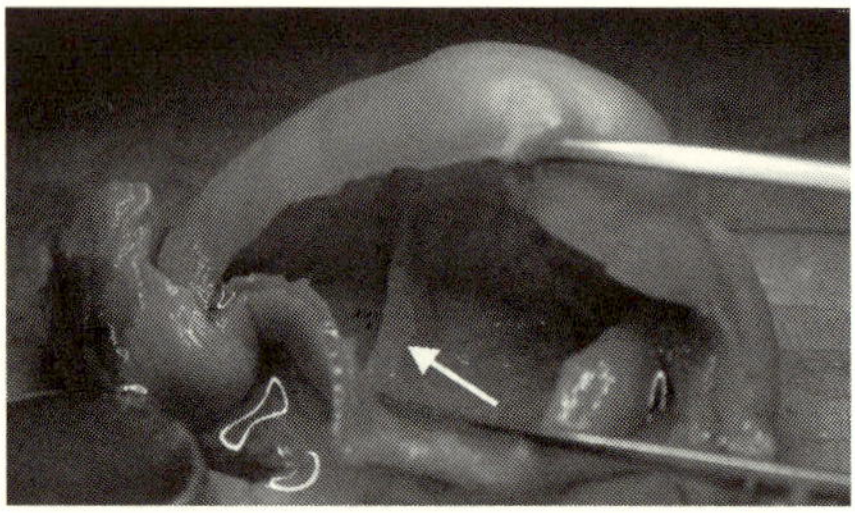

盲腸弁

ということでもある。こうした類の変化は通常、より植物食が増える方向への移行をともなうが、案の定、ポド・ムルカル島のトカゲは、ポド・コピステ島の「祖先」タイプよりも、有意に多く植物質を食べる。現在のポド・コピステ島の個体群がいまだにほとんど昆虫（一九〇ページのグラフでは節足動物という言葉が使われている）だけを食べているのに、ポド・ムルカル島のトカゲは、とくに夏場には、大きく植物食へと移行してしまっていたのである。

　なぜ動物は、植物食に移行するときにより強力な噛む力を必要とするのだろう？　なぜなら、植物の細胞壁は、セルロースで強化されているからである（動物はそうではない）。ウマ、ウシ、ゾウといった草食獣は、セルロースを磨りつぶすための大きな石臼《いしうす》のような歯をもっていて、肉食獣の剪断《せんだん》用の歯や、昆虫食動物の針のように尖った歯とは、まるでちがっている。そして彼らは強大な顎の筋肉をもっており、それに応じて、筋肉が付着するための頑丈な頭骨をもっている（ゴリラの頭骨の頭頂に沿って走る頑強な矢状稜《しじょうりょう》のことを考えてみてほしい(**)）。植物食者は、消化管にも特徴的な特異性をもっている。一般に動物は、細菌あるいはその他の微生物の助けなしにセルロースを消化することができず、多くの脊椎動物は、消化管に盲腸と呼ばれる行き止まりの膨《ふく》らみを別にもっていて、そこにはそうした細菌がすみつき、発酵室としての役割を果たしている（人間の虫垂は、私たちの草食性の傾向がより強かった祖先がもっていた大きな盲腸の名残である）。スペシャリストの草食獣では、盲腸、および腸の他の部分が非常に手の込んだものになる。肉食獣の消化管はふつう草食獣よりも単純で、大きさも小さい。草食獣の消化管に組み込まれるようになった複雑な仕掛けの一つに盲腸弁と呼ばれるものがある。この弁は不完全な仕切りで、時には筋肉でできていることもあり、消化管内の物質の流れを調節したり、遅くしたりする役目を果たすものであり、あるいは単純に盲腸内部の表面積を増やすという役割も果たしている。前ページに掲げた写真には、大量の植物を食べるシクラカベカナヘビに近縁のトカゲの盲腸の切開図が示されている。矢印の先にあるのが問題の弁だ。さて、ここで興味をそそるのは、盲腸弁がふつうシクラカベカナヘビには見られず、この種が属する科でも希なものであるのに、ポド・ムルカル島のシクラカベカナヘビの個体群でこうした弁の進化が実際に始まっているという事実である。この個体群は、過去わずか三七年のあいだに、草食性に向かって進化してきているのである。研究者たちは、ポド・ムルカル島のトカゲにそれ以外の進化的な変化も発見した。個体群密度が増大し、ポド・コピステ島の「祖先」個体群がしていたようなやり方でなわばりを防衛するのを止めたのだ。この物語全体で、唯一例外的なことであり、それこそ私がここでそれを物語っている理由なのだが、こうしたことすべてが極端な短時間、およそ数十年のあいだに起こったという点は繰り返し強調しておかなければならない。これは私たちの目の前で起こった進化なのである。

＊もし、ポド・コピステ島のトカゲが、三七年前に共有していた祖先の時代から同じ速度で進化しつづけているとしたら、最大で、その二倍の時間になる。

＊＊人類の「頑丈型」の親戚であるパラントロプス・ボイセイ（「ナットクラッカー・マン」。ほかに「ジンジ」や「ディア・ボーイ」という愛称もある）の頭骨および歯に見られる同じようなゴリラに似た特徴は、彼らがほとんどまちがいなく植物食であったことを示している。

実験室における四万五〇〇〇世代の進化

これらのトカゲの平均的な世代交代時間は約二年なので、ポド・ムルカル島で観察された進化的変化は、わずか一八ないし一九世代にしかあたらない。そこでもし、細菌の進化を追っていけば、二十数年間でどういうことが見られるかを、ちょっと考えてみてほしい。細菌の一世代は、年ではなく時間、あるいは分単位で計れる！　細菌は進化論者にとってもう一つ、貴重きわまりない恵みを与えてくれる。細菌は場合によって、無限に長い時間にわたって凍結しておき、ふたたび生きた状態に戻すことができ、そのあとも何事もなかったように繁殖を再開するのである。これが意味するのは、実験者が、自分独自の「生きた化石記録」、すなわち進化的な過程がどこか望みの時間に到達したまさにその地点のスナップ写真を「撮る」ことができるということである。ドン・ジョハンソンによって発見されたすばらしい人類の祖先化石であるルーシーを運んできて、冷凍睡眠から生き返らせ、彼女の同類を新しく進化させることがもしできたならと想像してみてほしい。このすべてのことが、ミシガン州立大学の細菌学者リチャード・レンスキーと共同研究者たちによって、大腸菌（*Escherichia coli*）を用いた壮大な長期的実験によって達成されたのだった。現代における科学研究はしばしばチームでなされる。私は簡潔のために時々「レンスキー」という言葉を使うが、読者はそれが「レンスキーと共同研究者および研究室の学生」という意味だと読みとってほしい。すでに見たように、レンスキーの実験は創造論者にとって辛《つら》いものだが、それには非常にまっとうな理由がある。彼らの実験は現在進行形の進化のみごとな例証であり、たとえ、それを笑い飛ばしたいとする意欲《モチヴェイション》がいくら強力だったとしても、そうするのはむずかしい。実際、骨の髄からの創造論者は、そうしたい欲求が並たいていではないようだ。この問題については、本節の終わりで立ち戻ろう。

大腸菌はありふれた細菌だ。どこにでも非常にたくさんいる。どの一瞬をとっても、世界中におよそ一〇の二〇乗の大腸菌がいて、レンスキーの計算によれば、そのうちおよそ一〇億匹があなたの大腸のなかにいる。その大部分は無害で、あるいは有益でさえあるが、まれに有害な株《ストレイン》が新聞の大見出しになる。周期的に起こるそのような進化的な新機軸は、たとえ突然変異はまれな出来事であるといっても、計算をしてみさえすれば、なにも驚くことはない。一回の細菌の生殖ごとに生じる遺伝子突然変異の確率が一〇億分の一という低さだと仮定してみても、細菌の総数は非常に膨大なので、細菌ゲノムのほとんどすべての遺伝子が、毎日、世界中のどこかで突然変異を起こしていることになるだろう。リチャード・レンスキーが言うように、「進化のための機会はどっさりとある」のである。

レンスキーと共同研究者たちは、研究室における制御されたやり方で、その機会を利用した。彼らの仕事ぶりは極端といえるほど徹底したもので、あらゆる細部にわたって細心の注意が払われていた。これらの実験は進化を支持する証拠を提供するものだが、証拠としての影響力《インパクト》を強めるうえで、この細部がじつに大きな貢献をしている。したがって私は、詳細の説明を出し惜しみするつもりはない。そのため、これから先の数ページがいくぶん複雑な——難解ではなく、ただ複雑に細部にこだわった——ものになるのが避けがたい。長い一日の終わりであなたが疲れ切っているなら、たぶんこの節は読まずにおくのがいいかもしれない。しかし、あらゆる細部が理に適《かな》っているので、読み進んでいくのは苦にならないはずだ。読み終わって頭をかきむしり、いったいなんのことなのかと訝《いぶか》らなければないようなものは何一つない。だから、どうか私について一歩ずつ、このみごとに構築され、優雅に実行された一連の実験のあとを追っていってほしい。

これらの細菌は無性生殖——単純な細胞分裂による——するので、短時間に、遺伝的に同一の個体の大きなクローン集団を簡単につくりあげることができる。一九八八年に、レンスキーはそのような集団の一つをとりあげ、一二の同じフラスコに接種した。各フラスコにはすべて、必須の食物源であるグルコースを含む培養液が入っている。それぞれ細菌の創始集団を入れた一二のフラスコは、そのあと「振盪《しんとう》培養器」に入れられ、好適な温度と条件を保ちながら、振盪によって、細菌が培養液内に均等に分布するようにされた。これら一二のフラスコは一二系列の進化を開始し、これらの系列は二〇年間にわたって互いに隔離され、個体数を数えられる定めとなった。旧約聖書の「出エジプト記」に出てくるイスラエルの一二の種族（部族）を彷彿とさせるようだが、ちがうのは、イスラエルの種族の場合には混血を妨げる法律が存在しなかった点である。

細菌の一二の種族はずっと同じフラスコのなかで維持されるわけではない。まったく逆に、それぞれの種族は毎日新しいフラスコに入れられる。はるか遠くまで連なる一二の系列のフラスコを想像してみてほしい。それぞれの一系列には七〇〇〇個以上ものフラスコが並んでいるのだ！　毎日、一二の種族のそれぞれについて、新しいまっさらのフラスコに前日のフラスコの培養液が移された。少量の試料、古いフラスコの一〇〇分の一の分量が正確に抽出され、グルコースを豊富に含む新鮮な培養液が含まれた新しいフラスコに注ぎ込まれる。フラスコ内の細菌の集団はそれから急速な増殖を開始する。しかし、翌日にはつねに、食糧供給が尽きて、飢餓が始まるとともに、横這い状態になる。言い換えると、すべてのフラスコ内の集団は大きく増殖したあと停滞状態《プラトー》に達し、新しい細菌試料が抽出され、翌日またこのサイクルが更新されるわけだ。したがって、これらの細菌は、高速で進行する、地質学的な時間にも相当する何千回という回数にわたって、大豊作とそのあとの飢饉という同じ毎日のサイクルを繰り返していくわけであり、そのなかの幸運な一〇〇分の一が救われて、ガラスのノアの箱船に乗って、新鮮な――しかしまたしても一時《いっとき》だけの――グルコースの豊饒《ほうじょう》の地に運ばれる。これこそ、進化が起こるための、これ以上ない完璧で申し分のない条件である。そのうえさらに、この実験は一二の別々の系列で同時並行的になされたのだ。

レンスキーと彼のチームは、この日々の決まりの作業をこれまで二〇年以上にわたってつづけてきた。これは、およそ七〇〇〇「フラスコ世代」、あるいは四万五〇〇〇細菌世代——一日あたり平均して六〜七世代——を意味する。これがどれほどのものか正しく理解してもらうために、たとえば、もし人類の世代を四万五〇〇〇世代さかのぼるとしてみよう。およそ一〇〇万年前、ホモ・エレクトゥスの時代にまでさかのぼるが、それほど大昔ではない。したがって、レンスキーが細菌の世代にして一〇〇万年に相当する期間にいかなる進化的な変化を達成したにせよ、たとえば哺乳類進化の一億年には、それよりもどれほど大きな進化が起こりえたかを考えてみてほしい。そして、一億年でさえ、地質学的な基準からすれば、比較的最近のことなのである。

本筋の進化実験に加えて、レンスキーのグループはこの細菌を使って、たとえば二〇〇〇世代以降にグルコースを別の糖であるマルトースに置き換えるといった、さまざまな興味深い派生的な実験をおこなっているが、ここでは、終始グルコースだけを使った中心的な実験にだけ話を集中するつもりである。彼らは、進化がどのように進行しているかを見るために、一二の種族から、二〇年を通じて決まった期間ごとに定期的に試料《サンプル》を取り出した。彼らはまた、進化の道筋に沿った戦略拠点を表す蘇生可能な「化石」の源泉として、各種族それぞれの試料を凍結保存した。この一連の実験がどれほどみごとに考え抜かれたものであるかをいくら讃《たた》えても、ほめすぎることはないだろう。

ここに、卓抜な将来計画の小さな実例を示そう。一二の創始者フラスコはすべて、同じクローンから採《と》られたものを接種され、したがって遺伝的に同一のものとしてスタートしたと述べたことを覚えているだろう。しかし、実情はそれとはわずかに違っていた——興味深く、抜け目のない理由で。レンスキーの研究室は以前に、Ara+とAra−という二つの型をもつ*ara*と呼ばれる遺伝子を開発していた。細菌の試料《サンプル》を取り出して、栄養培養液+アラビノースという糖と、テトラゾリウムという化学染料を含む寒天皿の上で「接種培養する」まで、両者の違いは区別できない。「接種培養」は細菌学者の常套手段の一つである。それは、細菌を含む一滴の溶液を、薄い寒天ゲルの層で覆った培養皿（平板）の上に置いて、その皿を温めるのだ。この液滴から、細菌のコロニーが、寒天に混ぜ合わされた栄養分を食べて、半径を拡張しながら円状に——ミニチュアの菌環(*)と言える——成長していく。もし混合培養液にアラビノースと指示染料が含まれていれば、Ara+とAra−の違いは、まるで、あぶり出し文字のように浮かび上がる。赤と白のコロニーとして姿を現すのだ。レンスキーのチームは、このあとすぐ説明するとおり、この色による区別が標識として役立つことに気づき、一二の種族のうち六つをAra+、残りの六つをAra−に設定することにした。彼らが細菌のこの色分けをどのように利用したか、一例だけを示せば、彼らはそれを自分たちの研究室の手順をチェックするのに用いた。新しいフラスコに接種するという日々の儀式を執《と》りおこなうときに、Ara+とAra−のフラスコを交互に取り扱うように注意したのである。こういうやり方をすれば、もしまちがいを犯せば——移し替えるピペットに培養液がかかってしまうとか、それに似たようなことで——、あとで試料をこの赤白テストにかければ、明らかになるだろう。なんとも巧妙ではないか？　まったくそのとおり。そして綿密でもある。本当にすぐれた科学者は、その両方でなければならない。

しかし、しばらくAra+とAra−のことは忘れてほしい。他のあらゆる点で、一二の種族の創始者集団は、同じ状態からスタートした。Ara+とAra−のあいだには、それ以外の違いはいっさい見つからなかった。したがって、鳥類学者が鳥の脚にカラー・リングをつけるのと同じように、Ara+とAra−を便宜的なカラー・マーカーとして実際に扱うことができたのである。

これでいよいよ、好況と苦況を繰り返すという同じ条件のもとで、地質学的な時間を大幅にスピードアップしたものに匹敵する期間にわたって、平行に並んで行進する一二の種族が揃った。興味をそそられるのは、彼らは祖先と同じままにとどまっているだろうかという疑問であった。もし彼らが進化するとすれば、一二の種族はすべて同じ方向に進化するのだろうか、それとも、お互いにまちまちの方向に多様化していくのだろうか？

培養液は、すでに言ったように、グルコースを含んでいる。それが唯一の食物というわけではないが、制限要因にはなっていた。というのは、グルコースの枯渇が、毎日、すべてのフラスコで集団の大きさの上昇を止め、停滞状態《プラトー》に至らしめる主要な要因だということである。別の言い方をすれば、もし実験者が毎日のフラスコにもっと多くのグルコースを加えれば、その日の終わりに達する個体数のプラトーはもっと高くなるだろう。あるいは、プラトーに達したあとにもう一滴のグルコースを添加すれば、二度めの爆発的な個体数の増殖が起きて、新しいプラトーに達するのを眼にすることになるだろう。

そうした条件下では、ダーウィン主義的な予想によれば、もし、一個体の細菌に、グルコースをより効率的に利用できるようにするなんらかの突然変異が生じれば、自然淘汰はその突然変異を優遇し、突然変異個体が数の上で非突然変異個体を圧倒するようになるとともに、それがフラスコ中にひろまるだろう。そしてこの変異型《タイプ》は、系列上の次のフラスコに不相応に高い比率《プロポーション》で接種され、フラス

＊菌環のことを英語で fairy ring（妖精の輪）と呼ぶが、これは菌類（キノコ類）が同心円状に生えてくる現象を、妖精たちが踊ったあとにキノコが生えると考えていたことにちなむ。細菌も菌類と同じ理由で菌環を生じる。

コからフラスコへと引き継がれていくにつれて、かなり速やかに、突然変異体がその種族を独占するようになるだろう。そう、これこそまさに、一二の種族すべてに起こったことである。「フラスコ世代」が進むにつれて、一二の系列すべてで、食物源としてのグルコースをうまく利用する点で、祖先を上回るような改良が見られた。しかし、なんとも魅惑的なことに、それぞれが異なった方法で改良したのである――つまり、異なる種族は異なったセットの突然変異を発展させたのである。

そのことをこの科学者たちはどのようにして知ったのか？　その系列が進化するのに応じてサンプルを取り、それぞれのサンプルの「適応度」を、最初の創始者集団からのサンプルである「化石」と比較することによって、そう言えるのだ。「化石」というのは細菌の凍結保存したサンプルのことで、解凍すればまた生き返り、正常に繁殖できることを思い出してほしい。それなら、レンスキーと共同研究者たちは、どのようにして、その「適応度」の比較をしたのだろう？　どのようにして、「現代」の細菌と「化石」の細菌を比較したのだろう？　まことに巧妙なやり方でそうしたのだ。進化したと想定される集団のサンプルを取り、まっさらのフラスコに入れる。それから、未解凍の祖先集団の同じ大きさのサンプルを、同じフラスコに入れる。言う必要もないだろうが、こうした実験的に混合されたフラスコは、長期的な進化実験に供されている一二の種族の継続培養される系統との接触から完全に切り離されている。この副次的な実験は、主実験ではそれ以上何の役割も果たさないサンプルを用いておこなわれたのである。

そんなわけで今、私たちは「現代」と「生きた化石」という二つの競合する菌株を含んだ一つの新しい実験用フラスコをもっており、二つの菌株のうちのどちらが相手よりも増殖するかを知りたいと思っている。しかし、それらの菌株がすべて混合されてしまっている以上、どのようにしてそれがわかるのか？　競合フラスコのなかで一緒に混ぜ合わせてしまったあとで、二つの菌株をどのようにして区別するのか？　非常に巧妙なやり方でと、私は言ったはずだ。「赤」（Ara＋）と「白」（Ara－）という色分けのことを覚えているだろうか？　さて、もしあなたが、たとえば種族5の適応度を祖先の化石集団と比較したいと思うなら、どうするだろう。種族5はAra＋だったと仮定してみよう。ならばまず、あなたがいま種族5と比較しようとしている「祖先の化石」がAra－であることを確かめよう。そして、比較に用いたい種族6がたまたまAra－なら、あなたが未解凍状態で取り出し、それと混合するのに選ぶべき「化石」はすべてAra＋ということになるだろう。Ara＋とAra－の遺伝子そのものは、レンスキーのチームがすでに先行する研究から知っていたように、適応度にはなんの影響も与えない。したがって、進化中の種族それぞれの競争的能力を評価するのに、これをカラー・マーカーとして使うことができ、あらゆる場合に、化石化した「祖先」を競合能力の基準として使えばいいのである。やるべきことはただ、混合したフラスコからサンプルを採って接種培養し、寒天上で増殖している細菌のうちで、どれくらいが白で、どれくらいが赤かを見るだけなのである。

先ほども言ったように、一二の種族すべてにおいて、数千世代が経過するうちに、平均的な適応度は増大した。増大した適応度は、いくつかの変化にその原因を帰することができる。一二すべての系列において、フラスコからフラスコへと引き継がれていくにつれて、集団の増殖速度は速くなり、一個一個の細菌の平均の体の大きさも増大した。次ページ（上）に掲げたグラフは、各種族のうち典型的なものの一つにおける平均的な細菌体の大きさを示したものである。小さな点は、実データの数値を表している。引かれている曲線は数学的近似である。数学的近似の結果、観察されたデータにもっともよく適合するものとして、双曲線と呼ばれるこの特別な種類の曲線が選ばれた。(*)双曲線よりも複雑な数学的関数が、このデータにさらによく適合するという可能性はつねに存在するが、この双曲線

レンスキーの実験：
1つの種族内における細菌体の大きさ

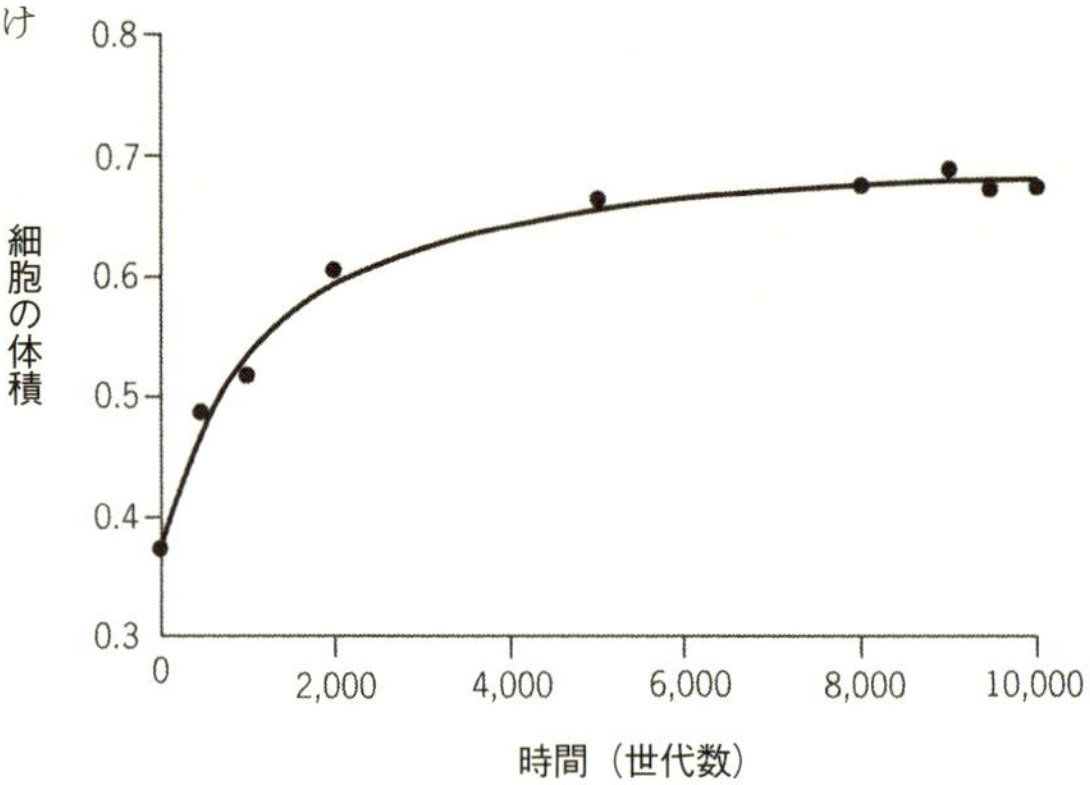

レンスキーの実験：
12の種族における細菌体の大きさ

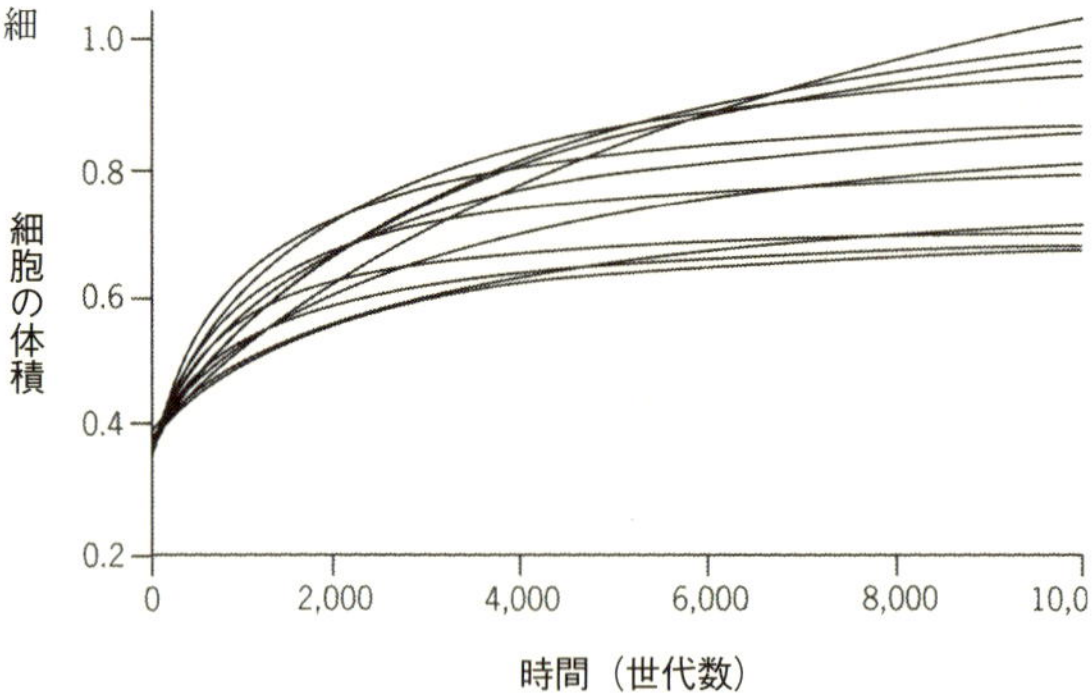

はかなりいい近似を示しているので、あえて試みてみる価値があるようには思えない。生物学者は観察されたデータに数学的な曲線を適合させることがよくあるが、物理学者とちがって、それほど精密な適合を追求する習慣はない。ふつう生物学のデータというのは非常に雑然としたものだからである。生物学では物理科学とは事情がちがって、私たちは、綿密に制御された条件下で集められた大量のデータはなめらかな曲線をなすだろうと期待しているだけなのだ。レンスキーたちの研究は一級品である。

体の大きさの増加のほとんどは最初の二〇〇〇世代ほどのうちに起こっていることがわかる。次の興味深い疑問はこうである。進化的な時間が経つうちに、一二すべての種族で体の大きさが増加したことを考えると、すべての種族が同じ道筋で、同じ遺伝的ルートを通じて増加したのではないのか？いやそうではない。そして、これが二つめの興味深い結果である。前ページの上に示したグラフは、一二の種族のうちの一つについてのものである。今度は、一二の種族すべてについて、同じようなも

＊一九二五年から五八年にかけてのゾウの牙の大きさの減少についてのデータに、もっともよく適合するのが直線であったことを覚えておられるだろうか？　私はこの方法が、考えられるすべての直線を試して、直線と各点の距離の二乗の和が最小になるものを見つけるようなことだと説明した。しかし、同じことを、直線に限定せずにおこなうことができる。数学者によって定義された特定のタイプの、考えられるすべての曲線を調べる、ということが可能である。双曲線はそうした曲線の一つである。この場合、考えられるすべての双曲線を順番に調べていき、グラフ上の各点と曲線との距離を測り、すべての点についてその値を二乗したものを合計する。この同じ作業をすべての双曲線についておこない、総計が最小になるような双曲線を選ぶのである。レンスキーは、この網羅的な操作の簡略版に相当する操作をおこなって、最適な双曲線に到達した。それがここに描かれているものである。

っともよく適合する双曲線を眺めてみよう（二〇二ページ下）。結果がどれほど散らばっているかを見てほしい。どれもすべてプラトーに近づきつつあるように見えるが、一二のプラトーのうちでもっとも高いものは、もっとも低いもののほとんど二倍もある。そして曲線も異なった形をしている。一万世代でもっとも高い値に達した曲線は、他のものより遅く増加を開始したあと、七〇〇〇世代になる前に追い抜いてしまった。ついでながら、これらのプラトーを、各フラスコ内の日々の個体数の大きさのプラトーと混同しないでほしい。いま見ているのは、フラスコ世代で計った進化的な時間における曲線であって、一つのフラスコ内の時間で計られる個々の細菌の時間におけるものではない。

この進化的な変化が示唆しているのは、大きくなることが、このグルコースの豊かな時期と乏しい時期が交互に訪れる状況のなかで生き残ろうと競争しているときには、なんらかの理由で、名案だということである。体の大きいことがなぜ有利になるのか、その理由を憶測しようとは思わないが――多くの可能性がある――、まるで、そうでなければならないかのように見える。なぜなら、一二の種族すべてでそうなったからである。しかし、大きくなるのにはたくさんの異なった方法――異なった突然変異の組み合わせ――があり、この実験ではあたかも、異なった進化的系統によって異なった方法が発見されたかのように見える。これはかなり興味深い。しかし、ひょっとしたら、それよりさらに興味深いかもしれないのは、二つの種族が、体を大きくする同じ方法を独立に発見したように思える場合が時々あることだ。レンスキーと別のチームの共同研究者が、どちらも二万世代を超えていて、同じ進化的軌跡をたどってきたように見える Ara+1 と Ara-1 と呼ばれる二つの種族を取り上げ、そのDNAを調べることによって、この現象を研究した。彼らが発見した驚くべき結果は、どちらの種族も表現型のレベルで五九の遺伝子が変化しており、五九の遺伝子のすべてが同じ方向に変化していたことだった。自然淘汰でなかったとすれば、五九もの遺伝子でそれぞれ独立に起きた、そのよう

レンスキーの実験：
適応度の増大

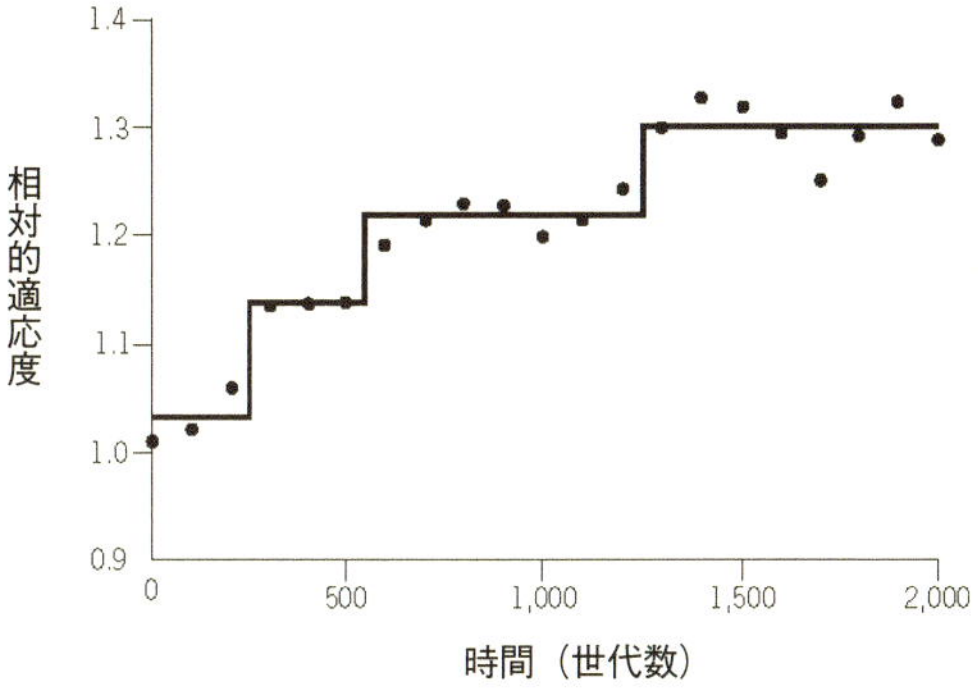

な独立した並行現象というのは、まったく信じがたいものだろう。それが起こる確率の低さを考えれば、そんなことは起こらないというほうへの賭け率《オッズ》は、とほうもなく高いものになるはずだ。これこそまさに、創造論者がありえないと言うような類《たぐい》の事柄だろう。なぜなら、偶然によって起こったというのはあまりにもありえないことだからである。だが、実際に起きたのだ。そしてもちろんその説明は、それは偶然によって起きたのではなく、漸進《ぜんしん》的に、一歩ずつ進む累積的な自然淘汰が、両方の系列において独立に、同じ——文字通り同じ——有利な変化を優遇したから、というものである。

　世代が進むにつれて細胞の大きさが増大することを示すグラフがなめらかな曲線を示していることから、改良が漸進的だと考えるのは妥当だと思われる。しかし、ひょっとしたら、あまりにも漸進的すぎるのではないか？　集団は改善をもたらす突然変異がつぎに起こるのを「待つ」間があるので、実際にはいくつかの階段《ステップ》が見られるとは考えられないのだろうか？　かならずしもそうではないのだ。それは、かかわっている突然変異の数、個々の突然変異の影響の規模、遺伝子以外の影響によって引き起こされる細胞の大きさの変異、および細菌からサンプルが抽出される頻度といった要因に依存するのである。そして興味深いことに、細胞

レンスキーの実験：
個体数密度

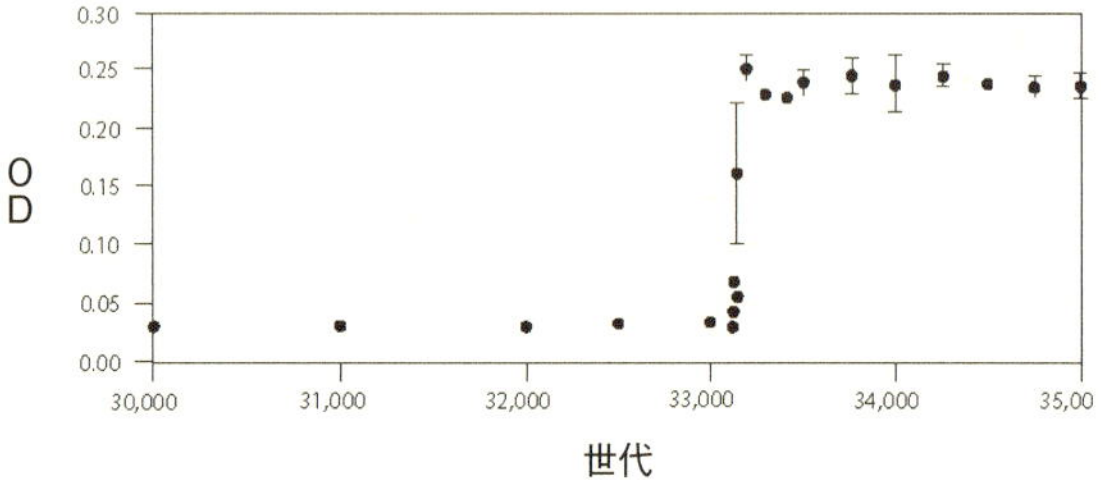

の大きさではなく、適応度の増大のグラフを眺めるとき、少なくともより歴然と段階的発展と解釈できるものが実際に見られるのである（前ページ）。先に双曲線を紹介したときに、このデータにもっとよく適合するような、より複雑な数学的関数を見つけることは可能かもしれないと私が言ったことを覚えているだろう。数学者たちはそれを「モデル」と呼んでいる。このグラフの点に、先のグラフと同じように双曲線モデルを適合させることはできるが、この図で用いたような「階段モデル」のほうがよりうまく適合するだろう。とはいえ、先の細菌体の大きさに関するグラフに双曲線が適合したほどに近似した適合ではないが。いずれの場合にも、データが正確にモデルに適合していると証明することはできないし、証明されたこともない。しかし、少なくともこのデータは、私たちの観察している進化的な変化が突然変異の段階的な累積を表しているという考えと矛盾はしない(*)。

ここまで私たちは、現在進行形の進化のみごとな例証を見てきた。独立した一二の系列を比較し、それぞれの系列を、比喩的な意味だけでなく文字通り過去からやってきた「生きた化石」と比較することによって立証された、私たちの目の前で起こっている進化なのである。

いよいよ、さらに興味深い結果を見てゆく準備が整った。ここまで私が語ってきたのは要するに、一二の種族すべてが、細部は異なるけれども——あるものは他のものよりわずかに速く、あるものはわずかに遅く——全般的には同じ種類のやり方で、適応度を改善させる方向へ進化させたということだった。けれども、長期的な実験のなかから一つの劇的な例外が現れたのである。三万三〇〇〇世代をすぎた直後に、まったく目覚ましい出来事が起こった。Ara-3と呼ばれる一二の系統のうちの一つが突然、凶暴化したのだ。前ページに掲げたグラフを見てほしい。ODと記された縦軸は、光学的な密度すなわち「混濁《こんだく》度」を示すもので、フラスコ内の個体数の大きさの目安である。単純に細菌の数が増えるだけで培養液は雲が発生したように混濁していく。この雲の濃さは数として計ることができ、この数が個体群密度の指標になる。およそ三万三〇〇〇世代まで、Ara-3の個体群密度はOD軸上でおよそ〇・〇四あたりをなめらかに推移しており、他のすべての種族とそれほど大きな違いはなかった。やがて、三万三一〇〇世代を過ぎたところで、種族Ara-3のOD値が（そして一二のなかでこの種

＊（ほとんど）有性生殖をしない細菌のような生物では、段階的な進化のパターンが予想されるべきである。有性生殖しかしない私たちのような動物では、進化的な変化が、鍵となる突然変異が生じるのを「待つ」あいだ、ふつう「ぶらぶらと待っている」ことはない（これは、多少とも高い教養への自負をもつ反進化論者がよく犯す誤りである）。そうではなく、有性生殖をする集団では、ふつう選択の対象となる遺伝的変異の供給がいつでも用意されている。もともとは過去の突然変異によって生じたものだが、一つの遺伝子プール内にどんなときにも、多数の遺伝的変異がしばしば存在する。これらは突然変異によって過去に導入されたものであるが、いまでは有性生殖による組み換えであちこちに混ぜあわせられている。自然淘汰は、鍵となる突然変異が生じるのを待ち受けるよりもむしろ、既存の変異のバランスを移行させるという形で作用することが多い。有性生殖をしない細菌では、遺伝子プールという概念そのものが適切にあてはまらない。これこそが、鳥類、哺乳類、あるいは魚類の集団では期待できない段階的な進化を見られると、現実的に期待していい理由である。

族だけが）垂直に急上昇した。それは六倍も跳ね上がって、OD値にしておよそ〇・二五まで達した。この種族のこれ以降に引き継がれたフラスコの個体数は天をつくほどに増えた。わずか数日のうちに、この種族のフラスコが落ち着いた典型的なプラトーは、かつての自分たち、および他の種族が依然として示している値より六倍大きいOD値をもっていた。この高いプラトーには、この種族ではその後のすべての世代が到達したが、他の種族ではそうならなかった。まるで、ほかの種族には与えていないのに、大量の追加グルコースが種族 Ara-3 のフラスコに毎回注入されていたかのようである。しかし、そういうことは起きていなかった。同じ比率のグルコースが、すべてのフラスコに均等に投与されていたのである。

何が起こっていたのだろう？　種族 Ara-3 に突然起こったのは何だったのか？　レンスキーと二人の共同研究者はさらに調査をつづけ、答えを突き止めた。それは実に興味深い話である。グルコースが制限要因であり、グルコースをより効率よく扱う方法を「発見した」突然変異はどんなものであれ、有利さをもつことになると私が言ったのを、覚えているだろう。それが実際に、一二の種族すべての進化に起こったことである。しかし私は、グルコースが培養液中の唯一の栄養物ではないとも言った。もう一つの栄養源はクエン酸塩（レモン・サワーをつくる物質に近い）だった。培養液は大量のクエン酸塩を含んでいるが、大腸菌はふつうそれを利用することができず、少なくともレンスキーのフラスコにおけるように、水中に酸素がある場合には利用できない。しかしもし、突然変異がクエン酸塩の代謝法を「発見」できさえすれば、それが大当たりへの道を切り開くだろう。これこそまさに Ara-3 で起こったことだった。この種族は、そしてこの種族だけが、グルコースを食べるだけでなく、グルコースと同時にクエン酸塩も食べるという能力を突然に獲得したのである。したがって、次々と引き継がれていくこの系統のフラスコのなかの、利用できる食物の量は急上昇した。そして、引き継がれていく各フラスコ内での数値が毎日最終的に落ちつくプラトーの値もまた急上昇したのである。

Ara-3 のどこが特別であるかがわかったので、レンスキーと共同研究者たちはさらにもう一つ、興味深い疑問を問うことにした。栄養を引き出す能力がこうして突然改善されたのは、すべて一個の劇的な突然変異、すなわち一二の種族のうちでたった一つだけが幸運にもなしとげることできたほど希な突然変異のせいなのか？　言い換えれば、それは二〇五ページに示した、小さな階段が連なるような形をしたグラフにおいて、突然変異によって階段の段がもう一つ増えたにすぎない出来事なのか？　レンスキーには、一つの興味深い理由のゆえに、それはありそうに思えなかった。これらの細菌のゲノムにおける各遺伝子の平均的な突然変異率がわかっており、それに従って彼が計算したところ、三万世代というのは、一二の系列のそれぞれですべての遺伝子が少なくとも一度は突然変異を起こすだけの、十分に長い時間である。したがって、Ara-3 だけがこのような突出した結果を示したのはこの突然変異が希だったせいだ、というのはありえないように思われた。それは、他のいくつかの種族でも「発見されて」しかるべきものだったはずである。

じつはもう一つ別の理論的な可能性があり、それはことのほか好奇心をそそるものである。ここから、話が非常に込み入ったものになり始めるところである。もしいまこれを読んでいるのが夜更けならば、明日読むのを再開するというのがいい考えかもしれない……。

クエン酸塩を食べるために不可欠な生化学的秘法が、一つだけの突然変異ではなく、二つ（あるいは三つ）の突然変異を必要としたらどうだろう？　ここで言っているのは、単純に効果を足し合わすことのできる二つないし三つの突然変異のことではない。もしそうだったなら、順番は無関係に二つの突然変異が得られれば十分だろう。どちらか一つがそれ単独で、目指す能力の（たとえば）半分を与えてくれ、もう一つもそれ単独で、クエン酸塩からいくばくかの栄養を得る能力を与えてくれるが、両方の突然変異が一緒に起こったときほど多くの栄養を得ることはできない。これなら、体の大きさの増大についてすでに論じた突然変異と似たようなものだろう。しかし、そのような状況は、種族Ara-3が示した劇的な特異性を説明できるほど十分に希なものではない。そうではなく、クエン酸塩代謝を獲得させた突然変異の希少性からうかがえるのは、私たちの探しているものが、創造論者のプロパガンダがいう「還元不能な複雑さ」にむしろ近いものだということである。これは一つの化学反応の産物が第二の化学反応に注ぎ込まれるような生化学的過程であり、どちらももう一方には、一歩も先へ進むことができないのかもしれない。この二つの反応を触媒する二つの突然変異が必要なのだろう。いまこの二つの突然変異をA、Bと呼ぶことにしよう。この仮説によれば、どんなものであれなんらかの改善が見られるためには、その前にAB両方の突然変異が生じることが必要だと思われる。そして、実際そういう事態は、一二の種族のうちで一つだけがこの離れ業を達成したという観察結果を説明できるほど、十分にありえないことにちがいない。

これらはすべて仮説にすぎない。現実に起こりつつあることを実験によって見つけだすことができただろうか？ そう、彼らは凍結した「化石」——これは、この研究においてつねにこのうえなく重宝な存在だ——をあざやかに使いこなすことで、その方向に向かって大きな前進をとげることができたのである。もう一度繰り返せば、仮説はこうだ。いつかはわからないがあるとき、種族Ara-3はたまたま一つの突然変異、すなわち突然変異Bを生じた。これは、もう一つの不可欠な突然変異Bをまだ欠いているために、検出できるなんの効果も生じない。実際、おそらく自然に生じたのだろう。しかしBは、その種族にたまたまその前に突然変異Aが出現していて、準備が整っていない一二の種族のどの一つにでも、同じように突然生じる可能性がある。

210

かぎり、何の役にも立たない——まちがいなく、有益な効果はまったくない。そして、種族Ara-3だけがたまたま、そういう準備ができていたのである。

レンスキーはその気になれば、自らの仮説を「検証可能な予測」という形で表現することもできたろう——これは、たとえある意味で過去についての予測だとしても、本物の予測であるがゆえに、このような形で表現してみるのは興味深い。次に示すのは、もし私がレンスキーだったら、その予測をこんなふうに表現しただろう、という例である。

私は種族Ara-3のさまざまな年代のものを、戦略的に選別しながら解凍し、時代をさかのぼっていくだろう。これらの甦《よみがえ》った「ラザルス〔マルタとマリアのきょうだいでイエスが奇蹟によって甦らせたラザロ〕・クローン」のそれぞれは、今回の進化実験の本筋と同じ処理法で、そのままさらに進化を続けさせるが、もちろん、主実験からは完全に切り離される。そしてここからが私の予測である。こうしたラザルス・クローンのあるものはクエン酸塩の代謝法を「発見する」だろうが、しかしそれは、もとの進化実験の、特定の決定的《クリティカル》な世代より後の化石記録から解凍された場合にのみそうなるはずである。その魔法の世代がいつであるかは——いまのところまだ——わからないが、私の仮説に従えばそれは、突然変異Aがこの系列に入り込んだ瞬間に、いわば後知恵によって判明することになるだろう。

これこそまさに、レンスキーの学生であるザカリー・ブラントが、あらゆる世代から取り出した四〇兆——40,000,000,000,000——ばかりの大腸菌細胞を含む、厳しく辛《つら》い一連の実験を実行して発見したことであると聞けば、あなたもうれしくなるだろう。「魔法の瞬間」はおよそ二万世代あたりであることが判明した。「化石記録」における二万世代以降の年代のものである Ara–3 の解凍されたクローンは、その後にクエン酸塩利用能力を進化させる確率の増大を示した。二万世代以前の世代からのクローンで増大を示したものは一つもなかった。この仮説に従えば、二万世代以降、このクローンは、いつ突然変異Bが出現しても、それを利用できる「用意ができて」いたのである。そして、ひとたび化石の「復活の日」が、二万世代という魔法の年代より遅くなると、その後の可能性の変化は、増減いずれの方向にも見られなかった。それが二万世代以降のものであれば、ブラントがどの世代の化石を解凍しようが、その後にクエン酸塩代謝能力を獲得する可能性の確率の増大にまったく変わりはなかった。しかし、彼が二万世代以前のものを解凍した場合、クエン酸塩代謝能力を発達させる確率の増大はまったく見られなかった。二万世代以前の種族 Ara–3 は、他のすべての種族と何一つ変わるところがなかった。二万世代以前は、種族 Ara–3 の構成員はたまたまこの種族に属してはいても、突然変異Aをもっていなかったのである。しかし二万世代以降は、種族 Ara–3 は「用意ができて」いた。彼らだけが、「突然変異B」が生じたときにそれを利用することができたのだ――おそらく、他の種族のいくつかにもこの突然変異は生じたであろうが、なんのよい結果も生まなかった。科学研究には、非常に大きな喜びの瞬間というものがあるのだが、これはまちがいなく、そうしたものの一つであるにちがいない。

レンスキーらの研究には、小宇宙《ミクロコスモス》の中で、あるいは研究室の中で大幅にスピードアップされることによって私たちの目の前で起こった結果のなかに、自然淘汰による進化を構成する本質的要素のうちの多くが示されている。すなわち、ランダムな突然変異と非ランダムな自然淘汰、別々のルートを通じて独立になされる同一の環境に対する適応、先行する突然変異のうえに、別の突然変異が付け加わることによって進化的な変化がつくりだされる道筋、ある遺伝子が効果を現すにあたっての他の遺伝子の存在への依拠の仕方などである。ただし、今回の結果はすべて、進化がふつう要する時間のほんの一部でしかないあいだに起こったのである。

この、科学の営みが輝かしい勝利を収めた物語には、滑稽な続きがある。創造論者はこの話を嫌がる。それが現在進行形の進化を示しているからだけではない。それは、設計者《デザイナー》の介在なしに新しい情報がゲノムに入り込んだこと――これは、創造論者たちが否定せよと聞かされてきた（「聞かされてきた」というのは、彼らの大部分は「情報」が何を意味するか理解していないからである）事柄である――を示しているからだけでもない。それは、創造論者たちがたいそうお気に入りの素朴な計算によって不可能に等しいものであるとされた、遺伝子の連携をまとめあげる自然淘汰の力を実証しているからだけではない。それは、「還元不能な複雑さ」という、彼らの中心教義《セントラルドグマ》の根拠を突き崩してもいるからなのである。それゆえ、レンスキーの研究によって彼らが狼狽し、必死になってあら探しをしようとするのも不思議ではない。

〈ウィキペディア〉のまぎらわしく、かつ悪名高いインチキ模倣サイトである〈コンサーヴァペディア〉の編集者で、創造論者でもあるアンドリュー・シュラフライは、信憑性に関して若干の疑惑があるとおそらくほのめかすつもりで、レンスキー博士にオリジナル・データを見せるように要求する手紙を書いた。レンスキーはこの無礼なほのめかしに対して返答する義務さえ断じてなかったのだが、きわめて紳士的なやり方で返答し、批判をする前に私の論文を読む努力をしたほうがいいのではないですかと、穏やかにさとした。レンスキーはさらに続けて、私の最良のデータは凍結された細菌培養という形で貯蔵されており、これは原則として、誰でも私の結論を確かめるために検査できるのですと、明快に指摘した。しかるべき資格のない人間が扱えばきわめて危険なものであると指摘したうえで、それを扱う資格のある細菌学者が要求するなら、喜んでサンプルを誰にでもお送りします、とも彼は言っている。

レンスキーは、そうした資格の嫌というほど詳細なリストを掲げており、シュラフライ——弁護士で、あきれたことに、科学者ではまったくないく文字に綴ることがほとんどできず、ましてや最新の安全な実験室での手順を聞いても正しく文字に綴ることがほとんどできず、ましてや最新の安全な実験室での手順を計的に分析するに相応しい細菌学者としての資格がほとんどないことを重々承知したうえで、そんなことをしているレンスキーの、ほくそえむ忍び笑いの声が聞こえてきそうだ。この件は、有名な科学ブログの賢者、ポール・ザカリー・マイヤーズの「リチャード・レンスキーは、コンサーヴァペディアのならず者たちと愚か者たちに返答した。またしても、彼のほうが役者は一枚上だった」で始まる一文によって、痛烈に総括されてしまった。

レンスキーの実験は、とりわけ、巧妙な「化石化」という手法をもって、一人の人間の一生のうちに認識できるタイム・スケールの上で、まさに自分の目の前で、進化的な変化を引き起こす自然淘汰の威力を示している。しかし細菌は、それほどはっきりと解明されているわけではないが、また別の印象深い例も提供してくれる。きわめて忌まわしいことに、多くの細菌の菌株は目を見張るほど短期間に、抗生物質に対する耐性を進化させてきた。結局のところ、最初の抗生物質ペニシリンは、第二次世界大戦という最近になって、フローリーとチェインの英雄的努力によって開発されたにすぎない。それ以降、新しい抗生物質が短い間隔でつぎつぎと出現し、その一つ一つに対して、細菌は抵抗性を進化させてきた。今日では、そのもっとも不気味な例は、MRSA（メチシリン耐性黄色ブドウ球菌）で、これは院内感染の病原菌で、多くの病院を訪れるのがむしろ危険な場所に変えてしまったことがある。もう一つの厄介者は「 *C. diff* 」（クロストリジウム・ディフィシレ）である。ここでもまた、抗生物質に耐性をもつ菌株を自然淘汰が選り好みしているのだ。しかしその影響には、もう一つ別の影響が覆い被さってくる。長期間ずっと抗生物質を使いつづけると、悪い細菌と一緒に、腸内にいる「よい」細菌も殺してしまうことになるのだ。*C.diff* は、ほとんどの抗生物質に対して耐性をもつので、ふつうなら競合する他種の細菌が抗生物質によっていなくなると大きな恩恵を受けるのである。これこそ、「敵の敵は友である」という原理である。

かかりつけの医師の待合室で、抗生物質治療を完治しないうちに止めることの危険性を警告するパンフレットを読んで、私は少し苛立っていた。この警告にどこも悪いところはないが、私の気に障《さわ》ったのは、そこに示されている理由だった。パンフレットは、細菌は「賢く」、抗生物質への対処を「学習する」のだと説明していた。おそらくこれを書いた人は、抗生物質耐性という現象は、自然淘汰ではなく学習と呼んだほうがわかりやすくなると考えたのであろう。しかし、細菌が賢いだとか、学習するなどというのは、まぎれもなく混乱を生むもので、なによりも、完治するまで抗生物質を飲み続けるようにという指示を患者が理解するうえでなんの助けにもならない。細菌が賢いという表現が説得力をもたないことはどんな愚か者にもわかる。たとえかりに賢い細菌がいたとしても、時期尚《じきしょう》早《そう》に治療を止めることがなぜ、賢い細菌の学習能力に違いを生じるのか？　しかし、自然淘汰という観点から考え始めたとたん、それは完璧に理に適《かな》ったものとなる。

どの毒物とも同じように、抗生物質の効果もおそらく投与量に依存している。十分に多く投与すれば、すべての細菌を殺すだろう。十分に少なく投与するなら、どの細菌も殺さないだろう。その中間の投与量であれば、一部の細菌を殺すが全部は殺さない。もし細菌のあいだに、あるものは抗生物質に対して他のものよりも感受性が強いといった遺伝的な変異があれば、中間的な投与量は、耐性をもつ遺伝子を残すように淘汰するのにお誂《あつら》え向きであろう。医師があなたに抗生物質を完治するまで飲みつづけるよう言うのは、すべての細菌を殺し、耐性あるいは半耐性の突然変異体が残るのを避ける確率を増大させるためなのだ。後から振り返ったとき、私たちみんながダーウィン主義的な考え方をきちんと教えられていたなら、耐性菌が淘汰を生き延びる危険性にもっと早く目覚めていたかもしれないと、悔やむかもしれない。私のかかりつけの医師の待合室にあったようなパンフレットは、そのような教育の助けにはならない――そして、なんとも残念なことに、自然淘汰のもつすばらしい力のなにがしかを教える機会はここでも失われているのである。

グッピー

私の同僚であるジョン・エンドラー博士は、最近になって北アメリカから英国のエクセター大学に転勤してきたのだが、私に次のような驚くべき――まあ、同時に気が滅入るものでもある――話を聞かせてくれた。彼は米国で国内線の飛行機に乗って旅行していたのだが、隣の席に座っていた人が、お仕事は何ですかと尋ねて、話しかけてきた。エンドラーは生物学の教授で、トリニダード島のグッピーの野生の群れを研究していますと答えた。その人物はその研究にしだいに興味を募《つの》らせていき、山ほど質問をした。その実験の根底にあると思われる理論の優雅さに引きつけられて、エンドラーに、それはいったいどういう理論で、だれが考え出したものなのかと尋ねてきた。そのときになってはじめて、エンドラー博士は、これを言えば爆弾発言になるだろうと思っていたことを口にした。「それは、自然淘汰による進化というダーウィンの理論ですよ!」。その人の態度は一瞬にしてすっかり変わってしまった。顔が真っ赤になった。手のひらを返したように顔を背《そむ》け、それ以上しゃべることを拒《こば》み、それまで友好的だった会話は打ち切られた。実際には、友好的以上のものだったのに。エンドラー博士が私に寄せた手紙では、その人物はそれまでは、「いくつもすばらしい質問をし、議論を熱心にしかも知的に理解していることがうかがわれたのですよ。本当に悲惨な話です」と書いている。
ジョン・エンドラーが頑《かたく》なな隣の乗客にくわしく説明した実験は、優雅かつ単純なもので、自然淘汰が仕事に取りかかる速さを実証するという務めをみごとに果たしている。ここでは、私がエンドラー自身の研究を借用するのがいいだろう。なぜなら、彼は『野外における自然淘汰』という本の著者でもあるからだ。このすぐれた本には、こうした研究の実例が集められ、その方法が詳しく説明されている。

グッピーは淡水アクアリウムで人気のある魚である。第3章で出会ったキジと同じように、グッピーの雄は雌よりもずっと鮮やかな色をしており、アクアリストたちは、さらに鮮やかな色になるように育種してきた。エンドラーはトリニダード島、トバゴ島、およびベネズエラの山岳域の河川《かせん》に生息する野生のグッピー（*Poecilia reticulata*）を研究した。やがて彼は、グッピーの地域個体群が互いに驚くほど異なっていることに気がついた。いくつかの個体群では、雄の成魚はアクアリウム水槽で飼われているのとほとんど同じほど鮮やかな虹色をしていた。彼は、グッピーの祖先が、キジの雄が雌によって淘汰されてきたのと同じ流儀で、雌によって鮮やかな色彩が進化するように淘汰されてきたのではないかと推測した。別の地域では雄は、まだ雌よりは鮮やかだとはいえ、ずっとくすんだ色をしていた。雌ほどではないが、雌と同じように、雄の体色は彼らの生息している川の砂利だらけの川底に対するすぐれたカムフラージュになっていた。エンドラーは、ベネズエラおよびトリニダード島の多数の場所を対象にみごとな定量的比較をおこなうことで、雄があまり鮮やかでない場所の川は捕食が盛んな川でもあることを示した。わずかな捕食しか見られない川では、雄はより鮮やかな体色をし、より大きくて、けばけばしい色の斑点をもち、しかもその数も多かった。そういう川では、雄は雌にアピールするために遠慮なく鮮やかな体色を進化させることができた。雄に鮮やかな色を進化させる雌からの圧力は、その地域の捕食者が逆向きの圧力をどれだけ強く、あるいは弱く及ぼすかにかかわりなく、どんなときにもつねに、さまざまな隔離された個体群すべてに存在した。例によって進化は、異なる淘汰圧の妥協点を見いだすのである。グッピーに関して興味深いのは、異なった川でどのようにしてその妥協点が変化するかを、エンドラーが実際に見ることができたことである。しかし、彼はそれよりもずっとすごいことをなしとげた。彼は実験にとりかかったのである。

あなたが、カムフラージュの進化を実証する理想的な実験を計画しようとしていると仮定してみてほしい。あなたならどうするだろう？　カムフラージュした動物は、自分が溶け込んで見せた背景に似ている。あなたが実験的に提供した背景に似るように動物が目の前で実際に進化する、という実験を計画することができるだろうか？　できれば、それぞれに異なる個体群をおいた二つの背景でやったほうがいいのだろうか？　目標は、第3章で見た油脂含有量の高いのと低いのとの二系列のトウモロコシを淘汰したのと似たような実験である。しかしこの実験では、淘汰は人間によってではなく、捕食者と雌のグッピーによってなされるはずだ。二つの実験系列を区別する唯一の事柄は、私たちが提供する異なる背景だけということになるだろう。

カムフラージュした種の——それは昆虫の一種であるかもしれないが——個体を何匹かつかまえ、異なった色、あるいは異なった模様の背景におかれた、異なった籠《かご》（あるいは囲いや池でも、その動物に適したものならなんでもいい）にランダムに割り当てる。たとえば、囲いの半分には緑色の森のような背景を用意し、残りの半分には赤褐色の砂漠のような背景を用意するのだ。動物を緑色あるいは褐色の囲いに入れたあとは、できるだけ長い時間にわたってそこで生活させ、何世代にもわたって繁殖させる。そして後に戻ってきて、彼らが、緑色または褐色の背景に似るよう進化したかどうかを見る。もちろんこの結果は、囲いのなかに捕食者も一緒に入れたときにしか期待できない。そこで、たとえばカメレオンを入れてみよう。すべての囲いに？　いやちがう。もちろんそうではない。これは実験であることを思い出してほしい。したがって、緑色の囲いの半分、褐色の囲いの半分に捕食者を入れなければならない。この実験は、捕食者がいる囲いでは、昆虫は緑色ないし褐色になる――背景によりよく似た色になる――ように進化するだろうという予測を検証することになる。しかし、捕食者のいない囲いでは少なくとも、背景の色と似た度合いの少なくなる方向に、雌にとってより目立つ色へと進化するだろう。

私はながらく、まさにこの通りの実験をショウジョウバエ（繁殖による世代交代の時間が非常に短いので）でおこなうという野望を心に抱いていたが、悲しいかな、それをする時間的余裕がついぞなかった。それだから、これこそまさにジョン・エンドラーが、昆虫ではなくグッピーでやったことそのものであると言えるのが、私には格別にうれしい。もちろん、彼は捕食者としてカメレオンは使わず、その代わりに、パイクシクリッド（*Crenicichla alta*）と呼ばれる魚を選んだ。この魚は、野生のグッピーにとって危険な捕食者である。彼は緑色と褐色に分けた背景も使わなかった――彼はそれよりもっと興味深いものを選んだ。彼は、グッピーがそのカムフラージュ効果の多くを斑点、しかもしばしば非常に大きな斑点から、得ていることに気づいた。斑点の模様が、原産地の川の砂利《じゃり》の多い川底の模様と似ているのである。ある川はより粗い、小石状の砂利底を、別の川はもっと目の細かい、砂に近い砂利底をもっている。これが彼の選んだ二つの背景であり、彼が探求しているカムフラージュが、私の緑色／褐色よりもずっと精妙で興味深いものであることに、同意してもらえるだろう。

エンドラーは、グッピーの熱帯世界を模倣するために、大きな温室を手に入れ、そのなかに一〇個の池を設置した。一〇個の池すべての底に砂利を入れたが、そのうちの五つには粗い小石状の砂利、残りの五つには細かい砂状の砂利を入れた。この実験がどんな結果を想定しているかはおわかりだろう。強い捕食圧にさらされたとき、二つの異なる背景におかれたグッピーは、進化的な時間のうちに、それぞれの背景に合った方向へと分岐していくだろうというのが、予想である。捕食圧が弱ければ、あるいは捕食者が存在しなければ、雄は雌にアピールするより派手な体色に向かう傾向をもつだろうというのが予測である。

半数の池に捕食者を入れ、残りの半数に捕食者を入れないという方式ではなく、エンドラーはまたしても、もっと巧妙なことをおこなった。彼は三つのレベルの捕食圧を用意した。二つの池（一つは細かい砂利底、一つは粗い砂利底）には捕食者がまったくいない。四つの池（二つは細かい砂利底、二つは粗い砂利底）には危険なパイクシクリッドがいた。残りの四つの池には、別のメダカに近いカダヤシ類の魚（*Rivulus hartii*）を入れた。これは「キリフィッシュ（killifish）」という英名で呼ばれているにもかかわらず（実際には、これはKilleという人名に由来するもので、殺《キル》しとはまったく関係ないのだが）、グッピーにとっては比較的無害である。それは「弱い捕食者」であるのに対して、パイクシクリッドは強い捕食者である。「弱い捕食者」がいるという状況は、捕食者がまったくいない場合よりもすぐれた対照条件である。そのわけは、エンドラーが説明するように、二つの自然条件を模倣《シミュレート》しようとしていたからであり、また捕食者がまったく存在しないような自然の川はないことを彼が知っていたからである。したがって、強い捕食圧がある場合と弱い捕食圧がある場合を比較するというのは、より自然に近い比較なのである。

以下に設定をまとめてみよう。グッピーは、五つは粗い砂利底をもち、五つは細かい砂利底をもつ一〇個の池にランダムに割り当てられた。一〇組のグッピーの集団は、捕食者のいない状況で六カ月間自由に繁殖を許された。この時点から正式の実験が始まる。エンドラーは、一尾の「危険な捕食者」を二つの粗い砂利底の池と二つの細かい砂利底の池に入れた。また、六尾（一尾ではなく六尾にしたのは、野生状態における二種類の魚の相対的な密度により近づけるため）の「弱い捕食者」を、二つの粗い砂利底の池と二つの細かい砂利底の池のそれぞれに入れた。そして残りの二つの池は、捕食者がまったくいない、以前と同じ状態を続けた。

実験が五ヵ月間にわたって実施されたあと、エンドラーはすべての池を調査し、すべての池のすべてのグッピーについて、斑点の数をかぞえ、大きさを測った。その九ヵ月後、つまり実験開始から一四ヵ月後にもう一度調査をおこない、同じやり方で斑点の数をかぞえ、大きさを測った。結果はどうだったろう？　それほど短い期間しかたっていなかったにもかかわらず、結果は目を見張るようなものだった。エンドラーはこの魚の色彩パターンについてさまざまな測定法を用いたが、その一つは「魚あたりの斑点数」だった。グッピーが最初に池に入れられ、まだ捕食者が導入される前には、斑点数に関して非常に大きな幅の変異があった。なぜなら、そうしたグッピーはきわめて多様な川から、つまり捕食者のありようが非常に大きく異なる複数の川から集められてきたものだったからである。どんな捕食者もまだ導入されなかった六ヵ月間に、魚あたりの斑点数の平均は上昇した。おそらくこれは、雌による選択に対する反応であった。その後、捕食者が導入された時点で、劇的な変化が見られた。危険な捕食者のいる四つの池では、斑点の数の平均値は暴落した。この違いは、五ヵ月めの調査で完全に明らかであり、一四ヵ月めの斑点の数はさらにいっそう減少した。しかし、捕食者のいない二つの池と、弱い捕食者のいる四つの池では、斑点の数は増えつづけた。それは五ヵ月めの調査という早い段階でプラトーに達し、一四ヵ月めの調査でも高いままでとどまった。斑点数に関しては、弱い捕食者は捕食者なしとほとんど同じで、斑点の多いほうを好む雌による性淘汰に支配されているように思われる。

斑点数についてはここまでにしておこう。斑点の大きさも同じように興味深い物語を語ってくれる。

弱いものであれ強いものであれ、捕食者が存在するところでは、粗い砂利底は比較的大きな斑点の増加を促して、細かな砂利底では、比較的小さな斑点が選り好みされた。これは、斑点の大きさが石の大きさに擬態しているとすれば、容易に解釈できる。けれども、なんとも面白いことにエンドラーは、捕食者がまったくいない池で、まるで正反対の結果を見いだしたのである。細かな砂利底は雄のグッピーに大きな斑点を、粗い砂利底は小さな斑点を選り好みしたのである。グッピーがもし、それぞれの背景にある石に擬態していなければ、より目立つのであり、それは雌を引き寄せるのに好都合なのだ。すばらしい！

そう、すばらしい。しかし、これは実験室内のことだった。野外でも、エンドラーは同じような結果を得ることができたのだろうか？　そう、できたのだ。彼は危険なパイクシクリッドが生息する自然の川に出かけていった。そこでは、雄のグッピーはすべて、比較的地味な色をしていた。彼は雌雄のグッピーを捕まえ、同じ川の、グッピーも危険な捕食者もいないが、弱い捕食者であるキリフィッシュはいる支流に移してみた。彼はこれらのグッピーがそこで生活し、繁殖できるように残して、立ち去った。二三カ月後、彼は何が起こったかを見るために、そこへ戻った。驚くべきことに、まだ二年も経っていないのに、雄の体色はより鮮やかな色に向けてはっきりと移行していた――疑いなく雌に引っ張られてのことで、危険な捕食者がいないことで、自由にそちらに向かうことができたのだ。

科学に関してすばらしい事柄の一つは、それが公的な活動であることだ。科学者はその結果だけでなく、その方法も公表する。これは、ほかの誰でも、世界のどこにすんでいようと、その研究を繰り返せる（追試ができる）ことを意味する。もし同じ結果が得られなければ、私たちはその理由を知りたいと思う。ふつう他の研究者は、先行する研究を単に繰り返すだけでなく、拡張する。それをさらに先へ進めるのだ。ジョン・エンドラーの才気あふれる研究は、まさに継続と拡張を要請されつつあった。それを取り上げた人間の一人に、カリフォルニア大学リバーサイド校のデイヴィッド・レズニックがいた。

エンドラーが実験対象の川からサンプルを採って、あのような驚くべき結果を得た九年後に、レズニックと共同研究者はその場所を訪れ、エンドラーの実験個体群の子孫からもう一度サンプルを採った。雄はいまや非常に鮮やかな体色をしていた。エンドラーが観察した、雌によって推進された傾向はまだ、猛烈な勢いで継続されていた。それだけではなかった。第3章のギンギツネのこと、一つの形質（馴れやすさ）の人為淘汰が他のひとかたまりの形質、すなわち繁殖期、耳、尾、毛皮の色その他の特徴を一緒にひきずっていったことを覚えているだろうか？　そうなのだ、グッピーについても、自然淘汰のもとで、同じようなことが起こったのである。

レズニックとエンドラーは、捕食者のはびこる川にすむグッピーと、弱い捕食しかない川にすむグッピーを比べたときに、色の違いは氷山のほんの一角でしかないことに、すでに気づいていた。一団のまとまりをなす他の違いもあった。捕食圧の低い川にすむグッピーは高い捕食圧の川にすむものよりも遅く性成熟に達し、成魚になったときには体がより大きかった。稚魚を産む［グッピーは胎生魚］頻度も少なかった。そして産仔《さんし》数《すう》は少なく、稚魚の体はより大きかった。レズニックがエンドラーのグッピーの子孫を調べたところ、あまりに出来すぎていて信じられないようなことが見つかった。捕食者が推進するそれぞれの個体の生き残りに関する淘汰ではなく、雌が推進する性淘汰に自由に身を任せたグッピーたちは、より鮮やかな体色になっただけではなかった。これらの魚は、いま私がリストに掲げたばかりの他のあらゆる側面において、捕食者のいない野生の個体群で通常見られるものに匹敵するところまで、ひとまとまりの他の変化のすべてを一つ残らず進化させていたのである。これらのグッピーたちは、捕食者がはびこる川のグッピーよりも高い年齢で成熟し、体が大きく、より体の大きい稚魚をより少ない数だけ産む。平衡《バランス》が捕食者のいない池の基準に向かって傾いてしまったのであり、そこでは、性的に引きつける能力のほうが優先されるのである。そして、これらすべてのことが、進化的な基準からすれば、びっくりするほど迅速に起こったのだ。本書のあとのほうで、エンドラーとレズニックが目撃した、純粋に自然淘汰によって（厳密には性淘汰を含めて）推進された進化的な変化が、家畜の人為淘汰によって達成された進化的変化に匹敵しうるスピードで急速に進んだことを見ることになる。それは私たちの目の前で起こった進化の華々しい実例である。

　進化について私たちが学んだ驚くべきことの一つは、それは、非常に速く進む——本章で見てきたように——こともあれば、別の状況下では、化石記録からわかるように、非常に遅いこともありうる。すべてのなかでもっとも遅いのは、「生きた化石」と呼ばれる、現在も生きている生物である。それらはレンスキーの凍結細菌のように、文字通りに死者から甦らせたものではない。しかし、それらの

シャミセンガイ（*Lingula*）

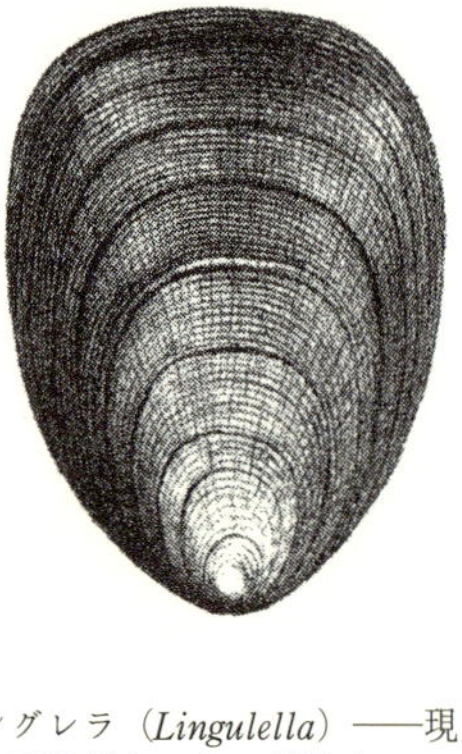

リングレラ（*Lingulella*）——現生の近縁種とほとんど同じ

生物は、はるか大昔の祖先以来あまりにもわずかしか変わっていないので、ほとんど化石であるかのように見えるのである。

私のお気に入りの生きた化石は腕足類《わんそくるい》のシャミセンガイである。腕足類がどういうものであるかをあなたが知らなくても当然である。しかし、もし二億五〇〇〇万年ほど前のペルム紀の大量絶滅――生物全史を通じてもっとも破滅的な絶滅――以前にシーフード・レストランが繁盛していたとしたら、まちがいなく腕足類は定番のメニューになっていただろう。ちらと見ただけでは、二枚貝――ハマグリやアサリの仲間――と混同するかもしれないが、実際はまるでちがった生き物である。腕足類の二枚の貝殻が上下にあるのに対して、二枚貝の殻は左右にある。進化の歴史のなかでは、スティーヴン・ジェイ・グールドが印象に残る言い回しで述べているように、二枚貝と腕足類は闇夜にすれちがったまま二度と会うことのない、行きずりの他人どうしなのである。少数の腕足類は「大絶滅（the Great Dying）」（これもグールドの言葉）を生き延び、現生のシャミセンガイ（前ページ上）は、その下に掲げた化石のリングレラとあまりにもよく似ているので、この化石には最初、シャミセンガイと同じ属名（*Lingula*）が与えられた。右図に載せたこのリングレラの標本そのものは、四億五〇〇〇万年前のオルドビス紀にまでさかのぼる。しかし、同じく最初は *Lingula* と名づけられ、現在では *Lingulella* と呼ばれる化石が存在し、こちらはさらに五億年ほど昔の、カンブリア時代までさかのぼる。けれども、化石化した貝殻がそうたくさんは出ていないことを認めなければならず、一部の動物学者は、シャミセンガイが、ほとんど完全に変化しないままの「生きた化石」であるという主張に異議を唱えている。

進化にまつわる議論で出会う問題の多くは、動物が異なった速度で進化できるだけ十分に無分別であり、まったく進化しないほど無分別でさえありうるというだけの理由で生じている。もし、進化的な変化の量が、私たちにとって都合のいいことに、つねに経過した時間に比例するというような自然の法則があるとすれば、類似の度合いは忠実に類縁の近さを反映することになるだろう。けれども、現実の世界では、中生代の土埃のなかに爬虫類としての出生を置き去りにした――私たちが鳥類を特別のグループとして知覚するのは、進化の系統樹で隣に位置する恐竜たちが天変地異によってすべて殺されるという偶然の出来事に助けられてのことである――鳥類のような、進化の短距離走者《スプリンター》を相手にしなければならない。反対側の極では、シャミセンガイのような「生きた化石」を相手にしなければならない。極端な場合には、生きた化石はあまりにもわずかしか変化してこなかったために、もし仮に結婚仲介タイムマシーンがデートを斡旋《あっせん》できさえすれば、はるか大昔の祖先とも交雑がほとんど可能かもしれないほどなのだ。

シャミセンガイは生きている化石の唯一の有名な例というわけではない。ほかには、カブトガニやシーラカンスなどもいる。次章で出会うことになるのはまさにそのシーラカンスである。

第６章　失われた環境《ミッシング・リンク》だって？「失われた」とはどういう意味なのか？

創造論者たちは化石記録に深くとりつかれている。なぜなら彼らは（お互いどうしで）、そこには「空白《ギャップ》」がいっぱいあるという念仏《マントラ》を、何度も繰り返すように教えられてきたからである。『「中間種」を見せてみろ！』。彼らは妄信的に（きわめて妄信的に）、これらの「空白」が進化論者にとって困惑の種《たね》だと思い込んでいる。実際には、進化的な歴史を証明するものとして私たちが現在もっている膨大な数の化石――そのうちの大多数は、いかなる基準からしても、みごとな「中間種」を成している――はいうまでもなく、どんな化石でも、あればめっけものなのである。私は第9章と第10章で、進化が事実であると実証するために化石は必要でないことを強調するつもりである。たとえ一体の死体さえ化石化されることがなかったとしても、進化を支持する証拠は確固としてゆるぎないだろう。私たちが掘りだされるべき豊かな化石の鉱脈を実際にもち、毎日さらに多くの化石が発見されているのは、ボーナスのようなものである。多くの主要な動物群で、進化があったことを裏づける化石証拠はすばらしく強力である。にもかかわらず、もちろん、空白は存在し、創造論者たちは異常なくらいにそれが好きである。

目撃者のない犯罪現場へやってきた探偵の喩《たと》えをもう一度使うことにしよう。準男爵《バロネット》は射殺されていた。指紋、足跡、ピストルについた汗の染みから採取されたDNA、そして強力な動機……すべては執事が犯人であることを指していた。それはまさしく単純明快な事件であり、陪審員も法廷にいるすべての人も、執事がやったと確信している。しかし、陪審員たちが退廷し、有罪評決の避けがたい審議に入る直前ぎりぎりにまにあって、最後の土壇場《どたんば》の証拠が発見された。準男爵が強盗対策に監視カメラを設置していたことを、誰かが思い出したのである。息を潜《ひそ》めながら、法廷はそのフィルムを見た。その一コマに、執事が配膳室で引き出しを開け、ピストルを取り出し、弾《たま》を込め、目に邪悪なきらめきをたたえながらそっと忍び足で部屋を出て行く仕草が写されていた。この映像が執事の有罪の証拠をさらにいっそう確実にすると、あなたは考えるかもしれない。けれども、話の続きに注目してほしい。執事の弁護人は、殺人がおこなわれた図書室には監視カメラがなく、配膳室からつながる廊下にも監視カメラがなかったことを抜け目なく指摘した。彼は指を左右に振って、弁護士が被告を擁護すべく弁舌をふるうときの、あの人の心を揺さぶるやり方でこう言う。「ビデオの記録には空白《ギャップ》があります！　執事が配膳室を出てからあとに何が起こったのかわれわれは知りません。私の依頼人を有罪にするには明らかに不十分な証拠であります」。

検事はむなしく、ビリヤード室に第二のカメラがあり、それには、開いたドア越しに、執事が銃を構えながら、通路を爪先立って忍びよりながら、図書室に向かうところが映っていると指摘する。これはまちがいなく、ビデオ記録の空白を埋めているのではないか？　まちがいなく、執事の嫌疑はもはや動かしがたいのではないか？　しかしちがうのだ。勝ち誇ったように弁護人は切り札を出す。「われわれには、執事がビリヤード室の開いた扉の前を通る以前、あるいは以後に何が起こったかわからないのです。いまや、ビデオ記録には二つの空白があります。陪審員の皆様、私の弁論はこれで終わりです。いまや、私の依頼人に不利な証拠は以前よりもさらに乏《とぼ》しくなったのであります」。

この殺人事件の監視カメラと同じように、化石記録はボーナスで、給付されるのが当然だと期待する権利などないものなのである。監視カメラがなくとも執事に有罪宣告をする証拠は、すでにもう十分すぎるほどにあり、陪審員たちは、監視カメラが発見される以前に有罪の評決を下そうとしていたところである。同じように、進化の事実を支持する証拠は、現生種の比較研究（第10章）およびその地理的な分布（第9章）に、十分すぎるほどある。私たちは化石を必要としない――進化を支持する論証には寸分の隙もない。それゆえ、化石記録における空白を、あたかも進化に対する反証であるかのように用いるのは、矛盾している。先ほども言ったように、どんな化石でも、あればめっけものなのである。

何が進化の反証になるだろうか。その点で、非常に強力な反証は、あるはずのない地層に、たった一つでも化石が発見されることだろう。私はすでに第4章でそのことを述べた。J・B・S・ホールデンは、進化論の反証となるような観察事実の例を挙げてくれと求められたときに、よく知られた返答をした。「先カンブリア時代から化石のウサギが見つかることだ！」。そんなウサギは見つかっていないし、まぎれもない時代錯誤の化石など、どんな種類のものであれ見つかっていない。これまで見つかっている化石は、実のところ非常に数が多いのだが、まぎれもない例外はただの一つさえなく、すべてあるべき年代の地層に出現している。確かに、化石がまったく見つからない空白はあるが、それは当然予想される当たり前のことにすぎない。一方で、その生物が進化したと考えられる時代より前の年代から発見された化石はただの一つもない。これこそ何よりも雄弁な事実である（そして、創造論にもとづけば、そう予測すべき理由は存在しない）。第4章で簡単に言及したように、すぐれた理論、科学的な理論というものは反証可能なのだが、いまのところまだ反証されていない。ありえない年代からたった一個の化石が見つかるだけで、進化は簡単に反証できるが、進化はこのテストにみごとに合格してきた。反証を挙げたいと思っている進化論懐疑論者は、念入りに地層をひっかきまわし、時代錯誤の化石を必死になって見つけようと試みるべきである。ひょっとしたら一つくらい見つかるかもしれない。賭けてみるかい？

最大の空白、そして創造論者がいちばん好きなのが、いわゆるカンブリア紀大爆発に先立つ空白である。五億年以上昔のカンブリア時代に、大きな動物門——門は動物の世界における主要な区分——のほとんどが、化石記録のなかに「突然に」現れる。突然に、というのは、カンブリア紀より古い地層にはこれらの動物群の化石が知られていないという意味であって、瞬間的にという意味での突然ではない。ここで語っている期間は二〇〇〇万年ほどに及ぶものである。五億年以上も昔の話だから、二〇〇〇万年が短く感じられるだけだ。しかしもちろん、それは現在の二〇〇〇万年と正確に同じだけの時間が進化に必要だったことを表している。いずれにせよ、やはりきわめて突然であり、私が以前の本で書いたように、カンブリア紀は、多数の主要な動物門を私たちに示した。

すでに進化の進んだ状態で、彼らは文字通り初めて現れる。それはあたかも、なんの進化的な歴史もなしに、そこに植え込まれたかのようである。言うまでもないことだが、この突然に植え込まれたような見かけは、創造論者たちをうれしがらせてきた。

この最後の一文は、私が十分に抜け目なく、創造論者がカンブリア紀大爆発を好むだろうということに気づいていたことを示している。しかし私は創造論者たちがこの文章を、慎重に選んだ私の説明の言葉を自分たちに都合のいいように巧みに省略して、反論の材料としてうれしげに、繰り返し引用するのに気づくほど十分に抜け目なくはなかった（一九八六年にさかのぼれば）。ちょっと思いついて、私はウェブ上で 'It is as though they were just planted there, without any evolutionary history,' というキーワードで検索をかけてみたところ、一二五〇件以上ヒットした。これらのヒットの大部分が創造論者の引用検索を表しているという仮説のおおまかな対照実験として、比較のために、『盲目の時計職人』で上記の引用文のすぐあとに続く一節、'Evolutionists of all stripes believe, however, that this really dose represent a very large gap in the fossil record'［しかしながら、あらゆる種類の進化論者は、これが本当に、化石記録における非常に大きな空白を表していると信じている］で検索をかけてみた。前の文章では一二五〇ヒットしたのに対して、こちらで得られたヒット数は総計で六三だった。一二五〇に対する六三の比率は一九・八である。この比率を引用検索指数と呼んでもいいかもしれない。

私はカンブリア紀大爆発について、とくに『虹の解体』でくわしく扱った。ここでは、ヒラムシ類、扁形《へんけい》動物門によって明らかにされた一点だけを付け加えることにする。この蠕虫《ぜんちゅう》型の無脊椎動物の大きな門には、医学上きわめて重要な寄生性の吸虫類や条虫類が含まれる。けれども、私のお気に入りは自由生活するウズムシ類で、この仲間は四〇〇〇種以上が知られている。これは哺乳類すべてを合わせたのと同じくらいの種数である。ウズムシ類のなかには、次ページに示す二つの絵のように、非常に美しい生き物がいる。彼らは水中でも陸上でもふつうに見られるもので、おそらく非常に長い期間にわたってそうだったのであろう。したがって、豊かな化石の歴史が見られると予想したくなる。残念ながら、化石はほとんどない。一握りの曖昧な生痕化石を別にすれば、化石の扁形動物は一個体も発見されたことがないのだ。扁形動物門は、蠕虫に向かって「すでに進化の進んだ状態で、……文字通り初めて現れる。それはあたかも、なんの進化的な歴史もなしに、そこに植え込まれたかのようである」。しかし、この場合、「彼らが文字通り初めて現れる」のは、カンブリア紀ではなく現在なのである。これが何を意味するか、あるいは少なくとも創造論者にとって何を意味するはずか、おわ

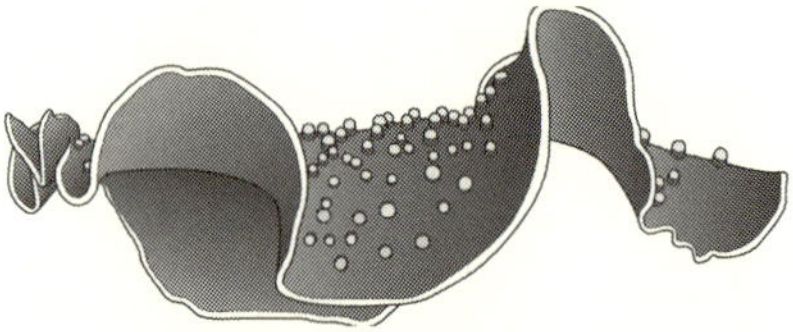

ウズムシ類——化石はまったく残っていないが、ずっと存在しつづけてきたにちがいない

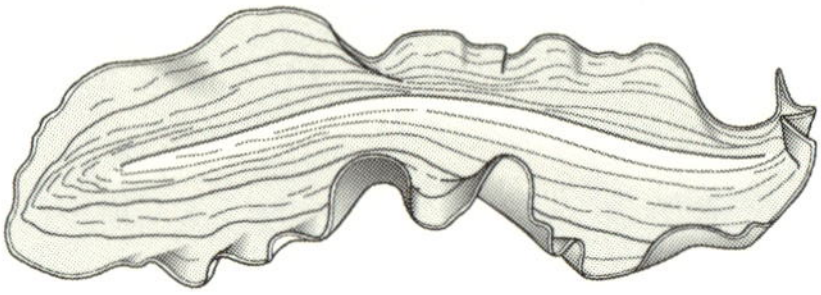

かりだろうか？　創造論者たちは扁形動物が他の生き物が造られたのと同じ週に造られたと信じている。もしそうなら、化石になるための時間を、他のすべてと正確に同じだけもっていたことになる。しかし、骨や殻をもつあらゆる動物が何千もの化石を堆積させていった何世紀ものあいだずっと、扁形動物は彼らのかたわらで幸せに生きてきたにちがいないが、岩石のなかに、彼らが存在した明白な痕跡を何一つ残すことはなかった。それでは、実際に化石化する動物の記録にある空白の何がそれほど特別なのか？　創造論者自身の説明によれば、扁形動物は同じ時間だけ長く生きてきたはずで、それにもかかわらず、扁形動物の過去の歴史が一つの大きな空白になることを踏まえて、どう説明するのか。もしカンブリア紀大爆発以前の空白が、ほとんどの動物はカンブリア紀に突然この世に出現した証拠として用いられるのならば、それとまったく同じ「論理」が、扁形動物は昨日この世に出現したことを証明するために用いられるべきである。しかしこれは、扁形動物は他のあらゆるものと同じ創造の週に造られたものだという創造論者の信念と矛盾する。両方をとることはできないのだ。この論法は、先カンブリア時代の化石記録の空白は進化を擁護する証拠を弱めるものだという創造論者の主張を、一挙に、完膚《かんぷ》なきまでに粉砕する。

進化論的な視点から見た場合、なぜカンブリア時代以前にはそれほど化石が少ないのだろう？　まあおそらく、地質時代から現代にいたるまでずっと扁形動物に当てはまった要因が何であったにせよ、カンブリア紀以前の動物界の残りのすべての動物にも同じ要因が当てはまったのであろう。たぶん、カンブリア紀以前のほとんどの動物は、現在の扁形動物のように柔らかい体をもっていただろうし、たぶん、現在のウズムシ類のように体もかなり小さかっただろう——ただ単に、化石になりやすい素材ではなかったというだけの話なのだ。そのあと、五億年ほど昔に、動物が自由に化石になることを許すような事柄——たとえば、固くて鉱物を含む骨格の出現——が起こったのだ。

「化石記録の空白」の以前に使われていた名前は「ミッシング・リンク」だった。この言い回しはヴィクトリア朝英国でもてはやされ、二〇世紀まで持ちこたえていた。ダーウィン理論の誤解から着想を得たこの言葉は、口語で（そして不当に）「ネアンデルタール人」が今日《こんにち》使われるのとほぼ同じような形で、侮辱として使われていた。『オックスフォード英語大辞典』に載っている代表的な用例文のリストの一つに一九三〇年のものがあり、そこではD・H・ロレンスが、彼に「くず野郎（stank）」と呼びかけ、続けて「あんた、ミッシング・リンクとチンパンジーの合いの子ね」と手紙に書いてきた女性のことを語っている。

もともとの意味は、後で示すように混乱したものだったが、「ダーウィンの理論には人類と他の霊長類のあいだをつなぐ決定的なリンク（連鎖の環）が欠けている」という意味合いが込められていた。もう一つ先の英語大辞典に引用されている実例は、ヴィクトリア朝時代のもので、次のような使い方をしている。「私は人類とパギー（puggie）のあいだの、ミッシング・リンクとかいうものを耳にしたことがある」（puggie はサル類を指すスコットランド方言）。今日の歴史否定論者たちは、嘲《あざけ》りの声の響きがあるはずだと想像しながら、こう語るのが大好きだ。「でも、あなたたちはまだ、ミッシング・リンクを見つけていませんよね」。そして、おまけとして、ピルトダウン人について急に話をふる。ピルトダウン捏造事件をでっちあげた人間のことを誰も知らないのに、答えだけはどっさりもっている。(*)発見されるべき類人猿化石の最初の候補の一つが捏造であったという事実は、歴史否定論者たちに、捏造でない非常に多数の化石を無視させる口実を与えてしまった。そしていまだに、歴史否定論者たちはそれについて得意げに話すのを止めない。もし彼らが事実を調べてみさえすれば、すぐに、現生人類から人類とチンパンジーの共通祖先までをつなぐ中間化石《リンク》がいまではたっぷりと揃っていることがわかるはずだ。ただし、そういうものがあると言っても、チンパンジーと分かれた後の人類につながる側に、である。興味深いことに、祖先（それはチンパンジーでも人類でもない）から現生のチンパンジーをつなぐ化石はまだ一つも見つかっていない。ひょっとしたら、これはチンパンジーが化石化の条件としてはよくない森林にすんでいるからかもしれない。今日、ミッシング・リンクが失われたことに不平を言う権利のあるものがいるとすれば、それは人類ではなく、チンパンジーである。

ともあれ、これが「ミッシング・リンク」の一つの意味である。それは、人類と動物界の残りの生き物とのあいだにあるとされる空白《ギャップ》なのである。この意味でのミッシング・リンクは、控えめに言って、もはや失われて《ミッシング》はいない。この点については、とくに人類化石を論じた次章で立ち戻る。

もう一つの意味は、主要な動物群のあいだの、たとえば爬虫類と鳥類、あるいは魚類と両生類のあいだの、いわゆる「移行形」の不十分さとされるものにかかわっている。「中間種を出してみせろ！」という歴史否定論者たちからの異議申し立てに対して、しばしば進化論者は「爬虫類」と鳥類のあいだの有名な「中間種」である始祖鳥の骨を突きつけることで応じる。あとで示すように、これはまちがいである。始祖鳥は異議申し立てに対する答えではない。なぜなら、そもそも答えるに値する異議申し立てがなされていないのだから。始祖鳥のような単一の有名な化石をもちだすのは、誤りに迎合することだと言えよう。実際には、膨大な数の化石についてそのすべてが、何かと他の何かの中間種であることを十分に立証できるのである。始祖鳥が答えになるように思われる異議申し立てらしきものは、かつて〈存在の大いなる連鎖〉と呼ばれた、時代遅れの概念に基づいている。これについては、本章の後半、まさに〈存在の大いなる連鎖〉という見出しを付けたところで扱うつもりである。

こうした「ミッシング・リンク」がらみの異議申し立てすべてのなかで、もっとも馬鹿馬鹿しいのが次の二つ（あるいは、無数にあるその変形版）である。一つめは、「もし人間がカエルや魚を経て、サルから生まれたものなら、なぜ、化石記録に『カエル猿』が含まれていないのか？」である。私は、イスラム教徒の創造論者が喧嘩腰で、なぜワニ鴨がいないのだと質問するのを見たことがある。二つめは、「サルが人間の赤ん坊を産むのが見られれば、私は進化を信じよう」というものである。この二つめは、他のあらゆる異議申し立てと同じ誤りを犯しているが、それに加えて、大きな進化的変化が一晩で起こると考えているという誤りが付け加わっている。

たまたま、これら二つの誤りが、私も出席したダーウィンに関するテレビ・ドキュメンタリーを扱った、《サンデー・タイムズ》（ロンドン）の記事についた一連のコメントのなかに、隣り合わせになって、ひょっこり現れている。

＊多数意見は、アマチュア古生物学者のチャールズ・ドーソンが犯人だとしているが、スティーヴン・ジェイ・グールドは、犯人はピエール・テイヤール・ド・シャルダンではないかという異説を、きわめて魅力的な形で提案している。テイヤールの名を後年の著作『現象としての人間』を書いたイエズス会神学者として知っている人がいるかもしれない。この本は、無敵のピーター・メダワーから、史上希にみる否定的な書評を受けた（『解決可能な問題を扱う技法』および『プルトンの国家』に再録されている）。

進化論は宗教そのもの以外の何ものでもないから、宗教に関するドーキンスの意見は馬鹿げたものだ——人間はすべて単細胞に由来すると、……そしてカタツムリはサルになれるとかいったことを信じなければならない。ハッ、ハッ——これは、いままでで最高に笑うべき宗教だ！

ジョイス、ウォリックシャー州、英国

ドーキンスは、科学がなぜミッシング・リンクを発見できなかったかを説明すべきである。根拠のない科学への信仰は、神への信仰よりももっとおとぎ話じみた代物《しろもの》だ。

ボブ、ラスベガス、米国

本章では、これに類するあらゆる誤謬を扱うつもりだが、まずはそのなかでもっとも馬鹿馬鹿しいものから始めよう。というのは、それに対する答えが他の誤謬への取っ掛かりになるだろうからである。

「ワニ鴨を見せてくれ！」

「なぜカエル猿を含む化石記録がないのだ?」。そいつはもちろん、サルはカエルの末裔ではないからだ。頭のまともな進化論者で、そんなことを言ったり、カモがワニの末裔だとか、あるいはその逆だとか言ったりする人間は一人もいない。サルとカエルは共通の祖先をもつが、それはカエルとはまるで似ておらず、サルともまるで似ていないのは確かである。ひょっとしたらそれは、サンショウウオにちょっとばかり似ていたかもしれず、実際に、ぴったりの年代からサンショウウオに似た化石が見つかっている。何百万種におよぶ動物のそれぞれの種は、他のどの種とも共通の祖先をもっている。もし進化についてのあなたの理解があまりにも歪んだものであるために、カエル猿やワニ鴨が見られてしかるべきだと考えているのなら、あなたは、イヌ河馬や象パンジーがいないことも嫌みったらしく責め立てるべきである。実際、なぜ話を哺乳類に限定しなければならないのだ？　なぜカンガローチ（カンガルーとゴキブリの中間種）か、オクトパード（タコとヒョウの中間種）ではないのか？こんなふうにしてつなぎ合わせることができる動物の名前は無限にある(*)。もちろん、カバはイヌの末裔ではないし、その逆でもない。チンパンジーはゾウの末裔ではないし、その逆でもない。サルがカエルの末裔でないのと同じことだ。現生のいかなる種も、現生の種の末裔ではない（きわめて最近に種分化したものを除けば）。カエルとサルの共通祖先に近い化石を見つけることができるのとまったく同じように、ゾウとチンパンジーの共通祖先に近い化石を見つけることもできる。その一つがエオマイアと呼ばれるものである。これは、一億年ちょっと前の、白亜紀初期に生きていた動物の化石である。

　見ての通り、エオマイアはチンパンジーにちっとも似ていないし、ゾウにも似ていない。そこはかとなくトガリネズミに似ており、おそらくエオマイアは、ほぼ同じ時代に生きていたチンパンジーと

＊私は「無限に」という言葉をふつうの、しばしば濫用される、非常に広義の修辞的な意味で使っている。実際の数は、すべての種と他のすべての種からとった二つの名前の組み合わせの数である――そしてこれは、無限といっても事実上違いがないほどである。

エオマイア

ゾウの共通祖先とかなりよく似ていただろう。エオマイアに似た祖先から子孫のゾウに至る経路と、エオマイアに似た祖先から子孫のチンパンジーに至る経路の両方で、多くの進化的な変化が起こったことが見てとれるだろう。しかし、エオマイアはいかなる意味でも象パンジーではない。もしそうなら、犬マナティーでもなければならない。なぜなら、チンパンジーとゾウの共通祖先が何であれ、それはイヌとマナティーの共通祖先でもあるからだ。そしてまた、ツチブタ河馬でもなければならない。なぜなら、その同じ祖先がツチブタとカバの共通祖先でもあるからだ。犬マナティー（あるいは象パンジーやツチブタ河馬、カンガルー犀、あるいは水牛ライオン）という発想そのものが、激しく反進化論的で、馬鹿げているのだ。カエル猿についても同じことで、この小さな愚行主義の実践者で、オーストラリア人のインターネット説教師であるジョン・マッカイが二〇〇八年と二〇〇九年に、「地質学者」になりすまして英国の学校で巡回講演をおこない、もし進化が事実であれば、「カエル兎」が化石記録に含まれるべきだと何も知らない子供たちに教えているのは、恥知らずである。

同じように馬鹿馬鹿しい例が、イスラム教の擁護者ハールン・ヤハウャの大部で、金に糸目を付けない造りで、華やかな挿絵《イラスト》で飾られているのに、愚かしいというほどに無知な『創造のアトラス』に見られる。この本の製作には明らかに莫大な費用がかかったはずだが、ほかの何にもまして度肝を抜かれるのは、それが私を含めて、何万人もの科学の教師に無料で配布されたことだ。この本には途方もない額の金が費やされたにもかかわらず、そこに含まれる誤りの多さは伝説となっている。大昔の化石のほとんどが現生の同類と区別ができないという嘘を図解するために、それはウミヘビをアナゴ（この二つの動物は非常に異なっているために、脊椎動物門の別の綱《こう》に分類されている）、ヒトデをクモヒトデ（実際には棘皮《きよくひ》動物門の異なる綱）、ケヤリ（環《かん》形《けい》動物門）をウミユリ（こちらは棘皮動物門で、このペアは、門がちがうだけでなく、亜界《あかい》も異なるもので、どちらも動物ではあるが、これほど類縁が遠く離れたものを、どうあがこうともほとんどまちがえようがない）、そして――なかでも最高傑作は――釣り用のルアー（疑似餌）をトビケラとして示している。

　しかしこの本には、こうした宗派根性丸出しのお笑い草の逸品に加えて、ミッシング・リンクに関する一節がある。魚とヒトデのあいだに中間種が存在しないという事実を実証するために、一枚の絵が大真面目に示されている。この著者はこんなふうに考えてでもいるのだろうか――この、ヒトデと魚のように大きく異なった二つの動物のあいだに移行形が見つかるはずだと、進化論者は考えていると。私には著者が本気でそう思っているとはとても信じられない。したがって私は、彼が自分の読者のことを嫌というほどよく知っていて、意図的かつ冷笑的に、彼らの無知につけ込んでいるのではないかという疑いを禁じ得ない。

「サルが人間の赤ん坊を産んだら私は進化を信じよう」

もう一度言うが、人間はサルの末裔でない。たしかに、人間はサルと共通の祖先をもっている。たまたまその共通祖先は、人間よりもずっとサルに似た姿をしていたことだろう。もし二五〇〇年ほど昔にこの共通祖先に会ったとしたら、私たちはおそらく、彼をサルと呼んだことだろう。しかし、たとえ人類がサルと呼ばれても無理からぬ祖先から進化したとしても、どんな動物であれ、一瞬にして新しい種、少なくとも人間とサル、あるいはチンパンジーとの違いほどに異なる子供を産んだりはしない。それは進化のかかわるところではない。進化は、事実の問題として漸進《ぜんしん》的な過程であるだけでなく、なにかを説明するという任務を果たすためには、漸進的でなければならないのである。一世代の中での大きな飛躍——サルが人間の子供を産むというのが、それに当たる——は、神による創造とほとんど同じくらいありえないことで、統計的にありえないという、同じ理由によって除外される。進化に反対している人々が、自分たちの反対している事柄について初歩の初歩でも学ぼうとする努力をほんのわずかでもしてくれればいいのに、と思わざるを得ない。

〈存在の大いなる連鎖〉という有害な遺産

「ミッシング・リンク」を出せという誤った要求の根底にあるのは、ダーウィンの時代に至るまでずっと人間の精神（men's mind）を占拠し、それ以後も頑強に人々の心を混乱させていた中世の神話である。それが存在の大いなる連鎖という神話で、それによれば、この宇宙の万物は一つの階梯《かいてい》上に位置しており、一番上が神、つぎが大天使、つぎがさまざまな位《くらい》の天使、つぎが人間、つぎが動物、つぎが植物、その下に石やその他の無生物がくる。この神話が、人種差別が人間の第二の天性だった時代にまでさかのぼることを考えれば、人類のすべてが階梯の同じ段に座ってはいなかったことをあえて付け加える必要もないだろう。ああ、なんたることよ。もちろん雄は同じ類《たぐい》のものの雌よりも上段にいた（これこそ、私がこの節の冒頭で、「men's mind」という表現を自分に許した理由である）。しかし、進化という観念が突然舞台に登場したとき、混乱が生じるもっとも大きな余地を抱えていたのは、動物界内部で言い立てられてきた階層秩序だった。「下等な」動物が「高等な」動物へ進化すると想定するのは自然であると思われた。もしそうであるならば、階梯の上から下まですべてを通して、動物のあいだをつなぐ「リンク」があってしかるべきだということになる。その際、あまりたくさんの失われた段《ミッシング・ラング》があると説得力に欠ける。大半の「ミッシング・リンク」にまつわる懐疑の背後に隠されているのは、段が欠けた階梯のイメージなのである。しかし、これから示すように、階梯の神話全体がはなはだしく誤解にみちたものであり、非進化論的なのである。

「高等動物」や「下等動物」という熟語が、あまりにもペラペラと私たちの口をついてでるため、それが想像をはるかに超えてやすやすと進化論的思考に入り込んでいることに気づくと、愕然とさせられる。それは進化論的な思考とはまるっきり対極にあるものだった——いまもそうである。私たちは当然のごとく、チンパンジーが高等動物でミミズが下等動物であると考えている。私たちは、それが何を意味するかをつねに知っていたと考え、進化論はそのことをさらに明確にしてくれさえすると思っている。しかしそうではない。それが何かを意味するのかさえけっして明確ではない。もしそれが何かを意味するとすれば、あまりに曖昧にすぎて誤解の種となるか、有害でさえあるようなことにちがいない。

以下に、あなたがたとえばサルがミミズより「高等」だというときに、多かれ少なかれあなたがはっきりと混同して理解している可能性のある事柄のリストを掲げておく。

1　「サルはミミズから進化した」。これはまちがっていて、人類がチンパンジーから進化したのではないのと同じことである。サルとミミズは共通祖先をもつだけである。

2　「サルとミミズの共通祖先はサルよりもミミズに似ていた」。まあ、こちらのほうが可能性としてはより理屈にあっている。もし「原始的」という言葉を、「祖先に似ていること」と定義するのであれば、半ば正確な形で使うことさえできるし、現生動物のいくつかが、この意味で他の現生動物よりも原始的であるというのは、明らかな事実である。これが正確に意味しているのは、よく考えてみるならば、一対の種のうちより原始的なものは、共通祖先（すべての種は、十分な過去までさかのぼれば、例外なしに共通の祖先を共有する）と比べてよりわずかしか変化していないということである。もしどちらの種も他方に比べて劇的に変化していなければ、「原始的」という言葉は、両者を比較するのに使うべきではない。

ここで立ち止まって、関連のあるもう一つの問題点を論じておく価値がある。類似の度合いを測るのはむずかしい。そして、どんな場合にも、二つの現生動物の共通祖先がその一方よりも他方により似た姿をしていなければならないという、必然的な理由は存在しない。もしあなたが二つの動物、たとえばニシンとイカを取り上げたとき、そのうちの一方が他方よりも共通祖先によく似ているということはありうるが、つねにそうでなければならないという結論にはつながらない。両者には、祖先から分岐するに当たって、正確に同じだけの時間があったわけで、したがって進化論者が最初になすべき予想は、むしろ、いかなる現生動物も他のどれかの種よりも原始的であるはずがないということになるだろう。二つの生物が共通の祖先の時代以降、同じ程度に、しかし異なった方向へ変わってきたと予想することもできる。実際は、この予想はしばしば裏切られる（サルとミミズの場合のように）が、もともとそうなると予想しなければならない必然的な理由はないのだ。さらに、動物の異なる部分が同じ比率で進化しなければならないわけでもない。ある動物の下半身は原始的だが、上半身は高度に進化しているかもしれない。それほど滑稽ではない例をあげれば、片方は神経系が原始的だが、他方は骨格が原始的ということがあるかもしれない。「祖先に似ている」という意味での「原始的」は、かならずしも「単純」（複雑ではないという意味で）とイコールではないことに、とくに注意してほしい。ウマの足は人間の足よりも単純であるが（たとえば、ウマは五本ではなく一本の指しかもっていない）、人間の足のほうがより原始的である（人類がウマと共有していた祖先は、私たちと同じように五本の指をもっていたのであり、したがって、ウマのほうがより大きな変化をとげたのである）。このことをふまえて、リストのつぎの項目を見ていこう。

3　「サルはミミズよりも賢い［あるいは可愛い、より大きなゲノム、より複雑な体制、その他をもつ等々］」。この類《たぐい》の動物学的俗物根性は、それを科学的に適用しようと試みはじめたとたん、混乱を生む。私がこのことに言及するのは、あまりにもたやすく他の意味と混同されるという理由からだけであり、混乱を整理する最善の策は、それを暴露することである。動物をランクづけするためのものすごい数の物差しがあると想像してみてほしい——私がここで挙げた四つの物差しだけではなく。こうした階梯の一つで高い位置を占める動物が、別の物差しでは高い位置を占めることも占めないこともある。哺乳類がサンショウウオより大きな脳をもつのは確かだが、一部のサンショウウオよりは小さなゲノムしかもっていない。

4　「サルはミミズよりも人類によく似ている」。これは、サルとミミズという特定の例にかぎっていえば否定しがたい。しかし、それがどうしたというのだ？　他の生物を判定するときに、なぜそれに引き比べる標準として人類を選ばなければならないのか？　憤慨したヒルが、ミミズには人間よりもヒルによく似ているという大きな美点があるじゃないかと指摘するかもしれない。人類を天使と動物のあいだにおく、偉大なる存在の連鎖という伝統的思考にもかかわらず、進化はなんらかの方法で人類を「目指している」とか、人類は「進化の最終到達点」とかいう、世間で言われる想定を進化論的に正当化するものはない。この虚栄に満ちた想定がどんなところへもしゃしゃりでてくるのは驚くべきである。もっとも粗雑なレベルでは、「もしチンパンジーが人間に進化したのなら、なんでまだチンパンジーがいるんですか？」という、いたるところで問いかけられる不満げな質問にそれが見られる。これについては、すでに述べたことがあるが、冗談を言っているわけではない。私はこの疑問に、何度となく繰り返し遭遇したが、ときには十分な教育を受けたと思えるような人から発せられることがある。(*)

5　「サル［および他の「高等」動物］はミミズ［および他の「下等」動物］よりも生き残ることにすぐれている」。これは、理に適《かな》ったものとなる兆《きざ》しさえないし、正しくさえない。すべての現生種は、少なくとも現在まで生き残ってきたのである。絶妙に美しいキンイロタマリンなど、一部のサル類は絶滅の危機にあるが、彼らは生き残る能力においては、ミミズにはるかに劣ることになろう。ネズミとゴキブリは、多くの人々からゴリラやオランウータンより「下等」だとみなされているにもかかわらず繁栄しているが、ゴリラやオランウータンのほうには、絶滅の危険が迫っているのである。

あたかも、「高等」や「下等」という言葉の意味するところが明白であるかのようにして、現生種を階梯の上にランクづけるのがいかにナンセンスであるかを示し、それが徹頭徹尾反進化論的であることを示すための言葉は、十分に尽くせたと思いたい。その気になればいくらでも多くの階梯を想像することができる。ときには、いくつかの階梯上でそれぞれ別々に動物をランクづけするのが理に適っていることがあるかもしれないが、それらの階梯はお互いに十分に関連づけられておらず、どの一つといえども、「進化論的な物差し」と呼ばれる資格はないのである。これまで概観してきたのは、「なぜカエル兎がいないのだ？」といった粗雑な誤りへと人を導く、歴史的な誘因と言うべきものだった。しかし存在の大いなる連鎖という有害な遺産もまた、「主要な動物群の中間種はどこにいるのか？」といった異議申し立てをいつまでも生きながらえさせ、また、ほとんど不名誉に近いことだが、進化論者自身が、有名な「爬虫類と鳥類の中間種」である始祖鳥のような特別な化石をもちだすことによって、そのような異議申し立てに答えようとする傾向の根底にあるものなのだ。それだけではなく、始祖鳥をめぐる誤謬の根底には、普遍的な重要性をもつ別のものがある。そこで私は、始祖鳥を一般的な場合の特殊例として用いながら、二つの段落にわたってそのことについて述べよう。

＊「十分な教育を受けた」という言葉は、ピーター・メダワーの「中等教育、および後年の高等教育の普及は、よく発達した文学的・学問的趣味を備えた膨大な人口を生みだしたが、往々にして彼らは、自らの分析的な思考能力をはるかに超える教育を受けてしまった」という、意地が悪いほど明敏な考察を思い出させる。これは金言ではないだろうか？　あまりにもすばらしく、自分だけの胸に秘めておくのがもったいないので、町に飛び出して、誰か――誰でもいい――と分かち合いたいと私に思わせるような種類の言葉と言えよう。

動物学者は伝統的に、脊椎動物をいくつかの綱《こう》に分けてきた。綱というのは、哺乳類、鳥類、爬虫類、両生類といった名前をもつ大きな分類群である。「分岐論者《クラディスト》」(*)と呼ばれる一部の動物学者は、正しい綱は、その綱に属し、その分類群の外側にはいっさい子孫をもたない一つの共通祖先の子孫である動物からだけ構成されるべきだと主張する。鳥類はその、いい綱の実例となるだろう(**)。すべての鳥類は、鳥類と呼ばれ、現生鳥類と重要な特徴的形質——羽毛、翼、くちばし、その他——を共有していたと思われる単一の祖先に由来する。一般に爬虫類と呼ばれる動物群はこの意味でいい綱ではない。なぜかといえば、少なくとも従来の分類法では、このカテゴリーから明確に鳥類は除外されているが（鳥類は自分たち独自の綱を構成している）、従来から認められてきた一部の「爬虫類」（たとえばワニ類や恐竜）は他の爬虫類（たとえばトカゲ類とカメ類）よりも鳥類に近い親戚なのである。実際、いくつかの恐竜は、他の恐竜よりも鳥類にずっと近い親戚なのである。したがって「爬虫類」というのは、鳥類を人為的に除外しているがゆえに、人為的につくられた綱だと言わざるを得ないのだ。厳密に言えば、もし爬虫類を真に自然な綱にするためには、鳥類を爬虫類に含めなければならない。分岐論に傾いている動物学者は、「爬虫類」という言葉を全面的に避け、主竜上目（ワニ類、恐竜および鳥類）、トカゲ上目（ヘビ類、トカゲ類およびニュージーランドの希《まれ》なムカシトカゲ）、カメ目（各種のカメ類）に分割する。一方、分岐論に傾いていない動物学者は何も気にせず「爬虫類」という言葉を使う。なぜなら、たとえ人為的に鳥類を除外している分類であっても、生物の記載をおこなう際には便利な言葉であることを知っているからである。

しかし、いったい鳥類の何が、鳥類を爬虫類から切り離すよう私たちを促すのだろう。進化論的な言い方をすれば、爬虫類の内部の一つの枝でしかないのに、鳥類に「綱」という栄誉を与えるのが正当だと思わせるものは何なのだろうか？　それは、まわりのすぐ近くにいる爬虫類、すなわち生命の系統樹における鳥類の近しい隣人たちがたまたま絶滅してしまったのに、その仲間で鳥類だけが進軍をつづけたという事実である。鳥類に類縁関係が一番近い親戚はすべて、ずっと昔に絶滅した恐竜のあいだに見いだされるのである。もし多種多様な系統の恐竜が生き残っていれば、鳥類が際だつことはなかったであろう。脊椎動物のなかで独自の綱という地位にまで上り詰めることはなかっただろうし、「爬虫類と鳥類のあいだのミッシング・リンクはどこにいるのでしょう？」などという質問を受けることもなかっただろう。始祖鳥はいまでも、博物館にとって所蔵できればすばらしい化石だが、「中間種をつくってみせろ」という空虚な異議申し立て（いまではそれが空虚であることを理解できよう）に対してもち出される陳腐な答えとして、現在のような主役を演じることはなかっただろう。もし絶滅への案内状《カード》がちがった相手に届けられていたなら、羽毛をもち、空を飛び、くちばしをもつ鳥類という名の恐竜を含む、数多くの恐竜がそこらを走りまわっていただろう。そして実際に、いまや羽毛をもつ恐竜の化石がますます多く発見されつつあり、したがって、始祖鳥を答えとしている「中間種を出してみせろ！」という大それた異議申し立ての余地が実際には存在しないことが、はっきり明らかになりつつあるのだ。

＊「クレード（clade）」という用語に由来する。これは、一つの共通祖先の進化的な子孫だけから成ると考えられる生物群を意味する。

＊＊少なくとも動物学者の合意に従えばそうで、私はこれからも議論のために、いい綱の実例として鳥類を使いつづけるだろう。最近の化石研究は、羽毛をもつ多数の恐竜を発掘しつつあり、私たちが鳥類と呼ぶ現生動物の一部は他とは異なる羽毛恐竜の子孫だと、誰もが主張できる道が開かれている。もし、現生のすべての鳥類のもっとも新しい共通祖先が、鳥類に分類できないような動物であることが判明すれば、鳥類がいい綱であるという私の発言は修正しなければならなくなるだろう。

ではここからは、「リンク（環）」が「失われた《ミッシング》」とされている進化の主要な移行のいくつかに話を進めることにしよう。

海からの上陸

宇宙へロケットで飛び出すことを別にすれば、水から出て乾いた陸上に向かうこと以上に大胆な、あるいは人生を変えるような一歩《ステップ》を想像するのはむずかしい。水中と陸上という二つの生活圏は、あまりにも多くの点で異なっているので、一方から他方への移動は、体のほとんどすべての器官《パーツ》の根本的な変更を要求する。水から酸素を抽出するのにすぐれている鰓《えら》は空気中ではまったく役に立たないし、肺は水中では用をなさない。水中ではスピードがあり、優雅で、効率的な遊泳という推進法が、陸上では身に危険がおよぶほどにぎこちないし、その逆もまたしかりである。「陸に上がった魚」と「溺れる者のように」が、どちらも勝手がちがってうまくいかないことを表す諺《ことわざ》ふうの文句になっているのも不思議ではない。そして、この領域における化石記録の「ミッシング・リンク」に、なみなみならぬ関心が寄せられるのも驚くにあたらない。

十分に遠くまで過去をさかのぼれば、すべては海――すべての生物を育《はぐく》んだ、水生で塩分の豊かな母校《アルマ・マター》――の中で生活していた。進化史のさまざまな時点で、多くの異なる動物群から、進取《しんしゅ》の気性《きしょう》に富んだ個体が陸上に向かって移動し、血液と細胞液のなかに自分専用の海を携《たずさ》えていくことによって、最終的にからからに干上がった砂漠にまでたどりつくものさえなかには現れた。私たちが身の回りに見かける爬虫類、鳥類、哺乳類、昆虫に加えて、水という生命の子宮からの大遠征に成功した動物群としては、サソリ類、カタツムリ類、ダンゴムシや陸ガニなどの甲殻類、ムカデ類、ヤスデ類、クモとその仲間、そして少なくとも三つの門の蠕虫類がいる。そして使用可能な炭素の唯一の生産者である植物を忘れてはならない。植物が先立って陸上に進出していなければ、他のいかなる動物の移住も起こりえなかったであろう。

幸いにも、魚類の陸上への出現という形での、わが脊椎動物の脱出の移行ステップは、化石記録のなかにみごとに実証されている。ずっと後に、クジラとジュゴンの祖先たちが、苦労して手に入れた乾燥した陸上のすみかを捨てて祖先の海に戻るという形で、逆の過程をたどった移行ステップもやはり、化石記録によって実証されている。いずれの場合も、かつては失われていたはずのリンクがいまや豊富にあり、博物館を優雅に飾りたてている。

「魚類」の陸上への進出というとき、この「魚類」が「爬虫類」と同じように、自然分類群を構成するものではないことを忘れてはならない。魚類は排除によって定義される。つまり魚類とは陸上に移動したものを除いたすべての脊椎動物のことなのである。脊椎動物の初期の進化はすべて水中で起こったため、現在も生き残っている脊椎動物の系統樹の枝の大部分がいまだに水中にいるのは驚くにあたらない。そこで私たちは、他の「魚」とごく遠い類縁関係しかないものでも、それを「魚」と呼んでいる。マスやマグロはサメよりも人間に近い親戚なのだが、どちらも「魚」と呼ばれている。また、肺魚とシーラカンスはマスやマグロ（そしてもちろんサメ）よりも人間に類縁が近いのだが、これもまた「魚」と呼ばれている。サメでさえも、ヤツメウナギやヌタウナギ［メクラウナギ］（かつて繁栄し多様な分化をとげていた無顎類《むがくるい》のなかで唯一生き残っている現生種たち）よりは人類に近い親戚なのだが、これらもまた、すべて魚と呼ばれている。祖先が一度もあえて陸上を目指したことのない脊椎動物はすべて、「魚」のような姿をし、魚のようにして泳ぐ（魚が背骨を左右に振って泳ぐのに対し、イルカ類は、背骨を上下に曲げることによって泳ぐ点で異なる）。そして、どれもみな魚のような味がするのではないかと、私は思っている。

　進化論者にとっては、たったいま爬虫類と鳥類の例で見たように、「自然」分類群とは、そのメンバー全員が互いに、メンバーでないすべての種よりも類縁の近い親戚どうしであるような分類群のことを言う。「鳥類」はすでに見たように自然分類群である。なぜなら、彼らが共有するもっとも時代の新しい共通祖先を、鳥類以外にはだれも共有していないからである。同じ定義によって、「魚類」と「爬虫類」は自然分類群ではない。すべての「魚類」のもっとも時代の新しい共通祖先は、魚でない多くの動物にも共有されている。もし人類の遠い親戚であるサメを片側に押しやれば、私たち哺乳類は、現生のすべての硬骨魚類（硬骨というのは軟骨性のサメ類に対するもの）を含む自然分類群に属することになる。もし、硬骨の「条鰭類《じょうきるい》」（サケ、マス、マグロ、エンジェルフィッシュその他、ふつうに見かけるサメ類以外のほとんどすべての魚）を片側に押しやれば、人類が属する自然分類群には、すべての陸上脊椎動物と、いわゆる肉鰭《にくき》類《るい》と呼ばれる魚類が含まれる。

　肉鰭類は今日《こんにち》、肺魚類とシーラカンスだけに衰退してしまったが（つまり「魚」として「衰退」したのだが、陸上へ力強く発展していった。私たち陸生脊椎動物はなりそこないの肺魚なのである）。彼らが肉鰭類と呼ばれるのは、鰭《ひれ》がおなじみの魚類の条鰭ではなく、肉質の脚のようになっているからである。実際に『古《いにしえ》の四脚類《しきゃくるい》』というのが、J・L・B・スミスによって書かれたシーラカンスについての一般向けの本のタイトルだった［邦題は『生きた化石——シーラカンス物語』］。スミスは南アフリカの生物学者で、一九三八年に生きた個体が初めて南アフリカのトロール船に捕獲されて発見されたとき、それに世界中の注目を集めさせた最大の功績者だった。「恐竜が通りを歩いているのを見たとしても、これほどは驚かなかっただろう」。シーラカンスはそれ以前に化石は知られていたが、恐竜の時代に絶滅したと考えられていた。スミスは、この驚くべき発見にはじめて目を向けた瞬間のことを感動的に書いている。彼は発見者であるマーガレット・ラティマー（シーラカンスは後に彼女の名をとって *Latimeria* という属名を与えられた）から専門家としての意見を聞きたいと招かれたのである。

私たちはまっすぐ博物館に向かった。ミス・ラティマーはちょっと席を外していたので、管理人に中の部屋まで案内されると、そこにあった――シーラカンスだ。ああ、神様！　心構えはしていたのだが、最初に見たとき、私は強烈な一撃を食らったようなショックを受け、体がガタガタと震え、血が沸きたった。私は打ちのめされて石のように立ちつくしていた。そう、そこには一片の疑念もなく、鱗《うろこ》も骨も鰭も、それは本物のシーラカンスだった。それはいまふたたび甦った二億年前の生き物と言ってもよかったかもしれない。私はあらゆることを忘れ、ただただ見つめるだけだった。それからおそるおそる近づいていって、それに触れ、なでてみた。そのあいだ妻は黙って見つめていた。ミス・ラティマーがやってきて、私たちに心のこもった挨拶をした。やっとその後で、口をきくことができた。正確な言葉は忘れてしまったが、それが本物で、まぎれもない本物で、疑問の余地なくシーラカンスであるということを言ったはずだ。もはや私には、まったく疑う余地がなかった。

シーラカンスは、大部分の魚よりも人類に類縁の近い親戚である。私たちの共通祖先の時代以降、少しは変わったが、口語表現として、そして漁師にとって、魚類という動物の分類カテゴリーから外してしまうほど十分な変化はとげてこなかった。しかし、彼らと肺魚は確かに、マスやサケやマグロやその他の大多数の魚よりも人類に近い親戚なのである。シーラカンスと肺魚は「生きた化石」の見本である。

にもかかわらず、人類は肺魚の末裔でもないし、シーラカンスの末裔でもない。私たちは肺魚と祖先を共有しているが、その祖先はどちらかといえば人類よりも肺魚に似ていた。しかし、どちらにも、それほどよく似てはいなかった。肺魚は生きた化石かもしれないが、彼らはまだ、人類の祖先とは似方が十分でない。そうした祖先を追い求めるためには、生きた化石ではなく、岩石のなかの本物の化石を探さなければならない。私たちにとってとりわけ関心を引くのは、水中にすんでいた魚から陸上で生活した最初の脊椎動物への移行を記録している、デボン紀からの化石である。本物の化石のなかでさえ、人類の祖先を文字通りに見つけられると期待するのは、あまりにも楽天的すぎるだろう。けれども、おおよそどんな姿をしていたかを告げてくれるほどに、十分に類縁の近い親戚の発見は期待できる。

化石記録におけるもっとも有名な空白の一つは――あまりにも目立つものであるがゆえに、「ローマーの空白」という名前を与えられており（A・S・ローマーは有名なアメリカの古生物学者）、デボン紀の終わりの三億六〇〇〇万年前から、石炭紀初期の「夾炭層《きょうたんそう》」にあたる三億四〇〇〇万年前までの範囲におよぶ。ローマーの空白のあと、沼地を這いまわるまぎれもない両生類、サンショウウオに似た動物の豊かな適応放散が見られ、なかには、ワニほどにも大きなものがおり、表面的な姿も似ていた。この時期は巨大動物の時代だったと思われ、翅開長《しかいちょう》が私の腕の長さほどもあり、史上最大の昆虫とされるトンボがいた。(*) 三億四〇〇〇万年前に始まる石炭紀は、恐竜の時代と同じような意味で、両生類の時代と呼んでもかまわないかもしれない。けれども、その前には、ローマーの空白がある。そしてこの空白より前に、ローマーは水中にすむ魚類、肉鰭類しか見いだすことができなかった。中間種はどこにいたのか？　そして何がいったい、彼らをあえて陸に向けて押しやったのだろう？

オックスフォード大学の学生だったころの私の想像力は、桁外《けたはず》れに博識なハロルド・ピュージーによって火をつけられた。彼は、その淡々として長々しい話しぶりにもかかわらず、乾いた骨の向こうに、今は亡きどこかの世界で生きていたにちがいない、血肉を備えた動物を見通す才能をもっていた。(**)彼が語った、肉鰭類の一部に肺と脚を発達させるよう駆り立てたのは何かという物語は、ローマーその人からピュージーが受けついだものだったが、学生だった私の耳には、忘れようもないほど腑に落

＊ちなみに、この巨大化は、当時の大気中の高酸素濃度によって可能になったと言われている。昆虫は肺をもっておらず、体中に空気を送っている小さな気管によって呼吸している。気管は血管のように全身に複雑に張り巡らされた輸送システムをもたず、それが昆虫の体の大きさを制限していたというのは考えられる。大気中の酸素量が、私たちが現在呼吸しているたったの二一％ではなく、三五％であれば、体の大きさの限界ももっと高かっただろう。これは巨大なトンボについて満足のいく説明を提供してはいるが、かならずしも正しい説明ではないかもしれない。ついでながら、そんなに酸素が多いのに、なぜ、しょっちゅういろんなものが燃え上がらなかったのか、私には謎である。ひょっとしたら、実際に火事は多かったかもしれない。山火事は今日よりももっと頻繁に起こっていたようで、化石は火事耐性をもつ植物種の出現率が高かったことを示している。大気中の酸素濃度が石炭紀からペルム紀にかけてピークに達した理由について確かなことはわかっていない。あまりにも多くの炭素が石炭として地下に埋封されたことと関係があるのかもしれない。

＊＊ピュージーは私の出身校であるオックスフォード大学の教師で、自分は大学生を教えるためにそこにいるのだと信じていて、今日のような研究業績評価の文化においては生き残ることができなかったであろう。彼だけの名前で発表された論文はほとんどないが、彼の英知とはかりしれない知識の少なくとも一部を授けられたことに感謝している生徒の世代のなかに、彼の遺産は残されている。

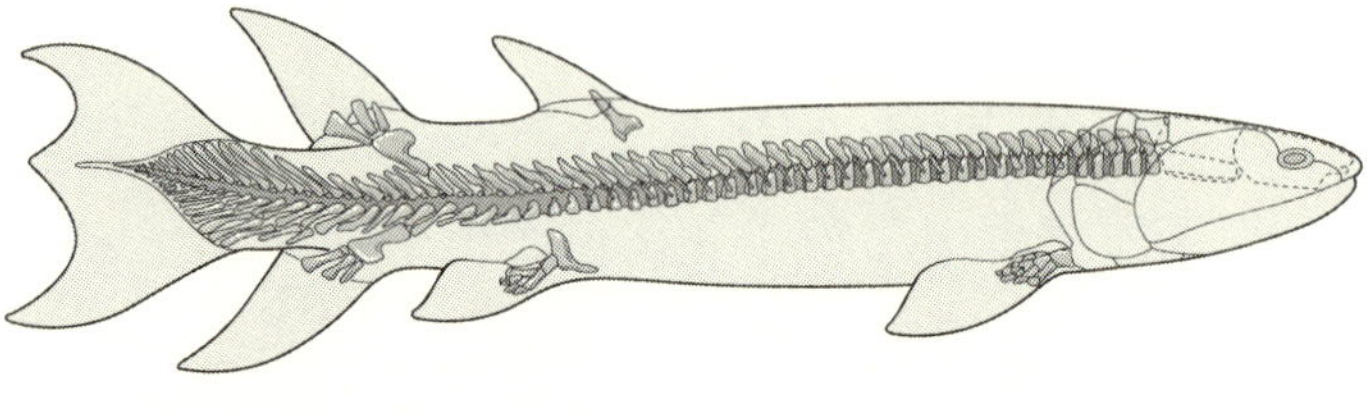

エウステノプテロン

ちるものに思えた。現代の古生物学においてはローマーの時代ほどに最新流行のものではなくなっているとはいえ、いまだに私には理に適っていると思える。ローマーとピュージーは、湖や池や川が干上がり、翌年にはまた水浸《みずびた》しになる乾季のことを思い浮かべた。水の中で生活を送っていた魚は、陸上で一時的に生き延び、迫りくる乾燥に脅かされている浅い湖や池から体を引きずって深いところまで移動し、そこでつぎの雨季まで生き延びる能力によって恩恵を受けることができただろう。この見方によれば、私たちの祖先は、水中に逃げ戻るまでの一時的な橋として乾いた陸地を使う程度にしか、乾いた陸上へは進出していなかったことになる。多くの現生動物も、これと同じことをしている。

いささか不運なことに、ローマーはこの説を提案するにあたって、自分の目的はデボン紀が干魃《かんばつ》の時代であったのを示すことだという前置きをつけたのである。その結果、より最新の証拠がこの干魃説の根拠を突き崩したときに、ローマーの説全体も台無しにされたようだ。彼は、この前置きなしでももっとうまくやることができたはずで、いずれにせよ、この前置きは行き過ぎだった。私が『祖先の物語』で論じたように、デボン紀はローマーが最初考えたほど干魃に支配された時代ではなかったのだ。とはいえ、彼の説はいまでも有効である。

いずれにせよ、化石そのものに話をもどそう。化石はデボン紀後期を通じて、まばらに少しずつ出てくるが、この年代のすぐ後に石炭紀がつ

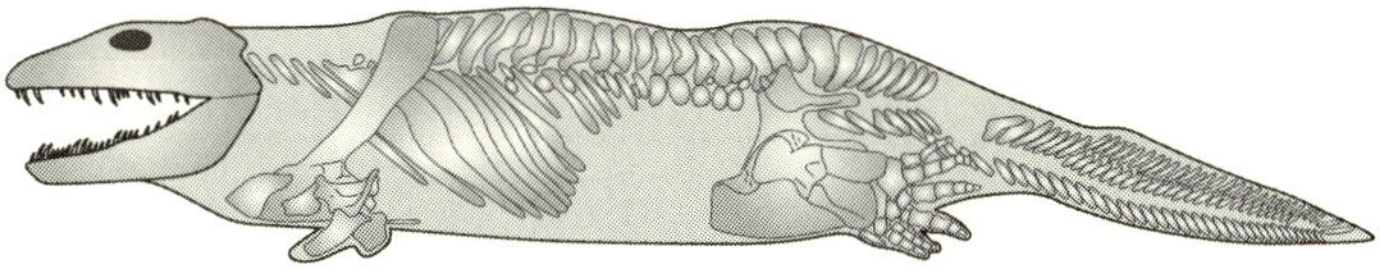

イクチオステガ

づく。それらは、「ミッシング・リンク」、デボン紀の海にあれほどたくさんいた肉鰭類と、後に石炭紀の沼地をドタドタと横切っていった両生類のあいだの空白《ギャップ》に橋を架ける方向に多少とも前進した動物たちの、かすかな痕跡である。この空白の魚側では、一八八一年にカナダで採集された化石のなかから、エウステノプテロンが発見された（前ページ）。それは海面捕食性の魚だったようで、初期のいくつかの想像豊かな復元図にもかかわらず、おそらく陸にのぼることはなかった。にもかかわらず、エウステノプテロンは、五〇〇〇万年後の両生類と、頭骨、歯、そして何よりもその鰭を含めて、いくつかの解剖学的な類似性を確かにもっていた。鰭はおそらく歩くためではなく、泳ぐために用いられたのであろうが、骨は四足類（すべての陸生脊椎動物に与えられた名前）の典型的なパターンにしたがっていた。前肢では、一個の上腕骨が橈骨《とうこつ》と尺骨《しゃっこつ》という二つの骨と関節でつながり、それらがまた多数の小さな骨と関節でつながっている。小さな骨は四足類ならば、手根骨《しゅこんこつ》、中指骨《ちゅうしこつ》、指骨《しこつ》と呼ばれるものである。そして後肢も同じように四足類に似たパターンを示している。

やがて、ローマーの空白の両生類に近い側では、そこから二〇〇〇万年後あたり、デボン紀と石炭紀の境界域で、一九三二年におけるグリーンランドでのイクチオステガの発見が大興奮を引き起こした（上図）。ところで、寒さと氷を連想して誤解しないでほしいのだが、イクチオステガがいた当時のグリーンランドは、赤道にあった。イクチオステガは、一九五五年にスウェ

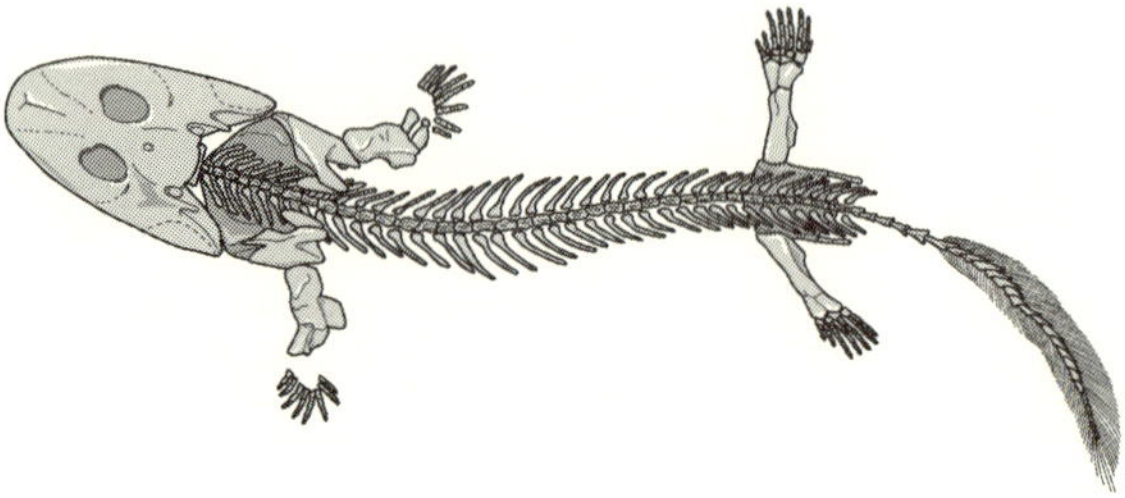

アカントステガ

ーデンの古生物学者エリック・ヤルヴィクによってはじめて復元され、ここでもまた彼はそれを現在の最新の想定よりも陸上生活者に近縁な動物として描いた。かつてヤルヴィクのいたウプサラ大学に所属する、ペル・アールベリによるもっとも最近の復元はイクチオステガを、おそらく、まれに陸上へさまよいでたかもしれないが、ほとんどを水中で過ごしていたものとしている。にもかかわらず、それは魚よりもむしろ巨大なサンショウウオのような姿をしており、両生類にきわめて特徴的な扁平な頭部をもっていた。手足に五本ずつの指をもつ（成体ではそのうちの何本かを失うことがあるとはいえ、少なくとも胚では）現生のあらゆる四足類とちがって、イクチオステガは七本の足指をもっていた。初期の四足類は、私たちよりも、さまざまな数の指を「実験する」自由を享受していたように思われる。おそらくどこかの時点で、胚発生の過程によって指が五本に固定されたのであって、しかもこのステップは逆戻りがむずかしい形で起こった。ただし、まったく逆戻りがありえないほど厳格なものでなかったのも確かだ。たとえばネコには、実際は人間にさえ、六本の足指をもつ個体が存在する。そうした余分の足指はおそらく、胚発生における複製エラーによって生じるのであろう。

興奮を巻き起こしたもう一つの発見はアカントステガで、やはり熱帯のグリーンランドから出土した、同じようにデボン紀と石炭紀の境

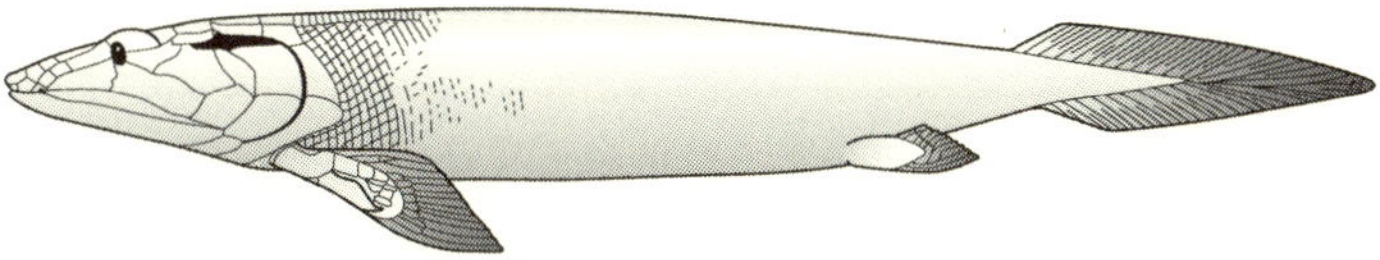

パンデリクチス

界部の年代のものであった（前ページ図）。アカントステガもまた扁平な両生類型の頭骨と、四足類に似た四肢をもっていた。しかしこれも、現代の私たちが見いだした「五本指標準」とはあまりにもかけはなれており、イクチオステガと比べてさえ、さらに離れていた。指が八本あったのだ。アカントステガについて得られている知見について、もっとも功績のあった科学者であるジェニー・クラックとマイケル・コーツは、アカントステガはイクチオステガと同様に、主として水中にすんでいたが肺をもち、その四肢は、そうしなければならないときには、水中と同じように陸上にも対応できたことを強く示唆している。これもまた、巨大なサンショウウオにかなりよく似た姿をしていた。今度は、この空白の魚側に戻ってみれば、同じくデボン紀後期から出土したパンデリクチス（上図）も、エウステノプテロンと比べて、わずかに両生類との似かよりが強く、わずかに魚類との似かよりが弱い。しかし、あなたがパンデリクチスを見れば、それをサンショウウオというよりむしろ魚と呼びたくなるのは確かだろう。

　そこで残ったのは、両生類に似た魚であるパンデリクチスと、魚に似た両生類であるアカントステガのあいだの空白《ギャップ》である。両者のあいだの「ミッシング・リンク」はどこにあるのだろう。ニール・シュービンとエドワード・ダシュラーほかペンシルヴェニア大学のチームが、その発見に乗り出した。シュービンは、その著作『ヒトのなかの魚、魚のなかのヒト』〔原題は *Your Inner Fish*〕のなかで、人類進化についての一連のすばらしい省察をもとに、その探求をおこなった。彼らは、どこが探すべき最適の場所かをじっくりと考え、慎重に、北極圏カナダの、まさにぴったりデボン紀後期の岩石地帯を選んだ。彼らはそこに出かけた——そして、生物学における黄金とも呼ぶべき、ティクターリクを掘り当てた！　この名は忘れることができない。それは、大きな淡水魚というイヌイット語の単語に由来する。種名のロゼアエ（*roseae*）については、私自身に向けた自戒の物語を聞いてほしい。この名を最初に聞き、カラー口絵一〇ページに掲載してあるような写真を見たとき、私の心はすぐさまデボン紀へ飛び、「旧赤色砂岩」が、そしてデボン紀の名前のもととなったデボン州の色彩、ペトラ（ヨルダンにある遺跡で、英国の詩人で旅行家のジョン・ウィリアム・バーゴンが「時の歩みの半分ほども古いバラ色の都市」と讃えた）の街の色が思い浮かんだ。ああ、私はまるっきりまちがっていた。写真はバラ色の輝きが誇張されすぎている。この名は、北極圏デボン紀地層探検の財政的な支援をしてくれた篤志家に敬意を称えて選ばれたものだった。私はこの発見のすぐあと、フィラデルフィアでダシュラー博士とランチを一緒に食べたときに、ティクターリク・ロゼアエを見せてもらえるという恩恵に浴した。私のなかの終生の動物学者——あるいはひょっとしたら、私の内なる魚——は、感動のあまり、言葉を発することができなかった。バラ色に染まった心で、私は自分が直接の祖先の顔を見つめているのだと想像した。非現実的なことではあったが、時の歩みの半分ほどもの大昔の、本物の死んだ祖先に私が会いにいこうとしていたのなら、これほどバラ色とはいえない化石はおそらく、それにきわめて近いものだった。

もしあなたが、本物の生きたティクターリクに、鼻と鼻をつき合わせて会ったとしたら、ワニに威嚇されたように後ずさりするかもしれない。というのも、顔がワニに似ているからである。サンショウウオの体にワニの頭をのっけ、魚の下半身と尾をくっつけたようなものだった。どの魚ともちがって、ティクターリクには頸《くび》があり、後ろを振り向くことができた。ほとんどすべての細目で、ティクターリクは完璧なミッシング・リンクである――完璧というのは、それが魚類と両生類のほぼ正確に中間の特徴をもっているからであり、そしてもはや失われたもの《ミッシング》ではないからである。私たちはその化石をもっている。あなたはそれを見つめ、触り、その年代査定を試みることができる――そして、失敗することもある。

海へふたたび帰らなければならない(*)

水中から陸上への移動は、呼吸から生殖にいたるまで、生命活動のあらゆる側面で大きな設計変更を始動させた。それは動物空間を駆け抜けていく遠大な旅だった。にもかかわらず、かなりの数のれっきとした陸生動物が、ほとんど勝手気ままなへそ曲がりとしか思えない態度で、苦労して手に入れた陸上生活用の装備を放棄して、ふたたび水中生活へと戻っていった。アザラシやアシカは、まだ半分だけしか戻っていない。彼らは、クジラやジュゴンのような極端な事例にたどりつくまでの中間種が、どのような姿をしていたかを示している。クジラ類（イルカと呼ばれている小型のクジラを含めて）、ジュゴン、およびその近い親戚であるマナティーは、陸生動物であることをまったく止めてし

＊［原文は I must go down to the sea again となっていて］これが正しいと思われる。『オックスフォード引用句辞典』には、一般に引用されている「seas」は、ジョン・メイスフィールド［英国の詩人・児童文学作家］の一九〇二年の初版本［詩集『海水のバラード』］の誤植に端を発するものではないかと書かれている。成功した突然変異ミームのすばらしい実例である。

まい、はるか太古の全面的な海洋生活へ逆戻りしてしまった。彼らは繁殖のために海岸に上陸することとさえしない。けれども、彼らはいまだに空気呼吸をしており、以前の海にすんでいた祖先の鰓《えら》に匹敵するものをけっして発達させてはいない。少なくとも一生のうちのある時期に、陸上から水中へ戻るようになった他の動物としては、タニシ、ミズグモ、水生甲虫、ワニ、カワウソ、ウミヘビ、ミズトガリネズミ、ガラパゴスコバネウ、ガラパゴスウミイグアナ、ミズオポッサム、カモノハシ、ペンギン、カメがいる。

クジラ類は長らく謎だったが、最近になって、クジラの進化に関する知識はかなり豊かになった。分子遺伝学的な証拠（この類《たぐい》の証拠がどういう性質のものであるかについては、第10章を参照）は、クジラ類にもっとも類縁の近い現生動物がカバ、つぎにブタ、そのつぎに反芻類《はんすうるい》であることを示している。さらにもっと驚くべきことに、分子的な証拠によれば、カバは見かけの上でずっとよく似ている偶蹄類（ブタや反芻類）よりも、クジラのほうにはるかに近縁であることになる。これは、類縁の近さと身体的な類似の度合いとのあいだに、時に生じる不一致のもう一つの例である。先に、他の魚よりも人類により類縁の近い親戚である魚類に関連して、そのことを述べた。あの場合、私たちの系統が水を後にして陸に向かい、その結果として進化が一気に進展したがゆえに、異常（奇形）が生じたのである。あとに残された、私たちにより近い親戚である肺魚やシーラカンスは、水中にとどまったがゆえに類縁のずっと遠い魚の親戚に似ることになったのである。いまや私たちはふたたび、同じ、しかし向きが反対の現象に出会っている。カバは、少なくとも部分的には陸上にとどまり、したがって、いまだにより遠い親戚の陸生の親戚である反芻類によく似ているが、より近い親戚であるクジラ類のほうは、海に向かって旅立ち、体をあまりにも徹底的に変えたために、カバとの近似性は分子遺伝学者を除くあらゆる生物学者に見のがされた。遠い昔にいた、彼らの魚だった祖先が最初に、逆に

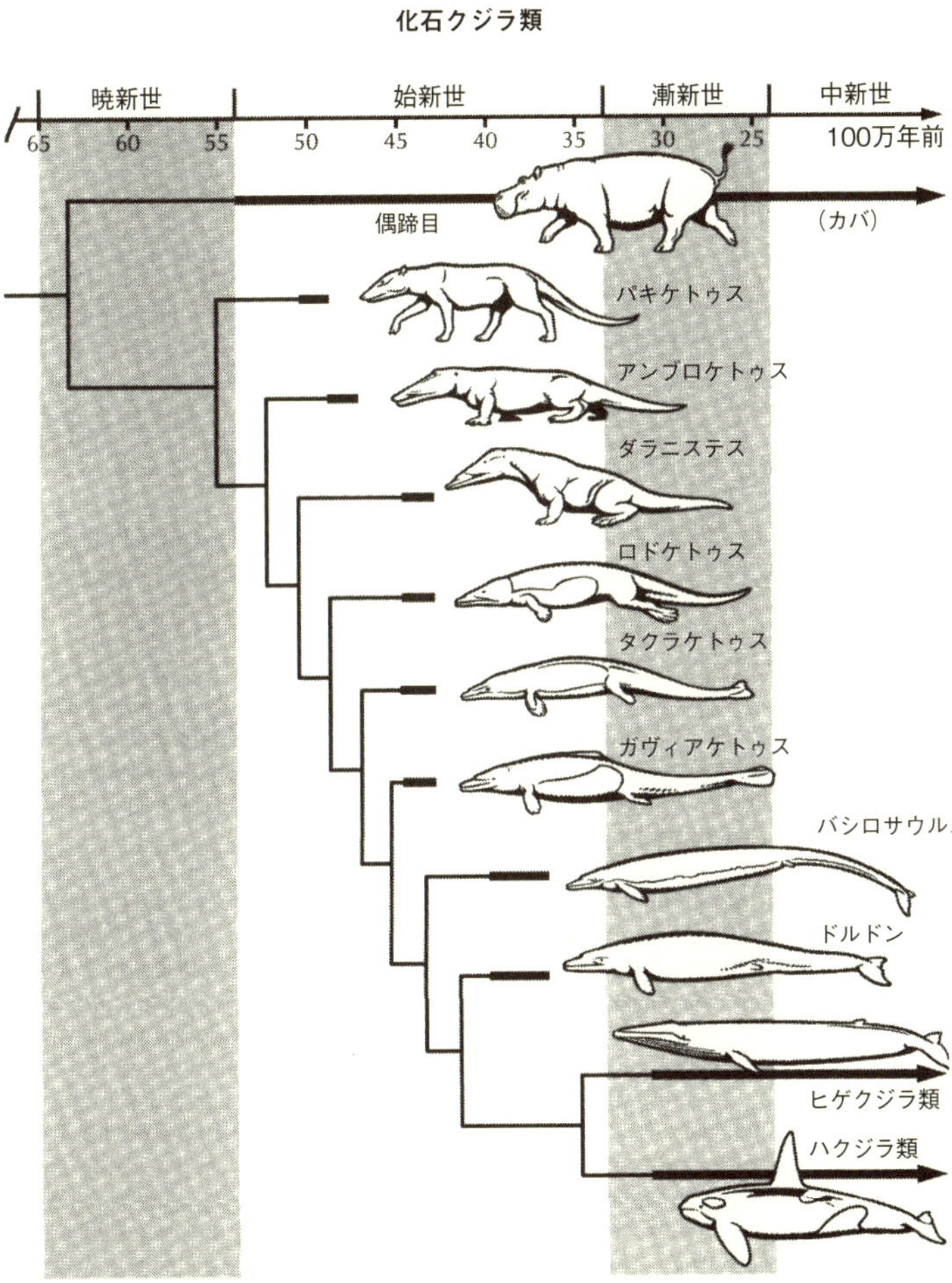

陸生動物からのクジラ類の進化。アフリカおよびパキスタンの始新世の化石床から新しく出土した多数の移行的な化石を示してある（カール・ビュエルによる描画）

陸上に向かったときのように、それは宇宙に飛び立つのと少しばかり似ていた。あるいは少なくとも、気球を打ち上げるのと似ていた。なぜなら、クジラ類の祖先は重力という重荷の制約から自由になって、乾いた陸地につなぎ止める繋留《けいりゅう》を切断したからである。

一方で、かつてはかなりまばらだったクジラ進化の化石記録も、主としてパキスタンからの新しい発掘物によって、納得のいくような形で隙間が埋められてきている。しかしながら、化石クジラ類の物語は、最近の他の著作、たとえばドナルド・プロテロの『進化――化石の語ることと、それが問題である理由』や、もっと新しいジェリー・コインの『進化が真実である理由』で、非常にうまく扱われているので、私はここでは同じような記述を繰り返さないことに決めた。その代わりに、プロテロの本から採った、時系列に沿って一連の化石を示している一枚の模式図に絞って述べよう（前ページ）。図が描かれている慎重なやり方に注意してほしい。一連の化石を古いものから新しいものへ向かう矢のように描くというやり方には心が誘われる――そして古い本は、よくそうしていた。しかし、たとえば、アンブロケトゥスがパキケトゥスの末裔かどうか、誰にもわからない。あるいは、バシロサウルスはロドケトゥスの末裔だと決めつけることもできない。その代わりにこの図は、より慎重な方針に従って、クジラ類はアンブロケトゥスの同時代に生きていた、おそらくアンブロケトゥスとかなりよく似ていた（そしてアンブロケトゥスそのものでさえあったかもしれない）親戚の末裔ではないかと示唆する。示されている化石は、クジラ類進化のさまざまな段階を代表するものである。後肢の段階的な消失、歩く脚から泳ぐ鰭への前肢の移行、尾が扁平になって尾鰭になること、といったものが、華麗な連鎖的反応《カスケード》のなかで出現した変化である。

以上で、クジラ類の化石の歴史について私が述べようと思うことはおしまいだ。なぜなら、それについては右の著作で、非常に丹念に扱われているからである。もう一方の、個体数も多様性もそれほ

現生のジュゴン

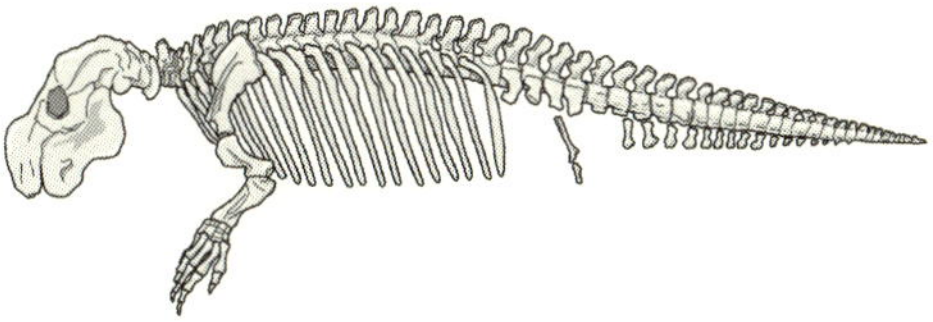

ペゾシレン——太古のジュゴン

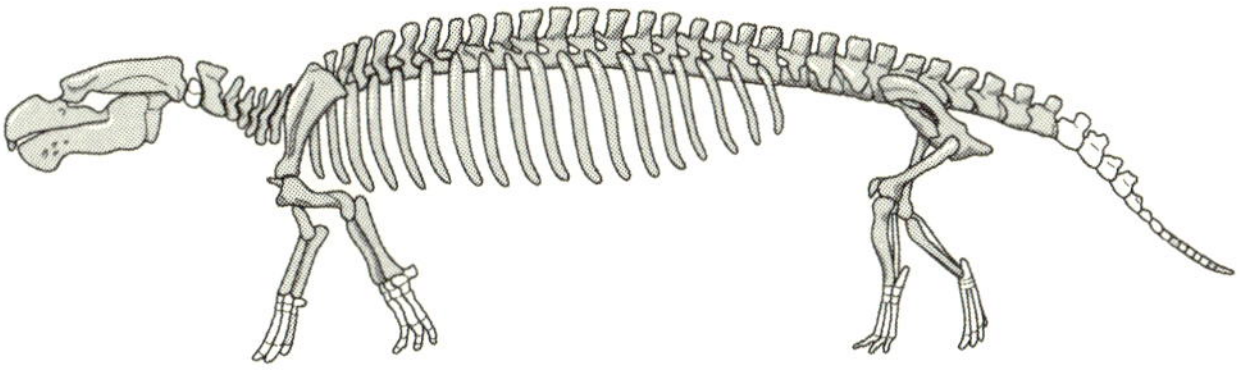

ど大きくはないが、同じく徹底的な海生のグループである海牛類《かいぎゅうるい》——ジュゴンとマナティー——は、それほどくわしく化石記録に記されていないが、一つだけ、飛び抜けて美しい「ミッシング・リンク」が最近になって発見された。始新世の「歩くクジラ」といえるアンブロケトゥスとおおよそ同時代で、「歩くマナティー」といえるペゾシレンの化石がジャマイカから発掘されたのである。それは、体の前と後にれっきとした歩く脚をもっていることを除けば、マナティーあるいはジュゴンにかなりよく似ている。マナティーやジュゴンのほうは、前肢は鰭になり、下半身には肢がまったくない。上図の上方に現生のジュゴンの骨格、下方にペゾシレンの骨格を示してある。

　クジラ類がカバと近縁であるのと同じように、海牛類はゾウと近縁であり、そのことは、なによりも重要な分子的証拠を含めて、大量の証拠によって検証されている。けれどもペゾシレンは、たぶんカバのように一日のほとんどを水中で過ごし、泳ぐだけでなく、脚を使って水底を歩くという生活をしていただろう。頭骨はまぎれもなく海牛目《もく》のものである。ペゾシレンは現生のマナティーやジュゴンの実際の祖先であるかもしれないし、そうでないかもしれないが、ペゾシレンがその役を演じるのにうってつけの役者であるのは確かである。

本書が印刷に渡されようとする寸前に、《ネイチャー》誌から驚くべきニュースが飛び込んできた。カナダ領北極圏から、現生のアザラシ、アシカ、セイウチ類（鰭脚類《ききゃくるい》と総称される）の進化の空白を埋める新しい化石が見つかったというのだ。プイジラ・ダーウィニと命名された六五％ほどの骨が揃っている一体の骨格は、中新世初期（およそ二〇〇〇万年前）のものとされる。この年代は新しいもので、世界の地図は現代とほぼ同じだった。したがって、この初期のアザラシ／アシカ（まだ分化していなかった）は、北極圏の動物で、冷たい海の住人だったことになる。証拠から、プイジラは、海中（有名なバイカルアザラシを除く、ほとんどの現生アザラシ類のように）ではなく、淡水にすんで、淡水魚を食べていたことがうかがわれる（有名なカリフォルニア沖のラッコを除く、ほとんどのカワウソ類のように）。プイジラは鰭脚をもたないが、足には水かきがついていた。おそらく陸上をイヌのように走った（現在の鰭脚類ではとてもありえない）が、ほとんどの時間は水中で過ごし、水中では、現生のアザラシ類とアシカ類がそれぞれ採用している二つの遊泳方法ではなく、イヌのように泳いだと思われる。プイジラは、陸上にすんでいた鰭脚類の祖先と水中の祖先をぴったりまたいでいる。もはや失われてはいない「環《リンク》」のリストはますます増え続けているが、これによって、また一つの輝かしい例が付け加わったことになる。

ここから、陸上から水中に戻ったもう一つの動物群に話を転じたいと思う。彼らの一部は、のちにこの過程を逆転させ、二度めの上陸を果たしたがゆえに、とりわけ興味深い実例である。海ガメ類は、一つの重要な点で、クジラ類やジュゴンほど十分に水中生活に戻ってはいなかった。なぜなら、彼らはまだ砂浜で産卵するからである。水に戻ったすべての脊椎動物と同じように、カメも空気呼吸を放棄することはしなかったが、この行動に関しては、このグループの一部はクジラ類より一枚上手《うわて》をいっている。海ガメの一部は、体の後端の総排出孔にある血管が豊かに張り巡らされた一対の袋（副膀胱）を通過する水から追加の酸素を抽出しているのだ。実際に、オーストラリアの川ガメの一種は、酸素のほとんどを尻《けつ》（arse）から（オーストラリア人なら、そう言うのをためらわないだろう）取り込んでいる。

　さらに話を進める前に、用語法のうんざりするような問題点と、「英国と米国は共通の言語によって分割されている二つの国だ」というジョージ・バーナード・ショウの考察が遺憾ながら正当であることについて、触れずにすますことはできない。英国ではタートル（turtle）は海で生活するもの、トータス（tortoise）は陸上で生活するもの、テラピン（terrapin）は淡水または汽水域で生活するものを言う。米国では、陸上にすんでいようが、水中にすんでいようが、これらの動物はすべて「タートル」である。「陸ガメ（land turtle）」という言い方は、私には奇妙に聞こえるが、アメリカ人にとってはそうではない。彼らにとってトータスは、タートルのうちで陸にすむ下位グループなのである。一部のアメリカ人は、「トータス」を厳密な分類学的な意味でのリクガメ科（*Tetudinidae*）に対して用いる。リクガメ科は現生の陸ガメ類を指す学名である。英国では、リクガメ科のメンバーであるかないか（あとで見るように、陸上で生活するがリクガメ科のメンバーでない化石「トータス」が存在する）にかかわらず、あらゆる陸生のカメ類（*chelonian*）をトータスと呼ぶ傾向がある。これ以降では、英国と米国（および、さらに用法の異なるオーストラリア）の読者がいることを考慮して、混乱を避けるよう試みるつもりだが、容易ではない。この用語法は、控えめに言っても、グチャグチャである。動物学者たちは、どの国の英語を使おうともお構いなしに、トータス、タートル、テラピンすべての動物を指すのに、「カメ類（*chelonian*）」という言葉を使う。

　カメ類について、真っ先に気がつく特徴は甲羅である。それはどのように進化して、中間種はどのような姿をしていたのだろうか？　ミッシング・リンクはどこにあるのか？　半分だけの甲羅が何の役に立つのか（狂信的な創造論者はこう質問するかもしれない）？　そう、驚いたことに、最近記載されたばかりの新しい化石が、この質問に雄弁に答えてくれる。それは、私が本書を出版社に渡さなければならない締め切りぎりぎり直前に、《ネイチャー》誌に初登場《デヴュー》した。すなわち、中国の三畳紀後期の堆積岩から発見された水生のカメで、年代は二億二〇〇〇万年前と推定されている。その学名、オドントケリス・セミテスタケア［甲羅が半分で、歯をもつカメの意］から推測できるかもしれないが、現生のカメ類とちがって歯をもち、実際に半分だけの甲羅をもっていたのである。また現生のカメ類に比べてはるかに長い尾をもっていた。これら三つの特徴すべては、それを「ミッシング・リンク」としてうってつけの存在として際立たせている。腹側は、甲羅、いわゆる腹甲によって、現生のウミガメ類とほとんど同じような形で覆われている。しかし、背甲と呼ばれる甲羅の背の部分をほとんど完全に欠いている。背中はおそらくトカゲのように柔らかかったが、背骨の上の中心線に沿って、ワニのように、固い骨の小片がいくつかならんでいた。そして肋骨は扁平化していて、あたかも背甲の形成に向かう進化へ出発しようと「試みて」いるかのようである。

そして、ここに一つの興味深い論争が見られる。オドントケリスを世界に紹介した論文の著者たち、リー、ウー、リッペル、ワン、チャオ（簡便のために、リッペルは中国人ではないが、中国人著者たちと呼ぶことにする）は、彼らが見つけた動物は、実際に甲羅を獲得する道半ばにあったのだと考えている。他の人々は、オドントケリスが水中での甲羅の進化を実証しているという主張に異を唱えている。《ネイチャー》は、その週のもっとも興味深い記事について、著者以外の専門家にコメントを書くように依頼し、それを「News and Views」と題する欄に発表するという賞賛すべき習慣をもっている。オドントケリスに関する「News and Views」のコメント論文は、二人のカナダ人生物学者、ロバート・ライスとジェイソン・ヘッドによるもので、彼らは代案となる解釈を提示した。ひょっとしたら、甲羅全体はオドントケリスの祖先が水に戻る以前に陸上ですでに進化していたかもしれない。そしてひょっとしたら、オドントケリスは水に戻ったあとで背甲を失ったのかもしれないというのだ。ライスとヘッドは、現生の海ガメの一部、たとえば巨大なオサガメは背甲を失うか、大幅に退化させていることを指摘しており、彼らの理論はきわめて説得力がある。

ここでちょっと脇道にそれて、「半分の甲羅が何の役に立つのか？」という疑問について簡単に触れておく必要がある。具体的には、なぜオドントケリスは体の下面に装甲をもち上面に装甲をもたなかったのだろう？　ひょっとしたら、下から攻撃を受ける危険があったからで、そうなら、この動物が長時間を水面近くで泳ぐことに費していたことをうかがわせる——そしてもちろん、いずれにせよ、呼吸のために水面に浮上しなければならなかった。現在のサメ類はしばしば下から攻撃し、サメ類はオドントケリスの世界で、脅威を与える重要な敵だったことだろう。そして、この時代にサメ類の狩猟習性がちがっていたと考えるべき理由は見あたらない。

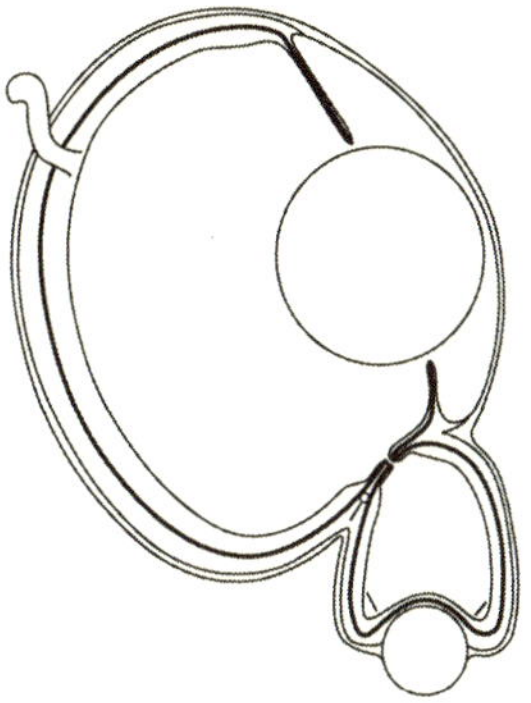

ムカシデメニギスの余分の眼

類似の例として、進化のもっとも驚くべき達成の一つであるムカシデメニギスという魚に見られる余分の一対の眼がある（上図）。これはおそらく、下からの捕食者による攻撃を偵察することを目的にしたものだろう。本当の眼は、ふつうの魚の眼と同じように突きだして見える。しかし二つの本当の眼のそれぞれが、レンズと網膜を備えた余分の小さな眼をもっていて、眼の下にたくしこまれている。もしムカシデメニギスが、たぶん下からの攻撃を警戒するために、わざわざ丸ごと一対の余分の眼をつくるということができるのなら（私が何を言いたいのかはおわかりだろう。杓子定規《しゃくしじょうぎ》なことは言わないでほしい）、オドントケリスが同じ方向からの攻撃から身を守る目的で装甲を発達させるというのは、まったく妥当なことのように思える。腹甲は理に適っている。そしてもし、「そうかもしれないが、それならなぜ、安全を確実にするために、上にも同じように背甲をもたなかったのだ」と訊きたければ、答えは簡単である。甲羅は重くて、扱いにくい。つくるのにコストがかかるし、運ぶのにもコストがかかる。進化にはつねに得失評価《トレードオフ》がある。陸ガメにとっては、得失評価は最終的に、体の上にも下にも、頑丈で重い装甲をもつほうに有利にはたらいた。海ガメにとっては、得失評価は多くの場合、下に強力な腹甲をもち、上には軽い装甲をもつほうに有利にはたらいた。そしてオドントケリスがその傾向をほんのわずか先まで推《お》し進めただけではないかという考え方には説得力がある。

一方、もしオドントケリスは完全な甲羅を進化させる途中の段階にあり、甲羅は水中で進化したという中国人著者たちが正しければ、十分に発達した甲羅をもつ現生の陸ガメは海ガメの末裔だという結論が導かれるように思われる。これは、後で見るように、おそらく事実だろう。しかしそうなると、現生の陸ガメは水から陸への第二次移住者であるということを意味するので、注目に値する。クジラ類またはジュゴン類で水中に進出したのちにふたたび陸に戻ったものがいるなどと主張した人間はこれまで誰もいない。陸ガメについての代案となる筋書きは、彼らはずっと陸上にいて、水生の親戚と並行的に、独立に甲羅を進化させたというものである。これはもちろんありえない話ではない。しかし、もしたまたまそうであったとすれば、海ガメが実際に、陸ガメになるために二度めの試みとして陸に戻ったと信ずべき正当な理由があることになる。

もし、分子生物学その他の比較手段にもとづいて、すべての現生のカメ類の系統樹を描こうとすれ

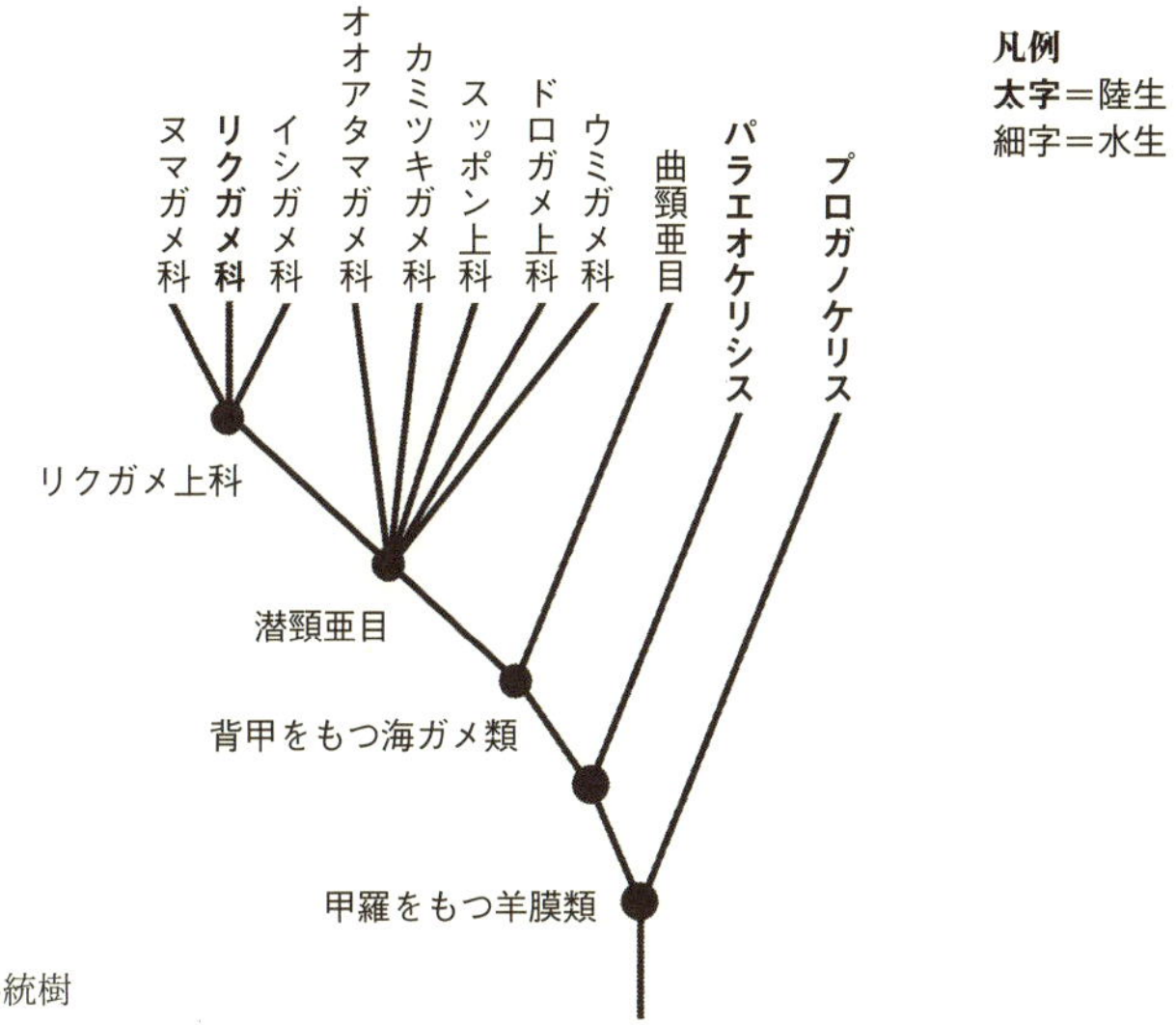

カメ類の系統樹

ば、ほとんどすべての枝が水生（上図中の細字）になる。陸ガメは太字で記されており、現生の陸ガメが、それ以外は水生カメ類である豊かな枝分かれの奥深いところに位置する一本の枝、すなわちリクガメ科を構成していることがわかるだろう。彼らに類縁の近い親戚はすべて水生である。現生の陸ガメ類はすべて水生のカメ類ばかりからなる茂みについた一本の小枝なのだ。彼らの水生の祖先は、反転して、陸に向かって進軍したのである。この事実は、甲羅がオドントケリスのような動物において水中で進化したという仮説と合致する。しかし、今度は別の難点がある。この系統樹をよく見れば、リクガメ科（現生の陸ガメ類のすべて）に加えて、プロガノケリス(*)およびパラエオケルシスと呼ばれる二つの化石属が存在することに気がつく。これらのカメは、次節で出会う理由によって、陸上生活者として描かれている。彼らは水生カメ類を表す枝のすぐ外側に並んでいる。これら二つの属は大昔には陸生であったと思われる。

オドントケリスが発見される以前には、この二つの化石が知られている最古の化石だった。彼らはオドントケリスと同じように、三畳紀後期に生きていたが、オドントケリスよりは一五〇〇万年ほど後である。彼らを淡水域で生活するものとして復元している専門家もいるが、最近の証拠は、彼らの名前が前ページの図において太字で記されていることからわかるように、実際に彼らが陸上にいたものとして位置づけている。化石動物、それもわずかな断片しか見つかっていない化石をもとに、陸上で生活していたか水中で生活していたかがどうしてわかるのかといぶかる人がいるかもしれない。時には、それがかなり明白なこともある。魚竜（イクチオサウルス）は恐竜と同時代の爬虫類だが、鰭《ひれ》と流線型の体をもっていた。化石はイルカに似ており、イルカのように水中生活をしていたのは確実である。ただ、カメ類に関しては、それほど確実とはいえない。予想した人がいるかもしれないが、もっともわかりやすい部分はその四肢である。鰭脚というものは実際のところ、歩行用の脚とはかなり異なるものだ。エール大学のウォルター・ジョイスとジャック・ゴーチエは、この常識的な直感を取り上げ、それを支持する数字を出した。彼らは現生のカメ類七一種について、腕と手の骨の三つの重要な測定値を取り上げた。ここでは自制して、彼らが展開したエレガントな計算は紹介せずにおくが、その結論は明快だった。それらの動物は、鰭脚ではなく、歩行用の脚をもっていたのだ。英国流の英語では、彼らは「タートル」ではなく「トータス」だった。彼らは陸上にすんでいた。けれども彼らは、現生の陸ガメ類の遠い親戚でしかない。

ここで一つの難問にぶつかるように思われる。もしオドントケリスを記載した論文の著者たちが考えるように、半分だけの甲羅をもつ化石が、甲羅が水中で進化したことを示しているのなら、一五〇〇万年後の、完全な甲羅をもつ陸生の「トータス」の二属をどう説明すればいいのか？　オドントケリスの発見以前なら、私はためらわずに、プロガノケリスおよびパラエオケルシスが海に戻る前の陸上生活型の祖先を代表するものだと言ったことだろう。甲羅は陸上で進化したのであり、甲羅をもつ一部のトータスが、アザラシ、クジラ、ジュゴンが後にしたように、海に戻った。他のものは陸にとどまったが、絶滅した。そして一部の海ガメが陸地に戻り、現生の陸ガメ類すべてを生みだした。これは私が立てていたかもしれない筋書きである――実際に、オドントケリスの発表に先立って書いていた本書の旧い草稿で、私が実際に記していた内容だった。しかしオドントケリスは、憶測を混沌のなかに投げ返すことになった。私たちには現在採《と》るべき三つの可能性があり、どれも同じように興味深い。

1　プロガノケリスおよびパラエオケルシスは、以前にオドントケリスの祖先を含む一部の代表者を海に送り込んだ陸上生活型の動物の生き残りではないか。この仮説によれば、甲羅は初期に

＊プロガノケリスという学名はギリシア語的に意味をなさない、という指摘を受けた。もしこれがプロゴノケリス（*Progonochelys*）であれば、完璧に意味をなす。それなら、「祖先のカメ」とか「原始的なカメ」とかいった意味になり、命名者たちがそういう意図で名づけたのではないかと思わずにはいられない。残念ながら、動物学の命名規約は厳格で、いったん学名記載論文で正式なものと認められてしまえば、たとえ明白な誤りでも、変更することはできない。分類学にはそのような化石化したまちがいが散乱している。私のお気に入りは、アフリカン・マホガニーの *Khaya* である。伝説（私はほとんどそれが真実だと思いかけている）によれば、これは現地語で「私は知らない」を意味する言葉で、そこには当然「そんなことはどうでもいいでしょう。なぜ、植物の名前を聞くなんて馬鹿な質問を止めないの」という意味が隠されている。

陸上で進化し、オドントケリスは水中で背甲を失ったが、腹甲は保ったのだということになるだろう。

2　甲羅は、中国人著者たちが示唆するように、水中で進化し、まず腹を覆う腹甲が進化し、後に背中の背甲が進化したのかもしれない。この場合、半分の甲羅をもち水中で暮らしていたオドントケリスよりも後に、陸上で暮らしていたプロガノケリスとパラエオケルシスをどうすればいいのか？　プロガノケリスとパラエオケルシスは甲羅を独立に進化させたのかもしれない。しかし、もう一つの可能性もある。

3　プロガノケリスとパラエオケルシスは、早い時期において水中から陸上への回帰があったことを示しているのかもしれない。目玉が飛び出るほど興味深い考えではないだろうか？

私たちはすでに、カメが陸地にむかっての進化的な逆戻りを達成したという目覚ましい事実に関して、かなりの確信をもっている。陸の「トータス」の初期モデルが、初期の魚の祖先よりさえ早くに水生環境に戻っていって海ガメ《タートル》となり、そのあとふたたび陸地に戻り、陸ガメ《トータス》の新たな生まれ変わりであるリクガメ科となったのである。これが私たちの知っていること、あるいはほぼ確信していることである。しかし、私たちはいまや、この逆戻りが二回起きたのではないかという説が付け加わるという事態に直面している。現生のカメ類を生みだしたときだけでなく、それよりもはるか大昔に、三畳紀にプロガノケリスとパラエオケルシスを出現させるときにも、逆戻りがあったというのだ。

私は別の本で、DNAのことを「遺伝子版死者の書」と表現した。自然淘汰の作用の仕方ゆえに、ある動物のDNAが、その祖先たちが自然淘汰を受けてきた世界のテキスト記述であるというのは筋が通っている。魚にとって、遺伝子版死者の書は、祖先の海を記述したものだ。人類や大部分の哺乳類にとって、この死者の書の前のほうの章は、すべて海のなかに設定されており、後のほうの章はすべて陸上に設定されている。クジラ、ジュゴン、ウミイグアナ、ペンギン、アザラシ、アシカ、海ガメ《タートル》にとって、その書には、第三節がある。それは、はるかな過去を証明する場である海への英雄的な帰還を詳述している。しかし、ひょっとしたら、時間を大きく隔てた二度にわたって、それぞれ独立に海への帰還をおこなった陸ガメ類には、最後の――それとも？――、そして今度もまた陸上への、再出現について割り当てられた第四節がある。このような何度も進化的なUターンがあったことをしのばせる重ね書き《パリンプセスト》のある、遺伝子版死者の書をもつ動物がほかに存在しうるのだろうか？　この章を閉じるにあたって、書き逃げをするようだが、淡水にすむカメと汽水域にすむカメ（「テラピン」）について、どちらが陸ガメ類により近い親戚なのかという疑問を提起しないわけにはいかない。彼らの祖先は、海から直接、汽水域に入り、そのあと淡水に入っていったのだろうか？　海から陸へ戻る途中の中間的な段階を表しているのだろうか？　それとも彼らは、現生陸ガメ類であった祖先が、海へ二度めの逆戻りをしているところだということはありえないだろうか？　カメ類は進化的な時間を通じて、海と陸のあいだの往復を繰り返しているのだろうか？　カメ類の死者の書における重ね書きは、私がこれまで示唆してきたもの以上に、もっとびっしり、何重にも書かれているのだろうか？

追記

二〇〇九年の五月一九日、この本の校正をしているときに、キツネザルに近い霊長類と真猿類に近い霊長類のあいだの「ミッシング・リンク」がオンライン科学雑誌 *PLOS One* に報告された。ダーウィニウス・マシラエと命名されたこの化石は、現在のドイツにあった四七〇〇万年前の熱帯雨林にすんでいた。論文の著者たちは、それがこれまでに発見されたなかでもっとも完全な化石霊長類だと主張しており、骨だけでなく、皮膚、体毛、内臓の一部、および最後の食事内容さえ残っているのである。ダーウィニウス・マシラエが美しいものである（カラー口絵九ページを参照）のは疑いの余地はないのだが、これには、明晰な思考を曇らせる誇大広告の雲がまとわりついている。「スカイ・ニュース」によれば、それは、「ダーウィン進化の理論を最終的に裏づける」「世界第八の不思議」であるという。ああ、なんたることだ！　「ミッシング・リンク」がもつ多少ともナンセンスな神秘性は、何一つその力を失ってはいないように思われる［この発見の事情はコリン・タッジ著『ザ・リンク』に詳しい］。

第7章　失われた人だって？　もはや失われてなどいない

ダーウィンのもっとも有名な著作である『種の起原』における人類進化の扱いは、もったいぶったたった一二の単語に限られていた。「人類の起源と歴史に光が投げかけられるであろう（Light will be thrown on the origin of man and his history）」。これは初版における言葉遣いで、とくに断らないかぎり、私がこの本についておこなう引用はつねに初版からである。第六版（最終版）になると、ダーウィンは自らに拡大解釈を許し、その文章は「人類の起源と歴史にもっと多くの光が投げかけられるであろう」となった。私は、この偉大な人物が第五版の上に身をかがめ、「もっと多くの（much）」という言葉を付け加える贅沢に身をまかせていいものかどうかと、慎重に考え込みながらペンを走らせている姿を思い浮かべるのが好きだ。この単語を付け加えてさえ、この文章は、計算して抑えた控えめな表現である。

ダーウィンは意図的に人類進化の扱いを別の本、『人間の由来』にゆだねた。ひょっとすれば驚くことではないかもしれないのだが、二部からなるこの本の後半は、人類進化よりも、副題の「性に関係した淘汰」（主として鳥類で調べられた）の話題に多くのページを割《さ》いている。なぜ驚くにあたらないかといえば、ダーウィンがこれを書いた時代には、人類と、人類にもっとも類縁の近い類人猿とのあいだを結びつける化石がまったくなかったからである。ダーウィンが調べることができたのは生きている類人猿だけで、彼はそれを十分に利用して、人類にもっとも近い現生動物はすべてアフリカ産（ゴリラとチンパンジー――ボノボはその当時にはまだチンパンジーとは別種であると認められていなかったが、彼らもまたアフリカ産である）であると正しく（そしてほとんど彼一人だけが）主張し、したがって、もし祖先人類の化石が見つかることがあるとすれば、アフリカこそ探すべき場所であると予言した。ダーウィンは化石の乏しさを遺憾に思いはしたが、断固として強気な態度を保った。彼の師であり、当時の大地質学者であったライエルの言葉を引用して、「脊椎動物のすべての綱《こう》において、化石遺骸の発見は、極端に時間のかかる、偶然頼みの過程なのである」と指摘し、「人類と類人猿に似たなんらかの絶滅動物を結びつける遺骸が出る可能性のもっとも高い地域は、いまのところまだ地質学者によって探索されていないということも、忘れてはならない」と付け加えた。ダーウィンが言わんとしたのはアフリカのことであり、彼のすぐ直後の後継者たちが彼の忠告を無視し、代わりにアジアを探索したことによって、この探求が促進されなかったのである。

実際に、「ミッシング・リンク」が最初に失われた《ミッシング》ものでなくなっていきはじめたのはアジアにおいてだった。しかし、発見されるにいたったそうした最初の化石は比較的新しくて、一〇〇万年未満の古さしかなく、現生人類とかなり類縁の近いヒト科動物が、アフリカを出て移住し、極東に到達したころの年代のものだった。それらの化石は、発見された場所にちなんで、「ジャワ原人」や「北京原人」と呼ばれた(*)。ジャワ原人は一八九一年にオランダの人類学者ウジェーヌ・デュボアによって発見された。彼はそれに、生涯の野望が実現し、「ミッシング・リンク」を発見したという彼の信念を表して、ピテカントロプス・エレクトゥスという学名をつけた。異論が、二つの正反対の出所からやってきたが、それらはむしろ、彼の主張を証明するものだった。すなわち、一部の人々はこの化石がまぎれもなく人類だと言い、別の人々はそれが大型のテナガザルだと言ったのである。どちらかと言えば苦難に満ちた、ご機嫌斜めな人生の晩年においてデュボアは、それより新しく発見された北京原人が彼のジャワ原人と同じではないかという意見に腹を立てた。自分の化石を守ろうとするとまでは言わなくとも、猛烈な独占欲に駆られていたデュボアは、ジャワ原人だけが本当のミッシング・リンクだと信じていた。さまざまな北京原人化石との違いを強調するために、彼は、北京原人を現生人類とは類縁が遠く離れたものとし、彼自身のジャワ島トリニールで発見されたジャワ原人を人類と類人猿の中間種として記載した。

ピテカントロプス［ジャワ原人］は人類ではなく、テナガザルと同類の巨大類人猿の一属である。

＊予想通り、北京（Peking）原人は現在ではときどき Beijing Man と呼ばれるようになっている。私たちは中国語でなく英語で話をしているのだから、なぜそもそも、中国の首都を指す Beijing に歩調を合わせる必要があるのだろう？　英国のテレビに《不機嫌な老人たち》という、かなり魅力的な番組があるが、これはまさにこういう類の不平不満を穏やかに編集したコレクションである。もし、私がこの番組に出演するとすれば、つぎのようなことを言うだろう。私たちは、ムンバイ［ボンベイではなく］ダックのにおいを消すために、ケルンの水［オーデコロンはもともとこういう意味の言葉］を一滴振りかけたり、あるいは「美しく青きドナウ」や「ウィーンの森の物語」のような旋律に踊りだしたりはしない。ネヴィル・チェンバレン、ミュンヘン協定の男を、ナポレオンのモスクワ撤退と比べたりはしない。さらに（時間はかかるが）、クンクン鳴いているペットのベイジを散歩に連れだすこともない。私たちは英語をしゃべっているのだから、ペキン（Peking）と言ってどこが悪いのだ？　私は最近、北京官話に流暢な英国外交団の一員に会えてうれしかった。彼は、英国大使館で指導的な役割を果たしてきたのだが、そこで、彼は Peking と呼びつづけたのである。

しかしながら、はるかに大きな脳容量のせいでテナガザルよりすぐれており、また同時に、直立姿勢をとり直立歩行できる能力によっても区別される。それは、類人猿全般と比べて二倍、人類の半分の大脳化指数［体の大きさに対する脳の大きさの比］をもっている……。
それは驚くべき脳容量で――類人猿にしては桁外れに大きすぎ、平均的な人類に比べれば小さい。ただし、最小の人類の脳よりは小さくない――、そのため、ジャワ島トリニールの「猿人」は本当に原始的な人類であるという、いまやほとんど一般的なものとなった見方が導かれることになった。けれども、形態学的には、頭蓋冠［calvaria］は、類人猿、とりわけテナガザルに非常によく似ている……。

デュボアはピテカントロプスが単なる巨大なテナガザルで、テナガザルと人類の中間種などではまったくないと言っていると、他の人間たちが受け取ったことで、デュボアの機嫌がよくなったはずはない。彼は、以前の主張を繰り返すことに苦心惨憺《くしんさんたん》した。「私は依然として、いまや以前よりもさらに固く、トリニールのピテカントロプスが本物の『ミッシング・リンク』であると信じている」。
創造論者たちは折に触れて、デュボアがピテカントロプスは中間的な猿人であるという主張を撤回したという根拠のない主張を、政治的な武器として用いてきた。しかしながら、創造論者の団体〈アンサーズ・イン・ジェネシス〉はこれを、現在では使うべきではないとされる疑わしい論拠のリストに付け加えている。彼らがそういうリストをとにかくもっていること自体は評価に値する。すでに述べたように、ピテカントロプス属とされたジャワ原人と北京原人の化石標本はどちらも、現在ではかなり時代の若い、一〇〇万年以内のものであることが立証されている。今日《こんにち》では、彼らは人間と同じホモ（ヒト）属に分類され、デュボアのつけた種名エレクトゥスをそのまま残して、ホモ・エレクトゥスとされている。

デュボアは、いちずに「ミッシング・リンク」を求めるひたむきな探求をおこなうにあたって、世界の誤った場所を選んだ。オランダ人として、最初にオランダ領東インドを目指したのは自然なことだったが、この刻苦勉励《こっくべんれい》の人物は、ダーウィンの忠告に従って、アフリカに行くべきだった。なぜなら、これから見るように、アフリカは人類の祖先が進化した場所だったからである。それなら、ホモ・エレクトゥスを代表する先の化石は、アフリカを出て何をしていたのだろう？　「アフリカを出て」という言い回しは、人類の祖先のアフリカからの大脱出を指すものとして、カレン・ブリクセン(*)の小説のタイトル*Out of Africa*［邦訳題は『アフリカの日々』、映画化されたときの邦題は『愛と哀しみの果て』］から借用したものである。しかしアフリカからの大脱出（出アフリカ）は二回あり、両者を混同しないことが重要である。比較的最近のほうは、ひょっとしたら一〇万年前よりも少し後のもので、私たちにかなりよく似たホモ・サピエンスの放浪集団がアフリカを出て、イヌイット、アメリカ先住民、オーストラリア先住民、中国人その他、今日私たちが世界中で目にするようなあらゆる人種へと多様化していった。「出アフリカ」という表現がふつう適用されるのは、この新しいほうの大脱出に対してである。しかし、それ以前にもう一つアフリカからの大脱出があり、それらのパイオニア的なエレクトゥスが、ジャワ原人や北京原人を含めて、アジアやヨーロッパに化石を残したのである。アフリカの外で知られている最古の化石は、グルジア［現在グルジア政府は、日本語表記をジョージアに改めること

＊ペンネームはアイザック・ディネーセンだが、私はケニアのカレン村の近くで幼少期を過ごしたので、彼女の本名のほうが好きだ。カレン村はいまでも、「ウゴング山の麓《ふもと》にあり」、その名は彼女にちなんでつけられたものである。

を、日本政府に要請している」という中央アジアの国で発見されたもので、「グルジア原人」と呼ばれている。これは、その（かなり保存状態のいい）頭骨から最新の年代測定法によって、およそ一八〇万年前のものとされる小型の生き物である。ホモ・ゲオルギクスという学名（一部の分類学者がこう命名したが、これを独立した別種と認めない学者もいる）は、すべてホモ・エレクトゥスに分類されている残りのアフリカからの初期の逃亡者よりも、どちらかといえば原始的に見えることを示している。グルジア原人よりわずかに古い石器がいくつか、マレーシアで発見され始めたばかりで、マレー半島で骨の化石を探す新たな研究の口火が切られつつある。しかし、いずれにせよ、これらの初期のアジア産化石はすべて、現生人類にかなり近縁のものであり、現在ではすべてホモ属に分類されている。それ以前の先行者を捜すには、アフリカに赴《おもむ》かなければならない。だが、まずは立ち止まって、「ミッシング・リンク」としてどんな生き物を予想すべきかを問うてみることにしよう。

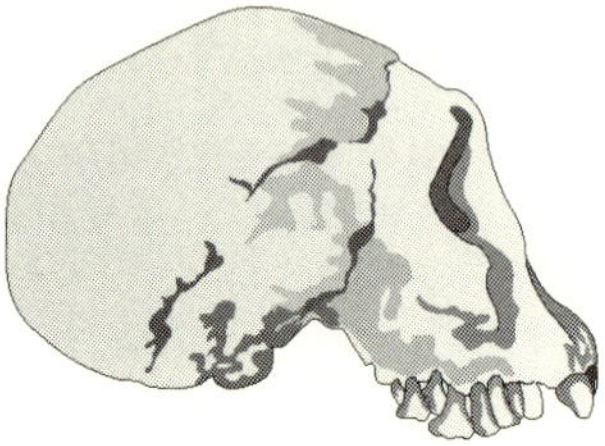

ホモ・ゲオルギクス

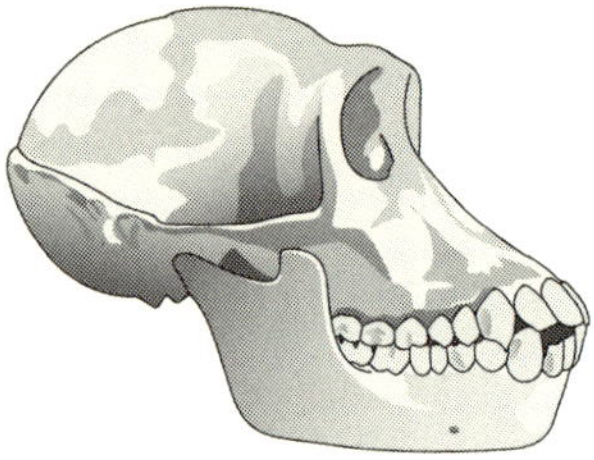

チンパンジー

議論をしやすいように、もともとの「ミッシング・リンク」という用語の混乱した意味をまじめに受けとめ、チンパンジー（右ページ下）と人類の中間種を探すと仮定してみよう。私たち人類はチンパンジーの末裔ではないが、人類とチンパンジーの共通祖先が私たちよりもチンパンジーに似ていることに賭ければ、勝つ確率はかなり高い。具体的に言えば、その共通祖先は私たちのように巨大な脳をもっていないので、おそらく直立歩行はしていなかっただろうし、私たちよりもはるかに多くの体毛をもっていただろう。そして、言語のような進んだ人間の特徴はまちがいなくもっていなかっただろう。それゆえ、ひろく見られる誤解をものともせず、私たちは、人類はチンパンジーの末裔ではないと断固として主張しつづけなければならないのではあるが、チンパンジーと人類の中間種にあたるものがどのような姿をしていたのかと問うてみても害はないだろう。

さて、体毛や言語はうまく化石にはならないが、頭骨から脳の大きさについて有力な手がかりが得られるし、全身の骨格（脊髄の通る孔《あな》である大後頭孔《だいこうとうこう》の位置を知るための頭骨を含める必要がある。この孔は二足歩行の場合には下向き、四足歩行の場合にはより後ろ向きについている）から歩き方についての有力な手がかりが得られる。ミッシング・リンクの候補者として考えられるものは、以下の属性のどれかをもっていたのではなかろうか。

1　中間的な脳の大きさと中間的な歩き方。たぶん、軍隊の上級曹長や厳格な女性校長が気に入るような胸を張った直立姿勢というよりは、前屈みぎみのよたよた歩きだった。

2　チンパンジー並の大きさの脳で、人間のような直立歩行をした。

3　大きな、より人間に似た脳をもち、チンパンジーのように四本の手足すべてを使って歩いた。

そこで、こうした可能性を心にとどめおいて、現在私たちには利用できるが、残念ながらダーウィンには手が届かなかった、数多くのアフリカ産の化石を検証してみることにしよう。

私はいたずら半分の気持ちで、いまでも望んでいる……

分子的な証拠（これについては、第10章で扱うつもりである）は、人類とチンパンジーの共通祖先がおよそ六〇〇万年前、あるいはそれよりわずか前に生きていたことを示している。そこで中をとって、三〇〇万年ばかり前の化石を調べて見ることにしよう。この年代物の化石でもっとも有名なのは「ルーシー」で、エチオピアでそれを発見したドナルド・ジョハンソンによって、アウストラロピテクス・アファレンシスとして分類された。残念ながらルーシーの頭蓋は断片しか見つかっていないが、下顎骨《かがくこつ》はなみはずれて良好な状態で残されていた。ルーシーは、現代の基準からすれば小さかったが、ホモ・フロレシエンシスほど小さくはなかった。こちらは、新聞が忌々《いまいま》しいことに「ホビット」と呼んだ小さな動物で、驚くほど最近に、インドネシアのフローレス島で死滅した。ルーシーの骨格は、彼女が直立して地面を歩いたが、おそらく木の上に身を隠すこともあり、素早く木登りができたであろうことを十分に推測できるほどには、十分に揃っていたと言える。ルーシーの骨とされているものが実際に、すべて単一の個体に由来するものであることを示す、確かな証拠もある。同じくエチオピアで発見された、少なくとも一三個体の骨の集積、いわゆる「最初の家族」については、同じことは言えない。これらの骨はルーシーとよく似ており、年代もほぼ同じだが、なんらかの理由で一緒に埋められることになったのであろう。ルーシーおよび最初の家族からの骨の断片は、アウストラロピテ

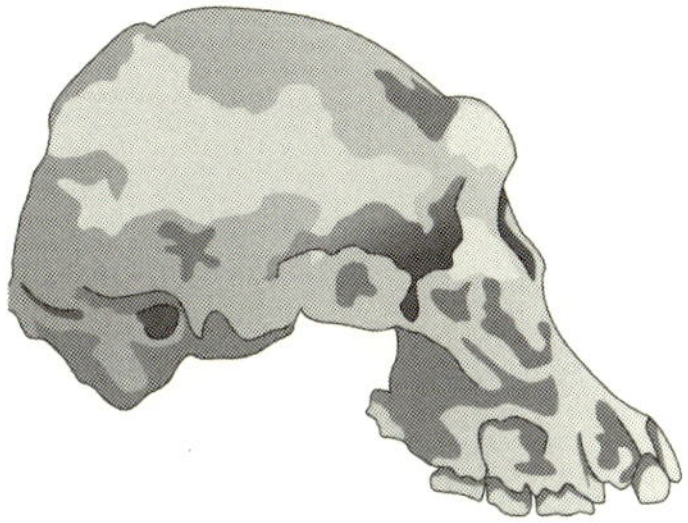
AL 444-2

クス・アファレンシスがどういう姿をしていたかについて、すぐれたイメージを与えてくれるが、多数の異なる個体の断片《ピース》から完全に忠実な復元をするのは困難である。幸い、ＡＬ４４４－２と呼ばれるかなり完全な頭骨（左図）が、一九九二年にエチオピアの同じ地域から発見され、それによって、以前になされた暫定的な復元に裏づけが与えられた。

ルーシーとそれに近い仲間たちの研究から得られた結論は、彼（彼女）らはチンパンジーとほぼ同じ大きさの脳をもっていたが、チンパンジーとはちがって、私たちと同じように後ろ脚で立って歩いていた――先ほどあげた三つの仮説的なシナリオのうち、二つめにあたる。「ルーシーたち」は、直立して歩くチンパンジーにちょっとばかり似たものだった。二足歩行は、メアリー・リーキーが化石化した火山灰に見つけた、強烈に示唆に富む一連の足跡によって劇的な形で裏づけされた。この足跡化石はさらに南の、タンザニアのラエトリにあり、ルーシーやＡＬ４４４－２よりも年代が古く、およそ三六〇万年前のものである。ふつうこの足跡は一緒に歩いていた二人のアウストラロピテクス・アファレンシスのものとされるが、重要なのは、三六〇万年前には、脳はチンパンジーの大きさしかないが、人類にかなりよく似た直立の類人猿が二本脚で地球上を歩いていたということである。

私たちがアウストラロピテクス・アファレンシスと呼ぶ種――ルーシーの属する種――が、三〇〇万年前の私たちの祖先を含んでいた可能性はきわめて高いように思われる。他の化石は、同じ属の別の種として位置づけられており、人類の祖先がこの属のメンバーであったことは、ほとんど確実である。最初に発見されたアウストラロピテクスで、この属の模式標本《タイプ》となったのは、いわゆるタウング・チャイルドである。三歳半のときにタウング・チャイルドはワシに食われた。この化石の眼窩《がんか》に残された、現生のワシが現生のサルの目玉をもぎ取ったときに残る傷跡と同じ傷跡がその証拠である。猛《たけ》るワシによって空高く持ち上げられて、悲鳴を風に乗せる哀れな幼いタウング・チャイルドよ、おまえは、二五〇万年後に、アウストラロピテクス・アファレンシスの模式標本という名声を得る運命を知っても、なんの慰めも感じないだろう。鮮新世の空のもと、哀れなタウング・チャイルドの母親は泣きじゃくっていた。

模式標本というのは、学名を与えられ、博物館で正式にまっさらのラベルを与えられる最初の新種個体のことである。理論上、後からの発見物は、模式標本と比較して合致するかどうかを見ることができる。タウング・チャイルドは、南アフリカの人類学者レイモンド・ダートによって一九二四年に発見され、その身分を示す新しい属名と種名を与えられた。

「種」と「属」の違いは何なのか？　話を先に進める前に、この疑問をさっさと片づけてしまおう。属はより包括的な区分である。種は一つの属に所属し、多くの場合、その属を他の複数の種と共有している。ホモ・サピエンスとホモ・エレクトゥスはホモ属の二つの種である。アウストラロピテクス・アフリカヌスとアウストラロピテクス・アファレンシスはアウストラロピテクス属内の二つの種である。動物あるいは植物のラテン語学名は、つねに属名（語頭は大文字を使う）をもち、そのあとに種名が続く（すべて小文字）。どちらもイタリック体で書くことになっている。ときには、亜種名が付け加わることがあり、種名のあとに続けられる。たとえば、ホモ・サピエンス・ネアンデルタレンシスといった具合である。分類学者はしばしば学名をめぐって言い争う。たとえば、多くの人はホモ・サピエンス・ネアンデルタレンシスではなく、ホモ・ネアンデルタレンシスといって、ネアンデルタール人を亜種から種の地位に昇格させようとする。属名と種名もしばしば論争の的《まと》となり、科学論文における歴代の改訂によって変えられる。パラントロプス・ボイセイは、ある時にはジンジャントロプス・ボイセイとかアウストラロピテクス・ボイセイだったし、(*)いまでも非公式に、頑丈型のアウストラロピテクス――上に述べた二種の「華奢型《きゃしゃ》」（ほっそりした）アウストラロピテクスの対語として――と呼ばれることがよくある。本章の主旨の一つは、動物分類のいくぶんとも恣意《しい》的な性質にかかわるものである。

その後レイモンド・ダートは、タウング・チャイルドにアウストラロピテクスの名を与え、この属の模式標本としたのだが、おかげでそれ以降の人類の祖先は、この悲しくなるほど想像力に欠けた属名をずっと押しつけられることになった。これは単に「南方の類人猿」というだけの意味で、オーストラリア――こちらは単に「南方の国」という意味――とはなんの関係もない。これほど重要な属に、

＊発見者の名にちなんでつけられることの多い病名とちがって、新種は発見者によって命名されるが、自分の名前をとって付けることはけっしてない。それは、生物学者にとって、別の人間の名前、あるいはこの場合のように後援者の名を称えることができる絶好の機会である。驚くにあたらないが、私の著名な同僚であった故W・D・ハミルトンは、このやり方で何度も称えられている。ハミルトンはほぼまちがいなく、二〇世紀におけるダーウィンのもっとも偉大な後継者の一人であるが、A・A・ミルンの『クマのプーさん』に出てくるイーヨー（もちろん、嘆かわしいウォルト・ディズニー版ではなく）を思わせるような悲しげな態度をよく見せた。ハミルトンは一度、アマゾン川をさかのぼる探検で小さな船に乗っているときに、ハチに刺されたことがある。彼が偉大な昆虫学者であることを知っていた同行者は、「ビル、そのハチの名前がわかる？」と言った。「うん」と、ビルは、きわめつけのイーヨーふうの陰鬱な声でつぶやいた。「実は、そいつの学名はぼくの名前からつけられたんだよ」。

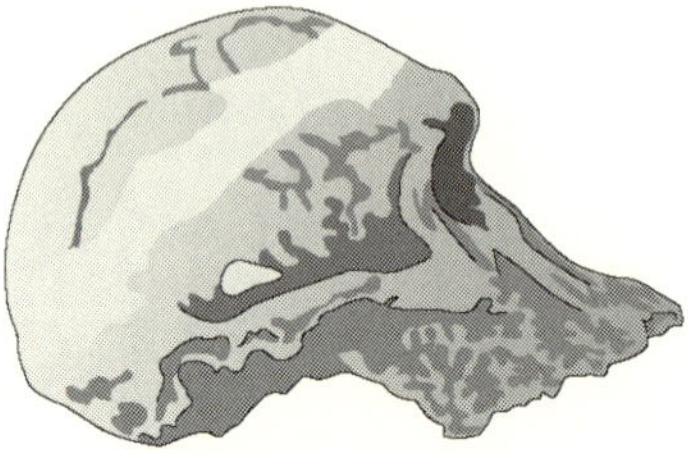

「ミセス・プレス」

ダートがもう少し想像力のある名前を考えてくれてもよかったのにとあなたも思うだろう。彼は、この属のメンバーが後に赤道よりも北で発見されるだろうとさえ、推測していたのかもしれない。

タウング・チャイルドよりわずかに古い年代から、下顎骨は欠けているものの、これまで発見されたなかでもっとも美しい状態で保存された頭骨の一つに、ミセス・プレスと呼ばれるものがある。ミセス・プレスは、実際には大型の雌というよりも小型の雄であったかもしれないのだが、「彼女」がミセス・プレスというニックネームを得たのは、最初にプレシアントロプス属に分類されたからだった。この属名は、「ほとんど人類」という意味で、「南方の類人猿」よりはましな名前である。のちに分類学者がミセス・プレスとその仲間が本当はタウング・チャイルドと同じ属であると判定したときに、彼らすべてにプレシアントロプスという名前をつけられたのではないかと考える人がいるかもしれない。残念ながら、動物命名規約は、形式にこだわるという点で厳格なのだ。命名の先取権が、センスや適切さよりも優先されるのである。「南方の類人猿」という点では、ろくでもない名前だが問題はない。それは、はるかに気の利いたプレシアントロプスよりも先行しており、今後もこの名前を貼りつけられたままでいなければならないように思われる。たとえば……私はいたずら半分の気持ちで、いまでも望んでいる――誰かが南アフリカの博物館の埃《ほこり》にまみれた引き出しのなかに、明らかにミセス・プレスやタウング・チャイルドと同じ種類のものなのだが、「ヘミアントロプス　模式標本、一九二〇」という走り書きのラベルが付いた、ながらく忘れ去られていた化石を見つけだしてくれることを。そうなれば一気に、世界中のすべての博物館は、アウストラロピテクスの標本や雄型模型《カスト》のラベルをただちに付け替えなければならず、ヒト科の先史を扱った書物や記事も同様の措置をとらなければならないだろう。世界中のワープロ・プログラムは、アウストラロピテクスの出現を超過勤務労働までして検出しつづけ、それをヘミアントロプスに置き換えていくだろう。世界中で、しかも日付をさかのぼって、一夜にして言葉の変更を命じることができるほど国際的規約が強力な効力を発する例は、私にはほかに思い当たらない。

さて今度は、ミッシング・リンクと称されるものと学名の恣意性に関して、私がつぎに重要と考える点だ。明らかなことだが、ミセス・プレスの名がプレシアントロプスからアウストラロピテクスに変わったとき、現実の世界ではなにひとつとして変わらなかった。おそらく、ことの違った成り行きについて考えをめぐらせてみたいという人間は誰もいないだろう。しかし、化石が再検査されて、解剖学上の理由によりある属から別の属へ移されるという、類似のケースについて考えてみてほしい。あるいは、属の地位に関して、敵対する人類学者から異論が出された――これはきわめて頻繁に起こる――というような場合について考えてみてほしい。結局のところ、二つの属、たとえばアウストラロピテクス属とホモ属のあいだのちょうどぴったり境界線上に位置する個体が存在するにちがいないということが、進化の論理にとって本質的なのである。ミセス・プレスと現生のホモ・サピエンスの頭骨を調べて、まさに、ここには疑いの余地なく異なる属に所属する二つの頭骨が存在すると言うのは簡単である。今日のほとんどすべての人類学者が受け入れているように、もし、ホモ属のすべてのメンバーが、私たちがアウストラロピテクスと呼ぶ別の属に由来すると仮定すれば、必然的に、ある種から別の種に至る由来の連鎖に沿ったどこかに、ぴったり境界線上に位置する少なくとも一個体が存在するにちがいないという結論が導かれる。ここは重要な点で、もうちょっとばかり続けさせていただきたい。

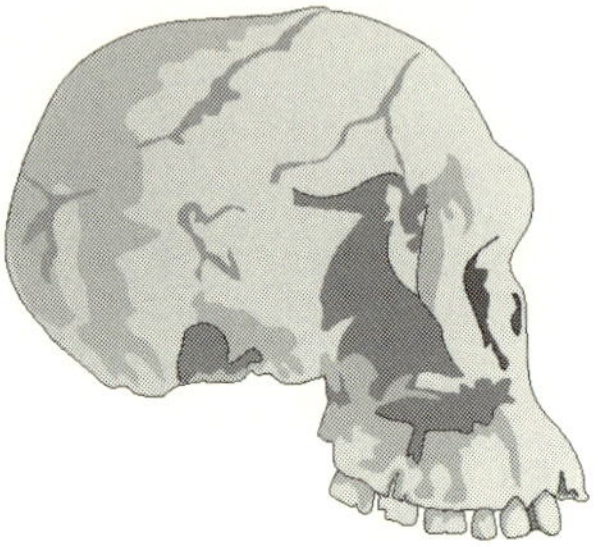

KNM ER 1813

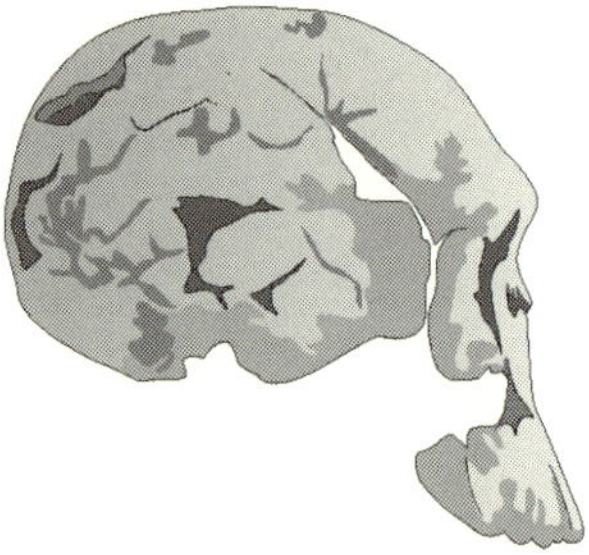

KNM ER 1470

ミセス・プレスの頭骨の形を二六〇万年前のアウストラロピテクス・アファレンシスの代表として心に刻んでおきながら、右図上のＫＮＭ ＥＲ １８１３と呼ばれる頭骨を見てほしい。そしてつぎにその下にあるＫＮＭ ＥＲ １４７０と呼ばれる頭骨を見てほしい。どちらもほぼ一九〇万年前のもので、いずれも大部分の専門家によってホモ属とされている。現在では１８１３はホモ・ハビリスに分類されているが、つねにそうだったわけではない。つい最近まで１４７０もそうだったが、現在ではホモ・ルドルフエンシスに分類し直そうという動きが始まっている。これを見ても、学名がいかに変わりやすく、一時的なものでしかないかわかるだろう。しかし問題はない。どちらも、ホモ属に拠り所があることを、どうやら誰もが認めているらしいからだ。ミセス・プレスと仲間たちの明白な違いは、より前に突きだした顔面とより小さな脳函をもつことである。この二点に関して、１８１３と１４７０はどちらもよりヒトらしく見える。ミセス・プレスはより「類人猿に似ている」のだ。

今度は、左の、ツイッギーと呼ばれる頭骨を見てほしい。ツイッギーも今日ではふつうホモ・ハビリスに分類される。しかし、前方に突き出た鼻口部は、1470や1813よりもむしろミセス・プレスを思わせる。一部の人類学者がツイッギーをアウストラロピテクス属に、また別の人類学者はホモ属に位置づけてきたと聞いても、あなたはひょっとしたら驚かないかもしれない。実際、これら三つの化石のそれぞれは、さまざまな時期に、ホモ・ハビリスやアウストラロピテクス・ハビリスとして分類されてきたのである。すでに記したように、一部の専門家は1470に異なった種小名を与え、ハビリスをルドルフエンシスに変えてきた。そして、挙げ句の果てに、種小名ノルドルフエンシスがアウストラロピテクスとホモという二つの属名のどちらにもくっつけられているのである。要するに、これら三つの化石は、異なる時期の異なる専門家によって、つぎの表のような、さまざまな呼び方をされてきたのである。

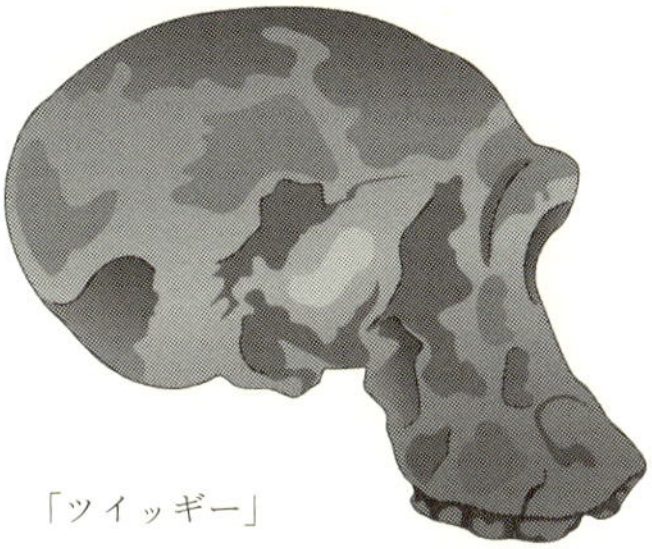

「ツイッギー」

KNM ER 1813　アウストラロピテクス・ハビリス、ホモ・ハビリス

KNM ER 1470　アウストラロピテクス・ハビリス、ホモ・ハビリス、アウストラロピテクス・ルドルフエンシス、ホモ・ルドルフエンシス

OH 24（「ツイッギー」）　アウストラロピテクス・ハビリス、ホモ・ハビリス

このような学名の混乱は、進化学に対する信頼を揺るがすのだろうか？　まったくその反対である。これらの生き物がすべて進化的な中間種であり、かつては失《ミッシング》われていたが、現在ではもはや失われてはいない環《リンク》であることを考えれば、それはまさに予想すべきことなのだ。分類するのがむずかしいほど境界線近くに位置する中間種がもしいなかったとすれば、むしろ積極的に心配すべきだろう。実際、進化論的な観点にたてば、化石記録がもっと完全でありさえすれば、個別の学名を与えることが実質的に不可能になるだろう。ある意味で、化石がこれほど希なのは幸運なのである。もし、化石記録が連続的で切れ目のないものだったなら、種や属に明確な名前を与えることが不可能になるだろうし、少なくとも、非常に問題のある事態だと言わざるを得ない。古人類学者のあいだの意見の不一致――しかじかの化石がこのまたはあの種ないし属に所属するかどうかについての――の主たる原因は、はなはだしく、かつ興味深い意味で、不毛なものであるというのが、公正な結論である。

何かのまぐれ当たりで、私たちがあらゆる進化的変化の連続的な化石記録をもち、ミッシング・リンクなど一つもないという幸運に恵まれていたかもしれないという、仮想的な状況を頭においてみてほしい。つぎに、１４７０に適用された四つのラテン語学名を見てほしい。表面的には、ハビリスからルドルフエンシスへの変化は、アウストラロピテクスからホモへの変化より小さいように思える。一つの属内の二種は、二つの属よりもお互いによく似ている。そのはずだろう？　それこそ、分類の階層構造における、属レベル（たとえば、アフリカ類人猿の、ホモ［ヒト］属とパン［チンパンジー］属の二者択一）および種レベル（たとえば、チンパンジーのあいだでのトログロディテス［ふつうのチンパンジー］かパニスクス［ボノボ］か）の区別のすべての基本ではないのだろうか？　まあ、そうなのだ。現生動物を分類しているときにはそれが正しい。現生動物は進化の系統樹の小枝の先端と考えることができ、樹冠の内部にある祖先はすべて安らかに死んで、いなくなってしまっている。当然ながら、枝先からずっと遠くで（樹冠の内部のずっと奥に入ったところで）合流する小枝どうしは、合流点が先端に近いものどうし（より新しい共通祖先をもつ）よりも互いに似ていないという傾向があるだろう。この方式は、死滅した祖先を分類しようと試みないかぎりうまくいく。しかし、先ほど仮想した完璧な化石記録を含めたとたん、あらゆるすっきりとした区別は崩壊する。一般的な規則として、個別の学名を適用することが不可能になる。第2章でウサギについてやったのと同じように、一歩ずつ時間をさかのぼりながら歩いていけば、そのことをたやすく理解できる。

私たちが時間をさかのぼって現生のホモ・サピエンスの祖先をたどっていくと、現在生きている人人との違いが十分に大きくなって、別の種名、たとえばホモ・エルガスターという名を当てるに値するような時がやってくるにちがいない。しかし、この道程のあらゆる一歩で、おそらく各個体は、同じ種とみなしてもいいほどに自分の両親および子供と似ているだろう。そこからさらに進んで、ホモ・エルガスターの祖先をさかのぼっていけば、「主流の」エルガスターと十分に異なっていて別の種名、たとえばホモ・ハビリスという名を当てるに値する個体に到達する時がやってくるにちがいない。ここでいよいよ、この議論の核心が現れる。さらに時代をさかのぼっていくと、どこかの地点で、現生のホモ・サピエンスと十分に異なっているために、別の属名、たとえばアウストラロピテクスという名を当てるに値する個体に出会い始めるにちがいない。厄介なのは、「現生のホモ・サピエンスと十分に異なる」というのは、ここではホモ・ハビリスと指定されている「最初のホモ属と十分に異なる」とは、まったく別の問題だということである。最初に生まれてくるホモ・ハビリスの代表個体を考えてみてほしい。彼女の両親はアウストラロピテクスである。彼女は両親とは異なる属に所属していたのだろうか？　そんな馬鹿な！　たしかに、馬鹿げている。しかし、まちがっているのは現実ではなく、どんなものでも名前を付けたカテゴリーに押し込めたいという人間の執着のほうである。現

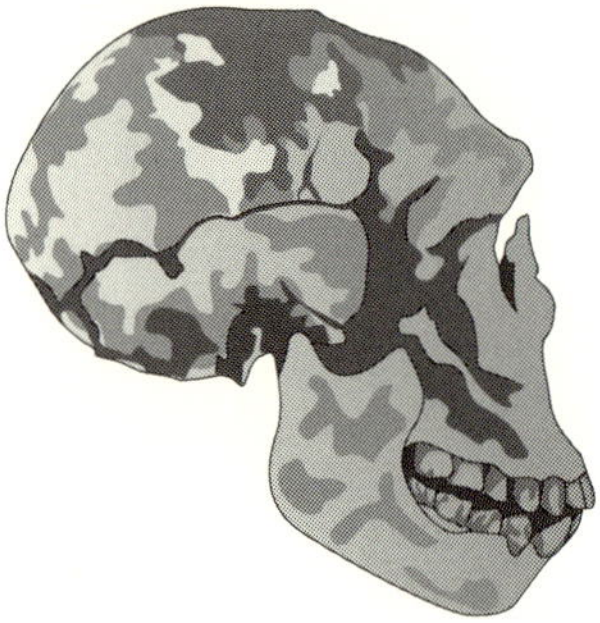

ホモ・エレクトゥス

実には、ホモ・ハビリスの最初の代表個体といえるような生き物は存在しない。どんな種、属、目、綱、あるいは門についても、最初の代表個体など存在しない。これまで地上に生まれたあらゆる生き物は、その両親およびその子供とまさしく同じ種に所属するものとして、分類されたことだろう――そのあたりに分類をおこなう動物学者がいたとすればだが――。そう、現代からの後知恵でもって、そしてリンクの大部分が失われているという事実の恩恵――そう、まさにこの逆説的な意味での恩恵――のおかげで、明確な個別の種、属、科、目、綱、そして門に分類することが可能になったのである。

完璧で切れ目のない化石の列、これまで起こったすべての進化的変化の映画的な記録が本当にあったらと、私は願う。私がそう願うのは、これこれの化石が所属するのはこの種かあの種か、この属かあの属かをめぐって互いに生涯にわたる抗争にかかわる動物学者や人類学者が面目丸つぶれになるのを見たいという理由からでは、とくにない。紳士諸君――淑女諸君ではないように思えるのはなぜだろう――、あなたがたは現実についてではなく、言葉について論じているのだ。ダーウィン自身が『人間の由来』で「目には見えないほど徐々に、類人猿に似た生き物から、現在のような人類に向かう一連の種類《フォーム》のなかに、ここから『人間』という言葉が使われるべきだというなんらかの明確な地点を確定することは不可能だろう」と言っているのである。

化石のあいだを移動していきながら、ダーウィンの時代には失われたものであったが、現在ではもはや失われたものではないリンクのうちで、いくつかのより最近のリンクを見てみることにしよう。ときにはホモ、ときにはアウストラロピテクスと呼ばれる1470やツイッギーのようなさまざまな生き物と私たち人類のあいだに、どのような中間種を見いだすことができるだろう。ふつうホモ・エレクトゥスに分類されるジャワ原人や北京原人など、そのうちのいくつかにはすでに出会った。しかし、この二つはアジアにすんでいたもので、人類進化のほとんどがアフリカで起こったという確かな証拠がある。ジャワ原人、北京原人、およびその仲間は、母なるアフリカ大陸から移住してきたものたちだった。アフリカそのものの内部で、彼らに対応するものは、長年にわたってすべて一緒にホモ・エレクトゥスと呼ばれていたが、現在ではふつうホモ・エルガスターに分類されている——私たちの命名手順の移り気を示すもう一つの実例だ。ホモ・エルガスターのもっとも有名な標本で、これまで発見されたなかでもっとも完全な人類以前のヒト科化石の一つが、リチャード・リーキー率いる古生物学チームの花形化石発見者であるカモヤ・キメウによって発見された、トゥルカナ・ボーイまたはナリオコトメ・ボーイである。

トゥルカナ・ボーイは、およそ一六〇〇万年前に生きており、一一歳ほどで死んだ。もし大人になるまで生きていれば、身長は一八〇センチメートルにまで成長しただろうという形跡がある。大人として想定される脳容量は九〇〇ccほどになっていただろう。これは一〇〇〇cc前後という脳容量をもつ、典型的なホモ・エルガスターないしエレクトゥスの脳である。一三〇〇から一四〇〇前後の脳容量をもつ現生人類と比べてははっきりと小さいが、ホモ・ハビリス（六〇〇cc前後）より大きく、ひるがえって、こちらもアウストラロピテクス（四〇〇cc前後）やチンパンジー（アウストラロピテクスとほぼ同様）よりは大きい。三〇〇万年前の人類の祖先はチンパンジーの脳しかもたなかったが、後ろ脚で歩いていたという結論だったことを覚えているだろう。このことから、この物語の後半、三〇〇万年前から現代にいたるまでは、脳の大きさの増大の物語であると想定できる。そして、実際にそうであることが証明されるのである。

数多くの化石標本があるホモ・エルガスターないしエレクトゥスは、今日のホモ・サピエンスと二〇〇万年前のホモ・ハビリスのあいだのちょうど中間に位置する、もはや失われていない、きわめて説得力のあるリンクである。そしてひるがえってホモ・ハビリスは、三〇〇万年前のアウストラロピテクスにさかのぼるみごとなリンクであり、すでに述べたように、アウストラロピテクスは直立歩行するチンパンジーと表現するのがかなりいい線をいっているだろう。彼らがもはや「失われてはいない」と認めるまで、あなたは、どれほどの数のリンクを必要とするのか？　そして、私たちは、ホモ・エルガスターと現生のホモ・サピエンスのあいだの断絶にも橋を架けることができるのだろうか？　そう、できるのだ。私たちには、ここ数十万年にまたがる豊かな化石があり、それらが、その中間種なのだ。いくつかのものは、ホモ・ハイデルベルゲンシス、ホモ・ローデシエンシス、ホモ・ネアンデルタレンシスといった種名を与えられている。他のものは（そして、時には同じものが）、「古代型」ホモ・サピエンスと呼ばれている。しかし、何度でも言い続けるが、名前は問題ではない。問題なのは、リンクはもはや失われてはいないということなのだ。中間種はいっぱい存在している。

見に行くだけでいい

というわけで、私たちには、三〇〇万年前の「直立歩行のチンパンジー」であるルーシーから始まって今日の私たち自身に至るまでの、漸進的《ぜんしんてき》な変化を証明するすばらしい化石記録がある。歴史否定論者はこの証拠にどう対抗するのだろう？　ある者は、文字通りに否認する。私は、二〇〇八年にチャンネル四のテレビ・ドキュメンタリー《チャールズ・ダーウィンの天才》のためにおこなったインタヴューで、そういう例に出会った。私は「アメリカを憂う女性」という団体の会長であるウェンディ・ライトにインタヴューしていた。「モーニングアフターピル〔性交後七二時間以内に飲むと効果のある経口避妊薬〕は小児性愛者の最良の友」という彼女の意見を聞けば、彼女の論理的能力がどれほどのものかおおよそわかるが、インタヴューを通じて、彼女は私の期待に完璧に応えてくれた。テレビ・ドキュメンタリーではこのインタヴューのごく一部しか使われなかった。以下に示すのは、かなり完全に近い筆記文だが、もちろん、本章の目的に合わせて、私たちが人類の祖先の化石記録について論じている箇所だけに限定してある。

ウェンディ　私が話を戻したいのは、進化論者たちはいまだに、それを裏づける科学を欠いていることです。ところが、現状は、進化論の正当性を裏づけようとしない科学が検閲を免れているのです。たとえば、一つの種が別の種になるという進化の証拠はまったくないのです。もしそういうことがあるなら、もし進化が起こったのであれば、きっと、鳥類から哺乳類に進化したのであれ、あるいはそれよりさらに先まで進化したのであれ、少なくとも一つの証拠がまちがいなくなければならないはずですね。

リチャード　大量の証拠がありますよ。申し訳ないのですが、あなたがたはまるで念仏《マントラ》のように同じことばかり繰り返されるが、それはただ、あなたがたがお仲間どうしで口にするのを耳にしたという理由だけなのです。つまり、私が言いたいのは、自分で目を開けて、証拠を調べてもらえさえすればということです。

ウェンディ それを私に見せてください。それを、その骨を、その遺骸を見せてください。ある種から別の種への中間の段階にある証拠を見せてくださいよ。

リチャード ある種と別の種の中間にある化石が見つかるたびに、あなたたちは、「あーあ、いままでは一つしか空白《ギャップ》がなかったところに、二つの空白ができてしまった」と言うんですよ。私が言いたいのは、あなたが見つけるほとんどすべての化石は何かと別の何かの中間種なんです。

ウェンディ ［笑］ もしそうだったら、スミソニアン自然史博物館はそうした実例でいっぱいになるはずなのに、そうじゃないわ。

リチャード それは、ですね……人類の場合、ダーウィンの時代以降、いまでは、人類化石の中間種については膨大な量の証拠があって、たとえばアウストラロピテクスのさまざまな種が見つかっています。それから……ホモ・ハビリスも見つかっています――これは、古い種であるアウストラロピテクスと新しい種であるホモ・サピエンスの中間種です。つまり、あなたはなぜ、こういうものを中間種とみなさないのですか？

ウェンディ ……もし実際に進化の証拠があるのなら、挿絵のなかだけでなく、博物館に展示されているはずじゃないですか。

リチャード たったいま、アウストラロピテクス、ホモ・ハビリス、ホモ・エレクトゥス、ホモ・サピエンス――古代型のホモ・サピエンスと現代型のホモ・サピエンス――についてお話ししたばかりじゃないですか。これらはみごとな一連の中間種でしょう。

ウェンディ あなたがたはまだ、物質的な証拠を欠いているのよ。だから……

リチャード 物質的な証拠はそこにありますよ。博物館へ行ってご覧なさい。……もちろん、私はここにもっていませんよ。でも、どこかの博物館へ行けば、アウストラロピテクスを見ることができるし、ホモ・ハビリス、ホモ・エレクトゥス、古代型ホモ・サピエンス、現代型ホモ・サピエンスを見ることができますよ。みごとな一連の中間種じゃないですか。なぜあなたがたは、ちゃんと証拠を出しているのに、「証拠を出せ」と言いつづけるのですか？　博物館へ行って見てきてください。

ウェンディ　行きましたよ。私は博物館へ行きましたが、それでも、私たちと同じように、まだ説得されない人はたくさんいるのです……

リチャード　あなたは見たことがあるんですか、ホモ・エレクトゥスを見たことがあるんですか？

ウェンディ　だからこそ、こういう努力、私たちを試し、議論をふっかけ、検閲するという、ずいぶん攻撃的な努力をしているんだと、私は思うわ。それは、これほどまで多くの人がいまだに進化を信じていないという不満《フラストレーション》から出ているように思えるのよ。もし進化論者が自分の信念にそれほど確信があるなら、情報を検閲して削除するといった努力はみられなかったはずよ。そのこと自体が、進化がまだ欠陥があり、疑問の余地あることを示しているのです。

リチャード　私は……はっきり言って、不満でイライラしてますよ。それは抑圧の話ではなく、私はあなたに先ほど、四つないし五つの化石についてお話しした、という事実についてなんですよ。……［ウェンディ笑う］……そして、あなたはただ、私の言っていることを無視しているだけのようにしか思えません。……なぜ、あなたは行ってそうした化石を見ないのですか？

ウェンディ　……もし私が何度も行ったことのある博物館にあるのなら、それらを客観的に眺めることができるでしょう。でも私が話を戻したいのは……

リチャード　博物館にありますよ。

ウェンディ　私が話を戻したいのは、進化論という哲学が、人類という種族にとってきわめて破壊的なものとなっているイデオロギーを導いてしまいかねないということなのです……

リチャード　そうですか、でも、ダーウィン主義の誤解について指摘するよりも、そっちのほうがいい考えとはいえないでしょう。それは政治的に恐ろしいほど誤用されており、もしあなたがダーウィン主義を理解しようとするなら、そうした恐ろしい誤解を正すという立場にたつべきでしょう。

ウェンディ　でもね、実際には、私たちは進化論を支持する人々からの攻撃にたびたび圧力を受けているのですよ。あなたがたが提示しつづけているこうした情報が私たちの目に触れないようにされているというわけではないのです。私たちが知らないというわけでもないのです。なぜなら、それから逃れることができないからです。それはつねに私たちに押しつけられています。しかし、私が思うに、あなたの不満は、あなたがたの情報を見たことのある私たちのあまりにも多くが、それでもなおあなたがたのイデオロギーを受け入れないという事実からきているのです。

リチャード　あなたはホモ・エレクトゥスを見たことがありますか？　ホモ・ハビリスを見たことはありますか？　アウストラロピテクスを見たことはありますか？　私はそれを質問しているんです。

ウェンディ　私が見たことがあるのは、博物館ででも教科書ででも、彼らがある種と別の種の進化的な違いを示していると主張するときはいつでも、イラストや絵に頼っていて……いかなる物質的な証拠にも依拠していないということです。

リチャード　まあ、もとの化石を見るにはナイロビ博物館まで行かなければなりませんが、あなたが見たいと思うなら、大きな博物館ならどこでも、その化石のカスト――そうした化石の正確な雄型模型——を見ることができますよ。

ウェンディ　まって、私にも質問させて、なぜあなたはそんなに攻撃的なの？　誰もがあなたの信じているように信じることが、なぜあなたにとってそんなに重要なの？

リチャード　私は信念の話をしているのではありません。私は事実について話しているのです。私は特定の化石について話をしたのです。なのに、私がそれについて質問するたびに、あなたは質問をはぐらかして、ほかのことに話を向けてしまう。

ウェンディ　……ぱらぱらとした断片ではなく、圧倒的な、何トンもの物質的証拠があるべきだわ。でもやっぱり、証拠はないのよ。

リチャード　あなたにとっていちばん興味がありそうだと思って、たまたまヒト科の化石をとりあげただけなんですが、あなたが名前をあげてくれれば、どんな脊椎動物のグループからでも同じような化石を見つけることができますよ。

ウェンディ　話はまた戻るかもしれないけど、誰もが進化を信じることがなぜあなたにとってそんなに重要なの……

リチャード　私は信念という言葉は嫌いです。私はただ、人々に証拠を見てほしいと頼みたいだけなのです。そして、あなたにも証拠を見てほしいと頼んでいるのです。……私は、あなたが博物館へ行って事実を見て、証拠がないという、あなたが人から聞いた話を信じないでほしいと願っているだけです。行って証拠を見てください。

ウェンディ　［笑い］　あらそうなの。でも私が言いたいのは、……

リチャード　笑い事じゃないですよ。本当に行って、行ってくださいと私は言っているんです。私はあなたにヒト科の化石について話をしましたけれど、博物館ではウマの進化について見ることもできるし、初期の哺乳類の進化について、魚の進化について、そして魚類から陸生の両生類や爬虫類への移行についても、行って見ることができます。いま言った例のどれについても、ちゃんとした博物館でならどこでも見つけることができるでしょう。自分の目を開けて事実を見てください。

ウェンディ　それなら私は、ご自分の目を開けて、私たちのそれぞれを創造された愛情深い神を信じる人々によって築かれてきた社会《コミユニティ》をご覧なさいと言いたいわ……。

このやりとりでは、私が不必要なほど執拗に、彼女が博物館へ行って見るべきだという要求を力説しているように見えるかもしれないが、私は本当にそのつもりで言っていたのだ。こういった人々は、「化石はありません。私に証拠を見せてください。たったの一つでも化石を見せてください……」と言うように指導されている。そして、この台詞《せりふ》をあまりにもたびたび言っているうちに、それを信じてしまう。そこで私は、この女性に三つないし四つの化石について説明し、ただ無視するだけで逃げるのを許さないようにするという実験を試みたのだ。結果はがっかりさせられるもので、歴史の証拠を目の前に突きつけられたときに歴史否定論者がとる、もっともありふれた戦術の典型的な実例である――すなわち、それをひたすら無視し、「化石を見せてください。化石はどこにあるのです？　化石はありません。たった一つでも中間種の化石を見せてください。私が聞きたいのはそれだけです……」という念仏を繰り返すのである。

それとは別に、化石に名前のついていることで混乱する人もいるが、名前というものは、避けがたい傾向として、なにもないところに誤った区分をつくりださないではすまないのだ。潜在的には中間種であるかもしれないあらゆる化石が、つねに、ホモ属かアウストラロピテクス属のいずれかに分類される。中間種として分類されたものは一つもない。したがって中間種はいない。しかし、私が先に説明したように、これは現実世界についての事実ではなく、動物学的な命名法の慣習がもたらす避けがたい帰結なのである。おそらく、あなたが想像できるもっとも完璧な中間種でさえ、ホモ属かアウストラロピテクス属のいずれかに無理矢理押し込まれてしまうだろう。実際にはおそらく、古生物学者の半分からホモ属と呼ばれ、残りの半分からアウストラロピテクス属と呼ばれるのだろう。そして残念ながら、みんなで集まって、どちらか判然としない中間化石こそ、まさに進化論が予想する通りのものであるという合意に達するかわりに、古生物学者たちはおそらく、用語法上の不一致をめぐってほとんど殴り合いになりかねないような争いをすることによって、すっかり誤った印象を与えてしまうことになる——そう考えてほぼまちがいない。

これは、成人と未成年者の法的な区別とちょっとばかり似ている。法的な目的にとって、および若い人間が選挙をしたり、あるいは軍隊に入ったりできるだけ十分に成熟しているかどうかを決めるために、絶対的な区別を設けることが不可欠である。一九六九年に、英国における法定選挙権は二一歳から一八歳に引き下げられた（一九七一年に米国で同じ変更がなされた）。現在では、それを一六歳に引き下げようという話がある。しかし、法定選挙権が得られる年齢が何歳であれ、一八歳（あるいは二一歳でも、一六歳でもいいが）の誕生日の午前〇時きっかりに、あなたがちがった種類の人間に実際に変わるなどと真面目に考えている人間は誰もいない。大人と子供という二種類の人間しかおらず、「中間はない」と真面目に信じている人間は誰もいない。明らかに、私たちはみな、成長期という期間全体が、中間でつながりあった長い行程であることを理解している。私たちのなかには、実際には本当の意味で大人になりきれなかった人がいると言えるかもしれない。同じように、アウストラロピテクス・アファレンシスに似たようなものからホモ・サピエンスにいたる人類進化は、両親と、

サヘラントロプス

そこから生まれた、現代の分類学者がまちがいなく親と同じ種に位置づける子供がつくる切れ目のない連鎖から成りたっているのである。後知恵で、過剰な法律至上主義からさほどかけ離れていない理由によって、現代の分類学者はそれぞれの化石にラベルをくりつけ、これはアウストラロピテクス属に近いとか、ホモ属とか言わなければならないのだと、強硬に主張する。博物館のラベルは「アウストラロピテクス・アフリカヌスとホモ・ハビリスの中間」と書くことは断じて許されない。歴史否定論者たちは、この命名法の慣習に飛びついて、あたかもそれが、現実世界に中間種が欠如している証拠でもあるかのように言う。それはまるで、あなたが見ているすべての個人は選挙権のある成人（一八歳以上）か選挙権のない子供（一八歳未満）のどちらかでしかないのだから、青年期などというものは存在しないと言っているようなものだ。それは、選挙権の閾値《いきち》を決める必要の存在こそが、青年期が存在しないことを証明していると言うのに等しいのである。

もう一度化石に話を戻そう。もし創造論擁護者が正しいなら、アウストラロピテクスは「ただの類人猿」にすぎず、それ自体の先行者は「ミッシング・リンク」を探すのに不適切である。にもかかわらず、そうした先行者を調べてもいいだろう。かなり断片的ではあるが、いくつかの痕跡がある。四〇〇〜五〇〇万年前に生きていたアルデピテクスは、主として歯が情報源だが、少なくとも、それに関心を向けた大部分の解剖学者にとっては、直立歩行をしていたことをうかがわせるに足るだけの頭蓋骨と足の骨も発見されている。ほとんど同じような結論は、それよりさらに古い二つの化石、オロリン（「ミレニアム原人」）とサヘラントロプス（「トゥーマイ」、右図）のそれぞれの発見者からも引き出されている。

サヘラントロプスは非常に古い（六〇〇万年前で、チンパンジーとの共通祖先と非常に年代が近い）という点で注目すべきもので、アフリカ大地溝帯よりもはるかに西で発見された（チャドで。愛称の「トゥーマイ」はチャド語で「生命の希望」を意味する）。発見者たちは、オロリンとサヘラントロプスに成り代わって彼らが二足歩行をしていたと主張しているが、他の古生物学者たちは、この主張に懐疑的である。皮肉屋ならば言いかねないが、そうした論争の的になっている化石については、疑問を呈する人間のなかに別の化石の発見者が含まれているものなのだ！

古生物学は、他の科学分野よりもはるかに、ライヴァル争いに悩まされている——あるいは活気づけられているのか？——ことで悪名高い。直立して歩く類人猿アウストラロピテクスと、人類とチンパンジーが共有する（おそらくは）四足歩行をしていた祖先とをつなぐ化石記録が、依然として乏しいことは認めなければならない。人類の祖先がどのようにして後ろ脚で立ち上がったのかわかっていない。もっと化石が必要である。しかし、少なくとも、私たちには——ダーウィンとちがって——チンパンジー大の脳をもつアウストラロピテクスから、風船のように丸い頭骨と大きな脳をもつ私たち現代型ホモ・サピエンスに至る進化的な移行を示してくれている、りっぱな化石記録があることを、すなおに喜ぶことにしよう。

本節を通じて、私は頭骨の図版を転載し、読者がそれらを比較できるようにした。ひょっとしたらあなたは、たとえばある化石における鼻口部突出、あるいは眼窩上隆起に気づいたかもしれない。ときにはその違いはきわめて微妙で、そのことが、一つの化石から後代の化石への漸進的な移行を正しく認識する助けとなる。しかしここで私は、一つ厄介な問題を紹介したいと思うが、それは独自の興

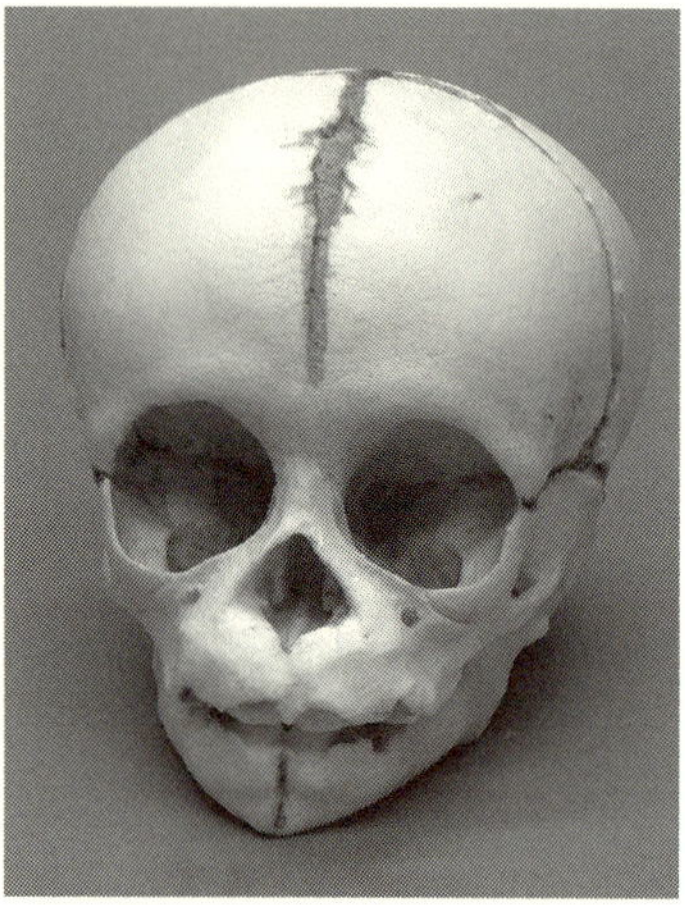

誕生直前のチンパンジー

味深い論点へと発展していくものである。一個体の生涯において、成長にともなって起こる変化は、一つ一つ世代を重ねていく大人を比較していくときに見える変化に比べて、いずれにせよ、はるかに劇的である。

上図に示した頭骨は誕生直前のチンパンジーのものである。明らかにこれは、二八四ページに示した大人のチンパンジーの頭骨とは完璧に異なっていて、はるかに人間（大人の人間だけでなく赤ん坊の人間にも）に近い。あちこちに転載されているチンパンジーの赤ん坊と大人の写真があり、これは人類進化では幼形形質が大人まで持ちこされる（あるいは——かならずしもまったく同じことではないかもしれないが——体がまだ幼いときに性的に成熟してしまう）という興味深い考えを例証するためによく用いられる（次ページ）。私はこの写真が本物であるにはあまりにもよくできすぎていると思い、同僚のデズモンド・モリスに専門家としての意見を聞くために送った。そして、これがインチキということはありうるかと、彼に尋ねてみた。あなたはこれほど人間によく似たチンパンジーの子供を見たことがあるか？　とも。モリス博士は、背中と肩については疑わしいが、頭骨そのものについては納得している。「チンパンジーは特徴的な背を丸める姿勢をとるが、この写真はみごとな直立姿勢の人間の頸をもっている。しかし頭部だけをとりあげるなら、写真は信頼できる」。本書の図版担当者であるシェイラ・リーは、この有名な写真のもとの出所が、アメリカ自然史博物館が実施した一九〇九

ラングが撮影したチンパンジーの赤ん坊と大人の写真

～一九一五年にかけてのコンゴでの探検調査にあることを突き止めた。この動物は撮影されたときには死んでいたそうであり、彼女によれば、カメラマンであるハーバート・ラングは剝製師でもあったとのことだった。こうなると、赤ん坊のチンパンジーの奇妙に人間じみた姿勢は、剝製の詰め方が悪かったせいだと推測したくなる――しかしそれは事実ではなく、博物館側によれば、ラングは詰め物をする前に撮影したという。にもかかわらず、死んだチンパンジーの姿勢は、生きたチンパンジーがとりえない姿勢をとるように調節されていた。この赤ん坊チンパンジーの肩が人間に似た姿勢をとっているのは疑わしいかもしれないが、頭部は信頼できるものである。

　たとえ肩が信憑性の立証責任に完全には耐えきれないとしても、この頭部を額面通りのものと受けとめれば、大人の化石の比較がいかにして誤りを導きうるかが、ただちに了解できるだろう。あるいは、もっと建設的な言い方をすれば、大人と子供の頭部に見られる劇的な相違は、鼻口部の突出というような形質が、いかに簡単に、より人間らしくなる——あるいは逆に、人間らしくなくなる——ちょうどぴったりの方向に変わるかということを示している。チンパンジーの胚発生は、人間に似た頭部のつくり方を「知っている」。なぜなら、あらゆるチンパンジーが幼児期を通過する際にそうするからである。アウストラロピテクスがさまざまな中間種を経て、ホモ・サピエンスに進化するにつれて、鼻口部をしだいに短くしていったのだが、それを、幼児的な形質を大人まで持ちこす（第2章で言及したネオテニーと呼ばれる過程）というわかりやすい経路でなしとげたというのは、きわめて説得力があるように思われる。いずれにせよ、進化的な変化の圧倒的な部分が、特定の部分が他の部分に対して相対的に成長速度を変えることから成りたっている。これは異時性（heterochronic）成長と呼ばれる。私が言いたいのは、発生学的な変化に関して観察されている事実をひとたび受け入れてしまえば、進化的な変化はとても簡単なのだということになるだろう。胚は、偏差成長——異なった部域が異なった速度で成長すること——によって形づくられる。赤ん坊のチンパンジーの頭骨は、頭骨の他の骨に比べて顎と鼻口部の骨が相対的に速く成長することを通じて、大人の頭骨に変わっていく。繰り返し言うが、あらゆる種のあらゆる個体は、それ自身の胚発生を通じて、地質学的な時間の進行につれて世代から世代へと変わっていく典型的な大人の形態よりも、はるかに劇的に変化するのである。では、これをきっかけとして発生学と、その進化との関連性を扱う次章に移ろう。

第8章　あなたはそれを九カ月でやりとげたのです

ネオ・ダーウィン主義の構築に貢献した三人の立役者の一人であっただけでなく、ほかにもきわめて多くの業績を残した、かの癇癪《かんしゃく》もちの天才、J・B・S・ホールデンはかつて、公開講演のあとで一人の婦人から異議を申し立てられた。それは口伝えのエピソードで、正確な発言がどんなものだったのか、悲しいかなジョン・メイナード・スミスに確かめるすべはもうないが、やりとりの進み方は、ほぼつぎのようだった。

進化論懐疑論者　ホールデン教授、たとえ、あなたのおっしゃるように進化には何十億年もの時間が使えたとしても、たった一個の細胞から、骨、筋肉、神経、何十年にもわたって止まることなく血液を送り出す心臓、何マイルにもおよぶ血管や腎臓の細尿管、そして考え、しゃべり、感情をもつことができる脳に組織された何兆もの細胞をもつ複雑な人体にまでたどりつくことができるというのを、私はどうしても信じることができないのです。

JBS　しかしマダム、あなたご自身がおやりになったことです。それもたった九カ月しかかからなかったのですよ。

質問者は、ホールデンから急に切り返された予想外の返答に、ひょっとしたら一瞬グラッときたかもしれない。拍子抜けというのでは、控えめにすぎる表現と思われたことだろう。しかし、たぶんある一点で、ホールデンの反論は彼女を満足させなかったかもしれない。彼女が補足質問をしたかどうか私は知らないのだが、もしもしたとしたら、それはつぎのような形で進んだのではないだろうか。

進化論懐疑論者　ああ、そうですね。でも、発生する胚は遺伝的な指示に従っています。それは、ホールデン教授、あなたが自然淘汰によって進化したと主張された複雑な体をどのようにしてつくるかの指示です。そこで私には、たとえ一〇億年が与えられたとしても、そういう指示が進化したと信じるのは、やはりむずかしく思えます。

ひょっとしたら、彼女の言い分にも一理あったかもしれない。しかし、たとえ万一、複雑な生命の設計《デザイン》に究極的に神の知性がかかわっていたことが証明されたとしても、神が生物の体を、たとえば彫像作家、大工、陶芸家、仕立屋、あるいは自動車製造業者がその仕事を果たすのと似たようなやり方で形づくる《ファッション》というのは、断じて本当ではない。私たちは「すばらしく個体発生する」かもしれないが、「すばらしくつくられる」のではない。「神が花の鮮やかな色をつくられた。神が小鳥の小さな翼をつくられた[*]」と歌う子供たちは、子供らしい明らかなウソを口にしているのだ。神がほかにどんな仕事をしたにせよ、鮮やかな花の色や小鳥の小さな翼をつくることはまちがいなくしなかった。もし神が何かをしたとすれば、たとえば、自動的に進行する胚発生過程を指示する遺伝子配列をつなぎあわせる《スプライス》ことによって、生物の胚発生を監督することであったろう。翼はつくられるのではなく、卵のなかの肢芽《しが》から成長――徐々に――してくるのである。
この、自明であるべきにもかかわらずそうでない重要な点を繰り返せば、神はその永遠の生涯において、「小さな翼」を一度たりともつくったことがないのである。もし神が何かをしたとすれば（私の考えでは何もしなかったのだが、そのことは、ここで私が論じようとすることではないので、措《お》いておこう）、彼がつくったのは胚発生のためのレシピ、あるいは「小さな翼」（それプラス、他の数多くのものも）の胚発生をコントロールするためのコンピューター・プログラムのようなものだった。もちろん、翼をつくるために、翼のレシピやプログラムを考案《デザイン》するのは、同じように賢明で、同じように息をのむほどの離《はな》れ業《わざ》であると、神は主張するかもしれない。しかし、さしあたりは、翼のよう

＊「すべての美しく輝くもの」といっても、読者がかならずしも私と同じようにノスタルジックな感懐に打たれるとはかぎらないという指摘を受けた。これは一八四八年にC・F・アリグザンダーによって子供向けに書かれた英国国教会の賛美歌［右に引用された子供の歌はその一部］で、自然の美（および、ある行では、政治的な現状）を、「主なる神がすべてをつくられた」というリフレインをともないながら、心地よく称えていく。これはエリック・アイドルによるすばらしいパロディの対象になり、モンティ・パイソン・チームによって歌われた。
すべての醜く冴えないもの／丈の低きも地に伏すものもすべて／粗野なものも嫌なものすべて／主なる神が全部つくった／毒牙を打ち込む小さなヘビの一匹ずつに／針で刺す小さなハチの一匹ずつに／神は凶悪な毒液をつくり／その忌まわしい翅をつくった／癌のようにはびこるすべての病めるもの／大小のすべての悪／すべての汚れて危険なもの／主なる神がすべてつくられた／嫌らしい小さなスズメバチのどの一匹も／忌々しい小さなイカのどの一匹も／誰が棘だらけのウニをつくったのか？／誰がサメをつくったのか？　神様だ！／瘡蓋《かさぶた》やできものをもつすべてのもの／すべての疱瘡や天然痘／腐って、汚れて、ただれたもの／主なる神がすべてをつくられた。

なものをつくることと、胚発生で実際に起こっていることの違いを区別したいだけである。

振り付け師はいない

発生学の初期の歴史は、前成説と後成説という二つの対立する学説のあいだで分断されていた。両者の違いはかならずしも明瞭に理解できるものではないので、少しだけ時間を割いて、この二つの用語について説明しておきたい。前成説論者は卵（あるいは精子。前成説論者は「卵子論者」と「精子論者」に二分されたからである）が小さなミニチュアの赤ん坊、すなわち「ホムンクルス」を含んでいると信じていた。赤ん坊のすべての部分は複雑に、互いに正しい位置関係で配置されていて、区画わけされた風船のように、膨らまされるのを待っているだけなのである。これは誰にもわかる難問を生じる。第一に、少なくとも初期の素朴な前成説は、誰にも誤りであるとわかっていること、すなわち私たちは片親のみから遺伝を受ける――卵子主義者なら母親から、精子主義者なら父親から――ことを前提として必要とする。第二に、この類《たぐい》の前成説論者はロシアのマトリョーシカ人形式に、ホムンクルスのなかのホムンクルスへと無限の退行――あるいはもし無限でないとすれば、少なくともエヴァ（精子論者ならアダム）までさかのぼるだけ十分長くつづけなければならない――に直面しなければならない。この退行からの唯一の逃げ道は、前の世代の成体の体を精巧に調べあげて、世代が変わるごとに、ホムンクルスを新たに構築することだろう。しかし、この「獲得形質の遺伝」という現象は起こらない――さもなければ、ユダヤ教徒の子供は陰茎包皮をもたずに生まれてくるだろうし、せっせとジム通いに励むボディビルダーの女性（しかし家で寝ころんでばかりの双子の片割れではそうならないで）は、波打つ六つに割れた腹筋、胸筋、臀筋をもつ赤ん坊を身ごもることになるだろう。

前成説論者のために公正を期せば、彼らは、たとえどれほど馬鹿げたものに思えたにせよ、この退行の論理的な必然性に、きちんと真っ正面から立ち向かったのだ。少なくとも彼らの一部は、最初の女（あるいは男）は、そのすべての子孫のミニチュア化された胚を、それぞれの内部にマトリョーシカ人形のようにもっていたと本気で信じていたのである。彼らがそう信じなければならなかったことには意味がある。その意味とは、本章の核心を先取りするものであるがゆえに、ここで触れておく価値があろう。もしあなたが、アダムが生まれたのではなく「つくられた」と信じるのであれば、それはアダムが遺伝子をもっていなかった――あるいは少なくとも、個体発生するために必要としなかった――ことを意味していることになる。アダムには胚発生はなく、突然この世に現れただけなのだ。これに関連した推論が、ヴィクトリア朝時代の作家フィリップ・ゴス（『父と息子』を書いた詩人のエドモンド・ゴスの父親）に、『オムファロス』（「へそ」を表すギリシア語）という本を書かせ、アダムはけっして産み落とされたのではないが、へそをもっていたにちがいないと主張した。オムファロス的推論のもっと洗練された帰結は、数千光年の彼方にある恒星は、私たちのところまで届く既製の光ビームによってつくられたにちがいない――そうでなければ、ずっと遠い先の未来までそれを見ることができなかったはずだ！――というものだろう。オムファロス学を笑いの種《たね》にするのはふまじめな感じがするかもしれないが、ここには、発生学の重要な問題点があり、本章の主題もそこにある。それはきわめて把握がむずかしい論点で――実際、私自身も把握しつつある最中である――、そこで、さまざまな方向からこの問題に取り組んでみようと思う。

すでに示した理由によって、前成説、少なくとも最初の「マトリョーシカ人形」式のものでは、成功はおぼつかない。では、DNA時代にまっとうに復活できるような、修正版前成説というようなものはあるだろうか？　まあ、ひょっとしたらあるかもしれないが、私は疑問だと思う。生物学の教科書は、再三再四にわたってDNAが体をつくるための「青写真」だと繰り返している。それはちがう。車や家などの、真の青写真は、紙と最終生産物とのあいだで一対一対応を具現している。それゆえ、青写真は可逆的《リヴァーシブル》であると言える。建っている家から逆に青写真に戻るのは簡単なことだ。それはまさに一対一対応があるからである。実際には、こちらのほうがずっとたやすい。なぜなら、家は建てなければならないが、青写真なら、いくつかの長さを測るだけで描けるからだ。しかし、もしあなたが動物の体を取り上げたとすると、どれだけの回数、詳細な計測をおこなおうとも、そのDNAを復元することはできない。これが、DNAは青写真だという言い方は誤りだとする根拠である。

DNAが暗号文による体の記述、すなわち直線的なDNA「文字」暗号に翻訳された一種の三次元地図ではないかと想像することは理論的には可能である――もしかしたら、宇宙のどこかにある別の惑星では、それが物事の動く仕組みになっているかもしれない。それだと本当に可逆的になるだろう。遺伝的な青写真をつくるために、体を精査していくというのは、まったく馬鹿げた考えというわけではない。もし、それがDNAの働き方であるとすれば、それは、一種のネオ前成説として提示することができる。それがマトリョーシカ人形の亡霊を呼び起こすこともあるまい。それが片親だけからの遺伝という亡霊を呼び起こすかどうかについては、私には定かではない。DNAは、父親の情報の半分と母親の情報の半分をつなぎ合わせる、息をのむほど正確な方法をもっているが、母親の体の半分の精査と、父親の体の半分の精査のつなぎ合わせにはどんなふうにして取りかかるのだろうか？　それは措《お》いておくことにしよう。すべて、現実からあまりにもかけ離れている。

したがって、DNAは絶対に青写真ではない。いきなり大人の体につくられたアダムとちがって、すべての現実の体は、単一の細胞から、胚、胎児、赤ん坊、こども、青年期という中間段階を経て発生・成長してくる。ひょっとしたら、宇宙のどこか見知らぬ世界では、生物は爪先から頭の天辺《てっぺん》まで、暗号化されたスキャン・ラインから読み出される一連の三次元のバイオ画素《ピクセル》を順序正しくつなぎ合わせることで、自らを組み立てるのかもしれない。しかし、それはわが地球での物事の仕組みではなく、実際に、そういうことがいかなる惑星上でも起こりえないだろうという理由――それについては、別の場所で論じたことがあるので、ここでは立ち入らない――があると、私は考えている。(*)

前成説に対する歴史的な代案は後成説である。前成説が本質的に青写真の話であるとすれば、後成説は本質的にレシピもしくはコンピューター・プログラムの話だということになるだろう。『簡略版

＊生物学者とコンピューター科学者の境界領域にいる専門家のための注。本書の初期の草稿を読んだあとで、有名なソフトウェア設計者としての権威をもって語るチャールズ・シモニーは、つぎのように述べた。「……レシピ（眼、脳、血液その他の）は、同じものについて（ビット数あるいは塩基対の数という点で）青写真よりはるかに、はるかに単純であり、青写真であれば、進化は文字通り不可能（一〇の一〇〇乗年以内には）だろう。その理由はほかでもなく、青写真における小さな変異はなんらかのプラス効果をもつ可能性がないのに対して、レシピにおける変異ならそれがありうるからである」。私自身の「コンピューター・バイオモルフ」や「アーソロモルフ」（第2章を参照）をほのめかしながら、シモニー博士はこうつづける。「あなたが『盲目の時計職人』と『不可能の山に登る』のためにプログラムした」人工生物は、すべて、青写真――青写真は黒線で書いたベクトルの寄せ集めにすぎない――ではなく、レシピで記述されている。黒線の終着点を一回につき一カ所、あるいは二カ所変異させることによって、青写真で進化ゲームを試みることをきみは想像できるだろうか？」。ほかならぬビル・ゲイツから、「あらゆる時代を通じて最高のプログラマーの一人」と評された人物ならではの言葉である。これはコンピューター・バイオモルフについては厳密に正しく、生きている生物についても、きっと正しいはずだ。

オックスフォード英語辞典』の定義はかなり現代的で、この言葉をつくったアリストテレスが、それを認めるかどうか私には確信がない。

後成説（epigenesis）　最初の未分化な全体が漸進《ぜんしん》的に分化していくことによって生物体が個体発生していくという理論（*）。

ルイス・ウォルパートらによる『発生の原理』によれば、後成説は、新しい構造が漸進的に生じるという考え方として説明されている。後成説が自明の真理だというのはまっとうな話である。しかし細部が問題で、悪魔は常套句のなかに潜んでいる。いかにして、個体は漸進的に発生するのか？　最初の未分化な全体は、もし青写真に従っているのでなければ、漸進的に分化する方法を、どのようにして「知る」のか？　本章で私がおこないたいと思っているのは、計画的建築と自己組織化の区別であり、これはおおまかに前成説と後成説の区別に対応する。身近のいたるところでビルやその他の人工物を目にしているので、私たちにとって、計画的建築の意味は明らかである。自己組織化はそれほどなじみがなく、私からいくつか注意をしておく必要があるだろう。発生の分野では、自己組織化は、進化における自然淘汰に相当する位置を占めている。もっとも、両者は断じて同じ過程ではない。しかし、どちらも自動的で、何の意図ももたず、無計画な手段でありながら、一見しただけでは、まるで細心の注意を払って計画されたかのような結果を達成するのである。

J・B・S・ホールデンは、懐疑的な質問者に対して単純な真実を語ったのだが、単一の細胞があらゆる複雑さを備えた人体を生むという、まさにその事実のなかに、奇蹟に近い（しかしけっしてそこまではいかない）謎が存在することを、彼は否定しなかったであろう。そしてその謎は、この離れ業がDNAの指示の助けを借りて達成されることによって、いくぶんかは緩和される。依然として謎が残る理由は、体が実際につくりあげられる方法、すなわちたったいま「自己組織化」と呼んだばかりの方法――これはコンピューター・プログラマーたちがときに、「トップダウン」方式に対する意味で「ボトムアップ」と呼ぶものに関係している――で体を構築するような指示を書くとすれば、どこから手をつけていいのか、原理的にさえ、想像するのがむずかしいことがわかるからである。

建築家は大聖堂を設計する。そのとき、階層的な一連の指令を通して、建築作業は個別の部門に分割され、それがさらに下位部門へと細分化されていくという手順が繰り返され、最終的に指示は個々の石工《いしく》、大工、ガラス職人に手渡され、それらの人々が仕事に取りかかり、建築家の最初の図面とかなりよく似た大聖堂が建つことになる。これがトップダウン式の設計である。

ボトムアップ式の設計はまったく仕組みが異なっている。私は一度たりとも信じたことはないが、ヨーロッパでもっとも精巧な中世の大聖堂のいくつかは、建築家がまったく関与していなかったという神話がかつては存在した。誰もその大聖堂を設計しなかったというのだ。それぞれの石工や大工は、建物の与えられた小さな一画で、自分自身の熟練のやり方でせっせと仕事をし、ほかの人間がしていることにわずかな注意しか払わず、全体計画にはなんの関心も払わない。どういうわけか、そのような無秩序な状態から大聖堂が立ち現れてくるという。もしこれが本当に起こっていたなら、それはボ

＊後成説（epigenesis）はエピジェネティックス（epigenetics）と混同される危険性がある。後者はいま生物学者の世界で束の間の脚光を浴びている現代風のキーワードである。「エピジェネティックス」が何を意味しようと（主唱者たちのお互いどうしはともかく、自分たちのあいだでさえ、意見の一致にたどりつくことができないように思われる）、私がここで後成説として言おうとしていることは同じではない。

トムアップ式の建築といえよう(*)。しかし、これとかなりよく似ているのが、シロアリ塚やアリの巣の建造――および胚の発生――の際に起こっていることなのである。それこそが、胚発生を、私たち人類がよく知っている建築やもの造りのやり方と著《いちじる》しく異なったものにしているのである。

同じ原理は、ある種のタイプのコンピューター・プログラム、ある種のタイプの動物の行動、そして――両者を合体させた――動物の行動を模倣《シミュレート》するように設計されたコンピューター・プログラムでも働いている。かりに私たちが、ホシムクドリの群れる行動を理解したがっていると考えてみてほしい。ユーチューブで見ることができる驚くほどすばらしい映像がいくつかあり、カラー口絵一六ページはそこからとった静止画である。このバレエのような大演習は、オックスフォード近郊のオトムーアの上空で、ディラン・ウィンターによって撮影された。ホシムクドリの行動で注目すべき点は、その見かけとはまるでちがって、そこには振り付け師はおらず、知られている限りではリーダーもいないことだ。それぞれの鳥は、たんにローカル・ルール（局所的規則）に従っているだけなのである。

こうして群れをなす鳥の数は何千羽にも達することがあるが、彼らはほとんど文字通り、けっして衝突しない。彼らの飛ぶスピードを考えれば、そうした衝撃は重大な怪我を生じるだろうから、これは好都合である。しばしば、群れ全体が一つになって旋回し、方向転換をするので、まるで一個体として振る舞っているように見える。それぞれの群れが独立した群れとしてのまとまりを維持したまま、互いのかたまりの中をすり抜けていくように見えることさえある。これはほとんど奇蹟のように思えるが、しかし実際には、群れはカメラから異なった距離にあり、文字通りに互いにすれちがっているわけではない。群れの輪郭があまりにも鋭く画されているので、審美的な喜びさえ覚えるほどだ。輪郭が徐々に薄れていくのではなく、突然に境界が現れる。境界線のすぐ内側の鳥の密度は、群れの中央部の密度に劣らないのに、外側はゼロなのだ。そんなふうに考えていくと、これこそ驚くほどの自然の妙、ではないだろうか？

　彼らが繰りひろげる実演の全体は、とびぬけて優美なコンピューターのスクリーンセイバーになるだろう。同じバレエ的な動きを何度となく繰り返し、したがって同じ画素《ピクセル》をすべて一律に使う必要がないのだから、あなたは、ホシムクドリの実写映像を欲しいとは思わないだろう。あなたに必要なのはホシムクドリの群れのコンピューター・シミュレーションなのである。そして、どんなプログラマーでも言うように、それをつくるには良いやり方と悪いやり方がある。バレエ全体に振り付けをしようとしてはならない――この類の課題をこなそうとするときに、それはプログラミングとしては下の下の手法である。あなたが欲するコンピューター・シミュレーションをつくりあげるもっといい方法について、私は述べる必要がある。というのも、この鳥たちの脳のなかでプログラムがなされるときには、ほぼ確実にそれと同じようなやり方が用いられているはずだからだ。さらに付け加えるならば、それが胚発生の仕組みのすばらしいアナロジーでもあるからだ。

　以下に示すのが、ホシムクドリの群れ行動をプログラムする方法である。あなたのほとんどすべての努力を、一羽の単独個体の行動をプログラムすることにそそぐこと。ロボットのホシムクドリに飛び方について、特に近くにホシムクドリがいる場合に、その距離と相対的な位置関係に応じていかに対処するかについての詳細なルールを組み込む。近隣の鳥の行動にどれほどの重きを置き、方向転換における個々の個体のイニシアティヴにどれほどの重きを置くかのルールを覚えさせる。こうしたモ

＊私の同僚で中世史家であるクリストファー・タイアーマン教授は、それが実際に、ヴィクトリア朝時代に観念論的な理由ででっちあげられた神話であり、そこにはひとかけらの真実もなかったことを確認してくれた。

デルのルールについての情報は、生きて飛びまわっている実在の鳥について慎重な計測をおこなうことで得られるだろう。そして、あなたのロボット鳥にはさらに、ルールをランダムに変異させる一定の傾向を与えるとよい。一羽のホシムクドリの行動ルールを指定した複雑なプログラムを書き終えたら、いよいよ本章で私の強調する決定的な段階がやってくる。初期世代のコンピューター・プログラマーたちだったらそうしたかもしれないが、群れ全体の行動をプログラムしようとしてはならない。そうではなく、プログラムした一羽のコンピューター・ホシムクドリのクローンをつくるのである。ロボット鳥の一〇〇〇個のコピーをつくるのだ。そのコピーはすべて互いに同じであるかもしれないし、ひょっとしたら、何羽かはそのルールにわずかなランダム変異をもっているかもしれない。そうしたらいよいよ、あなたのコンピューター上で一千羽のモデル・ホシムクドリを「解き放ち」、すべての個体がルールに従いながら、自由に相互作用できるようにするのである。

もしあなたが、一羽のホシムクドリについて正しい行動ルールを設定できていれば、各々がスクリーン上で一つの点で表される一千羽のコンピューター・ホシムクドリは、冬に見られる本物のホシムクドリの群れと同じように振る舞うだろう。もし彼らの群れ行動があまりうまくなければ、あなたはもとに戻って、もとのホシムクドリ個体の行動を、なんなら本物のホシムクドリの行動をさらに計測した知見にもとづいて修正してもいいだろう。つぎに、新しいヴァージョンを一〇〇〇回コピーしてクローンをつくり、うまくいかなかった一〇〇〇羽と置き換える。スクリーン上の一千羽の個体の群れ行動が、十分に満足のいくほどリアルなスクリーンセイバーになるまで、一羽のホシムクドリからクローンをつくるプログラムを何度でも繰り返しつづける。クレイグ・レイノルズは、こうした線に沿ったプログラム（とくにホシムクドリを対象にしたものではない）を一九八六年に書き、それを「ボイド（Boids）」と呼んだ。

重要な点は、振り付け師もリーダーもいないということである。秩序、組織、構造――これらはすべて、大局的《グローバル》にではなく局地的《ローカル》に、何度でも繰り返し従わなければならないルールの副産物として現れるのだ。そしてこれこそ、胚発生のやり方である。それは、さまざまなレベルで働くが、とくに単細胞レベルで働くローカル・ルールによって、すべてがなされる。振り付け師はいない。オーケストラの指揮者もいない。中央計画もない。建築家もいない。個体発生の分野、いわば「ものづくり」の現場では、この類のプログラミングに相当するのが自己組織化である。

人間、ワシ、モグラ、イルカ、チーター、ヒョウガエル、ツバメの体、それらはみごとに組み立てられていて、彼らの個体発生をプログラムしている遺伝子が、青写真、設計、マスタープランという役割を果たしていないなどとはとても考えられそうにない。しかしちがうのだ。すべては、コンピューター・ホシムクドリと同じように、ローカル・ルールに従う個々の細胞によってなされる。みごとに「設計《デザイン》された」体は、個々の細胞が従っているローカル・ルールの結果として出現するのであり、全体の大局的計画《グローバルプラン》と呼ぶことができるようなものを参照する必要などはないのだ。発生中の胚の細胞は、巨大な群れのなかのホシムクドリと同じように、お互いのまわりをぐるぐると踊りまわっているのである。両者にはいくつか異なる点があり、それが重要である。ホシムクドリとちがって、細胞は互いに物理的に接着して、シートまたは塊《かたまり》をつくっている。細胞の「群れ」は「組織」と呼ばれる。細胞がミニチュアのホシムクドリのようにまわりをぐるぐると踊りまわるとき、組織が細胞の動きに反応して陥入《かんにゅう》(*)していくにつれて、結果として、三次元の形状が形成される。あるいは成長と細胞死の

*陥入　「内に向かって折れ曲がって中空を形成すること」、「それ自身の内部に向かって逆戻る、あるいは折り返すこと」(『簡略版オックスフォード英語辞典』)。

局所的なパターンに応じて、膨張または収縮していく。これに関して私のお気に入りのアナロジー（喩《たと》え）は、高名な発生学者であるルイス・ウォルポートがその著『発生学の勝利』で提案している折り紙である。しかし、その話をする前に、私の心に思い浮かぶ他のいくつかのアナロジー——人間の工芸品や工場製品の工程からとったアナロジー——を整理しておかなければならない、

個体発生のいくつかのアナロジー

生きた組織の個体発生をあらわす適切なアナロジーを見つけるのは、驚くほどむずかしいが、この過程の特定の側面に部分的に似たものを見つけることはできる。レシピというのは、いくぶんかの真実を捉えており、私はときどき、「青写真」というアナロジーがなぜ不適切かを説明するために、このアナロジーを使う。青写真とちがってレシピは不可逆的である。もしあなたがケーキつくりのレシピに一歩ずつ従っていけば、最後にケーキができあがるだろう。しかし、あなたはケーキを手にとって、レシピ——厳密な意味でのレシピはまちがいなく——を復元することができない。それに対して、すでに見たように、家を取り上げて、もとの青写真にごく近いものを復元することはできる。これは、家の各部分と青写真の各部分が一対一対応をしているからである。トッピングのチェリーのような際だった例外を除けば、ケーキの各部分とレシピの単語、あるいは文章とのあいだには、一対一対応はない。

人間がものをつくりだすことに対するアナロジーとしてほかにどんなものがあるだろう。彫刻は、ほとんどまったくの見当はずれである。彫刻は石または材木の塊から出発し、不用なものを取り除き、

削り落としていくことによって形をつくりだし、最後には、望みの形だけが残るのである。確かに、ここには、アポトーシスと呼ばれる、胚発生における一つの特別な過程とは、少しばかりはっきりした類似がある。アポトーシスはプログラムされた細胞死で、例をあげれば、手足の指の発生にかかわっている。ヒトの胚では、手の指も足の指もすべてが癒合している。子宮のなかでは、あなたも私も水かきのついた手や足をもっているのだ。水かきはプログラムされた細胞死を通じて消失する（ほとんどの人がそうなるが、まれに例外はある）。これは、彫刻家が形を彫りだすやり方をちょっとばかり思い起こさせるが、胚発生の仕組みを捉えるほどには一般的でも重要でもない。発生学者はつかの間、「彫刻家の鑿《のみ》」のことを考えるかもしれないが、その考えをじっと持ち続けたりはしない。

彫像家のなかには、削り取って掘りだすのではなく、粘土の塊や軟ロウを使い、形にこねあげていく（そのあとで、たとえば青銅などに鋳造される）というやり方をする人もいる。これもまた、胚発生の適切なアナロジーではない。洋服の仕立ての技術もいいアナロジーではない。あらかじめ用意された布地を、あらかじめ計画されたパターンをとるような形に裁断し、その他の切り出された形の布地と縫い合わされる。しばしば、そのあと、内側を裏返しにして、縫い目がないかのように装う――そして、これは少なくとも、胚発生のある部分についてはいいアナロジーである。しかし一般的に胚発生は、彫刻もそうだったが、洋服の仕立てにも似ていない。編み物は、たとえばセーターの全体的な形が、個々の細胞と同じように、無数の編み目によって形づくられているという点では、より適切なアナロジーかもしれない。しかし、これから見るように、もっといいアナロジーがある。

工場の組み立てラインにおける自動車、あるいはその他の複雑な機械の組み立てはどうだろう。これはいいアナロジーだろうか？　彫刻や洋服の仕立てと同じように、あらかじめ製造された部品を組み立てるというのは、なにかをつくる効率的な方法である。自動車工場では、部品はあらかじめ、し

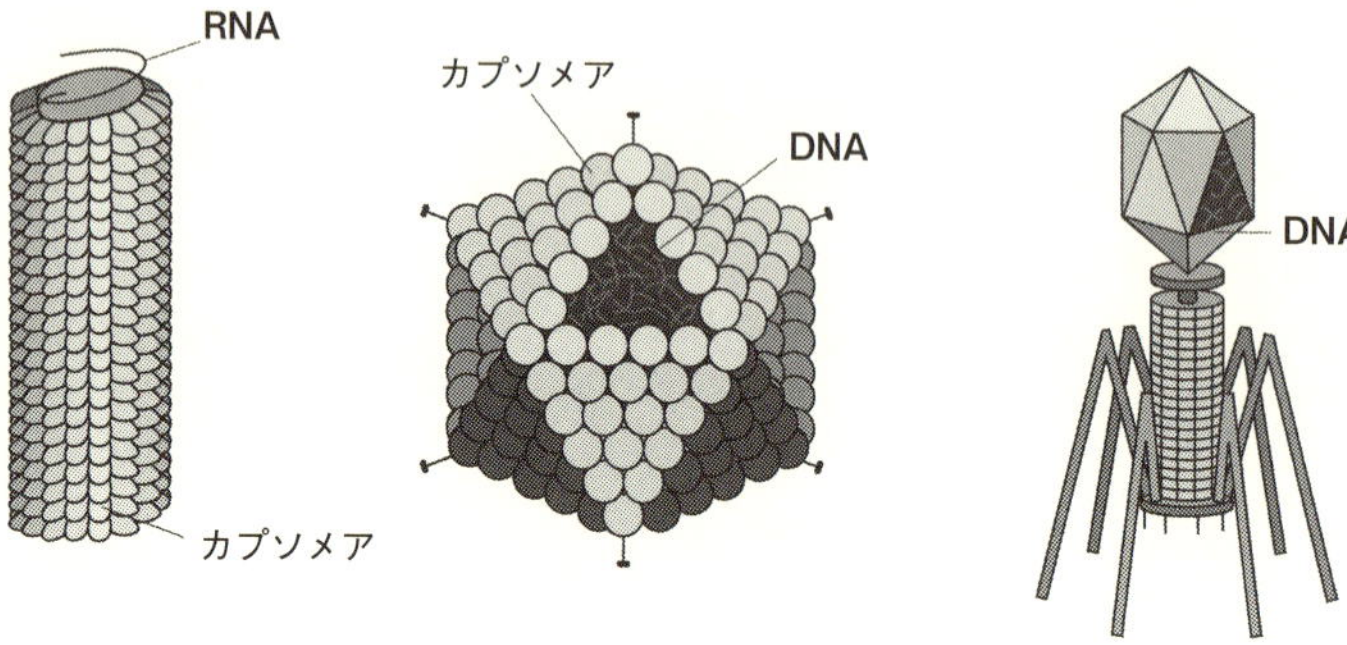

3種類のウイルス

ばしば鋳造所で鋳型《いがた》に流し込むことによってつくられる（胚発生には、この鋳造にかすかに似たものさえないと、私は思う）。そのあと、あらかじめつくられた部品は組み立てライン上に集められ、厳密に立案された計画に従って、ネジやリベットで留め、溶接や接着をしながら、一歩ずつ組み立てられていく。もう一度言うが、胚発生はあらかじめ立案された計画と似たところなどどこにもない。しかし、自動車組み立て工場において、気化器《キャブレター》、配電器キャップ、ファンベルト、シリンダーヘッドが集められ、正しい配置で接続されていく場合のように、あらかじめ組み立てられた部品が秩序正しくくっつけられていくというやり方に似たものはある。

上に示したのは、三種類のウイルスである。左はタバコモザイクウイルス（TMV）で、これはタバコおよび、トマトなど他のナス科のメンバーに寄生する。中央はアデノウイルスで、これはヒトを含めた多くの動物の呼吸器系に感染する。右はT4バクテリオファージで、細菌に寄生する。姿は月着陸船のようだが、振る舞い方もかなり似ていて、細菌（これはウイルスよりもはるかに大きい）の表面に「着陸」したあと、クモのような「脚」で降り立ち、中央部から針を突きだし、細菌の細胞壁を貫通して、内部に自らのDNAを注入する。そのあと、ウイルスのＤＮＡは細菌のタンパク質合成装置を乗っ取り、乗っ取られた装置は新しいウイルスをつくらされる羽目に陥る。この図の他の二つのウイルスも、月着陸船に似てもいなければ動き方も違うが、同じようなことをする。この三つとも、ウイルスの遺伝物質が宿主細胞のタンパク質合成装置を乗っ取り、その分子製造ラインを、正常な産物に代わってウイルスを大量生産するラインに変換してしまうのである。

この図であなたが見ているものの大部分は、遺伝物質を入れるタンパク質性のコンテナーで、（「月着陸船」）Ｔ4の場合は、宿主に感染するための装置である。興味深いのは、このタンパク質性の装置が合体されていくやり方である。それはまさに自己組織化されるのである。各ウイルスは、いくつかのあらかじめつくられたタンパク質分子から組み立てられる。各タンパク質分子は、これから見るようなやり方で、与えられた特定のアミノ酸配列の化学法則のもとで、あらかじめ特徴的な「三次構造」に自己組織化されている。そしてそのあと、ウイルスのなかで、タンパク質分子は互いに合体して、今度もまたローカル・ルールに従って、いわゆる「四次構造」を形成する。ここには全体《グローバル》計画も、青写真もない。

レゴのブロックのようにつなぎ合わされて四次構造を形成するタンパク質の下位単位《サブユニット》は、カプソメアと呼ばれる。こうした小さな構築物が幾何学的にどれほど完璧であるかに、注意を留めていただきたい。中央のアデノウイルスはきっかり二五二個のカプソメアをもっており、ここでは二〇面体に配列された小さな球として描かれている。二〇面体というのは二〇個の正三角形面をもつ、かの「プラトン立体」である。カプソメアは、いかなるマスタープランも青写真もなしに、お互いどうしが同類のものとぶつかったときに局所的に化学的な引力の法則に従うだけで、二〇面体に配列されるのである。これは結晶が形成されるときのやり方で、実際に、アデノウイルスは非常に小さな中空の結晶と

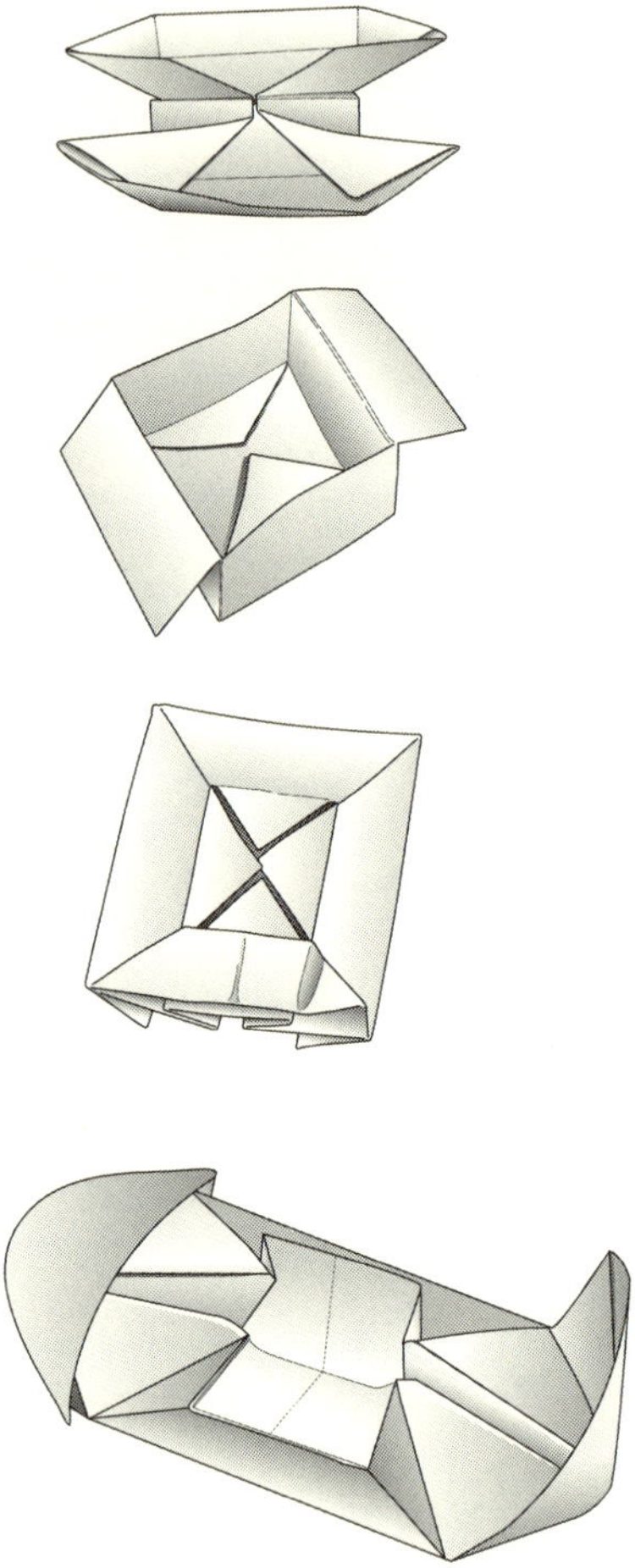

折り紙による中国船（宝船）と、3つの「幼生」段階。すなわち、「二艘船」、「2枚の扉がついた小箱」、「額縁に入った絵」

表現することができる。ウイルスの「結晶化」は、生きた生物を組み立てる主要な原理として私が売り込んでいる「自己組織化」のとりわけみごとな実例である。T4「月着陸船」ファージは、その主要なDNAを入れる容器にも二〇面体をもっているが、その自己組織化した四次構造はもっと複雑で、別のローカル・ルールに従って組み立てられて、注入装置と二〇面体に取り付けられた「脚」となる付加的なタンパク質ユニットを含んでいる。

ウイルスからもっと大きな生物の胚発生に戻って、さまざまな人間構築テクニックのなかで、私のお気に入りのアナロジー、折り紙に話を移そう。折り紙は紙を折りたたむことによって構造をつくりだす芸術で、日本でもっとも高度なレベルまで発達をとげたものである。私が作り方を知っている唯一の折り紙は「中国船（宝船）」である（前ページ）。私はこれを父親から教わったのだが、父親は一九二〇年代に彼の寄宿学校を折り紙の大流行が席巻したときに覚えたのだという。(*)この「宝船」がもつ生物学的に真に迫った特徴は、宝船の「胚発生」がいくつかの中間的な「幼生」段階を通過することである。各中間段階もそれ自体が楽しい創作で、それはほとんど似ていないチョウに向かっての中間段階を歩んでいるイモムシが美しいのと、まったく同じである。単純な正方形の紙から出発して、それをただ折りたたんでいくだけで――けっして切らないし、糊づけもしないし、他の紙をとりこむこともしない――、この手順は、「成体」に達するまでに、「双胴船（二艘船）」（上）、「二枚の扉のついた小箱」（中）、「額縁に入った絵」（下）という、三つの識別できる「幼生段階」を通過していく。折り紙のアナロジーが好都合なのは、あなたがはじめて宝船の作り方を教わるとき、宝船そのものだけでなく、三つの「幼生」段階――双胴船、小箱、額縁――のそれぞれが驚きをもたらす点だ。あなたの手は紙を折っているかもしれないが、宝船の青写真、あるいは幼生段階のどれかの青写真に従っているわけでは断じてない。あなたは、最後に突然、最終産物が蛹《さなぎ》から現れるチョウのように姿を現すまで、最終産物とはなんの関連もないように見える折り方の規則《ルール》に従っているだけなのである。したがって、折り紙のアナロジーは、全体的計画に対立する意味での「ローカル・ルール」の重要性をいくぶんか捉えているわけである。

＊この熱狂は消滅したが、一九五〇年代に私が同じ寄宿学校にそれを再度もちこみ、そこから、同じ病気の第二波の大流行のようにひろまった。

折り紙のアナロジーのもう一つ具合のいい点は、折り重ね、陥入《かんにゅう》、裏返しというのが、胚の組織が体をつくるときに好んで使われる業《わざ》であることだ。このアナロジーは胚の初期段階にとりわけうまくあてはまる。しかし、これにも短所があり、明らかな二点について述べよう。第一に、折りたたむのには人間の手が必要なこと。第二に、発生をとげている紙の「胚」は体が大きくなることはない。それは始めたときとまったく同じ重さで終わる。この違いを認めるために、私はときに、生物の胚発生を、単なる「折り紙」ではなく、「膨張する折り紙」と呼ぶことにする。

実際には、この二つの短所は、ある程度、互いに相殺《そうさい》しあう。発生中の胚において、折りたたまれ、陥入し、裏返しになるシート状の組織が実際は成長しており、折り紙において人間の手が供給していた推進力の一部を提供しているのがまさにこの成長なのである。もしあなたが、命をもたない紙の代わりに、生きたシート状の組織で折り紙モデルをつくりたいと思うのなら、もしそのシートが、正しいやり方で成長しさえすれば、つまりある部分が他の部分よりも速く成長すれば、そのことが、人間の手が伸ばしたり折ったりすることなしに、そしていかなる全体的計画も必要とせず、ローカル・ルールのみによって、自動的にシートが特定の形をとる——ある種のやり方で、折りたたまれたり、陥入したり、あるいは裏返しになることとさえ——ようにさせられる、少なくとも一か八かのチャンスはある。そして実際のところその見込みは、単なる一か八かのチャンス以上のものである。なぜなら、それが実際に起きているからである。それを「自動折り紙」と呼んでみよう。胚発生において、実際にこの自動折り紙はどのようにして機能しているのだろう？　シート状の細胞が成長するときに本物の胚で起こっているのは細胞の分裂であるからこそ、それはうまくいく。このシート状の組織においては部位ごとに成長速度が異なるのだが、これは、細胞分裂の速度が、それぞれの部位のローカル・ルールで決定されているからこそ可能な芸当だ。こうして私たちは回り道をして、トップダウン式の全体的規則に対立するボトムアップ式のローカル・ルールの根本的な重要性に戻ってきたわけだ。胚発生の初期段階において実際に起こっているのは、この単純な原理の（はるかに込み入った）変形版がつぎつぎに引き起こす一連の過程なのである。

以下に、脊椎動物の個体発生における初期段階で、折り紙がどのように進行するかを見てみよう。一個の受精卵細胞は分裂して二細胞になる。この二つがさらに分裂して四つになる。こうした経過が続いて、細胞の数は急速に二倍、四倍となっていく。この段階では成長も、膨張も見られない。受精卵のもとの容積は、ケーキを二つに切り分けるように、文字通り二分され、最終的に、多数の細胞からなる、もとの卵細胞と同じ大きさの球になる。それは中身の詰まったボールではなく、中空のボールで、胞胚《ほうはい》と呼ばれる。つぎの段階である原腸形成は、ルイス・ウォルポートから「あなたの一生のなかで、本当の意味でもっとも重要なときは、誕生でも、結婚でも、死でもなく、原腸形成である」という名文句を奉られたほどのものである。

原腸形成はいわば、胞胚の表面をなめつくし、全体的な形を根本的に変えてしまう、微小世界の地震である。胚の組織は大がかりに再編成される。ふつう原腸形成には、胞胚である中空のボールがへこみ、外の世界への開口をもつ二層構造になる（三三九ページのコンピューター・シミュレーションを参照）過程が伴う。この「原腸胚」の外側の層は外胚葉、内側の層は内胚葉と呼ばれる。また、外胚葉と内胚葉のあいだの空間に投げ出されたいくつかの細胞があり、これらは中胚葉と呼ばれる。この三つの始原的な細胞層のそれぞれが、体の主要な部分をつくることを運命づけられている。たとえば、皮膚や神経系は外胚葉から、消化管やその他の内臓は内胚葉から形成され、中胚葉は、筋肉や骨を提供する。

胚の折り紙のつぎの段階は神経管形成と呼ばれる。右図は、神経管形成中の両生類の胚（カエルか

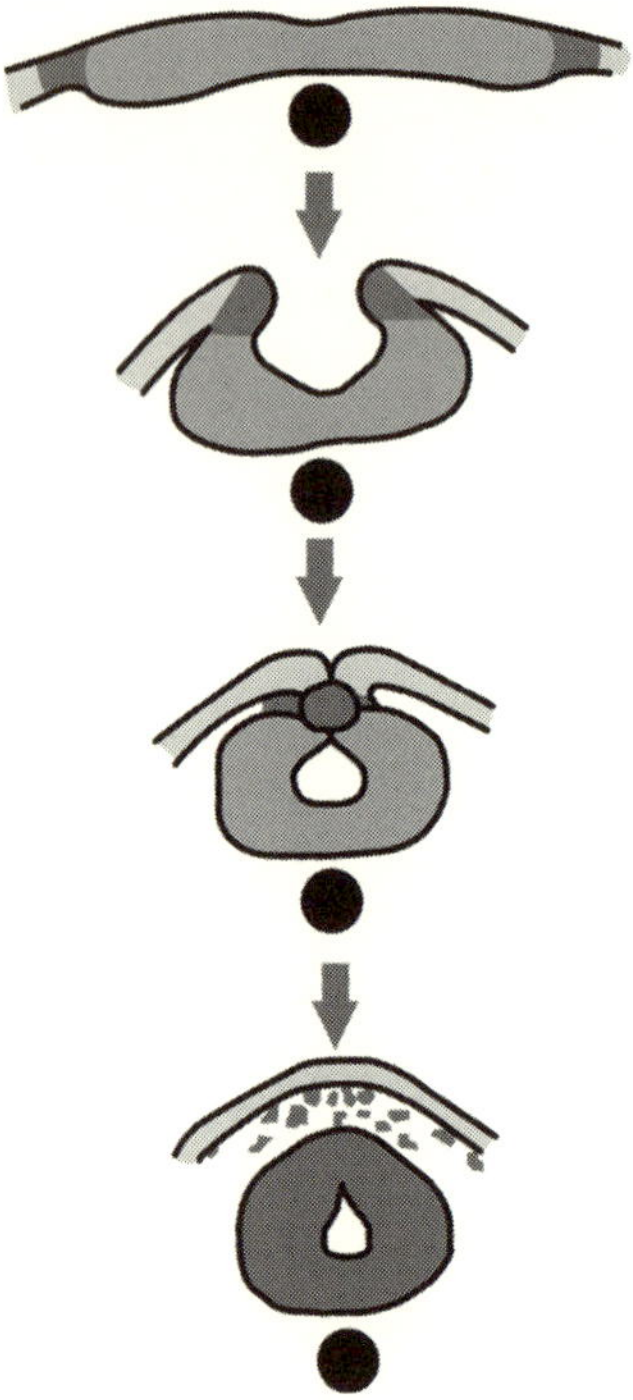

神経管形成

イモリのどちらでもいい）の背側中央の横断面を示している。黒い丸は「脊索」で、背骨の先駆けの役割をする固い棒である。脊索は、人類とその他の脊椎動物すべてが所属する（ただし、人類は、他の現生脊椎動物の大部分と同じく、胚のときにしか脊索をもたない）脊索動物門に特有のものである。神経管形成においては、原腸形成におけるのと同様、陥入がきわめて歴然としている。神経系が外胚葉に由来すると私が述べたのを覚えておられるだろう。さあ、それがここに示されている。外胚葉の一部が陥入し（ジッパーのファスナーのように、体の前から後ろに向かって徐々に）、丸まって管になる。そして、その管の「ジッパーが閉まる」箇所の両側がくびれきられ、最終的に神経管は、体の全長にわたって表皮と脊索のあいだを走ることになる。神経管は、体の主要な神経の幹線である脊髄になるよう運命づけられている。神経管の前端は膨れあがって脳となる。そして、この始源的な管から、その後の細胞分裂によって、残りの神経すべてが生じる(*)。

原腸形成と神経管形成のどちらも、細部に立ち入りたいとは思わないが、ただ、それがすばらしいものであり、どちらについても折り紙の喩え《メタファー》がかなりよく現実と合致するとだけ言っておこう。私が関心を寄せるのは、胚が「膨張する折り紙」を通じてより複雑なものになっていくための一般的原理である。次ページに掲げたのは、シート状の細胞が胚発生の過程、たとえば原腸形成の過程でしているのが観察された仕事の一つである。この陥入が「膨張する折り紙」において、どれほど有用な動きをなしうるかを容易に理解できるだろう。そして実際に、陥入は原腸形成と神経管形成のどちらにおいても、重要な役割を果たしているのである。

原腸形成と神経管形成は個体発生の初期に達成され、胚の全体的な形状に影響を与える。陥入およびその他の「膨張する折り紙」の戦略が初期発生におけるこうした段階を達成し、またこうした戦略とその他の技が、発生の後期、眼や心臓といった分化した器官をつくるときにもかかわってくる。しかし、折る作業をする手がないことを考えれば、いかなる力学的な過程によって、こうした力強い動きが達成されるのだろう？　一部は、すでに述べたように、それ自身の単純な膨張によってである。シート状の組織のあらゆるところで細胞は増殖している。したがって、その表面積は増え、ほかにいくところがないので、折れ曲がるか陥入するか以外に、ほとんど選択の余地がないのだ。しかし、こ

＊申し訳ないが、脊索（notochord）に、音楽用語の和音や数学用語の弦（chord）と同じように「h」が入っているのに、脊髄（spinal cord）には楽器の弦（cord）と同じように入っていない理由を説明できずに困っている。私はいつも不思議だと思っていて、ずっと昔に忘れられた化石化した何かのまちがいではないのかと、疑ったことさえある。確かに、『オックスフォード英語大辞典』は、楽器の弦の別の綴りとして「chord」を挙げているが、脊髄と脊索がどちらも上下になって、胚の体の全長にわたって走っていることを考えれば、この違いは奇妙に思える。

シート状の細胞の陥入

て、この過程が解明された。

の過程《プロセス》はもっと制御されたものであり、カリフォルニア大学バークリー校の明晰なる数理生物学者ジョージ・オスターと共同研究者たちによって、この過程が解明された。

ホシムクドリのように細胞をモデル化する

オスターらは、本章の初めのほうで触れたホシムクドリの群れ行動についてのコンピューター・シミュレーションにおいて考慮したのと同じ戦略に従った。胞胚全体の振る舞いをプログラムする代わりに、一個の細胞をプログラムしたのだ。そこから彼らは多数の、どれもみな同じの細胞の「クローンをつくり」、それらの細胞をコンピューターの中で一緒にさせたときに何が起こるかを観察した。いま私は一個の細胞の振る舞いをプログラムしたと言ったが、一個の細胞についてわかっているいくつかの事実を組み込んで、一個の細胞の数学的モデルをプログラムしたと言うほうがより適切だろう。具体的には、細胞の内部にはマイクロフィラメントが縦横《じゅうおう》に走っている。これは一種のミニチュアの輪ゴムで伸縮自在だが、収縮する筋繊維のように能動的に縮むことができるという性質をおまけにもっている。実際に、このマイクロフィラメントが筋繊維の収縮と同じ原理を用いているのである。(*) オスターのモデルは、細胞をコンピューター画面上で描ける二次元にまで単純化し、次ページの模式図でわかるように、わずか六本だけのフィラメントを、細胞内に戦略的に配置した。コンピューター・モデルでは、すべてのマイクロフィラメントに特定の定量的な性質を与え、「粘性減衰係数」と「弾性バネ定数」という物理学者には意味をもつ名前をつけた。この術語の意味が正確に何を意味するかは気にしなくともいい。物理学者がバネについて計測したがる類の事柄なのだ。本物の細胞では、多数のフィラメントが収縮可能だということもありえるが、オスターらは、六本のフィラメントのうちの一本だけにその能力を授けることによって、事態を単純化した。細胞がもつ既知の性質のいくつかを投げ捨てたあとでさえ、それらがもし現実的な結果を得ることができるとすれば、そうした性質を保ったままのより複雑なモデルでは、おそらく、少なくとも同じほどいい結果を得ることができるだろう。オスターらは、このモデルにおける一本だけ収縮可能なフィラメントを自由に収縮させるのではなく、ある類の筋繊維にふつうに見られる一つの性質を組み込んだ。すなわち、ある臨界的な長さを超えて伸びると、繊維が通常の均衡のとれた長さよりもはるかに短くなるまで収縮するという性質である。

かくして、一個の細胞のモデルができた。二次元の外形からなる大幅に単純化されたモデルで、内

＊ついでながら、これ自体が一つの魅力的な物語である。偉大なケンブリッジ大学の生理学者、ジョセフ・ニーダム（中国科学史の世界を代表する専門家としてさらにいっそう有名になった博学の士）が私の母校に来て実演してみせてくれて以来ずっと、私の想像力はそれにがっちりととらえられたままである。ニーダムは、その当時たまたま私たちの学校の先生だった甥の招きでやってきたのだった。身内のコネがもたらした恩恵だが、私はいまだに感謝している。ニーダム博士の指導のもとで、顕微鏡下にある筋肉繊維をのぞきこみ、体にとっての世界共通のエネルギー通貨であるＡＴＰ、すなわちアデノシン三リン酸を一滴落としたときに、まるで魔法のように、それがギュッと縮むのを観察した。

オスターのモデル細胞の内部にあるマイクロフィラメント

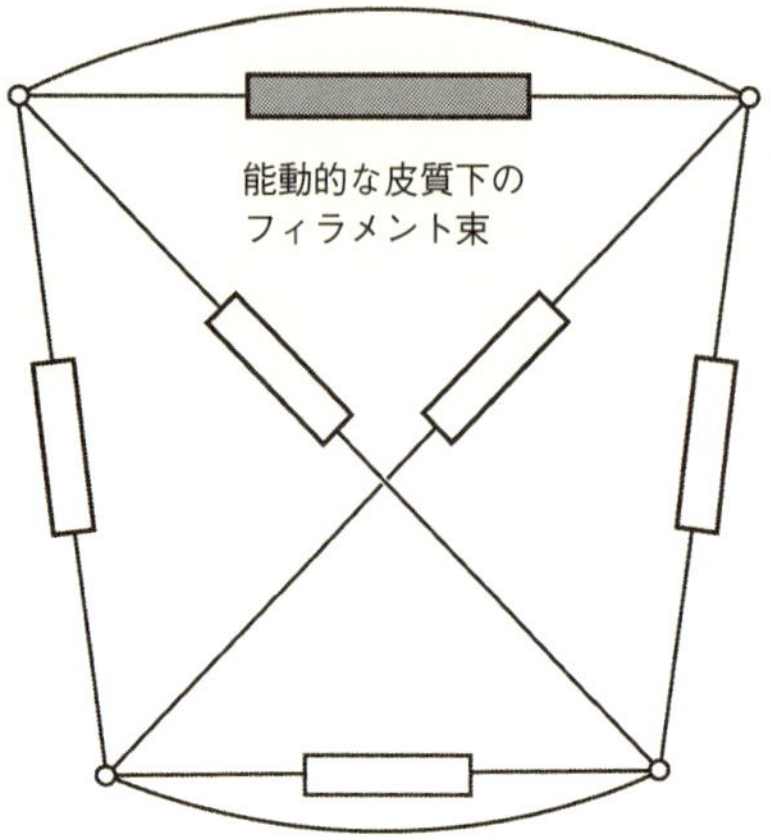

部に六本の輪ゴムが並び、そのうちの一本は、極端に引き延ばされた時には能動的に収縮することによって反応するという特別な性質をもっている。これがモデル化の第一段階である。第二段階でオスターらは、彼らのモデル細胞から数十細胞のクローンをつくり、それを（二次元の）胞胚のように円周状に配置した。それから、一つの細胞をとりあげ、その収縮可能なフィラメントをグイッと引っ張り、収縮を引き起こさせた。つぎに起こったことは、ほとんど正気を保てないほどにすばらしいものだった。モデルの胞胚が原腸形成をしたのだ！ 次ページに示したのは何が起こったかを示す六つの画面例である（図のaからfまで）。最初に誘発された細胞から、収縮の波が横にひろがっていき、細胞の球が自然発生的に陥入していったのだ。

それはさらに、すばらしい結果を得る。オスターらはコンピューター・モデルで、収縮可能なフィラメントの「作動閾値《いきち》」を下げる実験を試みた。結果は、陥入の波がさらに遠くまで及び、実際に

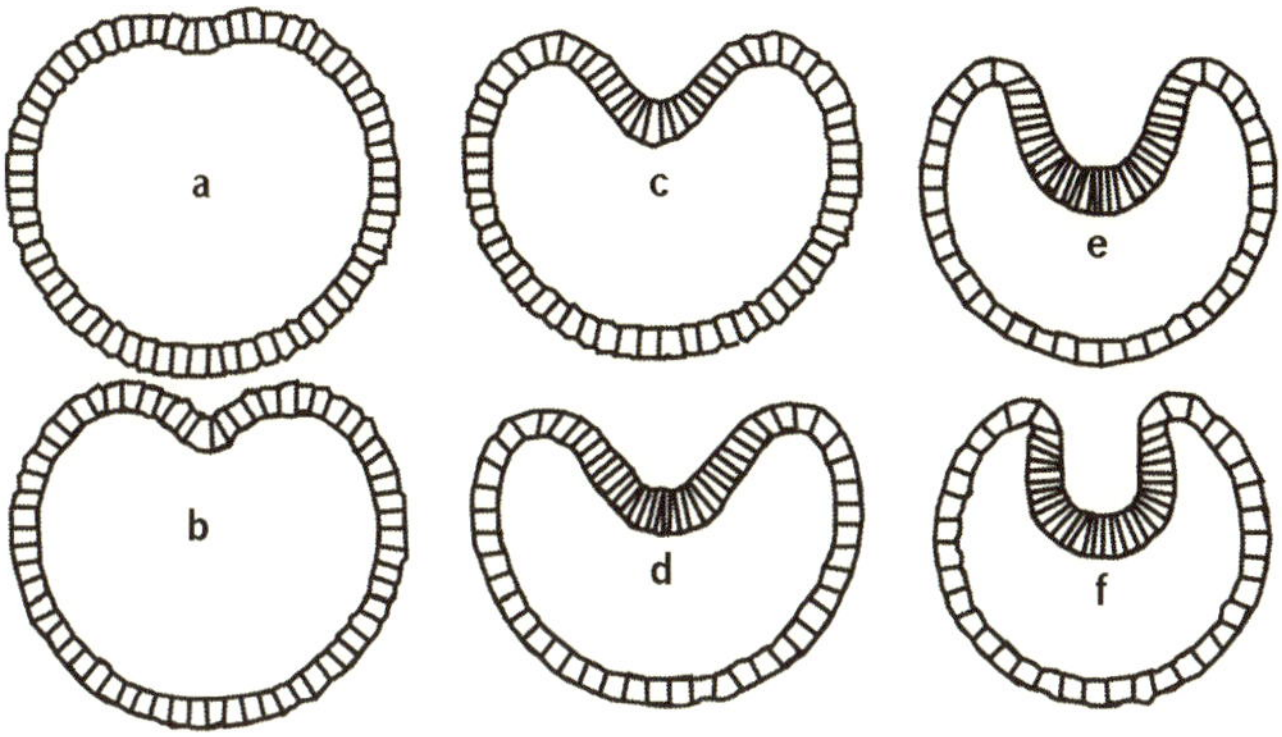

原腸形成をするオスターのモデル胞胚

「神経管」をくびれ切らせた（画像例ａからｈ、次ページ）。このようなモデルが本当は何であるかを理解するのは重要である。それは正確に神経管形成を表してはいない。それが二次元のもので、他の多くの点でも単純化されたものであるという事実はさておいて、「神経管形成した」細胞の球（画面例ａ）は、あるべき二層の「原腸胚」ではなかった。それは、上述の原腸形成のモデルのために用意したのと同じ胞胚様の出発点だった。しかし、それは問題ではない。モデルというものは、あらゆる細部まで完全に正確なものでなくてもいいのだ。このモデルはそれでも、初期胚における細胞の振る舞いのさまざまな側面を模倣することがいかにたやすいかを示している。このモデルが実際の状況よりも単純だとはいえ、二次元の細胞の「球」が刺激に反応して自然発生的に反応したという事実によって、これをいちだんと強力な証拠とみなしうるようになった。このことは、初期の胚発生を進行させるさまざまな手順の進化がかならずしもむずかしいことではなかったことを再確認させてくれる。単純なのは原理であって、それが具体的に表す現象ではないということに注目してほしい。それこそ、すぐれた科学的モデルの品質保証なのである。

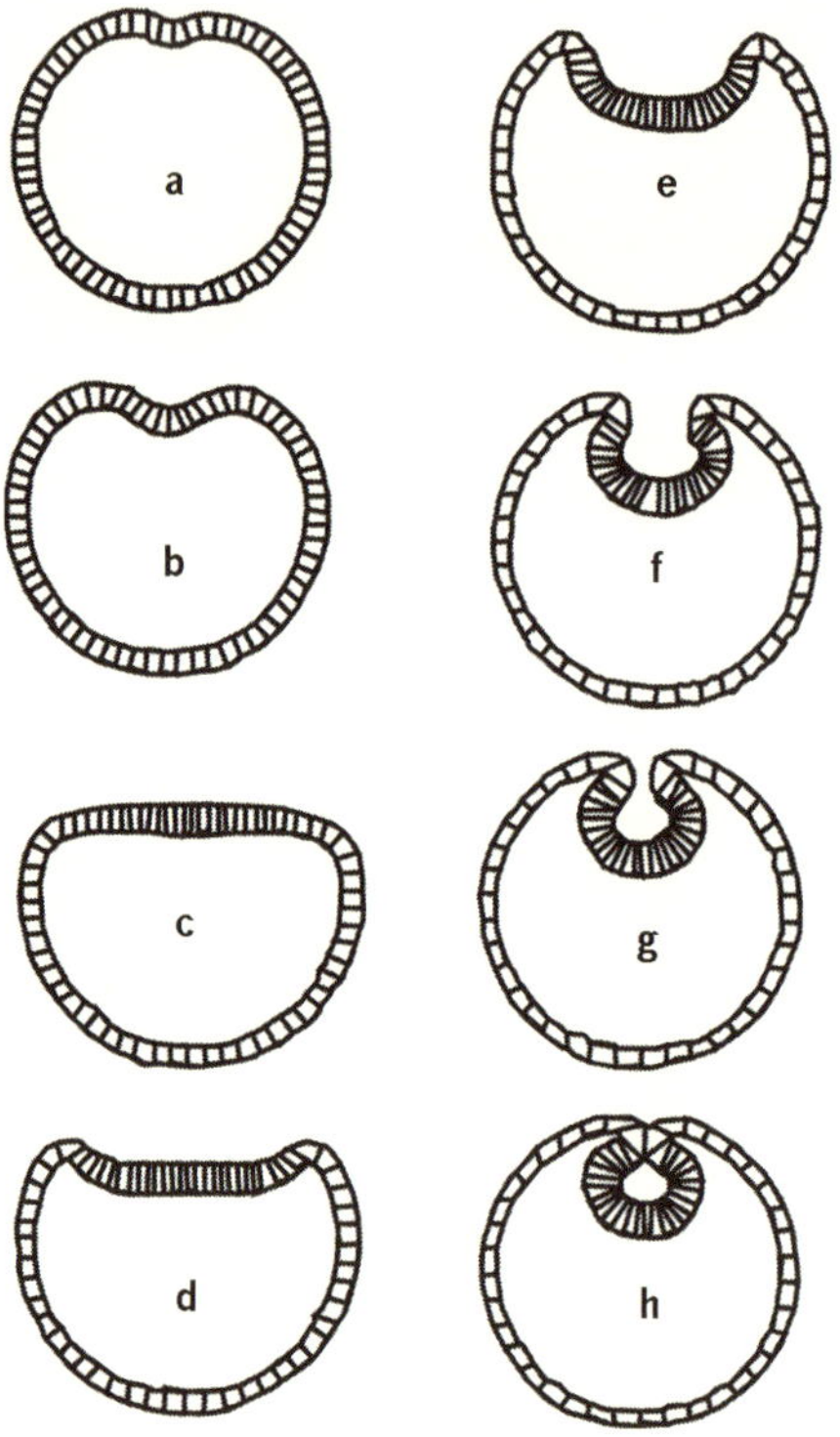

オスターのモデルにおける「神経管」の形成

ここで私がオスターのモデルをくわしく説明したのは、単一の細胞が、体全体を表示するいかなる青写真もなしに互いに相互作用して、体をつくることができるようにする一般的な種類の原理を示すのが目的であった。すなわち、折り紙のような折りたたみ、オスター流の陥入とくびれ切りである。これらは、胚をつくりあげるための単純な業《トリック》のごく一部にすぎない。もっと手の込んだ他の業《わざ》は胚発生の後期にかかわってくる。たとえば、巧妙な実験によってわかったのだが、神経細胞は脊髄または脳から伸びていくとき、いかなる全体的な計画に従っているわけでもなく、むしろ雄イヌが発情期に雌のにおいをかぎまわるように、化学的な誘引物質に導かれて、目標とする器官までの道を見つけるのである。ノーベル賞を受賞した発生学者、ロジャー・スペリーによる初期の古典的な実験は、この原理を完璧に実証するものだ。スペリーと共同研究者たちは、オタマジャクシを取り上げ、その背中から皮膚の小さな四角片を取り去った。腹の皮膚からも同じ大きさの四角片を取り去った。そのあと、この二つの四角片を、それぞれ反対の場所に再移植した。つまり腹の皮膚を背中に、背中の皮膚を腹に移植したのである。オタマジャクシが成長してカエルになったとき、その結果は、発生学の実験ではよくあることだが、かなり困惑させられるものだった。濃い斑《まだら》模様の背中に白い腹の皮膚のスタンプ模様がくっきりと浮かび、白い腹の真ん中に濃い斑模様の皮膚のもう一つのスタンプ模様がくっきりと浮かんでいたのだ。そしてここからが話の要点である。ふつう、もしあなたが毛でカエルの背中をくすぐると、カエルは後ろ足で、うるさいハエを防ぐかのように、その場所をこするだろう。しかし、スペリーが実験台のカエルの、背中にある白い「スタンプ」をくすぐったとき、なんとカエルは腹をこすったのだ！　そしてスペリーが腹の濃い色のスタンプ模様をくすぐったとき、カエルは背中をこすったのである。

スペリーの解釈によれば、正常な胚発生で起こっているのは、脊髄から軸索（長い「配線」で、それぞれは、一個の神経細胞から出ている細い筒状の突起）が、イヌが嗅ぎまわるようにして、腹の皮膚を探し求めて伸長するということである。脊髄から伸長してくる別の軸索は、背中の皮膚を嗅ぎあてる。そして正常なら、これは正しい結果をもたらす。背中をくすぐれば、背中がくすぐられたと感じ、腹をくすぐれば、腹をくすぐられたと感じるのである。しかしスペリーの実験のカエルでは、腹の皮膚の「におい」を嗅いで探していたいくつかの神経細胞が、背中に移植された腹の皮膚のスタンプを見つけた。おそらくは、ただしくにおいを嗅ぎつけたからであろう。そして腹に移植された背中の皮膚についても同じことが起きた。ある種の白紙《タブラ・ラサ》説——それによれば、私たちは誰も心に何も書かれていない白紙をもっていて、経験によってあらゆることを書き込むことになる——を信じている人々は、スペリーの結果を聞いて驚くにちがいない。そういう人々は、カエルは皮膚上の正しい場所と正しい感覚を結びつけることで、自分の皮膚に至る道を経験から学習するはずだと予想していただろう。そうではなく、脊髄中のそれぞれの神経細胞は、それに相応《ふさわ》しい皮膚と接触する以前にさえ、いわば、腹の神経細胞、背中の神経細胞というふうにラベル付けされているように思われる。後から、標的として定められた画素《ピクセル》を、それがどこにあろうとも、見つけるのである。もしハエが背筋に沿って這いのぼっていくことがあれば、スペリーのカエルはおそらく、ハエが背中から腹に飛び移り、ちょっと進んでからまたすぐに背中に飛び移ったという幻覚を体験することになるだろう。

　このような実験から、スペリーは、「化学親和」説を提案した。この説によれば、神経系は全体的な青写真によってではなく、個々の軸索が特別な化学的親和性をもつ標的器官を探し当てることによって、配線をつなげていくことになる。ここにもまた、ローカル・ルールに従う局所的な単位が見つかったわけだ。細胞は一般に、「ラベル」、すなわち「パートナー」を見つけることを可能にする化学的なバッジをいっぱいぶらさげている。ここで折り紙のアナロジーに立ち戻るなら、このラベル付けの原理が有効である状況がさらに一つ見つかることだろう。人間が紙でつくる折り紙は糊を使わないが、使ってもかまわない。そして、動物の胚の折り紙は、寄り集まって体をつくるときに、実際に糊に匹敵するようなものを使うのである。糊というよりは、むしろ各種の接着剤と言ったほうがいい。なぜなら、種類がいっぱいあるからで、こここそが、ラベル付けが意気揚々と本領を発揮する状況にほかならない。細胞は表面に「接着分子」の複雑なレパートリーをもっており、それによって他の細胞に接着する。この細胞接着は、体のあらゆる部分の胚発生において重要な役割を果たしている。しかし、私たちがよく知っている糊や接着剤とは明瞭な違いがあるのだ。私たちにとって接着剤はどこまでいっても接着剤である。ある接着剤は他のものより強力で、ある接着剤は他のものより速く固まり、また、ある接着剤は、たとえば木材により適しているが、他のものは金属やプラスチックにより効果的である。しかしそれは、接着剤のあいだの多様性についてのことにすぎない。

細胞接着分子はそれよりもはるかに巧妙なものである。もっと選り好みが激しいと言ってもいい。ほとんどの表面にくっつく人工的な接着剤とちがって、細胞接着分子は、特定の他の細胞がもつ厳密に正しい種類の細胞接着分子としか結合しない。脊椎動物における接着分子の一群《クラス》であるカドヘリンには、最近ではおよそ八〇の変種が見つかっている。いくつかの例外はあるが、この約八〇種類のカドヘリンは、自分と同じ種類のカドヘリンとしか結合しない。ここでしばし、接着剤のことは忘れてほしい。もっといい喩え《アナロジー》は、それぞれの子供に一つの動物が割り当てられ、全員が割り当てられた動物のような声を出しながら部屋中を歩きまわるという、子供のパーティ・ゲームかもしれない。それぞれの子供は、ほかに一人だけ自分と同じ動物を割り当てられた子供がいることを知っていて、農家の庭もかくやと思わせる多様な騒音のなかから、自分のパートナーの声を聞き分けて見つけなければならない。カドヘリンはそれと似た働き方をしている。ひょっとしたら、私と同じようにあなたもぼんやりと想像できているかもしれないが、細胞表面の戦略的な地点に特定のカドヘリンを慎重に塗りつけることで、胚の折り紙の自己組織化原理を洗練し、複雑なものにできるのだ。もう一度言うが、ここで想定されているのはいかなる種類の全体的な計画でもなく、むしろ、ローカル・ルールの個別の集まりなのである。

酵素

ここまで、シート状の細胞全体が胚の形態形成においてどのように折り紙ゲームを演じているかを見たので、今度は、一個の細胞の内部に潜ってみることにしよう。そこにも、自分で折れまがり、自分で崩れるという同じ原理が見つかるが、こちらはもっとはるかに小さなスケールで、一個のタンパク質分子のスケールで起こる。ここでは時間が惜しいのでくわしく述べないが、いくつかの理由のために、タンパク質はこのうえなく重要である。タンパク質固有の重要性を称えるのに、まずは、冷やかしじみた憶測から始めることにする。宇宙のどこか別の場所に生物がいるとすれば、どんなに異様で、変わった姿をしていると想像すべきなのか、そんなことに思いを巡らすのが、私は大好きだ。しかし、どこで生命が見つかろうとも、一、二の事柄は普遍的《ユニヴァーサル》だろうと、私は思っている。すべての生物は、ダーウィン流の遺伝子自然淘汰に関連した過程《プロセス》によって進化してきたことが判明するだろう。そしてそれは、タンパク質――あるいは、タンパク質と同じように、自ら折りたたまれて、とてつもなく多様な形をつくりだすことができる分子――に強く依存しているであろう。タンパク質分子は、これまで扱ってきたシート状の細胞よりもはるかに小さなスケールで業を駆使する、自動折り紙の「巨匠」なのである。タンパク質分子は、ローカル・ルールが、局所的なスケールで守られたときにどんなことが達成できるかを示す、すばらしい見本《ショーケース》にほかならない。

タンパク質はアミノ酸と呼ばれる小さな分子が鎖のようにつながったもので、この鎖は、これまで考察してきた細胞のシートと同じように、はるかに小さなスケールにおいてであるが、確固として決まったやり方で自ら折りたたまれる。自然に生じるタンパク質（この点は、宇宙のどこかの見知らぬ惑星の世界ではおそらく異なっていると考えられる）には、本来存在しうるもっと広いアミノ酸のバリエーションから選ばれた、わずか二〇種類のアミノ酸しかなく、すべてのタンパク質は、この二〇種類のレパートリーからとりだしたアミノ酸だけをつなぎあわせた鎖なのである。さてつぎは自動折り紙だ。タンパク質分子は、化学と熱力学の法則にただ従っているだけで、自然発生的かつ自動的に自らねじれて、正確な形の三次元の構造をとる——私はほとんど「結び目」と言いたいところだが、（ここで、どうしようもなく取るに足りないのだが、興味深い事実を告げさせてもらえば）ヌタウナギとはちがって、タンパク質は文字通りに自分で結び目をつくるわけではない。一本のタンパク質の鎖が自ら折りたたまれ、ねじれてできる三次元構造は、ウイルスの自己組織化を考察したときにちょっとだけお目にかかった「三次構造」である。どんなアミノ酸配列も、特定の折れたたみパターンを指令する。それ自体は、遺伝暗号の文字によって決定されるアミノ酸配列が、三次元パターンの形を決めている。(*)そうして決められたこの三次元構造の形が、とてつもなく重要な化学的帰結をもたらすのである。

タンパク質の鎖が自ら折りたたまれ、ねじれることによる自動折り紙は、化学的引力（親和力）の法則、および原子どうしの結合角度を決定している法則に支配される。奇妙な形をした磁石を連ねた首飾り《ネックレス》を想像してみてほしい。この首飾りは優雅な首のまわりに優雅な懸垂線《けんすいせん》をなしてぶらさがることはないだろう。磁石どうしが互いに乗り上げ、鎖の全長にわたってある互いの凹みや割れ目に入り込んでいくので、それは何か別の、タンパク質のようなこんがらかった形になると推測されるだろう。タンパク質の鎖とちがって、このこんがらがった鎖の正確な形はたぶん予測できない。なぜなら、どの磁石も自分以外のあらゆる磁石を引きつけるからである。しかしそれは実際に、アミノ酸の鎖が、自然発生的に複雑な結び目様の構造を形成しうることを示しているのだ。それは鎖や首飾りのようには見えないかもしれない。

化学の法則がどのようにしてタンパク質の三次構造を決定するのか、その詳細はまだ完全には理解されていない。化学者はまだ、与えられたアミノ酸配列がどのような形にねじれあがっていくのか、すべての場合について推測することはできていないのだ。にもかかわらず、三次構造がアミノ酸配列から原理的に推測可能だという有力な証拠がある。「原理的に」という表現に、神秘的なところは何もない。サイコロの目がどう転ぶかは誰にも予測できないが、投げられ方の厳密な細部、ならびに風の抵抗その他の付加的な事実によって完全に決定されていることは、誰もが知っている。特定のアミノ酸配列がつねに特定の形状、もしくはそれに代わってとりうるいくつかの形状（次ページの長い注を参照）にねじれあがることは、実証された事実である。そして——ここが進化にとって重要な点だが——アミノ酸配列それ自体は、遺伝暗号の規則の遂行を通じてではあるが、遺伝子の（トリプレットの）「文字」の配列によって完全に決定されている。特定の遺伝子突然変異から結果としてどのようなタンパク質の形状の変化を生じるかを、人間の化学者が予測するのは簡単ではないが、ひとたび突然変異が起これば、結果として生じるタンパク質の形状変化は原理的に予測可能であるというのは、依然として事実である。同じ突然変異遺伝子は、確実に、同じような変更のほどこされたタンパク質の形状（あるいはそれに代わる形状のメニューの一つ）を生むだろう。自然淘汰にとって大事なのはそれがすべてである。自然淘汰は、ある遺伝的な変化がなぜ特定の結果をもたらすかを理解している必要はない。そうなるということだけで十分なのだ。もしその結果が生き残りに影響を与えれば、変化した遺伝子は、遺伝子がタンパク質に影響を与える正確な経路が理解されているかいないかにかかわりなく、遺伝子プールを支配する競争で勝つか負けるかのどちらかになるだろう。

このように、タンパク質の形状がはてしなく変幻自在であり、それが遺伝子によって決定されるとすれば、なぜそれがかくも格別に重要なのだろうか？　一つには、一部のタンパク質が体のなかで直

接的な構造上の役割を果たしているためである。コラーゲンなどの繊維性のタンパク質は、合体して

＊この発言には一つ重要な保留が必要である。遺伝子によるアミノ酸配列の決定は実際に絶対的である。しかし、一次元のアミノ酸配列による三次元構造の決定は絶対的ではなく、それが実際に問題なのである。二つの異なる型の三次元構造にねじれ上がることのありうるアミノ酸配列、というものがいくつか存在する。たとえば、プリオンと呼ばれるタンパク質は、二つの安定した構造をもっている。これらは、電灯のスイッチが上か下かどちらかの位置にあるとき安定で、中間には安定した位置がないのと同じように、安定した中間型をもたない、はっきりと異なる二者択一の選択肢なのである。こうした「スイッチ・タンパク質」は災厄をもたらすことも有益なこともある。プリオンの場合には、災厄をもたらす。狂牛病は、脳内の有用なタンパク質（それは細胞膜の正常な構成物質）がたまたま異常型――自動折り紙において別の形に折れたたまれる――をもっていることで生じる。この異常型は、ふつうはけっして見られないが、もし一つの分子でこれが生じると、それが引き金となって、隣接する分子につぎつぎと同じことをさせていく。隣接する分子はその真似をして、変異型にひっくり返ってしまうのだ。ドミノ倒しの波のように、あるいは無責任な噂が広まっていくように、異常型のプリオンは脳内にひろまっていき、狂牛病――あるいは人間の場合にはクロイツフェルト＝ヤコブ病、ヒツジの場合はスクレイピー病――という悲惨な結果をもたらす。しかしときには、二つ以上の異なる型に自動折り紙で自ら折れたたまれる能力をもつ分子が有用なこともある。電灯のスイッチという喩えを捨てずにそのまま使うとすれば、一つのすばらしい実例が見つかる。眼にあって、私たちの光に対する感受性をうけもっているロドプシンというタンパク質複合体は、その構成要素としてレチナール（これ自体はタンパク質ではない）という分子をもっているが、このレチナールは、光の光子が当たると、安定した本来の形状が代替型の形状にひっくりかえるのである。そのあとすぐに、節電タイマーのついた電灯スイッチのようにもとに戻るが、同時にこの転換は、脳につぎのように登録される。「ここのピンポイントの地点で光が検知された」。ジャック・モノーの名著『偶然と必然』には、そのような双安定スイッチ分子についてとりわけ見事に書かれている。

頑丈なロープになり、それを私たちは靭帯《じんたい》や腱と呼んでいる。しかし大部分のタンパク質は繊維性ではない。そうではなく、自ら丸まって独特な球状の形をとっており、そこには微妙な凹みが備わっている。この凹みの形がタンパク質に、酵素としての特有の役割を決定する。酵素とは触媒のことである。

触媒は、他の物質間の化学反応速度を、何十億倍、いや何兆倍にもさえ速めるものであるが、触媒自身はこの過程をまったく無傷で切り抜け、またふたたび自由に触媒作用を果たすことができる。酵素はタンパク質性の触媒で、その特異性のゆえに触媒の中のチャンピオンである。酵素は、どの化学反応の速度を正確にあげるかに関してきわめて厳格である。あるいはひょっとしたら、「生きた細胞における化学反応は、どの酵素が速度を上げるかについて、きわめて厳格である」と言えるのかもしれない。細胞の化学的世界における多くの反応はあまりにも速度が遅いので、正しい酵素がなければ、実践的な目的からすれば、まったく反応が起こらないも同然である。しかし正しい酵素があれば、非常に迅速に起き、大量の生成物を生産することができる。

私が気に入っている流儀で説明しよう。化学実験室には棚に何百という瓶や壺があり、それぞれには異なる純粋な物質が、化合物、元素、溶液、粉末という形で入っている。ある特定の化学反応を起こさせたいと思う化学者は、二つないし三つの瓶を選んで、そこからそれぞれの試料を取り出し、試験管かフラスコのなかで混ぜ合わせ、場合によっては熱を加え、そして反応が起きる。この実験室で起こりうる他の化学反応は起こらない。なぜなら、瓶や壺のガラス壁が成分どうしの出会いを阻《はば》んでいるからである。もしあなたが別の化学反応を望むならば、別のフラスコで別の成分どうしを混ぜ合わせねばならない。あらゆるところで、瓶や壺に入った純粋物質を互いに隔てるガラスの障壁があり、試験管、フラスコ、あるいはビーカーで反応中の組み合わせを互いに隔てているのである。

生きている細胞もこの大がかりな化学実験室のようなもので、同じように、化学物質の大きな貯蔵庫をもっている。しかし、それらは棚の別々の瓶や壺に保持されているわけではない。すべてが混ざり合っているのだ。それはあたかも、無法の王たるヴァンダル族の一団が実験室に侵入し、あらゆる棚のすべての瓶をつかんで、大鍋の中に何の秩序もなく手当たり次第に投げ込んだかのようである。恐ろしいことが起こるのではないか？　そう、もしすべてが、ありうるすべての組み合わせで、それらの物質がすべて反応すれば、そうなるだろう。しかし、そうはならない。あるいは、もしそうなっても、反応速度があまりにも遅いので、何も反応していないも同然でしかないだろう。ただし、酵素が存在する場合は別だ――ここが肝心のところである。物質を別々に離しておくのに、ガラス瓶もガラス壺も必要ない。なぜなら、どう見ても、そうした物質がどうにかして一緒に反応しそうにはないからである――正しい酵素がないかぎり。たとえばAとBという特定の組み合わせで混ぜ合わせたいと思うまで、蓋付きの瓶に化学物質を保存しておく、というやり方をとらなくても、何百もの物質をすべて魔女の秘薬づくりの大鍋にぶちこんでおき、AとBのあいだの反応だけを触媒し他の反応は一切触媒しない、正しい酵素を供給してやればいいのだ。実際には、でたらめにぶちまけられた瓶という喩えはやりすぎである。実は細胞は、膜という基幹構造《インフラストラクチャー》をもっていて、膜のあいだ、あるいは膜の内部で、化学反応が進行する。ある程度まで、そうした膜が、試験管やフラスコのあいだのガラスの仕切りの役目を果たしてはいる。

　本章のこの節の要点は、「正しい酵素」がその「正しさ」を、もっぱらその物理的な形状を通して実現しているということである（そして、これが重要なのだ。なぜなら、物理的な形状は遺伝子によって決定されるのであって、自然淘汰によって究極的に変異が好まれもしくは嫌われるのはその遺伝子だからである）。たくさんの分子は、細胞の内部を浸しているスープのなかを漂流し、身をよじり、回転している。Aという物質の一分子はBという物質の一分子と喜んで反応するかもしれないが、それは、たまたま両者が相対的に互いにぴったりの方向を向いていたときに衝突した場合にしか起こらない。重要なことに、それはほとんど起こらない——正しい酵素が介在しないかぎり。酵素の正確な形状、磁石でできたネックレスのように自ら折れたたまれてできた形には、空洞や凹みが残される。そうした空洞や凹みのそれぞれが厳密な形をしている。各酵素はいわゆる「活性部位」をもっている。これは通常、特定の凹みすなわちソケットであり、その形と化学的性質が酵素に特異性を与えている。「凹み(dent)」という言葉は、この機構《メカニズム》の特異性や正確さを適切に伝えていない。ひょっとしたら、電気のソケットに喩えるのがもっと適切かもしれない。私の友人である動物学者のジョン・クレブスはそれを「プラグをめぐる大陰謀」と呼んでいるが、なんともイラだたしいことに、世界中のさまざまな国が、プラグとソケットに関するそれぞれに異なる恣意《しい》的な慣行を採用してきた。英国のプラグは米国のソケットにはまらないし、フランスのソケットにもはまらない、等々のことがある。タンパク質分子の表面にある活性部位はこれと同じ、特定の分子しかはまらないソケットなのである。しかしプラグをめぐる大陰謀にかかわっているのが世界中でわずか六種類の異なった形(これだけでも旅行者をたえず煩《わずら》わせるには十分である)でしかないのに対して、酵素が誇るソケットの種類は、はるかに膨大である。

PとQという二つの分子の化学的な組み合わせを触媒し、PQという化合物を生成する特定の酵素を考えてみてほしい。活動部位の「ソケット」の半分は、タイプPの分子がジグソーパズルのピースのように、ぴったりそこにはまるものである。同じソケットの残りの半分は、同じようにQ分子がさしこまれるのにぴったりの形をしている——それに導かれて、Q分子はすでにそこに存在するP分子と化学的に結合するうえで厳密に正しい方向を向く。一つの凹みを共有し、仲介役の酵素分子によって互いにちょうどぴったり正しい角度でしっかりと保定されることで、PとQは結合する。新しい化合物PQはいまや離れてスープのなかに入っていき、後に残った酵素分子の活性をもつ凹みには、別のPとQが自由に結合できる。一つの細胞が、同一の酵素分子の群れで満たされ、どれもが自動車工場のロボットのように働いて、工業生産規模で、細胞はPQを大量生産しつづける。同じ細胞に別の酵素を入れれば、別の生成物、たとえばPR、QS、あるいはYZといったものを大量生産する。利用できる材料物質が同じであったとしてさえ、最終産物は同じではない。別のタイプの酵素は、新しい化合物の生成にではなく、古い化合物の分解にかかわっている。そうした酵素のあるものは、食物の消化にかかわっており、それらはまた「生物学的な」洗剤としても利用される。しかし、本章は胚の構築に関するものなので、ここではもっぱら、新しい化学化合物の合成を仲介する構築的な酵素を取り上げよう。そのような過程の一つをカラー口絵一三ページに示した。

あなたには一つ問題が思い浮かんでいるかもしれない。ジグソーパズルの凹みとソケット、特定の化学反応を一兆倍も加速することができるきわめて高い活性部位については、まことに結構だが、それはあまりにも話ができすぎていて、真実とは思えなくはないだろうか？　酵素分子は、それほど完全ではない発端からどのようにして正確に正しい形状へと進化するのだろう？　ランダムに形づくられたソケットが、二つの分子PとQの結婚を導き、正確に正しい角度で出会うようにしてのけられる、ちょうど正しい形をもち、ちょうど正しい化学的性質をもつ確率はどれくらいだろう？　もしあなたが「完成したジグソーパズル」――あるいは、実際には「プラグをめぐる大陰謀」――のことを考えているとしたら、それほど確率は大きくない。そうではなく、「改良をもたらすなめらかな勾配」についてて考えるべきなのである。複雑で、ありえないような事柄が進化でどのようにして生じうるかという難問に直面したときは、いつもそうなのだが、今日私たちが目にしている最終的な完璧さが、最初からそこにあったと仮定するのはまちがいである。完全な形をとり、高度な進化を遂げた酵素分子は、触媒する反応速度の一兆倍もの加速を達成し、それを正確に正しい形になるようみごとにつくられることによってなしとげる。しかし、自然淘汰によって優遇されるためには、一兆倍にも加速する必要はない。一〇〇万倍でもりっぱにやれる！　一〇〇〇倍でもそうだろう。そして、一〇倍や二倍でさえ、自然淘汰が適切な手をさしのべるのに十分だろう。一つの酵素の能率《パフォーマンス》の改善には、凹みがほとんどないところから、粗雑な形の凹みを経て、正しい形と化学的性質を正確に備えたソケットにいたる、なめらかな勾配があるのだ。ここで「勾配」と言うのは、各段階が一つ前の段階に比べて、どれだけわずかかだろうが、目に見える改善であることを意味する。そして自然淘汰にとって「目に見える」というのは、私たち人間が気づくのに必要な最小値よりも小さな改善をも意味しうるのである。

これであなたにもその仕組みがわかるだろう。すばらしい！　細胞は汎用化学工場で、きわめて幅広い種類の異なる物質のどれか（選択は、どの酵素が存在するかによってなされる）を大量に吐きだすことができる。では、その選択はどのようにしてなされるのか？　どの遺伝子のスイッチが入っているかによってである。細胞が大量の化学物質で満たされた水槽でありながら、ごく少数のものだけが互いに反応するのとちょうど同じく、すべての細胞の核は完全なゲノムをもっていながら、ごく少数の遺伝子のスイッチだけが入っている。たとえば膵臓の細胞の、一つの遺伝子のスイッチが入ると、その暗号文字配列が、タンパク質のアミノ酸配列を直接に決定する。そしてアミノ酸配列は（磁石でできたネックレスのイメージを覚えているだろうか？）、そのタンパク質が折れたたまれてできる形を決定する。そして、折りたたまれてできたタンパク質の形それ自体が、細胞中に漂っている物質を結び合わせる厳密な形をしたソケットとなる。すべての細胞は、核を欠いている赤血球のようなごくわずかな例外を除いて、あらゆる酵素をつくる遺伝子をもっている。しかし、どの一つの細胞でも、一時には、少数の遺伝子にしかスイッチが入っていない。たとえば、甲状腺の細胞では、甲状腺ホルモン製造を触媒する正しい酵素をつくる遺伝子のスイッチが入っている。そして、他の異なる種類の細胞すべてについても、同じことがあてはまる。最後に、一つの細胞内で進行するさまざまな化学反応が、その細胞の形態や振る舞い方、および折り紙の様式で他の細胞との相互作用に参加するやり方を決定する。したがって、胚発生の過程全体が、複雑な出来事の連鎖を介して、遺伝子によって制御されている。アミノ酸配列を決定するのは遺伝子であり、それがタンパク質の三次構造を決定し、それが活性部位のソケットに似た形を決定し、それが細胞の化学的性質を決定し、それが胚発生における「ホシムクドリ様《よう》の」細胞の振る舞いを決定するのである。それゆえ、遺伝子の相違は、複雑な出来事の連鎖の開始点で胚発生の仕方の違いを引き起こし、ひいては成体における形態や生態の違いをもたらすことができる。そうした成体の、生存および繁殖における成功が、成功と失敗を分ける違いをつくった遺伝子の、遺伝子プールにおける生き残りにフィードバックされる。そして、それが自然淘汰なのである。

　胚発生は込み入って複雑なものに見える――事実そうなのだ――が、重要な点だけを把握するのはたやすい。すなわち、私たちが扱っているのは、初めから終わりまで、局所的な自己組織化の過程だということである。（ほとんど）すべての細胞がすべての遺伝子を含んでいることを考えれば、それぞれ異なる種類の細胞でどの遺伝子のスイッチを入れるかがどのようにして決められるのかというのは、また別の疑問である。その疑問を、これから手短に扱っておかなければならない。

そして虫は試みよう

［アンドルー・マーヴェルの詩、「はにかむ恋人へ」の一節］

ある時点で、与えられた細胞のなかである遺伝子のスイッチが入るかどうかは、しばしばスイッチ遺伝子群や制御遺伝子群と呼ばれる他の遺伝子のカスケードを介して、その細胞の化学的環境によって決定される。甲状腺細胞は、たとえその遺伝子が同じだとはいえ、筋肉細胞その他とはまるっきりちがっている。もう胚発生は進行しており、甲状腺や筋肉といった異なった種類の組織がすでにあるのだとすれば、それで何の問題もないだろうと、あなたは言うかもしれない。しかし、すべての胚は一個の細胞から始まるのだ。甲状腺細胞、筋肉細胞、肝細胞、骨細胞、膵臓細胞、皮膚細胞、すべては一個の受精卵細胞に由来するもので、家系図のような枝分かれを経てできてくる。これは受胎の瞬間より先へはさかのぼることができない細胞の系統樹であり、他の章でたえず顔をだしつづける、何百万年をもさかのぼる進化の系統樹とはなんのかかわりもない。たとえば、ここで線虫の一種、エレガンスセンチュウ（*Caenorhabditis elegans*）の新しく孵化したばかりの幼虫の、五五八個の細胞すべての完璧な系統樹を紹介させていただきたい（この模式図のあらゆる細部に細かく注意を払ってほしい）。ちなみに、この小さな線虫がエレガンスという種名を得るために何をしたのかを私は知らないが、振り返って考えてみれば、その名を受けるに値するのではないかという適切な理由を思いつくことはできる。このような脱線を読者のすべてが喜ぶわけではないことを承知はしているが、エレガンスセンチュウでなされてきた研究が、

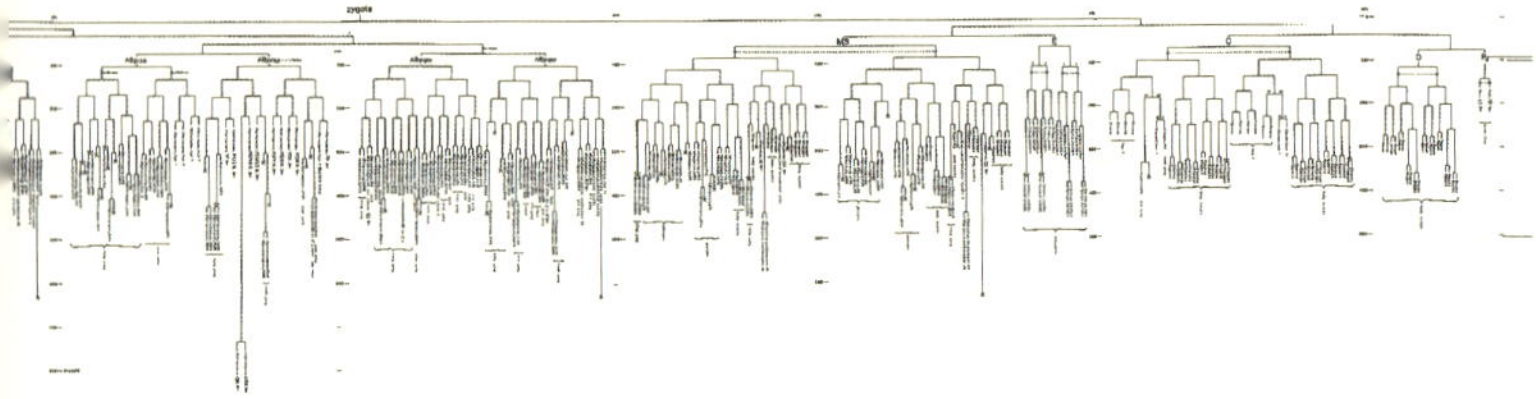

あまりにも輝かしい科学の勝利を示すものであるがゆえに、私はなんとしても、語らなくてはいられないのだ。

　エレガンスセンチュウは、おそろしいほど頭の切れる南アフリカ生まれの生物学者シドニー・ブレナーによって、一九六〇年代に理想的な実験動物として選ばれた。ブレナーはその直前にケンブリッジ大学で、フランシス・クリックらと遺伝暗号の解読に関する研究を完了したばかりで、解決すべき新たな大問題を探していた。彼のひらめきに満ちた選択と、彼自身の遺伝学ならびに神経解剖学におけるパイオニア的な研究のおかげで、線虫研究者の世界的な研究グループは発展をとげ、その数は数千に膨《ふく》れあがっている。現在ではエレガンスセンチュウについてあらゆることがわかっていると言っても、ほとんど誇張でないと言えよう。そのゲノム全体がわかっている。五五八個の細胞（これは幼虫の場合で、雌雄《しゆう》同体の成虫では、生殖細胞を除いて九五九細胞である）の一つ一つが体のどこにあるかが、正確にわかっている。そしてそうした細胞の一つ一つのすべてについて、正確な胚発生を通じての「家系」がわかっている。異常な個体を生みだす、膨大な数の突然変異遺伝子が知られており、その突然変異が体のどこで作用するかが正確にわかっており、異常性がどのようにして発生するかの正確な細胞的来歴もわかっている。この小さな動物のことは、初めから終わりまで、体の内外を問わず、頭から尾まで、その中間のあらゆる地点について、隅から隅まで徹底的に知られているのだ（「おお、すばらしき《フラブジャス》日よ！」［ルイス・キャロルの『鏡の国のアリ

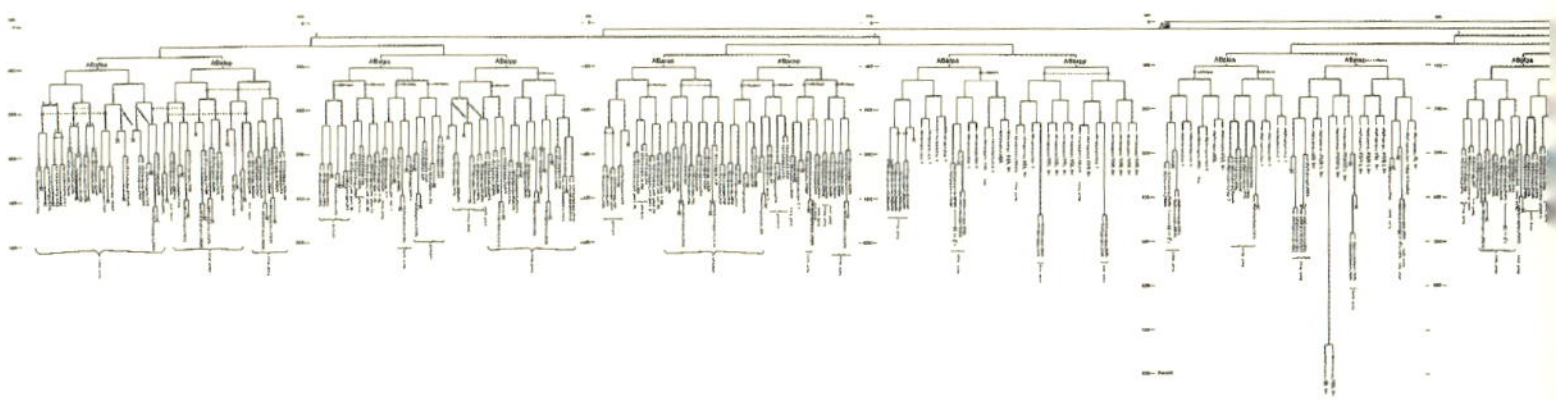

エレガンスセンチュウの細胞系統樹

ス』にでてくる「ジャバウォックの詩」の一節」)。ブレナーは遅ればせながら、二〇〇二年にノーベル医学生理学賞をもって認められ、彼の功績を称えてエレガンスセンチュウの近縁種が *Caenorhabditis brenneri* と名づけられた。彼が《カレント・バイオロジー》誌に「シド叔父さん」という署名で書いている連載コラムは、知的で辛辣《しんらつ》なウィット――彼がきっかけをつくったエレガンスセンチュウの世界的な研究の取り組みと同じほどエレガントな――のお手本である。しかし私は、分子生物学者たちが何人かの動物学者(ブレナー自身のような)と話をして、エレガンスセンチュウのことを、まるでほかの仲間はいないかのように、'the' nematode(線形動物)だとか、'the' worm(蠕虫類)とまで言ったりしないようにしてほしい、と切に願っている。

もちろん、この模式図のいちばん下に書かれている細胞タイプの名前は読めないが(もし、はっきり読めるような形で全体を印刷すれば七ページにもなってしまうだろう)、たとえば、「咽頭《いんとう》」、「腸の筋肉」、「体筋」、「括約筋」、「環状神経節」、「腰部《ようぶ》神経節」といったことが書かれている。これらすべてのタイプの細胞は文字通り、互いにイトコどうしなのである。一個体の線虫の生涯のうちにいる祖先のおかげでイトコなのだ。たとえば、私は MSpapppa と呼ばれる特定の体筋細胞を眺めている。これは別の体筋細胞とは姉妹であり、さらに二つの体筋細胞のイトコであり、さらに二つの体筋細胞とはイトコちがいであり、六つの咽頭細胞とは又イトコであり、一七の咽頭細胞の三イトコであり……というふうになっている。実際に、最高の正確さと確実性をもって、イトコ違い(second cousin once removed)のような言葉を、動物の体のなかの名前が付き、再現性をもって識別できる細胞を指すのに使うことができるのは、驚嘆すべきことではないだろうか? もとの卵と組織を隔てている細胞の「世代」数は、それほど大きくない。結局のところ、体にはわずか五五八個の細胞しかなく、理論的には、一〇世代の細胞分裂で一〇二四個(二の一〇乗)の細胞をつくることができるからだ。人間の細胞の世代数ははるかに大きなものになるだろう。にもかかわらず、あなたの一兆あまりの細胞（エレガンスセンチュウの雌の幼虫ならば五五八個であるところ）の一つ一つについて、理論的には、その由来を一個の受精卵にまでたどっていって、同じような系統樹をつくることができるのである。けれども哺乳類では、特定の、再現性のある名前をつけて細胞を識別することはできない。人間においては、体は統計学的な細胞集団で、人によって細部が異なる場合のほうが多いのである。

つい浮かれて線虫研究のエレガントさについて脱線してしまったが、胚の系統樹のなかで枝分かれして互いの距離が離れていくにつれて、各タイプの細胞がその形状や性質をどのように変えるかという、もともとの論点からあまり大きくそれなかったなら幸いだ。咽頭細胞になるべく運命づけられたクローンと、環状神経節になるべく運命づけられた「イトコ」クローンとが枝分かれする地点で、両者を区別する何かがあるにちがいない。そうでなければ、それらの細胞は、異なる遺伝子のスイッチを入れることをどうして知るのだろう。その答えはこうだ。二つのクローンのもっとも最近の共通祖先が分かれたとき、分裂前の細胞の半分はもう半分と違っていたということである。そのため、細胞が分裂したとき、二つの娘細胞は、遺伝子はまったく同じだが（どちらの娘細胞も遺伝子の全装備を受け取る）、まわりの化学物質は同じではなかった。そしてこれは、同じ遺伝子のスイッチが入らなかったことを意味する――それが子孫の運命を変えたのだ。同じ原理は、そもそもの出発点を含めて、胚発生の初めから終わりまであてはまる。すべての動物において、分化の鍵は、非対称的な細胞分裂なのである。(*)

サー・ジョン・サルストンと共同研究者たちは、この線虫の体の細胞のそれぞれの由来をたどって、すべてがAB, MS, E, D, C, P4と呼ばれる六個の創始細胞――「女家長」細胞とさえ呼んでもいいかもしれない――のどれか一個、ただ一個だけにいきつくことをつきとめた。(**) 細胞に名前を付けるにあたって彼らは、それぞれの細胞の歴史を要約した巧妙な命名法を用いた。どの細胞の名前も自らが由来した六つの創始細胞の一つから始まる。それ以後に連ねられていく文字は、その細胞を生じた細胞分裂の方向、すなわちanterior（前）、posterior（後）、dorsal（背）、ventral（腹）、left（左）、right（右）の頭文字である。たとえば、CaとCpは、女家長Cの二人の娘で、それぞれ前と後ろのものである。どの細胞も二人以上の娘をもつことはできない（そのうちの一人は死ぬかもしれない）。私はいま特定の体筋細胞を眺めているが、そのCapppvという名が、この細胞の歴史を端的に物語っている。Cは前方にくる娘を生み、この娘が後方にくる娘を生み、それがまた後方にくる娘を生み、それがまた後方にくる娘を生み、それがまた後方にくる娘を生み、それが腹側にくる娘を生んだが、それが問題の体筋細胞なのである。体のあらゆる細胞は、六つの創始細胞のうちの一つを先頭にして、これと同じような文字列で表示されている。別の例をあげれば、ABprpappapはこのセンチュウの腹側を走る神経繊維を形づくる細胞の一つである。ここで不必要な細部に言及することはやめておこう。これがすばらしい点は、体中のどの一つの細胞にもこのように、胚発生を通じての歴史を完全に表した名前がついていることである。ABprpappapという細胞、そして他のすべての細胞を生んだ一〇回の細胞分裂のどれもが、非対称的な細胞分裂であり、二つの娘細胞のそれぞれで異なる遺伝子のスイッチが入る潜在的な可能性をもっている。そしてすべての動物においてこれこそが、たとえ含まれるすべての細胞が同じ遺伝子をもっていてさえ、組織分化が生じる原理なのである。もちろん、大部分の動物は、エレガンスセンチュウの五五八よりもはるかに多くの細胞をもっており、その胚発生の仕方もほとんどの場合、さほど厳格に決定されているわけではない。とりわけ、サー・ジョン・サルストンが親切にも私に思い出させてくれたように、また私がすでに簡単に触れたように、哺乳類では、私たちの細胞の「系統樹」は一人一人の個体によって異なるのに対して、エレガンスセンチュ

＊エレガンスセンチュウでは、Zと呼ばれる最初の細胞は、後端とは異なる先端をもっており、この違いが最終的な前後軸――前方（頭）と後方（尾）――として現れることになる。細胞が分裂するとき、ABと呼ばれる前方の娘細胞は、P1と呼ばれる後方の娘細胞に比べて、より多くの前端物質をもっている。そしてこの違いが一定の過程を起動することによって、系列を下がって行くにつれてさらに大きな違いをつくっていく。ABは、神経系のほとんどを含めて、体の細胞の半分以上を生じるよう運命づけられているが、それ以上、それについて論じるつもりはない。P1は、またしても互いに異なる二つの子をもつが、それぞれEMS（最終的なセンチュウの体の腹側を規定している）およびP2（背側を規定している）と呼ばれている。これらにはZの孫（ここで私が「子」や「孫」という言葉を使うときには、個体のセンチュウではなく、発生中の胚のなかの細胞のことを言っているのを、忘れないでほしい）がいる。つぎにEMSはEとMSと呼ばれる子をもち、P2はCとP3と呼ばれる子をもつ。E、MS、C、およびP3はZの曾孫である（もう一方の曾孫がABから由来しているが、ここでは触れないでおくが、ただ、そのうちのABalおよびABplと呼ばれる二つは最終的なセンチュウの体の左側、およびそのイトコたちを規定し、ABarおよびABprが右側を規定していることだけ述べておく）。P3はDおよびP4と呼ばれる二つの子をもち、これはZの玄孫《やしゃご》に当たる。MSとCも子をもつが、ここでは名を挙げない。P4はいわゆる生殖系列を生じるよう運命づけられている。生殖系列は、体づくりには関与せず、生殖細胞を形成するようになる細胞から構成されている。当然のことながら、こうした細胞の名前を記憶したり、ノートに書きとどめたりする必要はない。要点は、互いに遺伝的には同じでありながら、それらは、胚のなかでの細胞分裂の順番という、歴史の累積的に順次つぎの過程を起動していく結果として、化学的な性質が異なっているということだけである。

＊＊ブレナーがアメリカに去ったあとにケンブリッジ大学に残ったサルストンは、エレガンスセンチュウの研究でノーベル賞を受賞した三人のうちのもう一人である。サルストンは、公式のヒトゲノム計画の英国部門を先頭に立って率いた。米国部門は、最初ジェームズ・ワトソンが責任者だったが、後にフランシス・コリンズに代わった。

ウでは、どの個体でもほとんど同一（突然変異を生じた個体を除いて）なのである。にもかかわらず、この原理は依然として変わらないのである。どの動物でも、体の異なる部位では、たとえ遺伝的に同一であっても、細胞は互いに異なっている。なぜなら、胚発生の短い過程のあいだに非対称的な細胞分裂の歴史をもっているからである。

　この件全体から引き出される結論に耳を傾けてみよう。個体発生には全体的な計画は存在しないし、青写真も、建築家の図面もなければ、建築家もいない。胚の発生、そして究極的には成体の発生は、局所的な基盤で他の細胞と相互作用する細胞に実装されたローカル・ルールによって達成される。細胞の内部で起こっていることも、同じように、分子、ことに細胞内および細胞膜内にあって、他の同じような分子と相互作用するタンパク質分子に適用されるローカル・ルールによって、支配されている。またしても、ルールはすべて局所的《ローカル》、どこまでも局所的である。受精卵のDNAの文字の配列を読んで、その動物が成長してどういう形になるかを予測することは誰にもできない。それを知る唯一の方法は、その卵を自然なやり方で育て、何になっていくかを見ることだ。いかなるコンピューターも、自然な生物学的過程そのものを模倣するようにプログラムされているのでないかぎり、その予測はできない。もしそうプログラムされているのだとしたら、コンピューター・モデルを使わずに、発生中の胚をコンピューターとして使うほうがましだろう。大きくて複雑な構造を純粋にローカル・ルールの実行のみによって生みだすというこの方法は、青写真を使うやり方とは根本的に異なっている。もしDNAが何か一次元的な文字の配列で書かれた青写真のようなものであったとしたら、その文字を読んで動物の絵を描くようコンピューターをプログラムするのは、比較的たいしたことのない課題だろう。しかし、そんなものは動物にとって、そもそも進化させることが、簡単などころではまったくない――実際には、不可能かもしれない。

そしていよいよ、胚についての本章が、進化に関する本における単なる脱線で終わってしまわないように、ホールデンへの質問者の真摯《しんし》なジレンマに立ち戻らなければならない。自然淘汰が――神のように――小さな翼をつくるのではなく、胚発生がそれをするのだと仮定すれば、自然淘汰はどのようにに動物に働きかけて、その体と行動を形づくらせるのだろう？　言い換えれば、自然淘汰はいかにして、翼、鰭《ひれ》、葉、装甲板、針、触手、あるいは生物が生き残るために必要なものを何であれ備えた体をうまくつくりあげることにかけてより熟達するよう、胚に働きかけるのだろう？

自然淘汰とは、成功する遺伝子が、それと対立する、より成功しにくい遺伝子と比べて、遺伝子プールの中でより効率よく生き残ることである。自然淘汰は遺伝子を直接に選択しない。その代わりに、その代理人として、個体の体を選択するのである。そして、そうした個体は、繁殖できるまで生き残って、それとまさに同じ遺伝子のコピーを複製できるかどうかによって選択される――当然のことながら自動的に選択されるのであって、意図的なものは介在しない。一つの遺伝子の生き残りは、その遺伝子が形成に与《あずか》った体の生き残りと密接に結びついている。なぜなら、その遺伝子はそうした体の内部に乗っかっていて、体と一緒に死ぬからである。どんな遺伝子でも、自分のコピーという形で、自分自身が、同時代に生きる集団のなかで一斉に、また世代から世代へと順次に、という形でも、膨大な数の体の内部に乗りこむことを期待できる。したがって統計学的には、自分の存在がその体の生き残りに平均していい影響をもたらすことになる遺伝子は、遺伝子プールのなかで頻度を増大させることになる。それゆえ、私たちが遺伝子プールで出会う遺伝子は、平均して、体をつくりあげるのにすぐれた遺伝子であるということになるだろう。本章は、その遺伝子が体をつくりあげる手順についてのものであった。

ホールデンに質問した女性は、自然淘汰が、たとえば一〇〇万年のうちに彼女自身をつくる遺伝子のレシピをまとめあげるというのは信憑性がないと思ったのだ。私は信憑性があると思う。ただし、もちろん、それがどのようにして起こったのかの詳細を述べることは、私にも、ほかの誰にもできないのだが。それが信じられると思う理由は、まぎれもなく、それがすべてローカル・ルールによってなされていることである。自然淘汰のどんな単一の作用でも、淘汰される遺伝子は――多数の細胞のあいだ、および多数の個体のあいだで並行して――、タンパク質の鎖が自発的にねじれ上がってできる形に対して、非常に単純な影響を及ぼしてきた。それが、つぎに、触媒作用を通して、たとえばその遺伝子のスイッチが入ったすべての細胞で特定の化学反応を加速する。これが、ひょっとして、胚の顎の原基の成長速度を変えるかもしれない。そして、これが結果として顔全体の形に影響を与え、ひょっとしたら鼻口部を短くし、より人類らしく、より「類人猿に似た」横顔を与えるかもしれない。いまや、遺伝子を贔屓《ひいき》または嫌悪する自然淘汰の圧力は、好きなだけ複雑なものにできる。そこには性淘汰、すなわち性的パートナーとなるべき相手による高次の審美的な選択が関与しているかもしれない。あるいは顎の形の変化は、木の実を噛み砕く動物の能力、またはライヴァルと闘う能力に微妙な影響を与えるかもしれない。途方に暮れるほどの複雑さのなかで、互いに衝突し、妥協しあう、極度に込み入った淘汰圧の組み合わせのなかには、この特定の遺伝子が、遺伝子プールのなかで数を増殖させていくという意味で、統計学的な成功に影響を与えることができるものがある。ただし、遺伝子自身はこのことについて何の自覚もない。異なった体の内部で、つぎつぎと移り変わっていく世代のなかで遺伝子のおこなっていることは、タンパク質分子の慎重に彫られた凹みの修正につきる。残りの工程はすべて、局所的な結果がもたらす枝分かれカスケードのなかで自動的に導かれ、そこから、最終的に体全体が姿を現すのである。

　動物の生態学的、性的、社会的環境における淘汰圧よりも、さらに込み入っているとさえ言えるのは、発生中の細胞の内部および細胞間で進行する、めまぐるしく次々と移り変わる影響のネットワークである。すなわち、タンパク質への遺伝子の影響、遺伝子の遺伝子への影響、タンパク質の遺伝子発現への影響、タンパク質のタンパク質への影響、膜、化学勾配、胚における物理的・化学的ガイドレール、ホルモン、およびその他の離れたところで作用する伝達物質《メディエーター》、あるいは自分と同一、または相補的な標識をもつ他の細胞を探している、それ自身標識の付された細胞、といったものである。この全体像を理解している、人間は誰もいないし、誰も、自然淘汰の申し分のない信憑性を受け入れるためにそれを理解する必要はない。自然淘汰は、胚に重大な変化をもたらした原因である遺伝的な突然変異を、遺伝子プールのなかで優遇する。全体像は、何十万もの小さな、局所的相互作用の結果として現れてくるのであり、その相互作用の一つ一つは、検証するだけの根気がある人間であれば、誰にでも原理的に理解できるものである（ただし、実際に解明するのは、あまりにも困難であったり、あまりにも時間を消費することだったりする）。実践的には、全体は不可解で、謎に満ちているかもしれないが、胚発生そのものにも、制御遺伝子が遺伝子プールで際だつようにした進化の歴史そのものにも、原理的に謎めいたものはなにもない。複雑化は進化的な時間の経過のなかで徐々に蓄積されていった。一歩一歩はその前のものとのほんのわずかな違いでしかなく、その一歩は既存のローカル・ルールの、小さくて微妙な変化によって達成される。もしあなたが十分な数の小さな実体――細胞、タンパク質分子、膜――をもっているならば、それぞれは各自のレベルでローカル・ルールに従い、他のものに影響を与えている。そして、その最終的な結果は劇的である。もし遺伝子が、そうした局所的な実体に及ぼした影響と振る舞いの結果として生き残り、あるいは生き残れなかったとすれば、成功する遺伝子――およびそれがつくる成功する産物――の自然淘汰が、必然的に導かれる。ホールデンへの質問者はまちがっていた。質問をした婦人のようなものをつくるのは、原理的にむずかしくはないのである。
そして、ホールデンが言ったように、それにはわずか九カ月しかかからないのである。

第9章　大陸という箱舟《アーク》

想像してみてほしい《イマジン》、島のない世界を。

生物学者は、「島（island）」という単語を、水に囲まれた小さな陸塊に限らず、それ以外のものを指すのに使うことがよくある。淡水魚の視点からすれば、湖は一つの島である。生息不能な陸地に取り囲まれた生息可能な水の島なのだ。高山甲虫の視点からすれば、ある標高以下では繁殖することができないので、高い峰の一つ一つが島であり、あいだには渡ることがほとんど不可能な谷がある。木の葉の内部にすんでいる小さな線虫（エレガンスセンチュウと近縁な）がいて、その葉（ひどく感染を受けた葉では一枚に線虫が一万匹にもなる）が二酸化炭素を取り入れ酸素を放出する、顕微鏡でしか見えない気孔という小さな穴から潜り込む。ハガレセンチュウのような葉にすむ線虫にとっては、一本のキツネノテブクロ（ジギタリス）は島である。一匹のシラミにとって、一人の人間の頭あるいは股間は島であるかもしれない。砂漠のなかのオアシスを、敵対的な砂の海に囲まれた、涼しく生息可能な緑の島とみなす動物や植物はたくさんいるにちがいない。そして、私たちは動物の視点から単語の意味を定義し直しているのであり、諸島（archipelago）は島の集まりないし連なりを指すのだから、淡水魚は、アフリカの大地溝帯沿いの湖群のような湖の連なりや集まりを諸島と定義するかもしれない。アルプスマーモットは、谷で隔てられた山頂の連なりを諸島と定義するかもしれない。葉潜り昆虫は並木を諸島とみなすかもしれない。ウシバエはウシの群れを、移動する諸島とみなしているかもしれない。

「島」という単語を定義し直したので（安息日は人のために定められた。人が安息日のためにあるのではない〔「マルコの福音書」第二章二七節〕のだから）、冒頭の引用句に戻ろう。想像してほしい、島のない世界を。

彼は海を表している大きな地図を買った。
そこには陸地のかすかな痕跡さえない。
そして乗組員たちは、そのことを知ったとき大喜びした。
彼らが完全に理解できる地図だ。

私たちはベルマン〔右に引用されたルイス・キャロルの物語詩、『スナーク狩り』の主人公で、白紙の海路図に導かれて伝説の生き物スナーク探しの冒険に出る〕ほど遠くまで出かけるつもりはないが、すべての陸地が、のっぺりとした海の真ん中に一つの大陸として集められた姿を想像してみてほしい。沖には島はまったくなく、陸地には湖も山脈もない。なめらかな均一さでひろがる単調な平穏を破るものは何一つない。この世界では、動物はどこからでも、ほかのどんな場所へでも、簡単に行くことができ、限界を定めるのはただ距離だけで、立ちはだかるいかなる障壁に悩まされることもない。これは進化にとって友好的な世界ではない。地球上での生活は、もし島がなければどうしようもなく退屈なものになっていただろう。そこで本章では、その理由を説明するところから始めたいと思う。

新種はいかにして生まれるか

すべての種は互いに親戚どうしである。どんな二つの種も、二つに分裂した一つの祖先種に由来する。たとえば、ヒトとセキセイインコの共通祖先は三億一〇〇〇万年ほど前に生きていた。この祖先種は二つに分裂し、その二つの系譜は残りの時間を別々の道を歩んだ。話により真実味をもたせるためにヒトとセキセイインコを例に選んだのだが、同じこの共通祖先を、初期の分裂の一方の側ではすべての哺乳類が、反対側ではすべての爬虫類が（第6章で見たように、動物学的には鳥類は爬虫類である）共有している。この祖先種の化石が発見されるという、とてもありそうにない出来事が起きれば、それに名前をつける必要があるだろう。それをプロタムニオ・ダーウィニイと呼ぶことにしよう。この動物について、詳しいことは何もわかっていないし、この議論にとって、細かいことはまったく問題ではないのだが、それが手足を横にひろげたトカゲ様《よう》の動物で、昆虫を捕まえようとちょこまかと動きまわっていると想像しても、それほど見当はずれではないだろう。さて、ここが肝心の点なのだが、プロタムニオ・ダーウィニイは、二つの亜《サブ》集団に分かれたとき、互いにまったく同じように見え、互いになんの問題もなく交雑できたはずだ。しかし一方の集団は哺乳類を生みだす運命にあり、他方の集団は鳥類（および恐竜、ヘビ、ワニ）を生みだす運命にあった。プロタムニオ・ダーウィニイから分かれたこの二つの亜集団は、これから非常に長い時間をかけ、非常に長い道のりをたどって、互いに分岐しようとしていたところなのだ。しかし、もし互いに交雑を続けていたとすれば、彼らは分岐（種分化）できなかっただろう。二つの遺伝子プールには、たえず互いの遺伝子が流れ込んでくるだろう。そうすれば、分岐しようとするいかなる傾向も、動きだす前に、相手側の集団からくる遺伝子の流れに圧倒されて、芽のうちにつみ取られてしまうだろう。

この重大な分かれ道で実際に何が起こったのか、誰にもわからない。それははるか遠い昔に起こったことで、どこで起こったのかはまったく見当がついていない。しかし現代の進化理論は確信をもって、以下のような歴史を復元するだろう。プロタムニオ・ダーウィニイの二つの亜集団は、なんらかの理由で、互いに分断されるようになったが、もっとも可能性の高いのは、二つの島のあいだを隔てる、あるいは島を大陸から隔てる海のような地理的障壁によって分断された、というものだろう。それは二つの谷を隔てる山脈や、あるいは二つの森を分断する川であったかもしれない。ここでの二つの「島」は、私が定義した一般的な意味でのものである。ここで重要なのは、二つの集団（個体群）が十分長きにわたって互いに分断され、そのため、たまたま偶然に最終的に両者が再合流するときがきたとしても、すでにあまりにも分岐したあと違いが大きくなりすぎてしまったために、もはや交雑できなくなっていることを思い知る時がやがて来る、ということだ。どれだけ長ければ十分なのだろうか？　そう、もし強力で黒白のつきやすい淘汰圧にさらされているのであれば、数百年、あるいはそれ以下という短期間ということもありうる。たとえば、島には、大陸本土をうろついていた貪欲な捕食者がいないということが考えられる。あるいは、島の集団は第5章にでてきたアドリア海のトカゲのように、昆虫食から植物食に移行してしまっているかもしれない。もう一度言うが、プロタムニオ・ダーウィニイの分裂がいかにして起こったか、詳細を知ることはできないが、知る必要はないのだ。現生動物から得られる証拠によれば、どんな動物と他のどんな動物のあいだに起こった分岐であれ、あらゆる分岐に関して、私が述べたばかりのことと似たような出来事が過去に起こったと信じてもいい、十分な理由があるとわかるからだ。

たとえ障壁の両側における条件が同じだとしても、地理的に分断された同じ種の遺伝子プールは遺伝的浮動によって、互いに隔たりが大きくなっていき、地理的隔離が消滅するときがきても、もはや交雑できない地点にまで、最終的にはいきついてしまう。二つの遺伝子プール内でのランダムな変化が徐々に積み重なっていき、ついには、たとえ障壁の両側から来た雄と雌が出会ったとしても、ゲノムがあまりにも異なってしまっているために、協力して、繁殖能力のある子供がつくれない地点にまで至るだろう。ランダムな遺伝的浮動だけによるのか、生き残りに差をつける自然淘汰の助けがあったかどうかにかかわりなく、ひとたび二つの遺伝子プールが、地理的隔離がなくとも遺伝的な分断を保つことができるようになる地点にまで達したとき、私たちはそれを二つの異なる種と呼ぶ。先ほどの仮説的な事例では、島の集団は、捕食者の不在と植物性食性への切り換えのために、ひょっとしたら、大陸本土の集団よりも大きな変化をとげたかもしれない。そこで、その時代の動物学者は、島の集団が新しい種になったことを認め、それに新しい学名、たとえばプロタムニオ・サウロプスを与え、古いほうの学名プロタムニオ・ダーウィニイは大陸本土の集団に使われつづけるかもしれない。ここで述べた仮説的なシナリオでは、ひょっとしたら、蜥形類《せきけい》（今日《こんにち》私たちが爬虫類と呼ぶものすべてに鳥類を加えたもの）を生じる運命にあったのは島の集団であり、一方で、大陸本土の集団が最終的に哺乳類を生みだしたのかもしれない。

もう一度強調しておかなければいけないが、この小さな物語の細部は純然たるフィクションである。哺乳類を生みだすのが島の集団であった可能性も同じようにありうるのだ。この「島」は、海に取り囲まれた陸地ではなく、砂漠に取り囲まれたオアシスであったかもしれない。そしてもちろん、この重大な分裂が地球表面のどのあたりで起こったかについては、どんなかすかな手がかりさえない――実際、世界地図はあまりにも今とは異なった姿をしていたので、この問いはほとんど何の意味もないだろう。フィクションでないところが重要な教訓である。地球上にこれほどまでに豊かで多様な生物をすまわせることになった無数の進化的な分岐の、すべてとは言わないまでも大部分は、一つの種が偶然に、つねにというわけではないが往々にして、海、川、山脈、砂漠谷といった地理的障壁の両側に分けられ、二つの亜集団ができることから始まったのである。生物学者たちは、一つの種が二つの娘種に分裂することを「種分化（speciation）」と呼ぶ。ほとんどの生物学者は、地理的な隔離が通常は種分化の序曲になると言うだろうが、一部の生物学者、とくに昆虫学者は、「同所的種分化」が重要な場合もあるという留保をつけて同意するかもしれない。同所的種分化も、軌道に乗るためにはなんらかの種類の、きっかけとなる偶発的な分離が必要になるが、地理的な分離以外のものがないといけない――たとえば微気候〔生物のすぐ周囲の気候〕における局所的な変化、といったものが。詳細に立ち入ろうとは思わないが、昆虫にとっては、同所的種分化が特別に重要であるように思われるとだけ言っておこう。にもかかわらず、話を簡単にするために、本章の残りの部分では、種分化に先立ってきっかけとなる分離はふつう地理的なものであると仮定することにする。第2章でのイエイヌの品種の扱いを覚えておられるかもしれないが、私はそこで、純血種ブリーダーたちが押しつけるルールの効果を、「仮想の島」の創出になぞらえた。

「本気で想像してもいいのではないか……」

それでは、地理的障壁の両側に分断されることになった一つの種の二つの集団は、どうするのだろう？　ときに、障壁そのものは新規に出現したものである。地震が飛び越えられない亀裂をつくりだし、あるいは川の流路を変えれば、それまで単一の繁殖集団だった種は、二つに分断されたことを知る。もっとふつうには、障壁は最初からずっとあり、動物たち自身が、希《まれ》で異常な出来事として、そこを乗り越えて渡るのである。それは希でなければならない。そうでなければ、そもそも障壁と呼ぶに値しない。一九九五年一〇月四日以前には、カリブ海のアングィラ島にはグリーンイグアナ（*Iguana iguana*）という種の個体は一匹もいなかった。この日に、この大型のトカゲの一団が突然、島の東側に姿を現した。幸運なことに、彼らが到着するところが実際に目撃されていた。彼らは、流木と長さ九メートルを超えるものを含む根こそぎになった木の絡《から》まりにしがみついていたのだ。それは近くの島、おそらくは二五〇キロメートルほど離れたグアドループ島から漂流してきたものだった。この前の月に、九月四～五日のルイスと、その二週間後のマリリンという二度のハリケーンがこの地域を襲っていて、木の上で時間を過ごす習性のあるイグアナを乗せたままで、木は簡単に根こそぎにされてしまったのであろう。アングィラ島の新しい集団は一九九八年にもまだ元気に過ごしており、最初の研究を主導したエレン・センスキー博士は、彼らが現在でも繁栄しており、どうやら、この新しい侵略者が到着する以前からすんでいた他の種のイグアナよりも繁栄してさえいるようである。

　分散をもたらすそのような異常な出来事に関しての要点は、そうした出来事が種分化を説明できるほど一般的に起こらなければならないが、あまり頻繁に起こってはならないということである。もしあまり頻繁に起これば——たとえば、もし毎年イグアナがグアドループ島からアングィラ島に漂着していれば——アングィラ島で萌芽《ほうが》的な種分化を始めていた集団は、流入してくる遺伝子の流れによってたえず浸食されてしまうだろう。したがって、グアドループ島の集団から分岐することができないのである。ついでながら、「できるほど一般的に起こらなければならない」といった私の表現を、どうか誤解しないでいただきたい。この表現は、この二島の間隔が種分化を可能にするのにちょうど正しい距離になることを保証するために、なんらかの種類の措置がとられたという意味に誤解されかねない。もちろん、これは本末転倒である。それはむしろ、島がたまたまどこにあろうとも（島は、つねに広義の意味で使われる）、種分化を可能にするだけの適切な距離で隔たっていさえすれば、種分化は起こるだろうということなのである。そして適切な距離は、当該の動物がどれほど容易に渡ることができるかどうかで決まるだろう。グアドループ島とアングィラ島を隔てている二五〇キロメートルという距離は、ミズナギドリのような強い飛翔能力をもつ鳥にとっては子供だましのようなものだろう。しかし、数百メートルの海を渡ることでさえ、たとえば、カエルや翅のない昆虫にとっては十分に困難で、新種を生む産婆役を果たせるかもしれない。

ガラパゴス諸島は、南アメリカ本土からおよそ九〇〇キロメートルにわたる開《ひら》けた海で隔てられているが、これは、グリーンイグアナが根こそぎになった木の筏《いかだ》に乗ってアングィラ島まで航海した距離のほぼ四倍である。島はすべて火山性で、地質学的な基準からすれば若い島である。これらの島のなかで、いずれかの大陸本土につながっていたことのある島は一つもない。この諸島の動物相、植物相のすべては、おそらくは南アメリカ大陸本土から、ここに渡ってきたものにちがいない。小鳥でも飛ぶことはできるとはいえ、九〇〇キロメートルは、フィンチ類の渡来を非常に希な出来事にするのに十分な距離である。けれども、絶対に起こりえないほど希ではなく、ガラパゴス諸島にはフィンチ類がいる。彼らの祖先は、歴史上のいずれかの時点で、おそらく風に飛ばされて、ひょっとしたら異常な嵐によって、渡ってきたのであろう。これらのフィンチ類はすべて、一目でわかるほどあきらかな南アメリカ型であるが、種そのものはガラパゴス諸島に固有である。ダーウィンの地図を見てほしい（次ページ）。私がこれを採用したのは感傷的な理由からで、というのも、島名に現代のスペイン語名ではなく、格調高い海軍らしい響きの英語名が使われているからである。六〇マイル［約一〇〇

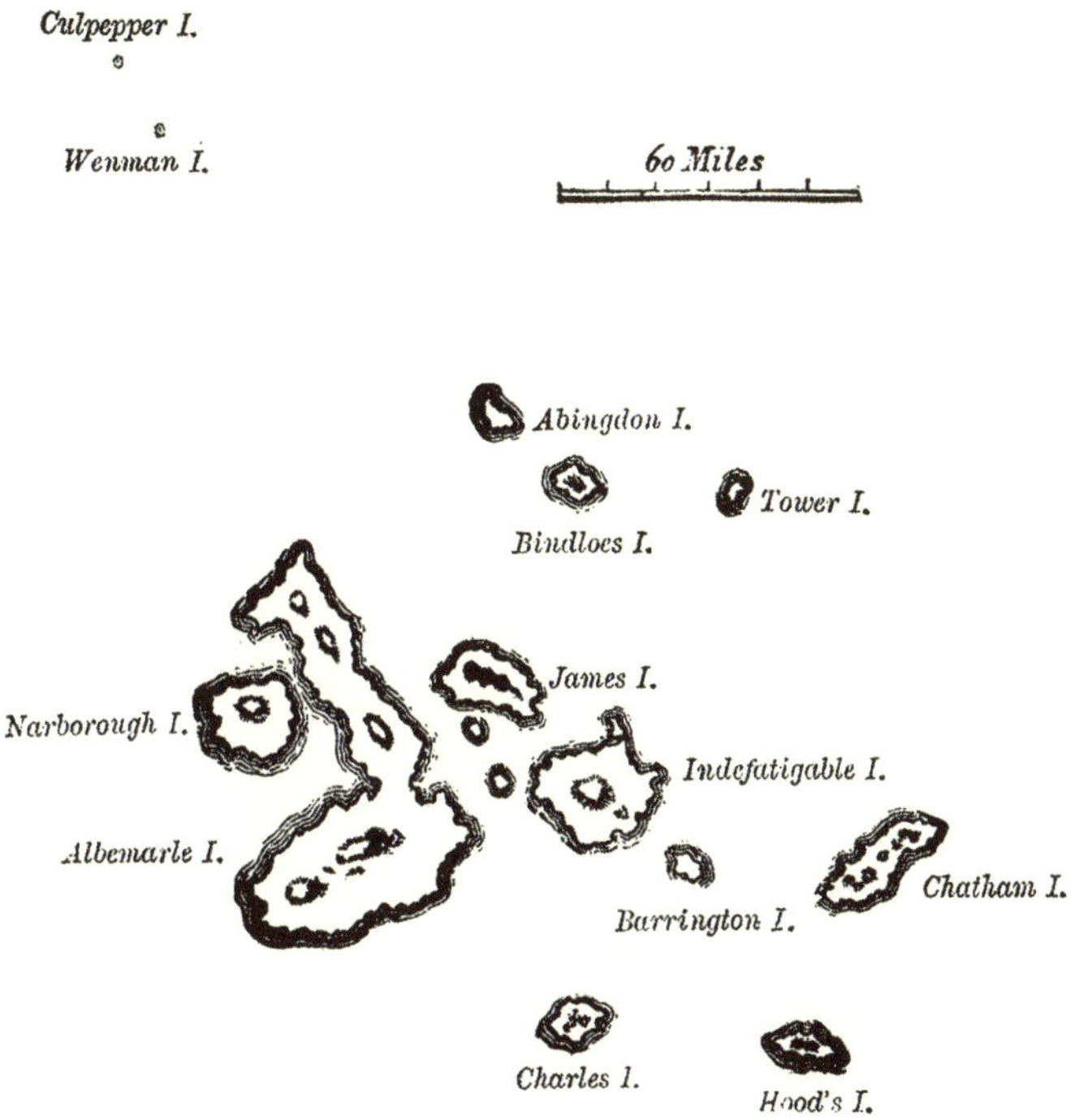

ダーウィンのガラパゴス諸島の地図。島の名前が現在ではめったに使われない英名で書かれている

キロメートル」の縮尺が、動物がそもそも大陸本土からガラパゴス諸島に到着するまでに渡らなければならない距離のおよそ一〇分の一であることに注意してほしい。ガラパゴス諸島そのものは、お互いにわずか数十キロメートルしか離れていないが、大陸本土からは数百キロメートルも離れている。種分化にとって、なんというすばらしいレシピだろう。偶然によって吹き飛ばされたり漂着したりして、海という障壁を越えて島にたどりつく確率は、障壁の距離に反比例すると言えば、あまりにも単純化しすぎだろう。にもかかわらず、距離と渡来する確率のあいだには明らかに、なんらかの種類の逆相関関係があるはずだ。平均的な島間の距離である数十キロメートルと、大陸本土からの距離である一〇〇〇キロメートルのあいだの違いは非常に大きいので、この諸島が種分化の一大拠点になっていると予想する人がいるだろう。そして、ダーウィンが最終的に気づいたように、その通りなのである。ただし、彼がそれに気づくのは、この諸島を去り、二度と再び戻ることがなくなってからのことだった。

諸島内の島間距離としての数十キロメートルと、諸島全体と大陸本土からの距離としての数百キロメートル――この較差《かくさ》は進化論者たちに、それぞれの島には、互いどうしはかなりよく似ているが、本土の同類とは大きく異なった種がいるのではないかと予測させることになった。そして、それこそまさに、実際に見いだされることとなのだ。ダーウィン自身が、まだ自分の考えをきちんとした形でまとめる前であったにもかかわらず、驚くほど進化論的な言い回しを用いて、そのことをうまく表現している。私は重要な部分に傍点を付し、また本章を通じて、その文句を異なった文脈で繰り返すつもりである。

密接な類縁関係をもつ鳥の小さな一グループのなかに、このような段階的な変異と多様性を見るとき、もともとこの諸島には鳥類が乏しかったことからして、一つの種が取り上げられ、多様な目的のために改変されてきたのだと、本気で想像してもいいのではないか。同じような形で、もともとはノスリであった鳥が、ここでは、アメリカ大陸で腐肉食いのポリボリ［カンムリカラカラ］の役目を果たすようにし向けられたと想像していいのではないか。

最後の一文は、ガラパゴス諸島にしか生息しないもう一つの種であるガラパゴスノスリ（*Buteo galapagoensis*）のことを指しているが、本土には多少とも似た種がいて、とくにアレチノスリ（*Buteo swainsoni*）は毎年、南北アメリカ大陸間を渡るので、一度や二度、ごく希な機会に吹き寄せられてきた可能性は十分にある。今日では、ガラパゴスノスリやガラパゴスコバネウをこの諸島の「固有種」と呼ばなければならないのだが、それは、ここがこれらの鳥が生息する唯一の場所だという意味である。まだ進化論を完全には受け入れていなかったダーウィン自身は、当時流行の「土着生物（aboriginal creations）」という表現を使った。これは、神が彼らをここだけに創造し、それ以外の場所には創造しなかったという意味である。彼は同じ表現を、その当時すべての島にたくさんいたゾウガメ類、およびガラパゴスリクイグアナとガラパゴスウミイグアナの二種のイグアナにも使っている。ウミイグアナは本当に驚くべき生き物で、世界中の他のあらゆる地域で見られるどんな他の動物ともまるで異なっていた。彼らは海底まで潜り、唯一の食べ物と思われる海草を食べるのである。彼らは優雅に泳ぐが、ダーウィンの率直な見方では、外見は美しいものではない。

それは醜悪な外見の動物で、くすんだ黒色をし、愚鈍で(*)、動きものろのろしている。完全な成体では全長はふつう一ヤード［九〇センチメートル］前後だが、なかには四フィート［一二〇センチメートル」にも達するものもいる。……彼らの尾は横に扁平になっており、四つの足すべてに部分的な水かきがある。……水中では、このトカゲは、体と扁平な尾をヘビのようにくねらせて、まったくやすやすと、しかも素早く泳ぐ——脚は動かさずに、折りたたんで、ぴったり体側につけている。

ウミイグアナはあまりにも泳ぎが達者なので、リクイグアナではなくて、彼らが大陸本土から長い移動をおこなって、その後でガラパゴス諸島で種分化をとげて、リクイグアナを生みだしたのではないかと思われるかもしれない。しかしながら、ほとんど確実に、それは事実ではない。ガラパゴスリクイグアナは、現在でも本土に生息しているイグアナ類とそれほど大きく異なっていないが、ウミイグアナは、ガラパゴス諸島に固有である。同じような海に入る習性をもつトカゲは、世界中の他のいかなる場所でも見つかっていない。今日では、最初に南アメリカ大陸から到着したのはリクイグアナであると確信されている。ひょっとしたら、グアドループ島からアングィラ島へ吹き寄せられた現代のイグアナと同じように、流木に乗せられてきたのであろう。彼らはそのあとガラパゴス諸島で種分化をとげてウミイグアナを生んだのである。そして、祖先のリクイグアナと新しく種分化してきたウミイグアナの最初の分離を可能にしたのが、各島間の距離の開き方のパターンによって可能になった地理的隔離であったことは、ほとんど確実である。おそらく、それまでイグアナのいなかった島に何匹かのリクイグアナがたまたま漂着し、そこで最初に入植した島にすむリクイグアナからの遺伝子の流入にさらされることなく、海に入る習性を採用したのであろう。ずっとのちに、ウミイグアナは他の島にもひろがり、最終的には、彼らの陸生の祖先が最初に出発した島へともどっていったのだ。いまではもはや、互いに交雑することができず、彼らが遺伝的に受け継いだ海へ入る習性は、リクイグアナ遺伝子による汚染から安全になったのである［ただし、二〇〇〇年代後半からサウスプラザ島で、両者の雑種が報告されている］。

いくつもの実例がつぎつぎと出てくるが、どの例についても、ダーウィンは同じことに気づいている。ガラパゴスの各島の動植物は、おおむねこの諸島に固有のもの（「土着生物」）だが、それらの大部分はまた、細部において、島ごとに独特である。ダーウィンは、この点で植物にとくに強い印象を受けた。

ここから、真に驚くべき事実を知ることになる。すなわち、ジェームズ島［サンティアゴ島］の三八種のガラパゴス産植物、世界の他の地域では見られない植物のうち、三〇種はこの島だけに限られるのである。またアルベマール島［イザベラ島］では、二六種のガラパゴス土着植物のうち二二種がこの島だけに限られるのであり、つまり、現在のところ、ガラパゴス諸島の他の島に生育するものは四種しか知られていないのだ。そして、……チャタム島［サンクリストバル島］、チャールズ島［フロレアナ島］の植物についても、同じことが言える。

彼は諸島全体にわたるマネシツグミ類の分布についても、同じことに気づいていた。

＊『ビーグル号航海記』より。ヴィクトリア朝時代の博物学者たちは、著作でこういった類の価値判断をする癖があった。私の祖父は一冊の鳥の本をもっていたが、そのウの項目は、「この惨めな鳥については、言うべきことがなにもない」という、あからさまな言葉で始まっていた。

私の関心が最初に激しくかき立てられたのは、私自身やその他の何人かの乗員が撃ち落とした多数の標本を比較することによってだった。そのとき、驚いたことに、チャールズ島からの標本がすべて（*Mimus trifasciatus*［チャールズマネシツグミ］）一種だけ、アルベマール島からのものはすべて *M. parvulus*［ガラパゴスマネシツグミ］、そしてジェームズ島とチャタム島（この二島のあいだに他に二つの島が位置しており、そのためにつながった連鎖をなしている）からのものはすべて *M.melanotis*［サンクリストバルマネシツグミ。この三種の属名は現在ではいずれも *Mimus* から *Nesomimus* に変更されている］に属していることを、私は発見したのだ。

そして、これは世界中でそうなのだ。特定の地域の動物相と植物相は、ダーウィンがいまや彼の名を戴《いただ》いているフィンチ類について述べている、「一つの種が取り上げられ、多様な目的のために改変されてきた」という言葉を引用すれば、まさに予想されるとおりなのだ。

ガラパゴス諸島の副知事のローソン氏は、つぎのように知らせることで、ダーウィンの好奇心をかきたてた。

このカメは島ごとにちがっていて、彼自身がどんなカメでも、どの島からもってきたものかを確実に言い当てることができるという。私はしばらくのあいだ、この発言に十分な関心を傾けることがなく、すでに二つの島からの採集品をごたまぜにしてしまっていた。五〇から六〇マイルほどしか離れておらず、互いに視界の範囲にあり、まったく同じ岩石から形成され、非常に似かよった気候のもとにあり、標高もほとんど同じといえる島々が、異なった生き物をすまわせているなどと、夢にも思わなかった。

ガラパゴスゾウガメ類はすべて、特定の陸ガメの種、チャコリクガメ（*Geochelone chilensis*）とよく似ているが、こちらはどのガラパゴスゾウガメよりも小さい。これらの島が存在するようになってから数百万年のあいだのいつかの時点で、こうした大陸本土の陸ガメの一匹ないし数匹が、うっかり海に落ちて、漂流してきたのである。彼らはどのようにして、この長く、まちがいなく苦難に満ちた横断渡航を生き延びたのだろう？　きっと、ほとんどは生き残れなかっただろう。しかし、目的を達成するには、たった一匹の雌が生き残りさえすればよかっただろう。そしてカメは、横断渡航を生きぬくための驚くほどすぐれた備えをもっている。

初期の捕鯨船は、船の食糧にするために、ガラパゴス諸島の何千匹ものゾウガメを捕らえた。肉を新鮮に保つために、ゾウガメは必要なときまで殺さずにおかれたのだが、屠《ほふ》られるのを待つあいだ餌も水も与えられなかった。彼らは単純に裏返しにされ、ときには何層にも積み重ねられたので、逃げだすことができなかった。私がこの話をするのは、なにも怖がらせるためではなく（もっとも、このような野蛮な残酷さは私をゾッとさせると言っておかなければならない）、話の論点をきわだたせるためである。ゾウガメは餌も水もなしに数週間は生き延びることができ、これは、フンボルト海流に乗って、南アメリカからガラパゴス諸島まで漂流するのには十分な時間である。そしてゾウガメは実際に漂流する。

ガラパゴスの最初の島に到達したゾウガメは、そこで繁殖したあと、同じようにしてガラパゴス諸島の残りの島までのはるかに短い距離を、比較的容易に――今度もまた偶然に――飛び移っていった。そして彼らは、島に到着した動物の多くがすることをした。つまり体を大きくするよう進化したのだ。これはずっと以前から気づかれていた、島嶼《とうしょ》巨大化という現象である（ややこしいことに、同様によく知られた、島嶼矮化《わいか》という現象もある(*)。もし、ゾウガメが有名なダーウィンフィンチのパターンに従っていたとしたら、彼らはそれぞれの島ごとに異なる種へと進化していただろう。したがって、その後の島から島への偶然の漂着のあと、互いに交雑することができなくなっていただろうし(これが、生物が別種であることの定義であることを思い出してほしい)、遺伝的な浸食によって汚染されることなく、異なった生活様式を自由に進化させることができたのだろう。

異なる種の相容《あいい》れない繁殖習性と交尾相手の選り好みが、分離された島の地理的隔離の一種の遺伝的代替をなすと言うことはできる。彼らは地理的な分布は重なり合っているが、いまや排他的な交尾によって分離された「島」に隔離されている。したがって、彼らはまだこれからさらに分岐することができる。オオガラパゴスフィンチとガラパゴスフィンチとコガラパゴスフィンチは、もともと異なる島で分岐したものである。この三種は現在では、ガラパゴスのほとんどの島で共存しているが、けっして交雑せず、それぞれが異なった種類の種子を餌とするよう特殊化している。

ゾウガメも同じようなことをし、島ごとに別個の甲羅の形を進化させた。大きな島にすむ種はより高いドームをもっている。小さな島にすむ種は、鞍《くら》形の甲羅をもち、前端には頭を上げるために縁が高くなった開口部がある。この理由は、大きな島は草が生えるだけの水分があり、そこにいるゾウガメは草食いであるのに対して、小さな島はたいてい乾燥しすぎていて草が生えないので、そこにすむゾウガメはサボテンを食べるほかないからである。縁が高くなった鞍形の甲羅は、首を上げてサボテンに届かせることができるようにする。サボテンのほうもゾウガメに食べられないようにする進化上の軍拡競争のなかで、ますます丈を高くしていくからだ。

ゾウガメの物語は、フィンチ・モデルにさらなる複雑さを付け加えることになる。というのは、ゾウガメにとって、火山は島のなかの島だからである。火山の高みには、涼しくて、湿り気のある緑のオアシスができる。一方、低いところは溶岩原に取り囲まれ、草を食べるゾウガメにとっては、生存に適さない砂漠である。小さな島のそれぞれは大きな火山を一つもっており、独自のゾウガメが一種（あるいは一亜種）すんでいる（まったくゾウガメのいない少数の島を除いて）。大きなイザベラ島（ダーウィンにとっては「アルベマール島」）は、五つの大きな火山の連なりから構成されており、それぞれの火山ごとに独自のゾウガメの一種（あるいは一亜種）をもっている。まことに、イザベラ島は、諸島のなかの諸島なのである。つまり、一つの島の中に複数の島があるというシステムなのだ。そして、種の遺伝子プールという比喩的な意味での島の進化の舞台をお膳立てする、文字通りの地理学的な意味での島の原理が、ダーウィンの幸運な青年時代のここガラパゴス諸島における以上に、より優雅に実証された場所はけっしてなかった(**)。

南大西洋のアフリカ大陸から一九三〇キロメートルほど離れた洋上の、単一の火山島であるセントヘレナ島以上に周囲から隔絶した島はない。ここは一〇〇種の固有種（若きダーウィンなら、それらを「土着生物《オリジナル・クリエーションズ》」と呼び、老いたダーウィンなら、それらの種はそこで進化をとげたのだと言ったことだろう）を有する。そうした固有種のなかには、キク科に属する森林樹もある（あるいは、あ

＊島嶼における規則は、大型動物は小さくなり（たとえば、シチリア島やクレタ島のような地中海の島では、肩高が大型犬ほどの矮化ゾウがいる）、小型動物は大きくなる（ガラパゴスゾウガメのように）というものであるらしい。この両方向に分かれる傾向を説明する理論はいくつかあるが、その詳細は、あまりにも本題から離れてしまうことになるだろう。

＊＊ゾウガメに関するこれらの段落は、ガラパゴス諸島にあるビーグル号という船（本物ではない、残念ながら本物はずっと昔に消えてなくなってしまっている）の上で書き、二〇〇五年二月一九日付けの《ガーディアン》紙に掲載された記事から抜粋したものである。

セントヘレナ島の森の樹木

ったと言うべきか。なぜなら、何種かはすでに絶滅してしまったからである）。

これらの樹木は、アフリカ本土に生育する類縁の遠い樹木と習性（生活型）の点で似ている。類縁の近い大陸本土の植物は草本《そうほん》か、小さな低木である。ここで起こったのはつぎのようなことであったにちがいない。すなわち、小さな草本や低木のわずかな数の種子が、たまたまアフリカからの数千キロメートルの断絶を越えて渡り、セントヘレナ島に定着した。そこには、森林樹のニッチがまだ埋まっていなかったので、より大きく、より木質の幹を進化させ、ついには、りっぱな樹木になったのである。同じように、樹木のようなキク科植物が、ガラパゴス諸島でも独立に進化している。それは、世界中の島で見られる同じパターンなのである。

アフリカの大湖沼群《だいこしょうぐん》のそれぞれは、シクリッドと呼ばれるグループを中心とした、固有の魚類相をもっている。ヴィクトリア湖、タンガニイカ湖、マラウィ湖の、それぞれ数百種にのぼるシクリッド魚類相は、互いに完璧に異なっている。それらは明らかに、三つの湖で独立に進化してきたものであり、そのことを考えあわせるとよけいに、この三つの湖でシクリッドが占めているニッチがほぼ同じ幅の多様性をもつところに収斂しているのは実に興味深い。それぞれの湖では、最初はまず、一ないし二尾の創始種がどうにかして、たぶん川から、入り込んだかのように思われる。そして、そのあと、それぞれの湖で創始種が何度も種分化を繰り返し、今日見られるような数百もの種が湖に生息するようになったのである。一つの湖という限られた世界の内部で、この新参種たちは、彼らの分裂を可能にした最初の地理的隔離をどのようにして実現したのだろう？

島についての話をはじめるとき、私は、魚の視点からすれば、陸地に囲まれた湖は島だと説明した。明白さという点ではわずかに劣るが、水に囲まれた陸地という慣用的な意味での島でさえ、魚にとっては「島」になりうるのであり、ことに浅瀬にしか生息しない魚ではそうである。海では、サンゴ礁魚のことを考えてみてほしい。彼らはけっして深海に入りこむことがない。その視点からすれば、サンゴ島の浅い縁は一つの「島」であり、グレートバリアリーフは一つの諸島である。同じようなことは湖でも起こりうる。湖、ことに大きな湖の内部では、岩の露頭は、浅い水域にだけ生息するという習性をもつ魚にとって、「島」になりうる。アフリカ大湖沼群における少なくとも何種かのシクリッドについては、これによって最初の隔離が実現されたことは、ほとんど確実である。大部分の個体の居場所は島の周囲の浅瀬、あるいは湾や入り江に限られている。これが、同じように孤立した他の浅瀬との部分的な隔離を達成しており、まれに浅瀬のあいだの深い部分を渡る個体によってつながりが保たれ、ガラパゴスのような「諸島」に対応する水中の諸島を形成しているのである。

マラウィ湖（私がその砂浜ではじめての「砂遊び」休暇を過ごしたときは、ニヤサ湖と呼ばれていた）の水深は、数百年にわたって劇的な上昇と下降を繰り返し、一八世紀に、現在の水面よりも一〇〇メートル以上も浅い低水準にまで達したことを示す確かな証拠がある（たとえば堆積層のコア試料から）。この期間中、島の多くは島などではまるでなく、その当時の小さな湖に囲まれた陸上の丘だった。一九世紀および二〇世紀に湖の水面が上昇したとき、この丘が島になり、丘の連なりは諸島になった。そして現地語でムブナと呼ばれる浅瀬にすむシクリッド類の種分化の過程が始まった。「ほとんどすべての岩の露頭と島が、はてしない色変わり変種や種を擁する独特のムブナ動物相をもっている。こうした島や露頭の多くは、それまでの二〇〇～三〇〇年間、乾いた陸地だったから、動物相の確立はこの期間内に起こったのである」。

このような急速な種分化は、シクリッド科の魚が非常に得意とするものである。マラウィ湖とヴィクトリア湖は極端に若い。湖水盆地はわずか四〇万年前に形成されたもので、そのあと、何度か干上がり、もっとも最近のものは一万七〇〇〇万年前ごろだった。これが意味するのは、四五〇種ほどのシクリッドの固有種がすべて、何百年のタイム・スケールで進化したのであり、この規模の進化的な分岐、すなわち多様化にふつうなら結びつけられる何百万年というタイム・スケールではなかったということであるように思われる。アフリカの湖のシクリッドは、進化が短い時間のあいだに何をなしうるかについて、強烈な印象を与える。彼らは、「私たちの目の前で」の章に登場する資格を九分通りもっているのだ。

オーストラリアの森や林は、ユーカリ属たった一属の樹木が優占しており、この属の木が七〇〇種以上あって、膨大な幅のニッチを埋め尽くしている。またしても、フィンチ類に関するダーウィンの金言を借用して言うなら、ユーカリ属の一種が「取り上げられ、多様な目的のために改変されてきた」と想像しても、ほとんどまちがいないだろう。そして、それに平行した線に沿って、もっと有名だとさえいえる例がオーストラリアの哺乳類相である。オーストラリアには、オオカミ、ネコ、ウサギ、モグラ、トガリネズミ、ライオン、モモンガ、その他多くの動物に生態学的に対応するものが生息している。あるいは最近になっておそらく先住民《アボリジニー》の渡来によって絶滅させられるまでは生息していた。しかし、それらの動物は有袋類《ゆうたいるい》であり、世界の残りの地域で私たちがよく知っているオオカミ、ネコ、ウサギ、モグラ、トガリネズミ、ライオン、モモンガ、いわゆる有胎盤類とはまったく異なっている。オーストラリアの対応する動物はすべて、少数の有袋類の祖先種（あるいはたった一種でさえあったかもしれない）に由来するもので、「取り上げられ、多様な目的のために改変されてきた」。この美しい有袋類動物相は、オーストラリア以外には対応するものを見つけるのがむずかしいような生き物もつくりだした。カンガルー類の多くの種は大部分がアンテロープと似たようなニッチを占めている（あるいはキノボリカンガルー類の場合には、サルやキツネザルに似たニッチ）が、四本脚で駆けるのではなく跳躍して動きまわる。その多様性は大きなアカカンガルー（なかには、跳びはねる恐ろしい肉食動物を含めて、さらに大きい絶滅種も何種かいた）から、小さなワラビー類やキノボリカンガルー類までにおよんでいる。巨大な、サイほどの大きさのディプロトドンという有袋類もいて、これは現生のウォンバットに近縁だが、体長は三メートル、肩高一八〇センチメートル、体重二トンにも達した。オーストラリアの有袋類については、次章で立ち戻ることにしよう。

ここで言及するのはあまりにも馬鹿馬鹿しいのだが、第1章で私が慨嘆したように、聖書を文字通りに受け入れているアメリカ人が人口の四〇％以上もいるのだから、例のことに言及しなければいけないのではないかと思う。これらの動物がすべてノアの箱舟から分散していったのなら、動物の地理的な分布はどのようになっていなければならないかを、考えてみてほしい。中心地――ひょっとしたらアララト山――から遠ざかるにつれて、種の多様性が減少していく何らかの法則性が存在するべきではないだろうか。それが私たちの目にしているものではないことは、あえて言う必要もないだろう。

なぜ、これら有袋類のすべて――小さなフクロマウスからコアラやミミナガバンディクートを経て巨大なカンガルーやディプロトドンに至る幅をもつ――が、有胎盤類はまったくこないのに、アララト山からオーストラリアへ大挙して移住してきたのか？　彼らはどのようなルートでやってきたのか？　そしてなぜ、この散り散りになっていく旅団のたった一種のメンバーさえ、途中で旅を止めて――インド、あるいは中国、あるいはシルクロード沿いのどこかの安息の地で――定着することがなかったのか？　なぜ貧歯目《ひんしもく》全体（絶滅した巨大なアルマジロを含めて二〇種のアルマジロ類のすべて、絶滅したオオナマケモノ〔メガテリウム〕を含めて六種のナマケモノ類のすべて、ならびに四種のアリクイ類のすべて）は、南アメリカ目指して測ったかのように一斉退去し、その途中のどこかで定着したものの一片の肉も残さず、毛皮も体毛も鎧（装甲板）さえも残すことがなかったのか？　なぜ彼らは、モルモット、アグーチ、パカ、マーラ、カピバラ、チンチラその他多数の種を含む、南アメリカに特徴的な大グループで、ほかにどこにもいないテンジクネズミ型齧歯類という下目《かもく》全体と合流することになったのか？　なぜ広鼻猿類というサル類の亜目全体が南アメリカに落ち着き、ほかのどこにも行かなかったのか？　少なくとも彼らのうちの数種は、アジアかアフリカで残りのサル類である狭鼻猿類と合流してはいけなかったのか？　そして、狭鼻猿類の少なくとも一種は、広鼻猿類とともに新世界で発見されるべきではないのか？　なぜすべてのペンギン類は南極までの遠いよたよた歩きを決行し、たった一種さえ、同じように居住可能な北極に行かなかったのか？

キツネザルの祖先は、またしてもたった一種であった可能性がきわめて高いのだが、気がついたらマダガスカル島にいた。現在では三七種（プラス何種かの絶滅種）のキツネザル類がいる。体の大きさはハムスターよりも小さなピグミーネズミキツネザルから、ゴリラよりも大きく、クマに似た巨大キツネザルまでの幅があるが、この巨大キツネザルはごく最近に絶滅してしまった。そして彼らはすべて、最後の一種に至るまでマダガスカルに生息している。世界中のほかのどこにもキツネザルはいない。そして逆にふつうのサル類はマダガスカルにまったくいない。いったいぜんたい、四〇％の歴史否定論者は、こうした現状がどのようにして出現したと考えているのだろう？　三七種以上のキツネザル類のすべてが、一団となってノアのタラップを進み、尻尾を巻いて（ワオキツネザルの場合は文字通りに）マダガスカル島を目指し、広大かつ長大なアフリカを抜ける旅の途中で、たったの一種もはぐれて残されるものがなかったというのだろうか？

まことに申し訳ないが、またしても、あまりにも小さくて脆《もろ》い相手をやっつけるのに大槌《おおつち》を振り回す愚を犯すことになるが、アメリカ国民の四〇％以上がノアの箱舟の物語を文字通りに信じているがゆえに、私はそうしなければならないのだ。彼らのことは無視して、自分たちの科学に邁進《まいしん》するということもできるのだが、彼らが教育委員会を支配し、自分の子供たちを自宅学習させて、適切な理科教師に近づく機会を奪い、しかも、多くの国会議員、何人かの州知事、さらには大統領候補や副大統領候補さえそこに含まれているがゆえに、ほっておくわけにはいかない。彼らは、研究所や大学を設立するだけの金と権力をもっており、恐竜の実物大の模型に子供が乗ることができるような博物館さえ建てている。そこでは、恐竜が人類と共存していたと、大真面目に語られているのだ。そして、最近の世論調査では、英国もそれほど遅れをとっている（あるいは、「先行している」と解釈すべきなのか？）わけではなく、ヨーロッパのいくつかの国やイスラム世界の大部分でも同じである。

たとえ、アララト山の一方の側からだけ出発したとしても、たとえ、ノアの箱舟神話を文字通りに受け取っている人々を皮肉るのを控えるとしても、種の個別創造を主張するいかなる理論にも、同じ問題が当てはまる。なぜ、全能の創造主は、慎重にこしらえあげた種を、それらの種が進化してきたものであり、進化した場所から四方に分散していったということを抗しがたく示唆するような、まさにそれに相応《ふさわ》しいパターンで、それぞれの島や大陸に植えつけることに決めたのだろう？　なぜ神は、キツネザル類をマダガスカル島に置き、その他の場所には置かなかったのだろう？　なぜ広鼻猿類を南アメリカだけに、そして狭鼻猿類をアフリカとアジアだけに置いたのだろう？　なぜニュージーランドには、そこまで飛んでいくことのできたコウモリ類を除いて、哺乳類がいないのだろう？　なぜ列島にすむ動物は、隣の島にすむ種と非常によく似ており、なぜ、ほとんどつねに、いちばん近い大陸または大きな島にすむ種と似ている──隣の島の種とほど強くではないが、それでもまちがいようもなく似ている──のだろうか？　なぜ創造主は、またしても空を飛ぶことができるコウモリ類と、自分たちでつくった船でやってくることができた人類を例外にして、オーストラリアに有袋類しかおかなかったのだろう？　事実は、もし私たちがすべての大陸とすべての島、すべての湖とすべての川、すべての山頂とすべての高山の渓谷、すべての森とすべての砂漠を調べてみるならば、動植物の分布を筋道の通ったものにする唯一の方法は、またしても、ガラパゴスのフィンチ類についてのダーウィンの洞察に従うことなのである。「もともとこの諸島には○○が乏しかったことからして、一つの種が取り上げられ、多様な目的のために改変されてきたのだと、本気で想像してもいいのではないか」。

ダーウィンは島嶼に魅了され、ビーグル号による航海の途中に、かなりの回数にわたって、長期かつ広汎に歩きまわった。それだけでなく、彼は島の主要なタイプの一つで、サンゴと呼ばれる動物によって構築されるサンゴ島の形成について、驚くべき真実を解明しさえした。のちにダーウィンは、自分の理論にとっての島および諸島の決定的な重要性を認識するに至り、種分化（彼はこの言葉を使わなかったけれど）の序曲としての地理的隔離説についての疑問に決着をつけるための実験をいくつか実際におこなっている。たとえば、一連の実験で、種子を海水のなかに浸けておき、大陸から近くの島まで漂流できるだけの長期間浸けられたあとでも、いくつかは発芽する力を保持していることを実証した。一方で、カエルの卵は、海水でただちに死ぬことを彼は見つけ、これをうまく利用して、カエルの地理的分布についての注目すべき事実を説明した。

大洋島に、いくつかの目《もく》が丸ごとすっぽり欠如していることに関して、ボリ・サン・ヴァンサンはずっと以前に、広い海洋に点在する多数の島のどれにも、両生類（カエル、イモリの類）がまったく見られないと述べていた。私はこの発言を確かめるべく骨を折ってみて、それがまぎれもない真実であるとわかった。ところが私は、大きな島であるニュージーランドの山中にまちがいなくカエルがいるとも聞かされている。しかしこの例外（その情報が正しいとして）は氷河の作用によってもたらされたということで説明されるのではないかと、私は思う。このように多くの大洋島にカエル、イモリ類が一般に欠如していることを、島の物理的な条件で説明することはできない。実際に、そうした島はこれらの動物にとって、とりわけよく適しているように思われる。マデイラ、アゾレス、モーリシャスの島々にはカエルが持ち込まれて、害をなすくらい繁殖しているからである。だが、これらの動物もその卵も海水にあえばただちに死んでしまうことが知られているので、私の見解によれば、彼らが海を渡ってくるには多大の困難がともなうことがわかる。したがって、なぜ彼らが大洋島にいないのかということも理解される。しかし、創造説にもとづけば、なぜ彼らが島で創造されなかったかを説明するのは、きわめて困難である。

ダーウィンは、自分の進化の理論にとって種の地理的分布がもつ重要性に十分に気づいていた。彼は、ほとんどの事実は、動植物が進化してきたものだと仮定すれば説明できると述べている。このことから、現生動物は、彼らの祖先か祖先にごく近いと考えるのが妥当な化石と同じ大陸に生息している傾向をもつと考えるべき――そして事実そうである――なのである。私たちは、動物は自分たちと似た種と同じ大陸を共有していると考えるべきで、事実その通りなのである。つぎに示すのは、この問題についてダーウィンが、自分がよく知っている南アメリカの動物に特別に関心を払いながら述べた文章である。

たとえば、北から南に向かって旅する博物学者は、別種のものにはまちがいないが、明らかに類縁のある生物群が順次に交代していくありさまを見て、驚かずにはいられない。その博物学者は、類似した、しかしちがった種類の鳥がほとんど同じような歌声を発するのを聞き、まったく同じではないがよく似た構造の巣に、ほぼ同じ色をした卵を見るのである。マゼラン海峡の近くの平原にはレア属（アメリカのダチョウ）の一種がすみ、ラプラタ平原の北方には、同じ属の別の一種がすんでいる。しかしアフリカやオーストラリアの同緯度のところにいるような真のダチョウやエミューはいない。そのラプラタ平原にはアグーチやビスカーチャが見られる。これらはアナウサギやノウサギとほとんど同じ習性をもつものではあるが、アメリカ型の体形をはっきり表している。コルディレラの高峰に登れば、ビスカーチャの高山種が見られ、水辺を眺めれば、ビーバーやマスクラットの姿はなく、アメリカ型の齧歯類であるヌートリアやカピバラが見られる。

これはほとんど常識であり、ダーウィンはそれを使って、膨大な範囲にわたる観察を説明することができた。しかし、動植物の地理的分布および岩石の分布には、別の種類の説明を必要とするような、ある種の事実がある。それはけっして常識などとはいえないものであり、もしダーウィンがそれについて知ってさえすれば、愕然とし、すっかり魅了されたことだろう。

地球は動いたのか?

ダーウィンの時代のだれもが、世界地図はほとんど不変だと考えていた。ダーウィンの同時代の何人かは、たとえば、南アメリカとアフリカの植物相の類似性を説明するために、現在は水没してしまった大きな陸橋があった可能性を実際に容認していた。ダーウィン自身は陸橋という発想《アイデア》に強く惹かれることはなかったが、大陸全体が地球の表面を動くという現代の証拠を知れば狂喜しただろう。この大陸移動説は、動植物の分散、とくに化石の分散にかかわるある種の重要な事実について、飛び抜けてすぐれた説明を提供する。たとえば、南アメリカ、アフリカ、南極大陸、マダガスカル、インド、およびオーストラリアの化石には類似性があり、現在の私たちはそれを、かつて現在の陸地をすべて一つに結合したゴンドワナという南方の大大陸があったことを引き合いに出して説明する。ここでもまた、遅れて現場にやってきた探偵は、進化が事実であったという結論を強いられるのである。

かつて「大陸移動」説と呼ばれていたこの理論は、ドイツの気象学者アルフレート・ヴェーゲナー（一八八〇～一九三〇）によって最初に提唱された。世界地図を眺め、大陸や島の形が対岸の海岸線と、たとえ二つの陸塊が遠く離れている場合でさえ、まるでジグソーパズルのピースどうしのように、しばしばぴったりと一致することに気づいたのは、ヴェーゲナーが最初というわけではなかった。ワイト島がまるでソレント海峡がなかったかのように、ハンプシャー海岸にぴったり嵌《はま》るといった、小さな局地的な例を私は言っているのではない。ヴェーゲナーやその先行者が気づいたのは、アフリカとアメリカという両大陸の向かい合う側の海岸線全体が、同じ線に沿っているように見えるということだった。ブラジルの海岸はまるで西アフリカのぴったり膨らみの下で裁断されたかのように見えるのに対して、アフリカの膨らみの北側は、フロリダからカナダまでの北アメリカの海岸にぴったり合致している。形がおおまかに一致するというだけではなかった。ヴェーゲナーはまた、南アメリカ大陸の東側全体を通じて、アフリカ大陸の西側の対応する部分と地層や地形が一致することも指摘した。明快さはわずかに劣るが、マダガスカル島の西海岸も、アフリカ大陸の東岸（現在向かい合っている南アフリカ海岸の一部ではなく、タンザニアおよびケニア以北の海岸である）とかなりよく一致する。一方、マダガスカル島の東側のまっすぐな線は、インド西部のまっすぐな海岸線とよく合っている。さらにヴェーゲナーは、アフリカおよび南アメリカで発見される太古の化石が、世界地図がずっと現在と同じ形であったと仮定した場合に予想されるのより、はるかによく似ていることも指摘した。南大西洋の広大さを考えれば、どうしてそんなことが起こりえるのか？　二つの大陸がかつてはもっと接近していた、あるいは合体さえしていたのではないか？　この考えは、興味をそそるものだったが、時代の先を行きすぎていた。ヴェーゲナーはまた、マダガスカル島とインドの化石のあいだの一致にも気づいていた。そして、北アメリカ大陸北部とヨーロッパの化石のあいだにも、同じようにはっきりした類似性がある。

このような観察に導かれて、ヴェーゲナーは、大陸移動説という大胆な異端の仮説を提案するに至る。世界中のすべての主要な大陸は、かつて一つの巨大な超大陸に合体していたのではないかと考え、それをパンゲア大陸と呼んだ。彼の発想によれば、はてしない地質学的時間の経過のなかで、パンゲア大陸は徐々に寸断されていき、今日私たちが知っているような大陸を形成し、それらがその後ゆっくりと移動して現在の位置にたどりついたのであり、この移動はいまでもまだ終わっていないという。

懐疑的なヴェーゲナーの同時代人たちがいぶかる声がほとんど聞こえてきそうだ。街のうわさ話の言い方を借りれば、「彼はいったいどんなクスリを吸《や》っているんだ」。しかし、いまでは私たちは、彼が正しかったことを知っている。あるいはほとんど正しかったのだ。ヴェーゲナーに先見の明と想

ヴェーゲナーの「大陸移動説」に
発想を得て描かれた漫画

像力があったのは確かだが、彼の大陸移動説と現代のプレートテクトニクス理論は、かなり異なったものであったことは明確にしておかなければならない。ヴェーゲナーは、ドリトル先生の航海記に出てくる中空のクモザル島のように完全に海に浮かんでいるのではなく、地球の半液体状のマントルの上に浮かんでいる大陸が、巨大な船のように海のなかを進んでいくと考えていた。十分に理解できることだが、他の科学者たちは、懐疑論の砦を築いた。南アメリカやアフリカのような巨大な物体をいかなるタイタンのごとき怪力が、何千キロメートルも推進させることができるのか？　大陸移動説を支持する証拠に向かう前に、現代のプレートテクトニクス理論がヴェーゲナーの理論とどれほど異なっているかを説明しておきたい。

プレートテクトニクス理論では、さまざまな海の底を含めて、地球表面の全体は、鎧《よろい》のように重なり合う一連の岩石のプレート（板）からできている。私たちが見ている大陸は、プレートが海面よりも上に出た部分の厚みである。各プレートの大部分は水中に横たわっている。ヴェーゲナーの大陸とちがって、プレートは海を航行していくのでも、あるいは地球表面上をかきわけて進んでいくのでもなく、プレート自体が地球の表面なのである。どうか、ヴェーゲナーのように、大陸それ自体がジグソーパズルのピースのように嵌りあったり、あるいは互いに離れていったりすると考えないでほしい。そんなことではないのだ。その代わりに、プレートは、海洋底拡大――これについてはこのすぐあとで説明する――という目覚ましい過程を通じて、先端から押し出されるようにして絶えず生みだされつづけていくものだと考えてほしい。新しくできてくるのと反対の端で、プレートは隣のプレートの下に「沈み込んで」いるかもしれない。あるいは隣り合うプレートどうしが互いに滑りながら進んでいるかもしれない。カラー口絵一七ページの写真は、カリフォルニアのサンアンドレアス断層の一部を示している。ここは、太平洋プレートと北アメリカプレートがハサミの刃のような形で互いにすれちがっている場所である。海洋底拡大と沈み込みの組み合わせは、プレートとプレートのあいだには隙間《ギャップ》がないことを意味する。地球の全表面が何枚ものプレートで覆われており、各プレートはふつう片側で隣のプレートの下に沈み込みによって姿を消していくか、あるいは他のプレートとすれちがっていく一方で、別の場所にある海洋底拡大帯から成長してくるのである。

ゴンドワナ大陸の、将来のアフリカ大陸と将来の南アメリカ大陸のあいだを蛇行していたにちがいない巨大な地溝帯のことを考えるのは心が躍る。最初は、現在の東アフリカにある地溝帯と同じように、湖が点在するだけだったのは疑いない。やがて後に、引き裂くような地殻変動の苦痛を伴いながら南アメリカ大陸がもぎ取られていくにつれて、そこは海水で満たされた。どこかの屈強な恐竜のコルテスが、ゆっくりと離れていく「西ゴンドワナ」の細長い海峡をじっと見つめながら出迎えている光景を想像してみてほしい。両者の形がジグソーパズルのピースのように相補的になっているのは偶然ではないとした点でヴェーゲナーは正しかった。しかし、大陸が巨大な筏で、あいだに横たわる海をかきわけて進んでいくと考えた点でまちがっていた。南アメリカ大陸とアフリカ大陸とその大陸棚は、二枚のプレートの厚くなった部分に過ぎず、岩石でできたその表面のほとんどは海面下にある。プレートは岩石圏《リソスフェア》――文字通りには「岩石でできた領域」――からできており、熱くてなかば融解した岩流圏《アセノスフェア》――「柔弱な領域」――の上に浮かんでいる。岩流圏は、岩石圏の岩石のプレートのように固くて壊れやすくはなく、液体のように振る舞うという意味で、柔弱《にゅうじゃく》である。かならずしも融解してはいないが、パテまたは飴菓子のような状態で産出する。少しばかり混乱させられるのだが、この二つの同心円的な領域は、もっとなじみ深い区別（こちらは物理的な強さよりもむしろ、化学的組成にもとづく）である「地殻」と「マントル」と完全には対応していない。

ほとんどのプレートは、はっきり異なる二種類の岩石圏の岩石からできている。深海底は、およそ一〇キロメートルの厚さにわたる非常に密な火成岩のかなり均質な層におおわれている。この火成岩層の上に堆積岩と泥からなる表層が横たわっている。もう一度繰り返すが、大陸は海面より上に出て目に見えるようになったプレートの領域で、それほど密でない岩石の層が付け加わることによってプレートが厚くなり、この高さまで持ち上がったものである。プレートの海面下の部分は、その周縁部――南アメリカプレートの場合は東の縁、アフリカプレートの場合は西の縁――で、たえずつくりつづけられている。この二つの縁が大西洋中央海嶺を構成しており、大西洋中央海嶺は、アイスランドから（ここは実は、海嶺の実質的な部分が地表まで到達している唯一の例である）はるか南方まで、大西洋の中央部を縦断するように蛇行している。

同じような海嶺は、世界の別の場所で、別のプレートを送り出している（カラー口絵一八・一九ページを参照）。これらの海嶺は縦に長く引き延ばした噴水の役割をはたしており（地質学のゆっくりとしたタイム・スケールで）、すでに海洋底拡大と呼んで言及した過程において、溶けた岩石を湧昇させている。大西洋中央部における海洋底拡大は、アフリカプレートを東に向かって、南アメリカプレートを西に向かって押しているように見える。異なる方向に向かって広がる一対のロールトップ式の机というイメージが提案されており、それが人間の眼には見えないほどゆっくりとしたタイム・スケールで起こっていることを忘れなければ、このイメージはこの考え方をうまく伝えている。実際には、南アメリカ大陸とアフリカ大陸が離れていくスピードは、覚えやすいように――あまりにも覚えやすいために、ほとんど決まり文句のようになってしまった――指の爪が伸びる速度になぞらえられている。現在両者が何千キロメートルも離れているという事実は、地球の年齢が膨大な、聖書とは矛盾するものであることのさらなる証拠であり、第4章でお目にかかった放射性崩壊時計による証拠に匹敵するものである。

私はたったいま「押しているように見える」という表現を使ったが、大急ぎで撤回しなければならない。こうした下から湧きあがってくる「ロールトップ式の机」がそれぞれの大陸プレートを後ろから押していると考えるのは魅惑的である。しかし、これは非現実的である。スケールがまったくちがっているからだ。地核プレートは、中央海嶺に沿って湧昇する火山の力が後ろから押していくには、あまりにも大きくて重すぎる。泳いでいるオタマジャクシが超大型タンカーを押そうとしているようなものである。しかし、さあ、ここが要点だ。岩流圏には、準液体としての性質のゆえに、その全表面にひろがり、プレートの下全体におよぶ対流がある。どの区域でも、岩流圏は一定の方向に向かってゆっくりと動いていて、そのあともっと深い層に下って、今度は向きを反対にして循環していく。たとえば、南アメリカプレートの下にある岩流圏の上層は西に向かって粛々《しゅくしゅく》と動いている。そして、湧昇してくる「ロールトップ式の机」が南アメリカプレートを前に押すだけの力をもっているというのは想像できないが、プレートの下面全体の下で、一定の方向に向かって一寸刻みで着実に進んでいく対流が、「浮いている」大陸という荷物を一緒に運ぶことができるというのは、まったく想像できなくもない。いまやオタマジャクシの話をしているのではない。フンボルト海流のなかでエンジンを切った超大型タンカーは、実際に海流とともに進んでいくだろう。

　要約すれば、これが現代のプレートテクトニクス理論である。今度は、それが真実であるという証拠に話を移さなければならない。現実には、確立した科学的事実ではふつうのこととして(*)、多数の異

＊現代の進化の「理論」と同じように、言葉の通常の意味で、それは確立された事実である。すなわち第1章で引用した『オックスフォード英語大辞典』の定義の最初のもので、私が「掟理（theorum）」と名づけたものである。

なった種類の証拠があるが、私は、もっともすばらしく優雅な種類の証拠についてだけ語るつもりである。それは、岩石の年齢から、とくに岩石に含まれる磁性の帯から得られる証拠である。それは、ほとんど、あまりにもできすぎで信じられないほどのもので、私の言う「犯罪現場に遅れてやってきた探偵」の完璧な実例であり、否応なく、一つの結論に向かって導かれてゆく。指紋に非常によく似たものが手に入ったとさえ言ってもいい。それは岩石に残る巨大な磁性の指紋である。

気の遠くなるほどの深海の圧力に持ちこたえることができる特注の潜水艦に乗って、たとえ話の探偵のお供をして、南大西洋横断の旅に出ることにしよう。この潜水艦は、海底表面の堆積層を抜けて、岩石層そのものである火山岩のところまでドリルで掘り進んで、岩石の試料を採集できる装備をもち、また岩石試料の放射年代測定（第4章を参照）ができる船内実験室もある。探偵は、南緯一〇度にあるブラジルの港マセイオから真東に進路を設定する。大陸棚（当面の目的のために、ここは南アメリカの一部とみなす）の浅海を五〇キロメートルほど航行したあと、高圧ハッチを締めて潜水し（なんという控えめすぎる言い方!）、唯一の光が、この異界にすむ奇怪な生物たちがまれに発する緑色の閃光だけであるような深海へと潜っていく。

およそ水深六〇〇〇メートル（三〇〇〇尋《ひろ》）の海底に着いたとき、私たちは火山性の岩石層までドリルを掘り下げ、岩石のコア試料《サンプル》を収集する。船内の放射年代測定実験室が作業を開始し、およそ一億四〇〇〇万年前の白亜紀初期という年代を報告してくる。潜水艦は南緯一〇度の緯線に平行に東に向かって、頻繁に岩石試料を採取しながら、船体をきしませて進んでいく。各試料の年代は慎重に測定され、探偵は年代をじっくりと調べて、パターンを見つけようとする。それほど先まで探す必要はない。ワトソン博士でさえ見逃すことはありえないだろう。海底の大平原を東に向かって進むにつれて、年代はひたすら若く、どんどん若く、着実に若くなっていく。私たちの旅がおよそ七三〇キロメートルに達するころ、岩石試料は、およそ六五〇〇万年前の白亜紀後期のものになる。これはたまたま最後の恐竜が絶滅した年代である。ますます若い年代に向かうという傾向は、私たちが大西洋の真ん中に到達し、潜水艦のサーチライトが巨大な海底山脈の麓《ふもと》を照らしだすまでつづく。ここが、大西洋中央海嶺である（カラー口絵一八・一九ページを参照）。ここから、わが潜水艦は昇りはじめなければならない。上へ上へとのろのろと進みながら、依然として岩石試料を採取しつづけ、まだ岩石がしだいに若くなっていくことに気づく。この山嶺の頂点にたどりついたとき、岩石は非常に若く、火山から新鮮な溶岩として湧昇してきたばかりのようである。実際、おそらくそれが現に起こったことである。アセンション諸島は、中央海嶺の一部で、最近の一連の爆発の結果として海水面より上に突きだしたのである――そう、最近、たぶん六〇〇万年前であろう。これは、私たちが潜水艦の旅に沿って採集してきた岩石の基準からすれば、最近なのである。

　さてつぎは、海嶺の反対側の斜面を越え、東大西洋の海底深くにある平原まで降りて、アフリカを目指すことになる。私たちが、岩石試料を採取しつづけていくと、今度はアフリカに向かって進んでいくにつれて――推測される通り――、岩石の年齢がしだいに古くなっていく。それはちょうど、大西洋中央海嶺に近づくときに私たちが気づいたパターンの鏡像になっている。探偵の説明に疑いの余地はない。二枚のプレートは海床が海嶺から広がっていくにつれて、遠ざかるように動いているのだ。左右に分かれていく二枚のプレートに付け加わる新しい岩石のすべては、海嶺それ自体の火山活動に由来するもので、アフリカ・プレートおよび南アメリカ・プレートと呼ばれる巨大なロールトップ式の机のどちらか一方に乗っかって、正反対の方向へと運ばれていく。カラー口絵一八・一九ページの人工的な着色は、岩石の年代を色で示すことにより、この過程を図解したもので、赤がもっとも年代の若いものである。大西洋中央海嶺の両側で、年代がいかにみごとな鏡像を形成しているかを見ることができる。

なんと優雅な物語だろう！　しかし、すごいのはこれからだ。探偵は、船上実験室で処理したときに岩石試料がもつもっと微妙なパターンに気づく。岩石圏の深いところから抽出した岩石コアは、磁石の針と同じようにわずかに磁気を帯びている。この現象についてはよくわかっている。溶岩が凝固するとき、火成岩が形成される際の微細な結晶の極性という形で、地球の磁場がそこに刷り込まれるのだ。結晶は、溶岩が凝固した瞬間の方位を指したまま閉じこめられた、小さな凍結された磁針のように振る舞う。ところで、地球の磁極が固定されたものではなく、揺れ動くことはかなり以前から知られている。おそらく、地球の核《コア》内で熔けた鉄とニッケルの混ざり合ったものがゆっくりと動く流れのためであろう。現在では、磁北はカナダ北部のエレズミア島付近にあるが、そこにじっととどまっていたわけではない。磁石を使って真の北極を決定するためには、船乗りたちは補正係数を調べる必要があるのだが、この補正係数は、地球磁場の振動につれて毎年変化するのである。

掘り出したときに岩石コアが置かれていた正確な位置を探偵が細心の注意を払って記録していきさえすれば、それぞれのコアの凍結された磁場が、溶岩が凝固してその岩石ができた時代の地球磁場の方向を教えてくれる。たまたま、一万年ないし一〇万年の不規則な間隔で、地球磁場は完全に逆転するのだが、それはおそらく、溶融したニッケル／鉄コアにおける大きな変化《シフト》のゆえだろう。磁北であったものが真の南極近くの位置までひっくり返り、磁南であったものが北極までひっくり返ったのである。そしてもちろん岩石は、海底深くから湧き昇ってくる溶岩から凝固したその当時の磁北を拾い上げることになる。磁極の向きが何万年おきかで逆転するために、磁力計で、岩盤に沿って走る縞模様を検出することができる。岩石試料にある縞のなかでは磁場はすべて一つの方向を指し、隣の縞のなかでは磁場はすべて反対の方向を指している。わが探偵は、それを黒と白の色をつけて区別する。

そして地図上の縞模様を指紋のように調べていくとき、まちがいようのない一つのパターンに気がつく。岩石の絶対年代を表すために人為的に彩色した縞模様と同じく、大西洋中央海嶺の西側における磁性の縞模様の指紋は、東側の縞模様とみごとな鏡像をなす。これはまさに、海嶺で溶岩が最初に凝固したときに岩石の磁極性が設定され、そのあとゆっくりと海嶺の外に向かって、正反対の方向に、固定された非常に遅い速度で動いていくと仮定したときに予想される事態そのものである。初歩だよ、ワトソン君。(*)

第1章での用語法に立ち戻れば、ヴェーゲナーの大陸移動説から現代のプレートテクトニクス理論へのたえざる移動《ドリフト》は、暫定的な仮説が普遍的に認められる掟理すなわち事実へと凝固する、教科書的な実例である。地殻プレート運動は本章では重要である。なぜなら、それなくしては、世界の大陸および島々における動植物の分布を十分に理解できないからである。二つの初期種を分離する最初の地理的障壁のことを語ったとき、私は川の流れを変える地震を例としてもちだしたが、大陸を引き裂き、二つの巨大な陸片を、動植物を乗せたままで——大陸という箱舟だ——、正反対の方向に運ぶプレートテクトニクスの力について述べることもできたのだ。

マダガスカル島とアフリカは、南アメリカ、南極大陸、インド、オーストラリアとともに、巨大な南方大陸ゴンドワナの一部であった。およそ一億六五〇〇万年前に、ゴンドワナ大陸は分裂を始めた——私たちの感覚を基準にすれば、どうしようもないほどゆっくりと。この時点で、マダガスカル島

＊遺憾ながら、ホームズはそう言ったことがない（バーンズがけっして、『オールド・ラング・サイン』［日本では『蛍の光』として親しまれている］の「ために」詩を書かなかったように）。しかし、だれもがホームズはそうしたと思っているので、この引用は効き目がある。

はまだインドとくっついたままであったが、それらとオーストラリアおよび南極大陸は、東ゴンドワナ大陸として、アフリカの東側から引きはなされた。ほぼこれと同じ時期に、南アメリカが西アフリカから反対方向に向かって引きはなされた。東ゴンドワナ大陸そのものも、かなり後になって分裂し、およそ九〇〇〇万年前に、最終的にマダガスカル島は、インドからも離れた。旧ゴンドワナ大陸の陸片のそれぞれは、動植物の積み荷を乗せていた。マダガスカル島は本当の「箱舟」で、インドももう一つの箱舟だった。たとえば、ダチョウとエピオルニスの祖先は、まだ分離していなかったマダガスカル／インド陸片で誕生した可能性がある。後にこの陸片は分裂した。マダガスカル島と呼ばれる巨大な筏にとどまったものはエピオルニスに進化した一方で、ダチョウの祖先はインドというりっぱな船に乗り、その後――インドがアジア大陸に衝突し、ヒマラヤ山脈を隆起させたとき――アジア大陸本土で解き放たれ、そこから最終的に、現在の主要な本拠地《スタンピング・グラウンド》である（そう、ダチョウの雄は、雌の注意を引くために、実際に足踏み《スタンピング》をする）アフリカへと渡っていったのである。エピオルニスのほうは、悲しいかな、もはや見ることができない（あるいはその足音を聞くこともできない。こっちはもっと残念だ。なぜなら、彼らが足を踏みならせば、きっと大地が揺れただろうから）。最大級のダチョウよりもはるかに大きかった、これらマダガスカル島の巨鳥はたぶん、シンドバッドの第二の冒険に登場する伝説の「ロック」鳥の由来であろう。人間が十分に乗れるだけの大きさがあったが、翼はなかったので、喧伝されているようにシンドバッドを運んで飛ぶことはけっしてできなかったにちがいない(*)。

いまや揺るぎなく確立されたプレートテクトニクス理論は、化石および現生動物の分布に関する無数の事実を説明できるだけでなく、地球が極度に古い年齢をもつことのさらなる証拠を提供してくれてもいる。したがって、それは創造論者にとって、少なくとも「若い地球」派の創造論者にとって、大きな悩みの種《たね》になっていることだろう。彼らはこれにどう対処しているのだろう？　実際、非常に奇妙なのだ。彼らは大陸の移動を否定しないが、そうしたことすべてがごく最近、ノアの洪水のときに、非常な速さで起こったのだと考える。(**) 進化が事実であることを示す膨大な量と幅の証拠の場合、彼らが自分たちに都合の悪いデータをこれみよがしに喜んで無視するのだから、プレートテクトニクスについても同じ手を使うだろうと思いたくなる。しかし、そうしないのだ。奇妙なことに、彼らは南アメリカがかつてアフリカとぴったりくっついていたという事実を受け入れる。彼らは、この件の証拠が決定的なものだとみなしているようである。しかし、進化が事実であることを示す証拠のほうは、どちらかといえば、さらに強力であるにもかかわらず、気楽に否定するのである。証拠は彼らにとってほとんど意味をもたないので、なぜその流儀を貫き通して、プレートテクトニクス全体も単純に否定してしまわないのか不思議である。

ジェリー・コインの『進化が真実である理由』は地理的分布から得られる証拠の鮮やかな扱いを提供してくれている（種分化についてのもっとも権威のある最近の本の筆頭著者であることから予想される通りの）。彼はまた創造論者が、聖書から真実であったと自分たちは知っている命題を支持しない証拠に直面したとき、それを無視するという傾向について、ズバリと核心をついてもいる。「進化を支持する生物地理学的な証拠が、いまではあまりにも強力であるため、それに異議を唱えようとす

＊実際には物理学のスケーリング則によって、エピオルニスのような大きな鳥が自力で羽ばたき飛行を思うまま楽しめないことが確認されている。その理由は、そのような巨大な翼を動かすのに必要な筋肉はあまりにも大きくなるので、自分自身の体重を持ち上げることができなくなるからである。

＊＊それは人目を引くイメージである。南アメリカとアフリカが、四〇日間にわたってたえず、人間の泳げる速さよりも速く互いに遠ざかっていったというのだ。

る試みには、創造論者の本でも、記事でも、あるいは講演でも、おめにかかったことがない。創造論者たちはただ単に、証拠が存在しないかのようなふりをするのである」。創造論者たちは化石が進化を支持する唯一の証拠を提供しているかのように振る舞う。化石の証拠は確かに非常に強力である。ダーウィンの時代以来、トラック何台分もの化石が発見されており、その証拠のすべては、進化を積極的に支持するか、あるいは辻褄の合うものである。さらにくわしく事実を述べれば、すでにこれまで私が強調してきたように、進化に矛盾する化石はただの一つもない。にもかかわらず、私が再度強調したいと願うのは、化石証拠は強力であるが、私たちのもつ最強の証拠ではないということである。たとえ化石がただの一個さえ発見されていなかったとしても、現在生き残っている動物から得られる証拠は、それでもなお圧倒的に、ダーウィンが正しかったという結論へと導くものなのである。犯罪現場に遅れてやってきた探偵は、化石よりもさらに異論の余地ない残された手がかりを集めることができるのだ。本章では、島や大陸における動物の分布が、すべての動物は共通の祖先から非常に長い時間をかけて進化してきた親戚であるとすれば予想される通りの、まさにその通りのものであることを見てきた。次章では、現生の動物を互いに比較し、動物界における形質の分布を調べ、とくに遺伝暗号の配列を比較するつもりであり、それによって同じ結論に到達することになるだろう。

第10章　類縁の系統樹

骨と骨が

哺乳類の骨格というのは、なんとみごとな作品なのだろう。私は美しいと思ってはいるが、それ自体が美しいと言いたいわけではない。私が言いたいのは、そもそも哺乳類の骨格「というもの(the)」について語ることができるという事実だ。すなわち、さまざまな部分がこれほど複雑に絡《から》まり合ってできた一つのモノが、哺乳類全体を見わたせば、そのあらゆる部分でみごとなほど異なっていながら、同時に哺乳類全体を通して、明らかに同じモノだという事実である。私たちヒトの骨格は十分におなじみなので、図は必要ないのだが、次ページに掲げたコウモリの骨格を見てほしい。特定できる一つ一つの骨が、どうして、ヒトの骨格に特定できる対応部分をもっているのか、興味をそそられるのではないだろうか？　個々の骨が互いにつながる順序があるために、特定できるのだ。ちがうのはプロポーションだけなのである。コウモリの手ははなはだしく拡大されているが（もちろん、全身の大きさに比べて）、ヒトの指の骨とコウモリの翼の長い骨の対応を見逃す人間はおそらく誰もいないだろう。ヒトの手とコウモリの手は明らかに――まっとうな人間なら誰も否定できない――同

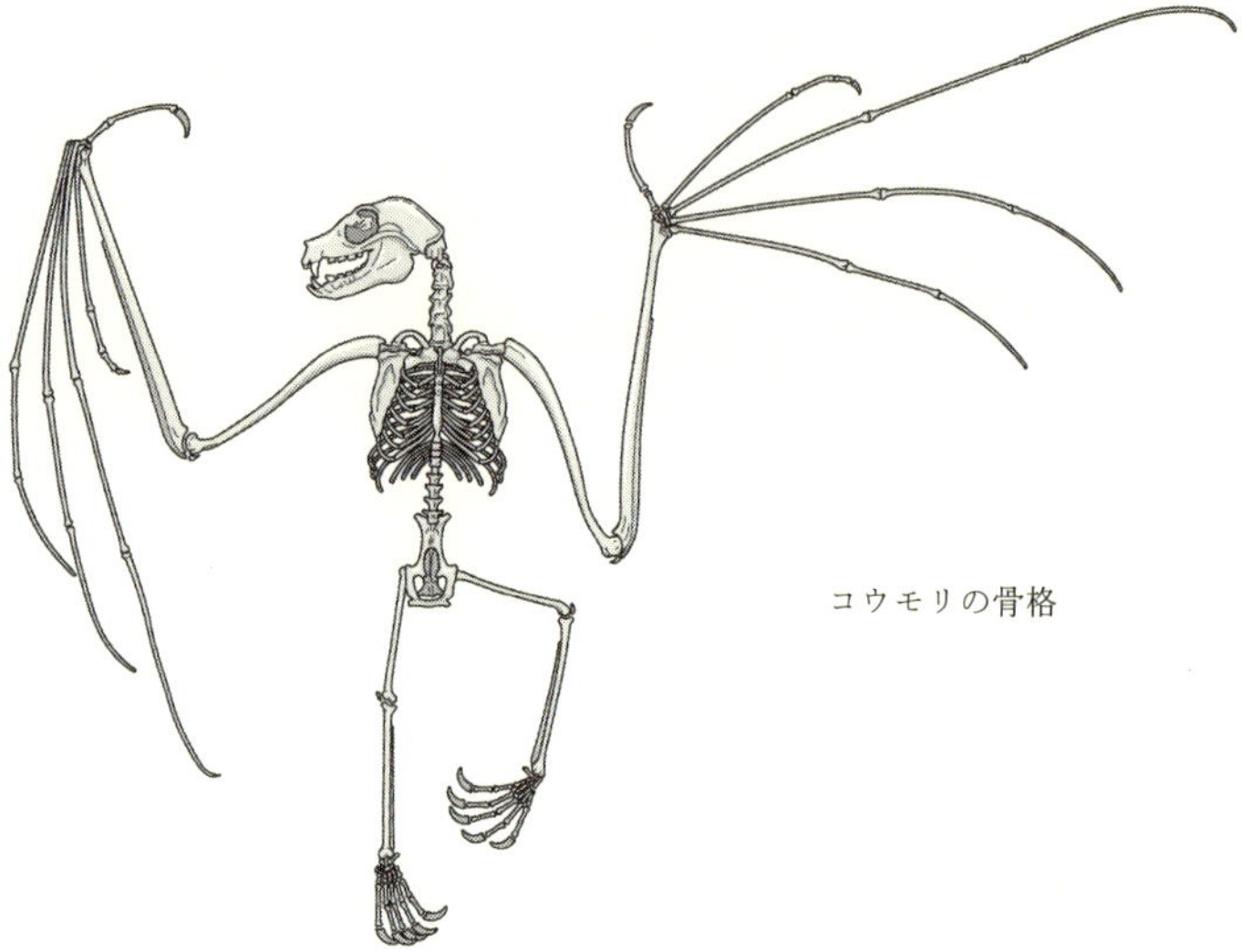

コウモリの骨格

じモノの二通りの型《ヴァージョン》なのである。このような種類の同一性を表す専門用語が「相同(homology)」である。コウモリの飛ぶことができる翼と、ヒトのものをつかむ手は「相同」なのである。共通祖先の手——および骨格の残りの部分——が取り上げられて、異なった子孫の系譜に沿って、部分ごとに、異なった方向に異なった程度だけ、引っ張るかあるいは押し縮められてできたものだ。

同じことは、翼竜(プテロダクティル)の翼にも——ただし、プロポーションはまたもや異なるが——適用できる(翼竜は哺乳類ではないが、原理はやはり通用し、それがこの相同をいっそう印象的なものにしている)。この翼竜の翼の皮膜はほとんど一本の指だけで支えられているのだが、これは英語では「薬指」と呼ばれる小さな骨(本当は第四指で、ヒトの薬指に当たるもので、小指は退化している)である。ここ

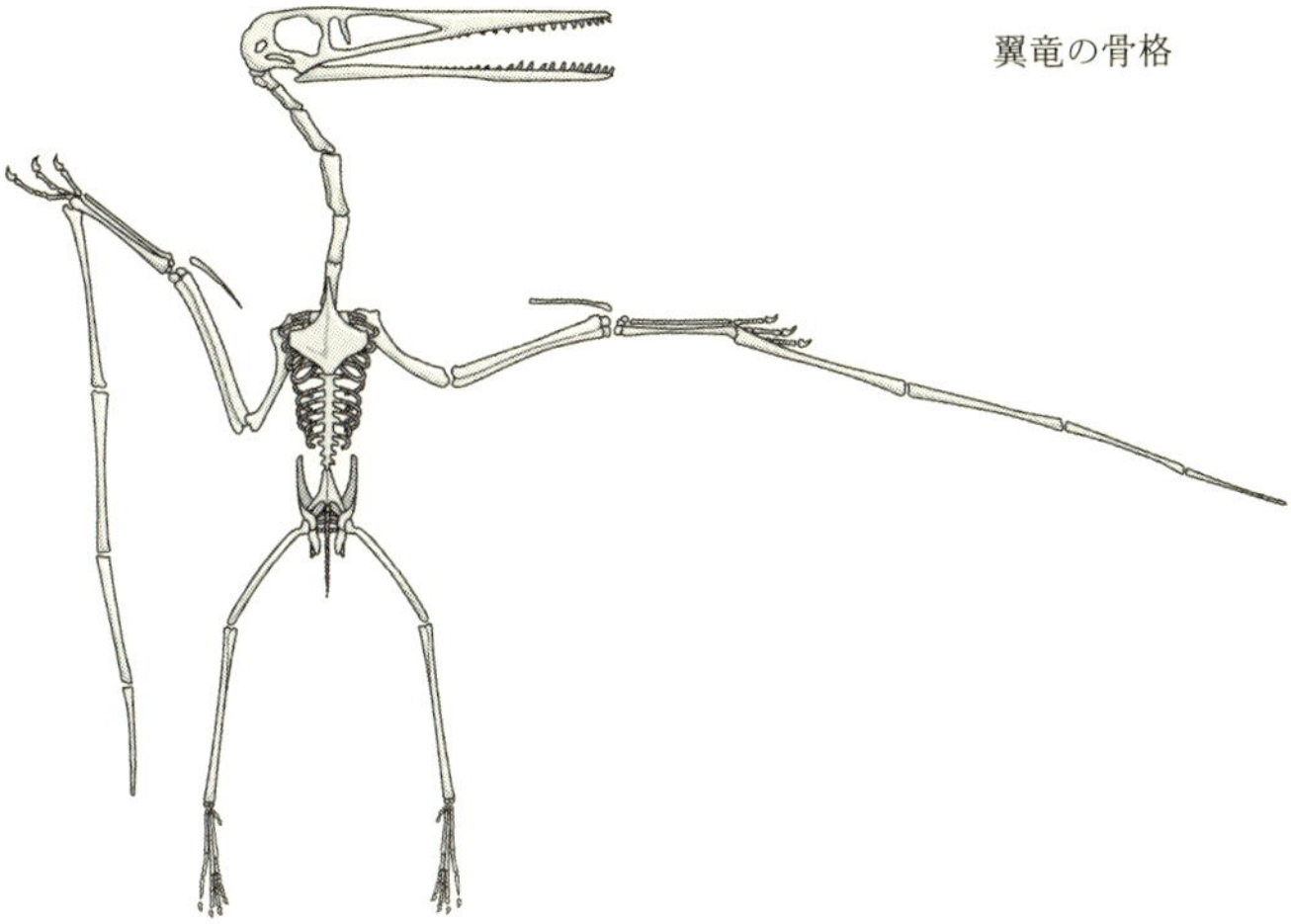

翼竜の骨格

で告白するが、私はこの翼竜の翼とヒトの指のあいだの相同というつながりから派生して、いささか神経症的な危惧を抱いてしまう。すなわち、そんなに重いものを小さな指で支えて大丈夫なのか、と心配になってしまうのだ。なぜなら、ヒトの指はあまりにも華奢に思えるからである。もちろん、これは馬鹿げた心配だ。なぜなら、翼竜にとってこの指は「小さい」というにはほど遠く、ほとんど体の全長にわたる長さがあり、そしておそらく、私たちが自分の腕に感じるのと同じように、頑丈で力強いものと感じられていたはずだからである。しかしそのことによってまたしても、私がおこなおうとする主張の正しさが実証されることになる。翼竜の第四指は、翼の皮膜を支えるように変形されているのである。あらゆる細部は異なったものになってしまっているが、骨格の他の骨との空間的な関係のゆえに、それは依然として第四指であると識別できるわけだ。この長くて、頑丈な、翼を支えている支柱は、ヒトの薬指と「相同」

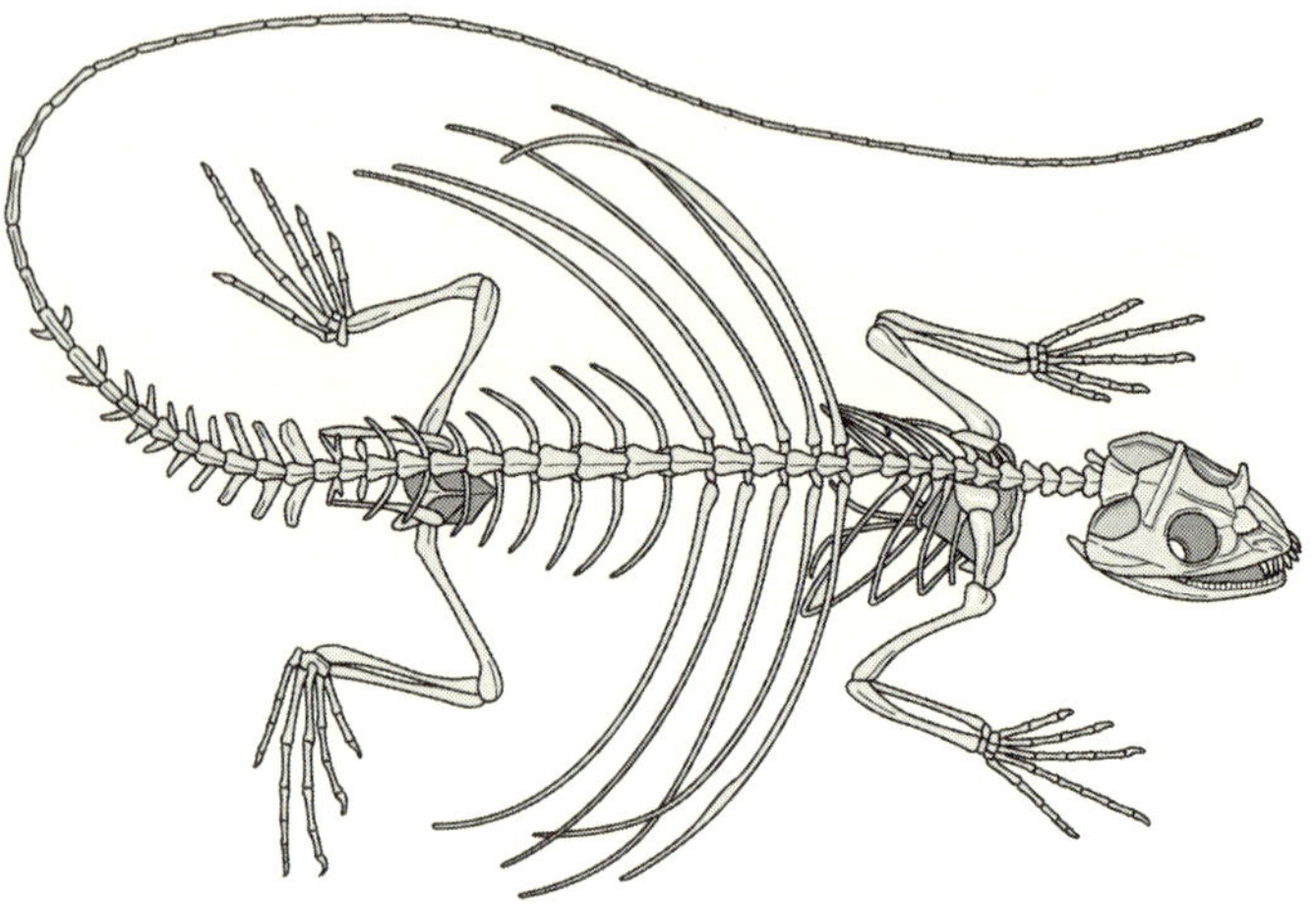

トビトカゲの骨格

なのである。

羽を使って飛ぶ、正真正銘の飛翔動物――鳥類、コウモリ、翼竜および昆虫――に加えて、他の数多くの動物が滑空《かっくう》する。この習性は、本当の飛翔の起源について何かを語ってくれるかもしれないものだ。彼らは滑空用の膜をもっているが、それには骨格による支持が必要である。しかしそれが、コウモリや翼竜の翼と同様、指の骨に由来しなければならないということはない。ムササビ類とモモンガ類（齧歯《げっし》類《るい》の二つの独立したグループ）、フクロモモンガ類（オーストラリアの有袋類《ゆうたいるい》で、ほとんどモモンガそっくりに見えるが、類縁はそれほど近くない）は、腕と脚のあいだに皮膜をひろげている。個々の指の骨は大きな荷重を負担する必要がなく、大きくなってはいない。小さな指に関する神経症的不安をもつ私は、翼竜よりもモモンガでいるほうが幸せだろう。なぜなら、モモンガにとっては、腕全体と脚全体を使って荷重負担という仕事をするのが「しっくり」感じられるからである。

右に示すのは、もう一つの優雅な森の滑空動物、いわゆるトビトカゲの骨格である。「翼」――飛膜――を支えるために改変されたのが、指もしくは腕と脚ではなく、肋骨であることが一目でおわかりだろう。またしても、骨格全体が他の脊椎動物の骨格に似ていることは、どこから見ても明らかである。その気になればあらゆる骨の一つ一つを、それぞれの場合ごとに、それがヒト、コウモリ、あるいは翼竜のどの骨と正確に対応するかを特定していくことも可能だ。

東南アジアの森林にすみ、俗に「飛ぶリスザル」と呼ばれるヒヨケザルは、モモンガやフクロモモンガによく似ているが、飛膜を支える構造のなかに腕と脚だけでなく尾も含まれている点だけが異なる。これは私にはあまりしっくりこない。なぜなら、そもそも尾をもつというのがどういう感じなのか想像できないからである。ただし、私たち人類は、他の「尾なし」類人猿とともに、皮膚の下に埋もれた痕跡的な尾、すなわち尾骨をもっている。ほとんど尾をもたない類人猿である私たちには、クモザルであるというのがどういう感じのものなのか、想像するのはむずかしい。クモザルの尾は脊柱全体よりも際《きわ》だって目につく。カラー口絵二六ページの写真から、すでにして長い腕や脚と比べてさえ、はるかに長いことが見てとれるだろう。新世界ザルの多くに見られるように（実際には、多くの新世界哺乳類も一般にそうであり、解釈に困る奇妙な事実である）、クモザルの尾は「把握性」、つまりものを摑むのに適したように改変されているという意味で、ほとんど第三の手になってしまっているように思える。しかしもちろん、本物の手と相同ではなく、指もない。実際には、クモザルの尾は、もう一本の脚あるいは腕と見まがうほどの見かけをしている。

ここに込められているメッセージについては、くだくだしい説明を繰り返す必要はたぶんないだろう。クモザルの尾を支えている骨格は、他のあらゆる哺乳類の尾にあるものと同じだが、異なる仕事のために改変されているのだ。まあ、尾そのものはまったく同じというわけではない。クモザルの尾は余分に割り当てられた椎骨をもっているが、椎骨そのものは、私たちヒトの尾骨を含めて、他のどんな動物の尾にある椎骨とも同じ種類のモノであることがはっきり認められる。五本の握ることができる「手」――両腕の先にそれぞれ一つずつと、両脚の先にそれぞれ一つずつ、それに尾――をもつサルであるとはどういう感じのするものか、あなたは想像できるだろうか？　私はできない。しかし私は、翼竜のとてつもなく長く、強力な翼の骨が私の薬指と相同であるのと同じように、クモザルの尾が私の尾骨と相同であることを知っている。

ここでもう一つ、驚くべき事実を紹介しよう。実はウマの蹄《ひづめ》はあなたの中指の爪（あるいは足の中指の爪）と相同なのである。私たちが爪先立って歩くというときの爪先とはちがって、ウマは文字通り爪先で歩く。ウマは他の手足の指をほとんど完全に失っている。ウマでは、私たちの人差し指と薬

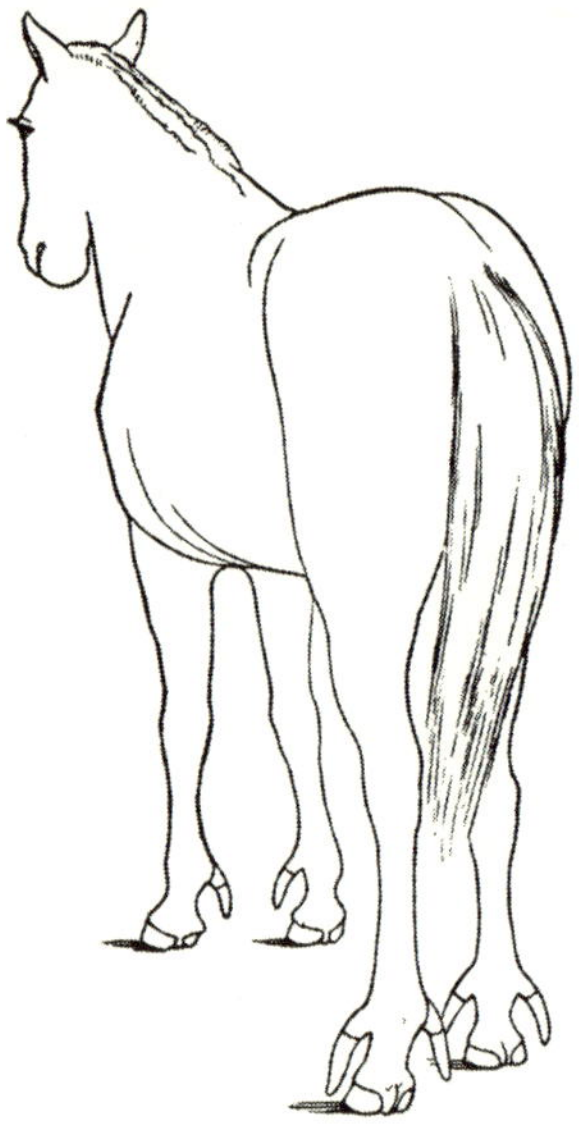

多指症のウマ

指、および後ろ脚のそれに相当する骨が、小さな「腓《ひ》」骨《こつ》として生き残っていて、それらが合体して「砲《ほう》」骨《こつ》を形成しているが、皮膚の外側からは見えない。砲骨は、ヒトの手のなかに埋まっている中手骨（あるいは足に埋まっている中足骨）に相同である。ウマの全体重——シャイアホースやクライズデール種の場合は非常に重い——が、中指と中指の爪先で支えられていることになる。たとえばヒトの中指やコウモリの中指に対する相同性は完璧に明らかである。誰もそれを疑うことはできない。そして、この点をさらにいっそう強調するかのごとく、奇形のウマは時に、それぞれの脚に三つの爪先をもって生まれてくることがあり、中央のものは正常な「蹄」としての務めを果たすが、両側の二つはミニチュアの蹄をもっている（右の図を参照）。

広大な時間のうちに、ほとんど際限のない改変がなされ、それぞれの改変型が原型のまちがいようのない痕跡をとどめているというこの考え方が、どれほどすばらしいものであるか、わかっていただけるだろうか？　私は、絶滅したアメリカの草食獣である滑距目《かっきょもく》を誇りに思いたい。滑距目は現生のいかなる動物とも密接な類縁関係になく、ウマとは非常に異なっている——ほとんどまったく同じ脚と蹄をもっていることを除いて。ウマ（北アメリカにおいて）(*)と滑距目（南アメリカで。その当時、南アメリカは巨大な島だったのであり、パナマ地峡ができるのはずっと先のことだった）は、中指を除いてすべての指と爪先をなくすというまったく同じ退化を、それぞれ独立に進化させ、中指の先端

＊ウマが北アメリカで進化したと聞いて驚く人がいるかもしれない。なぜならヨーロッパ人侵略者たちが南北アメリカ大陸に最初にやってきたとき、ウマの背に乗った彼らを見て、先住民たちが驚いたという話は広く知られているからである。しかし実際、ウマの進化の大半はアメリカで起こった。それからウマは世界中にひろがっていったのだが、すぐに（地質学的な基準からして）、アメリカでは絶滅してしまったのである。ウマは、人間によってアメリカに再導入されたアメリカ産の動物なのである。

に同じ蹄を生じさせたのである。おそらく、草食性哺乳類が速く走れるようになる方法はそれほど多くはないのだろう。ウマと滑距目は同じ方法——中指を除いてすべての指を退化させる——に行き当たったのであり、それを同じ結論にまでもっていったまでのことだ。ウシ類とアンテロープ類は、二つの指を除いてほかはすべて退化させるという、もう一つの方法に行き当たった。

これから述べることは逆説《パラドックス》のように聞こえるかもしれないが、それがどれほど理に適《かな》ったものであり、一つの観察としてもいかに重要であるかが、わかってもらえるはずだ。つまり、すべての哺乳類の骨格は同じであるが、個々の骨はちがっているのだ。このパラドックスの解決策は、一つずつが順序正しく他の骨に接着している骨の集まりに対して、私が計算ずくで使っている「骨格」という言葉のなかに横たわっている。この見方に立てば、個々の骨の形は、「骨格」に属する性質ではまったくない。この特別な意味での「骨格」は、個々の骨の形を無視しており、結合している順序だけに関心を寄せているのである。「エゼキエル書」（第三七章七節）の「骨と骨が」と、もっと生き生きとした表現としては、この一節にもとづいてつくられた歌［ドライ・ボーンズ］に述べられている通りなのである。

爪先の骨が足の骨につながると
足の骨がくるぶしの骨に
くるぶしの骨が脚の骨に
脚の骨が膝の骨に
膝の骨が大腿の骨に
大腿の骨が腰の骨に

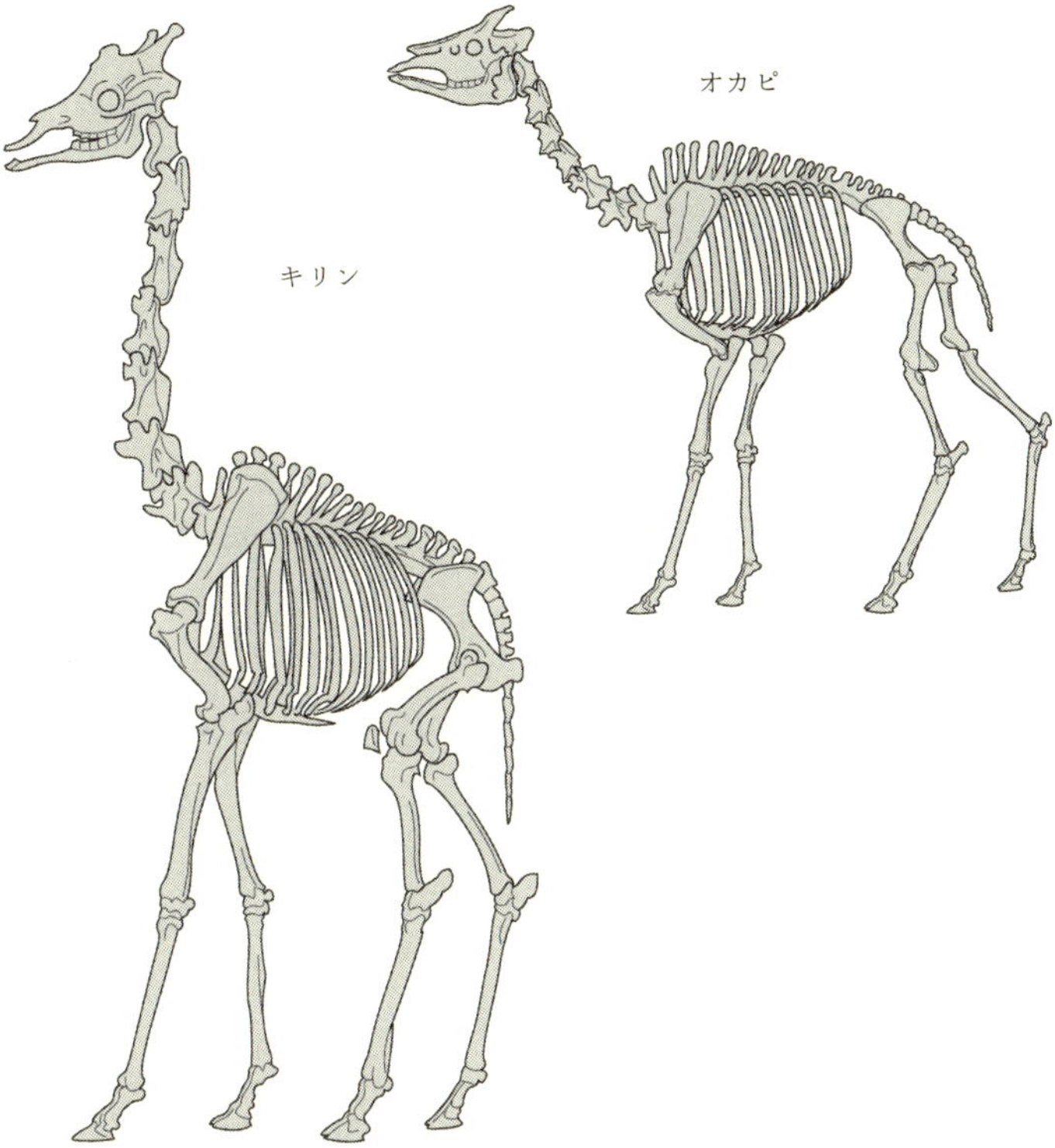
オカピ
キリン

ヒトの頭骨

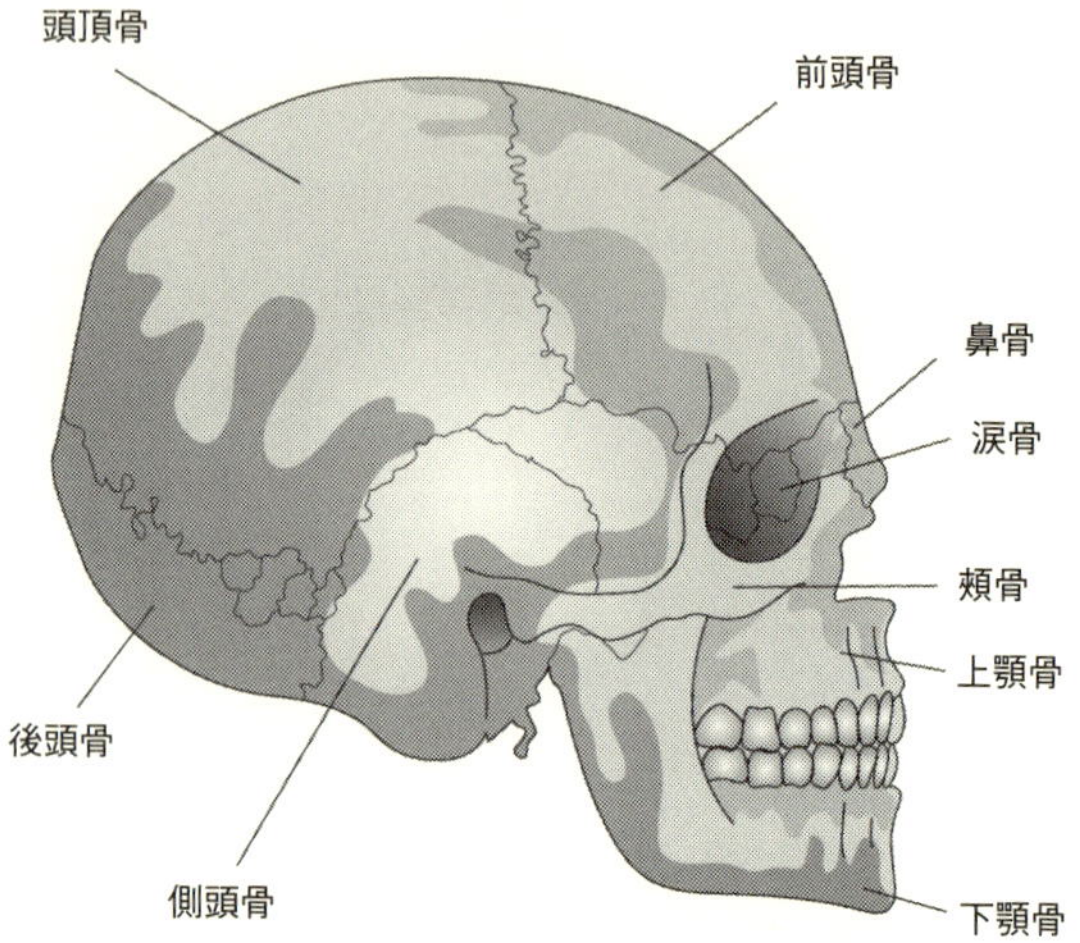
頭頂骨
前頭骨
鼻骨
涙骨
頬骨
上顎骨
後頭骨
側頭骨
下顎骨

ウマの頭骨

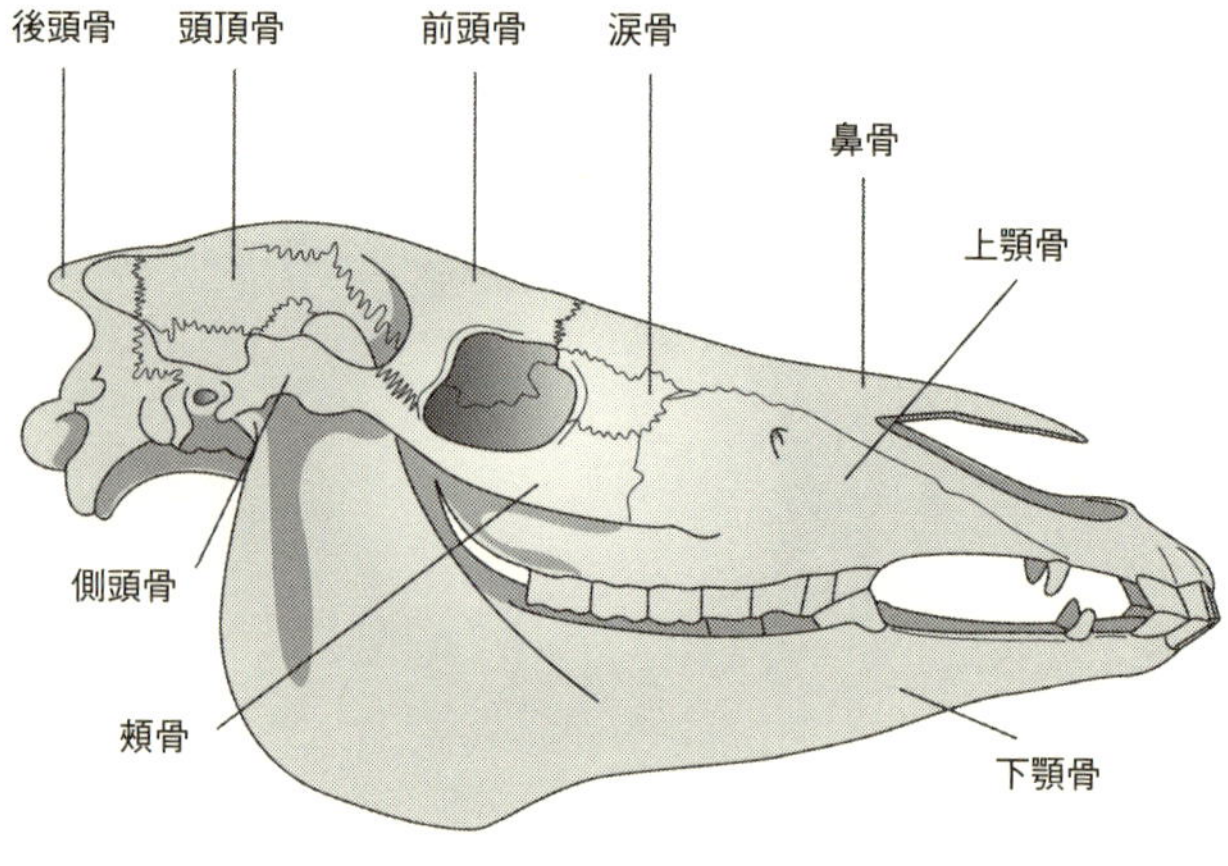
後頭骨
頭頂骨
前頭骨
涙骨
鼻骨
上顎骨
側頭骨
頬骨
下顎骨

腰の骨が背骨に
背骨が肩の骨に
肩の骨が頸の骨に
頸の骨が頭の骨につながるのだ。
私には、主の御言葉が聞こえる！

肝心なのは、この歌が文字通りどんな哺乳類にも、実際には、どんな陸上脊椎動物にも、しかもこの歌詞が示すよりもはるかに詳細にわたって適用できるという点である。たとえば、あなたの「頭の骨」すなわち頭骨には、二八個の骨が含まれ、一つだけ動かすことのできる大きな骨（下顎骨(*)）を除いて、ほとんどすべての骨が強固な「縫合」によって結合しているのである（前ページ参照）。そして驚くべきことに、あちこちで型破りな骨が加わっていたり抜けていたりすることによる増減はあるとしても、明らかに同じ名前を張りつけることができる二八個の骨のセットが、すべての哺乳類にわたって見られるのである。

頸の骨が後頭骨に

＊哺乳類では一つの骨になっている。爬虫類の下顎骨はもっと複雑である——そこに、私が本書からしばしば割愛した（すべてを手に入れることはできない）魅力的な物語がぶらさがっている。進化的な手品の離れ業によって、爬虫類の下顎の小さな骨は、哺乳類の耳に吸収され、鼓膜からの音を中耳に伝えるこのうえなくデリケートな橋を構成している。

後頭骨が頭頂骨に
頭頂骨が前頭骨に
前頭骨が鼻骨に
二七番めの骨が二八番めの骨に……

特定の骨の形は哺乳類全体では根本的に異なっているという事実があるにもかかわらず、この点については変わることがない。

こうしたことすべてから、いかなる結論が引き出せるのだろう？　私たちは、現場に遅れてやってきた探偵である。そして、現生動物の骨格のあいだに見られる類似性のパターンは、彼らすべてが一つの共通祖先に由来し、あるものは他のものより、ずっと最近になって分かれてきたものであるとすれば、まさに予想される通りのものだ。祖先の骨格が年代を下るとともに、徐々に改変されてきたのである。いくつかの動物のペア、たとえばキリンとオカピは、もっと最近の祖先を共有している（四一七ページ参照）。キリンを縦に引き延ばしたオカピだと表現するのは、厳密には正しくない。なぜなら、どちらも現生動物だからである。しかし、共通祖先はおそらくキリンよりもオカピに似ていただろうというのは妥当な推測であろう（このことは、たまたま化石によって支持されるが、本章では化石について話をしているわけではない）。同様に、インパラとヌー(*)は互いに近い親戚であり、キリンとオカピからはそれよりわずかに遠い親戚である。これら四つの動物はすべて、ブタやイボイノシシ（互いどうし、およびペッカリーと近い親戚である）のような他の偶蹄類《ぐうているい》とは、まださらに遠い親戚である。偶蹄類のすべては、ウマやシマウマ（どちらも偶蹄をもたず、互いに近い親戚である）と、さらに遠い親戚である。親戚のペアを一括《ひとくく》りにしてグループとし、親戚グループをさらに大きなグループとして括り、{(親戚グループ)のグループ}というふうに、この作業を好きなだけ続けていくことができる。私は(　)を自動的に使うというやり方にはまってしまったが、それが何を表しているか、あなたにはわかっていると思う。以下に出てくる(　)の意味は、ただちに明らかだろう。なぜなら、あなたは共通の祖父母をもつイトコ、曾祖父母を共有する又イトコ、等々について、すでにあらゆることを知っているからである。

　{(オオカミ　キツネ)(ライオン　ヒョウ)}{(キリン　オカピ)(インパラ　ヌー)}

すべてのことは、祖先からの単純な枝分かれによって生じたツリー(樹形)――系統樹――を指し示している。

　これまで私は暗黙のうちに、この類似性のツリーが本当に系統樹であるかのように言ってきたが、そういう結論を認めるほかないのだろうか？　これに代わる解釈がなにかあるだろうか？　うんまあ、かろうじて！　類似が階層的な構造をもつことは、ダーウィン以前の時代の創造論者も見つけていて、彼らは非進化論的な説明――気恥ずかしくなるほどのこじつけだったが――を確かにもっていた。彼らの意見によれば、類似のパターンは、設計者《デザイナー》の心に浮かんだ主題《テーマ》を反映しているのだという。神は

＊英語圏では、gnu よりもオランダ語の wildebeest のほうが、しだいに好んで使われるようになっている。私は gnu を守ろうとしているが、そのわけは、もし gnu が完全に消えてしまえば、フランダースとスワンの気の利いた歌がまったく意味不明になるからである(「私はちっとも、似てなんかいない(gnor)／おぞましいハーテビーストに／オー、ノー(gno)、ノー、ノー、私はヌー(gnu)」)。

動物の作り方についてさまざまなアイデアをもっていた。その思考は哺乳類の主題に沿って進み、それとは独立に、昆虫の主題に沿って進んだ。哺乳類の主題の内部では、設計者のアイデアはきちんと、階層的に二分されていき、下位主題《サブテーマ》（たとえば、偶蹄類の主題）、その下の下位主題（たとえば、ブタの主題）というふうになっていく。この説には、手前勝手な希望的観測の要素が色濃くあるので、今日の創造論者がこの説に訴えることはほとんどない。実際、前章で論じた地理的分布からの証拠とともに、彼らはそもそも比較生物学的な証拠を論じることはほとんどなく、化石にしがみつくほうを好む。彼らは、化石こそ約束の地であると（誤って）教え込まれてきているのである。

借用はなし

頑《かたく》なに「主題《テーマ》」にしがみつく創造論者の考え方がいかに奇妙であるかを強調するために、分別のある人間が設計者ならば誰でも、自分の発明品のあるアイデアが別の発明品に具合がよさそうであれば、なんのためらいもなくそれを借用するということをよく考えてみてほしい。ひょっとしたら、列車の設計《デザイン》の「主題」とは別個の、航空機設計の「主題」というものがあるかもしれない。しかし飛行機の構成要素、たとえば、座席の上の読書用照明の改良された設計は、借用して列車で使ってもよさそうだ。もし、それが両方において同じ目的に役立つのなら、なぜそうしてはいけないのだ？　自動車が最初に発明されたとき「horseless carriage（馬なし車）」と呼ばれたが、その名前自体が、着想の一部がどこから来たかを物語っている。しかし、馬車に牽《ひ》かせる乗り物はハンドルを必要としないので――馬を操るのには手綱を使う――、ハンドルには別の起源があったにちがいない。それが何に由来するのか私は知らないが、まったく異なる技術、すなわち船の技術（操舵輪）から借用したのではないかと推測している。一九世紀末ごろに導入されたハンドルに取って代わられるまで、自動車のもともとの操縦装置は舵柄《ティラー》で、これも船から借用したものだが、船では後部にあったものが自動車では前部へと位置が移された。

あらゆる鳥は、飛ぶことができるできないにかかわらず、例外なしに羽毛をもっているが、もし、羽毛が鳥の「主題」内でそれほどいいアイデアであるのなら、哺乳類で羽毛をもつものが文字通り皆無なのはなぜか？　なぜ設計者は、この巧妙な発明品である羽毛を、少なくともコウモリの一種にさえ借用しようとしないのだろう？　進化論者の答えははっきりしている。すべての鳥類はその羽毛を、羽毛をもっていた共通祖先から遺伝的に受け継いだのである。この鳥の祖先から由来した哺乳類は一つとしてない。話はまったく単純なのだ。(*)類似性の樹形図は系統樹なのである。生命の木のあらゆる枝、あらゆる小枝、そして、その先のあらゆる細枝についても、同じ種類の物語があてはまるのだ。

ここでいよいよ一つの興味深い論点に到達する。表面的には、あるアイデアが系統樹のある部分から別の部分へ、台木に接《つ》ぎ木《き》されたリンゴの変わり種《だね》のように、移植されたかのように見えるきれいな実例はどっさりとある。小型のクジラであるイルカは、表面的には、さまざまな種類の大型魚とよく似た姿をしている。そうした魚の一つであるシイラ（*Coryphaena hippuris*）は、ときに英語で

＊私の本の読者は、コウモリが鳥だと考えていた「レビ記」の著者（たち）よりもずっとよくわかっていると思う。「レビ記」の第一一章一三〜一九節には、ワシから始まって「コウノトリ、アオサギの類、タゲリ、コウモリ」に終わる汚らわしいものとして扱うべき鳥の長いリストがある。どれかの動物を汚らわしいものとして非難しなければいけない理由について問うのは、また別の問題である。それは多くの宗教にふつうに見られる慣行である。

dolphin と呼ばれることさえある。シイラとイルカはともに同じ流線型の体形をもつが、これは海の表面近くを素早く泳いで捕食するという同じような生活様式に適したものである。しかし、これらの遊泳法は、表面的に似てはいるが、細部を見ればただちに理解できるように、一方が他方から借用したというものではない。両方とも、そのスピードをもっぱら尾から得ているとはいえ、シイラはその尾を左右に動かす。しかしイルカは尾を上下に打つことによって、自らの哺乳類としての歴史の秘密を暴露しているのだ。魚の祖先の背骨を伝わっていった左右の波動は、トカゲやヘビへと遺伝的に受け継がれていったが、これらの動物は陸の上でほとんど「泳いでいる」と言っていい。それをウマやチーターの疾駆《ギャロップ》と比べてみてほしい。スピードは魚やヘビと同じように、背骨の屈曲から生じるのであるが、哺乳類では、背骨は左右にではなく、前後に屈曲する。この左右から前後への移行が哺乳類の祖先においてどのようになされたかというのは、興味深い問いである。ひょっとしたら、カエルのように、背骨をどちらの方向にもほとんど曲げることができない中間段階があったのかもしれない。一方で、ワニは、爬虫類ではより標準的なトカゲ様《よう》の歩き方を使っていながら、（驚くほど素早く）駆けることもできる。哺乳類の祖先はワニとまるで似ていないが、ひょっとしたら、ワニは、中間的な祖先がどのように二つの歩行様式を結びつけていたかを示してくれているのかもしれない。

いずれにせよ、クジラやイルカの祖先は、完全にできあがった陸生哺乳類であり、背骨を上下動させながら、平原、砂漠、あるいはツンドラを疾走していたのは確かだろう。そして彼らが海に戻ったとき、祖先から受け継いだ背骨の上下動は、そのままだった。もしヘビが陸上で「泳いでいる」のだとしたら、イルカは海のなかを「駆けている」のだ！　したがって、イルカの尾鰭《おひれ》は表面的にシイラの二股の鰭に似ているように見えるかもしれないが、こちらは水平にセットされているのに対して、イルカの尾は垂直面上に配置されているのである。イルカの体のいたるところに記されているその歴

タマヤスデ

オカダンゴムシ

史には、ほかにも無数の側面があるが、そうしたものには、第11章で出会うことになる。

表面的な類似があまりにも大きいために、「借用」仮説を退《しりぞ》けるのがきわめてむずかしいように思えるが、くわしい調査によって退けるほかなくなるという例はほかにもある。近縁種にちがいないと思うほどに、動物どうしがあまりにもよく似ていることがある。しかし、やがてその類似は、確かに強烈な印象を与えるものではあるが、全身を調べてみると、ちがっている点のほうがはるかに多いことが判明する。英語で「pill bug」と呼ばれるのは、多数の脚をもち、身を守るときにはアルマジロのように丸まってボールのようになる習性をもつ、身近にいる小さな動物である（上図）。実は、このことがそのラテン語名 *Armadillidium* の起源であるかもしれない。これは「pill bug」の一種オカダンゴムシの学名である。この虫は甲殻類《こうかくるい》で、小エビ類に近縁だが陸上で生活している——ただ、陸上でも、つねに水分を保っていなければなら

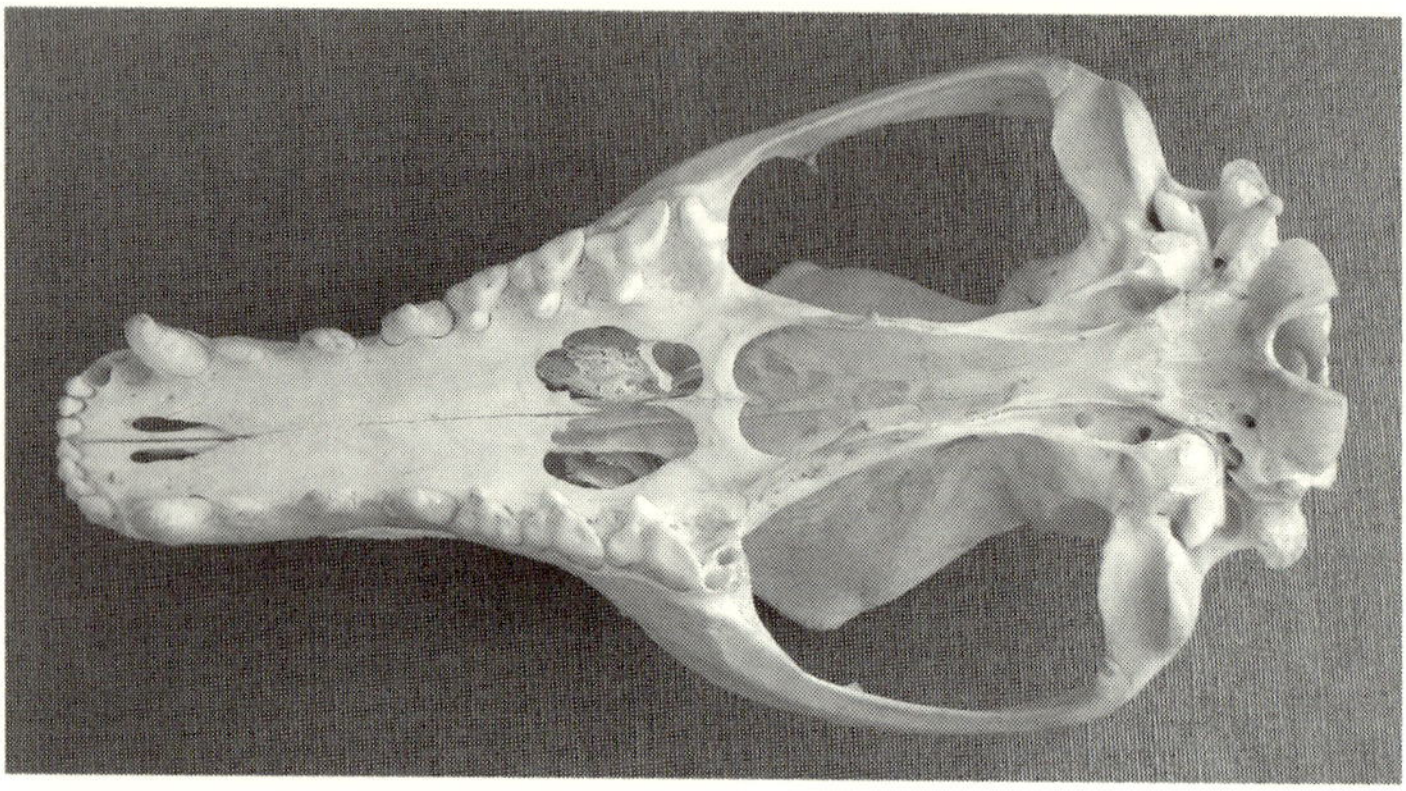

フクロオオカミ、別名「タスマニアタイガー」の頭骨

ない鰓《えら》を使って呼吸することで、ごく近い祖先が水生であったことは暴露されてしまってはいるが。しかし、この話の要点は、まったくちがう種類の、甲殻類とはまるでちがった、ヤスデの「pill bug」(タマヤスデ類)がいるということである。こうした虫が丸まったのを見ると、ほとんど同じ動物だとしか見えない。しかし、一方は改変されたダンゴムシであり、他方は改変された(同じ方向に改変された)ヤスデなのである。もし、丸まったものを伸ばして注意深く見てみれば、ただちに重要な相違点がわかるだろう。ヤスデのほうは各体節に二対の脚をもつのに対して、ダンゴムシのほうは一対しかもっていない。まるでちがったものを同じに見せるこうした際限のない「改変」の力は見事と言っていいのではないか。さらに詳細な検査をおこなえば、何百もの点で、タマヤスデが、本当はもっとありふれたヤスデに似ていることが示されるだろう。ダンゴムシとの類似は表面的なものである――収斂《しゅうれん》現象なのだ。

専門家でないかぎり、ほとんどすべての動物学者は、上に示した頭骨をイヌのものだと言うだろう。しかし専門家なら、口蓋天井にある二つの顕著な穴に気づき、それがイヌでないと見抜くはずだ。この穴は有袋類であることを物語るしるしである。有袋類は、現在ではほとんどがオーストラリアだけに見られる哺乳類の大きなグループである。これは実はフクロオオカミ、別名「タスマニアタイガー」の頭骨なのだ。フクロオオカミと本当のイヌ科動物（たとえば、オーストラリア本土およびタスマニア島で競合していたディンゴ）は、同じような生活様式をもつがゆえに、非常によく似た頭骨をもつ（悲しいかな、不運なフクロオオカミの場合には、過去形の「もっていた」になるが）ように、収斂進化したのである。

　オーストラリアにおける壮大な有袋類動物相については、動物の地理的分布の章ですでに触れた。本章で関連がある点は、これらの有袋類と、世界の残りの地域で支配的な「有胎盤類《ゆうたいばんるい》」（すなわち有袋類以外の哺乳類）に属するきわめて多様な対応動物のあいだに繰り返し見られる収斂現象である。表面的な特徴においてさえ、同じというにはほど遠いが、次ページの図に示したそれぞれの有袋類は、有胎盤類の対応動物――すなわち、もっとも近しい「同業者」である有胎盤類――と、はっきり印象づけられるほどよく似ている。しかし、創造主によって「借用」されたと思わせるほどには似ていないのは確かだ。

　有性生殖による遺伝子プール内の遺伝子の混ぜ合わせ《シャッフル》は、遺伝的「アイデア」の一種の借用ないし共有とみなすことができるが、有性的な遺伝子の組み換えは一つの種内に限られ、したがって、たとえば有袋類と有胎盤類の比較といった、種間の比較について論じる本章には適切ではない。面白いことに、細菌のあいだでは、高いレベルでのＤＮＡの借用がはびこっている。ときに有性生殖の一種の先駆形態とみなされる過程において、細菌は――まったく類縁のかけ離れた菌株どうしでさえ――、ＤＮＡの「アイデア」を見境のない奔放さで交換する。「アイデアの借用」は実際のところ、細菌が

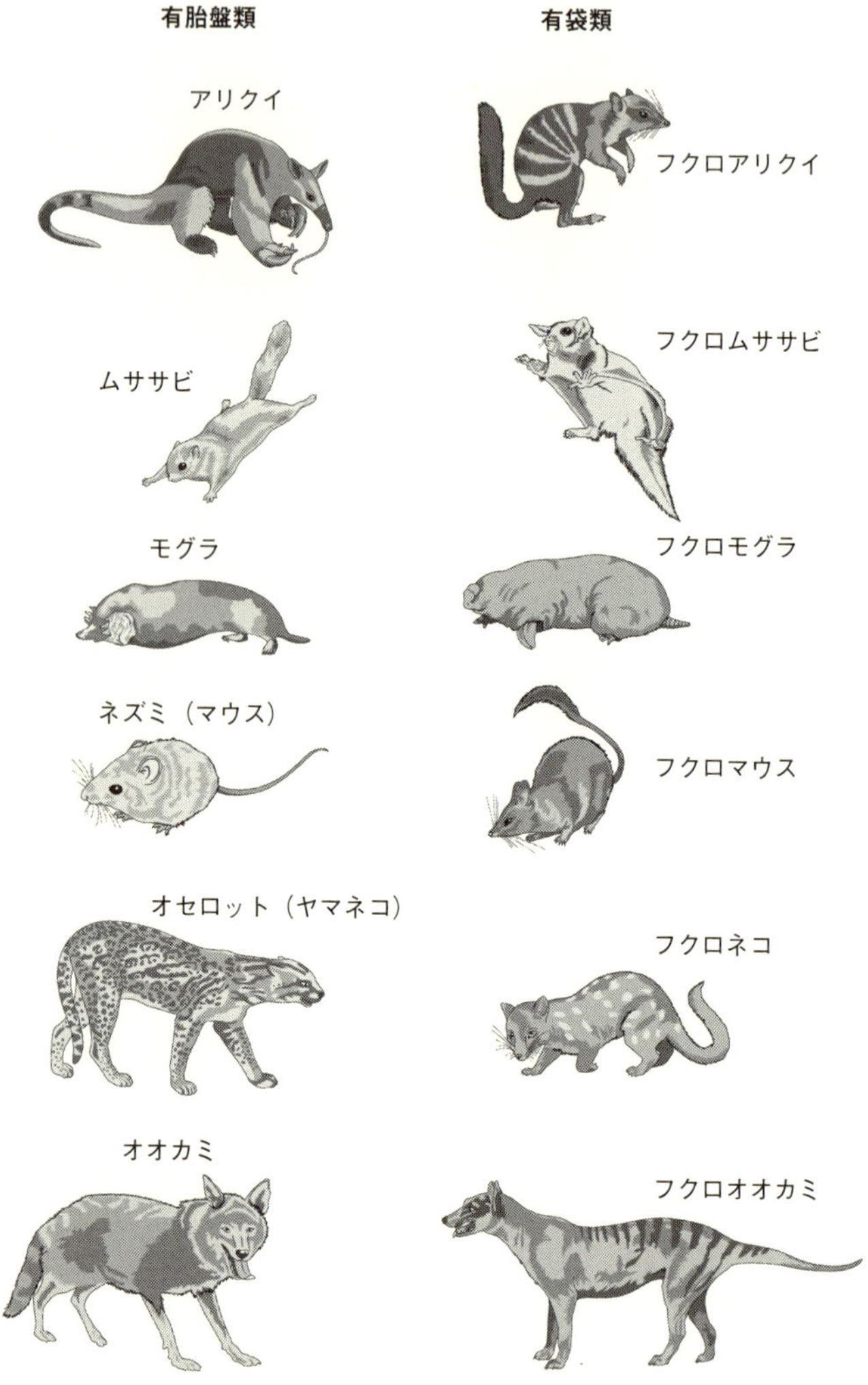

有胎盤類と有袋類の対応する動物

特定の抗生物質に対する耐性のような、役に立つ「業《トリック》」を手に入れるための主要な方法の一つなのである。

この現象はしばしば「形質転換（transformation）」という、あまり有用とはいえない名前で呼ばれる。その理由は、それが一九二八年にフレデリック・グリフィスによって発見されたとき、だれもDNAについてわかっていなかったからである。グリフィスが発見したのは、肺炎球菌の病原性のない株が、まったく系統の異なる株から、たとえその病原性株が死んでいてさえ、病原性を手に入れることができるという事実であった。今日《こんにち》では、非病原性株がそのゲノムに、死んだ感染性株からDNAの一部を取り込んだのだ（DNAは「死んでいる」ことに頓着《とんちゃく》しない。それは暗号化された情報にすぎないからだ）と言うことができる。本章の言葉の使い方からすれば、非感染性株は感染性株から遺伝的な「アイデア」を「借用した」のである。もちろん、細菌が他の細菌から遺伝子を借用するというのは、設計者が一つの「主題《テーマ》」から自分のアイデアを借用し、別の主題《テーマ》に再利用するというのとは、まったく別の事柄である。にもかかわらず、もしそれが動物において細菌におけるほどに一般的なことであれば、「設計者借用」仮説に反証するのがよりむずかしくなるがゆえに、興味深いのである。この点で、もしコウモリと鳥類が細菌のように振る舞えばどうだろう？　鳥類のゲノムの一塊が、場合によれば細菌やウイルスの感染によって、種を超えて移され、コウモリのゲノムに移植されたとしたらどうだろう？　羽毛を指定するDNAの情報が、コンピューターにおける「コピー・アンド・ペースト」の遺伝子版にあたる作業で借用できたとすれば、ひょっとすれば、コウモリの一つの種が突然、羽毛を生やすことがあるかもしれない。

動物では、細菌とちがって、遺伝子移転はほぼ全面的に、種内での性交に限られているように思われる。実際に、自分たちのあいだでだけ遺伝子転移にふけっている一群の動物という形で、かなりう

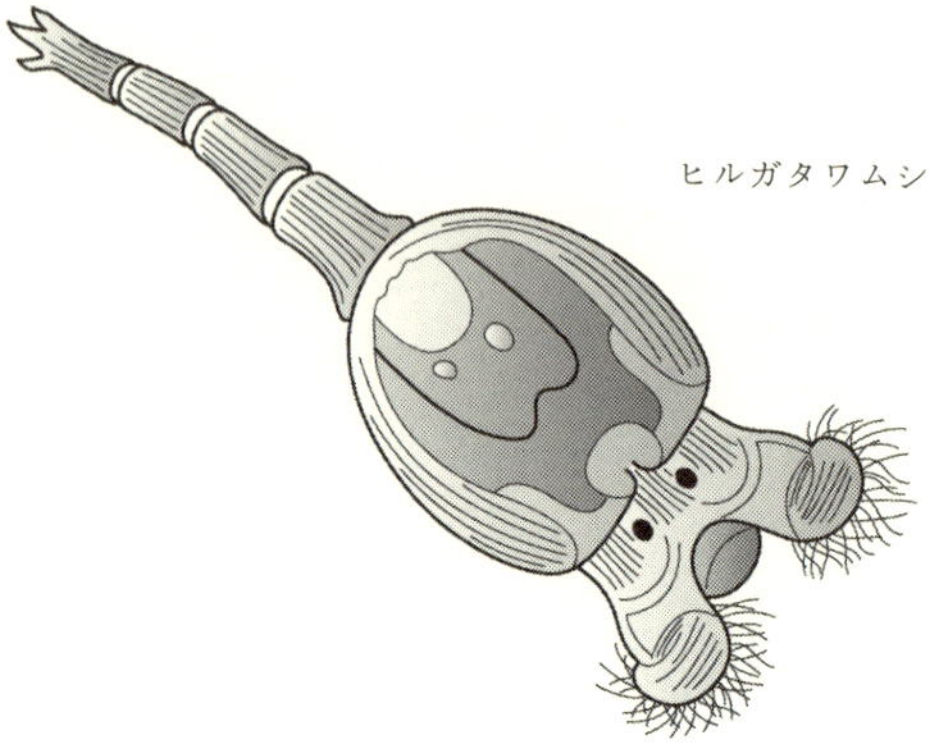
ヒルガタワムシ

まく種を定義することができる。一つの種の二つの集団がいったん、十分長い期間にわたって分離され、もはや性的に遺伝子を交換できなくなったとき（第9章で見たように、ふつうは最初に強《し》いられた地理的な分断期間の後に）、私たちはそれを別種と定義し、人間の遺伝子工学者が介在する場合を除けば、両者がふたたび遺伝子を交換することはけっしてないだろう。私の同僚で、オックスフォード大学の遺伝学教授であるジョナサン・ホジキンがいまのところ知っているかぎりでは、遺伝子転移が種内に限定されるという規則についての例外は、線虫、ショウジョウバエ、および（もっと大々的なのだが）ヒルガタワムシにおける三つしかない。

この最後のグループはとりわけ興味深い。なぜなら、真核生物の主要な分類群のなかで、これだけが性をもたないからである。彼らが大昔の細菌流の遺伝子交換の方法に後戻りしたために、性なしですますことができるといったことはありえるのだろうか？　種の壁を超える遺伝子転移は植物ではもっと一般的であるように思われる。寄生植物のネナシカズラ（*Cuscuta*）は、自分が絡みついている宿主植物に遺伝子を贈る(*)。

私は、遺伝子組み換え（GM）作物の政治学については、一方における農業への潜在的貢献と、他方における予防原則的な直感のあいだで引き裂かれて、まだ判断をしかねている。しかし、最近はじめて耳にしたある主張には、簡単に触れておく価値があろう。現在では、単なる娯楽のためだけに見知らぬ土地に動物の種を導入した先人たちのやり方は罵倒される。アメリカのハイイロリスは、前ベッドフォード公爵によって英国に導入された。現在の私たちならどうしようもない無責任な行為とみなす、軽率きわまりない気まぐれである。未来の分類学者たちが、私たちの世代がゲノムをいじくりまわしたやり方に遺憾の意を表するかどうかは興味深い。たとえば、トマトの凍結を防ぐために、トマトに北極海の魚の「不凍」遺伝子を移すといったやり方である。科学者たちが、給水が必要なときに光るようにしたいという願いから、クラゲに蛍光の輝きを与える遺伝子を借用して、ジャガイモの

＊かつて生物学者は、植物が動物界からDNAを借用した有力な例として植物ヘモグロビンを引用していた。マメ科（Leguminosae）の植物は根に「瘤《こぶ》」をもっており、そのなかにすんでいる細菌が大気中の窒素を捉えて、植物が利用できるようにしている。農民が輪作のなかにクローバーやレンゲなどのマメ科作物を含めることが多いのは、このためである。それは貴重な窒素を土壌に付け加え、とりわけ、マメ科作物が鋤《す》き込まれた場合にそうなる。根瘤は赤っぽい色をしているが、それは、私たちの血を赤くしている酸素運搬分子とよく似た、ヘモグロビンの一種を含んでいるからである。ヘモグロビンをつくる遺伝子は、細菌ゲノムではなく植物ゲノムのなかにある。ヘモグロビンは酸素を必要とするこの細菌にとって重要で、細菌と植物のあいだの取引の一部とみなすことができる。すなわち、細菌は植物が利用できる形の窒素を与え、植物は細菌にすみ場所を与え、ヘモグロビンを介して使える形の酸素を供給するのである。私たちは、ヘモグロビンを血液と結びつける習慣があるので、それをつくる遺伝子がなんらかの方法で、ひょっとしたら細菌に運ばれて、動物から「借用した」のではないかと疑うのも不思議ではない。実際、ヘモグロビンというのは、ぜひとも「借用」したい、非常に貴重なアイデアだったことだろう。残念ながら、この魅力的なアイデア――究極の輸血――について、分子生物学的な証拠は、ヘモグロビンが植物ゲノムの大昔からの住人であることを示している。借用したものではないのである。太古からヘモグロビンは植物にあるのだ。

ゲノムに挿入している。私は、クラゲの遺伝子の助けで光らせる、発光イヌで構成された「展示品《インスタレーション》」を計画している「アーティスト」の話を聞いたことさえある。もったいぶった「アート」の名でなされるそのような科学の放蕩《ほうとう》行為は、私にとってはまったく腹立たしいかぎりだ。しかし、その害悪が未来までおよぶことがありうるのだろうか？ そうした軽率な気まぐれが、将来の進化的類縁関係の研究の信頼性の根幹を突き崩すことがあるのだろうか？ 私はそれは疑わしいと考えるが、予防原則の立場からは、指摘しておいてしかるべき論点だろう。結局のところ予防原則の核心は、その選択なり行為が、現在では明白に危険ではないかもしれないが、将来おこりえる影響を回避するということにある。

甲殻類

私は、本章を脊椎動物の骨格から始めたが、それは変化に富んだ細部を一つにつなぎあわせる不変のパターンのみごとな実例である。他の主要な動物群のほとんどすべてで、同じ種類のことがみられるだろう。私の好きな例をもう一つだけ取り上げることにする。それは甲殻類のうちの十脚類で、このグループには、ロブスター、クルマエビ、カニ、ヤドカリ（ちなみに、hermit crab という英名にもかかわらずカニの仲間ではない）などが含まれる。甲殻類の体制《ボディ・プラン》はすべて同じである。私たち脊椎動物の骨格は硬骨から構成されていて、柔らかい体の内部にあるのに対して、甲殻類は硬い筒から構成された外骨格をもち、その内側に柔らかい部分を入れて守っている。硬い筒は脊椎動物の骨とある程度似た形で、結合し、関節でつながっている。たとえば、カニまたはロブスターの脚にある繊細な蝶番《ちょうつがい》関節と、ハサミのより頑丈な蝶番のことを考えてみてほしい。大きなロブスターのハサミで挟むときの動力を与える筋肉は、ハサミをつくっている筒の内部にある。人間が何かをつまむときに使うそれに対応する筋肉は骨に付着していて、親指および人差し指の中手骨まで走っている。

脊椎動物と同じように、しかしウニやクラゲとはちがって、甲殻類は左右相称であり、頭から尾まで全身にわたっていくつもの体節が連なってできている。体節は、根底にあるプランは互いに同一だが、細部ではしばしば異なっている。各体節は短い筒でできており、両隣の体節としっかり固定されるか、あるいは蝶番でつながっている。脊椎動物と同じく、甲殻類の器官および器官系は、体の前から後ろに向かって同じパターンが繰り返されていることを示している。たとえば、腹側を全長にわたって走る（脊椎動物の脊髄のように背側を走るのではなく）神経索は、体節ごとに一対の神経節（一種のミニ脳(*)）をもっており、そこからその体節に張り巡らされる神経が生じる。体節の大部分は、両側に肢をもち、それぞれの肢もまた蝶番関節でつながった一連の筒から構成されている。甲殻類の肢はふつう末端が二股に分かれていて、多くの場合、それをハサミと呼んで差《さ》し支《つか》えない。頭も体節に分かれているが、脊椎動物の頭と同じように、体の他の部分に比べて、体節パターンはより見えにくくなっている。頭には五対の付属肢があるが、それを肢と呼ぶのはいささか奇妙に聞こえる。なぜなら、それらは改変されて、触角あるいは口器の構成要素になっているからである。したがって、肢ではなく付属肢と呼ばれるのがふつうだ。頭にある五つの体節の付属肢は、多かれ少なかれ構成が決まっていて、先端から順につぎのようになっている。すなわち、第一触角、第二触角（しばしば単に触角と呼ばれる）、大顎、第一小顎、第二小顎である。第一触角と第二触角はもっぱら感覚にたずさわっている。大顎と小顎は、ものを噛み砕き、磨りつぶし、あるいはその他の方法で餌を処理することにかかわっている。体に沿って後ろに向かっていくにつれて、各体節の付属肢はかなり変異を見せる。

中央部の付属肢はしばしば歩脚からなるのに対して、尾端の体節から出ている付属肢は扁平に押しつぶされて、遊泳など別の仕事にたずさわるようになっている。

ロブスターやクルマエビ類では、通常の頭部の五つの付属肢の後ろの、体部の最初の体節がハサミで、つぎの四対が歩脚である。ハサミと歩脚をもつ体節はまとまって胸部になる。体の残りの部分は腹部と呼ばれる。その体節は、少なくとも尾の先端に達するまでは、「遊泳脚」、すなわち遊泳に役立つ羽毛状の付属肢で、精妙な優美さをもつ一部のクルマエビ類では、ことに重要である。カニ類では、頭部と胸部は癒合して一つの大きな単位となっていて、そこに最初の一〇対の付属肢すべてが付いている。腹部は頭胸部の下で折り返されていて、上からはまったく見ることができない。しかし、カニを手に持ってひっくり返してみれば、腹部の体節パターンをはっきりと見ることができる。四三六ページの図は、雄ガニの典型的な狭い腹部を示している。雌ガニの腹部はもっと幅が広く、エプロンに似ているので、実際にエプロンと呼ばれてもいる。ヤドカリ類は腹部が非相称（住居とする巻き貝の殻にうまくはまりこむために）で、しかも柔らかいままで外骨格に守られていない（貝殻が防御

＊一部の恐竜が腰に神経節をもっているというのは、あまり知られていない事実である。この神経節は非常に大きい（少なくとも頭にある脳に匹敵する）ので、ほとんど第二の脳と呼ばれるにふさわしい。この事実が、米国の漫画家バート・レストン・タイラー（一八六六〜一九二一）に、つぎのような、すばらしく機知に富んだ詩を書かせることになった。

見よこの巨大な恐竜を、
先史時代の伝説に名高い、
その力と強さゆえにだけでなく、

その知恵の大きさのゆえに。
この遺骨から、見てとることができよう
この動物は二組の脳をもっていた——
一つは頭に（いつもの場所）、
もう一つは脊髄の根元に。
それゆえ、彼は先験《ア・プリオリ》的にも
経験《ア・ポステリオリ》的にも考えることができた。
少しくらい悩みがあっても困らない
頭も尾も両方使ったからだ。
彼はとても賢く、とても賢くて真面目なのだ
一つの考えは一つの脊柱だけを満たし
もし一つの脳が強い圧力を感じると
それは、いくつかのアイデアを伝達した。
もし何かが前の心からすり抜ければ
後ろの心が救ってくれた。
もし誤りにとらわれれば
それを救う後知恵が彼にはあった。
口にする前に二度考えるので
撤回するような判断をしたことがない。
かくして彼は、つっかえることなく
あらゆる問いに両面から考えることができた、
見よ、この完璧なる獣を、
少なくとも一〇〇〇万年前に死に絶えた。

狭い、折り返された腹部を見せる雄ガニ

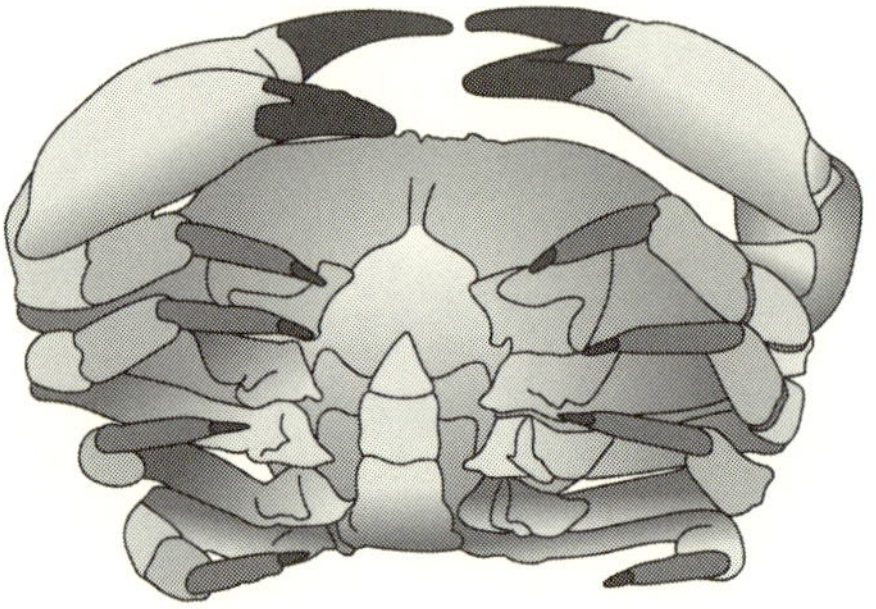

を提供してくれるので）という点で、異例である。
甲殻類の体が、体制そのものはまったく変えられることなく、細部において改変されるすばらしいやり方のいくつかについてイメージをつかむために、一九世紀の有名な動物学者エルンスト・ヘッケルの描いた、次ページに掲げる一連の図を見てほしい。ひょっとしたらヘッケルはドイツにおけるもっとも献身的なダーウィンの使徒だった（その献身は報われなかったが、ダーウィンでさえ、ヘッケルの画工としての技量はまちがいなく賞賛したことだろう）。脊椎動物の骨格でしたのと同じように、これらのカニとザリガニの各部分をよく眺めて、それに対応する部分をまちがうことなく、残りのすべてに見つけることができるかどうかを試みてほしい。外骨格のすべての部分《ピット》が「同じ」部分とつながっているが、各部分の形そのものは非常に異なっている。ここでもまた、「骨格」は不変であるが、その各部分はけっしてそうではない。そして、またしても明白な——私は唯一の合理的な、と言いたいところだ——解釈は、これらすべての甲殻類が共通祖先から、その体制《プラン》を遺伝的に受け継いできたというものである。彼らは個個の構成部品を豊かな多様性をもつ形状にこねあげてきた。しかし体制そのものは、祖先から受け継いだそっくりそのままに残されているのである。

ヘッケルの甲殻類。エルンスト・ヘッケルは有名なドイツの動物学者で、すぐれた動物画家でもあった

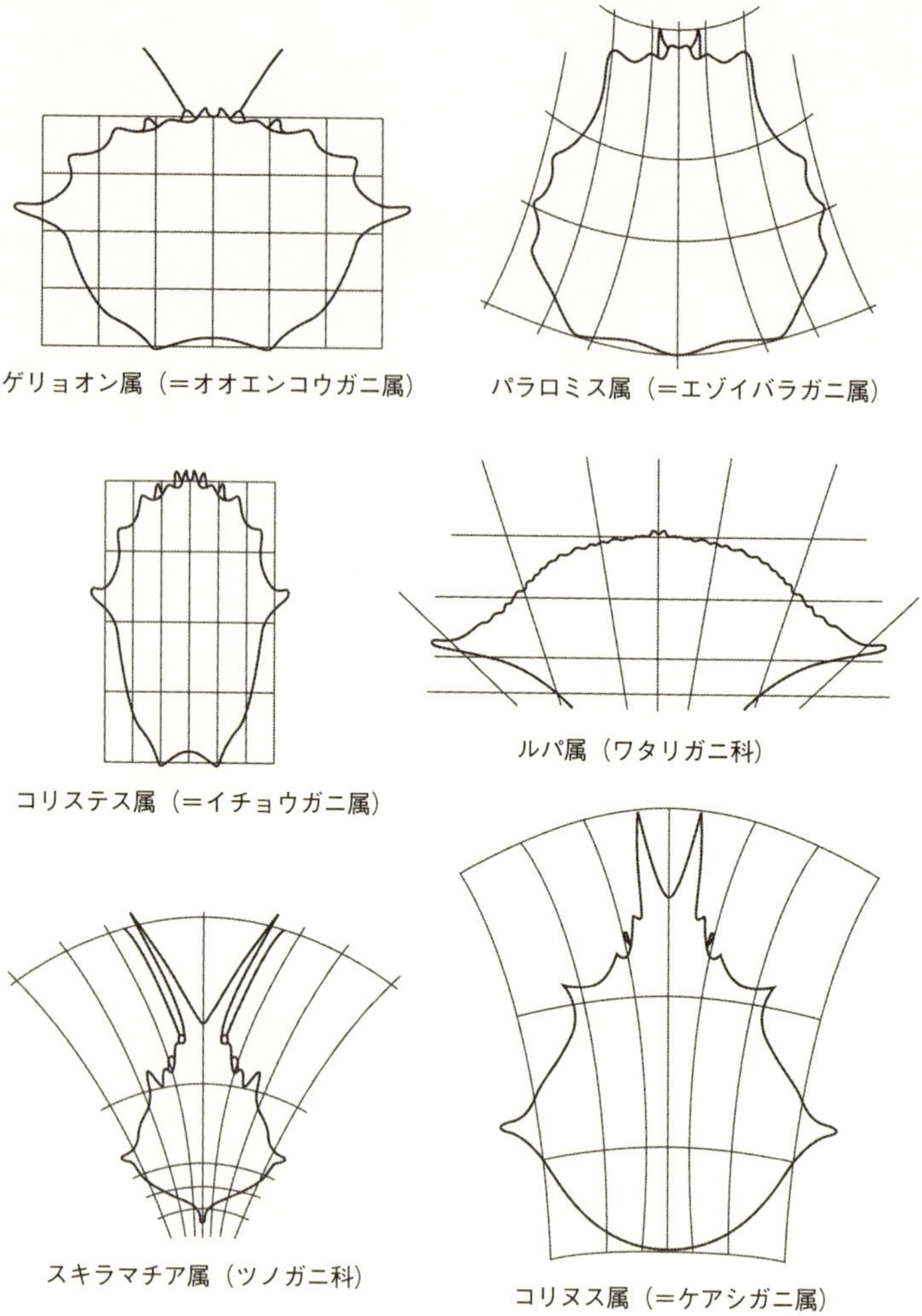

ダーシー・トムソンのカニの「変換」

ダーシー・トムソンはコンピューターが使えれば何をしただろう？

一九一七年にスコットランドの偉大な動物学者、ダーシー・トムソンは、『成長と形態』〔邦訳題は『生物のかたち』〕という本を書き、その最終章で有名な「変換《トランスフォーメーション》の方法」を紹介している。(*)彼は方眼紙に動物の絵を描き、その方眼紙を数学的に明確に規定できるやり方で歪め、最初の動物の形が、別の近縁な動物に変わることを示した。もとの方眼紙をゴム板とみなし、そこに最初の動物を描くのである。そうすれば、方眼紙を変形するというのは、このゴム板をなんらかの数学的に定義された方法で、引き延ばしたり押し縮めたりするのに等しいだろう。たとえば彼は、六種のカニを取り上げ、そのうちの一つオオエンコウガニ属の一種の絵を正常な方眼紙上（歪められていないゴム板）に描いた。それから彼はこの数学的な「ゴム板」を五通りの異なる方法で歪め、他の五種のカニをほぼ表す図を実現した（四三八ページ）。数学の詳細は、魅力的ではあるが、ここでは問題ではない。ここで明瞭に理解できるのは、一つのカニを別種のカニに変換するのにたいした努力はいらないということである。ダーシー・トムソン自身は進化にあまり関心がなかったが、私たちにとっては、この

＊ダーシー・トムソンはまちがいなく、これまでもっとも博識な科学者の一人である。貴族的な性格の美文の誉れ高い英語を書いただけではなく、スコットランド最古の大学の博物学の教授であるとともに世に認められた数学者、古典学者であっただけでもなく、この本には、ラテン語、ギリシア語、イタリア語、ドイツ語、フランス語、およびプロヴァンス語（これだけは、彼が畏《おそ》れ多くも実際に翻訳した——フランス語にだ！）からの引用がちりばめられていたからである。彼は翻訳する必要はまったくないと考えていたのである（時代がどんなに変わってしまったことか）。

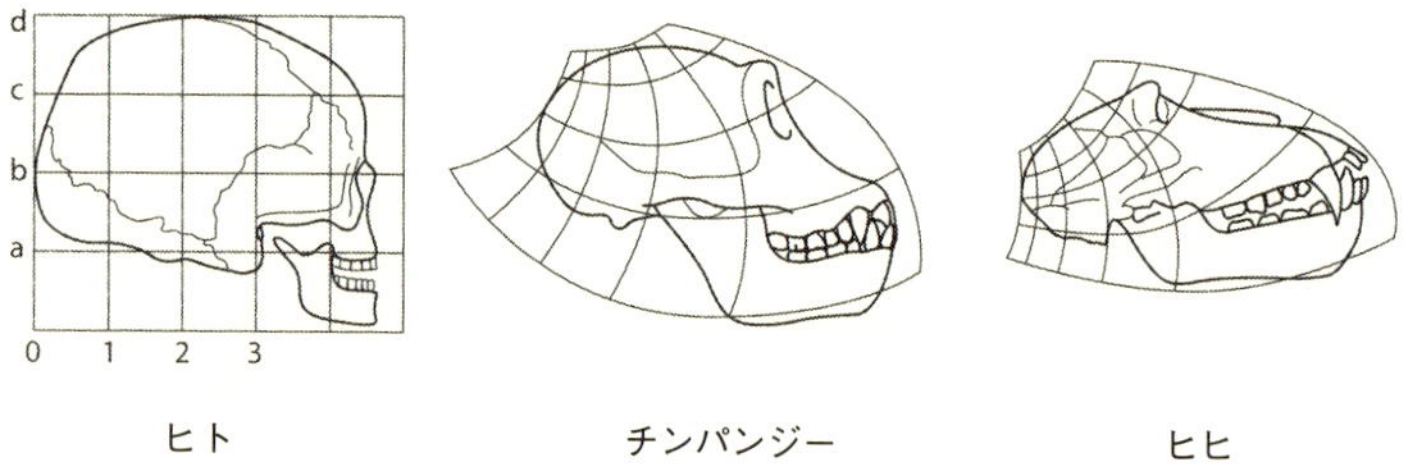

ダーシー・トムソンによる頭骨の「変換」

ような変化をもたらすために遺伝的な突然変異が何をしなければならないかについて想像するのは容易である。このことは、オオエンコウガニ属、あるいはこれら六種のカニのどれかが他の種の祖先であると考えなければならないという意味ではない。どれ一つとっても他の祖先などではないが、いずれにせよ、それは要点ではない。要点は、祖先のカニがどのような姿をしていたにせよ、こういった種類の変換により、六種のうちのどの一種（あるいは祖先と推定される種）でも、他のどの種にも変えることができるということである。

進化は一つの成体の形を取り上げ、別の形になるように誘導することでは、けっして起こらない。あらゆる成体は胚として成長することを思い出してほしい。自然淘汰によって選ばれた突然変異は、体のある部分の成長速度を他の部分と相対的に変えることによって、発生中の胚にはたらきかける。第7章において、人類の頭骨の進化を、発生中の胚で遺伝子を制御することによって、ある部分の成長速度が他の部分に比べて相対的に変化するという一連の過程によって説明した。したがって、もし「数学的なゴムの」板に人類の頭骨を描けば、ゴムをなんらかの数学的にきちんとしたやり方で歪めれば、チンパンジーのような近い親戚、あるいは——ひょっとしたら、もっと大きく歪ませることで——ヒヒのようなもっと遠い親戚にほぼよく似たものを実現することが可能であるにちがいないと、予測すべきであろう。そしてこれこそ、ダーシー・トムソンが示したことだった。人類の頭骨を最初に描き、そのあとそれをチンパンジーやヒヒに変換させていったのは、恣意《しい》的な決定であったことに、再度注意してほしい。たとえば、チンパンジーを最初に書き、そこからヒトやヒヒをつくるのに必要な歪みをおこさせるということも、まったく同じようにできたはずなのである。あるいは、進化を論じる本としてもっと興味深いのは、彼の本はそうではなかったのだが、最初に歪んでいないゴム板の上にアウストラロピテクスの頭骨を描き、それを現生人類の頭骨にするにはどのように変換すればいいかを考えることもできたはずなのである。それはきっと、前ページに掲げた図とちょうど同じように進行したはずであり、より直接的なやり方で進化的に意味のあるものとなったことだろう。

　本章の冒頭で、コウモリとヒトの腕を例にして、「相同」という概念を紹介した。言葉の特異な用法をほしいままにして、私は、骨格は同じだが、骨は異なっていると言った。ダーシー・トムソンの変換は、この考えをより厳密にする方法を私たちに提供してくれる。この方式においては、二つの器官——たとえば、コウモリの手とヒトの手——は、一方をゴム板の上に描いたあと、そのゴムを歪めてもう一方をつくることができれば、相同である。数学者たちはこのことを表す「位相同型[＊]（homeomorphic）」という言葉をもっている。

　動物学者はダーウィン以前の時代から相同を認めており、進化論以前の学者も、たとえばコウモリの翼とヒトの手が相同だと表現しただろう。もし彼らが十分に数学を知っていれば、「位相同型」と

＊厳密に言えば、二つの図形を、切ったりすることなく、また新しいいかなる加筆修正もせずに、一方を歪めるだけで他方にすることができるとき、両者は位相同型といえる。

いう言葉を喜んで使ったことだろう。コウモリとヒトが共通の祖先をもつことが一般に認められるようになっていくダーウィン以後の時代になって、動物学者たちは相同を進化的な用語で定義しはじめた。相同による類似は、共有する祖先から遺伝的に受け継いだものである。「相似（analogous）」という言葉は、共通の祖先からではなく共通の機能のせいによる類似に対して用いられるようになった。たとえば、コウモリの翼と昆虫の翅は、コウモリの翼とヒトの腕が相同であるというのと対立する意味で、相似だと表現されるだろう。もし、進化が事実である証拠として相同を用いようとするならば、相同を定義するのに進化を用いることはできない。したがって、その目的のためには、進化論以前の相同の定義に後戻りするのが便利である。コウモリの翼とヒトの腕は位相同型である。つまり、一方が描かれたゴム板を歪めることによって他方に変換することができるのだ。一方、このやり方でコウモリの翼を昆虫の翅に変換することはできない。なぜなら、対応する部分が存在しないからである。位相同型が広汎に存在することは、進化的な用語で定義することができないが、進化の証拠として使うことができる。進化が任意の脊椎動物の腕に働きかけ、ただ胚における相対的な成長速度を変えるだけで、他のどんな脊椎動物の腕にも変換することができる――どうしてそのようなことが可能なのか、理解するのはむずかしくない。

一九六〇年代に、大学院生としてコンピューターに精通するようになって以降、私はダーシー・トムソンがコンピューターを使っていたら何をしただろうか知りたく思ってきた。この疑問は、スクリーン付きの（紙にプリントアウトするだけだったものに対して）手頃なコンピューターが普及した一九八〇年代に、差し迫ったものになっていった。引き延ばしたゴムの上に図を描き、そのあと数学的な方法によって歪める――これこそまさに、コンピューター処理という技術が待ち望まれた操作だった！　私はオックスフォード大学がダーシー・トムソンの変形をコンピューター画面上でおこなうプログラマーを雇い入れる基金の提供に名乗りを上げ、それを使い勝手のいい形《ユーザーフレンドリー》で利用できるようにするべきではないかと提案した。私たちは研究資金を得て、第一級のプログラマーで生物学者でもあるウィル・アトキンソンを雇ったが、彼は私の友となり、私自身のプログラミング・プロジェクトの助言者となった。彼が「ゴム」の数学的な歪みの豊かなレパートリーをプログラムするという困難な問題をひとたび解決すると、この数学的な裏技を、第2章で説明した私自身の「バイオモルフ」プログラムによく似た、バイオモルフ式人為淘汰プログラムに組み込むのは、彼にとって比較的簡単な仕事だった。私のプログラムの場合と同じく、「プレイヤー」は画面いっぱいの動物の形に対面し、そのうちの一つを「育種」のために選ぶよう要請される。ここでもまた、世代を通じて存続する「遺伝子」が存在し、またしても遺伝子は「動物」の形に影響を与える。しかしこの場合には、遺伝子が動物の形に影響を与えるやり方は、動物の形が描かれている「ゴム」の歪みを制御することによってである。したがって、理論的には、歪みのない「ゴム」に描かれた、たとえばアウストラロピテクスの頭骨からスタートし、その動物が徐々により大きな脳函《のうかん》をもち、徐々により短い鼻口部をもつようになる——言い換えれば、徐々により人間らしくなる——ように育種を進めていくことも可能であるはずだった。実践的には、それに類することは非常にむずかしいことが明らかになったが、私はその事実そのものが、興味深いと考えている。

　私が思うに、それが困難である一つの理由は、またしても、ダーシー・トムソンの変換が成体の形を別の成体の形に変えようとするものだったからだろう。第8章で強調したように、それは進化における遺伝子の作用の仕方ではない。あらゆる個体は個体発生の歴史をもっている。それは胚として始まり、身体各部の不均衡な成長によって、成体へと発育していくのだ。進化とは、一つの成体の形を別の成体の形へと遺伝的な制御手段によって歪曲することではない。進化とはむしろ、遺伝的に制御された発生プログラムの変更なのである。ジュリアン・ハクスリー（トマスの孫でオルダスの兄）はこのことに気づいていて、ダーシー・トムソンの本の初版が出版された直後に「変換の方法」を修正して、初期胚が後期胚、すなわち成体に変わっていく方法についての研究に変えた。これこそ、ここで私がダーシー・トムソンの変換という方法について言いたいことのすべてである。この話題については、最終章で、関連の論点について述べるときに立ち戻るつもりである。

本章の冒頭で示唆したように、比較生物学的な証拠はつねに、化石証拠よりもはるかに説得力をもって、進化の事実について有利な証言をすることができる。ダーウィン自身も、『種の起原』の「生物の相互類縁」の章で、同じような見解をとっていた。

最後に、この章で考察されたいくつかの部類の事実は、この世界にすんでいる無数の種、属、科の生物がいずれも、それぞれの分類階級やグループの内部で、共通の親種から由来したものであり、すべてがその由来の過程で改変されてきたものであることを、このうえなく明快に示しているように思われる。それゆえ私は、たとえ他の事実や議論によって支持されないとしても、ためらうことなく、この見方を採用するのである。

分子的な比較

ダーウィンが知らなかった――知ることができなかった――のは、彼が利用できた解剖学的な比較に加えて、分子遺伝学をも含めたとき、比較による証拠はさらに説得力のあるものになるということである。

脊椎動物の骨格が、個々の骨はちがっていても、全脊椎動物を通じて不変であるのと同じように、また甲殻類の骨格が個々の「筒」はちがっていても、すべての甲殻類を通じて不変であるのと同じように、DNAの暗号《コード》も、個々の遺伝子そのものは変わるけれども、すべての生物を通じて不変である。これは本当に驚くべき事実で、ほかの何にもまして明瞭に、すべての生物が単一の祖先から由来するものであることを示している。遺伝暗号そのものだけでなく、第8章で扱った、生命活動を営むための遺伝子／タンパク質というシステム全体が、すべての動物、植物、菌類、細菌、およびウイルスを通じて同じなのである。ちがうのは暗号《コード》そのものではなく、あくまで暗号で書かれている内容である。そして暗号で書かれているもの――これら異なる生物すべてにおける実際の遺伝子配列――を比較しながら見ていくとき、そこには、同じような種類の、類似性の階層的なツリーが見つかる。私たちは、脊椎動物の骨格や甲殻類の骨格について見つけたのと同じ、実際にはすべての生物界を通しての解剖学的類似性の全体的パターンにほかならない、系統樹――先の二つの例よりはるかに徹底的かつ説得力のある形で設定されているのだが――を見いだすのである。

もし、任意の二つの種がどれくらい類縁が近いか――たとえば、ハリネズミとサルがどれくらい類縁が近いか――という問題を解こうと思うなら、理想的なのは、両方の種のすべての遺伝子の完璧な分子テキストを調べ、聖書学者がイザヤ書の二つの巻物あるいは断片を比較するときのように、微細な部分にまでわたって比較することだろう。しかし、それは時間の浪費であり、金もかかる。ヒトゲノム計画はおよそ一〇年を要したが、これは人数×一〇〇年という単位で表しても大きなものだった。現在では同じ結果を何分の一かの時間で達成できるだろうが、それでも大がかりで費用のかかる取り組みにはちがいなく、ハリネズミゲノム計画もそうなるだろう。月面上陸を目指したアポロ計画や大型ハドロン衝突型加速器（私がこれを書いているときに、ちょうどジュネーヴで稼働が開始されたばかりである——この国際的な試みのあまりに巨大なスケールに、私はここを訪れたとき、感動のあまり涙があふれた）と同じように、ヒトゲノムの完全な解読は、私にとって、人間であることを誇りに思わせるそうした実験の一つである。チンパンジーゲノム計画がいまや成功裏に完了しつつあり、他のさまざまな生物についても同様の試みがなされているのは喜ばしい。もし現在の進捗《しんちょく》速度がつづけば（後出の「ホジキンの法則」を参照）、まもなく、類縁関係の近さを測りたいと思っているどんな二種のゲノムでも配列を解析することが経済的に可能になるだろう。それまでのあいだは、ほとんどの場合、彼らのゲノムの特定の部分を抜き出してサンプル調査するという方法を用いなければならないが、これでもかなりうまくいくのである。

　私たちはいくつかの選択した遺伝子（あるいはそのアミノ酸配列が遺伝子情報を直接に翻訳したものであるタンパク質）を拾い出して、種間で比較することによって、サンプル調査をすることができる。すぐにその話に向かうつもりだが、ほかに、一種の大まかな自動サンプリングをおこなう方法があり、長いあいだ続いているそのための技術に注目してみたい。驚くほどうまくいった初期の方法は、ウサギの免疫系を利用するものである（実際には、そうしたいのなら他のどんな動物を使ってもいいのだが、ウサギはこの仕事を非常にうまくこなす）。病原体に対する自然の防御法の一部として、ウサギの免疫系は、血流中に入ってきたいかなる異物タンパク質に対しても抗体をつくる。私の血液中の抗体を調べることによって、私が麻疹《はしか》を患《わずら》ったことがあるかどうかをあなたが言い当てることができるのとまったく同じように、現在の免疫反応を見ることによって、ウサギが過去にいかなる物質に曝《さら》されたことがあるかを、言い当てることができる。ウサギの体内にある抗体は、その生涯につきまとったもろもろの自然の災難——人為的に注入されたタンパク質を含めて——の歴史を物語っているのだ。たとえば、もしチンパンジーのタンパク質をウサギに注射すれば、それによってできた抗体は、その後もしふたたび同じタンパク質が注射されたときには、それを攻撃するだろう。しかし、二度めに注射するのがチンパンジーからのものではなくゴリラの同等のタンパク質であると仮定すれば、どうだろう？　ウサギが前もってチンパンジーのタンパク質に曝されたことは、ゴリラ版のタンパク質に対して部分的には予防効果はあるだろうが、その反応は弱いだろう。そしてまた、カンガルー版のタンパク質に対しても予防効果をもつだろうが、呼び水となったチンパンジーに対して、カンガルーがゴリラよりもはるかに類縁が遠いことを考えれば、その反応はさらに弱いだろう。かくして、二度めにあるタンパク質を注射したときのウサギの免疫反応の強さは、最初にウサギが曝されたもとのタンパク質との類似の度合いを測る目安として使える。カリフォルニア大学バークリー校のヴィンセント・サリッチとアラン・ウィルソンが一九六〇年代に、ヒトとチンパンジーがそれまで誰ひとり気づかなかったほど互いに近い類縁関係にあることを実証したのは、この方法によってであった。

遺伝子そのものを用い、それが指定するタンパク質よりもむしろ遺伝子を種間で直接に比較するという方法もある。そうした方法のなかでもっとも古く、もっとも効果的なものの一つは、DNAハイブリダイゼーションと呼ばれる。DNAハイブリダイゼーションは通常、「ヒトとチンパンジーは遺伝子の九八％を共有している」といった線に沿った発言の背後にしばしばあるものである。ところで、ここに示されたような数字によって正確に何が意味されているかについては、若干の混乱がみられる。何の九八％が同じなのか？　正確な数字は、数える単位がどれほど大きいかに依存する。単純な一つの喩え《アナロジー》が、そのことを、ある興味深いやり方で明らかにする。なぜ興味深いかといえば、この喩えと、実在のモノのあいだの相違は、類似に劣らず啓発的だからである。同じ本の二種類の版《ヴァージョン》があって、両者を比較したいと思っていると仮定してみよう。ひょっとしたら、それはダニエル書かもしれない。

そして私たちは、正典版と死海を見下ろす洞窟内からちょうど発見されたばかりの太古の巻物版とを比較したいと思っている。二種類の本の各章の何パーセントが同じだろう？　おそらく〇％だろう。なぜなら、章全体のなかのどこかに一ヵ所でも不一致があるだけで、両者が同じではないと言えるからだ。その文《センテンス》の何パーセントが同じだろう？　今度は一致のパーセンテージがずっと高くなるだろう。単語が同じパーセンテージは、と問えば、一致度はさらに高くなるだろう。なぜなら、単語は文よりも文字数が少ない――一致が破れる確率が小さくなる――からである。しかし単語の類似でさえも、単語の一文字でもちがっていれば崩れてしまう。したがって、もしあなたが二種類のテキストを横に並べて、一文字ずつ比べていけば、同じ文字のパーセンテージは同じ単語のパーセンテージよりもさらに高くなることだろう。それゆえ、「九八％が共通」といった推計は、比較している単位を特定しないかぎり、なんの意味もない。章、単語、文字のどれを数えているのか。それともほかの何かを数えているのか？　同じことが、二種の生物のDNAを比較するときにもあてはまる。もしあなたが染色体を丸ごと比較しているのなら、共通するパーセンテージはゼロだろう。なぜなら、染色体のどこかに小さな違いが一つあるだけで、染色体を異なったものと規定できるからである。

ヒトとチンパンジーが遺伝物質の九八％を共有しているというよく引用される数字が実際に指しているのは、染色体の数でも、全遺伝子の数でもなく、それぞれのヒトとチンパンジーの内部で互いに一致するDNAの「文字」（専門的には塩基対）の数なのである。しかし、ここには一つ落とし穴がある。もし、このつきあわせを素朴なかたちでおこなっていく場合、文字のくいちがいではなく、文字の欠失（あるいは付加）が一つでもあれば、それ以降の文字の不適合を引き起こしてしまう。なぜなら、そこで文字の配列はすべてズレ、一つ前に行ってしまう（逆方向の誤りがおこって、ズレをもとに戻すまでは）からである。不一致の推計値をこのようなやり方で増大させるのは明らかに公正ではない。ダニエル書の巻物版を調べていく学者の目は、数値化するのがむずかしいやり方で、自動的にこれに対処する。DNAについてはどう対処できるだろう？　ここからは本と巻物の喩えから離れて、実在のモノにまっすぐ向かうことにする。なぜなら、たまたま、実在のモノ――DNA――のほうが、この喩えよりもずっと理解しやすいからなのだ！

DNAを徐々に加熱していくと、二重らせんの二本のDNA鎖のあいだの結合が壊れ、二本のらせんが別々になるような点――八五℃前後――がやってくる。この八五℃を、あるいは正確な温度が判明すればそちらでもいいが、それを「融点」と考えることができる。もし、そのまま温度が下がるのにまかせておけば、それぞれ一本のらせんは、もう一本のらせん、あるいはらせんの断片とふたたび自然に結合する。相手を見つければどこでも、二重らせんにおける通常の塩基対合の規則を用いて、ペアになることができる。相手はつねに、最近離ればなれになったばかりのパートナーだろうと思いたくなるかもしれない。それならばもちろん、完璧に合うはずだ。実際にそうであることもあるが、しかしふつうはそれほどきれいにいくわけではない。DNAの断片はペアになれる他の断片を見つけるが、その断片はふつう、正確には最初のパートナーではないだろう。そして実際、もしあなたが他の種からとったDNAの一本鎖の断片を加えれば、一本鎖の断片は、まちがった種からの一本鎖と、正しい種からの一本鎖の場合とまったく同じ方法で、なんなく結合することができる。なぜ、そうであってはいけないのか？　DNAはただのDNAにすぎないというのが、ワトソン＝クリックの分子生物革命の驚嘆すべき結論である。それは、ヒトのDNAだろうが、チンパンジーのDNAだろうが、あるいはリンゴのDNAであろうが「気に」しない。断片は、どこであれ相補的な配列をもつDNAを見つければ、どこででも喜んでペアになる。にもかかわらず、結合の強さはつねに等しいわけではない。一本鎖のDNAは、うまく合致する一本鎖とのほうが、あまり似ていない一本鎖とよりも強固に結合する。そうなるわけは、DNAのより多くの「文字」(ワトソン=クリックの塩基)がペアになれない相手をパートナーにしていることになるからである。したがって、二本のDNA鎖の結合は弱くなる――歯のいくつか欠けたジッパーのように。

異なる種からの断片どうしが互いを見つけて結合したあとで、結合の強さをどのようにして測るのだろう? これはほとんど馬鹿馬鹿しいほど単純な方法による。この結合の「融点」を測るのである。二本鎖DNAの融点がおよそ八五℃だと私が言ったことを覚えておられるだろう。これは、ヒトDNAの一本鎖が、ヒトDNAの相補的な一本鎖から「融けて」離れるときのように、正常な、正しく対合した二本鎖DNAについては正しい。しかし結合が弱いものだと――ヒトの一本鎖がチンパンジーの一本鎖と結合している場合のように――、それよりわずかに低い温度で、結合を断つことができる。そしてヒトのDNAが魚類やカエルのようなもっと遠い親戚のもつDNAと結合しているときには、DNA鎖を切り離すにはさらに低い温度で十分なのだ。この、一本鎖が自分と同じ種の一本鎖と結合しているときの融点と、別の種の一本鎖と結合しているときの融点の違いが、二つの種の遺伝的距離の尺度になるわけだ。おおまかな目安として、融点が一℃下がるのは、DNAの文字の一致数が一%低下する(あるいはジッパーの欠けている歯の数が一%増加する)のにほぼ匹敵する。

この方法には、私がくわしく論じなかった厄介な点があり、また微妙な問題点もあるが、それについては独創的な解決策がある。たとえば、ヒトのDNAとチンパンジーのDNAを混ぜると、断片になったヒトDNAのほとんどは他のヒトDNA断片と結合し、チンパンジーDNAのほとんども自分と同じ種のDNAと結合する。このとき、「融点」を本当に知りたいと思っているハイブリッドDNAを「同種」DNAからどのようにして分離するのだろう? その解答は、あらかじめ放射性物質でラベルしておくことを含めた巧妙な業《トリック》によってなされる。しかしここで詳細に触れれば、話の本筋からあまりに遠くまでそれてしまう。いずれにせよ大事な点は、DNAハイブリダイゼーションが、科学者にヒトとチンパンジーのあいだに九八%の遺伝的類似性があるといった数値をもたらす技術だということであり、より類縁が遠く離れた二種の動物にいくにつれて、予想される通り、低いパーセンテージが得られるようになるということだ。

異なる種由来の対応する二つの遺伝子のあいだの類似性を測る最新の方法は、もっとも直接的だが、もっとも費用もかかる。すなわち、遺伝子そのものの文字の配列を、ヒトゲノム計画で使われたのと同じ方法を使って、直接に読みとるのである。ゲノム全体を比較するにはまだ出費がかさむが、遺伝子の試料を比較することによって、かなりいい近似を得ることができ、現在ではしだいに広く用いられるようになっている。

二種の生物の類似性を測るのに、ウサギの抗体、DNA鎖の「融点」、あるいは直接の塩基配列解析の、どの技術を使うにしても、そのつぎの段階はどれもほとんど同じである。二種のあいだの類似性を表す単独の数字を得たあとは、そうした数値を表にまとめるのである。一連《セット》の種を取り上げ、その名前を、行、列それぞれの見出しに同じ順序で書き、二つの種名が交差する枠《セル》に両者の類似性を表すパーセンテージを入れる。表は三角形（正方形を対角線で二分した）になるだろう。なぜなら、たとえばヒトとイヌの類似のパーセンテージは、イヌとヒトの類似性と同じになるからである。もし、正方形の表のすべてに数値を入れれば、対角線をはさんで一方が他方の鏡像になるだろう。

さて、どんな種類の結果を期待すべきなのだろう？　進化のモデルにもとづけば、ヒトとチンパンジーを結びつけている枠に高い得点が、ヒトとイヌを結びつけている枠に低い得点が書き込まれていると予想すべきである。ヒト／イヌの枠は、ヒトとチンパンジーがイヌに対してまったく同じ度合いの類縁をもっているのだから、理論的には、チンパンジー／イヌと同じ類似性の得点をもっているはずである。さらにまた、それはサル／イヌの枠およびキツネザル／イヌの枠と同じでなければならない。その理由は、ヒト、チンパンジー、サル、キツネザルはすべて、共通祖先である初期霊長類（それはおそらくキツネザルに少しばかり似ていただろう）を介してイヌと結びついているからである。同じ得点が、ヒト／ネコ、チンパンジー／ネコ、サル／ネコ、キツネザル／ネコの枠に示されているにちがいない。なぜなら、イヌとネコは、すべての食肉類の共通祖先を通じてすべての霊長類と類縁をもっているからである。たとえば、イカといずれかの哺乳類を結びつける枠にはすべて、もっと低い――理想的には同じ程度に低い――得点が入っているにちがいない。そして、この場合、どの哺乳類を選ぶかは問題ではないはずだ。なぜなら、すべてが同じ距離だけイカから離れた類縁関係にあるからだ。

これらは強力な理論的予測であるが、実際には、この予測が外れてはならないという理由は存在しない。もし外れたとしたら、それは進化を否定する証拠になるだろう。蓋を開けてみれば、結果として得られるのは、進化が起こったという仮定にもとづいて予測されるべきことそのもの――予想される統計的誤差の範囲内で――だ。このことは、二つの種の遺伝的距離を一本の系統樹《ツリー》の大枝間の距離に置き換えれば、すべてのことがうまく辻褄が合うということの言い換えにすぎない。もちろん、この辻褄あわせは完璧ではない。生物学における数値的な予測は、近似的な正確さ以上のものをもって実現されることはめったにない。

ＤＮＡ（あるいはタンパク質）の比較による証拠は、どの二種の動物が他のものよりも近い親戚であったかを――進化論的な仮定にもとづいて――決定するのに使うことができる。これを、進化を支持することのほか強力な証拠に変えるのは、それぞれの遺伝子について別々に、遺伝的類似のツリーを構築できるという事実である。そして、結果として重要なのは、あらゆる遺伝子がほぼ同じ生命の樹《ツリー》を生みだすということだ。またしてもこれは、あなたが本当の系統樹を扱っているとすれば予測される、まさにその通りのことなのである。もし設計者《デザイナー》が全動物界を調査し、生物界のどんな場所で発見されようとも、その「業種」にあった最良のタンパク質をとりあげ、選んだ——あるいは「借用」した——としたら、そもそもそんな予測は立てようがない。

こうした線に沿っての最初の大規模な研究は、デイヴィッド・ペニー教授に率いられたニュージーランドの遺伝学者グループによってなされた。ペニーのグループは、すべての哺乳類を通じて同一ではないが、全体として同じ名前を与えていいほどには似ている五つの遺伝子をとりあげた。詳細は問題ではないが、念のために記しておくと、五つの遺伝子は、ヘモグロビンA、ヘモグロビンB（ヘモグロビンは血液に赤い色を与える）、フィブリノペプチドA、フィブリノペプチドB（フィブリノペプチドは血液凝固に用いられる）、およびチトクロムC（細胞の生化学的反応において重要な役割を果たしている）である。ペニーらは一一種類の哺乳類を選んで比較した。すなわち、アカゲザル、ヒツジ、ウマ、カンガルー、ラット、ウサギ、イヌ、ブタ、ヒト、ウシ、およびチンパンジーである。

ペニーらは統計学的に考えた。彼らは、もし進化が事実でないとしたら、純粋な偶然によって二つの分子が同じ系統樹をもつ確率を計算したいと思った。そこで彼らは最後に一一種の子孫にたどりつく、考えられるすべてのツリー（樹形図）を想像しようと試みた。それは驚くほど大きな数になった。たとえ「二分木」（すなわち二叉分岐だけの枝をもつ——三叉分岐や多叉分岐をもたない——ツリー）だけに限定しても、可能性のあるツリーの総数は三四〇〇万以上ある。科学者たちは忍耐強く、三四〇〇万本のツリーを一つずつ調べ、それぞれを他の三三九九万九九九九本のツリーと比較した。もちろんウソだ。そんなことはしなかった！　それはコンピューターの時間をあまりにもとりすぎる。むしろ彼らは、もっと頭のいい統計学的近似を考案した。かのマンモス計算の簡略版に相当するものである。

これから述べるのが、近似法の使い方である。彼らは五つの遺伝子のうちの最初のもの、ヘモグロビンA（私がタンパク質名を使う場合、すべて、そのタンパク質を指定する遺伝子のことを表している）を取り上げた。そして、何百万種類もあるツリーすべてのうちで、どれがヘモグロビンAのかかわる場所で最「節約的（parsimonious）」であるかを見つけだしたいと考えた。ここで節約的というのは、「最小限度の進化的変化しか仮定する必要がない」という意味である。たとえば、ヒトのもっとも近い親戚はカンガルーであるのに対して、ヒトとチンパンジーはもっと遠い類縁関係しかないと仮定しているツリーはすべて、きわめて非節約的であることが判明した。カンガルーとヒトが最近の共通祖先をもつという結果を生じるためには、多数の進化的変化を仮定する必要があったからである。ヘモグロビンAの評決は、つぎのようになるだろう。

これは、おそろしく非節約的なツリー（系統樹）である。このツリーによれば、ヒトとカンガルーが近い類縁関係にあるのにもかかわらず、これほどまで異なった結末で終わるためには、私は多数の突然変異を起こさせなければならないだけでなく、ヒトとチンパンジーがこの特定のツリーでは非常に遠く離れているにもかかわらず、これほどよく似たヘモグロビンAをもつようにするためには、反対の向きの多数の突然変異を起こさなければならないのである。私はこのツリーに反対の一票を投じる。

ヘモグロビンAは、三四〇〇万種類のツリーのそれぞれについて、このような類の評決を下していくが、あるものは他のものよりも好意的な評決になる。そして最終的に、数十の最上位ランクのツリ

第10章 類縁の系統樹

ーを選びだすにいたる。こうした上位ランクのそれぞれについて、ヘモグロビンAは次のようなことを言うのだろう。

このツリーはヒトとチンパンジーを近い親戚とし、そしてヒツジとウシも近い親戚とし、カンガルーを遠い枝に位置づけている。これは非常にいいツリーであることがわかる。なぜなら、これは、進化的な変化を説明するために、私に突然変異を起こさせるという仕事をそもそも、ほとんどさせないからである。これはすばらしく節約的なツリーである。ヘモグロビンAはこれに一票を投じる。

もちろん、もしヘモグロビンAと他のすべての遺伝子が単一の最節約的なツリーにたどりつくことができれば、すばらしいことだろう。しかし、それはあまりにも高望みがすぎる。三四〇〇万種類のツリーのなかで、いくつかのわずかずつ異なるツリーがヘモグロビンAの最高位ランクの地位を分け合うところまで、期待できるだけである。

次に、ヘモグロビンBについてはどうだろうか？　チトクロムCについてはどうだろう？　五つのタンパク質のそれぞれが、三四〇〇万種類のなかから自分の気に入った（すなわち、最節約的な）ツリーを見つけるために、独自の投票をする権利を与えられている。チトクロムCが最節約的なツリーとして、まったく異なった一票を思いつくということは、十二分にありえるだろう。ヒトのチトクロムCがカンガルーのものとは非常にちがっていると判明するかもしれない。ヒツジとウシは非常に近い類縁関係にあるというヘモグロビンAの判別にまったく敬意を払うことなく、チトクロムCは、ヒツジをたとえばサルと非常に近いところに、そしてウシをウサ

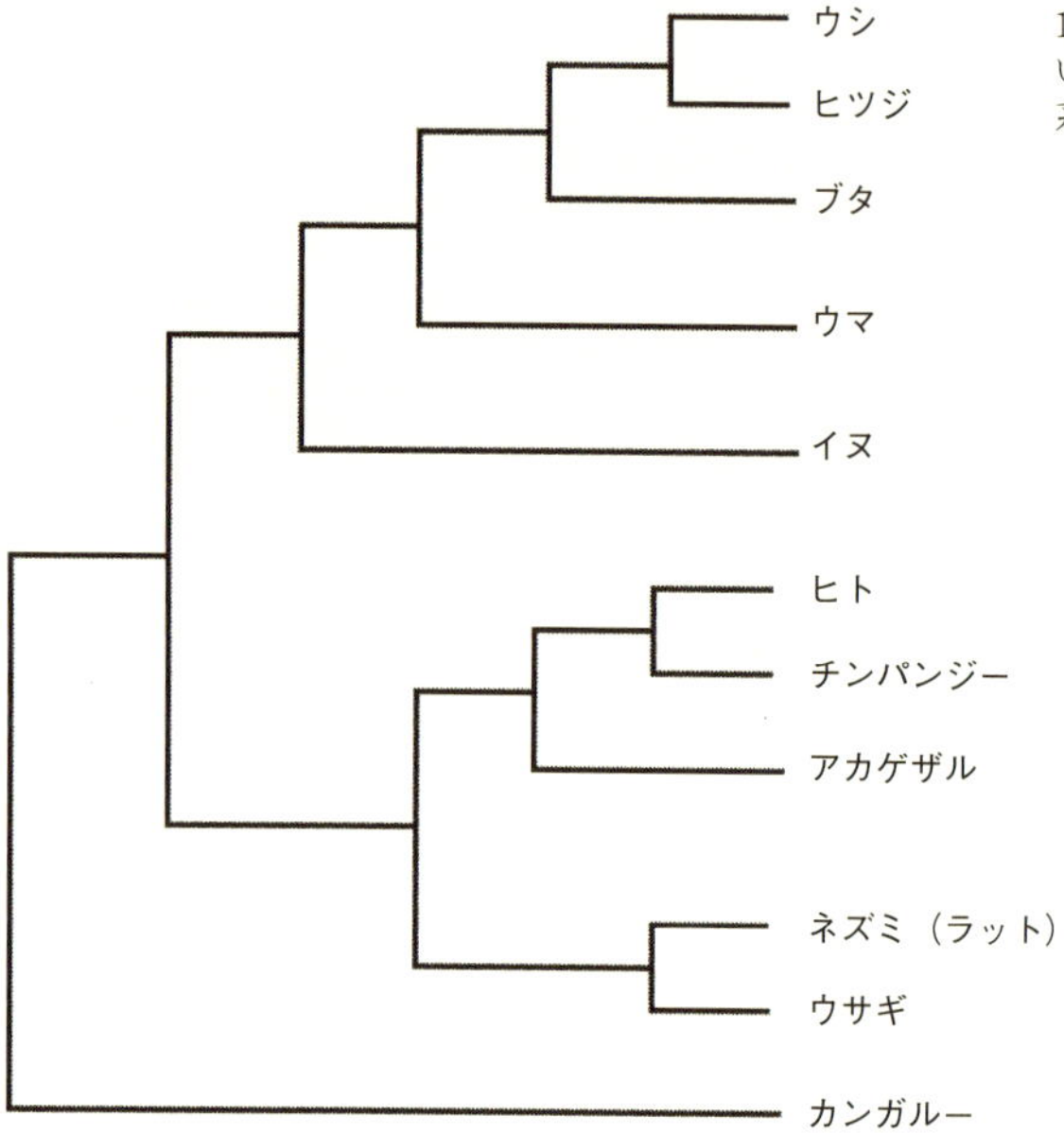

11種の動物についてのペニーの系統樹

ギに非常に近いところに位置づけるのに、そもそも突然変異を起こさせる必要などほとんどないことを見つけるかもしれない。創造仮説にもとづけば、そういうことが起こってはならないという理由は存在しない。しかしペニーらが実際に発見したのは、五つのタンパク質すべてのあいだで、驚くほど高い意見の一致が見られたということである（そして彼らはさらに巧妙な統計学的手法を用いて、そのような一致が偶然によって起こる確率がどれほどありえないものであるかを示した）。五つのタンパク質はすべて、考えうる三四〇〇万種類のツリーのなかから、ほとんど同じ少数の組《サブセット》のツリーに「投票」したのだ。もちろんこれは、一一種の動物すべてを関係づける唯一の本物のツリーが存在し、それが系統樹、すなわち進化的な類縁関係を表すツリーであると仮定した場合に、まさに予想される結果である。それだけでなく、五つの分子すべてが賛成票を投じた合意のツリーは、動物学者たちがすでに、分子的な基盤によらない解剖学的・古生物学的な基盤にもとづいて解明していたものと同じであることが判明したのである。

ペニーの研究が発表されたのは一九八二年で、今となっては、かなり昔のことになる。その間《かん》の年月に、動物および植物の非常に多くの種の遺伝子配列についての詳細な証拠がつぎからつぎへと膨れ上がっていくのが見られた。最節約的なツリーについての合意は、ペニーらが研究した一一種の動物と五つの分子からはるかに広い範囲の動物に拡張されている。ペニーたちの研究は、圧倒的な統計学的な証拠によって証明された、すばらしい実例の一つにすぎなかった。現在利用できる遺伝子配列データの総量は、この問題について考えられるあらゆる疑問を凌駕《りょうが》するところまでいっている。遺伝子の比較から得られる証拠は、化石証拠（これも大いに説得力はあるのだが）よりもはるかに説得力をもって、一本の偉大な生命の樹に向かって、急速かつ断固として、収斂しつつある。前ページに掲げたのは、ペニーの研究の一一種の動物に適したツリーであるが、哺乳類ゲノムのさまざまに異なる多数の部分からの投票にもとづく現代の合意と一致している。この、ゲノム内のすべての異なる遺伝子のあいだで一貫した意見の一致が見られることこそ合意されたツリーそのものの歴史的な正確さについてだけでなく、進化が起こっているという事実についても、私たちに確信を与えてくれる。

もし分子遺伝学的技術が、現在のような指数関数的速度で発展をつづければ、二〇五〇年までには、一つの動物のゲノムの完全な塩基配列を、安価かつ迅速に、体温や血圧を測るとき以上の面倒をほとんど必要としないで、導きだせるようになるだろう。なぜ遺伝学的技術が指数関数的に発展しているなどと私は言うのだろう？　そもそもそれを測ることさえできるのか？　コンピューター技術にムーアの法則と呼ばれる似た現象がある。インテル社の創業者の一人であるゴードン・ムーアにちなんでつけられた名前で、コンピューターの能力のいくつかの測定値は互いに関連しあっているので、この法則はさまざまな形で表現することができる。この法則のあるヴァージョンでは、与えられた大きさの集積回路に詰め込むことができる単位《ユニット》の数は一八〜二四カ月ごとに倍増すると述べる。これは経験則であり、ということは、いくつかの理論から導きだされたものというよりむしろ、データをとったときにのみ真実であるとわかるようなものという意味である。これまでのところ、約五〇年間にわたって、この法則は有効でありつづけており、多くの専門家は少なくともあと二、三〇年は有効だろうと考えている。同じような倍加時間をもつ、他の指数関数的な傾向を、単位コストあたりの計算速度や記憶容量の増大を含めて、ムーアの法則の変形版とみなすことができる。指数関数的な傾向はつねに驚嘆するような結果をもたらすもので、ダーウィンも、数学者であった息子ジョージの助けを借りて、繁殖速度の遅い動物の代表としてゾウを取り上げ、無制限な指数関数的増殖をさせれば、わずか二、三〇〇年のあいだに、たった一組みのゾウのペアから生まれた子孫が地球表面を覆いつくすことを示して、そのことを実証した。言うまでもないが、ゾウの個体数増殖は、実際には指数関数的ではない。それは食物と居住空間をめぐる競合によって、病気によって、そしてその他多くの事柄によって、制限されている。これが実は、ダーウィンの言いたいことの核心であった。というのは、それこそ自然淘汰が介入する場所だからである。

しかしムーアの法則は、少なくとも近似的には、五〇年間にわたって実際に有効でありつづけている。誰もその理由について明快な考えをもっていないにもかかわらず、コンピューターの能力のさまざまな尺度は実践的には、確かに指数関数的に増大しているのに、ダーウィンのゾウの増大傾向は理論においてのみ指数関数的であるにすぎない。遺伝学的な技術とDNAの塩基配列解読には同じような有効な法則があるのではないかという考えが私の心に思い浮かんだ。私はこの考えを、オックスフ

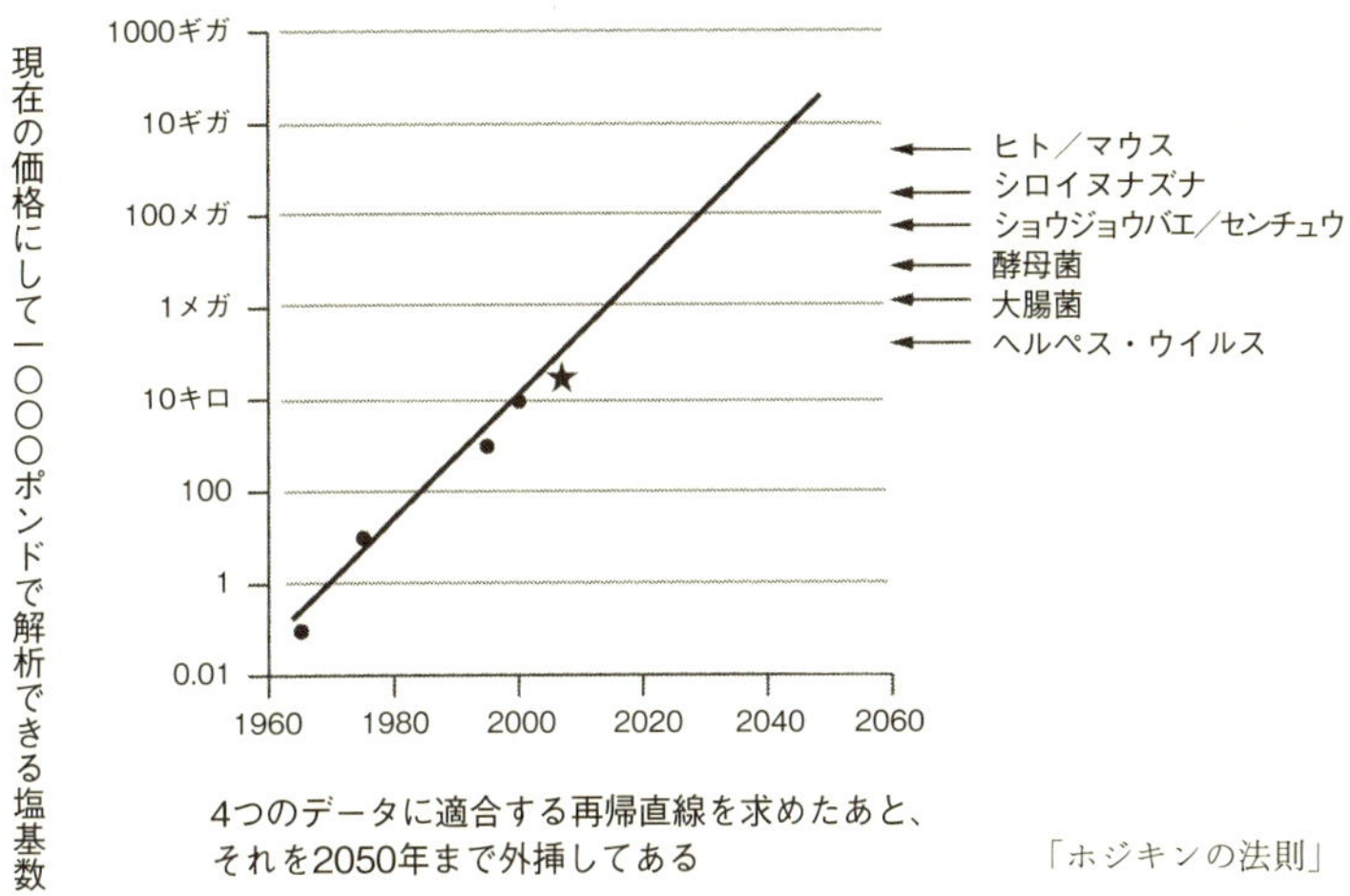

4つのデータに適合する再帰直線を求めたあと、
それを2050年まで外挿してある

「ホジキンの法則」

ォード大学の遺伝学教授であるジョナサン・ホジキン（彼はかつて私のもとにいた大学院生だった）に提案してみた。うれしいことに、彼がすでにそれを考えていた――そして彼の母校での講演の準備としてそれを測定していた――ことがわかったのである。彼は、一九六五年、一九七五年、一九九五年、二〇〇〇年という歴史上の四つの年代における標準的な長さのDNAの塩基配列を解読するのに要する費用を計測していた。私は彼の数字をひっくりかえして「費用対効果」、すなわち「一〇〇〇ポンドでどれほど多くのDNAの塩基配列を解読できるか？」を計算した。私は対数目盛の上にその数値をプロットしていった。対数目盛を選んだのは、指数関数的な傾向は対数目盛上ではつねに直線を示すからである。思った通り、ホジキンの四つの点は、かなりうまく一本の直線上に乗った。私は各点にもっともよく合う直線を求め（線形回帰の技法については、一八九ページの注を参照）、それから、勝手にそれを未来に投影した。もっと最近になって、この本が出版されようとする直前に、私は本節をホジキン教授に示したところ、彼は気づいていた最新のデータを教えてくれた。それはカモノハシゲノムで、二〇〇八年に塩基配列が解読された（カモノハシは、それが生命の系統樹の戦略的な位置を占めるがゆえに、いい選択である。カモノハシと人類が共有する祖先は一億八〇〇〇万年に生きていたが、それは恐竜が絶滅したときよりも三倍も昔である）。私はカモノハシの点をグラフ上に★印で書いたが、以前のデータから計算し投影した推定直線の近くにかなりよく一致することが見てとれるだろう。

私がいまでは（許可なしに）ホジキンの法則と呼んでいるものを支持するこの直線の勾配は、ムーアの法則を支持する直線の勾配よりもわずかに浅いだけである。ムーアの法則の倍増時間が二年よりもわずかに短いのに対して、こちらは二年よりわずかに長い。DNA技術はコンピューターに強く依存しているので、ホジキンの法則が少なくとも部分的にはムーアの法則に依存しているというのは妥当な推測である。右側にある矢印は、さまざまな生物のゲノムの大きさを示している。もしこの矢印に従って左に向かって、ホジキンの法則を表す斜線にぶつかるまで進むと、いつごろにあなたが関心をもっている生き物と同じ大きさのゲノムの塩基配列をわずか一〇〇〇ポンド（現在の金で）で解読できるようになるかという推計を読みとることができる。酵母菌の大きさのゲノムであれば、二〇二〇年まで待つだけでいい。新しい哺乳類のゲノムについては（この種の簡便な計算がかかわるかぎりでは、すべての哺乳類はどれも同じように高い費用がかかる）、推定される年代は、二〇四〇年のすぐそばである。これは心が浮き立つような見通しである。動物界・植物界のすみずみから安価にしかも簡単に集められた浩瀚《こうかん》なDNA塩基配列のデータベースができるのだ。詳細なDNAの比較によって、あらゆる種の他のすべての種との実際の進化的類縁関係についての、私たちの知識の空白がすべて埋められるだろう。(*)完璧な確実さをもって、すべての現生生物を網羅した完全な系統樹を知ることになるだろう。それがどのような姿に描かれるか、誰にもわからない。だがそれは、いかなる実用的な大きさの紙にも収まりきらないだろう。

この方向での、これまでのところ最大規模の試みは、最初のスーパーコンピューター開発者の一人であるダニー・ヒルズの弟、デイヴィッド・ヒルズを中心としたグループによってなされた。ヒルズのプロットは、系統樹の模式図を円のまわりに巻きつけることで、よりコンパクトなものにしている。二つの末端がほとんどくっつきそうになっているところの、隙間は見えないだろうが、「細菌」と「古細菌」のあいだによこたわっている。円周上にプロットするやり方がどういうものかを知るために、大幅に余分なものをそぎ落とした形で、クラーレ・ダルベルトの背中に彫られたタトゥー（入れ墨）を眺めてほしい。メルボルン大学の大学院生であるクラーレの動物学への情熱は皮膚の上にとどまるだけの浅いものではなく、彼女はそのタトゥーの写真を本書に転載する（カラー口絵二五ペー

＊ひょっとしたら、「すべての現生生物」には注意書きが必要かもしれない。本章の前のほうの節で、「借用はなし」という原理は、動物と植物にはほとんど完璧に適切ではあるが、細菌はちがうということを見た。細菌（および古細菌、これは表面的には細菌に似ているが、類縁はかなり遠い）のあいだでは、遺伝子の共有が大量に存在する。動物は種内でのDNAの交換に性的な結合を用いるのに対して、細菌は、DNAを順に回していくのに独自の「コピー・アンド・ペースト」法を使い、類縁の遠く離れた種間でさえDNAを交換する。動物と植物に関して、私が「一本の真の生命の系統樹」を称えるのは正しいが、微生物のことを考えると話が急にややこしくなる。私の同僚で哲学者のダン・デネットは、動物の系統樹が厳かにそびえたつオークの木だとすれば、細菌はバニヤンの木に近いと表現した。細菌に関するかぎり、それぞれの遺伝子ごとに、それがたまたまどの特定の種類の細菌にわらじを脱いでいるかどうかにかかわりなく、「一本の真のツリー」としてまとまっていると言えるようなものが存在する。なんと魅惑的な見通しではないか。ダーウィンなら、どれほど気に入ったことだろう。

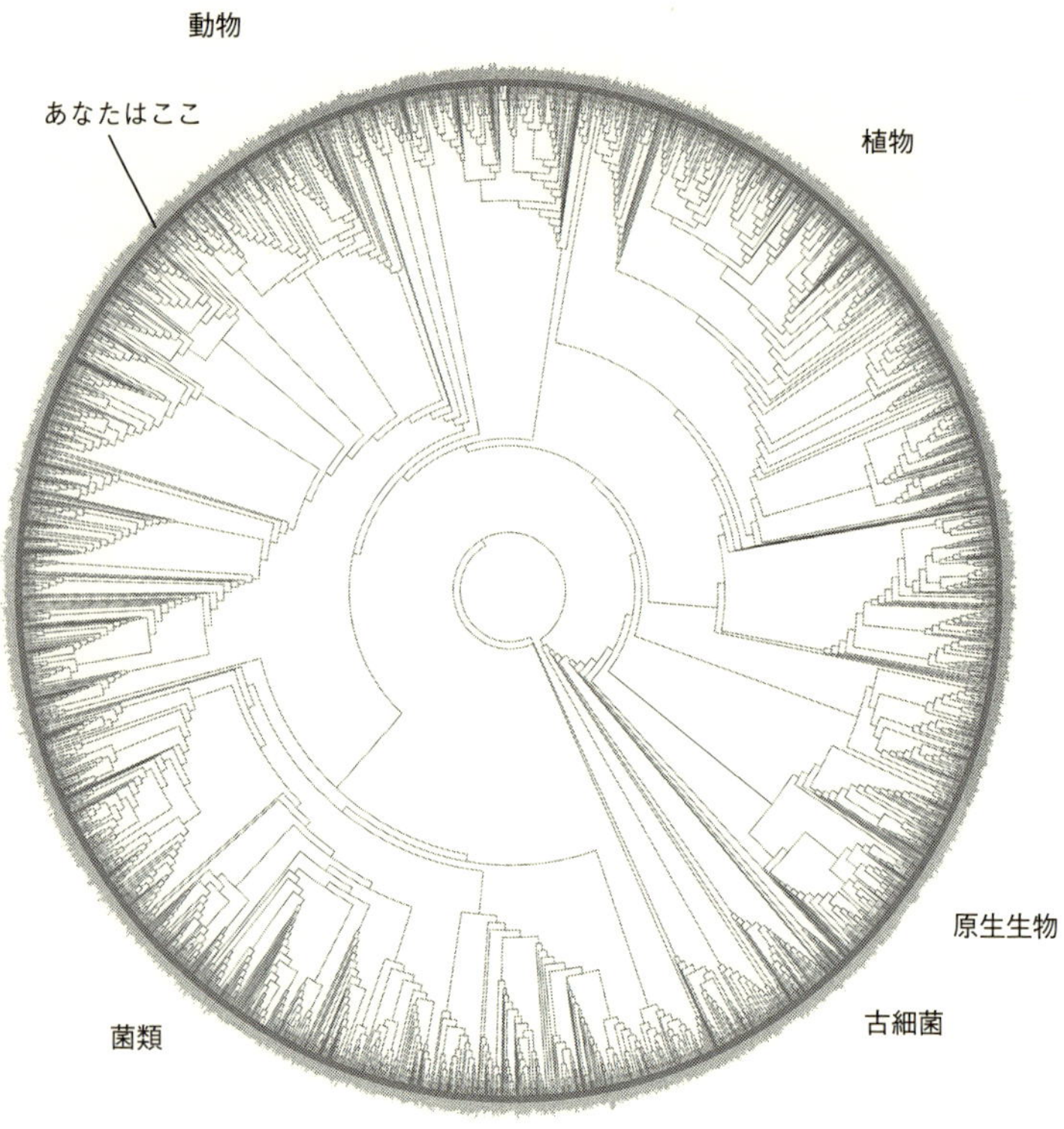

ヒルズの系統樹

ジ）ことを快く承諾してくれた。タトゥーには八六種（末端の枝の数）という小さなサンプルが含まれている。円周上のプロットには隙間が見え、この円が閉じたものでないことを想像できる。円のまわりに描かれたいくつかの絵は、細菌、原生動物、植物、菌類、および四つの動物門から戦略的に選ばれたものである。脊椎動物を代表するのが右側に描かれた、タツノオトシゴの一種で海草に擬態することで身を守っている驚くべき魚、ウィーディシードラゴンだ。タトゥーのまわりに描かれたこれらの生物の名を右図の円周のまわりにも書き込んでおいた――字が小さくて読みづらいかもしれないが、参考までにヒトについては「あなたはここ」と書き込んである。この円周に入るものでヒトにもっとも近い親戚がネズミ類であると言ったら、ヒルズの巨大な円周プロットでさえ、実際の系統樹からほんの一部を抜き出してきたものにすぎないことが、実感をもっておわかりいただけよう。ツリーの他の大枝すべてを同じ深さではめ込むためには、哺乳類は大幅に切り捨てなければならなかった。ここに含まれている三〇〇〇種のかわりに一〇〇〇万種の同じようなツリーをプロットしようとしたらどうなるか、ちょっと想像してみてほしい。そして一〇〇〇万種というのは、現存生物の種数としてもっとも誇大な推定ではないのである。ヒルズのウェブサイト（巻末の原注参照）から彼のツリーをダウンロードし、プリントアウトして壁紙にする価値は十分にある。紙は少なくとも幅一三七センチメートル以上あることが推奨されている（さらに余裕のあったほうがなにかと便利だろう）。

分子時計

さて、私たちはいま分子について語っているのだが、進化的な時計についての章からほったらかしにしたままの未解決の課題がいくつか残っている。そこでは、木の年輪、さまざまな種類の放射性崩壊時計について検討したが、いわゆる分子時計については、分子遺伝学の他の側面について学ぶまで、考察するのを保留した。いよいよそのときがやってきた、この節は、時計に関する章の付録だと考えてほしい。

分子時計は、進化が事実であり、それが地質学的な時間を通じて、それ自体を時計として十分に使えるほど一定の速度で進行したと仮定している。そのためには、進化速度が化石を使うことで測定でき、ひるがえって、化石の年代が放射性崩壊時計によって測定できることが条件となる。ロウソク時計は一定の既知の速度でロウソクが燃えると仮定し、水時計は水が桶から測定できる速度で滴下すると仮定し、壁掛け時計は振り子が決まった速度で振れると仮定しているのとまったく同じように、分子時計は、進化のある種の側面そのものが一定の決まった速度で進行すると仮定している。その決まった速度は、（放射年代測定が可能な）化石によって十分に実証されている進化的な記録の当該の部分との対照から計測できる。いったん計測されると、分子時計は、化石によって十分に実証されていない進化の他の部分にも使うことができる。たとえば、硬い骨格をもたず、ほとんど化石化することのない動物にも使うことができる。

すばらしいアイデアだが、いったいどんな権利があって、決まった速度で進行する進化的な過程を見つけだせると期待するのか？　実際、多くの証拠は、進化速度が大きく変動することを示唆している。現代のような分子生物学の時代がくるはるか以前に、J・B・S・ホールデンは進化速度の尺度としてダーウィンを提案していた。進化的な時間を通じて、ある動物のいくつの測定された形質がどれも一致した方向に変化していると仮定してみてほしい。たとえば、脚の長さの平均値が増大していると仮定してみてほしい。もし、一〇〇万年にわたって、脚の長さがe（2.718...数学的に都合がいいという理由で選ばれた数値で、私たちが立ち入る必要はない）(*)という係数で増大するとき、進化的な変化速度は一ダーウィンであるといわれる。ホールデン自身は、ウマの進化速度をおよそ四〇ミリダーウィンと査定し、一方で、人為淘汰のもとにある家畜の進化はキロダーウィンで測られるものではないかと述べている。第5章で触れた、捕食者のいない川に移植したグッピーの進化速度は四五キロダーウィンだと推計される。シャミセンガイ（二二五ページ）のような「生きた化石」の進化はおそらく、マイクロダーウィンで測られるだろう。要点はわかったはずだ。すなわち、脚や嘴《くちばし》のような、目に見え、計測できるようなモノの進化速度は大きく変動するのだ。

もし進化速度がそれほど変動するのであれば、いったいどうして、それを時計として使えるのか？まさにここで、分子遺伝学が救いの手をさしのべるのだ。一見したところでは、どうしてそうなるのか、明らかではないだろう。脚の長さのような計測可能な形質が進化するとき、私たちが見ているのは、根底にある遺伝的変化の外面への目に見える形での現れである。それなら、分子レベルでの変化速度がすぐれた時計を提供するのに、脚または翼の変化速度はそうならないということが、どうしてありうるのか？　もし脚や嘴がマイクロダーウィンからキロダーウィンまでの幅にわたる速度で変化するのであれば、なぜ時計として分子のほうがより信頼できるのか？　その答えは、外に向かって自

＊技術者だった祖父の薦めで、シルヴァヌス・P・トムソンの『やさしい微積分学』をはじめて読んだとき、トムソンがイタリック体のeを「けっして忘れてはならない数」だと紹介しているところで、私は鳥肌が立ってしまった。選択すべき係数として、たとえば2ではなくeを使うことの一つの帰結は、互いの自然対数を引き算することによって、直接にダーウィンを計算できることである。ほかの科学者たちは、進化速度の単位としてホールデンを提案している。

らを表現する遺伝的変化と、目に見える進化――脚とか腕といったモノの――は、氷山の非常に小さな一角でしかなく、そして、さまざまな自然淘汰によって強く影響を受けるのは、この一角なのだということにある。分子レベルでの遺伝的変化の大多数は中立的で、したがって、有効性とは無関係に速度で進行すると予想され、どの一つの遺伝子についても、ほぼ一定速度ということにさえなるのである。中立的な遺伝的変化は、その動物の生き残りになんの影響もおよぼさず、そのことが時計として有益な信任状である。これは、生存に、プラスあるいはマイナスの影響をおよぼす遺伝子は、そのことを反映して、異なった速度での進化が予想されるからである。

分子進化の中立説が、他のだれにもまして偉大な日本の遺伝学者、木村資生《もとお》によってはじめて提唱されたとき、激しい論争を呼んだ。そのいくつかの変形版は、現在では広く受け入れられており、ここでは詳しい証拠に立ち入ることなく、本書ではこの説を借りるつもりである。私は極端な「適応主義者」（自然淘汰が主要な、あるいは唯一の進化の原動力であるとひたすら信じ込んでいるとされている）という悪名を得ているので(*)、その私でさえが中立説を支持しているのだから、他の多くの生物学者が反対するのはありそうにないということに、それなりの確信をもっていただけるはずだ！

中立的突然変異とは、分子遺伝学的な技術によって簡単に計測可能だが、自然淘汰の対象として排除されたり優遇されたりすることのない変異のことを言う。そして、とある理由にもとづいて中立的であるとみなされる、「偽《ぎ》遺伝子」というものがある。偽遺伝子はかつて役に立つことを何かしていたが、現在では脇に追いやられて、転写されることも翻訳されることもない。それは動物の安寧《あんねい》に関するかぎりでは、存在しなくともいいのである。しかし、科学者に関する限り、それらはまぎれもなく存在するのであり、私たちが進化的な時計としてまさしく必要としているものなのだ。偽遺伝子は、胚発生において決して翻訳されることのない部類の遺伝子のうちのひとつでしかない。科学者から分子時計として好まれている遺伝子には他の部類のものもあるが、ここで詳細に立ち入るつもりはない。ただし、この偽遺伝子は、創造論者を困惑させるという点で有益なのである。私たちを馬鹿にするためにわざわざ仕組んだのではないかぎり、なぜ知的な設計者《インテリジェント・デザイナー》が偽遺伝子――まったく何もしておらず、かつてなんらかのことをしていた遺伝子が古くなって使い物にならなくなったものという明らかな見かけをもつ遺伝子――をつくらなければならなかったのか、説得力のある答えをこしらえるには、彼らの創造的天才をもってしてもよほど力をふりしぼらなければならないだろう。

偽遺伝子のことはさておき、ゲノムの大部分（ヒトの場合には九五％）が、きわめて大きな相違を示しているにもかかわらず、存在しないのも同然だというのは、驚くべき事実である。中立説は、残った五％の遺伝子――読みとられ、使われる遺伝子――の多くにさえ適用される。それは生き残るうえで決定的に重要な遺伝子にさえ適用される。ここではっきりさせておかなければならないことがある。私は、中立説が適用される遺伝子が体に何の影響も与えないと言っているわけではない。言いたいのはあくまで、突然変異型《ヴァージョン》の遺伝子が非突然変異型とまったく同じ影響を及ぼすということである。その遺伝子そのものがどれほど重要であろうとなかろうと、突然変異型の遺伝子は非突然変異型の遺伝子とまったく同じ影響を及ぼすのである。遺伝子そのものが中立だと表現してもかまわない偽遺伝子とはちがって、いまここで私たちが語っているのは、遺伝子そのものではなく、突然変異（つまり遺伝子の変化）が厳密に中立的と表現できるような場合だけについてなのである。

突然変異はさまざまな理由で中立でありうる。ＤＮＡの暗号《コード》は「縮重《しゅくじゅう》コード」である。これは、

＊私は「ウルトラ・ダーウィン主義者」とさえ呼ばれている。この愚弄の言葉は、私にとって、造語者が意図したほどには侮辱的には感じられない。

暗号の一部の「単語」が互いに正確な同意語になっていることを意味する専門用語である(*)。ある遺伝子がその同意語に突然変異した場合には、そもそも、それをわざわざ突然変異と呼ばなくともいいだろう。実際それは、体にもたらす結果に関するかぎり、突然変異ではまったくない。しかし、分子遺伝学に関するかぎりでは、遺伝学の方法を使って見ることができるがゆえに、それは突然変異である。それはあたかも、一つの単語を書くときにフォントを変えるようなものだ。あなたは依然としてその単語を読むことができ、たとえば同じカンガルーをオーストラリアの跳躍する動物を意味している。この書体の変化は識別できるが、意味とは無関係なのである。

すべての中立的な突然変異が、それほどまで完全に中立的というわけではない。ときには新しい遺伝子が別のタンパク質に翻訳されることもあるが、新しいタンパク質の「活性部位」(第8章で出会った、慎重に形づくられた「凹み」のことを思い出してほしい)は古いものと同じままにとどまっている。結果として、体の胚発生には文字通り何の影響もない。体への影響に関するかぎり、非突然変異型と突然変異型の遺伝子はまだ同意語なのである。さらにまた(私のようなウルトラ・ダーウィン主義者)は、どちらかといえばこの考え方に反対だが)、一部の突然変異は実際に体のつくりを変えるが、その変化が、どちらにしても生き残りには影響を与えないということもありうる。

そこで、中立説を要約すれば、ある遺伝子または突然変異が「中立的」だと言うのは、かならずしも、遺伝子そのものが無用であるという意味ではない。それは、動物の生き残りにとって決定的に重要かもしれない。それが意味しているのは、ある遺伝子の突然変異が——これは生き残りにおよぼすその影響(非常に重要であるかもしれないし、そうでないかもしれない)という点に関して非突然変異型と違いがないということである。結局のとこ

468

ろ、突然変異の大部分は中立的であると言っても、おそらく正しいのだろう。中立的な突然変異を、自然淘汰は検知できないが、分子遺伝学者は検知できる。そして、その点が、進化的な時計として理想的な組み合わせなのである。

これらのどれ一つとして、氷山のきわめて重要な一角——中立的でない少数派の突然変異——の価値を貶《おとし》めるものではない。改良の進化のなかで、優遇あるいは排除の形で自然淘汰の作用を受けるのは、これらの少数派なのである。それらは、私たちが実際にその影響を見ることができる——そして、自然淘汰も「見る」ことができる——ものである。そうした少数派の突然変異は、自然淘汰を通じて、息をのむようなデザインの幻想を生き物に与えるものである。しかし、分子時計について話をしているときに私たちに関心があるのは、氷山の残りの部分——中立的な突然変異で、大多数がこちらに入る——なのである。

地質学的な時間の経過とともに、ゲノムは突然変異という形の損耗の雨や嵐に見舞われることになる。ゲノムのなかで、突然変異が生き残りにとって本当に問題になるその小さな領域では、自然淘汰がすみやかに悪いものを追放し、いいものを優遇する。一方、中立的な突然変異は、罰せられること

＊「縮重（degenerate）」はもう一つの情報理論の専門用語である「冗長（redundant）」とは同じではない（この二つはしばしば混同されるが）。冗長コードというのは、同じメッセージが二度以上伝えられるもの（たとえば、「彼女は女の婦人である」は、彼女の性別についてのメッセージを三度も伝えている）。冗長性は、技術者たちが伝送エラーを防止するために用いるものである。縮重コードは、同じことを意味するのに二つ以上の「単語」が用いられるものである。たとえば遺伝暗号では、CUCとCUGはどちらも「ロイシン」を意味する。したがって、CUCからCUGへの突然変異は何の違いも生じない。これが「縮重」なのである。

も気づかれることもなく――分子遺伝学者によって気づかれることをのぞけば――、ただ累積されていくだけである。さて、ここで「固定（fixation）」という新しい専門用語を紹介しなければならない。新しい突然変異は、もしそれが正真正銘新しいものであれば、遺伝子プールのなかで低い頻度しかもたないはずだ。もしあなたが一〇〇万年後にその遺伝子プールを再訪すれば、その突然変異がその頻度を一〇〇%ないしは、それに近いところまで増加しているということはありうる。もし、そういうことが起これば、その突然変異は「固定された」と言われる。こうなればそれはもはや、突然変異とはみなされなくなる。それが正規《ノルム》になってしまったのである。突然変異が固定されるようになる仕組みとしては明らかに、自然淘汰がその変異を優遇する、というものがある。しかし、もう一つ別の方法がある。偶然によって固定されることもあるのだ。かつて栄光に満ちた姓が、男性継承者がいないために消滅することがあるのと同じように、ここで話題にしている突然変異と遺伝子座を巡って争う対立遺伝子が、たまたま遺伝子プールから消滅してしまうということが起こりうる。英国で「スミス」がもっとも数の多い姓になったのと同じ幸運にめぐまれて、この突然変異が遺伝子プールのなかで高い頻度を占めるようになりうるのである。もちろん、遺伝子がまっとうな理由――つまり自然淘汰――で固定されるとしたら、そちらのほうがはるかに興味深いのだが、十分に長い世代数を考えれば、偶然によっても固定は起こる。そして地質学的な時間は十分に広大であるため、中立的な突然変異が一定速度で固定されていくと予測できるのである。突然変異が固定される速度には非常に大きなばらつきがあるが、特定の遺伝子それぞれに関しては固有である。ほとんどの突然変異が中立的であることを考えれば、この事実こそまさしく、分子時計を可能にしていると言っていい。

　分子時計にとって問題になるのは固定である。なぜなら、「固定された」遺伝子こそ、私たちが二つの現生動物を比べて、どれくらい昔に両者の祖先が分離したかを推計しようとするときに調べる遺伝子だからだ。固定された遺伝子は種を特徴づける遺伝子であり、その遺伝子プールのなかでほとんど普遍的な遺伝子である。私たちは、二つの種がどれくらい最近に分離したかを推計するために、一方の種で固定されるに至った遺伝子と、もう一方の種で固定されるに至った遺伝子を比較することができる。いくつか厄介な問題があるが、それについては、『祖先の物語』の「カギムシの物語」へのエピローグ」で、ヤン・ウォンと私が詳細に論じたので、ここでは立ち入らない。いくつかの留保と、さまざまな重要な補正係数付きで、分子時計は有効である。

放射性崩壊時計が、一秒の何分の一から何百億年までの半減期によって、とてつもなく大きな幅の速度で時を刻むのと同じように、遺伝子もそのタイプによって、一〇〇万年から数十億年までの範囲のタイム・スケールと、その中間のあらゆる段階での進化的変化を測るのに適した、驚くほど幅広い分子時計を提供する。それぞれの放射性同位体が特有の半減期をもつのと同じように、それぞれの遺伝子は特有の回転率――新しい突然変異がふつうランダムな偶然によって固定される速度――をもっている。ヒストン遺伝子は一〇億年に一個の突然変異という特徴的な速度で回転する。フィブリノペプチド遺伝子はその一〇〇〇倍も速く、一〇〇万年に一つ新しい突然変異が固定されるという回転をもつ。チトクロムCとヘモグロビン遺伝子一式は中間的な回転率をもち、固定されるまでの時間は一〇〇万年から一〇〇〇万年の単位で測られる。

放射性崩壊時計も分子時計も、振り子時計や腕時計のように規則正しいやり方で時を刻まない。もし、時を刻む音が聞こえたとしたら、それはガイガーカウンターのように聞こえることだろう。放射性崩壊時計は文字通りそうである。なぜなら、ガイガーカウンターは、まさしく、それを聞くために使う装置だからである。ガイガーカウンターは、腕時計のように規則的にカチカチとはいわない。それはランダムに鳴るので、音は奇妙な断続音として突発する。もし、地質学の途方もなく長いタイム

・スケールで聞くことができれば、それが突然変異と固定の進行を刻む音である。しかし、ガイガーカウンターのような不規則な断続音であれ、腕時計のようにカチカチとメトロノームのごとく規則正しくであれ、計時装置として重要なのは、既知の平均的な速度で時を刻まなければならないということである。それこそ放射性崩壊時計がしていることであり、分子時計がしていることなのである。

私は分子時計が、進化が事実であることを仮定しており、したがって、進化の証拠としては使えないと言いながら紹介した。しかし、この時計がどのような仕組みで動くかが理解できたいま気づかされるのだが、私はあまりにも悲観的にすぎたようだ。偽遺伝子――有用な遺伝子と顕著な類似をもちながら、役に立たず、転写されることもない遺伝子――の存在そのものが、動植物がいたるところに自分たちの歴史を記させた方法の完璧な実例である。しかし、それは次章まで待たねばならない話題である。

第11章　私たちのいたるところに記された歴史

私は本書を、ローマ帝国とラテン語が実在したという命題を擁護するために時間とエネルギーの浪費を強いられたラテン語教師のイメージから始めた。このイメージに立ち戻って、何が実際にローマ帝国とラテン語の実在を証拠立てるかを問うてみよう。私は英国に住んでいるが、ヨーロッパの残りの地域におけるのと同様、ローマ帝国は地図上のいたるところにその署名を残し、その道を景観のなかに切り開き、その言葉を私たちの言語のなかに、その歴史を私たちの文学のなかに織り込んだ。ハドリアヌスの長城の全長に沿って歩いてみるがいい。地元の人々が好む呼び名はいまだに「ローマ人の城壁」なのだ。私が日曜日ごとに、（比較的）新しい地区のソールズベリーにあった寄宿学校から、長い列をつくって、オールドセーレムにあるフリント石のローマ城砦まで歩いた道を同じように歩き、思い浮かんだローマ軍団の死者の亡霊と心を通わせてみるがいい。陸地測量局の地図を広げてみるがいい。長い一直線の田舎道の見えるところはどこでも、とりわけ、定規をぴったり合わせることができるようなまっすぐな道路あるいは馬車道のあいだに緑の草原の隙間があるときには、ほとんどつねにそばにローマの標識が見つかるだろう。ローマ帝国の痕跡は身の回りのいたるところにあるのだ。

生物の体もまた、いたるところに記された歴史をもっている。生物の体には、ローマ街道、城壁、記念建造物《モニュメント》、陶片に相当するものが満ちあふれ、学者たちが容易に判読できる生きたＤＮＡに刻まれた太古の碑文さえある。

満ちあふれているって？　そう、文字通りに。あなたが寒いとき、あるいはひどく怯えているとき、あるいはシェイクスピアのソネットの比類ない技巧に心奪われたとき、鳥肌が立つ。なぜだろう？　なぜなら、あなたの祖先は全身に毛をもつふつうの哺乳類だったのであり、毛は鋭敏な体のサーモスタットの命令で、立ったり寝たりするからだ。あまりに寒いと毛が立って、とらえられた空気が断熱効果をもつ層を膨らませる。一方、あまりに暑いと、〝毛皮〟は平たくなって、体熱が逃げやすくなるのである。後の進化で、この毛を立てるシステムは、社会的なコミュニケーションの目的に乗っ取られ、「感情の表出」にかかわるようになった。ダーウィンは『人および動物における感情の表出』という本で、最初にこのことを評価した一人であった。私はこの本からの数行――由緒あるダーウィンの――を読者と分かち合うという誘惑に抗《あらが》うことができない。

動物園の聡明な飼育員であるサットン氏は、私のためにチンパンジーとオランウータンを注意深く観察してくれた。彼の述べるところでは、彼らは、雷鳴などで突然に脅《おびや》かされたり、あるいは虐《いじ》められたりして怒ったときには、毛を逆立てるという。私は、黒人の石炭運搬夫を見たチンパンジーが全身の毛を立てるのを見た。……私がサル舎にヘビの剝製をもっていったところ、数種のサルが毛を逆立てた。……私がヘビの剝製をペッカリーに示したとき、みごとな形で背筋に沿って毛が立った。またイノシシも、怒り狂ったときにはそうなる。

ニワトリの頸まわりの毛も怒ると逆立つ。怖れている場合も、体の見かけを大きくし、危険なライヴァルや捕食者を追い払うという目的のために毛が立つ。裸のサルになった私たちでさえ、存在しない（あるいはかろうじて残っている）毛を立てる機構をもっていて、それを鳥肌と呼んでいるのだ。毛を立てる機構は痕跡、すなわち、はるか以前の祖先では役に立つ仕事をしていた何かの、機能を失った遺物である。痕跡的な毛は、私たちのいたるところに記された歴史の多くの事例の一つである。それらは、進化が実際に起きていることの説得力ある証拠を成しており、またしても、化石からではなく、現生動物から得られる証拠なのである。

前章で、私がイルカをシイラのような相応の大きさの魚と比較したところで見たように、イルカの陸上での生活の歴史を解明するためには、さほど深くイルカの内部を掘り下げる必要はなかった。魚のような流線型の外形にもかかわらず、また今では一生涯を海の中ですごし、浜に乗り上げるとすぐに死んでしまうのにもかかわらず、シイラでないイルカには、その体をつくっているあらゆる縦糸と横糸に、「陸生動物」のしるしが織り込まれている。イルカは鰓《えら》でなく肺をもち、浮上して空気を吸うことを妨げられると、あらゆる陸生動物と同じように溺死する。ただし、陸生哺乳類よりはずっと長い時間、息を止めることはできる。その空気呼吸装置はあらゆる手をつくして、水中生活に合うように変えられている。ふつうの陸生哺乳類がしているように鼻の先端の二つの小さな穴から呼吸する代わりに、イルカは頭の天辺《てっぺん》に一つの鼻孔をもち、それが水上に突き出たときにだけ、息を吸うことができる。この「噴気孔」は水を閉めだすための密封性の弁と、息を吸い込むのに必要な時間を最小限にする幅広い穴をもっている。一八四五年にダーウィンが、自分の属するロイヤル・ソサエティに出した、おそらくフランシス・シブソン殿（Esq）(*)に宛てられていたと思われる手紙のなかで、こう書いている。「噴気孔を開閉する筋肉、およびさまざまな嚢《のう》に作用する筋肉は、自然あるいは芸術がつくりだした、もっとも複雑であるばかりか、もっとも優美に調節された機構の一つを形成している。イルカの噴気孔は、魚のように鰓で呼吸してさえいればそもそも生じることのなかった問題を是正するため、あらゆる努力を傾けている。そして噴気孔の細部の多くは、空気の取り入れ口が鼻孔から頭の天辺へ移動したときに生じた二次的問題の是正とみなすことができる。本物の設計者なら、最初から頭の天辺におくように計画しただろう――もし設計者が肺を捨てて、とにかく鰓に試してみようという決断をしなかったのであれば。本章全体を通じて、進化が最初の「まちがい」を訂正している実例や、あるいは、本物の設計者なら製図板に戻ってやり直すところを、そうではなく、事後に埋め合わせをしたり、微調整を加えることによって生じた歴史的遺物が、たえず見いだされることになるだろう。いずれにせよ、噴気孔にいたる精巧で複雑な通気路は、イルカのはるかに遠い祖先が乾いた陸上にいたことを語る雄弁な証言である。

　ほかの無数のやり方で、イルカ類とクジラ類は、ヨーロッパの地図上に一直線の馬車道や乗馬道として長々と記されたローマ街道の痕跡と同じように、体中いたるところに記された彼らの太古の歴史をもっていると言える。クジラ類は後ろ脚をもたないが、体の奥深くに埋もれた小さな骨をもっており、それらはとっくに死滅した歩く祖先の腰帯と後ろ脚の名残りである。同じことは、海牛類（すでに何度か触れたことがある。マナティー、ジュゴン、そして人類の狩猟によって絶滅した体長八メートルにもおよぶステラーカイギュウ(**)）についても言える。海牛類はクジラ・イルカ類とは非常に異なっているが、けっして上陸しないまったくの海生哺乳類としては他の唯一のグループなのである。イルカ類が動きの速い、高い知能をもつ肉食動物であるのに対して、マナティーとジュゴンは動きのゆったりとした、夢みるような草食動物である。フロリダ西部で私はマナティー水族館を訪れたことがあるが、このときだけは、音楽を流すラウドスピーカーに腹が立たなかった。それは眠気を誘うラグーンミュージックで、すべてが許されるほどに、物憂《ものう》げな感じがあまりにもぴったりに感じられた。

マナティーとジュゴンは、魚のように（後出を参照）鰾《うきぶくろ》を使うのではなく、彼らの脂肪がもつ自然の浮力に対する錘《おもり》として重い骨をもつことによって、静力学的平衡のなかでなんの力も使わずに漂うことができる。したがって、彼らの比重は水の比重に非常に近く、さらに、胸郭を引っ込めたり膨らませたりすることで、微調整することができる。彼らの浮力コントロールの正確さは、左右の肺のそれぞれを別々に収める胸腔をもつことで、より高められている。彼らは独立した横隔膜を二つもっているのだ。

イルカ類とクジラ類、ジュゴン類とマナティー類は、すべての哺乳類と同じように胎児を産む。この習性は実際には哺乳類にだけ特異的なのではない。多くの魚類が胎生魚であるが、それを非常に異なったやり方でおこなう（本当は、うっとりするほど変異に富んだ非常に多様な方式があり、独立に

＊英国では、Esq（殿）は、米国におけるように「弁護士」を意味するのではなく（私は最近になってこのことを発見した）、「紳士」を意味した（この用法は急速に滅びつつあるが、いまでもこの意味で使われる）。私は米国の女性弁護士たちが自分のことをEsqと呼ぶのに出くわしたことさえある。これは英国人にとっては、最初の女性Law Lord（英国で最高裁判所判事に相当する判事で、一代貴族に叙せられる）が「Lord Justice（貴族判事）エリザベス・バトラー＝スロス」として指名されたのに米国人が感じるのと同じように奇妙に思える。英国のEsqの用法は、世界のその他の国の多くの人にとっては、さらに奇妙に思えるようだ。世界中のホテルの整理棚のEの項は、配達されていないEsq氏宛の手紙で一杯だと、私は言われたことがある。

＊＊海牛類の英名sirenianと伝説のセイレーンとの結びつきは、陸上の親戚であるゾウと共有する胸の乳房から赤ん坊に授乳する習性からきているのしかもしれない。ひょっとしたら、非常に長期間にわたって海で過ごして性的な欲求不満がたまっていた船乗りたちが、遠くから授乳の様子を目撃し、女性と見まちがえたのかもしれない。海牛類はときに、人魚伝説の原因とされることがある。

進化したのは疑いない)。イルカの胎盤はまごうかたなき哺乳類のものであり、赤ん坊が乳を吸う習性も同じである。その脳も疑問の余地なく哺乳類の脳であり、その上非常に進んだ哺乳類でもある。哺乳類の大脳皮質は、脳の外側に巻きついたシート状の灰色物質である。賢くなっていくのは、部分的にこのシート部分の領域が増大することによっている。これは脳全体の大きさ、およびそれを収める頭骨の増大によってなされる。しかし大きな脳をもつことにはいろいろとマイナス面もある。出産が困難になるというのがその一つだ。結果として、賢い哺乳類は、頭骨によって課された限界の内部にとどまりながら、シートの領域を増大させようとつとめ、シート全体を深い襞《ひだ》と溝をもつように折りたたむことによってそれを実現させた。これこそ、人間の脳が皺だらけのクルミのように見える理由であり、イルカ類とクジラ類の脳は、皺の多さという点で唯一、私たち類人猿に対抗できるものである。魚類の脳はまったく皺をもっていない。実際には、大脳皮質をもっておらず、脳全体がイルカ

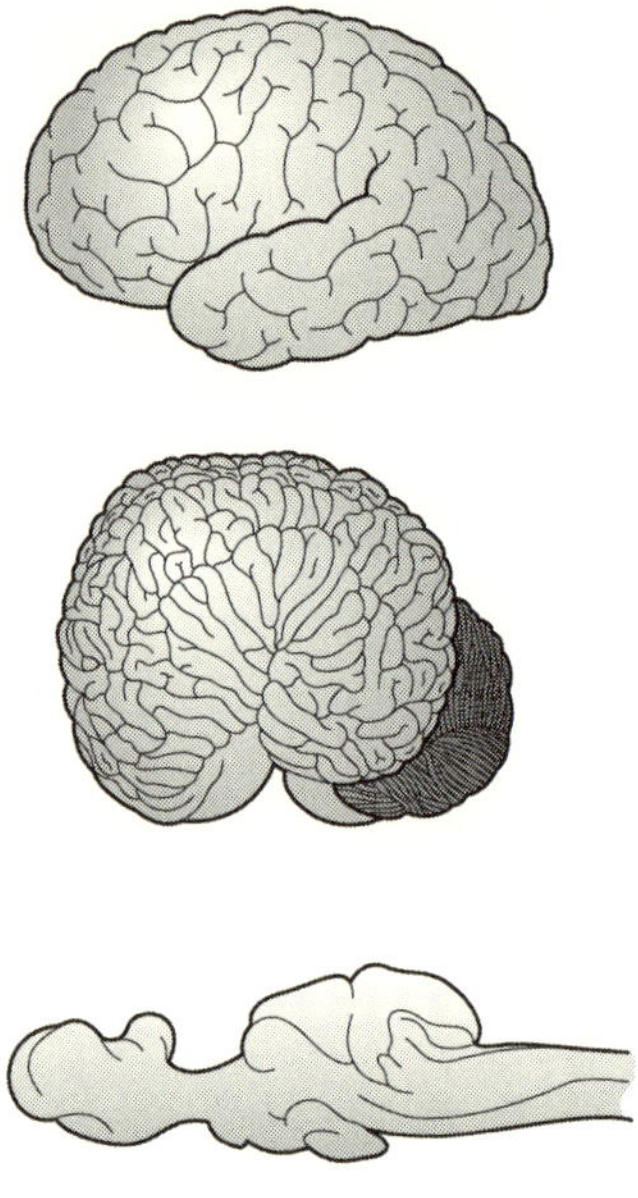

ヒト(上)、イルカ(中)、マス(下)
(縮尺は同じではない)

やヒトに比べてちっぽけである。イルカ類の哺乳類としての歴史は、脳の皺だらけの表面に深く刻みこまれている。その脳は、胎盤、乳、四室をもつ心臓、一つの骨だけからできている下顎骨、温血性、およびその他の哺乳類に特異的な特徴と並んで、イルカが哺乳類であることの証拠の一部なのである。

哺乳類と鳥類のことを温血性と呼ぶが、実際には、彼らがもっているのは、外界の温度とはかかわりなく体温を一定に保つことができる能力である。これは名案と言えよう。なぜなら、そうなれば、細胞内の化学反応が特定の温度でもっともよく作用するように最適化できるからだ。「冷血」動物はかならずしも冷たいわけではない。たまたまトカゲ類と哺乳類の双方がサハラ砂漠の真っ昼間の太陽のもとにいるときには、むしろトカゲ類のほうが哺乳類よりも血は温かい。一方、雪のなかにいるときには、トカゲ類は哺乳類よりも血が冷たくなっている。哺乳類はどんなときにも同じ体温をもち、体温を一定に保つためには、内部の機構を使って懸命に努力しなければならない。トカゲ類は体温を調節するのに外的な手段を用い、体温を上げる必要があるときには陽の当たるところに移動し、体を冷やす必要があるときには日陰に移動する。哺乳類は体温をより正確に調節するが、イルカ類も例外ではない。ここでも彼らは、ほとんどの生き物が体温を一定に維持したりはしない海での生活に逆戻りしたあとでさえ、哺乳類としての歴史をいたるところに記しているのである。

かつて栄光につつまれた翼

クジラ類と海牛類の体には、陸上で生活していた彼らの祖先とは非常に異なった環境で生きているがゆえに私たちの目につく、歴史的な遺物が豊富にある。同じような原理は、飛翔という習性と、飛行のための装備を失った鳥類にもあてはまる。すべての鳥が飛ぶわけではないが、すべての鳥類は少なくとも飛行器官の名残りをもっている。ダチョウやエミューは素早く走る動物でけっして飛ぶことはないが、遠い昔の祖先からの遺産である、ずんぐりして短い翼をもっている。それだけでなく、ダチョウの短い翼は、まったくその効用を失っているわけではない。飛ぶためにはあまりにも小さすぎるのだが、走るときにある種の平衡維持と操舵の役割を果たすし、社会的・性的ディスプレイにも用いられる。キーウィの翼はあまりにも小さすぎて、美しい羽毛のコートの外からは見えないが、翼の骨の痕跡がある。モアは翼を完全に失っている。ちなみに、彼らの本拠地であるニュージーランドは、飛べない鳥がふつう以上に多いが、それはおそらく、哺乳類がいないために、そこに飛んで渡ることさえできる動物であれば占有できる幅広いニッチが残されていたからであろう。翼の力でやってきた、そうした飛ぶことができた先駆者たちはしかし、空いていた地上の哺乳類の役割を満たしたのちに翼を失った。これはおそらくモアには当てはまらないだろう。モアの祖先はたまたま、南方の超大陸ゴンドワナが分裂して陸片になる前に、すでに飛べなくなっていたからである。そうした陸片の一つがニュージーランドで、それぞれの陸片はゴンドワナの動物を積んでいた。ニュージーランドの飛べないオウムであるカカポ（フクロウオウム）には、まちがいなくこれが当てはまる。カカポの飛ぶことのできた祖先は、あまりにも最近まで生きていたために、成功するための装備を欠いているにもかかわらず、いまだに飛ぼうと試みる。不滅のダグラス・アダムズの『目にできる最後のチャンス』の表現を借りれば、こうだ。

それは極端に太った鳥だ。かなり大きめの成鳥だと体重は六、七ポンドになり、その翼は、何かに躓《つまず》きそうだと思ったときに、ちょっとピクつかせるのにちょうどいいくらいだ――しかし、飛ぶのは問題外である。けれども悲しいかな、カカポは飛び方を忘れてしまっただけでなく、飛び方を忘れたことも忘れてしまったかのように思える。どうやら、重大な危険を感じるとカカポは、時に、木の上に駆け上り、そこから飛び立つらしい。そして、猛烈な勢いで飛んで、無様にドタッと地面に着地する。

ダチョウ、エミュー、レアはすぐれた走り手だが、ペンギンとガラパゴスカワウはすぐれた泳ぎ手である。私は、イザベラ島の大きなタイドプール（潮溜まり）でカワウと泳ぐという特権に恵まれたが、彼らが水面下の岩の裂け目に潜り込み、息をのむほど長い時間そこにとどまりながら（私はシュノーケルの助けを借りていたのだが）、また別の裂け目にうつって探していくときのスピードと敏捷さをうっとりとしながら眺めていた。短い翼を使って「水中を飛ぶ」ペンギンとちがって、ガラパゴスカワウは強力な脚と大きな水かきのついた足で推進し、翼は安定器《スタビライザー》としてのみ使う。ダチョウやその仲間を含めて、ずっと昔に翼を失ってしまった飛べない鳥たちは、明らかに翼を使って飛んだ祖先に由来するものだ。理性的な観察者で、それが真実であることを本気で疑う人間は誰もいないだろう。それが意味するのは、飛べない鳥について考える人間は誰でも、進化の事実を疑うのが非常にむずかしい——進化を疑うことがなぜ不可能だと思わないのか、私には不思議だが——と思い知るということである。

昆虫の無数の異なるグループもまた、その翅を失うか、大幅に退化させしてしまっている。シミのような原始的な無翅昆虫とちがって、ノミやシラミはかつて祖先がもっていた翅を失ったのである。マイマイガの雌は翅を動かす筋肉が発達せず、飛ぶことがない。雌は飛ぶ必要がないのだ。なぜなら雄のほうが、驚くほど希釈しても感知できる化学物質のにおいに誘い寄せられて飛んでくるからであ

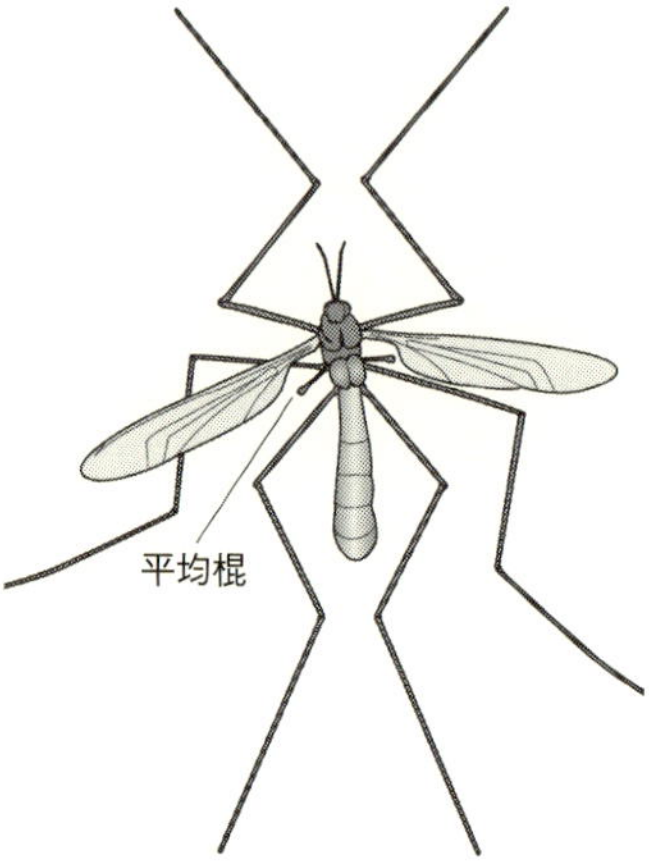

ガガンボの平均棍

る。もし雌が雄と同じように動きまわれば、このシステムはうまくいかないだろう。というのも、雄がゆっくりと移ろっていく化学物質の勾配に向かって飛び立つころには、そのにおいのもとが移動してしまっているということになってしまうからだ！

四枚の翅をもつ大部分の昆虫とちがって、ハエ類は、そのラテン語の学名 Diptera（双翅類）が示す通り、二枚しか翅をもっていない。もう一対の翅は退化して一対の「平均棍《へいきんごん》」になったのだ。これはインディアンクラブ［体操用の瓶状の棍棒］に似ており、非常な高速で振りまわすように振動させ、小さなジャイロスコープとして用いる。この平均棍が祖先の翅に由来するものであることは、どうしてわかるのだろう。それはいくつかの理由による。平均棍は、胸部第三体節において、飛ぶための翅が胸部第二体節で占めているのと正確に同じ位置を占めている（他の昆虫では、第三体節も翅が占めている）。平均棍は、ハエの翅と同じ8の字型のパターンで動く。平均棍は翅と同じ胚発生をたどり、非常に小さくはあるが、発生過程をとくに注意深く眺めてみれば、それが切り詰めた翅で、明らかに祖先の翅から変形されたものであることが見て取れる――あなたが進化否定論者でないかぎり。同じ筋書きを証言するものとして、ホメオティック突然変異体と呼ばれるショウジョウバエの突然変異体が存在する。この突然変異体は胚発生に異常があって、ハナバチ類や他のあらゆる種類の昆虫と同じように、平均棍の代わりにもう一対の翅が生えてくる。

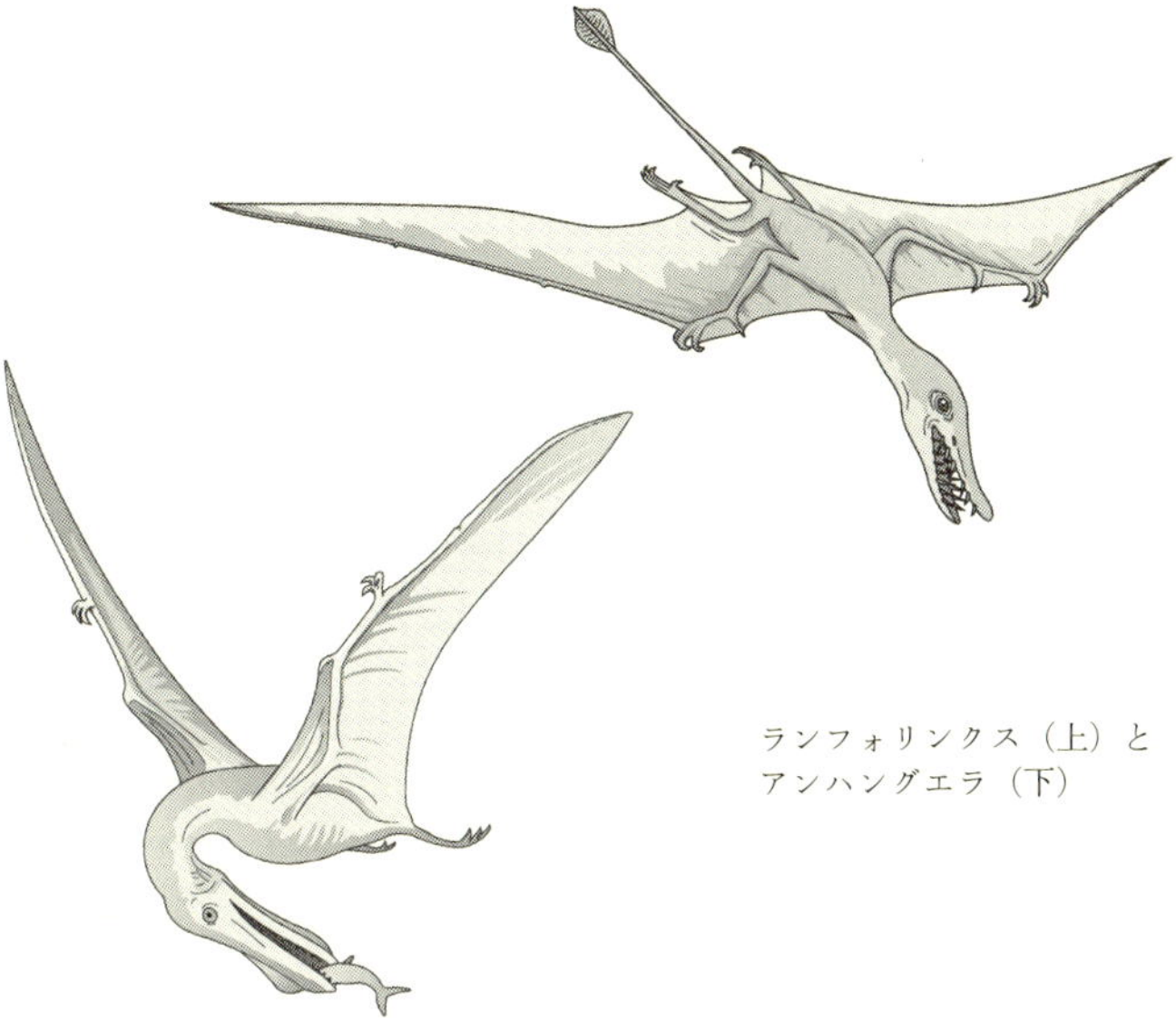

ランフォリンクス（上）と
アンハングエラ（下）

翅と平均棍の中間段階はどのような姿をしているのだろう。そして、なぜ自然淘汰は、中間型を選り好みしてきたのだろう？　半分の平均棍が何の役に立つのだろう？　オックスフォード大学でかつて私の教授であったＪ・Ｗ・Ｓ・プリングルは、その人を寄せつけない物腰と、堅苦しい振る舞いのために、「ラフィング〔むっつりした人間に対する逆説的な表現〕・ジョン」というニックネームを授けられたが、彼の主たる功績は、平均棍の使い道の解明であった。彼は、すべての昆虫の翅は基部に小さな感覚器官をもち、それでねじれやその他の力を感知していることを指摘した。平均棍の基部にある感覚器官は非常によく似ている——平均棍が改変された翅であることのもう一つの証拠だ。平均棍が進化するずっと以前に、翅の基部にある感覚器官から神経系に流れ込む情報のおかげで、飛行中にすばやく羽ばたく翅が萌芽的なジャイロスコープの役割を果たすことになっていたのだろう。いかなる飛行機械も自然の成り行きとして不安定であるかぎり、たとえばジャイロスコープのような巧妙な器機によって、平衡を保つ必要がある。

　安定な飛行動物と不安定な飛行動物がどのように進化したのかという問題それ自体は非常に興味深い。絶滅した飛行爬虫類で、恐竜と同じ時代に生きていた前ページの二つの翼竜をよく見てほしい。どんな航空工学者でも、図の上方に描かれた初期の翼竜であるランフォリンクスは安定した飛行動物であったに違いないと言うことだろう。なぜなら、末端に卓球のラケットのようなものを備えた長い尾をもつからである。ランフォリンクスは、ハエ類が平均棍でしているような、手の込んだジャイロ制御を必要としなかったと思われる。その尾が生得的に飛行を安定させたからである。その一方で、同じ工学者はきっとそう指摘するだろうが、ランフォリンクスは非常に機動性がいいということはなかったにちがいない。どんな飛行機械においても、安定性と操縦性のあいだには利害の対立《トレード・オフ》がある。偉大なジョン・メイナード・スミスは、大学に戻って動物学を講じる前は航空機設計者として働いていたのであるが（飛行機は音がやかましくて時代遅れだという理由で辞めた）、飛翔動物は進化的な時間のなかで、この利害対立の妥協点というスペクトラムの上を行ったり来たりしながら、時には機動性を増大させる利益のために、固有の安定性を失うこともあるが、計測器官と計算の能力――すなわち脳力――を増大させるという形でその不利を補う、と指摘した。前ページ図の下方に描かれているのは、白亜紀から出た後期の翼竜、アンハングエラで、ジュラ紀のランフォリンクスよりも六〇〇〇万年ばかり後のものである。アンハングエラは、現生のコウモリと同じように、尾をそもそもほとんどもっていない。コウモリと同じように、不安定な飛行体であり、瞬間ごとの精妙な飛行面の制御の実行は、計測器官と計算に頼っていたにちがいない。

　アンハングエラは、もちろん平均棍をもっていなかった。平衡感覚情報の伝達は、別の感覚器官、おそらくは内耳の半規管を使っていたのだろう。調べられているかぎり、これらの翼竜では、半規管が実際に非常に大きかった——もっとも、メイナード・スミスの仮説にとっては少しガッカリだが、アンハングエラだけでなく、ランフォリンクスでも大きかった。さて、ここで話をハエ類に戻せば、プリングルは、四枚の翅をもっていたハエの祖先はおそらく長い腹部をもち、それが彼らを安定にさせていたのではないかと述べている。四枚の翅すべてが萌芽的なジャイロスコープとして作用しただろうからだ。そのあと、ハエ類の祖先は安定性のスペクトラムの上を移動しはじめ、腹部が短くなっていくにつれて、より機動性にすぐれ、より不安定になっていったのではないか——そう彼は言う。後翅はよりジャイロスコープ的機能（規模こそ小さいが、翅として、つねにこの機能を果たしてきた）をもつ方向に移行しはじめ、小さくなっていくとともに、大きさの割には重くなり、一方で前翅は拡大し、飛行のより大きな部分を引き受けるようになっていった。前翅が飛行の責任をますます多く引き受けるようになる一方で、後翅が航空電子工学的な役割を引き受けるために縮退していくという、漸進的に連続する変化があったことだろう。

働きアリは翅を失ったが、翅を生やす能力は失っていない。翅をもつ歴史は彼女らの体内にまだ潜んでいる。それがわかるのは、女王アリ（および雄アリ）は翅をもっており、働きアリは、遺伝的ではなく環境的な理由によって、女王になれなかった雌アリだからである。(*) おそらく働きアリは、翅が邪魔で、地中生活の妨げになるので、進化の過程でそれを失ったのであろう。そのことについては、

＊女王になるべく運命づけられた幼虫は、養育係の働きアリの頭の腺から分泌される特別なエリクサ（妙薬）を給餌される。女王と働きアリの違いが、遺伝的ではなく環境的に決定されているというのは非常に重要である。その理由については『利己的な遺伝子』でくわしく説明した。

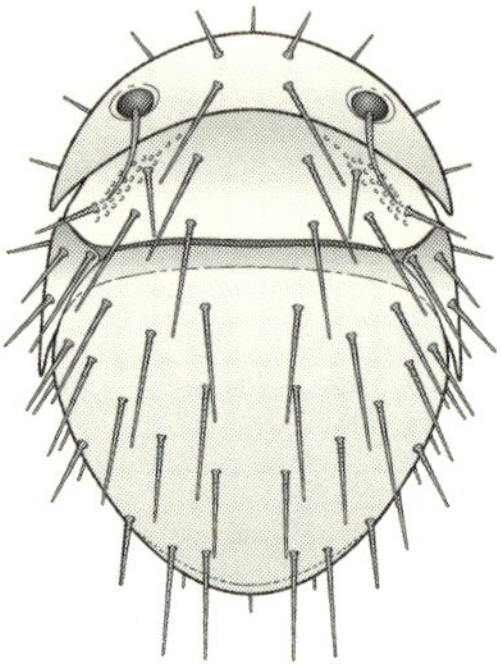

ノミバエ科の寄生バエ

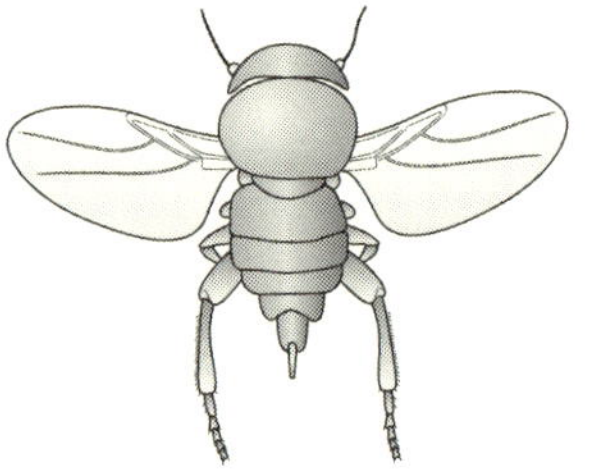

ノミバエ科の別のハエ

女王アリの行動から興味深い証拠が得られる。女王はその翅を一度だけ使って、生まれ育った巣から飛び立ち、交尾の相手を見つけて、そのあと地面に降りたって新しい巣のために穴を掘るのである。女王たちが新しい生活を地中で始めるにあたって、最初にするのは翅をなくすことであり、場合によっては、文字通り翅を噛みちぎって捨てるのである。地中生活では翅は邪魔なだけだということを証拠立てる痛ましい（ひょっとしたらの話で、誰にわかるというのだ）事実だ。働きアリでは最初からけっして翅が生えてこないとしても、何の驚くこともない。

おそらくは、同じような理由で、アリの巣およびシロアリの巣は、多くの異なるタイプの翅のない居候《いそうろう》たちのすみかであり、彼らは、食糧採集から休むことなく戻ってくるアリたちの流れによって運び込まれる豊かな食物のおこぼれを食べている。アリにとってとまったく同様に、彼らにとっても翅は邪魔者なのである。このページの右上に掲げた怪物がハエだと、誰がいったい信じるだろう？　シロアリの巣に寄生するこの生物は、ノミバエ科（Phoridae）という特別な科に属するハエである。その下に示したのは同じ科に属するもっとふつうのメンバーで、おそらくは、上述の奇妙な翅なしの生き物の有翅型の祖先と多少とも似ているのだろう。ただし、こちらもまた社会性昆虫――この場合にはハナバチ類――に寄生する。上の奇妙な怪物の鎌形の頭部との類似性を認めることができるだろう。そして怪物の切り詰められた翅が左右の小さな三角形として、ちょうど見える。

アリやシロアリの巣に見られる有象無象の潜入者や不法占拠者に翅がないことについては、もう一つおまけの理由がある。彼らの多く（ノミバエ類はちがう）は進化的な時間をかけて、アリを騙すか、さもなければ味がまずく、防御にすぐれたアリよりも、自分たちのほうがつまみ上げられてしまうことになる捕食者を騙すか（あるいはその両方を）するために、アリにわが身を似せる術（防御的擬態）を身につけている。ザッと眺めただけでは、アリの巣の中に生息している次ページの昆虫がアリなどではまったくなく、甲虫であることに誰が気づくだろう？　またしても、どうしてそうだとわかるのか？　この昆虫のアリと類似した表面的な特徴を数の上ではるかに凌駕している、甲虫との深く詳細な類似点の存在からそう言えるのだ。これは、イルカが魚類ではなく哺乳類であることがわかるのと、まったく同じ理屈である。この生き物の祖先が甲虫であったことは体中に記されている。ちがうのは（これもまたイルカの場合と同じように）、翅がないことやアリのような外形をもつといった、表面的な見かけを規定している特徴だけなのである。

失われた眼

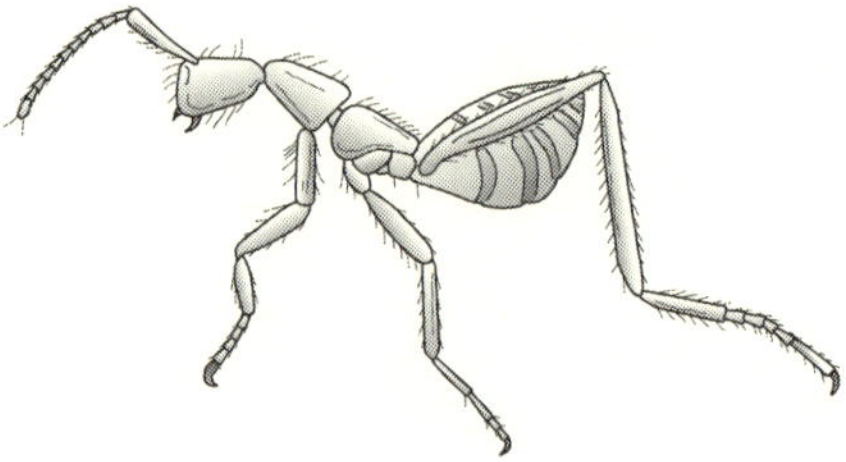

アリに擬態した甲虫

アリとその地中の道連れたちが地下生活で翅を失ったのとちょうど同じように、光のない真っ暗な洞窟の奥深くにすむ無数の異なる種類の動物が眼を退化させるか、あるいは失ってしまっていて、ダーウィン自身が書いているように、彼らは多かれ少なかれ、まったくの盲目である。洞窟のもっとも暗い部分にのみ生息し、あまりにも特殊化しているがゆえに、それ以外のどこでも生きていくことができない動物のために、「真洞窟性動物（troglobite）」という言葉がつくられている。(*) 真洞窟性動物には、サンショウウオ類、魚類、小エビ類、ナマズ類、ヤスデ類、クモ類、コオロギ類、およびその他多くの動物が含まれる。これらの動物はほとんどの場合、すべての色素を失って体が真っ白で、盲目になっている。けれども、彼らもふつうは眼の痕跡をもっており、それがここで彼らについて言及する理由の核心である。痕跡的な眼は、進化の証拠なのだ。ホラアナサンショウウオが永遠の闇のなかで生活することを考えれば、眼は何の役にもたたないのに、なぜ創造主の神はこの動物に、明らかに眼に類するものではあるが機能をもたない見せかけの眼を与えたのだろう？

それに対して、進化論者は、もはや必要がなくなった場合に眼がなくなることの説明を考えだす必要がある。たとえけっして使わないのであっても、眼をしっかり守りつづければいいじゃないかと、言う人がいるかもしれない。将来のいつか、役に立つときがくるかもしれないではないか？　なぜ「わざわざ」取り除かなければならないのか？　ついでながら、こういった説明の中で意図、目的、擬人化などを表す言葉を使わないでいるのがどんなにむずかしいか、気づいてほしいものだ。厳密に言えば、私は「わざわざ」といった単語を使うべきではないのだろう。きっと、「眼を失うことがホラアナサンショウウオの個体にどのような利点を与えるから、けっして使わないのにもかかわらず完全な眼を保っている競争相手のサンショウウオよりも、生き残って繁殖する確率が高くなるのか？」というような言い方をすべきだったのだろう。

もちろん、眼が出費《コスト》をともなうものであることは、ほとんどまちがいない。眼をつくる経済的コストが控えめなものであるのは異論がありつつも確かだが、それを措《お》いても、濡れた眼窩は外界に向けて開いていなければならず、回転する眼球に透明な表面を提供しなければならないので、感染症に冒《おか》されやすいかもしれない。それゆえ、厚い皮膚の下に眼を封じ込めたホラアナサンショウウオは、眼をもったままのライヴァル個体よりもうまく生き残ることができるかもしれない。

しかし、この問いに対するもう一つ別の答え方があり、興味深いことに、それは、目的や擬人化という言葉は言うにおよばず、利益といった言葉もまったく引き合いにださない。私たちが自然淘汰について語るとき、利益をもたらす希《まれ》な突然変異が急に生じ、それが自然淘汰によって選り好みされるといった観点から考える。しかしほとんどの突然変異は不利益をもたらす。突然変異はランダムで、事態をよくする場合よりも悪くする場合のほうがはるかに多いという理由だけからして、そうなる。(**) そして自然淘汰は、悪い突然変異に罰を下すのに躊躇しない。悪い突然変異をもつ個体は死ぬ可能性

＊そうなのだ。これは、troglobite であって、それほど極端ではないものを意味する troglodyte（隠遁者）ではない。

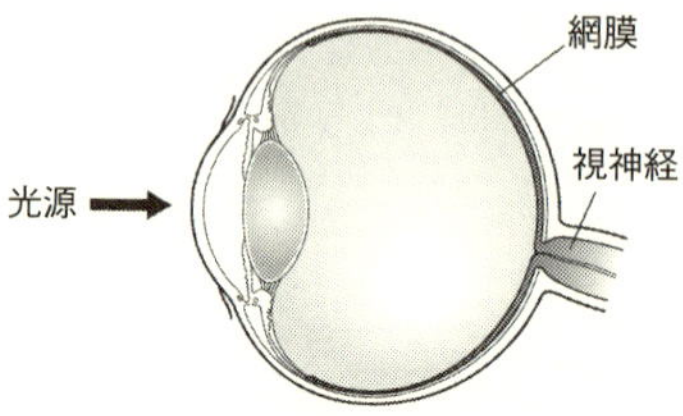

ヒトの眼

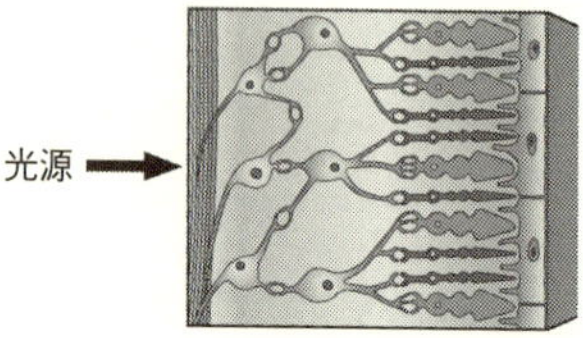

「光電セル」の詳細
（桿体と錐体）

が高く、繁殖できる可能性は低いので、結果としてその突然変異は遺伝子プールから取り除かれるわけだ。あらゆる動植物のゲノムは、たえず有害な突然変異の襲撃、消耗戦の嵐にさらされている。それはたえまない隕石の襲来によって穴が開き、しだいにクレーターの数が増えていく月面に似ている、と言えなくもない。希な例外を除いて、たとえば、眼に関係した遺伝子が略奪的な突然変異に見舞われるたびに、眼はわずかに機能を低下させ、わずかに見ることができにくくなり、わずかに眼の名に値しにくくなっていく。光のもとで生活し、視覚を利用している動物においては、そのような有害な突然変異（しかしそれが大多数）は、自然淘汰によって、すみやかに遺伝子プールから取り除かれる。

しかし、真っ暗闇の中では、眼をつくる遺伝子を襲った有害な突然変異は罰せられない。いずれにせよ視覚そのものが使えないのだから。ホラアナサンショウウオの眼は、けっして取り除かれることのない突然変異のクレーターで穴だらけにされた月のようなものである。それに対して陽光のもとにすむサンショウウオの眼は地球のようなものだと言えて、洞窟にすむサンショウウオと同じ頻度で突然変異に襲われながら、有害な突然変異（クレーター）はそのたびに自然淘汰（浸食）によって、きれいに片づけられるのである。もちろん、洞窟生物の眼の物語は、負の淘汰だけから成り立っているのではない。視覚的に劣化した眼の無防備な眼窩の上に、それを保護する皮膚を成長させるようにしむける、正の淘汰もかかわってくる。

歴史的な遺物のなかでもっとも興味深いものの一つは、何かに使われてはいるが（したがって、目的を果たせなくなったという意味では痕跡的とはいえない）、その目的にとっては不都合な設計《デザイン》になっているように思われる形質である。最高の発達をとげた脊椎動物の眼——たとえば、タカやヒトの眼——は、とびきり正確な道具であり、ツァイスやニコンのカメラが提供できる最高の精度に匹敵する精密な解像の離《はな》れ業《わざ》をやってのける。もしそうでなければ、ツァイスやニコンが人間の眼に見てもらうために高解像度の写真をつくっているのは時間の浪費ということになる。一方、一九世紀の偉大なドイツ人科学者（物理学者と呼ぶこともできるが、彼の生物学および心理学への貢献はそれより大きい）ヘルマン・フォン・ヘルムホルツは、眼についてこう言っている。「もし、光学技術者がこうした欠点のすべてをもった機器を私に売りたがったとすれば、彼は私に自分の不注意さをもっとも強い言葉でなじられたうえで機械を返品されても当然だ——そう私は思うにちがいない」。物理学者のヘルムホルツが下した判定より、眼がずっといいもののように思われるのは、一つには、脳がある種の超高性能の自動フォトショップ〔画像編集ソフト〕のように、像を鮮明にするという驚くべき仕事をしているからである。光学に関するかぎり、人間の眼は、私たちが読みとりに使っている網膜の中央

＊＊これは、大きな影響をもたらす突然変異について、とりわけあてはまる。ラジオやコンピューターのような精密な機械を考えてみてほしい。大きな突然変異は鋲つきのブーツでそれを蹴っ飛ばすか、あるいは配線をでたらめに切って、ちがう場所につなぎ合わせるのに相当する。それでひょっとしたら、性能が改善されることになるかもしれないが、その可能性はきわめて小さい。それに対して、小さな突然変異は、小さな修正、たとえば、抵抗器《レジスター》を一ついじるのに相当する。突然変異は小さければ小さいほど、改良につながる確率が五〇％により近くなる。

部にある中心窩においてのみ、ツァイス／ニコンばりの性能を達成している。私たちがある風景を見《ス》ていくとき《キャン》、この中心窩がさまざまな部分に当たるように動かしていき、それぞれを最高度の細密さと正確さで見ていく。そして脳の「フォトショップ」が、私たちが場面全体を同じ正確さで見ていると思わせるように欺くのである。最高品質のツァイスあるいはニコンのレンズは本当に、風景全体を同じ明晰さで示しているのであるが。

つまり、光学的に眼が欠いているものを、脳の洗練された画像シミュレーション・ソフトが補っているのである。しかし、私はまだ、眼の光学における不備のもっとも際だった例に触れていない。じつは、網膜は前後が逆になっているのである。

現代のヘルムホルツが一人の工学者から、表面に直接に投影された像を捉えるようにセットされた、小さな光電セル《フォトセル》からなるスクリーン付きのデジタルカメラを手渡されたと想像してみてほしい。この装置は非常に理に適ったもので、あきらかに、一つ一つの光電セルは配線によってある種の計算装置とつながっていて、そこで画像が順序正しくまとめられる。これも理に適っている。ヘルムホルツだってこれなら返品しないだろう。

さてここで、私があなたに、眼の光電セルが後ろ向きになっている、つまり、見つめている場面から遠ざかる方向を向いていると言ったらどうだろう。光電セルを脳につないでいる配線は網膜の表面全体を走っているので、光線は光電セルにたどり着く前に、大量の配線から成るカーペットを通り抜けなければならないのである。これは理に適っていない――むしろひどくなってさえいるではないか。光電セルが後ろ向きになっていることの結果としてはさらに、データを運ぶ配線がなんとかして網膜を通り抜けて脳に戻らなければならない、ということもある。脊椎動物の眼における実例で言えば、すべての配線が網膜にある特別な穴に収束し、そこを潜り抜けるという仕組みになっている。神経で満たされたこの穴は、ものを見ることができないがゆえに盲点と呼ばれる。しかし「点」というのはあまりにもひかえめにすぎる表現だ。というのは、その「穴」は非常に大きくて、盲領域《パッチ》と呼ぶほうがふさわしいからだ。この盲点もまた、脳に「自動フォトショップ」ソフトがあるために、実際にはそれほどの不便を与えることはないが。とはいえ、こうなるとやっぱり返品だ。なぜなら、この装置の設計は単に効率が悪いだけでなく、まったく馬鹿げているからである。

あるいは実際にそうなのだろうか？　もしそうだったら、眼は見るための器官としては最悪のものだろうが、そんなことはない。それは実際には非常にすぐれた設計なのだ。それがすぐれているのは、自然淘汰が、網膜を後ろ向きにインストールするという最初の大きな誤りのあとに続いた無数の小さな細かな誤りの掃除屋としてはたらき、それを高性能の精密機械に修復してしまうからである。ここで思い出されるのが、ハッブル宇宙望遠鏡をめぐるエピソードだ。覚えておられるだろうが、一九九〇年に打ち上げられたとき、ハッブル望遠鏡は重大な欠陥を抱えていることが発見された。主鏡が研磨され、磨かれていた際の補正装置の取り付けミスが見落とされたために、主鏡にわずかな、しかし、深刻な歪みが生じてしまったのである。この望遠鏡が打ち上げられて衛星軌道に乗ったあとで、欠陥が発見された。勇敢で機知に富んだ対策として、宇宙飛行士がこの望遠鏡まで派遣され、彼らは望遠鏡に眼鏡に相当するような装置をとりつけることに成功した。それ以降、ハッブル望遠鏡は非常にうまく働き、三度のサービス・ミッションでさらなる改良が実施された。ここでの私の話の要点は、設計上に大きな欠陥——破滅的な大間違いさえ——があっても、適切な状況下における、その後の巧妙さと複雑さをつくした取り繕いによって、最初の誤りを完璧に埋め合わせることができるということである。進化においては一般に、主要な突然変異は、たとえ全般的に正しい方向に改良を引き起こしたとしても、ほとんどつねにその後の何度にもおよぶ取り繕い——その後に出現する、多数の小さな突然変異による清掃作戦のことである。そうした小さな突然変異は、最初の大きな突然変異が残したギザギザの縁をなめらかにするという利点のゆえに、自然淘汰によって優遇される——を必要とする。これこそ、ヒトやタカの眼が、最初の設計における痛恨の大ミスにもかかわらず、非常にものがよく見える理由なのである。もう一度ヘルムホルツの言葉を引くと、

なぜなら眼は、光学機器において考えられるかぎりの、ありとあらゆる欠陥をもっており、なかには眼に特有の欠陥さえある。しかし、それらの欠陥にはすべて対抗措置がとられていて、欠陥の存在の結果として生じる像の不正確さが、通常の照明のもとでは、網膜の錐体の大きさによって感覚の繊細さに課される限界をほとんど越えないようになっている。しかし、すこしばかり変化させた条件のもとで観察するとたちまち、色収差、非点収差、盲点、静脈の影、水晶体の透明化の不全、およびその他、私がこれまで語ってきたあらゆる異常に気づかされることになる。

知的でない設計

大きな設計上の欠陥が、その後の取り繕いによって埋め合わせられるというこのパターンは、もし本当に現実の設計者がいたとしたら、まさに起こるはずのない事態である。ハッブル望遠鏡の主鏡の歪みのような不運な誤りは考えうるとしても、前後が逆さまに取りつけられた網膜のような、明らかに馬鹿げたものはありえない。こういった種類の大失態は、へたな設計ではなく、歴史の産物なのである。

私が大学院生のときの先生だったJ・D・カリー教授が指摘してくれて以来、私のお気に入りになっている例は、回帰性喉頭神経、すなわち医学で反回《はんかい》神経と呼ばれるものである。(*) これは脳神経の一つから枝分かれしたもので、脊髄からではなく、脳から直接導かれている神経である。脳神経の一つである迷走神経（このラテン語名vagusは「さまよう」という意味で、言い得て妙である）はいくつもの分枝《ぶんし》をもっていて、そのうちの二本が心臓へ、二本が喉頭（哺乳類の発声器官）に行っている。頸の両側には、喉頭神経の分枝の一本がまっすぐ喉頭に向かい、設計者なら選んだかもしれない直接的なルートをたどっている。しかしもう一本の分枝は、驚くほどの遠回りをして喉頭に至る。それはまっすぐ胸まで下降して、心臓から出る主な動脈の一つ（体の右側と左側で動脈は異なるが、大まかな構造に変わりはない）の周囲をぐるりと回ってから、頸を上に向かって逆戻りして、目的地にたどりつくのである。

もしあなたが、それを設計の産物であると考えるのなら、反回神経は設計者の面汚しである。ヘルムホルツなら、眼のときよりももっと強硬な態度でそれを返品したことだろう。しかし、眼と同じように、設計のことを忘れ、代わりに歴史のことを考えた瞬間に、それは完璧に理に適ったものになる。このことを理解するには、私たちの祖先が魚だったときまで、時間をさかのぼらなければならない。魚類は、私たち哺乳類がもつ四室の心臓ではなく、二室の心臓をもっている。心臓は、腹側大動脈と呼ばれる大きな中央動脈を通じて血液を前方に押し出す。腹側大動脈からは体の両側にある（最大

＊これは私の同僚のジェリー・コインのお気に入りでもある。『進化が真実である理由』は、この例についてすばらしく明快な議論を提示しており、彼のすばらしい本のそれ以外の部分とともに、これを推奨しておく。

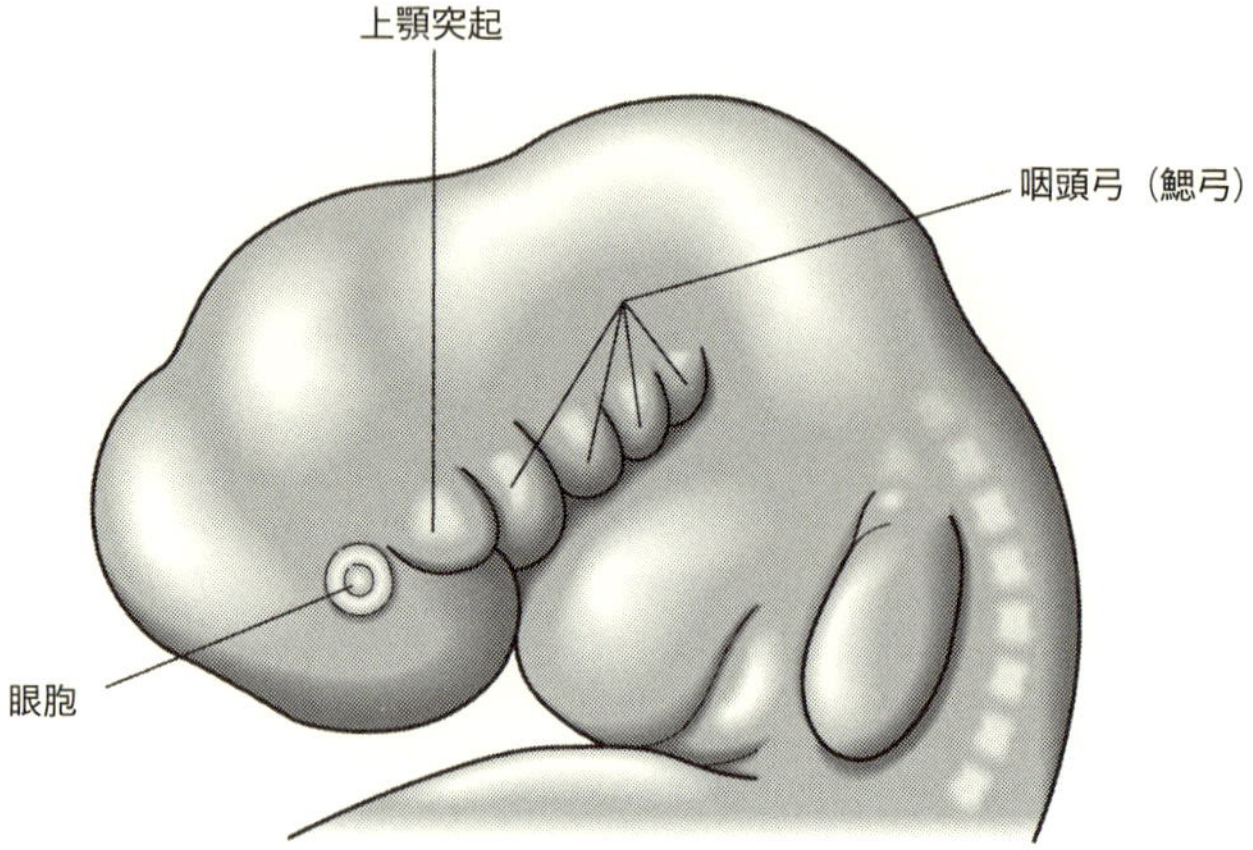

ヒト胚の咽頭弓（鰓弓）

で）六つの鰓へと導かれる六対の分枝が出ている。そのあと血液は鰓を通り抜け、そこでたっぷりと酸素がとけ込む。鰓の上部で、もう六対の血管によって、体の中央部を下に向かって走る背側大動脈と呼ばれる、もう一つの大きな血管に血液が集められ、そこから体の残りの部分に血液が供給される。六対の鰓動脈は、魚が脊椎動物の体節的な体制《ボディ・プラン》をもつ証拠であるが、それは、私たち哺乳類におけるよりも魚類においてより明瞭かつ顕著である。おもしろいことに、それはヒトの胚で非常にはっきりしており、その「咽頭弓《いんとうきゅう》（鰓弓《さいきゅう》）」は、その解剖学的詳細を調べてみればわかることだが、明らかに祖先の鰓から派生したものである。もちろん、それらは鰓として機能していないが、受胎後五週間のヒト胚は、鰓をもつ小さなピンクの魚とでもたとえたいような姿をしている。ここでまたしても私は、クジラ類とイルカ類、ジュゴン類とマナティー類がなぜ、再進化した機能的な鰓をもっていないのかと疑問を抱かざるをえない。あらゆる哺乳類と同じように、彼らが咽頭弓に、鰓を生じる胚的な基盤をもっているとしたら、そうするのはどうしようもないほど困難ではないだろうと思われる。なぜそういうことにならなかったのか、私にはわからないが、なにか正当な理由があり、誰かが、それを知っているか、あるいはどうすれば研究できるかを知っているにちがいないとは思っている。

すべての脊椎動物は体節的な体制《ボディ・プラン》をもっているが、胚とちがって成体の哺乳類では、この体制構造は脊椎域でしか容易に見てとることができない。そこでは、椎骨《ついこつ》、肋骨、血管、筋肉のブロック（筋節）、および神経のすべてが、前から後ろに向かって、モジュールの繰り返しというパターンに従っている。脊柱の各体節（椎骨）は、脊髄から、後根と前根と呼ばれる大きな二本の神経を両側に伸ばしている。これらの神経は、それが何であれ、自分が出てきている椎骨の近くでもっぱらそれぞれの仕事をしているが、一部のものは脚まで、また一部のものは腕まで伸びている。

頭もまた、同じ体節的な体制にしたがっているが、この構造を見てとるのは、魚類においてさえむずかしい。なぜなら各体節は、脊柱におけるように前から後ろに向かってきちんと一列に並んでいるのではなく、進化的な時間の経過のなかで、すべてがごちゃ混ぜになってしまっているからである。頭のなかにある体節の幽霊のような足跡を識別したのは、一九世紀および二〇世紀初頭の比較解剖学、および発生学がもたらした勝利の一つである。たとえば、ヤツメウナギのような顎のない魚類における（および顎のある脊椎動物の胚における）第一鰓弓は、顎をもつ脊椎動物（つまり、ヤツメウナギ類やヌタウナギ類を除くすべての現生脊椎動物）における顎に対応している。

昆虫もまた、そして第10章で見たように甲殻類などの他の節足動物も、体節的な体制をもっている。そして、昆虫の頭が、遠い祖先にあっては昆虫の残りの部分と同じようにモジュールの連結であったはずの最初の六つの体節を含んでいる——またしても、すべてがごちゃ混ぜになっている——ことが示されたのも、劣らず目覚ましい勝利であった。昆虫の体節化と脊椎動物の体節化が、私が昔教えられたように互いに独立なものなどではけっしてなく、実際には類似した一連《セット》の遺伝子、いわゆるホックス遺伝子によって媒介されていることを示したのは、二〇世紀末の発生学および遺伝学の勝利と言えよう。ホックス遺伝子は昆虫と脊椎動物では一目でわかるほどよく似ており、染色体のなかで正しい順序で並んでいることさえわかったのだ！　それは、私が大学院時代に昆虫と脊椎動物の体節化についてまったく別々に習っていた頃には、先生たちの誰一人として、夢にも思わなかったことである。なにせ、異なる門の動物（たとえば昆虫と脊椎動物）が、これまで私たちが考えていたよりもはるかに強く結びついているとわかったのだから。そしてこれもまた、共通の祖先をもつがゆえなのである。ホックス遺伝子による体制は、すべての左右相称動物の大祖先においてすでに概略が描かれていたわけだ。すべての動物は、これまで私たちが考えていた以上に、はるかに近い親戚どうしなのだ。

脊椎動物の頭に話を戻せば、脳神経は、大きく姿を変えた体節神経の末裔であると考えられる。これらの体節神経は、原始的な祖先では、現在でもまだ私たちの脊柱から出ているのと同じ後根および前根の、列車のような連なりの前端を構成するものだった。そして、私たちの胸の主要な血管は、かつては明確に体節化されていて、鰓につながっていた血管の取り繕われた遺物であり名残りである。哺乳類の胸においては、祖先である魚類の鰓の体節的なパターンがぐちゃぐちゃにされてしまったと言ってもいいだろう。それはちょうど、もっと以前に、魚類の頭においてそれよりさらに古い祖先の体節的なパターンがぐちゃぐちゃにされたのと同様の事情である。

ヒトの胚も、自らの「鰓」に供給する血管をもっているが、それは魚類のそれと非常によく似ている。左右に一本ずつの二本の腹側大動脈があり、それぞれ体の両側にある各「鰓」のための大動脈弓があり、これが対になる背側大動脈につながっている。こうした体節化された血管の大部分は、胚発

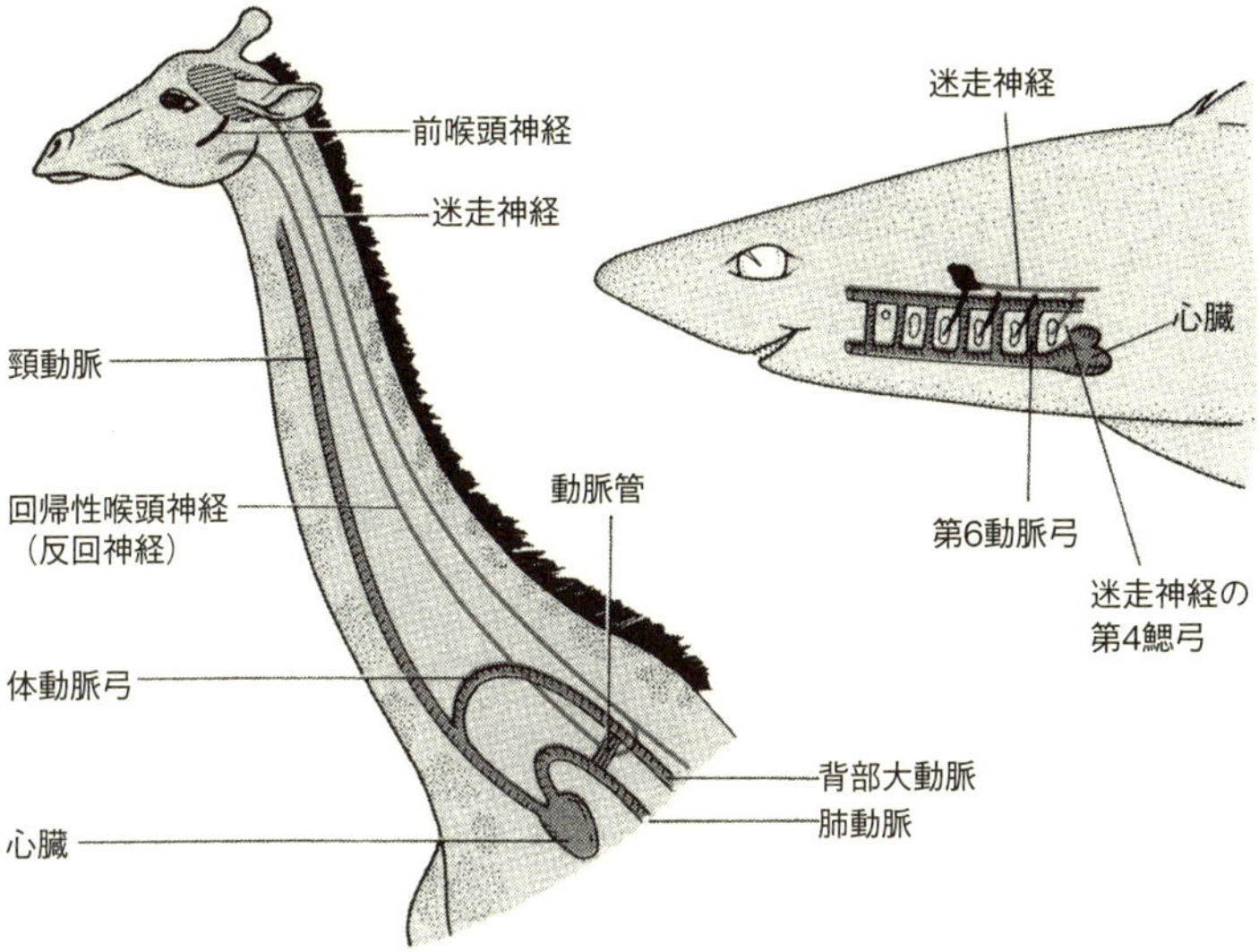

キリンとサメの喉頭神経

生の終わりには消失するが、成人のパターンがいかにして胚の——そして祖先の——体制から派生したかを見ることはできる。受胎後およそ二六日めのヒト胚を見てみれば、この「鰓」につながる血管が魚の鰓につながる体節化された血管に酷似しているのがわかるだろう。その後数週間を経るあいだに、血管が示していたこのパターンは段階を追って簡略化されていき、やがてもともとあった対称性が失われて、出産までには、初期胚が示していた魚のものにも似た左右相称な血管系は、それとは似ても似つかない、左に偏ったパターンを示すようになる。

私は、人間の胸の大きな動脈のどれが、六番まで番号がついた鰓動脈のどれの生き残りであるかといった、こんがらかった詳細に立ち入ろうとは思わない。回帰性喉頭神経、すなわち反回神経の歴史を理解するために知る必要があるのは、魚類では迷走神経は六つの鰓のうちの後ろの三つにつながる分枝をもち、したがって自然の成り行きとして、これらの分枝はしかるべき鰓動脈の背後を通過する、ということだけである。これらの分枝について「回帰」しているものは何もない。それらの神経は自分の目標器官である鰓を、最短かつ論理的なルートによって探しだして結びつけている。

けれども、哺乳類が進化を遂げるあいだに、頸(魚類は頸をもたない)は伸び、鰓は消失した。鰓のうちの一部は甲状腺や副甲状腺、および合体して喉頭を形成した他のさまざまな断片のように、有用なモノに代わった。喉頭の構成部分を含めた有用なモノは、大昔に順序正しく並んでいた鰓につながっていた血管や神経の進化的な子孫たちから、血液供給と神経連絡を受ける。哺乳類の祖先が魚の祖先からますます遠ざかっていく方向に進化するにつれて、神経と血管は不可解な方向に引っ張られ、伸ばされることになり、互いの空間的な関係が歪められることになった。脊椎動物の胸と頸は、きちんと相称性を保ち、連続的な繰り返しであった魚類の鰓とはちがって、大混乱を呈するようになった。そして反回神経はこの歪みの、犠牲者の極端な例、などという表現では済まないレベルの事例となったのだった。

ベリーとハーマンによる一九八六年の教科書からとった五〇一ページの図は、サメ類では喉頭神経にいかに迂回路がないかを示している。哺乳類の迂回路を示すために、ベリーとハーマンは、キリン——これよりも印象的な例がほかにあるだろうか?——を選んだ。

ヒトでは反回神経がたどる迂回路は、だいたい一〇センチメートルといったところだ。しかしキリンでは、冗談ではなく数メートルを超え、大型の成獣では、迂回路はおそらく四・五メートルにも達する。二〇〇九年のダーウィン記念日(生誕二〇〇周年)のあと、私はロンドン近郊の王立獣医大学で一日中、動物園で不慮の死を遂げた若いキリンの解剖を実施する、比較解剖学者と獣医病理学者のチ

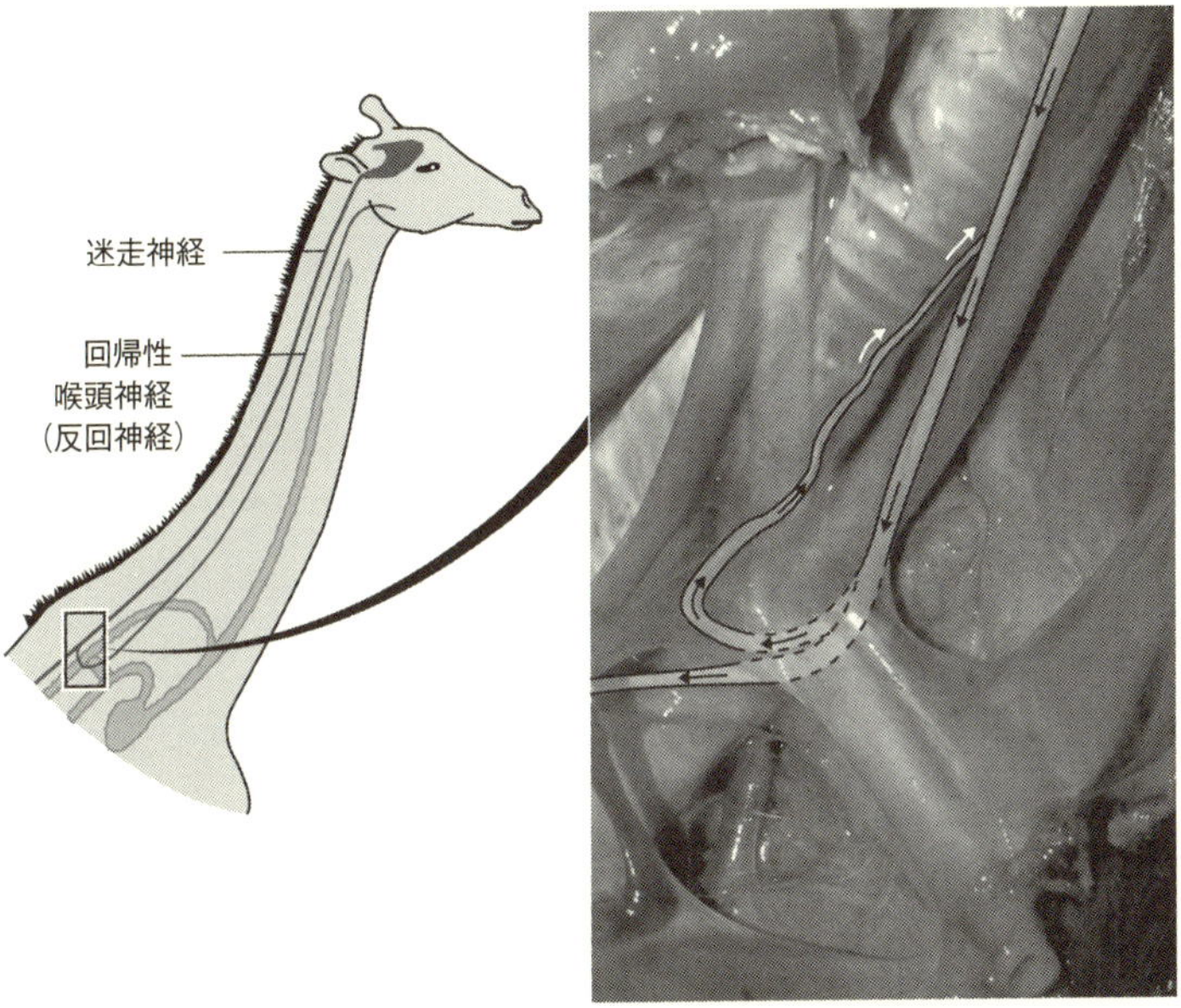

キリンの喉頭神経によって
つくられた迂回路

ームと一緒に過ごすという特権に恵まれた。それは忘れられない一日で、私にとって、ほとんど夢のような体験だった。解剖作業をする階段教室《シアター》は文字通り劇場だった。「舞台」と傾斜した床に並んだ観客席は大きな板ガラスの壁によって隔てられ、観客席から、獣医学の学生たちが全員一緒に何時間も見つめていた。一日中ずっと——それは学生としての彼らの正常な体験の範囲をまったく超えていたにちがいない——彼らは薄暗い階段教室に座り、煌々と照らし出された場面をガラス越しに見つめ、解剖チームが発する言葉を聞いていた。チームの全員が喉にマイクロフォンを着け、私も着けていた。そしてテレビ製作スタッフが、のちに放映されるチャンネル四のドキュメンタリー番組のために撮影していた。キリンは大きな傾斜解剖台の上に横たえられ、一本の脚が、フックと滑車によって空中高くつり上げられていた。その巨大で哀れをもよおすまでに無防備な頸がすぐさま、明るい光のもとにさらされた。ガラス壁を境にしてキリンと同じ側にいる私たちは全員、オレンジ色の上《オーバーオール》着と白いブーツを着けるよう厳重に命令されており、それがいくぶんとも、この日の夢のような雰囲気を高めていた。

解剖学者チームのさまざまなメンバーが、反回神経の異なる区画——頭に近い喉頭、心臓近くの回帰部分そのもの、そして、その中間のすべての持ち場——を同時に、互いのやり方にいっさい口をはさむことなく、互いに言葉を交わしあう必要もほとんどなしに作業したという事実は、この神経がたどった迂回路の長さを証明するものである。根気強く、彼らは反回神経の経路の全体をはがして取り出した。これは、私が知る限り、偉大なヴィクトリア朝時代の解剖学者リチャード・オーウェンが一八三七年におこなって以来、達成されたことのない困難な仕事だった。それがむずかしいのは、この神経が非常に細く、回帰部分では糸のようでさえあり(私はそのことを知っていたはずだと思うのだが、にもかかわらず、実際にそれを見たときには驚きだった)、気管のまわりの膜や筋肉の入り組んだ網の目のなかで簡単に見のがしてしまうからである。下に向かう行程では、この神経（この部分では大きな迷走神経の束《たば》に組み込まれている）は、最終的な目的地である数センチメートルの喉頭の内部を通過する。しかし、さらに下に向かって頸の全長にわたって進んだあと、方向転換して、ふたたび同じ道を戻っていく。私は執刀にあたるグレアム・ミッチェル、ジョイ・ライデンバーグ両教授、ならびにその他の専門家たちの技量に非常に強い印象を受け、リチャード・オーウェン（ダーウィンの宿敵）に対する尊敬の念が高まるのに気づいた。けれども、創造論者だったオーウェンは、それから明白な結論をひきだすことができなかった。どんな知的設計者でも、喉頭神経の下降部分を分離し、何メートルにもおよぶ行程を二、三センチメートルの行程にとどめたことだろう。

そのような長い神経をつくるうえでの資源の浪費はまったく別にして、キリンの発声に、衛星中継をしている海外特派員のように遅れがでるということにはならないかという疑問を、私は禁じえない。ある専門家は、「よく発達した喉頭と社会的な性質をもつにもかかわらず、キリンは低いうめき声、ないし泣くような声しか出すことができない」と言っている。つっかえながら声を出すキリンというのは心引かれるイメージだが、それをこれ以上追求するつもりはない。重要なのは、この迂回路の話全体が、生物とは非常にうまく設計されているというのがどれくらい真実から遠いかを示す、すばらしい実例だという点にある。そして、進化論者にとって重要な問いは、自然淘汰がなぜエンジニアのするように、製図板に戻って、理に適った方法で手直しをするというやり方をしないのかである。それは、本章で繰り返し何度も出会っているのと同じ疑問で、それに対して私は、さまざまな形で答えようとしてきた。反回神経は、経済学者の言う「限界費用」なる観点からそれに答える助けとなるだろう。

キリンの首が進化的な時間をかけてゆっくりと伸びていくにつれて、迂回路を設けるのにかかる費《コス》用《ト》——経済的なコストであれ、「発声がつっかえる」という観点でのコストであれ——は徐々に増大していくが、ここでの力点は「徐々に」にある。首をさらによけいに一ミリメートル伸ばす限界費用は軽微である。しかし、キリンの首が現在のような驚くべき長さに近づきはじめるにつれて、迂回路のコストの総計は——仮説上は——もしある突然変異個体が、下降する喉頭神経を迷走神経の束から切り離して、喉頭とのあいだにあるわずかな隙間を飛び越えるようにすれば、生き残れる可能性がより大きくなるような値に近づきはじめるだろう。しかし、その「飛び越え」を達成するのに必要な突然変異は、胚発生において、大きな変化——大激変でさえあるかもしれない——をともなわずには実現するまい。ほぼ確実に、それに必要な突然変異はいずれにしてもけっして起きないだろう。たとえ起きたとしても、それは不利益な点をもつだろう——どんなものであれ、敏感で繊細な過程の進行中における大きな激変において不利益は避けがたい。そして、たとえ、その不利益を最終的に、迂回路を短絡することによる利益が上まわることがあったとしても、現存の迂回路と比べて、迂回路を一ミリメートル長くするための限界費用は軽微である。それが実現可能だとして、たとえ「製図板に戻る」という解決策がいい考えだったとしても、この代替案が既存の迂回路に比してもつ価値の増大はほんのわずかなものでしかない。そしてこの小さな増大に要する限界費用も小さいだろう。もっと優雅な解決策をもたらすのに必要な「大きな激変」のコストよりは小さいだろうと、私は推測している。

　しかし、それもこれもみな、核心をはずした議論だ。要点は、どんな哺乳類における反回神経も、設計者の存在に対するすぐれた反証になっているということである。そしてキリンにおいては、それは単にすぐれた証拠と呼ぶのにふさわしい長さにとどまらず、目を見張るような証拠とでも呼びたい長さに伸びているのだ！　キリンの首を下降し、また逆戻りして上昇するという奇妙に長い迂回路はまさに、自然淘汰による進化を前提とすれば起こりうる種類の出来事であり、まさに、いかなる種類の知的設計者についても考えようのない種類の出来事なのである。

ジョージ・C・ウィリアムズは、もっとも尊敬されているアメリカの進化生物学者の一人である（彼の穏やかな知性と彫りの深い顔立ちは、米国大統領のなかでもっとも尊敬されている人物［エイブラハム・リンカーン］――彼はたまたま、チャールズ・ダーウィンと誕生年月日が同じで、やはり穏やかな知性で名高かった――を思い起こさせる）。ウィリアムズは、反回神経がたどったと同じような、しかし体の反対側の端に見られる、もう一つの迂回路に注意を喚起した。輸精管は、精巣（睾丸）からペニスまで精子を運ぶ管である。もっとも直接的なルートは、右にある模式図の左半分に示した仮想的なものである。輸精管が実際にたどるルートは模式図の右半分に示してある。それは尿を腎臓から膀胱まで運ぶ尿管をよけて回る、とんでもない迂回路をたどっている。もしこれが設計されたものであれば、設計者がひどいまちがいを犯したことを本気で否定することができる人間はいまい。しかし、反回神経とまったく同じように、進化的な歴史を調べれば、すべては明白になる。上に挙げた図中に、精巣が最初にあった可能性の高い場所が点線で示されている。哺乳類の進化の中で、精巣が下がっていって現在の陰嚢内にたどりついた（理由は明確ではないが、温度と結びついていると考えられることが多い）とき、輸精管は運悪く、尿管の上を越えるという誤った道にはま

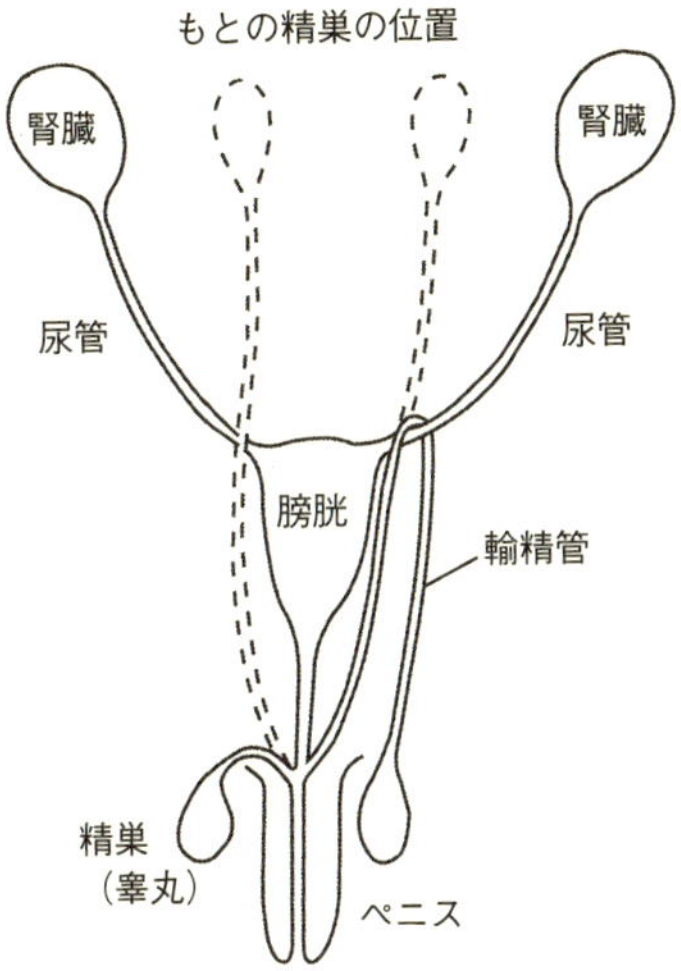

精巣（睾丸）からペニスに至る
輸精管の経路

りこんでしまった。エンジニアなら誰でもするように輸精管のルートを引き直すかわりに、進化はただただ長さを伸ばしつづけた——またしても、迂回路の長さをわずかに長くする限界費用は軽微である。これもまた、最初の誤りを製図板に戻って正しくやり直すより、むしろ事後訂正というやり方で埋め合わせるという、みごとな実例である。こうした実例は、「知的設計《インテリジェント・デザイン》」に執着する人々の立場をまちがいなく突き崩すものである。

人体には、ある意味で不完全さと呼べるものがどっさりあるが、別の意味では、それらはむしろ、他の種類の動物から由来した私たちの祖先の長い歴史の結果として生じた、避けがたい妥協とみなすべきものである。不完全さは、「製図板に戻る」という選択肢がないとき——すでに存在するものに事後的な改変をほどこすことによってしか改良が達成できないとき——には、避けがたいものなのである。もし、ジェット・エンジンを独立に発明したサー・フランク・ホィットルとハンス・フォン・オハイン博士が、「製図板で白紙状態から始めることは許されない。プロペラ・エンジンから始めて、一度に一つの部品を、スクリューを別のスクリューに、リベットを別のリベットに変え、『祖先の』プロペラ・エンジンから『子孫の』ジェット・エンジンをつくらなければならない」という規則に従うように強制されたとしたら、ジェット・エンジンがどんなに滅茶苦茶なものになるか想像してみてほしい。さらに悪いことに、あらゆる中間型がちゃんと飛べなければならず、さらにこの改変の連鎖の一つ一つが、少なくとも先行のものよりわずかな改良でなければならないのである。その結果できあがったジェット・エンジンが、あらゆる種類の歴史的な遺物、変則性、不完全さを背負い込んでいるだろうということは、おわかりいただけるだろう。そして、それぞれの不完全さには、製図板に戻ってやり直すことを禁じる不幸な状況で精一杯努力して埋め合わせるための、やっつけ仕事・修理・その場しのぎの煩わしい集積がまとわりついているだろう。

これで要点は明らかになったが、生物学的な新機軸というものを詳しく調べてみれば、プロペラ・エンジン／ジェット・エンジンの事例からまた別の喩え《アナロジー》を引き出すことができるかもしれない。生物における重要な新しい新機軸（ここで扱った喩えではジェット・エンジン）はおそらくきっと、同じ仕事をしていた古い器官（この場合にはプロペラ・エンジン）から進化してくるのではなく、まったく異なった機能を担っていた、なにかまったく異なったものから進化してくるものであるように思われる。一つのすばらしい実例として、私たちの魚の祖先が空気を呼吸するようになったとき、彼らは鰓を改変して肺をつくったりはしなかった（キノボリウオ類のように、現生の空気呼吸する魚で、実際に鰓から肺をつくったものも一部にはあるが）。その代わりに、彼らは消化管の膨出部《ポーチ》を改変した。そしてついでながら、後には硬骨魚類――これは、サメ類とその仲間を除いて、あなたが出会う可能性のあるほぼすべての魚を意味する――は、肺（これは、それ以前に祖先たちが時々空気を吸うために進化していた）を改変して、もう一つの、呼吸とは何の関係もない重要な器官とした。すなわち、鰾《うきぶくろ》である。

鰾《うきぶくろ》は、たぶん、硬骨魚類の成功にとってもっとも重要な鍵であり、脱線して説明しておく価値が十分にある。それは気体で満たされた体内の浮き袋で、微妙に調整することによって、魚がどんな深さでも静力学的平衡を保つことができる。もしあなたが子供のときに浮沈子《ふちんし》というもので遊んだことがあるなら、この原理がわかるだろうが、硬骨魚類はその興味深い変形版を使っているのだ。浮沈子というのは小さな玩具で、その動作部分は、天地をひっくり返した小さなカップで、なかに空気の泡を含んでいて、このカップが水の入ったボトルのなかで平衡を保って浮いている、というものである。この泡に含まれる空気の分子数は固定されているが、ボトルのコルク栓を下に押すことによって、その容積を減少させる（そしてボイルの法則[*]にしたがって、圧力を増大させる）ことができる。あるいは、コルク栓を上に持ち上げることで、空気の容積を増大（そして泡の圧力を減少）させることができる。この効果は、サイダー瓶につける頑丈なスクリュー・ストッパー（ねじ止め）を使うとうまくいく。ストッパーを下げるかまたは上げれば、浮沈子は新たな静力学的平衡に達するまで、下がるか上がるかする。こうしてストッパーを繊細に調節し、ひいては圧力を調節することによって、浮沈子を上下に自在に操ることができるのだ。

この浮沈子と似て非なるものが魚類だ。魚の鰾《うきぶくろ》は浮沈子の「泡」であり、同じやり方で作用するが、ちがうのは、鰾《うきぶくろ》のなかの気体分子の数が固定されていないという点だけである。魚が水中のより高い層に上昇しようとするとき、血液から気体分子を鰾《うきぶくろ》に放出し、それによって容積を増大させる。深くへ潜りたいと思うときには、気体分子を鰾《うきぶくろ》から血液中に吸収し、それによって鰾《うきぶくろ》の容積を減少させるのである。この鰾《うきぶくろ》の存在は、魚が望みの深さにとどまるために、サメ類がしているように、筋肉を使わなくともいいことを意味する。魚は自分の選んだどんな深さでも、静力学的平衡の状態でとどまっていられるのだ。鰾《うきぶくろ》がその役割を果たしているために、魚は能動的な推進用に筋肉が自由に使えるようになった。これと対照的に、サメ類は、いつでも泳ぎつづけていなければならず、そうしなければ海底に沈んでしまう。もちろん、それはゆっくりとである。なぜならサメ類は適度の浮力を保つために、組織内に特別な低密度物質をもっているからである。元をたどれば、この鰾《うきぶくろ》は閉じこめられた肺であり、また肺そのものは閉じこめられた消化管の膨出部《ぼうしゅつぶ》（あなたがたが予想したかもしれない閉じこめられた鰓室《さいしつ》ではなく）であった。そして一部の魚類ではいまだに、鰾《うきぶくろ》自体が、一種の鼓膜である聴覚器官のなかに閉じこめられている。歴史は体のそこいらじゅうに、たんに一度きりではなく、何度も繰り返して書き加えられた、浩瀚《こうかん》な重ね書き文書《パリンプセスト》として記されているのである。

私たちは、およそ四億年にわたって陸生動物であり、後ろ脚で歩いてきたのはその期間のうちの最後の一％だけである。陸上で暮らしてきた時間の九九％は、私たちは多かれ少なかれ水平な背骨をもち、四本脚で歩いてきた。最初に立ち上がり、後ろ脚で歩いた個体に、いかなる淘汰上の利点が生じたのか確かなことはわからないが、この問題は脇に置いておくことにする。ジョナサン・キングドンは、この疑問のためだけに本を一冊（『卑しい起源』）書いており、それについて私は『祖先の物語』のなかで、少し詳しく論じた。さて、それが起こったときには、大きな変化のようには思えなかったかもしれない。なぜなら、チンパンジー、一部のサル類、そして魅惑的なキツネザルであるベローシファカなど、他の霊長類も折に触れてそうするからである。けれども、私たちのように常習的に二本脚のみで歩くことは、全身の広範囲にわたる波及的な影響をもたらすもので、それを埋め合わせるための無数の調整を必要とした。歩き方の大きな変化にともなって、何らかの細部の変更、それがどんなに漠然とし、人目につかないもので、どれほど間接的でささやかな関係しかなくとも、それを調整するためには、体の隅々にいたる骨や筋肉のいずれも、変化の必要を免《まぬが》れることはなかった。水中か

＊ボイルの法則は、決まった温度にある一定量の気体では、圧力と体積は反比例するというものである。私は、学校の４Ｂ１組で、バンジーという名の老理科教師から一回の授業でボイルの法則を習って以来、一度も忘れたことがない。彼はいつもの物理の先生であるバフティの代わりに教壇に立っていたのだが、バンジーがきわめて高齢（だと私たちは思っていた）だったことと、極度の近視（本を読むときに鼻にくっつける習性から明らかだった）だったことから、私たちは考えちがいをして、彼の注意を無視して、からかうことができると思った。それはとんでもないまちがいだった。彼は、その日の午後、私たち全員に居残り授業を課し、その開始にあたって、各自のノートに、「授業の目標。４Ｂ１組に正しい礼儀作法とボイルの法則を教えること」と書かせたのである。

ら陸上へ、陸上から水中、空中、地中への、あらゆる主要な生活様式の変化が起こるその都度《つど》、同じような全面的な作り直しがともなったにちがいない。体に起こったさまざまの明白な変化を切り離し、個別のものとして扱うことはできない。あらゆる変化には波及的な影響があるというのは控えめすぎる言い方だ。そこには、数百、数千の波及効果があり、波及効果の波及効果がある。偉大なフランスの分子生物学者フランソワ・ジャコブが「取り繕い《ティンカリング》」と呼んだように、自然淘汰は永遠に手を加え、バランスを整えつづけるのである。

このことを確かめる、もう一つのいい方法を紹介しよう。気候の大きな変動があるとき、たとえば氷河時代は、動物たちがそれに順応していくような自然淘汰――たとえば、厚い毛皮を生じさせるような――が起こると、あなたは当然予測するだろう。しかし外部の気候が、考慮すべき唯一の「気候」ではない。外部の変化がまったく何もないのに、大きな新しい突然変異が生じ、それが自然淘汰によって選り好みされたとすれば、ゲノム内の他のすべての遺伝子は、それを内部の「遺伝的な気候」の変化として体験するだろう。気象の移り変わりに劣らず、それは遺伝子たちが順応していかなければならない変化なのである。自然淘汰は、後からやってくるしかないので、遺伝的「気候」における大きな変化を埋め合わせるようにする順応は、変化が外部の気候に起こった場合とまったく同じように進められるだろう。四足歩行から二足歩行への最初の移行は、外部環境の移行に脅《おど》かされるよりもむしろ、「最初は」それによって産みだされたということさえありえる。いずれにせよ、それは一つの結果がつぎの結果をもたらすという複雑な連鎖反応《カスケード》を始動させ、その一つ一つが、「バランス」をとる埋め合わせの調整を余儀なくさせたのである。

「非知的設計者」というのが、本章のタイトルとしてはよかったかもしれない。実際、それは意識的な設計の欠如を示す説得力ある指標としての生命の不完全さを扱った、一冊の本の旗印にさえなりうるだろうし、すでに二人以上の著者が独立にそれを採用している。そのうちで、私はオーストラリア英語の粗野で不躾《ぶしつけ》な言い回しが好きなので（「そんなら、知的設計者はどこから湧いてでたんだよ。路上生活者のおできみたいにか」）、シドニーのテレビで活躍する科学ジャーナリストの第一人者、ロビン・ウィリアムの愉快な本に的《まと》を絞ろう。毎朝やってくる背中の痛みについてこぼしたあとで、泣き言《ごと》を言う英国人の機嫌を損ねないような言い方で（誤解してほしくないのだが、私は大いに共感をもっている）、ウィリアムズはこう続ける。「ほとんどすべての背骨は、もし品質保証というものがあったとすれば、即時の賠償請求の対象になるような、おそまつなものである。もし［神が］背骨の設計の責任者だったなら、それが神の絶好調のときではなく、創造の第六日めの終わりで期日に追われたやっつけ仕事だったのだと認めるほかないだろう」。もちろん問題は、私たちの祖先が何億年ものあいだ、背骨を多かれ少なかれ水平に保って歩いていたのであり、ここ数百万年に課された突然の再調整をすんなり受け入れられないということである。そして、ここでの要点はまたしても、直立歩行する霊長類の本当の設計者なら、その仕事を四肢動物で始めて取り繕《つくろ》うのではなく、製図板に戻って、正しく仕事をやりとげるだろうということである。

　ウィリアムズはつぎに、オーストラリアの象徴的な動物であるコアラの育児嚢《のう》に言及する。コアラの育児嚢は、カンガルーにおけるように口が上に開いているのではなく、下に開いている――ほとんどの時間を木の幹にしがみついて過ごす動物にはそれほどいい考えではない。またしても、その理由は歴史の遺産である。コアラはウォンバットに似た祖先に由来する。ウォンバットは優秀な穴掘り屋である。

大きな掌《てのひら》一杯の土を、トンネルを掘る掘削機のように、後ろに放り投げる。この祖先の育児反回神経の場合と同じように、育児嚢が反対向きになるように、コアラの胚発生を変更するのは理論的には可能かもしれない。しかし――私の思うに――そのような大きな変化にともなう発生学的な激変は、この中間段階にある器官を、コアラが既存の状態に対応する場合に比べてさらに悪い状況にさえ追いやることになるだろう。

人類の四足歩行から二足歩行への移行がもたらしたもう一つの結果は、洞に関するもので、それは私たちの四足歩行の同僚の多く（これを書いている瞬間の私も含めて）に非常な苦痛 [副鼻腔炎、いわゆる蓄膿症] をもたらす。なぜなら、その排水孔は、分別ある設計者なら他に選択肢がどうしても見つからない場合にしか選ばない場所にあるからである（そのために膿がうまく排出されない）。ウィリアムズはオーストラリア人の同僚、デレク・デントン教授の言葉を引いている（*）「上顎洞〔副鼻腔のなかでもっとも大きなもの〕は、顔の両側の頬骨の後ろにある。その上端に排水孔があるのだが、あまりうまいアイデアではない」。四肢動物では、体液の排水を助けるのに重力を用いるという観点からすれば、排水孔の位置はずっと理に適っている。ここでもまた、「上端」は上ではまったくなく、前であり、歴史の遺産が私たちの体のいたるところに記されている、ということが裏づけられている。

ウィリアムズはさらにつづけて、もう一人のオーストラリア人の天才を共有していて、ヒメバチ類について、すばらしい文句をまき散らすというオーストラリア人の同僚からの言葉を引く。彼もまた、もしこれに設計者というものがいるのなら、そいつは「サディスティックなろくでなしにちがいない」と言ったのだ。ダーウィンがオーストラリアを訪れたのは青年の時だったが、同じ感情をもっときまじめで、もっとオーストラリア人的ではない言葉で表現していた。「私は、慈悲深き万能の神が、イモムシの生きた体を内部から食べるという明確な意図をもってヒメバチ類を故意に創造されたのだと、どうしても自分を納得させることができません」。ヒメバチ類の（近縁のジガバチやオオベッコウバチも）伝説的な残忍さは、本書の最後の二章で繰り返し出てくる一つの主題《ライトモチーフ》である。

私が何を言おうとしているのかを明確に述べるのはむずかしいのだが、それはここしばらく私が考えてきたことであり、キリンの解剖を見たあの忘れられない一日のあいだに頭に浮かんできたものである。私たちが動物を外側から見るとき、設計《デザイン》という優雅な幻想に圧倒的な印象を受ける。木の葉を食べているキリン、帆翔《はんしょう》するアホウドリ、急降下するツバメ、襲いかかるハヤブサ、海草のあいだで見分けのつかないリーフィシードラゴン、方向転換しながら跳ぶように走るガゼルを追って全速力で走るチーター――設計という幻想は、直感的にはあまりにも理に適っているように思えるので、批判的な思考の準備を整え、素朴な直感の誘惑に打ち克《か》つには、積極的な取り組みがどうしても欠かせない。しかしそれは動物を外側から眺めたときのことだ。内側から眺めたとき、印象は正反対になる。確かに、優雅な設計《デザイン》という印象は、工学者《エンジニア》の青写真のようにきれいにレイアウトされ、色分けされた教科書の単純化された模式図で伝えられる。しかし、解剖台の上で解体された動物を見たときに、私

＊もう一人別のオーストラリア人、創造論者に愛されているマイケル・デントンと混同しないように注意。彼は第二作の『自然の運命』において、自らが有神論にとどまりながら以前の反進化論的な態度を撤回したという事実に、都合良く目をつぶった。

たちの胸を打つ実感は非常に異なったものである。エンジニアに、たとえば心臓から出る動脈の改良版を描かせてみるのは、有益な演習になるだろうと、私は考えている。その結果としては、本物の胸を開いたときに実際に目にするような、行き当たりばったりの混乱ではなく、順序正しくきれいに一列に並んだパイプが出ている自動車のエンジンの排気マニホルドに似たようなものが描かれるのではないかと、私は想像する。

私が、キリンの解剖を見るために一日を費やした目的は、進化的な不完全さの実例として反回神経をつぶさに見るためだった。しかし、私はすぐに、こと不完全さに関しては反回神経は氷山のほんの一角でしかないことに気がついた。反回神経の場合は、それがこのような長い迂回路をたどっているがゆえに、問題は容易に認識される。これは、最終的にヘルムホルツに返品を促すような問題点である。しかし、大きな動物の内部のどの部分を調べるにせよ、そこから得られる圧倒的な印象は、混乱である！　そこに設計者がいたなら、神経を迂回させるような失敗をけっしてしなかっただろうというだけでなく、まともな設計者なら、動脈、静脈、腸、脂肪と筋肉の塊、腸間膜その他が迷路のように縦横に交差する修羅場のようなものをけっして存続させることはなかっただろう。アメリカの生物学者コリン・ピッテンドリの言葉を引用すれば、すべては、「いわば、たまたま機会が訪れたときに使うことができたものから、自然淘汰の先見によってではなく後知恵で受け入れた、その場しのぎで切れ端を寄せ集めてつくったパッチワーク」以外の何ものでもないのである。

第12章　軍拡競争と「進化的神義論」

眼、神経、輪精管、洞、および背骨は、個人の幸福という点ではひどい設計《デザイン》であるが、この不完全さは、進化の光に照らしてみるとき、完璧に理に適《かな》っている。同じことは、自然のより大きな経済《エコノミー》についてもあてはまる。知的な創造主は、たんなる個々の動植物の体だけでなく、すべての種、生態系全体をも設計したはずだと期待されているかもしれない。自然は、浪費や無駄遣いをなくすように注意深く設計《デザイン》された、計画された経済であるはずだと期待されているかもしれない。しかし、そうではないのだ。そして本章はそのことを示すつもりである。

太陽の経済

自然の経済は太陽を動力源としている。太陽からやってきた光子は昼間の地球表面全体に降り注ぐ。多くの光子は、岩や砂浜を熱するという以上の有益なことはなにもしない。わずかな光子が眼――あなたや私の眼、あるいは小エビの複眼、あるいはイタヤガイ類の外套眼――に入る。あるものはたまたまソーラー・パネル――環境問題《グリーン》への熱意に駆られて、私が自宅の屋根に風呂水を温めるために設置したばかりのような人工のものであるか、あるいは自然のソーラー・パネルである緑《グリーン》の葉――の上に落ちるかもしれない。植物は太陽エネルギーを使って、「坂を上る」化学合成を駆動し、有機燃料、主として糖をつくる。「坂を上る」というのは、糖の合成には、それを駆動するのにエネルギーが必要だという意味である。同様に、後に糖は、「坂を下る」反応において「燃やされて」、エネルギー(の一部)をふたたび放出して、有益な仕事、たとえば筋肉を使う仕事や大きな木の幹を構築するといった仕事をおこなえる。「坂を下る」と「坂を上る」の喩《たと》えは、高架水槽から流れ出た水が水車を動かして有益な仕事をする、あるいはエネルギーを使って高架水槽まで水を汲み上げ、後にふたたび下に向かって流れるときに水車を動かすのに使えるようにする、といったことに相当する。エネルギーの経済のあらゆる段階で、坂を上るのであろうと下るのであろうと、一部のエネルギーは失われる――完璧な効率のエネルギー転移はけっしてありえない。これこそ、特許庁が永久運動機関の出願を、設計さえ検討する必要を認めずに却下する理由である。そんなものは、どうあがこうとも、永久に不可能なのだ。水車から放出されるエネルギーを使って、水車を動かすことができるだけの同じ量の水をもう一度汲み上げることはできない。損失を埋め合わせるためには、外部から供給されるなんらかのエネルギーがつねになければならない――そして、ここに太陽の出番がある。この重要な論点には、第13章でまた触れるつもりだ。

地球の陸地表面の多くは緑の葉で覆われており、それが、多層式の光子捕捉装置を構成している。もしある光子が一枚の葉に捉えられなかったとしても、下のもう一枚の葉に捉えられる可能性は大きい。木の生い茂った森では、捉えられないままで地面にまで到達する光子は多くない。成熟した森を歩くとき、あんなにも暗い理由は、まさにそこにある。わが地球が太陽光線から受け取るささやかな分け前である光子のほとんどは水に衝突し、海の表層には単細胞の緑色植物が密集している。海であろうと陸上であろうと、光子を捉え、「坂を上る」エネルギーを消費する化学反応を動かし、糖やデンプンといった便利なエネルギー貯蔵分子をつくる化学的過程は、光合成と呼ばれる。光合成は一〇億年以上前に細菌によって発明され、緑色細菌はいまでもほとんどの光合成の基礎をなしている。そうなっている理由は、葉緑体――すべての葉の内部で光合成の仕事を実際におこなっている小さな緑色の光合成機関――それ自体が、緑色細菌の直接の子孫だからにほかならない。実際、葉緑体はいまでも植物細胞内で、細菌の流儀で自立的に増殖しているのだから、すまわせてもらい、色を与えている葉に大幅に依存しているとはいえ、依然として細菌なのだと言って問題ない。最初は自由生活をしていた緑色細菌が植物細胞に乗っ取られ、そこで最終的に、現在私たちが葉緑体と呼んでいるものに進化したものと思われる。

　生命の坂を上る化学反応を、もっぱら植物細胞内で繁栄している緑色細菌が引き受けているのとちょうど同じように、坂を下る代謝の化学反応――糖やその他の燃料をゆっくりと燃やし、動植物の細胞内にエネルギーを放出する――もまた、もう一つの部類の細菌の専門技能であるというのは、よくできた対称的事実である。こちらの細菌もかつては自由生活をしていたものだが、現在ではより大きな細胞の中で、自分で繁殖しており、そこではミトコンドリアという名で呼ばれている。異なる種類の細菌に由来するミトコンドリアと葉緑体は、それぞれ、肉眼で見えるいかなる生物もまだ存在しない何十億年間に、互いに補いあう化学的な魔法の妙技をつくりあげた。両方とものちに、その化学的技量のゆえに拉致《らち》され、いまでは私たちが目で見、触ることができるだけの大きさの生き物の、はるかに大きくて、ずっと複雑な細胞――葉緑体の場合は植物細胞内、ミトコンドリアの場合は植物細胞と動物細胞――の液状の細胞質内で、自己増殖している。

植物の葉緑体によって捉えられた太陽エネルギーが、複雑な食物連鎖のピラミッドの底に横たわっている。食物連鎖では、エネルギーは植物から、草食動物（昆虫のでもいい）、肉食動物（オオカミやヒョウだけでなく、昆虫や、食虫動物でもいい）、ハゲワシやフンコロガシのような腐食動物を経て、最終的には菌類や細菌類のような分解生物へと受け渡されていく。こうした食物連鎖のあらゆる段階で、エネルギーの一部は受け渡しの際に熱として失われるが、一部は筋肉の収縮といった生物学的過程を動かすのに使われる。太陽から最初に投入されて以降、新しいエネルギーの追加はない。火山活動をエネルギー源とする深海の「熱水噴出孔《スモーカー》」の住人のような少数の興味深いがマイナーな例外はあるが、生命を動かしているエネルギーのすべては、究極的には、植物によって捉えられた太陽光からきているのである。

　開《ひら》けた土地の真ん中に、誇らしげに立っている一本の高木をよく見てほしい。なぜそんなに高いのか？　より太陽に近づくためではない！　その樹冠が地面にひろがるまで、長い幹を縮めたとしても、光子をまったく失うことなく、しかも膨大なコストを削減することができる。そうだとしたら、なぜ、樹冠を空高くに向かって押し上げるという代償をわざわざ支払うのか？　そのような木の自然の生息場所が森であることに気づくまでは、答えを手に入れることができない。木はライヴァルの木——同種および異種の——よりも上に出るために高いのである。開けた野原や庭に一本だけ生え、地面に至るまで葉をつけた枝をもつ木を見て、惑わされてはならない。それは、開けた野原や庭にいるからこそ、英国陸軍の訓練教官にあれほど愛される均整のとれた形をもっているのである(*)。しかし、あなたが見ているそれは、自然の生息環境である深い森の中に立っているわけではない。森に生えている自然の形をした木は、ほとんどの枝と葉を頂上——林冠のなかで、そこに光子が降り注ぐ——近くにもち、高い幹には枝がまったくついていない。さて、ここでちょっと奇妙なことを考えてみたい。もし、森のすべての木がなんらかの合意――労働組合の制限的慣行のように――、たとえば三メートル以上大きくならないといった合意に達することができれば、誰もが利益を得るだろう。生物群集全体――生態系全体――が、そうしたコストのかかるそびえ立つ幹を構築するために消費される、材とエネルギーが節約されることから利益を得ることができるというわけだ。

相互に制限しあうそのような合意を育《はぐく》むことの困難は誰もがよく知るところであり、潜在的に予見の才を活用できる人間の世界においてさえむずかしい。よく知られている実例は、競馬のような見せ物を観賞するときの、立たずに座って見るようにという合意である。もしみんなが座っていれば、みんなが立ったときと同じように、やはり背の高い人は低い人よりよく見えるのだが、座っていることの利点は、誰にとってもより快適だということである。問題は、背の高い人の後ろに座っている背の低い人が、もっとよく見たいと思って立ち上がったときに始まる。すぐさま、その人の後ろに座っていた人が、ともかく見えるようにと立ち上がる。やがて起立の波が場内全体に波及し、ついには、全員が立ち上がる。結局は誰にとっても、全員座ったままでいたよりも状況はひどくなってしまうのである。

典型的な成熟林では、林冠はちょうどなだらかな起伏をもつ草原で、ただ支柱の上に乗っかっているだけの、空中牧場だと考えることができる。林冠は草原とほとんど同じくらいの割合で太陽エネルギーを集める。しかし、エネルギーのかなりの部分が支柱にそのまま投入されることで「浪費」され

＊「英国陸軍において、われわれは三種類の木をもっている。モミ、ポプラ、そして天辺が生い茂った木だ」［第二次世界大戦のいくつかの回想録に出てくる話で、イギリスの詩人、ヘンリー・リードも同趣旨のことを「戦争の教訓」という詩に書いている］。

る。支柱は「牧場」を空中高くに持ち上げる以外には何も有益な仕事をしておらず、牧場では、地面に平らなままおかれていた場合——この場合にかかるコストははるかに低い——にできるのと、ぴったり同じだけの光子を捕捉して手に入れる。

そしてこのことは私たちに、設計《デザイン》された経済と進化的な経済のあいだの違いをまざまざと見せつける。設計された経済では樹木はなかっただろうし、まちがいなく、非常に高い木や、森や林冠はなかっただろう。木は無駄遣いである。樹木は浪費である。木の幹は、無益な競争——計画経済という観点からは無益な——のそびえ立つ記念碑である。しかし、自然の経済は計画されたものではない。個個の植物は同種および異種の他の植物と競合しており、その結果として、彼らはますます高く成長していき、どんな計画立案者《プランナー》が推奨する高さよりもはるかに高くなってしまう。けれども、無限に高くなるわけではない。もう一〇センチメートル高くなれば、競争という面では利益をもたらすが、コストがあまりにも大きすぎて、それをした木がもう一〇センチメートル伸ばすことを控えたライヴァルの木よりも実際には悪い状況におかれてしまう、そんな局面がいつかやってくる。木がどこまで成長するべきかの高さを最終的に決定するのは、個々の木にとっての費用《コスト》と利益《ベネフィット》のバランスなのであり、合理的な計画立案者が計算できる、一つの集団としての木にとっての利益などではない。そしてもちろん、このバランスは、異なる森ごとに異なった最大値に行き着く。カリフォルニアのセコイアの木（死ぬ前に一度は見ておいたほうがいい）の高さが超えられたことは、おそらくこれまでにはなかっただろう。

ある仮説上の森——それを〈友情の森〉と呼ぶことにしよう——の運命を想像してみてほしい。その森では、なんらかの謎の協定によって、すべての木は林冠全体を三メートル以下にするという望ましい目標をどうにか達成してきた。この林冠は、高さが三〇メートルではなく、わずか三メートルしかないという点を別にすれば、他のどの森の林冠ともまったく同じように見える。計画経済という観点からすれば、〈友情の森〉は一つの森として、私たちがよく知っている背の高い森よりも効率的である。なぜなら、他の木と競争するということ以外に何の目的もない太い幹づくりに、資源が投入されていないからである。

そこへ今や、〈友情の森〉の真ん中に一つの突然変異体が生じたとしたらどうなるか。この異端者は、三メートルという「合意された」規格よりも、ほんの少し高く背を伸ばす。この突然変異体はたちまちのうちに競争上の利点を確保する。確かに、幹を余計に伸ばすためには代償《コスト》を支払わなければならない。しかし、他のすべての木が自己否定的な規則に従っているかぎり、十分な見返りがある。なぜなら、余分に集められる光子が、幹を長くするのに要する余分な費用《コスト》を上まわる報酬をもたらしてくれるのだから。したがって、自然淘汰は、自己否定的な規則を破ってほんの少し高く、たとえば三・三メートルになる遺伝的傾向を優遇する。世代が進むにつれて、ますます多くの木が禁令を破って背を伸ばすようになる。最終的に、森のすべての木が三・三メートルになったとき、全員が前よりも悪い状態に陥る。すべての木が余分に背を伸ばすという費用《コスト》を支払っていながら、その苦労にもかかわらず、余分な光子はひとつも受け取っていないからだ。そしてつぎには自然淘汰によって、たとえば三・六メートルまで伸びる傾向をもつ突然変異体が優遇されるだろう。そうして、ますます木は高くなっていくだろう。この太陽に向かっての無益な上昇には、どこかで終わりがくるのだろうか？　なぜ木は何キロメートルもの高さにならないのか？　なぜジャックの豆の木のようにならないのか？　限界は、ほんの数センチメートル高くするための費用が、それだけ高くなることによって得られる光子の利得を上まわる地点で定められる。

この議論では、一貫して個体の費用と利益について検討している。もし丸ごと全体の森としての利益のために森の経済が設計されてきたのなら、森はまるで異なった姿を見せるだろう。実際は、私たちが現実に見ているのは、ライヴァルの木――それが自分と同種のものであるか、別種のものであるかには関係なく――との競争で勝った個別の木を優遇する自然淘汰を通じて進化した、それぞれの種からなる森である。木に関するあらゆる事柄は、それらが設計されたものではないという見方と合致する――もちろん、森が私たちに木材を供給するために、あるいは私たちの目を楽しませ、「ニューイングランドの秋」を写したカメラを称えるためにあるのでないかぎり。しかし、歴史はそのような考え方をする人の例に事欠かない。そこで人間にとっての利益を理由としてもちだすのがむずかしい、同種の事例に目を転じよう。すなわち、狩るものと狩られるもののあいだの軍拡競争である。

同じ場所にとどまるために走る

哺乳類のなかでもっとも速く走ることができる五種として、チーター、プロングホーン（アメリカでは「アンテロープ」と呼ばれることが多いが、アフリカにすむ「真の」アンテロープ類とはそれほど類縁が近くない）、ヌー（真のアンテロープ類だが、他のアンテロープ類と外見はあまり似ていない）、ライオン、およびトムソンガゼル（もう一つの真のアンテロープで、小型だが、まさしく標準的なアンテロープの姿をしている）があげられる。これらのトップクラスのランナーが、狩る側の動物と狩られる側の混成だということに注意してほしい。そして私の主張は、それが偶然ではないというものである。

チーターは三秒で時速ゼロから一〇〇キロメートルまで加速することができると言われており、これはフェラーリ、ポルシェ、あるいはテスラと肩を並べるものである。ライオンもまた、ガゼルさえ凌《しの》ぐ恐るべき加速をもつが、ガゼルのほうがスタミナもあり、身をかわす能力もある。ネコ科の動物は一般に短距離走に適した体のつくりをもち、気づかれないうちに獲物を不意打ちする。リカオンやオオカミのようなイヌ科の動物は、持久力にすぐれ、獲物が疲れ果てるまで追いかける。ガゼルや他のアンテロープ類は、この両方のタイプの捕食者に対抗しなければならず、ことによれば妥協しなければならない場合もあろう。彼らの加速は、大型ネコ科動物ほどよくはないが、持久力はすぐれている。身をかわすことで、トムソンガゼルはときにチーターの追跡を振り切ることができ、それによって、チーターが最高加速期を超えて消耗期に入り、乏しいスタミナが無視できなくなるまで、事態を引き延ばすのである。チーターが狩りに成功するのは、ふつうスタートしてからすぐで、チーターは不意打ちと加速が頼りなのだ。最初の疾走で失敗したときには、チーターはエネルギーの節約のために諦めるので、成功しない狩りも早く終わる。言い換えれば、チーターの狩りはいつも速戦即決なのだ！

トップスピードと加速、スタミナと身のかわし方、不意打ちと持続的な追跡の詳細について気にすることはない。重要なのは、いちばん足の速い動物には、狩る側と狩られる側の両方が含まれるという事実である。自然淘汰は、捕食する種がますます獲物を捕らえるのがうまくなるように衝《つ》き動かし、同時に、獲物となる種がますますうまく捕食者から逃れるように衝き動かす。捕食者と被食者（獲物）は、進化的な時間のなかで進行する、進化的な軍拡競争を繰り広げているのである。その結果、双方の動物において、体の経済の他の部門に投入されるべき資源が犠牲にされて、軍拡競争に投入される資源量がしだいに拡大《エスカレーション》していくということになる。狩る側と狩られる側のどちらもが同じように、相手に走り勝つ（不意打ちする、出し抜く、その他）ための、よりすぐれた装備を身につけるようになる。しかし、走り勝つために装備が改善されたからといって、それで明白に、走り勝つ成功率が向上するということにつながるわけではない――軍拡競争の相手側も装備をグレードアップするという単純な理由によって。赤の女王がアリスに言ったように、同じ場所にとどまるためにはできるかぎり速く走りつづけなければならないのだ、という言い方もできる。

ダーウィンは、その言葉は使わなかったけれど、進化的な軍拡競争のことに十分に気づいていた。一九七九年に、同僚のジョン・クレブスと私が共著で発表した論文で、私たちは「軍備競争」という用語を英国の生物学者ヒュー・コットによるものとした。ひょっとしたら意味のあることかもしれないが、第二次世界大戦のまっただなかの一九四〇年に、コットは、『動物における適応的な色彩』という本を出版した。

> バッタやチョウの人を欺く外見が必要以上に詳細であると言い切るのは、その昆虫の天敵がもつ知覚と識別の力がどれほどのものであるかを、確かめてからにしたほうがいい。そうしないのは、敵の軍備の性質と有効性を問うことなしに、巡洋戦艦の武装が重すぎるとか、搭載の機関砲の射程が大きすぎるとか断言するようなものだ。実のところ、ジャングルにおける原始的な生存闘争においては、文明社会の洗練された戦争(*)におけると同じように、大きな進化的軍備競争が進行しているのが見られる――その結果得られるものは、防衛については、スピード、装甲、警戒心、棘《とげ》をもつ、巣穴を掘る習性、夜行性、毒液の分泌、不味《まず》い味、隠蔽色、警告色、擬態的な体色など。攻撃については、スピード、不意打ち、待ち伏せ、おびき寄せ、鋭い視覚、爪、歯、針、毒牙、標識的でおびき寄せる体色など、防衛に対抗する属性である。追いかけられる側のスピードの増大が、追いかける側のスピードの増大に関連して、あるいは防衛的な装甲が攻撃側の武器

に関連して発達してきたのとまったく同じように、隠蔽装置の完成は、知覚の能力の増大に対応して進化してきたのである。

軍拡競争が進化的な時間のなかで進行することに注意してほしい。それを、「現実の《リアル》」時間《タイム》のなかで進行する、たとえば、一頭のチーターと一頭のガゼルのあいだの競争と混同してはならない。進化的な時間のなかの競争は、リアルタイムで進行する競争のための装備をつくりあげるための競争なのである。そして、それが現実に意味するのは、相手の裏を掻く、あるいは相手に走り勝つための装備をつくるための遺伝子は、両陣営の遺伝子プールのなかに蓄積されていくということである。第二に――そして、この点はダーウィン自身がよく知っていた――、速く走るための装備は、同じ捕食者から逃げている同じ種のライヴァルに走り勝つために使われるのだ。ほとんどイソップ物語風の響きのある、運動靴とクマについての、よく知られたジョーク(**)にここで触れるのが適切である。チーターがガゼルの群れを追っているとき、ガゼルの個体にとっては、チーターに走り勝つことよりも、群れのいちばん足の遅いメンバーに走り勝つことのほうがより重要かもしれないのだ。

いまや、軍拡競争の用語法について紹介したので、森の中の木も軍拡競争にかかわっていることが理解できるだろう。個々の木は太陽に向かって、森の中ですぐ隣に生えている木と競争している。こ

＊もしそういうものがあるとすれば、これは撞着語法である。

＊＊二人のハイカーがクマに追いかけられた。一人は走って逃げ、もう一人は運動靴を履いた。「きみ頭ダイジョウブか。靴を履いても、グリズリーより速くは走れないよ」。「うん、その通り。でも君には勝てるよ」。

の競争は、古い木が死んで、林冠に隙間が残されたときに、とりわけ激しいものになる。大きな音を響かせて古い木が倒れるのは、まさにそのようなチャンスをまちわびていた苗木のあいだの、リアルタイム（ただし、私たち動物がなじんでいるリアルタイムよりは遅い）における、競争のスタートを示す号砲である。そしてこの競争の勝者はおそらく、祖先の進化的な時間における軍拡競争を通じて繁栄した遺伝子によって、すみやかにより高く成長するためのすぐれた装備をもつ個体であろう。

森の木の種間における軍拡競争は、いわば対称的《シンメトリカル》な競争である。両方の側が同じこと、つまり林冠に席を占めるという目的を達成しようと試みている。一方、捕食者と被食者のあいだの軍拡競争は、非対称的な軍拡競争である。攻撃武器と防衛武器のあいだの軍拡競争なのだ。同じことは、寄生者と宿主のあいだの軍拡競争についてもあてはまる。そして、意外に思われるかもしれないが、同種内の雄と雌のあいだ、親と子のあいだにさえ、軍拡競争はある。

軍拡競争が知的設計《インテリジェント・デザイン》説の熱心な支持者を悩ませるかもしれない事柄の一つとして、それがあまりにも大量の無用さを背負い込んでいるということがある。もしチーターの設計者がいると仮定するなら、彼が最高の殺し屋を完成するという任務に、もてる設計技能のすべてを注ぎ込んでいるのはまちがいない。このみごとな走行機械を一目見れば、疑いの余地はまったく残されていない。もしともかくも設計《デザイン》について語ろうとするなら、チーターには、ガゼルを殺すためのすばらしい設計がなされている。しかし、その同じ設計者が、まさにそのチーターから逃れるためのすばらしい装備をもつガゼルの設計に、同じように明らかに、全力を傾けているのである。いったいぜんたい設計者はどっちの味方なのだ？　チーターの張りつめた筋肉としなやかな背骨を目にしたあなたは、設計者がこの競争でチーターが勝つことを望んでいると結論するにちがいない。しかし、疾駆し、身をかわし、跳ね上がるガゼルを見たあとでは、まさに正反対の結論にたどりつく。この設計者の左手は右手のしていることを知らないのだろうか？　神はサディストで、勇壮なスポーツを楽しみ、追跡劇のスリルを増すために、賭金を永久につり上げ続けているのだろうか？　子羊をつくられた神がほんとうに汝をつくりたもうたのか？

ヒョウが人間の子供のそばに横たわり、ライオンがウシのように干し草を食べる〔「イザヤ書」一一章六〜七節〕のは、本当に神の計画《プラン》の一部なのだろうか？　この場合、ライオンやヒョウの恐ろしい裂肉歯《れつにくし》や残忍な爪にどんな価値があるというのだ？　アンテロープ類やガゼルの息をのむようなスピードと機敏な遁走術のほうはどこからきているのだ？　言うまでもないことだが、現在進行中の事柄についての進化論的な解釈には、そのような問題は生じない。両方が、相手側を出し抜こうと闘っているのである。なぜなら、成功した個体は、自動的にその成功に貢献した遺伝子を伝えていくからである。「無用」とか「無駄遣い」という概念が私たちの胸に思い浮かぶのは、私たちが人間であり、生態系全体の幸福を検証することができるからである。自然淘汰は個体の遺伝子の生き残りと繁殖しか気にしない。

それは森の木と似ている。それぞれの木が経済をもち、そこでは、幹に投入される財は果実や葉には使うことができないのだが、チーターもガゼルも、それぞれ独自の内的な経済をもっている。速く走るというのは、究極的には太陽から絞りとらなければならないエネルギーという点だけでなく、筋肉、骨、腱――スピードと加速の機構――に回される材料という点でも、コストがかかる。植物材料という形でガゼルが消化する食物は限られている。走るための筋肉と長い脚にどれだけの資源が費やされるにせよ、それは動物が理想的な状態にあれば、子づくりなどの他の生命活動に費やすほうを「好む」と思われる資源を流用したものである。ここには微細な管理を必要とする、きわめて複雑な妥協のバランスが存在する。私たちは、すべての詳細を知ることはできないが、生命のある一つの部門にあまりにも多くを費やし、それによって、生命の他のどこかの部門から資源を奪ってしまうことがありうるのはわかっている（経済学の不変の法則である）。走ることに理想的な量以上の資源をつぎ込んだ個体は、自分の身は守れるかもしれない。しかし、ダーウィン主義的な賭においては、同種のライヴァル個体に競争で負けてしまうだろう。ライヴァルは走るスピードを少しけちり、そのため食べられるより大きなリスクを負うが、バランスを正しくとり、結果としてより多くの子孫を残して、バランスを正しくとる遺伝子を伝えていくことだろう。

正しくバランスをとらなければならないのは、エネルギーと高価な材料だけではない。リスクという側面もある。そしてこのリスクもまた、経済学者の計算と縁がないものではない。長くてほっそりした脚は速く走るのに適しているが、いかんせん、折れやすくもある。競走馬はレースの最中に脚を骨折することがたびたびあり、ふつうはすぐに殺処分されてしまう。第3章で見たように、競走馬がそれほどまでに怪我をしやすいのは、彼らがほかのあらゆることを犠牲にして、スピードについて選択的に過剰育種されてきたからだ。ガゼルとチーターもスピードについて選抜育種されてきた——人為淘汰ではなく、自然淘汰によって——ので、もし自然がスピードについて過剰育種すれば、彼らもまた骨折に見舞われやすくなるだろう。しかし、自然は何ごとについても、過剰育種することはけっしてない。自然はバランスを正しくとる。世界にはバランスを正しくとるための遺伝子が満ちあふれている。それこそ、それらの遺伝子が現に存在する理由なのだ！　このことが現実的に意味するのは、例外的に長くて華奢《きゃしゃ》な脚を発達させる遺伝的傾向をもつ個体は、確かに走ることにかけてはすぐれているが、平均すれば、それほど華奢でなく、より骨折しにくい脚をもつ、少しばかり走るのが遅い個体よりも、遺伝子を子孫に伝える可能性が小さいだろうということである。これは、すべての動植物が帳尻を合わせてきた、何百もの得失評価にもとづく取引や妥協の、仮説上の一例にすぎない。彼らはさまざまなリスクの帳尻を合わせ、さまざまな経済的得失評価の帳尻を合わせる。もちろん、帳尻を合わせ、バランスをとるのは、個々の動物や植物ではない。自然淘汰によって帳尻を合わせられ、バランスをとられるのは、遺伝子プールの対立遺伝子の相対的な数なのである。

もう予想がついているかもしれないが、一つの得失評価において最適な妥協点は固定されてはいない。ガゼルでは、走るスピードと体の経済内部の他の要求との得失評価は、その地域に肉食獣がどれだけいるか次第で、最適値が移行するだろう。第5章のグッピーについても同じことが言える。まわりに捕食者がほとんどいなければ、ガゼルの最適な脚の長さは短くなるだろう。もっとも成功する個体は、エネルギーと材料の一部を脚にではなく、赤ん坊をつくり、冬のために脂肪を貯えるといったことに振り向けるように仕向ける遺伝子をもった個体ということになるだろう。これらの個体は、骨折する可能性のより少ない個体でもある。逆に、もし捕食者の数が増えれば、最適なバランスは、より長くて骨折の危険性がより大きな脚をもつ方向に移り、体の経済のなかで速く走ることに関係のない部門に費やされるエネルギーと材料は、より少なくなるだろう。

そして、まったく同じ種類の暗黙の計算が、捕食者における最適な妥協の帳尻を合わせるだろう。脚を骨折した雌のチーターはまちがいなく飢え死にするだろうし、彼女の赤ん坊も死ぬだろう。しかし、食べ物を見つけるのがどれくらいむずかしいかに応じて、あまり走るのが遅いために十分な餌を捕らえ損なうというリスクが、速く走るために必要な手段を身につけることを通じて課される、脚を骨折するリスクを上まわることもあるだろう。

捕食者と被食者（獲物）は一つの軍拡競争にがっちりと組み込まれており、そのなかでは、無意識のうちに、一方が相手の最適値――生命の経済面・リスク面での妥協における――を同じ方向に、ますます移行させるように圧力をかけつづける。たとえば、走るスピードの増大に向かうといった、文字通り同じ方向にか、あるいは、ミルクの製造といった生命の他の部門よりも捕食者／獲物・軍拡競争を目指すようになるという、言葉のより緩《ゆる》い意味での「同じ方向」へかのいずれかである。両陣営とも、たとえばあまり速く走りすぎるリスク（脚を骨折したり、体の経済のほかの部分をいいかげんにしたりする）と、あまりにも走るのが遅すぎるリスク（それぞれが、獲物を捕らえるのに失敗したり、捕食者から逃れるのに失敗したりする）のあいだでバランスをとらなければならないことを考えると、双方とも、ある種の恐ろしい二人組精神病（folie à deux）のような状態で、相手方を、同じ方向に押しやっているのである。

　まあ、ひょっとしたら、精神病（folie）という表現は、問題の深刻さを十全に反映したものではないかもしれない。というのは、どちらかの側が失敗したときの罰《ペナルティ》は死――獲物の側では殺されることで、捕食者の側では飢えることで――だからである。しかし二人組（à deux）という表現は、もし狩る側と狩られる側が同じテーブルに着いて、納得のいく合意を成立させることができさえすれば、どちらにとっても有益なのだが、という思いを端的にとらえている。〈幸福の森〉の木とまったく同じように、もし、持続させることさえできれば、そのような協定がどのようにして彼らに恩恵をもたらすかは容易に理解できる。森で出会ったのとまったく同じ意味での不毛さ無益さが、捕食者／被食者の軍拡競争には充満している。進化的な時間の経過のうちに、捕食者は獲物を捕まえることがうまくなっていき、そのことが、被食者が捕獲を免《まぬが》れることがよりうまくなるように推進する。両陣営が並行的に、生き残るための装備を改善していくが、どちらも、かならずしもよりうまく生き残れるようになるわけではない――なぜなら、相手側も装備を改良しつづけているからである。

　一方で、内心で生物群集全体の幸福を考えている中心計画立案者が、〈友情の森〉という考えに沿った以下のような言葉で書かれた合意をどのように裁定するかは容易に理解できる。双方に、それぞれの軍備を縮小することを「同意」させる。つまり、双方とも、資源を生命の他の部門に振り向けよ、そうすれば、結果として全員の状態が向上するだろうというのだ。もちろん、まったく同じことが人間の軍拡競争でも起こりうる。もしあなたがたが爆撃機をもたないのなら、われわれも戦闘機を必要としないだろう。もしわれわれがミサイルをもたなければ、あなたがたもミサイルを必要としないだろう。もし私たちが軍備費を半減し、その金を農業に［剣を鍬に変えて］投入すれば、双方が何十億ドルも節約できる。そしていまや、軍備予算を半減したために、安定した膠着状態に達した。さあ、それをさらに半分にしよう。これがうまくいく秘訣は、両陣営が相手方の着実に縮小しつづけている軍備予算に対抗できるだけの装備をきっちりと維持したままでいられるよう、互いが予算の削減を同調しておこなうことである。しかし、そのような軍備縮小計画は名目だけのもの――計画でしかないにちがいない。そしてまたしても、計画などというものは、進化がけっしてしないことなのである。森の木と同じように、エスカレーションは避けられないものであり、それ以上エスカレートしてもふつうの個体にとってはもはやなんの利得もない、そんな瞬間がくるまでずっと続くのである。進化は、設計者とはちがって、利己的な利益（エスカレーションが相互的であるがゆえに、この利益はまさに相殺されてしまう）を求めて双方がエスカレートするよりも、関係者すべてにとってもっといい方法――共生的な方法――がないだろうかと、立ち止まって考えたりはしない。

計画立案者のように考えるという誘惑は、久しく「ポップ・エコロジスト」のあいだに横溢《おういつ》しており、学問的な生態学者でさえ、ときには実害をまねきかねないほどそれに近づくことがある。たとえば、「分別ある捕食者」という思わず手をのばしたくなる概念は、頭の空っぽな環境保護主義者ではなく、高名なアメリカの生態学者［ローレンス・スロボドキン］が思いついたものである。

分別ある捕食者というのは、こうである。全体としての人類という観点からすれば、タラのような重要な食糧源となっている種を乱獲によって絶滅させることを私たち全員が止めれば、私たちにとって好ましい状況になるだろう。これこそ、各国政府やNGOが厳粛な秘密会談をして、数量割り当てや制限を策定しようとしている理由である。これこそ、漁網の厳密な網の目の大きさが政府命令でこまかく規定されている理由であり、規制に従わないトロール漁船を追撃するために海岸警備艇が海を巡回する理由である。私たち人類は、古きよき時代には、そして適切な取り締まりがなされていたときには、「分別ある捕食者」だった。したがって、オオカミやライオンのような野生の捕食者もまた、分別ある捕食者であると、期待してはいけないだろうか？——あるいは、一部の生態学者にはそう思えるのではないか？　答えはノーだ。まったくそうではない。そして、なぜそうではないか、その理由を理解することに意義がある。なぜならそれこそ、森の木と本章全体が私たちのために地ならしをここまでしてきたはずの、興味深い論点だからである。

計画立案者——内心で野生動物群集全体の幸福を気にかけている生態系設計者——は、たとえば、理想的にはライオンが受け入れるべき最適な間引き政策を計算することができる。すなわち、アンテロープ類の一つの種からは、決められた割り当て以上を捕ってはならない。妊娠した雌は見逃し、潜在的な繁殖能力に満ちあふれた若い個体を捕ってはならない。絶滅の危険にあるかもしれず、将来もし条件が変われば役に立つようになるかもしれない希少種のメンバーを食べてはならない。もし、この地方のすべてのライオンが、「持続可能」であると慎重に計算された協定規則と割当量に従いさえすれば、すばらしいことではないだろうか？　そして、きわめて合理的ではないか。もし守られさえすればだ！

まあ、それは合理的だろうし、少なくとも、生態系全体の幸福を内心で気にかけている設計者が指図するものだろう。しかし、それは自然淘汰が指図するものではなく（自然淘汰は、予見する能力を欠いているので、そもそも指図するということができないというのが主たる理由である）、また、実際に起こることでもない！　つぎになぜそうなのかを示すが、またしても、それは森の木の物語と同じストーリーなのである。ライオン外交の何かの気まぐれによって、その地域にすむライオンの大多数が、ともかくも狩りを持続可能なレベルまで制限するという合意にいきついたと想像してみてほしい。しかしここで、そのほかの点では節度があり、公共精神に満ちたこの集団のなかに、協定を破り、被食者（獲物）の種を絶滅に追いやるリスクがあるのにもかかわらず、群れを極限まで搾取する個体を生むような突然変異遺伝子が生じたらどうなるだろう。自然淘汰は、この反抗的な利己的遺伝子に罰を与えるだろうか？　残念だが、そうはならない。反抗的な遺伝子の持ち主である反抗的なライオンのこどもは、ライオンの集団にいるライヴァルとの競争に勝ち、より多く繁殖するだろう。数世代のうちに、反抗遺伝子は集団内にひろがり、最初の友好的な協定は跡形もなく消えてしまうだろう。いちばん旨《うま》い汁を吸った彼が(*)、そのように行動するための遺伝子を伝えていくのである。

しかし、計画立案説の熱烈な支持者は、すべてのライオンが利己的に振るまい、被食者となる種を絶滅する地点まで乱獲すれば、もっとも狩りの成功率の高い個体をさえ含む、すべての個体が以前より悪い状態に追い込まれるはずだと、異議を唱えるだろう。最終的に、もしすべての被食者が絶滅すれば、ライオンの個体群全体も絶滅するだろう。きっと、自然淘汰がそういうことが起きないように

＊あるいは彼女。ライオンという特別な例においては、雌がほとんどの狩りをするが、雄はいずれにせよ、不当にもいちばんいい分け前を（the lion's share）得る傾向があるという事実によって、事態が複雑になる。もう少し一般化された捕食者の種を考え、過剰狩猟を控える「分別のある」個体と、この合意から離脱する「無分別な」個体を想像してみてほしい。

介入するのではないかと、計画立案者は主張する。またしても遺憾ながら、今度もそうはならない。問題は、自然淘汰が介入せず、自然淘汰が未来をのぞきこまず、(*) 自然淘汰がライヴァル集団間の選別をしないということである。もし自然淘汰がそういうことをするのであれば、分別ある捕食者が優遇されるチャンスが多少はあるだろうが。自然淘汰は、ダーウィンが彼の後継者の多くよりもはるかに明快に認識していたように、一つの個体群内のライヴァル個体間の選別をするのである。たとえ、一つの個体群全体が、個体どうしの競争に衝き動かされて、絶滅の運命に飛び込みつつあったとしても、自然淘汰はそれでもなお、最後の一個体が死ぬ瞬間まで、もっとも競争的な個体を優遇する。自然淘汰は、最後に絶滅すべく運命づけられたそうした競争的遺伝子をとことんまで一貫して優遇しつづけていきながら、一つの個体群を絶滅に駆り立てることができる。私がここで想像をめぐらせてきたこの仮説上の計画立案者は、ある種の経済学者であり、個体群全体あるいは生態系全体の最適戦略を計算している厚生経済学者である。もし私たちが経済学的なアナロジーを用いて説明しなければならないとすれば、むしろ、アダム・スミスの「見えざる手」を考えるべきである。

進化的神義論？

しかしこのあたりで私は、経済学の話はすべて終わりにしたいと思う。計画立案者、設計者という概念にはひきつづき登場願うが、しかし今後登場する計画立案者は経済学者というよりはむしろ、倫理学者になるだろう。慈悲深い設計者は——理想主義の立場からはそう考えたいところだ——苦しみを最小にしようと努めるかもしれない。これは、経済学的な幸福と両立し得ないわけではないが、つくりだされるシステムは細部が異なってくる。そしてまたしても、こういうことは残念ながら自然界では起きないのである。なぜ、そうなのだろう？　野生動物の苦しみがあまりにもゾッとするようなものだというのは恐ろしいことだが真実であるから、繊細な心の持ち主は、直視しないほうがいいだろう。ダーウィンは、友人のフッカーに宛てた手紙でつぎのように言ったとき、自分が何を語っているかわかっていた。「悪魔に仕える牧師なら、ぎくしゃくし、無駄が多く、無様で、低劣で恐ろしいばかりに冷酷な自然の所業について、どんな本を書いたことだろう」。この「悪魔に仕える牧師」という忘れられない言い回しを、私は以前の本の表題に頂戴したし、また別の本ではこのように述べた。

自然は親切でもないし、不親切でもないのだ。苦痛に反対でも賛成でもない。いずれにせよ、自然はDNAの生き残りに影響をおよぼさないかぎり、苦しみには関心がない。たとえば、ガゼルが致命的な一噛みに苦しみそうなときに、ガゼルの痛みを鎮めるような遺伝子を想像するのはたやすい。そのような遺伝子は自然淘汰によって優遇されるだろうか？　ガゼルの痛みを鎮めることによって、その遺伝子が将来の世代において増殖する確率を増大させるのでないかぎり、否である。そうならなければならない理由は考えにくく、ガゼルが追いつめられて死ぬ——彼らの

＊ダーウィン主義的な適応について大ざっぱな言い方をする論者はしばしば、進化が先見の明をもつという誤った仮定（あからさまにではないが、結果としてはもっと有害）でつまずいてしまう。第8章のエレガンスセンチュウの章のヒーローであるシドニー・ブレナーは、彼の科学的な才気に見合う辛辣なウィットの持ち主である。かつて私は、彼が「白亜紀になったら役に立つようになるかもしれない」から、ほかになんの役にも立たないタンパク質を遺伝子プールに保持しているカンブリア紀の種を想像することによって、「進化的な先見の明」という誤謬を揶揄しているのを聞いたことがある。

ほとんどが結局はそういう運命をたどる——ときには、恐ろしい苦痛と恐怖に苦しむことは想像にかたくない。自然界における一年あたりの苦痛の総量は、正気で考えられる量をはるかに越えている。私がこの文章を考えている瞬間にも、何千もの動物が生きたまま食われているし、恐怖に震えながら命からがら逃げている動物もいるだろうし、体の内部からいまわしい寄生虫に徐々にむさぼり食われているものもいる。また、あらゆる種類の何千という動物が飢えや渇きや病気で死につつあるのだ。そうにちがいない。たとえ豊穣のときがあるとしても、それは自動的に個体数の増加につながり、結局は飢餓と悲惨という自然状態に戻るのである。

寄生者はおそらく、捕食者よりもさらに激しい苦しみを引き起こし、その進化的な存在理由を理解したところで、私たちがこうした生き物について熟考するときに覚える「無用なもの」という感覚は軽減されるよりも、むしろ増加するだけだろう。私は風邪をひくたびに（たまたま、私はいま引いている）、激しく風邪をののしる。あるいはそれは些細《ささい》な不都合にしかすぎないかもしれないが、あまりにも意味不明なのだ！　少なくとも、あなたがアナコンダに食べられたとしたら、生物界の大立者の一つの幸福に貢献できたという気持ちをもつことができる。トラに食べられるとき、ひょっとしたら、あなたの最後の思いは、「いかなる不死の手、いかなる不死の眼が、汝の恐ろしき均整美をこしらえたのか？」（「どんなに深い海、どんなに遠い空で、汝の眼の炎は燃えるのか？」）［ウィリアム・ブレイクの「虎」という詩の一節］であるかもしれない。しかし相手はウイルスなのだ。ウイルスは、まさにそのDNA——ふつうの風邪ウイルスの場合、実際にはRNAであるが、原理は同じである——に書かれた、意味のない無用さをもっている。ウイルスは、より多くのウイルスをつくるという目的のためだけに存在する。まあ、トラやヘビだって究極的には同じことが言えるのだが、こちらはそれほど無用だとは思えない。トラとヘビは、DNA複製機械であるかもしれないが、彼らは美しく、優雅で、複雑で、高価なDNA複製機械である。私はトラを保護するために金を寄付したことがあるが、だれがいったいふつうの風邪を保護するために金を出したりするだろう？　さらにもう一度鼻をかみ、ゼーゼー喘《あえ》ぐときに、私を苛立たせるのは、その無用さなのである。

　無用さだって？　なんというナンセンス。感傷的な、人間的なナンセンスだ。それを言うなら、自然淘汰はすべて無用である。自然淘汰とは、自己複製する「自己複製のための指示書」がいかに生き残るか、ということの説明にほかならない。もしDNAの一変異が、私を丸ごと呑み込んだアナコンダを通じて生き残るなら、あるいはRNAの一変異が、私にクシャミをさせることによって生き残るのであれば、それこそ私たちが説明として求めていることのすべてである。ウイルスとトラはどちらも、暗号化された指示によってつくられており、その指示の究極のメッセージは、コンピューター・ウイルスと同じように、「私を複製せよ」なのである。風邪のウイルスの場合、この指示はかなり直接的に実行される。トラのDNAは「私を複製せよ」というプログラムでもあるが、その根本的なメッセージの効率的な実行にとって不可欠な部分としての、ほとんど陶然とするほど大きな脱線を含んでいる。その脱線こそが、牙、爪、走るための筋肉、忍びより、飛びかかる本能をもつトラなのである。トラのDNAは「まずトラを形づくるという回り道ルートで、私を複製せよ」と言っているのだ。同時に、アンテロープのDNAは、「長い脚と、速く走れる筋肉を備え、用心深い本能と、トラからの危険に合わせて繊細に磨き上げられた感覚器官をもつアンテロープをまず形づくるという回り道ルートで、私を複製せよ」と言っているのである。苦痛は、自然淘汰による進化の副産物で、避けることのできない帰結の一つである。それは、もっと共感を誘うような瞬間には私たちの心を悩ませるかもしれないが、トラが心を悩ませると期待することはできないし——たとえトラがそもそも何かに心を悩ますということがあったとしても――、まちがいなく、トラがもつ遺伝子を悩ませていると期待することができない。

苦痛と悪という問題に頭を悩ます神学者たちは、想定されている神の慈愛深さと折り合いをつけようとする試みに対して、「神義論（theodicy）」（文字通りには「神の正義」）という名前を発明さえするところまで行っている。一方、進化生物学者はここになんの問題も感じない。なぜなら、悪と苦痛は、遺伝子の生き残りに関する計算においては、どんな形にせよ、まったく考慮に値しないからである。にもかかわらず、私たちは痛みの問題を実際に考慮する必要があるのだ。進化論的な観点からすれば、痛みはどこからくるのだろう？

痛みは、生命にまつわる他のあらゆることについてと同じく、ダーウィン主義的な工夫の一つであり、苦しんでいる当事者の生き残りの可能性を改善するという役割を果たしている。脳には、「もし痛みの感覚を体験すれば、いましていることが何であれ、それをただちに止め、二度とするな」といった経験則が生得的に組み込まれている。なぜ、それほどひどい痛みでなければならないのかは、いまだに議論を要するものとして残された、興味深い問題だ。理屈で考えれば、動物がなにか自らを傷つけること、たとえば灼熱した燃え殻をつまんでしまうといったことでもいいが、そんなことをしたときにはいつでも、小さな赤旗に匹敵するものを脳内のどこかで、痛みをともなわずに上げるようにすればいいのではないか――あなたはそう思うかもしれない。「二度とするな！」という有無を言わさぬ警告がなされれば、あるいは、事実の問題として動物が二度とそれをしないように、脳の配線図を痛みなしで変更するだけで、一見したところでは十分なように思える。なぜ、激しい苦痛、数日にわたって持続したり、けっして振り払うことができないような苦痛の記憶を焼きつけたりするのだろう？　なぜそんなに痛いのか？　小さな赤旗ではなにがまずいのだろう？

決定的な答えを私はもっていない。しかし、一つの興味深い可能性はこうだ。脳が対立する欲求と衝動に見舞われ、両者のあいだにある種の内的な闘争があるとしたらどうだろう？　主観的には、私たちはその感情をよく知っている。私たちは、たとえば、空腹と痩せたいという欲求のあいだで葛藤することがある。あるいは、怒りと怖れのあいだで葛藤するかもしれない。あるいは性的欲求と、断られたら恥ずかしいという怖れ、あるいは貞節を促す良心のあいだで葛藤するかもしれない。対立する欲求が死闘を演じているとき、私たちは、自分の内部でおこなわれている綱引きを、文字通り実感することができる。さて、痛みと、それがおそらく「赤旗」よりすぐれた手段だという話に戻ろう。痩せたいという欲求が空腹を却下することができるのと同じように、痛みから逃れたいという欲求を却下することも明らかに可能である。拷問の犠牲者は、最終的には屈服するかもしれないが、しばしば自分の同志、自分の国、あるいは自分のイデオロギーを裏切らずに、相当な痛みの期間を耐え抜き通すのである。自然淘汰がなにかを「望んでいる」と言うことができるとすればの話だが、自然淘汰は、個人が国への愛のために、あるいは、イデオロギー、党派、集団、あるいは種のために、自らを犠牲にすることを望みはしない。自然淘汰は、個人が痛みという警告の意味をもつ感覚を却下することに「反対」する。自然淘汰は、私たちが生き残ることを、もうすこし限定すれば、繁殖して、国あるいはイデオロギー、さもなくば人間の創造になるものでない同様のものごとから呪われることを「望んで」いる。自然淘汰がかかわるかぎり、小さな赤旗という方式は、けっして却下されないという条件でのみ、選ばれるだろう。

さて、痛みが非ダーウィン主義的な理由——国、イデオロギー、その他への忠誠心という理由——によって却下されるという事例は、もし私たちが本物の激烈な、耐え難い痛みではなく、脳に「赤旗」をもつのだとしたらもっと頻繁に起こるだろう——哲学上の難点にもかかわらず、私はそう考えている。いまかりに、耐えがたい激痛を感じることはできないが、肉体的な損傷から自らを遠ざけるための「赤旗」方式に頼るような遺伝的突然変異個体が生じたと仮定してみてほしい。彼らは、拷問にたえるのがきわめて容易なので、すぐにスパイとして徴用されるだろう。拷問に耐える準備のある諜報員を徴用するのがあまりにも簡単になるために、単純に、拷問が脅迫の手段として使われなくなるだろうということを除けばの話だが。しかし野生状態では、そのような痛みを感じず、赤旗に頼る突然変異個体は、生真面目に痛みを与える脳をもつライヴァル個体をさしおいて生き残ることができるだろうか？　彼らは生き残って、痛みを赤旗に置き換える遺伝子を伝えていくだろうか？　拷問という特殊状況や、イデオロギーへの忠誠という特殊な状況を脇においたとしても、その答えはノーになるだろうということがわかると思う。そして人間以外の生物についても、私たちは想像をめぐらすことができる。

興味深いことに、痛みを感じないという異常をもつ人々がおり、そういう人々はふつう不幸な結末を迎えることになる。「先天性無痛無汗症」（ＣＩＰＡ）は、まれな遺伝性疾患で、皮膚にある痛覚の受容器細胞を欠いている（および、症名の中に「無汗症」とあるように、汗をかかない）。確かに、先天性無痛無汗症の患者は、痛みというシステムの崩壊を埋め合わせるものとしての生得的な「赤旗」システムをもってはいないが、彼らに身体的損傷を避ける必要があることを認識するように教え込む――いわば習得された赤旗システムだ――ことができるはずだと、あなたは思うかもしれない。ともかくも、先天性無痛無汗症患者は痛みを感じることができないために、火傷、切断、多重瘢痕、感染症、無処置虫垂炎、眼球の掻創を含めた、さまざまな不愉快な結果に屈することになる。さらに予想外のことに、ほかの人間とはちがって、関節にも重大な損傷を受けてしまう。彼らは長い時間、同じ姿勢で座っていたり、横になっているときに体の向きを変えないからである。患者のなかには、日中はタイマーをセットして、頻繁に姿勢を変えるのを忘れないようにしている人もいる。

たとえ、脳の「赤旗」システムを有効なものにできたとしても、ただ単により不快でないというだけのことで、自然淘汰がそれを、本物の痛みシステムよりも積極的に優遇すべき理由はないように思われる。わが仮説上の慈悲深い設計者とちがって、自然淘汰は苦しみの強さ——それが生き残りと繁殖に影響を与えないかぎり——には関心がない。そして、もし設計ではなく、最適者の生存が自然界の根底にあるのなら、まさにそう期待すべきように、自然界は苦しみの総量を減らす方向には一歩も踏みだしていないように思われる。スティーヴン・ジェイ・グールドは、「モラルなき自然」についてのすぐれたエッセイで、そうした問題について省察している。私は前章の終わりにヒメバチについて嫌悪感を表明するダーウィンの言葉を引用したが、ヴィクトリア朝時代の思想家のあいだではこの嫌悪感はけっして特異なものでなかったことを、私はそのグールドのエッセイから教わったのである。

ヒメバチは、卵を産みつける前に、獲物を殺さずに麻痺させるという習性をもち、卵から孵《かえ》った幼虫がその内部から齧《かじ》って空っぽにできるように保証するのであり、自然の残酷さは一般に、ヴィクトリア朝時代の神義論の主要な関心事であった。その理由は容易に理解できる。雌バチは、イモムシのような生きた昆虫の獲物に卵を産みつけるが、その前に、針で注意深く神経節をつぎつぎに探りあて、獲物を麻痺させるが、生きたままでいさせるようにする。内部で食べるヒメバチの幼虫に新鮮な肉を提供するためには、生かせておかなければならないのだ。そして、幼虫のほうも、賢明な順序で内臓を食べるように注意しなければならない。まず脂肪体と消化器官を取り除き、命にかかわる心臓と神経系——おわかりと思うが、イモムシを生き続けさせるために、これらは不可欠である——は最後までとっておく。ダーウィンがあれほど心を痛めていぶかったように、いったいどんな種類の慈悲深い設計者が、そんなことを思いついたというのだろう？　イモムシが痛みを感じるのかどうか、私にはわからない。そうでないことを私は心から願う。しかし私が確かに知っているのは、たとえその仕事が、単に彼らの動きを麻痺させるだけというより経済的な方法で達成できるとしても、自然淘汰はいずれにせよ、彼らの痛みを和らげるために一歩も踏みださないだろうということだ。

グールドは、一九世紀の代表的な地質学者であったウィリアム・バックランド尊師の言葉を引用している。バックランドは、肉食獣が引き起こす苦痛に対してやっとのことで楽観的な解釈を与えることができて、慰めを見いだしている。

動物にふつうに訪れる最期として、肉食獣の手による死が約束されていることがもたらす主要な結果は、したがって、神の慈悲の授与であると思われる。それは、死にあまねくつきまとう痛みの総量から多くを軽減する。また、病気、不慮の怪我、いつまでも続く衰弱などの悲惨な状態が、あらゆる動物から削減され、ほとんど消滅するのだ。そして、個体数の過剰な増加にこのような有益な制約が課されることによって、食糧の供給は恒久的に、需要に見合った適切な割合で維持されるのである。その結果、陸地の表面にも海の深みにも、無数の動物が満ちあふれ、その者どもの生きる喜びは、命のあるかぎり続く。そして振り当てられたわずかな存在の日々を通じて、それぞれが創造された目的である務めを、喜びをもって果たしていくのである。

いや、これは彼らにとって、すばらしいことではないか！

第13章　この生命観には壮大なものがある

その科学的な韻文が（いささか驚くべきことに、と言わなければならないのだが）、ワーズワースやコールリッジに賞賛された進化論者の祖父エラズマスとちがって、チャールズ・ダーウィンは詩人としては認められていないのだが、『種の起原』を締めくくるのは、詩的なクライマックスにまで高められた一文である。

かくして、自然の戦いから、飢饉と死から(*)、われわれの思い浮かべることができるもっとも崇高な事柄、すなわち高等動物の誕生が、直接に導かれるのである。生命が、最初はわずかな数の、あるいはたった一つの種類《フォーム》に、そのいくつもの力とともに、吹き込まれたのだという見方、そして、地球が不変の重力法則に従って周回しつづけているあいだに、かくも単純な発端から、はてしない、きわめて美しくきわめて驚くべき種類《フォーム》が進化してきたのであり、いまも進化しつつあるという、この生命観には壮大なものがある。

この有名な締めくくりの言葉には、多くのことが詰め込まれているので、一節ずつ取り上げて、本書の結びとしたい。

「自然の戦いから、飢饉と死から」

どんなときにいつも頭脳明晰なダーウィンは、自らの大理論の核心にある道徳的なパラドックスに気づいていた。彼はもってまわった言い方をしない――しかし彼は、「自然が悪意をもっていない」という、衝撃を和らげる省察を提示した。同じ段落の、この前にある文章を引けば、事物は単純に、「われわれの身のまわりで作用している法則」から導かれるのである。彼は同じようなことを、『種の起原』の第7章の結びでも述べている。

論理的な推論ではないかもしれないが、私の想像力にとっては、カッコウのヒナが義兄弟を巣から押しだし、アリが奴隷をつくり、ヒメバチ科の幼虫が生きたイモムシの体を中から食べる、といった本能を、個別に付与された、あるいは創造された本能としてではなく、あらゆる生物の前進をもたらす、すなわち増殖し、変異し、最強者を生かし、最弱者を死に至らしめる一つの普遍的法則がもたらす小さな結果とみなすほうが、はるかに満足がいくのである。

ヒメバチ類の雌が犠牲者を殺さずに、針を刺して麻痺させることによって、生きた獲物を内部から食べていく自分の幼虫のために肉を新鮮な状態に保つという習性に対して、ダーウィンが抱いた――そして彼の同時代人がひろく共有していた――強い嫌悪については、すでに述べた。覚えていると思うのだが、ダーウィンは、慈愛に満ちた創造主がそのような習性を思いつくというのを自分に納得させることができなかった。しかし、運転席に自然淘汰が座っているのなら、すべては明快で、理解でき、筋の通ったものとなる。自然淘汰は、どんな心地よさも気にしない。なぜ気にする必要があるのだ？　自然界で何事かが起こるための唯一の要件は、祖先の時代にその出来事が生じたとき、それをもたらした遺伝子の生き残りをその出来事が助けたということだけである。遺伝子の生き残りで、ヒメバチの残酷さやあらゆる自然の無情な無関心は十分な説明がつく。十分な――そして、人間の思いやりの心にとってはそうでないとしても、知性にとっては満足のいくものである。

たしかに、この生命観には壮大なところがあり、その基本原理である最適者生存から否応なく導かれる自然の超然とした無関心には、一種の威厳さえ感じられる。神学者はここで、苦しみを自由意志の必然的な相関物とみなす、神義論におなじみの策略の残響に出会って、たじろぐかもしれない。生

＊ダーウィンは、自然淘汰の最初の発想をトマス・マルサスから得たと語っており、ダーウィンのこの言い回しは、ひょっとしたら、友人であるマット・リドレーが私に注意を喚起してくれたつぎの黙示録的な文章に刺激を受けたのかもしれない。「飢饉は、自然がもつ最後のもっとも恐るべき方策であると思われる。人口の力は、人間の生きる糧を生産する大地の力よりはるかに勝っているから、早死がなんらかの形で人類をおとずれなければならない。人類のさまざまな悪徳は、人口減少の活動的で有能な使者たちである。彼らは破壊の大群の先駆けであり、またしばしば、彼らだけで恐るべき大きな仕事をなしとげる。しかし、もし彼らがこの殲滅戦をしくじるならば、健康をむしばむ季節、伝染病、疫病、およびペストが、おそろしい陣容で進軍してきて、数千数万人を一掃する。成功がなお不完全であるならば、巨大な避けがたい飢饉が最後に忍びより、強力な一撃をもって、人口を世界の食糧に見合うレベルまで落とすのだ『人口論』第七章」。

物学者のほうは、苦しむことができる能力の生物学的な機能について考察するとき――ひょっとしたら、前章で私が思いめぐらした「赤旗」という考えに沿って――、「否応なく」というのが、けっして強すぎる表現ではないと気づくだろう。もし動物が苦しみを感じていないのなら、誰かが、遺伝子の生き残りという仕事を一所懸命につづけていない者がどこかにいるのだろう。

　科学者は人間であり、誰もと同じように残酷さを非難し、苦しみを嫌悪する資格がある。しかし、ダーウィンのようなすぐれた科学者は、現実世界についての真実に、どれほど不快であろうと直面しなければならないことを認識している。そのうえ、もし私たちが主観的な判断を認めるつもりならば、獲物の全身にわたって神経節を狙い打ちしていくヒメバチ、義兄弟を追い落とすカッコウ（「汝、枝の上なる茅潜《かやくぐり》殺し」〔チョーサーの詩の一節。ヨーロッパカヤクグリはカッコウに託卵される〕）、奴隷をつくるアリ、そして、あらゆる寄生者や捕食者によって示される苦しみに対するひたすらな（というよりむしろ心をもたない）無関心を含めて、すべての生命にあまねく通じる荒涼たる論理のなかには、一つの魅力さえ感じられる。ダーウィンは生存競争に関する章をつぎのような言葉で締めくくったとき、どうにかしてそこに慰めが見いだせないか、必死の思いだった。

　われわれにできるのは、どの生物も幾何級数的な比率で増えようとしていることと、それぞれの生物は一生のある時期、一年のある季節、世代ごと、あるいは周期的に、生きるために闘争し、大きな破壊をこうむらなければならないということを、かたく心に留めおくことだけである。この闘争について熟考するとき、自然の戦いはひっきりなしにあるものではないこと、生き物が怖れを感じてはいないこと、(*)死は一般に速やかなものであること、そして強壮で健康で幸運なものが生き残り、増殖することを完全に信じられれば、慰めが得られるかもしれない。

伝令を殺す［シェイクスピアがいくつかの戯曲で使った言い回しで、悪い報せを伝えに来た人間に責任を転嫁するという意］というのは、人間の愚かしい欠点の一つであり、私が序論で言及した進化論に対する反対論のかなりの部分の根底にあるものだ。「子供に君たちは動物だと教えてごらん。そうすれば、彼らは動物のようにふるまうだろう」。進化論、あるいは進化論を教えることが、不道徳を奨励するというのが、たとえかりに真実であったとしても、それは進化論がまちがっていることを意味しないだろう。あまりにも多くの人間が、この単純な論理《ロジック》の要点を理解できないというのは、まったく驚きである。この誤謬はあまりにも頻繁に見られるために、「結果に訴える論証」――Xは、その結果を私が好む（あるいは嫌だ）から、正しい（あるいはまちがっている）――という名前さえもっている。

「われわれの思い浮かべることができるもっとも崇高な事柄」

「高等動物の誕生」は、本当に「われわれの思い浮かべることができるもっとも崇高な事柄」だろうか？　もっとも崇高な？　本当かね？　もっと崇高な事柄はないのだろうか？　芸術？　精神性？『ロミオとジュリエット』？　ベートーヴェンの合唱交響曲？　システィーナ礼拝堂？　愛？

ここでは、その慎み深い性格にもかかわらず、ダーウィンが大きな野心を抱いていたことを思い起こさなければならない。彼の世界観にもとづけば、人間の心にかかわるすべて、私たちのあらゆる感

＊そう信じられればいいのだが。

情や精神的自負、あらゆる芸術、数学、哲学、音楽、あらゆる知的・精神的技巧は、それら自体が、高等動物を生みだしたのと同じ過程の産物なのである。それは単に、進化した脳なくしては精神性や音楽が不可能だということだけではない。もっとはっきり言えば、脳は功利主義的な理性をもてるほどにまで容量と力を増大させるよう自然淘汰され、ついには、副産物として知性や精神《スピリッツ》が出現するようになり、それが、集団生活と言語が提供する文化的な環境において花開いたのである。ダーウィン流の世界観は、高度な人間の能力をないがしろにしているわけでも、それを屈辱の水準まで「貶《おとし》めて」いるわけでもない。ヘビに擬態したイモムシのダーウィン流の説明が満足すべきものであるというような意味で、この説が、とりわけ満足すべきものであると思えるようなレヴェルで人間の高度な能力を説明できているなどとは、主張してさえいない。けれども、それは、ダーウィン以前の時代に生命を理解しようとするあらゆる努力が悩ませられたにちがいない難攻不落の――侵入を試みる価値さえない――謎を解消したと主張するのである。

しかし、ダーウィンは私からのどんな弁護も必要としておらず、私は、高等動物の誕生が、私たちの思い浮かべることのできるもっとも崇高な事柄なのか、それとも単にきわめて崇高な事柄なのかという疑問をやり過ごすことにする。けれども、この語句を受ける述語のほうはどうだろうか？　そう、その通りなのだ。もしダーウィンの論法を理解すれば、それは直接に導かれるものだが、一九世紀になるまで誰も理解しなかった。そして多くの人はいまだに理解しておらず、あるいはひょっとしたら、理解するのが気乗りしないのかもしれない。その理由を知るのはむずかしくない。あなたがそれについて考えるとき、私たち自身の存在こそが、ダーウィン以後はその存在の説明が可能になったこととあいまって、私たちの誰もが熟考するように要求される、これまでの生涯を通じてもっとも驚くべき事実の候補になるのである。すぐに、そのことに話を移そう。

「最初は……吹き込まれた」

以前の私の著作を読んだ読者から、「吹き込まれた」のあとの重要な一句「創造主によって」を私が意図的に省いたのだと考え、そのことを非難する怒りの手紙を数え切れないほど受け取った。私は勝手気ままにダーウィンの意図をねじ曲げているのではないのか？　こうした熱狂的な手紙をよこした人々は、ダーウィンの偉大な本が、六回も版を改めていることを忘れている。初版では、その文章は、私がここに引用した通りである。おそらくは宗教的な圧力団体からの圧力に屈して、ダーウィンは第二版および残りの版では、「創造主によって」を挿入した。そうしてはいけないという、十分に納得のいく理由がないかぎり、『種の起原』から引用するときには、私はつねに初版からにしている。そうする理由の一つは、私のもっている一二五〇部だけ印刷されたこの歴史的な版本の一冊が、後援者で友人でもあるチャールズ・シモニーから贈られた、私のもっとも貴重な所蔵品の一つだからである。もう一つの理由は、初版が歴史的にもっとも重要だと言えるからである。それはヴィクトリア朝時代のみぞおちに一撃をくらわせ、何百年分もの時代の空気を追い払った本なのだ。さらに、後の版では、とくに第六版では、世論に必要以上に迎合している。初版に対するさまざまな学識はあるが見当違いの批判に応えようとして、ダーウィンは、実際はもともと明確に書かれていたいくつもの重要な論点を撤回したり、立場を変えたりさえした。それゆえ、「最初は……吹き込まれた」が本来の姿であり、創造主に対しては一言も触れられていないのである。

ダーウィンは、宗教的な批判に対するこの譲歩を後悔していたように思われる。友人の植物学者ジョゼフ・フッカーに宛てた一八六三年の手紙で、彼は「世論にこびへつらい、創造というモーセ五書の用語を用いたことをずっと後悔しています。私が本当に言いたかったのは、なんらかのまったく未知の過程によって『出現した』ということなのです」。これが書かれた状況は、娘のフランシス・ダーウィンが一八八七年に編纂した父親の書簡集で説明しているように、ダーウィンがフッカーに、カーペンターの本についてのある書評を借りたことへの礼状として書いていたというものであった。この書評では、匿名の評者が「創造的な力……」、これはダーウィンがモーセ五書の用語を使って、『そこへ、最初に命が吹き込まれた』という原初的な形でしか表現できなかったものだ」と語っていた。今日《こんにち》では、「最初に吹き込まれた」さえも省《はぶ》くべきだろう。いったい何に何が吹き込まれたと想定されているのだろう？　おそらく、意図されている対象は、ある種の生命の息だった(*)のであろうが、それは何を意味したのか？　生命と非生命の境界をさらに厳密に調べていけばいくほど、ますます区別はとらえどころがなくなる。当時、生物、命あるものは、ある種の活力、脈動する性質、生命精気――フランス語にしてエラン・ヴィタール(**)と書くと、もっと神秘的に見える――をもっと想定されていた。あるいは生命は、特別な生命物質、「プロトプラズマ」と呼ばれる魔法の秘薬でできていると思われていた。コナン・ドイルの小説に登場するチャレンジャー教授は、シャーロック・ホームズよりもさらに荒唐無稽な架空の人物であるが、その彼が、地球が一種の巨大なウニのようなものであり、その殻が地殻で、地核は純粋なプロトプラズマでできていることを発見したのである。二〇世紀の半ばまで、生命は物理学や化学を質的に超越したものだと考えられていた。もはやそうではない。生命と非生命の違いは、物質の問題ではなく、情報の問題である。生物は途方もない量の情報をもっている。情報のほとんどはＤＮＡのなかにデジタル暗号化されており、またこれからすぐに見るように、別のやり方で暗号化されたかなりの量の情報も存在する。

　ＤＮＡの場合には、情報コンテンツが地質学的な時間のうちにどのようにして築き上げられていくかがかなりよく理解されている。ダーウィンはそれを自然淘汰と呼んだのだが、私たちはもっと厳密に言い表すことができる。すなわち、自らが生き残れるような胚発生のレシピを暗号化する情報の、非ランダムな生き残りである。自明なことだが、自分自身の生き残りのためのレシピは生き残ることになるだろう。ＤＮＡが特別なところは、それが物質そのものとして生き残るのではなく、無限に繰り返されていく一連のコピーという形で生き残ることだ。コピー（複製）にはまれにエラーが生じるので、新しい変異型が先行型よりもうまく生き残るということがあり、それゆえ、生き残りのためのレシピを暗号化している情報データベースは、時間の経過とともに改善されていく。そのような改善は、暗号化された情報の保存と増殖のための、よりすぐれた肉体およびその他の属性や道具という形で外に現れるだろう。このため、ＤＮＡ情報の保存と増殖はふつう、その情報を含む肉体が生き残って繁殖することを意味することになる。ダーウィン自身が研究した生き残りと繁殖は、この肉体のレベルであった。体内の暗号化された情報は、彼の世界観のうちに潜んでいたが、二〇世紀になるまで

＊宗教的な伝統は、久しく息を生命と同一視してきた。英語の spirit はラテン語の「息（spiritus）」に由来する。「創世記」では、神が最初にアダムをつくった後、鼻から息を吹き込んで命を与えている。「魂」を意味するヘブライ語は、ruah または ruach で（アラビア語の ruh と同語源語）、これも「息」、「風」、「吸気」を意味する。

＊＊この言葉は、一九〇七年に、フランスの哲学者アンリ・ベルグソンによって造語された。私はつねづね、鉄道列車はエラン・ロコモーティフによって推進されているという、ジュリアン・ハクスリーの皮肉に満ちた推論を、心に留めている。

明確に姿を現さなかった。
遺伝子データベースは、過去の環境、祖先が生き残り、そうすることを助けた遺伝子を伝えていった環境についての情報の貯蔵庫となる。現在および未来の環境が過去の環境と似ている（大部分は似ている）程度に応じて、この「遺伝子版死者の書」は、現在および未来に生き残るための有益な手引きとなるだろう。この情報の貯蔵庫は、いついかなる瞬間にも、個々の生物の体内に収まっているのだが、長期的にみれば、有性生殖がおこなわれ、DNAが体から体に移るときにシャッフルされるところでは、生き残りのための指示にかんするデータベースは、種の遺伝子プールということになるだろう。

各個体のゲノムは、どの世代でも、種のデータベースから採られた一つのサンプルである。異なる種は、祖先の世界が異なるがゆえに、異なるデータベースをもつことになる。ラクダの遺伝子プールのデータベースは、砂漠とそこで生き残る術《すべ》についての情報を暗号化することになる。モグラの遺伝子プールのDNAは、暗く、じめじめした地中で生き残るための指示とヒントを含むことになる。捕食者の遺伝子プールのDNAは、被食者、彼らの逃げのびる術策、それを出し抜く方法についての情報をしだいに数多く含むようになる。獲物の遺伝子プールのDNAは、捕食者と、彼らから身をかわし、走り勝つ方法についての情報を含むようになる。すべての遺伝子プールのDNAは、寄生者と、彼らの有害な侵入から身を守る方法についての情報を含んでいるだろう。

未来に生き残るために現在においてどう対処すべきかの情報は、必然的に過去から集められる。祖先の体にあるDNAの非ランダムな生き残りは、過去からの情報が未来の用途のために記録される明白な方法であり、DNAの一次的なデータベースが築かれるルートである。しかし、過去についての情報が将来に生き残るための確率を改善するのに使うことができるような形で記録保存する方法は、ほかに三つある。それは、免疫系、神経系および文化である。翼、肺および生き残るための他のすべての器官とともに、この三つの二次的な情報収集システムのそれぞれは、究極的には一次的なシステム、すなわちDNAの自然淘汰によってあらかじめ形づくられている。これらをまとめて、四つの「記憶《メモリ》」と呼ぶことができる。

第一の記憶《メモリ》は、種の遺伝子プールという巻物に書き込まれた、祖先の生き残りテクニックのDNA貯蔵庫である。遺伝的に受け継いだDNAのデータベースが、祖先の環境とそこで生き残る術についての詳細を何度も書き重ねて記録しているように、「第二の記憶」である免疫系は、個人の生涯を通じて体を見舞った病気その他の損傷に対して、同じことをしている。過去の病気と、それを生き延びる術についてのこのデータベースは、個体ごとに独特で、抗体——病原体（病気を引き起こす生物）の種類ごとに一つの抗体集団があり、それは、病原体を特徴づけるタンパク質との過去の「経験」によって、厳密に誂《あつら》えてつくられる——と呼ばれるタンパク質のレパートリーに書き込まれている。同世代の多くの子供と同じように、私は麻疹《はしか》と水痘《すいとう》にかかったことがある。私の体はこの「経験」を「記憶」しており、その記憶は、これまでに克服してきた侵入者たちについての私の個人的なデータベースの残りとともに、抗体タンパク質に体現されている。幸いにして私はポリオに罹《かか》ったことがないが、医学は、けっして罹ったことのない病気の偽の記憶を植えつける、ワクチン接種という巧妙な手法を考案した。私はけっしてポリオに罹ることがない。なぜなら、私の体は、過去に罹ったことがあると「考えて」おり、私の免疫系データベースは、無毒化したウイルスの注射によって「騙されて」つくった適切な抗体の備えをもっているからである。とても興味深いのだが、ノーベル賞を受賞したさまざまな医学者の研究が示すように、免疫系のデータベースそれ自体は、ランダムな変異と非ランダムなクローン選択（淘汰）という準ダーウィン主義的な過程で構築されるのである。しかし、この場合の非ランダムな選択というのは、生き残るという能力のために体が選択されるのではなく、侵入してきたタンパク質を包み込んだり、さもなければ中和したりする体内のタンパク質の能力が選択されることなのである。

第三の記憶は、私たちがこの言葉を使うときにふつう思い浮かべるものである。すなわち神経系に宿る記憶のことだ。まだ完全には理解されていないメカニズムによって、私たちの脳は、過去の病気についての抗体の記憶や、祖先の死や成功についてのDNAの「記憶」（そう見なしてもいいので）と匹敵するような、過去の経験の貯えを保持している。もっとも単純な形では、第三の記憶は、自然淘汰のさらにもう一つのアナロジーとみなすことができる試行錯誤過程によって機能する。食物を探索しているとき、動物はさまざまな動作を「試みる」だろう。厳密にはランダムではないが、この試行段階は遺伝子突然変異の妥当なアナロジーである。自然淘汰に対するアナロジーとしては、この機構は「強化」、すなわち報酬（正の強化）と罰（負の強化）から成るシステムであると言える。たとえば落ち葉をひっくり返すという動作（試行）は、葉裏に隠れている甲虫の幼虫やダンゴムシを得る（報酬）ことに等しいと判明する、という具合だ。神経系は、「どんな試行動作でも、なにも得られないか、あるいはもっと悪いことに罰せられるようなものは繰り返すべきではない」というようなルールをもっているのだ。

しかし脳の記憶は、動物の行動レパートリーのなかで、報酬の得られる動作が非ランダムに生き残り、罰を受ける動作が消去されるというこの準ダーウィン主義的過程より、はるかに先まで進んでいる。脳の記憶（ここでは「　」に入れる必要がない。なぜなら、それがこの語の本来の意味だからである）は、少なくともヒトの場合には、膨大であるとともに鮮明でもある。それは、顔、場所、調子、部位において五感すべての模倣物によって表される詳細な場面を含んでいる。さらに、社会的慣習、規則、言葉といったリストももっている。あなたはそれを、内側からよく知っているので、どんな感じかを喚起するために言葉を費やす必要はないだろう。ただ、執筆のために私が使いこなせる語彙と、あなたが読むために使いこなせる同じ、あるいは少なくとも大幅に重複している辞書がすべて、一つの膨大な神経データベースのなかに、それらを配列して文章にしたり、解読したりするための統語的な装置とともに宿っているという注目すべき事実だけを述べておく。

さらに、脳にある第三の記憶《メモリ》は、第四の記憶《メモリ》を生みだした。私の脳内のデータベースは、私の個人的な生活に起こったことと感覚の単なる記録――ただし、脳が最初に進化したときにはこれが限界だった――以上のものを含んでいる。あなたの脳は、過去の世代から、口伝えの言葉、あるいは書物、あるいは現代ではインターネットで伝えられ、非遺伝的に受け継いだ集合的な記憶を含んでいる。あなたや私がすんでいる世界は、私たちよりも先を行き、人類文化のデータベースにその影響を刻んできた人々のおかげで、はるかに豊かである。すなわち、ニュートンとマルコーニ、シェイクスピアとスタインベック、バッハとビートルズ、スティーヴンソンとライト兄弟、ジェンナーとソーク、キュリーとアインシュタイン、フォン・ノイマンとバーナーズ＝リー［イギリスの計算機科学者。ワールド・ワイド・ウェブの「父」］といった人々である。そしてもちろん、ダーウィンもそうだ。

これら四つの記憶は、最初はもともと、非ランダムなDNAの生き残りというダーウィン主義的な過程によって構築された、生き残りのための装置の、広大な上部構造の一部、あるいは現れなのである。

「わずかな数の、あるいはたった一つの種類《フォーム》に」

ダーウィンが安全策をとったのは正しかったが、今日では、地球上のすべての生物が単一の祖先から由来したものであることがかなり確実になっている。その証拠は、第10章で見たように、遺伝暗号が普遍的であり、動物、植物、菌類、細菌、古細菌、ウイルスを通じてほとんど同じであることだ。三文字からなる「DNA語」を二〇種類のアミノ酸と「読み始め」と「読み終わり」を意味する一つの句読点へと翻訳する六四単語の辞書は、生物界のどこを調べようと、同じ六四単語の辞書なのである（一、二の例外はあるが、一般化をつきくずすには至らない、あまりにも特殊なものである）。もし、たとえばメチャクチャ生物と呼ばれる、奇妙で異様な生物が発見され、それがDNAをまったく使わず、あるいはタンパク質を使わず、あるいはタンパク質は使っても、おなじみの二〇種類とはちがった一連のアミノ酸をつなぎ合わせたものだったり、あるいはDNAは使っても、三文字暗号《トリプレット》ではないか、三文字暗号だが同じ六四単語の辞書を使っていなかったりしたら——もし、これらの状況のどれかに出会うようなことが万一あれば、生命が二度にわたって、すなわち一度はメチャクチャ生物、一度はその他の生物が誕生したと言えるかもしれない。ダーウィンが知っていたことに反して——実際には、DNAが発見される以前に誰であれ知っていたことに反して——、既存の生物のなかに、私がここでメチャクチャ生物に帰した性質をもつものがいたかもしれないことになる。その場合には、彼の「わずかな数の種類に」というのが正当化されただろう。

二つの独立した起源をもつ生物がたまたま同じ六四単語の暗号をもつということはありえるだろうか？　きわめてありそうにない。それが妥当性をもつためには、既存の暗号がその代案となる暗号に対して強い優位性をもっていなければならなかっただろうし、そこに向かっての漸進的な改良の斜路《ランプ》、自然淘汰が登っていく斜路がなければならなかっただろう。だが、どちらの条件もありそうにない。

フランシス・クリックは早くに、遺伝暗号は「偶然に凍結されたもの」であり、いったん定まってしまえば、変えることが不可能ないし困難なものではないかと述べていた。その推論が興味深い。遺伝暗号そのものに起きるいかなる突然変異も（それによって暗号化される遺伝子の突然変異とは逆で）、一カ所だけでなく、生物個体全体に、即座に破滅的な効果をもたらすだろう。もし、六四単語のどれか一つの単語が意味を変えれば、それは異なったアミノ酸を指定することになり、体中のほとんどすべてのタンパク質が、おそらくは全身にわたる多くの場所で、あっというまに変化するだろう。脚をほんのわずか長くするとか、翼を短くするとか、眼を黒くするといった通常の突然変異とは異なり、遺伝暗号の変化は、すべてのことを一挙に、全身にわたって変えてしまうだろう。そんなことになれば大惨事である。さまざまな理論家が、遺伝暗号がどういう経路で進化してきた可能性があるかについての独創的な案を得だしてきている。つまり、彼らの論文の一つから引用すれば、偶然に凍結されたものが「解凍される」ような進化の経路についての理論である。そうした理論は興味深いものではあるが、私は、遺伝暗号を調べられているすべての生物が一つの共通祖先から由来したことはほぼ確実だと考えている。さまざまな種類の生物が、どれほど洗練され、異なった高水準プログラムにもとづいたものであろうとも、すべて、基本的には同じ機械言語によって書かれているのである。

もちろん、現在は絶滅してしまった他の生物——私のメチャクチャ生物にあたるもの——に、別の機械言語が出現していた可能性を排除することはできない。そして物理学者のポール・デイヴィスは、私たちが実際には、地球上のどこか極端な要塞のなかに絶滅せずに潜んでいる、なんらかのメチャクチャ生物（もちろん、彼はこんな言葉は使わなかった）がいるかどうかを、それほど懸命になって調べてきたわけではないという、筋の通った主張をしている。彼は、それがきわめてありそうにないことは認めているが、他の惑星まで旅行して調べるよりは、地球上を徹底的に調べるほうがずっと簡単で、ずっと安上がりだと――鍵をなくしたら、どこで落としたかと暗い中をあちこち探しまわるより、街灯の下を探そうという現実的な流儀だ――主張する。一方で私は、デイヴィス教授は何も見つけることができないだろうし、この地球上に生き残っているすべての生物が同じ機械暗号を使い、単一の祖先に由来するものであるという、個人的な予測を書き残しておくことを厭わない。

「地球が不変の重力法則に従って周回しつづけているあいだに」

人類は、その正体を理解するよりずっと以前から、私たちの生活が周期によって支配されていることに気づいていた。もっとも明らかな周期は、昼夜の周期である。宇宙空間に漂っている物体、あるいは重力法則のもとで他の物体のまわりを周回している物体は、自らの軸を中心に回転(自転)するという自然の傾向をもっている。例外もあるが、わが地球はその例外ではない。現在の自転の周期は二四時間(かつてはもう少し速く回転していた)であり、私たちはもちろんそれを、夜のあとに昼がくるという形で体験するのである。

私たちは比較的大きな天体の上で生活しているため、重力(引力)が基本的に、万物を地球の中心に向かって引っ張る力であると考えており、それを「下に」引っ張られる力として体験する。しかし重力は、ニュートンがはじめて理解したように、普遍的な影響力をもっていて、宇宙のいたるところで、天体を他の天体のまわりを半永久的に周回しつづけるように保っているのである。地球が太陽のまわりを周回(公転)するにつれて、私たちはこれを、季節が巡る一年の周期として体験する。(*)地球が自転する軸が、太陽のまわりを回転する軸に対して相対的に傾いているために、たまたま私たちの多くがすんでいる北半球では、軸が太陽側に傾いている一年のうちの半分は長い昼と短い夜を体験する。そして一年の残りの半分には短い昼と長い夜を体験し、それが極端に達するときを冬と呼んでいる。北半球の冬のあいだ、太陽光線は、私たちに当たるときは、浅い角度でぶつかる。浅い視射角〔光線と水平面とのあいだの角度〕によって、冬の太陽光線は、夏におけるよりも広い面積により薄くひろがることになる。光を受ける表面では、面積当たりの光子の数が少なくなるので、寒く感じられる。緑の葉に到達する面積当たりの光子の数が少ないことは、光合成の低下を意味する。短い昼と長い夜も同じ効果をもっている。冬と夏、昼と夜、私たちの生活は、まさにダーウィンが言ったように——彼より前に、「創世記」もこう言っている。「地の続くかぎり、種まきも刈り入れも、寒さも暑さも、夏も冬も、昼も夜も、やむことはない」〔第八章二二節〕——、周期によって支配されているのである。

それほど顕著ではないが、やはり生活にとって問題となるような別の周期にも、重力は介在している。比較的小さなものである場合が多いが、いくつもの衛星をもつ他の惑星とちがって、地球はたまたま大きな衛星を一つだけもっており、私たちはそれを月と呼んでいる。月は十分に大きいので、それ自体で無視できない重力効果を及ぼす。私たちはそれを基本的には潮汐《ちょうせき》周期で体験する。単に日々の潮の満ち引きという比較的速い周期だけでなく、大潮と小潮という月単位のもっとゆっくりした周

＊英国民の一九％が一年の何たるかを知らず、地球が太陽のまわりを一ヵ月に一度回っていると考えていることを示す世論調査にこのあとの付録でまた戻れるが、私にとってそうすることには、痒いところをことさら掻いたり、痛む歯を指で押さえたりするのと同じ、自虐的な快感がある。一年の何たるかを理解している人のなかでさえ、多くのパーセンテージの人々が季節が起こる原因を理解しておらず、蔓延している北半球優越主義をもって、六月に地球がもっとも太陽に近づき、一二月にもっとも遠ざかるからだと思っている。

期もそうだ。こちらは、太陽の重力効果と一ヵ月で地球を周回する月の重力効果の相互作用によって引き起こされる。こうした潮汐周期は、海中生物および沿岸生物にとってとりわけ重要であり、人々は、人類の月経周期に海で暮らしていた祖先のなんらかの種の記憶のようなものが生き残っているのではないかと、かなり怪しみながら想像してきた。これはこじつけだろうが、もし地球のまわりを周回する月がなかったとしたら、生活がどんなにちがったものになっていただろうかという興味深い憶測を誘うものではある。私見ではこれまたありそうに思えないのだが、月がなければ生命は存在しえなかっただろうという説もささやかれている。

もし地球が自転していなかったらどうだろう？　もし月が私たちに対してしているように、地球が一面だけを太陽に向けつづければ、つねに昼である半面が灼熱地獄となる一方で、つねに夜である半面は耐え難い寒さになるだろう。中間のつねに黄昏《たそがれ》の辺境地に、あるいはひょっとすれば地中深くに埋もれて、生命は生き残ることができただろうか？　そのような苛酷な条件下で生命が誕生できたかどうか疑わしいと私は思うが、もし地球が徐々に自転速度を落としていって停止に至るのなら、順応するための時間はたっぷりあるわけだから、少なくともなんらかの細菌が生き残って繁栄するというのは十分にありうることだ。

地球は自転するが、回転軸が傾いていなかったらどうだろう？　そうなると生命は存在しえなくなるかどうか、疑問である。夏／冬の周期はなくなるだろう。夏と冬の条件は時間ではなく、緯度と標高の関数となるだろう。冬は、南極か北極の近く、あるいは高山にすむ生物がつねに体験しつづける季節となるだろう。それで生物が消滅することになるという理由が私にはわからないが、季節なしの生活は面白みの乏しいものになるだろう。渡りや遊動をする、あるいは、ほかでもない特定の季節だけに繁殖する、あるいは落葉、換羽・換毛、休眠といったことをする理由がなくなってしまうだろう。

もし地球が恒星である太陽のまわりを周回しなければ、生命はどうあっても存在しえないだろう。恒星のまわりを周回することに対する唯一の代案は、虚空を高速で走り抜けることしかない――そこは、真っ暗で、温度は絶対零度に近く、ひとりぼっちで、生命が熱力学の激流に抗して、一時的かつ局所的に上流に向かってにじり登ることを可能にするエネルギー源からは、はるか遠く隔たっている。ダーウィンの「不変の重力法則にしたがって周回しつづけている」という言い回しは、絶え間なく、想像を絶するほど長きにわたる時間の経過を表現するための、単なる詩的な趣向という以上のものなのである。

　恒星のまわりを周回するというのが、天体がエネルギー源から比較的一定の距離をおいてとどまることができる唯一の方法である。どんな恒星――わが太陽は典型だが――の近くにも、熱と光を浴びる限られた地帯があり、そこでは生命の進化が可能である。恒星から宇宙空間に向かって遠ざかるにつれて、この居住可能な地帯は、有名な逆二乗の法則にしたがって、急激に縮小する。つまり、光と熱は恒星からの距離に直接比例して減少するのではなく、距離の二乗に比例して減少するのである。なぜそうでなければならないかを理解するのはたやすい。恒星を中心にして半径が増大していくいくつかの同心球を想像してみてほしい。恒星から外に向かって放射されるエネルギーは球体の内側に落ち、最終的にこの球体のすべての表面に「分配」される。球体の表面積は半径の二乗に比例する（ESK）＊。それゆえ、もし球体Aが球体Bよりも恒星から二倍遠くにあれば、同じ数の光子を四倍も大きな地域に「分配」しなければならない。これこそ、太陽系でいちばん内側にある惑星の水星と金星

＊ESKというのは、「どんな生徒でも知っている」（Every Schoolboy Knows）の略（そして、どんな女子生徒でも、それをユークリッド幾何学で証明できる）。

が焼けるような暑さであるのに対して、海王星や天王星のような外側の惑星が、深宇宙ほどではないにせよ、暗くて寒い理由である。

熱力学の第二法則の述べるところでは、エネルギーはつくりだされることも破壊されることもありえないが、有効な仕事ができなくなるようになることは――閉鎖系においてだけ――起こりうる。つまり、これが「エントロピー」が増大するということの意味である。ただしここで言う「仕事」とは、水を高いところに汲み上げたり、あるいは――その化学反応版――大気中の二酸化炭素から炭素を抽出して固定し、植物の組織で使ったりすることを指す。第12章ですでに触れたように、この二つの離《はな》れ業《わざ》はどちらも、その系にエネルギーが供給された場合にのみ達成できる。たとえば、揚水《ようすい》ポンプを動かすのに電気エネルギーを、あるいは緑色植物で糖やデンプンを合成するのに太陽エネルギーを使うというのと同じことだ。ひとたび坂の上まで水が汲み上げられれば、それは坂を下って流れ落ちる傾向をもち、その下に向かって流れるエネルギーの一部は水車を回すのに使うことができ、それが電力をつくりだすことができ、電動モーターを動かして、水の一部をふたたび坂の上まで汲み上げることができる。しかし、一部だけなのだ！　エネルギーの一部はつねに失われる――けっして破壊されることはないが――のである。永久機関は不可能なのである（このことについては、どれほど強調しようとも、独断的とか教条的とか言われることはない）。

生命の化学では、太陽に駆動された植物内の「上り坂」化学反応によって、大気から抽出された炭素は燃やされて、エネルギーの一部を放出することができる。人間は石炭という形で、炭素を文字通り燃やすこともできる。石炭は貯蔵された太陽エネルギーのようなものだ。なぜならそれはずっと以前、石炭紀および他の過去の年代に死んだ植物のソーラー・パネルによって、そこに置かれたからである。あるいは、エネルギーは実際の燃焼よりももっと制御された形で放出されることもある。植物、あるいは植物を食べる動物、あるいは植物を食べる動物を食べる動物（等々）の生きた細胞内では、太陽によってつくられた炭素化合物は「ゆっくりと燃やされる」。文字通り炎となって燃えるのではなく、エネルギーを耐久性のある少量の滴《したた》りとして手放すのだ。細胞内でそれは、制御されたやり方で仕事をし、「上り坂」化学反応を動かす。ここでも、エネルギーの一部が熱として浪費されるのは避けることができない――さもなければ、私たちは永久機関をもっていたことになるが、永久機関は不可能なのである（何度でも繰り返し言う必要がある）。

宇宙のほとんどすべてのエネルギーは、仕事ができる形から仕事のできない形へと着実に劣化していく。そこには、水準の低下、混乱があり、ついに最終的には、宇宙全体が一様で、何事も起こらない（文字通りの）「熱死」に落ち着く。しかし、全体としての宇宙が不可避の熱死に向かって急降下しているあいだに、少量のエネルギーが小さな局所的な系を反対方向に動かす余地はなくはない。海から蒸発した水は大気中に上昇して雲となり、のちに雲はその水分を山頂に落とし、水は河川となって山を走りくだり、水車や水力発電所を動かすことができる。水を持ち上げる（したがって、発電所のタービンを動かす）エネルギーは太陽からやってくる。これは熱力学第二法則の侵犯ではない。なぜなら、エネルギーがたえず、太陽から供給されているからである。太陽エネルギーは緑色の葉でも似たようなことをしていて、化学反応に局所的に「坂を上らせ」て、糖、デンプン、セルロース、および植物組織をつくらせる。最終的に植物は枯死するか、あるいは動物にまず食べられる。捉えられた太陽エネルギーは、無数のエネルギーカスケードを通じて、あるいは、最終的には細菌や菌類が植物、あるいはさらに動物をも分解するところまでに至る、長くて複雑な食物連鎖を通じて、滴り落ちていく機会がある。あるいはその一部は、最初は泥炭として、やがては石炭として、地中に身を潜めるかもしれない。しかし、究極的な熱死に向かう普遍的な趨勢《すうせい》をけっして逆戻りさせることはできない。食物連鎖のあらゆる環《リンク》で、すべての細胞の内部でおこるあらゆる滴下カスケードを通じて、エネルギーの一部は無益に失われてゆく。なぜなら永久機関は……いいだろう。そのことはもう十分に繰り返した。しかし私は、以前の本『虹の解体』で少なくとも一度引用したことがある、サー・アーサー・エディントンのこの問題についてのすばらしい言葉を、ここで引用するのに許しを乞うつもりはない。

もし誰かが君に、君のお気に入りの宇宙論はマクスウェルの方程式と一致しないと指摘したとしよう――それは、マクスウェルの方程式にはお気の毒としかいいようがない。もし観察結果と矛盾することがわかったら――まあ、実験屋たちも時にはへまをするからね。しかし、もし君の理論が熱力学の第二法則に反することがわかったら、君に望みはないと私は断言できる。深い屈辱にうちひしがれて膝を屈するほか術《すべ》はないのだよ。

創造論者たちは、進化論は熱力学の第二法則と矛盾するとしょっちゅう言うのだが、そう言う彼らは、第二法則を理解していない(私たちは彼らが進化論を理解していないことはすでに知っている)と告白しているも同然である。太陽のおかげで、矛盾などありはしないのだ!生命について語っているのであれ、上昇して雲となり、雨となってふたたび降下する水について語っているのであれ、この系《システム》全体は最終的に、太陽からの着実なエネルギーの流入に依存しているのである。実際には物理・化学の法則に反しているのではけっしてない――まちがいなく第二法則には反していない――のであって、太陽からのエネルギーが生命に動力を与え、物理・化学の法則を丸め込んで拡張させ、複雑で、多様で、美しく、統計学的にありえない意識的な設計によるものだという不思議な幻想を抱かせるほどの、並はずれた離れ業を進化させたのである。この幻想はあまりにも説得力があったために、チャールズ・ダーウィンが舞台に登場するまで、何百年にわたって人類の偉大な精神を欺いてきた。自然淘汰はありえないことをしでかすポンプ、すなわち、統計学的にありえないことを生みだす過程なのである。それは一貫して、ランダムな変化のうちで生き残りの役に立つようなものをもつ少数派をつかまえ、想像を絶するようなタイム・スケールのなかでわずかな一歩ずつを積み重ね、ついに進化が不可能と多様性の山を登りつめるのだが、この山頂の高さも範囲も限界がないように思えるこの比喩的な山は、私が「不可能の山」と呼んだものである。生きた複雑さを「不可能の山」に押し上げる自然淘汰という不可能のポンプは、そこいらの山の頂《いただき》に水を持ち上げる太陽エネルギーに匹敵するものである。(*) 生命が大きな複雑さを進化させるのは、自然淘汰が生命を局所的に、統計学的に可能な地点から不可能な地点に向かって駆動するからなのである。そしてこれは、太陽からのエネルギーが途絶えることなく供給されるからこそ、可能なのである。

「かくも単純な発端から」

進化が始まって以来、どのような働きをしてきたかについて、私たちはダーウィンが知っていたよ

＊クロード・シャノンが、それ自体が統計学的なありえなさ（不可能さ）の尺度である「情報」の測定基準を考案しているときに、前世紀にルドヴィヒ・ボルツマンがエントロピーのために考案したのとまったく同じ数式に行き当たったのは、偶然ではない。

りもはるかに多くを知っている。しかし、それが最初にどのようにして始まったかについては、ダーウィンが知っていた以上のことはさほどわかってはいない。本書は進化の証拠についてのものであるが、地球上で進化の出発点であった記念すべき出来事を指し示すような証拠は何一つない。それは格別に希《まれ》な出来事であった可能性がある。それは一度だけしか起こることがないもので、私たちの知るかぎり、たった一度しか起こらなかった。私自身疑わしく思っているが、宇宙全体を通してもたった一度しか起こらなかったという可能性さえある。証拠よりもむしろ純粋な論理だけにもとづいて、一つ言うことができるのは、ダーウィンが「かくも単純な発端から」と言ったのは賢明だったということだ。単純の反対は、統計学的にありえない（不可能）である。統計学的にありえないことが、自発的に突然現れたりはしない。それこそが、統計的にありえないという言葉の意味である。発端は単純であったにちがいない。そして自然淘汰による進化はいまでも、私たちの知るかぎり、単純な発端が複雑な結果を生みだすことのできる唯一の過程なのである。

ダーウィンは『種の起原』において、進化がどのようにして始まったかを論じていない。彼は、その問題が彼の時代の科学には手の届かないものだと考えていた。私が先に引用したフッカーへの手紙で、ダーウィンはこう続けている。「現時点で生命の起源のことを考えるのは、ただ馬鹿げているだけです。それは物質の起源を考えるのと同じことです」。彼は、この問題が最終的に解決される可能性を排除しなかった（実際、物質の起源については、おおむね解決されてしまっている）が、それは遠い将来においてのみだった。「私たちが、新しい動物を生みだしている『スライム、プロトプラズマ、その他』を見るまでには、しばらく時間がかかるでしょう」。

この箇所で、父親の書簡集の編者であるフランシス・ダーウィンは、つぎのような脚注を挿入している。

同じ主題について、父は一八七一年にこう書いている。「生物が最初に生まれたときのすべての条件が現在あるのだから、いまでもそういうものが存在していいはずだと、しばしば言われます。しかし、もし（ああ、なんという大きな「もし」でしょう！）あらゆる種類のアンモニア、リン酸塩、光、熱、電気、その他を含んだ、どこか温かい小さな池のなかで、タンパク質化合物が化学的に合成され、いつでも、もっと複雑な変化をとげる用意があると考えることができたとしましょう。今日では、そのような物質は、たちまちのうちに貪り食べられるか吸収されてしまうでしょう。そういう状況は、生物が形成される以前にはありえなかったはずです」。

チャールズ・ダーウィンはここで、かなりはっきり異なった二つのことをおこなっている。一方で彼は、生命がどのようにして起源したかについての唯一の推論（有名な「温かい小さな池」のくだり）を提示している。もう一方では、現在の科学が私たちの目の前に再現された出来事を見せてくれるという望みを捨てさせている。たとえ、「生物を最初に生まれさせた条件が」現在もまだあったとしても、そのような新しい産物はどんなものであれ、「たちまちのうちに貪り食べられるか吸収されてしまう」（おそらく細菌によってと、現在ではそう付け加えていい正当な理由がある）。「そういう状況は、生物が形成される以前にはありえなかった」はずである、と。

ダーウィンがこれを書いたのは、ルイ・パスツールがソルボンヌ大学の講演で、「自然発生説は、この単純な実験による致命的な一撃をくらって、二度とふたたび立ち直ることはないだろう」と言った七年後であった。この単純な実験というのは、当時の人気のあった実験に反対して、微生物が近づけないように密封しておけば、肉汁は腐らないことを示したものであった。

パスツールがおこなった類《たぐい》の証明は、時に創造論者によって、自分たちに都合のよい証拠として引き合いに出される。彼らのインチキ論法はつぎのように進められる。「自然発生は現在ではけっして観察されない。したがって生命の起源は不可能である」。ダーウィンの一八七一年の所見は、そういった種類の非論理性に対する当意即妙の切り返しとして、厳密に考案《デザイン》されていた。明らかに、生命の自然発生はきわめて希な出来事であるが、しかし一度は起こらなければならなかった。あなたが最初の自然発生は自然な出来事であったと考えようとも、超自然的な出来事であったと考えようとも、いずれにしてもそれが事実である。生命の起源がどれほど希な出来事なのかというのは、興味深い問いで、それについては後で立ち戻る。

生命がどのように起源したのかを考える最初の真剣な試みであった、ロシアのオパーリンと（それとは独立になされた）英国のホールデンの考えはどちらも、最初に生命がつくられた条件がいまもあるということの否定から始まっていた。オパーリンとホールデンは、初期の大気が現在の大気とは非常にちがっていたのではないかと述べる。とりわけ、自由酸素はなかったはずで、したがって大気は「還元性」――どういうわけか、化学者はこう呼ぶのだが――大気であった。いまでは私たちは、大気中のすべての自由酸素は生物、とくに植物がつくりだした産物であり、生命の誕生に先立って存在した条件では明らかになかったことを知っている。自然淘汰によって、生物が酸素を食べて生き、実際には、酸素がなければ窒息してしまうように形づくられるまでは、酸素は、汚染物質として、毒物としてさえ、大気中に流れ込んだのである。「還元性」大気は、生命の起源という問題に対するもっとも有名な実験を思いつかせた。すなわち、スタンリー・ミラーが単純な化学成分で満たしたフラスコを煮沸沸騰させたあと、電気放電を与えることによって、一週間でアミノ酸とその他の生命の前駆物質を得たのである。

ダーウィンの「温かい小さな池」は、それにヒントを得てミラーが調合した魔法の秘薬とともに現在では、なにかほかの気に入った代案を進展させるための前置きとして退《しりぞ》けられることが多い。真実をいえば、圧倒的大多数が合意するような意見は存在しない。いくつかの有望なアイデアが提案されているが、どれか一つを疑問の余地なく指し示している決定的な証拠はない。以前に書いた本で、グレアム・ケアンズ＝スミスの無機的な粘土結晶説や、最初の生命が誕生した条件は今日の「好熱性」細菌や古細菌がすむ地獄のような生息環境（こうした生物の一部は文字通り煮え立つ温泉のなかで生育し、繁殖している）に似ていたのではないかという、もっと最近になって人気のある説も含めて、さまざまな興味深い可能性に注目した。今日では、大多数の生物学者は、「ＲＮＡワールド説」に傾きつつあり、その理由は、私にはきわめて説得力がある。

生命がつくられる最初の一歩がどういうものであったかについて、私たちは何の証拠ももっていないが、それがどういう種類の一歩でなければならなかったかはわかっている。それは、何であれ自然淘汰をスタートさせるようなものであったにちがいない。その最初の一歩が起こるまで、自然淘汰のみが達成できるような類《たぐい》の改良は不可能だった。そしてそのことは、決定的な一歩が、まだわかっていないなんらかの過程によって成しとげられた、自己複製する実体の誕生であったことを意味する。自己複製は、複製されることを目指して競合する実体の集団をつくりだす。完璧な複製過程などはないので、この集団は必然的に変異を含むようになる。そしてもし、自己複製子の集団のなかに変異があれば、成功に導くような何かをもつものが優位を占めるようになるだろう。これが自然淘汰であり、それは、最初の自己複製する実体が出現するまで、スタートすることができないのである。

ダーウィンは、「温かい小さな池」という段落で、生命の起源において鍵を握る出来事はタンパク質の自発的な誕生ではなかったかと推測しているが、これはダーウィンの他の大部分のアイデアよりも、見込みのないものであることがわかる。タンパク質が生命にとって決定的に重要なことを否定しているわけではない。私たちは第8章で、タンパク質が自分でねじれ上がって三次元構造の物体をつくるという特別な性質をもち、その正確な形状は、その構成要素であるアミノ酸の一次元的配列によって指定されることを見た。また、同じ正確な形状が、大きな特異性をもって化学反応を触媒し、特定の反応をひょっとしたら一〇兆倍も速める能力をタンパク質に授けていることも見た。酵素の特異性が生物学的な化学反応を可能にし、またタンパク質は取りうる形状の幅がほとんど無限に広いように思われる。そして、これこそタンパク質が得意とするところである。実際この点では、非常に、格段にすぐれていて、ダーウィンがそれについて述べるのはまったく正しい。しかし、タンパク質にはずばぬけて不得手なものがあり、そこをダーウィンは見のがしていた。タンパク質は複製という点ではまったく見込みがないのである。自分のコピーをつくることができないのだ。このことは、生命の起源における決定的な一歩は、タンパク質の自然発生的な誕生ではありえないことを意味する。それでは、それは何だったのか？

　私たちの知っている最良の自己複製分子はDNAである。私たちがよく知っている進んだ形の生物では、DNAとタンパク質は優雅に互いを補いあっている。タンパク質分子は卓抜な酵素であるが、自己複製子としてはお粗末だ。DNAはまったくその正反対である。それはねじれ上がって三次元構造をつくることはないし、したがって酵素として働くこともない。DNAはねじれ上がる代わりに、開《ひら》けた直線的な形状を保ちつづけ、それが自己複製子としても、アミノ酸配列の指定子として理想的なものにしている。タンパク質分子はねじれ上がって「閉じた」形になるという、まさにそのゆえに、その配列情報をコピーしたり「読み込んだり」できるような形で「露出して」いない。配列情報は、ねじれ上がったタンパク質の内側にアクセスできない形で埋もれている。しかし、DNAの長い鎖では、配列情報が露出しており、鋳型としての役目をさせるのに使うことができる。

つまり、生命の起源に関する「キャッチ22［どうにもならない板挟み状態］」はこうである。DNAは自己複製できるが、この過程を触媒するためには酵素が必要である。一方、タンパク質はDNA形成を触媒できるが、アミノ酸の正しい配列を指定するためにはDNAが必要である。初期の地球の分子は、この困難な状況をどのようにして打ち破り、自然淘汰をスタートさせることができたのだろう。ここでRNAが登場する。

RNAはDNAと同じポリヌクレオチドという系列《ファミリー》に属する鎖状分子である。それは、DNAと同じ四つの暗号「文字」に等しいものをもつことができる。そして、実際に生きた細胞のなかでまさにその四つの暗号文字を用いて、DNAからの遺伝情報を使用できる場所まで運んでいる。DNAはRNAの暗号配列が構築されるための鋳型として働く。そしてタンパク質の配列は、DNAではなくRNAを鋳型として使って構築される。一部のウイルスはまったくDNAをもっていない。RNAがそうしたウイルスの遺伝分子であり、世代から世代へと遺伝情報を運ぶ役割をRNAだけが担《にな》っているのだ。

さていよいよ、生命の起源の「RNAワールド説」の要点をお話ししよう。まっすぐに伸びて、配列情報を伝えるのに適した形をとれることに加えて、RNAは、第8章で述べた磁石のネックレスのように、自己組織化して酵素活性をもつ三次元構造もとることができるのである。RNA酵素は実際に存在する。そうした分子は、タンパク質酵素ほどには効率がよくないが、実際に働くのである。RNAワールド説とは、タンパク質が進化して酵素の役割を引き継いでくれるまでを持ちこたえるまで、RNAが十分に酵素の役目を果たし、またDNAが進化してくるまで、自己複製子の役割をなんとか立派にこなしてきたのではないか、というものだ。

私はRNAワールド説はもっともらしいと思っており、化学者たちがこれから数十年のうちに、自然淘汰が四〇億年前にその重大な一歩を踏みだすことになった出来事を、実験室内で全面的に再現するという可能性はきわめて高いと考えている。正しい方向に向かっての魅惑的な歩みはすでに始まっている。

けれども、このテーマから離れる前に、以前の本でも与えたことのある警告を繰り返しておかなければならない。実際には、生命の起源についてのもっともらしい理論は必要ないのであり、あまりにももっともらしい理論が発見されれば、少し不安を感じさえするかもしれないのだ！　このあからさまなパラドックスは、物理学者のエンリコ・フェルミが提起した、「みんなどこにいるのだ」という有名な問いからきている。彼の問いは謎めいて聞こえるが、フェルミの仲間、ロスアラモス研究所の同僚研究者たちは、どういう意味で言っているのかを正確に理解できるほど彼の流儀に慣れていた。なぜ宇宙のどこかほかの場所から生物が訪れてこないのか？　人が訪れないのなら、少なくとも電波信号（こちらのほうがはるかに可能性がある）がきてもいいではないかということなのだ。

現在では、わが銀河系には一〇億以上の惑星があり、銀河の数はおよそ一〇億ある。このことが意味するのは、銀河系のなかで地球が生命をもつ唯一の惑星かもしれないが、それが真実であるためには、一つの惑星に生命が誕生する確率が一〇億分の一よりさほど大きくない程度でなければならない、ということである。したがって、私たちの求めている、この地球上での生命の起源についての理論は、確実に、もっともらしい理論ではありえないのだ！　それが本当にもっともらしいのであれば、生命は銀河系にいっぱいいるはずだ。あるいはいっぱいいるとして、その場合には、もっともらしい理論こそ、求めるものである。しかし、私たちはこの地球以外に生命が存在するという証拠を何一つもっておらず、どう控えめに言っても、もっともらしくなさそうな理論で満足すべきなのだ。もしフェルミの問いを真面目に受けとめ、宇宙からの来訪者がないことを、銀河系における生命が極端なほど希な証拠であると解釈すれば、生命の起源に関するもっともらしい理論はないと積極的に予想する方向に進まなければならない。私はこの議論を、『盲目の時計職人』においてもっと全面的に展開したので、ここで話を終わることにしよう。私の推測では、こんなことを言っても意味があるかどうかわからないが（たいした意味はない。なぜなら、未知のことがあまりにも多すぎるからである）、生命は非常に希だが、惑星の数は非常に膨大（つねにますます多くの惑星が発見されつづけている）なので、おそらく生命は私たちだけでなく、宇宙には数百万ものの生命の孤島が存在しているかもしれない。にもかかわらず、数百万の孤島でさえ、あまりにも遠く離れているために、互いが、電波によってでさえ出会うチャンスはほとんどゼロに等しいだろう。淋しいことながら、実現可能性に関するかぎりでは、私たちは唯一の生命と言っていいだろう。

「はてしない、きわめて美しくきわめて驚くべき種類《フォーム》が進化してきたのであり、いまも進化しつつある」

ダーウィンが「はてしない（endless）」という言葉で、何を意味していたのか、私には確信がない。それは、「きわめて美しく」「きわめて驚くべき」をさらに強調するために採用された単なる誇張表現だったということもありうる。私はそれも一部であったと思う。しかし、私はダーウィンが、「はてしない」という言葉で、なにかもっと特別なことを意味していたと考えたい。私たちが生命の歴史を振り返るとき、けっして終わることのない、たえず若返りつつある新奇さという図柄が見える。個体は死に、種《しゅ》も科も目《もく》も、そして綱《こう》さえも絶滅する。しかし、進化的な過程そのものは、ある年代がつぎの年代に道を譲るにつれて立ち上がり、新鮮さを少しも減ずることなく、衰えを知らない若さをもって、何度でも隆盛を取り戻すように思える。

第2章で述べた、人為淘汰のコンピューター・モデルに、少しだけ話を戻させてほしい。コンピューターの「サファリ・パーク」と言える、アースロモルフを含むバイオモルフ、軟体動物の貝殻がどれほど大きな多様性を進化させることができたかを示すコンコモルフなどのことである。その章で、私がそうしたコンピューター生物を紹介したのは、人為淘汰がどのように作用し、十分な世代が与えられればどれほど強力であるかを例証するためだった。今度は、そうしたコンピューター・モデルを、異なった目的のために使いたいと思う。

コンピューター画面に見入り、バイオモルフを育種しているとき、それがカラーであろうとモノクロであろうと、アーソロモルフを育種しているときであろうと、私が受けた圧倒的な印象は、けっして退屈しないということだった。はてしなく更新されてゆく不思議さの感覚があった。このプログラムは、「飽きる」ようにはけっして見えず、プレイヤーのほうも飽きなかった。これは、第10章で簡単に説明した「ダーシー」プログラムとは対照的だった。そちらは、動物の絵が描かれた仮想のゴム板の座標上で、「遺伝子」が数学的に引っ張られるものだった。ダーシー・プログラムで人為淘汰をしていると、プレイヤーは時間が経つとともに、事物が意味をなす基準点からますます遠く離れていき、でき損なった形の無様なだけの無人地帯へと足を踏み入れていくように思える。そこでは、出発点からの距離が遠ざかるほど意味が縮小していくように思われる。その理由は、すでにそれとなくほのめかしておいた。バイオモルフ、アーソロモルフ、コンコモルフのプログラムにおいては、胚発生の過程――三つの異なる胚発生過程で、そのすべてがそれぞれ異なった形で、生物学的に妥当性がある——に相当するものがコンピューター上に登場してくる。それに比べてダーシー・プログラムは、胚発生をまったく真似《シミュレート》ていない。そうではなく、第10章で説明したように、それは一つの成体の形が別の成体の形に変換されるような歪曲を扱っている。この胚発生の欠如が、バイオモルフ、アーソロモルフ、コンコモルフが繰りひろげる「発明的な豊かさ」を奪ってしまっている。そして、同じ発明的な豊かさが、本物の生物の胚発生では繰りひろげられる。これこそ進化が、「はてしない、きわめて美しくきわめて驚くべき種類」を生みだす理由のもっとも小さなものである。しかし、この「もっとも小さな」理由を越えてさらに進むことはできるのだろうか？

一九八九年に私は、「進化しやすさの進化」と題する論文を書き、そこで、動物は世代が進むにつれて、生き残るのがうまくなっていくだけでなく、動物の系譜自体が、よりうまく進化できるようになっていくのではないかと示唆した。「うまく進化できる」というのは、何を意味しているのだろう？　どういった種類の動物がうまく進化できるのだろう？　陸上では昆虫、海では甲殻類が、無数の種に多様化していき、ニッチを細分し、進化的な時間を通じて思いのままに浮かれ騒ぐように衣装を変えていったという点ではチャンピオンだと思える。魚類もまた、驚くべき進化的な豊さを示し、カエル類もそうだし、もっと身近な哺乳類や鳥類もそうだ。

私が一九八九年の論文で示唆したのは、進化しやすさは胚発生がもつ性質ではないかということである。遺伝子は突然変異して動物の体を変えるが、その仕事は胚発生という過程を通じておこなわなければならない。そして、ある胚発生は、他の胚発生に比べて、自然淘汰がはたらきかけることのできる有益な範囲の遺伝的変異をつくりだすのがうまく、したがって、うまく進化できるのかもしれない。ここで「かもしれない」というのは弱すぎる表現のように思える。この意味では、ある胚発生が別の胚発生に比べてうまく進化できるにちがいないということは、ほとんど自明なのではないのか？

私はそう思う。それはさほど明白なことではないが、それにもかかわらず私は思うのだが、「進化しやすい胚発生」を優遇するような、ある種の高次の自然淘汰が存在すると主張することができるのではないか。時間が経つとともに、胚発生はその進化しやすさを改善していく。もしこういう種類の「高次淘汰」が存在するとしたら、それは、遺伝子をうまく伝えていく能力で個体を選抜する（あるいは、成功する個体をつくる能力で遺伝子を選抜するといっても同じことだが）通常の自然淘汰とは、かなり異なったものであろう。進化しやすさを改善する高次の淘汰とは、偉大な進化生物学者、ジョージ・C・ウィリアムズが「クレード淘汰」と呼んだ類のものかもしれない。クレードというのは、種、属、目、あるいは綱といった、生命の系統樹の大枝のことである。たとえば昆虫といったある一つのクレードが、有鬚《ゆうしゅ》動物（いや、あなたはたぶん、このよくわからない、蠕虫様の動物のことを聞いたこともないだろう。それも理由があり、彼らは成功しなかったクレードなのだ！）のような別のクレードよりも、世界中にひろがり、多様化し、すみつくことにうまく成功したときに、クレード淘汰が起こったということができる。クレード淘汰は、クレードどうしが互いに競合しなければならないということを意味しない。昆虫は、有鬚動物と、食物、空間、あるいはその他の資源をめぐって、少なくとも直接には競合しない。しかし世界は昆虫に満ちあふれており、有鬚動物はほとんどいない。そこで私たちは当然のことながら、昆虫の成功を彼らがもっているなんらかの特徴に帰したいという誘惑に駆られる。昆虫を進化しやすくしているのは、彼らの胚発生についての何かであると、私は推測している。『不可能の山に登る』の「万華鏡のような胚」と題する章で、進化しやすさを助長するいくつかの特別な特徴について、相称性を保たなければならないという制約や体節的な体制のようなモジュラー構造を含めて、考えられるさまざまな可能性を示しておいた。

ひょっとしたら、ひとつにはその体節式のモジュラー構造のためだろうが、節足動物クレードはうまく進化することができ、(*)多くの側面で変異を生じ、多様化し、利用できるニッチがあれば手当たりしだいにそこを満たしていった。他のクレードは、その胚発生がさまざまな平面で鏡像関係を保たなければならないように制約されていたがために、同じように成功しやすかったかもしれない。(**)陸や海に満ちふれているのが見られるクレードは、うまく進化ができるクレードである。クレード淘汰においては、成功できないクレードは絶滅するか、さまざまな試練に応えて多様化することができない。そういうものは、衰え、消滅する。成功するクレードは、系統樹のうえで花を咲かせ、葉として繁茂する。クレード淘汰という考え方のもつ響きは、ダーウィン流の自然淘汰と同じように魅力的だ。この誘惑には抵抗するか、あるいは少なくとも警鐘を鳴らすべきである。表面的な類似は、積極的に誤解をもたらすことがありうるからだ。

私たちが存在するという事実そのものが、ほとんど耐えがたいほど驚くべきことである。私たちが自分に多少ともよく似た動物の豊かな生態系に取り囲まれ、私たちが究極的に栄養を依存している自分たちにあまり似ていない植物に取り囲まれ、さらに、私たちの遠い祖先に似た、そして私たちが終わりの時を迎えたときに朽ち果てて環《かえ》るべき細菌に取り囲まれているという事実もまたそうである。ダーウィンは、私たちの存在という問題の大きさを理解し、その解答に気づいていたという点で、時

＊昆虫、甲殻類、クモ類、ムカデ類その他。

＊＊たとえば、ヤスデ類の脚における一つの突然変異は、体の両側で鏡像的になり、そしておそらくは、体の全長にわたっても繰り返されるだろう。たった一つの突然変異であるが、胚発生過程が、それが体の左右で何度も繰り返されるように制約を加えている。制約が一つのクレードの進化的な多様性を増大させるというのは、一見したところパラドックスのように思えるかもしれない。その理由については、『不可能の山に登る』の同じ「万華鏡のような胚」の章でくわしく説明されている。

代よりはるかに先を行っていた。彼はまた、動物、植物、および他のあらゆる生物が、想像力を揺さぶるほど入り組んだ関係で相互に依存しあっていることを認識していたという点でも、時代の先を行っていた。どうして私たちは、自分が単に存在しているだけでなく、そのような複雑さ、そのような優雅さ、そのような、はてしない、きわめて美しく、きわめて驚くべき種類の生物に取り囲まれていることに気づくのだろう?

その答えはこうである。私たちがともかくも自らの存在に気づくことができ、それについての疑問を発することができるとすれば、そう気づく以外なかったのだ。宇宙論者が指摘するように、私たちが空に星を見ることができるのは偶然ではない。恒星をもたない宇宙は存在するかもしれない──物理法則と定数が原始水素を均一に分散させ、恒星に凝縮されることのない宇宙である。しかし、そうした宇宙を観察しているものは誰もいない。なぜなら、なにかを観察できるような実体は恒星なしに進化しえないからである。生命は、エネルギーを供給してくれる恒星を少なくとも一つ必要としているだけではない。恒星は、大多数の化学元素がつくりだされる溶鉱炉でもあり、豊かな化学物質なしに生命をもつことはできないのである。物理法則を一つずつ検討していき、そのすべてについて同じことを言うことができる。私たちが……を見るのは偶然ではないのだ。

同じことは生物学についても言える。目を向けるほとんどの場所に緑を見ることができるのは偶然ではない。私たちが、いままさに花開き、葉を繁らせた生命の樹の中のちっぽけな枝の上に自分が腰掛けているのに気づくのは偶然ではない。私たちが、食べ、成長し、腐り、泳ぎ、歩き、飛び、穴を掘り、忍びより、追跡し、逃げ、走り勝《まさ》ち、出し抜く、無数の他の種に取り囲まれているのは偶然ではない。数の上で少なくとも一〇倍は勝る緑色植物がなければ、私たちを動かすエネルギーは存在しないだろう。捕食者と獲物、寄生者と宿主のつねにエスカレートしつづける軍拡競争がなければ、ダーウィンの「自然の戦い」がなければ、彼の言う「飢饉と死」がなければ、なにかを認めたり理解したりすることはさておいても、そもそもなにかを見ることができる神経系が存在しなかっただろう。私たちは、はてしない、きわめて美しくきわめて驚くべき種類《フォーム》に取り囲まれており、それは偶然ではなく、非ランダムな自然淘汰による進化の直接の結果なのである――自然淘汰こそ、考慮に値する唯一のもの、地上最大のショーなのである。

付録——歴史否定論者

一九八二年以来、不定期ではあるが継続して、アメリカでもっとも有名な世論調査組織であるギャラップは、つぎの問いに対する国民の意見をサンプル調査し続けている。

人類の起源と発達について、以下の発言のうち、どれがあなたの考え方にもっとも近いでしょうか？

1　人類は何百万年のあいだに原始的な生物から発展してきた。しかし、この過程は神によって導かれた（三六％）。

2　人類は何百万年のあいだに原始的な生物から発展してきた。しかし、この過程に神はかかわらなかった（一四％）。

3　神は人類を、現在と非常によく似た姿で、ここ一万年ばかりのうちに一遍で創造した（四四％）。

（　）内に入れたパーセンテージは二〇〇八年のものであるが、一九八二年、一九九三年、一九九七年、一九九九年、二〇〇一年、二〇〇四年、二〇〇六年、および二〇〇七年の数値もほぼ同じである。第2項に票を入れたのが一四%という少数派であるのを見ても、私は驚かない。第2項の「しかし、この過程に神はかかわらなかった」という言い回しが、宗教的な人々に偏見を与えて根拠なく反対するように計算されたように思えるのは残念である。本当に厄介なのは、嘆かわしくも第3項への強い支持である。四四%の米国人は、神に導かれたものであろうとなかろうと、進化を全面的に否定しており、その意味するところは、この世界全体の年齢が一万年に満たないと彼らが信じているということである。以前に指摘しておいたように、世界の本当の年齢が四六億年であることを考えれば、これは北米大陸の幅が一〇メートルしかないと信じているのに等しい。サンプル調査がおこなわれたどの年でも、第3項の支持が四〇%を下ったことはない。そのうちの二年は、四七%にも達していた。四〇%以上の米国人は、人類が他の動物から進化したことを否定し、私たちが（そして暗黙のうちに、すべての生物が）ここ一万年以内に神によって創造されたと思っているのである。だから、本書が必要なのだ。

ギャラップが出している設問は人類に的が絞られており、そのことが情緒的な閾値《いきち》を高め、科学的な見解を受け入れにくくしていると言えるかもしれない。二〇〇八年に、ピュー・リサーチ・センターが米国人の同じような世論調査を公表したが、こちらはとくに人類について触れたものではなかった。結果は、ギャラップと全面的に同調するものだった。質問項目は以下のようで、それに賛成する人のパーセンテージを付しておく。

地球上の生命は……

始まりのときから、現在の姿で存在した　四二%

時間をかけて進化した　四八％
自然淘汰を通じての進化　二六％
至高の存在（神）に導かれて　一八％
進化はしたが、どのように進化したかはわからない　四％
わからない　一〇％

ピューの質問は年代には触れていないので、進化を積極的に拒絶する四二％のうちのどれほどが、ギャラップではおそらく四四％の人がそうであるように、世界の年齢が一万年以下だとも考えていたのか、わからない。ピューの四二％もまた、およそ四六億年前という科学者の年代よりも、数千年という説に賛成する可能性は高いように思われる。地球上の生物が四六億年前からいかなる変化もまったくとげることなしに、現在の姿のままで存在したと信じるのは、数千年間にわたって現在のままで存在したと信じるのと同じくらい馬鹿げているし、それはまちがいなく聖書の教えに反している。

英国についてはどうだろう？　そもそも、どう比べればいいのだろう？　二〇〇六年にBBCの（比較的）高級な科学ドキュメンタリー番組である《ホライズン》(*)が、調査会社イプソス・モリに英国民のあいだでの世論調査を依頼した。しかし残念ながら、鍵となる質問が、十分明確な形で提示されていなかった。人々は、以下の三つの「地球上の生命の起源と発展についての理論ないし説明」のうちから一つを選ぶように求められた。それぞれの選択肢のあとに、それを選んだ人のパーセンテー

＊米国の《ノヴァ》に似たもので、実際に《ノヴァ》はしばしば、《ホライズン》の番組を焼き直して独自ブランドとしたり、《ホライズン》と共同製作協定を結んだりしている。

ジを書いておく。

（a）「進化論」は、人類が何百万年をかけてもっと原始的な生物から進化してきたと述べている。この過程に神はかかわらなかった。（四八％）

（b）「創造説」は、神が人類をここ一万年以内のあるときに、いまのままの姿で創造したと述べている。（二二％）

（c）「インテリジェント・デザイン説」は、生物のある種の特徴は超自然的な存在の介在によって、もっとうまく説明できると述べている。（一七％）

（d）わからない。（一二％）

遺憾ながら、この選択は、一部の人々にとって好ましい選択肢がないという事態を引き起こしえた。つまり、「（a）だが、神がその過程にかかわっていた」と信じる人々のための余地が残されていなかったのだ。（a）の「この過程に神はかかわらなかった」という文句を考えれば、（a）が四八％という低い数値であったことは驚きではない。しかしながら、選択肢（b）の二二％という支持率は、とりわけ、一万年という馬鹿馬鹿しい年代の限定を考えれば、警戒を要するほど高い。そしてもし、（b）と（c）を合わせれば、なんらかの形の創造論をよしとする人々は、三九％になる。これはまだ、米国における四〇％ほど高くはない。とくに、米国の数字が若い地球の創造論者を指しているのに対して、英国の三九％にはおそらく、（c）項のもとに古い地球の創造論者が含まれることを念頭におけば、なおさらである。

モリ社の世論調査は、英国人のサンプル調査で、教育についての第二の質問を提示している。人々

表1　「私たちが現在知っている人類は、それ以前の動物種から発達してきたものだ」という主張に対する反応

国	総計	正しい（%）	誤り（%）	わからない（%）
アイスランド	500	85	7	8
デンマーク	1,013	83	13	4
スウェーデン	1,023	82	13	5
フランス	1,021	80	12	8
イギリス	1,307	79	13	8
ベルギー	1,024	74	21	5
ノルウェー	976	74	18	8
スペイン	1,036	73	16	11
ドイツ	1,507	69	23	8
イタリア	1,006	69	20	11
ルクセンブルク	518	68	23	10
オランダ	1,005	68	23	9
アイルランド	1,008	67	21	12
ハンガリー	1,000	67	21	12
スロヴェニア	1,060	67	25	8
フィンランド	1,006	66	27	7
チェコ共和国	1,037	66	27	7
ポルトガル	1,009	64	21	15
エストニア	1,000	64	19	17
マルタ	500	63	25	13
スイス	1,000	62	28	10
スロヴァキア	1,241	60	29	12
ポーランド	999	59	27	14
クロアチア	1,000	58	28	15
オーストリア	1,034	57	28	15
ギリシア	1,000	55	32	14
ルーマニア	1,005	55	25	20
ブルガリア	1,008	50	21	29
ラトヴィア	1,034	49	27	24
リトアニア	1,003	49	30	21
キプロス	504	46	36	18
トルコ	1,005	27	51	22

出典：〈ユーロバロメーター〉、2005

は、同じ三つの理論を与えられ、それが理科の授業で教えられるべきか、教えるべきでないかについて質問された。穏やかならざることに、ともかく——単独でか、なんらかの形の創造論ないしインテリジェント・デザイン説と合わせてかは問わず——、理科の授業で進化論を教えるべきだと肯定的に考える人は、わずか六九％だった。

調査対象として米国人は除くが英国人は含むさらに大がかりな調査が、二〇〇五年に〈ユーロバロメーター〉によって実施された。この世論調査は、三二のヨーロッパ諸国（ヨーロッパ連合への加入を切望している唯一の実質的なイスラム教国であるトルコを含めて）で、科学的な事柄についての意見と信仰をサンプル調査した。表1（前ページ）は、さまざまな国において「私たちが現在知っている人類は、それ以前の動物種から発達してきたものだ」という主張に賛成する人のパーセンテージを示している。これはモリ社の調査における（a）よりも穏健な発言であることに注意してほしい。なぜなら、それは神が進化的な過程になんらかの関与をしている可能性を排除していないからである。この主張に賛成する、すなわち現代科学によって正しいと判定される答えをした人のパーセンテージ順に国名を並べてみた。アイスランドではサンプルの八五％が、科学者と同じく、人類は他の種から進化してきたと考えている。トルコでは人口のわずか二七％だけがそう考えている。トルコは、大多数の人が進化論を本当にまちがいだと考えているように思われる唯一の国である。英国は第五位で、一三％が積極的に進化論を否定している。米国は、このヨーロッパでのサンプル調査には含まれていないが、そのような問題についてトルコのたった一つ上にしかこないという嘆かわしい事実は、最近になって大きく世に知られるようになっている。

奇妙なのは、表2（次ページ）に掲げられている結果で、これは、「最古の人類は恐竜と同じ時代に生きていた」という主張に対する、先と同じようなパーセンテージを示している。ここでも私は、

表2　「最古の人類は恐竜と同じ時代に生きていた」という主張に対する反応

国	総計	正しい（%）	誤り（%）	わからない（%）
スウェーデン	1,023	9	87	4
ドイツ	1,507	11	80	9
デンマーク	1,013	14	79	6
スイス	1,000	9	79	12
ノルウェー	976	13	79	7
チェコ共和国	1,037	15	78	7
ルクセンブルク	518	15	77	9
オランダ	1,005	14	75	10
フィンランド	1,006	21	73	7
アイスランド	500	12	72	16
スロヴェニア	1,060	20	71	9
ベルギー	1,024	24	70	6
フランス	1,021	21	70	9
オーストリア	1,034	15	69	15
ハンガリー	1,000	18	69	13
エストニア	1,000	20	66	14
スロヴァキア	1,241	18	65	18
イギリス	1,307	28	64	8
クロアチア	1,000	23	60	17
リトアニア	1,003	23	58	19
スペイン	1,036	29	56	15
アイルランド	1,008	27	56	17
イタリア	1,006	32	55	13
ポルトガル	1,009	27	53	21
ポーランド	999	33	53	14
ラトヴィア	1,034	27	51	21
ギリシア	1,000	29	50	21
マルタ	500	29	48	24
ブルガリア	1,008	17	45	39
ルーマニア	1,005	21	42	37
キプロス	504	32	40	28
トルコ	1,005	42	30	28

出典：〈ユーロバロメーター〉、2005

正しい回答をした、この場合は「まちがっている」(*)とした人のパーセンテージが多い順に国名を並べた。またしてもトルコが最下位で、四二%もの人が初期人類と恐竜の共存を信じており、スウェーデンの八七%に比べて、わずか三〇%だけが、それを否定するだけの教育を受けていたということになる。英国は、言うのも悲しいが下位の半分に入っていて、英国人の二八%は、どうやら、科学的・歴史的な知識を、なんらかの教育的資料からではなく、《原始家族フリントストーン》〔米国で製作された人気テレビアニメ。日本では《恐妻天国》という邦題で放送された〕から得ているようだ。

一人の生物学教育者として、地球が太陽のまわりを一周するのに一カ月かかると信じている人がたくさんいる(英国では一九%)ということを暴露した〈ユーロバロメーター〉のもう一つの結果に、情けなくも慰めを得た。この数字は、アイルランド、オーストリア、スペイン、デンマークでは、二〇%以上である。彼らはいったい、一年をなんだと考えているのだろう? なぜ季節があれほど規則正しく訪れては去っていくのか? 彼らは、世界のこれほど際だった特徴のよってたつ理由について、好奇心さえ抱かないのだろうか? この驚くべき数字は、もちろん、本当は慰めを得たりするべきものではない。私の強調は「情けなくも」のほうにあった。私の言いたいのは、私たちが、科学に対する一般的な無知に対処しなければならないように思えるということだ――これは十分に困ったことだが、少なくとも、一つの特定の科学、すなわち進化科学に対する明確な偏見にもとづく反対よりはましである。そうした反対は、トルコ(そして、イスラム世界のほとんどでもそうであるという推測を禁じえない)に存在するように思われる。さらに、ギャラップやピューの世論調査に見られるように、米国にも紛れもなく存在する。

二〇〇八年の一〇月に、およそ六〇人のアメリカの高等学校の教師たちのグループが、ジョージア州アトランタにあるエモリー大学の科学教育センターで会合をもった。彼らが持ち寄った戦慄すべき話のいくつかは、広く関心を寄せられる価値がある。一人の教師は、進化を勉強すると告げたとたん、生徒たちが「ワッと泣き出した」と報告した。もう一人の教師は、教室で進化について話をはじめると、生徒たちが繰り返し、「ノー！」と叫び出す様を描写した。また別の教師は、生徒が、進化論は「理論にすぎない」のに、なぜ学習しなければならないのか理由を教えてほしいと要求したと報告した。さらにまた別の教師は、いかにして「教会が、私の授業を妨害するために質問する特殊な疑問を生徒に訓練してこさせる」かについて述べた。ケンタッキー州の創造博物館は、博物館という高度な施設を使って歴史否定論にひたすら専心する、財政的支援をふんだんに受けた組織である。子供たちは、鞍のついた恐竜模型に乗ることができるが、それはただの、ちょっとした遊びではない。そのメッセージは恐竜が最近まで生きており、人類と共存していたという、あからさまで、紛れようのないものである。この博物館は〈アンサーズ・イン・ジェネシス〉によって運営されているが、これは非課税組織である。納税者、この場合には米国の納税者は、科学的な嘘、誤った教育に、大がかりな規模で財政補助をしていることになる。

このような経験は、米国のいたるところでふつうに見られる。しかし、私としても認めるのは気がすすまないのだが、英国でもそうなりつつある。二〇〇六年二月に《ガーディアン》紙は、「イスラ

＊思うに、もし私がペダンティックであろうとすれば、現代の動物学者が鳥類を生き残った恐竜として分類していることに感謝しなければならない。したがって、厳密にいえば、正しい答えは「本当である」で、トルコ人の大部分が正しいことになる。けれども、人々がこのような質問を受けたときに、「恐竜」から鳥類を除外し、「dinosaur＝恐ろしいトカゲ」［ただし、最近の研究で、名づけ親のリチャード・オーウェンは、恐ろしいほど大きなトカゲという意味で命名したことが判明している］という名前を与えた絶滅動物だけを含めると想定して、まずまちがいないのではないかと考える。

ム教徒医学生がロンドンでダーウィンの進化論を誤りだとして否定するチラシを配布。「福音派キリスト教徒の学生も、進化の概念に対する異議申し立ての声をしだいに上げつつある」と報じた。このイスラム教徒のチラシは、非課税特権をもつ登録された慈善団体である〈アル＝ナスル・トラスト〉によって作成されたものである。(*) したがって英国の納税者も、英国の教育体制に対する、重大かつ深刻な嘘を組織的にひろめることに財政援助をしていることになる。

二〇〇六年の《インデペンデント》紙に、ロンドン大学ユニヴァーシティ・カレッジのスティーヴ・ジョーンズ教授は、つぎのような報告を寄せた。

これは本物の社会的変化である。ここ数年間私は、最初の数回の講義で学生の心から創造論を取り除かなければならないアメリカの同僚たちに同情してきた。それはいままで英国では直面したことのない問題である。イスラム教徒としてのアイデンティティの一部だから、自分たちは創造論を信じるように義務づけられていると言うイスラム教徒の学童の意見を、私は聞いた。しかし、私がもっと驚いたのは、創造論を進化論に対して成算のある代案だとみなしている他の英国人の子供たちである。これは警戒を要する。それは、この考えがいかに強い感染力をもつかを示しているのだ。

以上から、世論調査によれば、アメリカ人の少なくとも四〇％が創造論者――骨の髄までしみこんだ、徹底的な反進化論的創造論者であって、「進化は信じるが、神がなんらかの手助けをした」と信じる人々ではない（こちらもまた、たくさんいる）――であると考えられる。これに対応する英国およびヨーロッパの数字は、これほどに極端ではないが、勇気を与えられるというほどのものではない。

まだ安心できるような根拠はどこにもないのである。

＊非課税待遇は、ほとんどあらゆる宗教組織が簡単に獲得することができる。宗教的でない組織は、人類の利益のためであることを証明するために、言われたことをなんでもしなければならない。最近私は、長期にわたり「理性と科学」の促進を目的とする慈善団体を創設した。慈善団体としての地位を得るための、多額の費用を要し、最終的には成功した交渉の途中に、私は英国慈善委員会から、二〇〇六年九月二八日づけのつぎのような手紙を受け取った。「科学の振興がどのようにして、国民の精神的・道徳的改善につながるのか、明確ではありません。どうか、私どもにその証拠を提供するか、あるいはヒューマニズムの進展と合理主義がどう関連するのかご説明していただきたくお願いします」。これに対して、宗教組織はいかなる実証の義務を課されることなく、たとえ明らかに科学的な誤りの促進に積極的にかかわっていてさえも、人類の利益になるとみなされるのである。

訳者あとがき

本書の原題を直訳すれば、『地上最大のショー——進化を支持する証拠』ということになろうか。言うまでもなく、地上最大のショーとは進化のことである。なぜこういうタイトルにしたかの理由は、「はじめに」で述べられていて、それなりに得心はいくのだが、日本人にとっては、このタイトルは映画のイメージが強すぎて、あまりピンとこない。そこで副題をメインにするというのが編集部の選択である。タイトルの変更に対して日頃手厳しいドーキンスだが、ここは文化の違いとして理解してくれるだろう。

この本が、まさに進化の証拠について書かれたものであることも、やはり「はじめに」で述べられている。これまで、たくさんの本を書いてきたが、それらは「利己的な遺伝子」という言葉で象徴されるような、新しい進化観を展開し、擁護することに主眼があり、進化は自明の前提とされてきた。つまり、進化が事実であるという証拠については、本格的に論じたことがなかったので、ここでやるのだというのが、ドーキンスの言い分である。しかし、私などからすると、そうした本でも、進化が事実であることの証拠は十分に示されていたというように思える。なんでいまさら、あらためて進化の証拠なのかという気がしなくもない。

前著『神は妄想である』が原理主義的な宗教がもたらす世界の悲劇的現実に触発されたものであったとすれば、進化が事実であると言うために、これほどの大著をいまさら書く気にさせたものは、現実社会における進化論の認知度の低さであろう。各種の調査によれば、米国では進化論を信じる人は四〇％弱である。世界的にみれば、六〇〜八〇％の人が進化論を信じているが、国によってかなりの違いがある。北欧が高く東欧が低いという注目すべき傾向があり、信仰が大きくかかわっていることがうかがえる。とくに重大なのは、巻末の付録に示されているように、イスラム教国であるトルコでは、進化論支持者は三〇％に満たない。ドーキンスのお膝元イギリスでも、近年、イスラム教徒の増加によって、進化論を信じない人の割合が漸増している。そして、これまで対岸の火事だと思っていた進化論教育への創造論の介入がイギリスでも現実のものとなりつつある。これが本書を書かせた動機の一つであるのはまちがいない。

日本での調査はあまりないのだが、二〇〇五年のナショナル・ジオグラフィックの調査では、八〇％弱の支持率があった。しかし、ネットの世界では、創造論者たちがふりまくミームが大手を振り、あいもかわらぬ妄説が飛び交っている。「進化論はまちがっている」、「進化論には証拠がない」、「進化論は熱力学の第二法則に反する」といった類《たぐい》の主張をする人はあとを絶たない。ネット上に現代進化論をくわしく解説した日本語サイトがいくらでもあるにもかかわらず、あるいは、コメント欄で、論理的に妄説の誤りが指摘されている場合が多いにもかかわらず、反進化論者たちは事実や論理を検証することなく、ひたすら誤った信念を語りつづけている。なぜ、進化論はかくも誤解を招くのだろう。信仰がかかわっているのはまちがいないとはいえ、いまだに地動説を受け入れない人もいるから（このあいだテレビを見ていたら、若い女性が、月と太陽は同じで、太陽が沈んだら月に変わるのだと思っていたと発言しているのを聞いて仰天した。日食や月食はなぜ起こると思っているのだろう？）、科学的知識一般について、無知は同じようにはびこっているのかもしれない。

ドーキンスもたびたび指摘していることだが、人間が直接に知覚できるのは、感覚器官の能力の及ぶ範囲だけである。しかし、それは空間的にも時間的にもきわめて限定されたものである。最新鋭の望遠鏡の力を借りてさえ、人間が見える宇宙は狭いものであり、光の物理的性質そのものによって、リアルタイムで宇宙の彼方を見ることはできない。微小な空間でいえば、電子顕微鏡で原子の姿を捉えることはできるとしても、原子の内部構造を直接に見ることはできない。目に見えない極大・極小の世界を「見る」ことを可能にするのは、科学の論理、推論の力である。宇宙論や量子力学が扱うのはそういう世界であり、そこで描かれる世界は、しばしば人間の日常的な感覚の世界と相容《あいい》れない。時間や空間の絶対性が疑われるという事態は、等身大の世界ではありえない。その齟齬《そご》から「相対性理論はまちがっている」と思いこむのは、少しばかり物理学の素養がある素人がもっとも陥りやすい誤謬であり、こういう主張をする人もあとを絶たない。

時間の面でも、人間の感覚はしれたもので、何百年もの未来や過去について、具体的なイメージをもって想像することはむずかしい。まして、何百万年、何億年といったタイム・スケールは人間の感覚では捉えきれない。ふつうの人間がもっている感覚では、大陸が移動したり、種が変わったりするということはどうしても信じられない。私たちがそれを事実として受け入れるためには、科学が明らかにする証拠と、科学的推論の助けが必要である。自分の感覚と科学の教えが異なるとき、自分の感覚に忠実であろうとするのは、ある意味で無理からぬことであり、そうする人は少なくない。そういう人々は地動説や進化論を拒絶するということになる。しかし、人間の感覚はそれほど信頼に足るものではない。誰もがマジシャンのトリックに手もなく騙されてしまう。あるいは、本書の第1章で紹介されているダニエル・サイモンズの実験でわかるように、見えているはずのものが見えなかったり、見えないものが見えたりするのである。

啓蒙家ドーキンスの長所は、感覚的に受け入れにくい科学的真理を、巧みな比喩やアナロジーを使って、腑に落ちさせる能力である。本書では、地質学、分子遺伝学、進化発生学、分岐系統学、育種学、生物地理学を初めとするあらゆる学問分野の文字通り最新の知見を使って（印刷の直前に飛び込んできた新しい化石発見のニュースまで織り込んだ、まさに最新のデータを利用して）、進化が事実であるという状況証拠を積み上げていく。扱われている材料のなかにはガラパゴス諸島やマダガスカル島における種分化、大陸移動説の話など、必ずしも目新しいとはいえないものもあるが、巧みな喩《たと》えによって、きわめて明快な解説を展開している。一般にはこれまであまり知られていない話題も数多く紹介しており、とりわけ、グッピーや大腸菌における進化実験についての詳細は、多くの読者に驚きを与えるだろう。理論的な側面では、遺伝子をレシピとみなし、個体発生運動の原理を折り紙に喩えるという説明の技巧には、いっそうの磨きがかかっていて、むずかしい現象に新たな視点を切り開いている。ドーキンスに言わせれば、進化学者は犯罪現場にやってきた探偵のようなものであり、進化という過去の犯罪現場を直接に見ることができなくとも、状況証拠から何が起こったかは確信をもって推定できるという。

しかし、進化学者が使えるのは状況証拠でしかなく、進化の直接的な証拠ではないという点にむずかしさがある。まっとうな理性をもつ人間にとって、これらの状況証拠は有無を言わせぬ証拠だと思えるのだが、信じない人々を力づくでもねじ伏せるほど絶対的な証拠とはいえない。本書の第7章にはウェンディ・ライトという反進化論者とドーキンスのイライラするような対話が収録されているが、彼女のような人々にとっては、目の前で種が変わらないかぎり、どんな状況証拠も証拠として認められそうにはない。とすれば、本書は誰に向けて書かれたものなのか。反進化論者はたぶんこの本を手に取ることはないだろうし、読んでも説得されることはないだろう。この本を読むべきは、正しい情報に接することができないために、進化論はよさそうに思えるのだが、確信をもてないと思っている人々である。ここに書かれた山のような証拠を、虚心に吟味すれば、進化が事実であることに確信がもてるはずだ。少なくとも、「先端的な生物学者は進化論を否定している」などという妄言を吐く人間に対するとき、この本はすぐれた解毒薬になるにちがいない。誰かに、進化が事実である証拠を見せよと言われれば、ドーキンスのこの本を読めと、言い返す切り札ができたことになる。

本書は、化石から進化発生学までをつなぐ先端的な知識を紹介するという意味で、シュービンの『ヒトのなかの魚、魚のなかのヒト』と、部分的にオーバーラップするところがある。とくに、生物の体の複雑な構造が知的設計者による計画に則《のっと》って理想的につくられたものではなく、進化の過程でつねに間に合わせでつくられてきたために生じたさまざまな不合理さ（たとえば、輪精管の迂回）の指摘は共通している。ドーキンスは、四一九ページの注で、爬虫類の下《か》顎骨《がくこつ》が哺乳類の耳小骨《じしょうこつ》に変わったという魅力的な物語を、割愛せざるをえなかったことを残念がっているが、それについては、シュービンの本の第10章に書かれているので、興味のある読者はそちらを参照されたい。

ドーキンスの博覧強記ぶりは翻訳者泣かせで、詩の一節からの引用がいたるところにさりげなく地雷のように挿入されている。細心の注意を払って、地雷を踏まないように心がけたつもりではあるが、一つや二つは踏んでしまったかもしれない。出典探しは面倒な作業ではあるが、うまく見つけだしたときの発見の喜びは得がたいものである。

最後になったが、早川書房編集部の伊藤浩氏には、またしてもお世話になった。いつもながら短い時間のうちに、丹念に訳稿に目を通し、私の不注意な誤読を指摘するだけでなく、読みやすい日本語にするために骨を折っていただいた。また、校正者の二タ村発生氏のお手もわずらわせた。記して感謝の意を表したい。

二〇〇九年一〇月

垂水雄二

図版出典

Every effort has been made to trace copyright holders. Should any have been overlooked, the publishers would be pleased to hear from them so that appropriate acknowledgement may be given in future editions.

pages 354-356: Cellular family tree of *Caenorhabditis elegans*, http://www.wormatlas.org.

page 375: Map of the Galapagos archipelago, from Charles Darwin, *Journal of Researches*, 1st illus. edn, 1890, © The Natural History Museum, London.

page 384: Forest trees on St Helena, by courtesy of Jonathan Kingdon.

page 395: 'South America Secedes', cartoon by John Holden from Robert S. Diets, 'More about continental drift', *Sea Frontiers*, magazine of the International Oceanographic Foundation, March–April 1967.

Page 411: Pterodactyl skeleton, after P. Wellnhofer, *Pterosaurs* (London: Salamander Books, 1991).

page 414: Polydactylic horse, from O. C. Marsh, 'Recent polydactyle horses', *American Journal of Science*, April 1892.

page 417: Okapi skeleton, after a drawing by Jonathan Kingdon.

page 426: Thylacine skull, S. R. Sleightholme and N. P. Ayliffe, International Thylacine Specimen Database, Zoological Society of London (2005).

page 430: Bdelloid rotifer, after Marcus Hartog, 'Rotifera, gastrotricha, and kinorhyncha', *The Cambridge Natural History*, vol. II (1896)

page 437: 'Various species of crabs and crayfishes', from Ernst Haeckel, *Kunstformen der Natur* (1899–1904)

pages 438, 440: diagrams from D'Arcy Wentworth Thompson, *On Growth and Form* (1917)

page 459: 'Hodgkin's Law', courtesy Jonathan Hodgkin.

page 462: Phylogenetic tree, from David Hillis, Derrick Zwickl and Robin Gutell, University of Texas at Austin, http://www.zo.utexas.edu/faculty/antisense/DownloadfilesToL.html.

page 485: *Anhanguera*: after John Sibbick.

page 488: Female *Thaumatoxena andreinii silvestri*, from R. H. L. Disney and D. H. Kistner, 'Revision of the termitophilous Thaumatoxeninae (Diptera: Phoridae)', *Journal of Natural History* (1992) 26: 953–91.

page 501: Diagram from R. J. Berry and A. Hallam, *The Collins Encyclopedia of Animal Evolution* (1986)

page 503: Giraffe dissection, photo Joy S. Reidenberg PhD.

page 507: Diagram after George C. Williams.

(25 April 2002), 816–22.

page 256: *Eusthenopteron*, after S.M. Andrews and T.S. Westoll, 'The postcranial skeleton of *Eusthenopteron foordi* Whiteaves', *Transactions of the Royal Society of Edinburgh* 68 (1970), 207–329.

page 257: *Ichthyostega*, after Per Erik Ahlberg, Jennifer Clack and Henning Blom, 'The axial skeleton of the Devonian tetrapod *Ichthyostega*', *Nature* 437 (1 Sept. 2005), 137–40, fig. 1.

page 258: *Acanthostega*, after J. A. Clack, 'The emergence of early tetrapods', *Palaeogeography, Palaeoclimatoogy, Palaeoecology* 232 (2006), 167–89.

page 259: *Panderichthys*, reconstruction after Jennifer A. Clack.

page 263: Diagram from D. R. Prothero, *Evolution: What the Fossils Say and Why it Matters*, copyright © 2007 Columbia University Press. Reprinted with permission from the publisher.

page 265 (below): Reconstructed composite skeleton of *Pezosiren portelli*. Lateral view, length roughly 2.1 m. Shaded elements are represented by fossils; unshaded elements . . . are not. The length of the tail, and the form and posture of the feet are partly conjectural. After D. P. Domning, 'The earliest known fully quadrupedal sirenian', *Nature* 413 (11 Oct. 2001), 626–7, fig. 1.

page 271: Diagram modified from W. G. Joyce and J. A. Gauthier, 'Palaeoecology of Triassic stem turtles sheds new light on turtle origins', *Proceedings of the Royal Society of London* 271 (2004), 1–5.

page 306: *Sahelanthropus tchadensis*, reconstruction by © Bone Clones.

page 308: Skull of a foetal chimpanzee, reconstruction by © Bone Clones.

page 309: Baby and adult chimpanzee, photos courtesy Stephen Carr, from Adolf Naef, 'Über die Urformen der Anthropomorphen und die Stammesgeschichte des Menschenschädels', *Die Naturwissenschaften* 14: 21 (1926), 472–7. Original photos by Herbert Lang taken during the American Natural History Museum Congo Expedition, 1909–15.

page 328: Three kinds of virus, after Neil. A. Campbell, Jane B. Reece and Lawrence G. Mitchell, *Biology*, 5th edn, fig. 18.2, p. 321. Copyright © 1999 by Benjamin/Cummings, an imprint of Addison Wesley Longman, Inc. Reprinted by permission of Pearson Education, Inc.

page 334: Neurulation diagram, courtesy PZ Myers.

woodblock by Utagawa Toyokuni III, photo courtesy Los Angeles Natural History Museum. *Heikea japonica*, a male collected in Ariake Bay, off Kyushyu, Japan, 1968, width 20.4mm, photo Dick Meier, courtesy Los Angeles Natural History Museum.

page 131: Two lines of maize selected for high and low oil content, from J. W. Dudley and R. G. Lambert, 'Ninety generations of selection for oil and protein in maize', *Maydica* 37 (1992) 81–7.

page 132: Two lines of rats, from H. R. Hunt, C. A. Hoppert and S. Rosen, 'Genetic factors in experimental rat caries', in R. F. Sognnaes, ed., *Advances in Experimental Caries Research* (Washington DC: American Association for the Advancement of Science, 1955), 66–81.

page 141: Dmitry Belyaev with laboratory foxes, Novosibirsk, Russia, March 1984, photo RIA Novosti; inset photo from D. K. Belayev, 'Destabilizing selection as a factor in domestication', *Journal of Heredity* 70 (1979), 301–8.

page 188: Graph from A. C. Brooks and I. O. Buss, 'Trend in tusk size of the Uganda elephant', *Mammalia* 26: 1 (1962), 10–34.

page 190: Diagram from A. Herrel, B. Vanhooydonck and R. van Damme, 'Omnivory in lacertid lizards: adaptive evolution or restraint', *Journal of Evolutionary Biology* 17 (2004), 974–84.

page 192: Photograph of caecal valve, from A. Herrel, B. Vanhooydonck and R. van Damme, 'Omnivory in lacertid lizards: adaptive evolution or restraint', *Journal of Evolutionary Biology* 17 (2004), 974–84; photo courtesy Anthony Herrel.

pages 202 (both), **205** and **206**: Lenski experiment, diagrams from R. E. Lenski and M. Travisano, 'Dynamics of adaptation and diversification: a 10,000-generation experiment with bacterial populations', *Proceedings of the National Academy of Sciences* 91 (1994), 6808–14.

page 224: *Lingula*: 'Recent specimen of the brachiopod Lingula with long pedicle emerging from the 5 cm long valves of the phosphatic shell', © Natural History Museum, London. *Lingulella*, engraving © Natural History Museum, University of Oslo.

page 240: *Eomaia scansoria*, Chinese Academy of Geological Sciences (CAGS), redrawn from Qiang Ji, Zhe-Xi Luo, Chong-Xi Yuan, John R. Wible, Jian-Ping Zhang and Justin A. Georgi, 'The earliest known eutherian mammal', *Nature* 416

Geographic/Getty Images; (f) cave salamander (*Proteus anguinus*): Francesco Tomasinelli/ Natural Visions; (g) short-beaked common dolphin (*Delphinus delphis*), Gulf of California, Mexico.

pages 30–1: (a) European cuckoo ejecting host shrike (*Lanius senator*) egg from nest, Spain: © Nature Picture Library/Alamy; (b) lioness (*Panthera leo*), hunting young kudu, Etosha National Park, Namibia: © Martin Harvey/Alamy: (c) Large White (*Pieris brassicae*) caterpillar with larvae of parasitoid wasp (*Cotesia glomerata*) leaving to pupate: © WILDLIFE GmbH/Alamy; (d) canopy of Kapur trees, Selangor, Malaysia: © Hans Strand.

page 32: (a) Amazon estuary, aerial view: © Stock Connection Distribution/Alamy; (b) wild garlic (*Allium ursinum*), Cornwall: © Tom Joslyn/Alamy; (c) hills and pastureland, Morgan Territory, California: © Brad Perks Lightscapes/Alamy; (d) moss (*Hookeria luscens*), leaf cells, a polarised light micrograph, showing two whole cells containing chloroplasts: Dr Keith Wheeler/Science Photo Library.

◎本文図版

Figures in the text on the following pages were redrawn by HL Studios: 160, 234 (both), 240, 256, 257, 258, 259, 265 (both), 269, 271, 284 (both), 287, 290, 292 (both), 293, 296, 328, 330, 334, 336, 338, 339, 340, 410, 411, 412, 417 (both), 418 (both), 425 (all), 428, 430, 436, 480, 484, 485 (both), 488, 490, 492, 498 and 507.

Individual credits:

page 53: 'I still say it's only a theory', cartoon by David Sipress from *the New Yorker*, 23 May 2005: © The New Yorker Collection 2005 David Sipress from cartoonbank.com. All Rights Reserved.
pages 96 and 98: Computer-generated images courtesy the author.
page 116: Hamburgh fowl, Spanish fowl and Polish fowl, from Charles Darwin, *The Variation of Animals and Plants under Domestication*, 1868.
page 118, 119: Kabuki mask of a samurai warrior, detail of a 19th-century

Galapagos tortoise, Santa Cruz; and pelican, penguin and Sally Lightfoot crabs, Santiago Island: all © Josie Cameron Ashcroft; (e) Espanola saddleback tortoise (*Geochelone elephantopus hoodensis*), Santa Cruz Island, Galapagos: Mark Jones/ Oxford Scientific/photolibrary.

pages 22–3: (a) Eastern Grey kangaroo (*Macropus giganteus*), Murramarang National Park, New South Wales: Jean Paul Ferrero/Ardea; (b) open eucalyptus woodland, near Norseman, Western Australia: Brian Rogers/Natural Visions; (c) koala and joey: photo courtesy Wendy Blanshard/Lone Pine Koala Sanctuary; (d) duck-billed platypus (*Ornithorhynchus anatinus*), swimming underwater; (e) ring-tailed lemur (*Lemur catta*), Berenty Reserve, Southern Madagascar: Hermann Brehm/Nature Picture Library; (f) baobab tree, (*Adansonia grandidieri*), Western Madagascar: Nick Garbutt/Nature Picture Library; (g) Verreaux's sifaka lemur (*Propithecus verreauxi*), Berenty Reserve, Southern Madagascar: (*left*) Kevin Schafer/Alamy; (*middle*) © Kevin Schafer/Corbis; (*right*) Heather Angel/ Natural Visions.

page 24: Blue-footed booby (*Sula nebouxii*): (*main picture*) © Michael DeFreitas South America/Alamy; (*top to bottom*) © Westend 61/Alamy; © Fred Lord/Alamy; F1Online/photolibrary; (*bottom two*) Nick Garbutt/Photoshot.

page 25: Clare D'Alberto: © David Paul / dpimages 2009.

pages 26–7: (a) spider monkey, Belize, Central America: Cubolimages srl/Alamy; (b) male flying lemur, Borneo: Tim Laman/National Geographic Stock; (c) Egyptian fruit bat: © Tim Flach.

pages 28–9: (a) Ostrich (*Struthhio camelus*), running: © Juniors Bildarchiv/ Alamy; (b) flightless cormorant (*Nannopterum harrisi*), Punta Espinosa, Fernandina, Galapagos: © Peter Nicholson/Alamy; (c) flightless cormorant (*Nannopterum harrisi*), diving, Fernandina, Galapagos: Pete Oxford/Nature Picture Library; (d) kakapo (*Strigops harboptilus*), New Zealand; (e) harvester ant removes her wings before giving birth, artwork by John Dawson: National courtesy Thomas A. Steitz. (c) Cutaway artwork of an animal cell: Russell Knightley/Science Photo Library.

pages 14–15: (a) Fertilized human egg cell and (b) two-cell human embryo at 30 hours: both Edelmann/Science Photo Library; (c) eight-cell human embryo at 3 days and (d) sixteen-cell human embryo at 4 days: both Dr Yorgos Nikas/Science Photo Library; (e) embryo at 10 days inside the womb, just implanted in the uterine lining; (f) at 22 days, the embryo has a curved backbone and the neural tube is open at both ends; (g) at 24 days, the embryo is firmly implanted in the uterine wall, the heart extends almost up to the head and the placenta links it to the uterus, and (h) at 25 days: all photo Lennart Nilsson © Lennart Nilsson; embryo (i) at 5-6 weeks; (j) at 7 weeks: both Edelmann/Science Photo Library; (k) foetus at 17 weeks, (l) at 22 weeks: both Oxford Scientific Films/photolibrary; (m) newborn baby: Getty Images/Steve Satushek.

page 16: Starling sequence: dylan.winter@virgin.net.

page 17: San Andreas Fault in the Carrizzo Plain, Central California: © Kevin Schafer/Alamy.

pages 18–19: (a) Diagram showing the age of the oceanic lithosphere, data source: R. D. Muller, M. Sdrolias, C. Gaina and W. R. Roest, 'Age spreading rates and spreading symmetry of the world's ocean crust', Geochem. Geophys. Geosyst. 9.Q04006. doi:10.1029/2007/GC001743. Image created by Elliot Lim, CIRES & NOAA/NGDC, Marine Geology and Geophysics Division. Data & images available from http://www.ngdc.noaa.gov/mgg/; (b) artwork showing the process of sea floor spreading: Gary Hincks/Science Photo Library; (c) artwork showing convection currents: © Tom Coulson/Dorling Kindersley.

pages 20–1: (a) Caldera of a volcano, Fernandina Island, Galapagos: Patrick Morris/Nature Picture Library; (b) Galapagos Islands from space: Jacques Descloitres, MODIS Land Rapid Response Team, NASA/GSFC; (c), (d), (f), (g) Diving pelican, Seymour Island; swimming marine iguana Fernandina Island;

orchid: photolibrary/Oxford Scientific Films; (d) Andean Emerald hummingbird (*Amazillia franciae*), Mindo, Ecuador: Rolf Nussbaumer/Nature Picture Library; (e) South African sunbird, Cape Town, South Africa: © Nic Bothma/epa/Corbis; (f) Hummingbird Hawk-moth (*Macroglossum stellatarum*), Switzerland: Rolf Nussbaumer/Nature Picture Library; (g) hammer orchid and wasp, Western Australia: Babs and Bert Wells/Oxford Scientific Films/photolibrary; (h) *Ophrys holosericea* orchid attracting male buff-tailed bumble bee: blickwinkel/Alamy; (i, j) evening primrose (*Oenothera biennis*) in normal and ultraviolet light: both Bjorn Rorslett/Science Photo Library; (k) spider orchid (*Brassia rex*), Papua New Guinea: © Doug Steeley /Alamy

pages 6–7: (a) Pair of pheasants (*Phasianus colchius*): Richard Packwood/Oxford Scientific Films/photolibrary; (b) guppies: Maximillian Winzieri/Alamy; (c) Malaysian orchid mantis (*Hymenopus coronatus*), Malaysia: Thomas Minden/Minden Pictures/National Geographic Stock; (d) leaf mantis nymph, Amazon rainforest, Ecuador: © Michael & Patricia Fogen/Corbis; (e) satanic leaf-tailed gecko: © Jim Zuckerman/Corbis; (f) caterpillar mimicking snake, rainforest, Costa Rica.

page 8: Gorilla experiment: Simons, D. J., & Chabris, C. F. (1999). Gorillas in our midst: Sustained inattentional blindness for dynamic events. *Perception*, 28, 1059–1074. Crocoduck tie: courtesy of Josh Timonen. Caddis fly: photo courtesy of Graham Owen.

page 9: *Darwinius masillae*: © Atlantic Productions Ltd/photo Sam Peach.

pages 10–11: (a) Devonian scene by Karen Carr: © Field Museum; (b) *Tiktaalik* fossil: © Ted Daeschler/Academy of Natural Sciences/VIREO; (c) *Tiktaalik* model and photo: copyright Tyler Keillor; (d) manatee and calves, ZooParc, Saint-Aignan, 2003: AFP/ Getty Images; (e) dugong at Sydney Aquarium, 2008: AFP/Getty Images; (f) *Odontochelys*: Marlene Donnelly/courtesy of The Field Museum.

pages 12–13: (a, b) the enzyme hexokinase closes round a glucose molecule:

図版出典

Special thanks go to the following who gave valuable advice and guidance on the accuracy and suitability of the illustrations, in the text and in the colour sections: Larry Benjamin, Catherine Bosivert, Philippa Brewer, Ralf Britz, Sandra Chapman, Jennifer Clack, Margaret Clegg, Daryl P. Domning, Anthony Herrel, Zerina Johanson, Barrie Juniper, Paul Kenrick, Zhe-Xi Luo, Colin McCarthy, David Martill, P. Z. Myers, Colin Palmer, Roberto Portela-Miguez, Mai Qaraman, Lorna Steel, Chris Stringer, John Sulston and Peter Wellnhofer.

◎カラー口絵

page 1: *The Earthly Paradise* by Jan Brueghel the Elder, 1607–8, Louvre, Paris: Lauros/Giraudon/The Bridgeman Art Library.

pages 2–3: (a) Wild cabbage (*Brassica oleracea*), sea cliffs, Dorset: © Martin Fowler/Alamy; (b) vegetable spiral: Tom Poland; (c) Bernard Lavery, holder of 14 world records, with one of his giant cabbages in Spalding, Lincs., 1993: Chris Steele-Perkins/Magnum Photos; (d) sunflowers, Great Sand Dunes National Monument, Colorado: © Chris Howes/Wild Places Photography/Alamy; (e) sunflower field, Hokkaido: Mitsushi Okada/Getty Images; (f) Astucieux du Moulin de Rance, a British Belgian Blue bull, presented by B. E. Newton: Yann Arthus-Bertrand/CORBIS; (g) Kathy Knott, the winner in a posing routine at the 1996 British Bodybuilding Championships: © Barry Lewis/Corbis; (h) Chihuahua and Great Dane: © moodboard/alamy.

pages 4–5: (background) summer meadow, Norfolk: © G&M Garden Images/Alamy; (a) comet orchid (*Angraecum sesquipedale*), Perinet National Park, Madagascar: Pete Oxford/Nature Picture Library and *Xanthopan morgani praedicta*: © the Natural History Museum/Alamy; (b) bucket orchid (*Coryanthes speciosa*): © Custom Life Science Images/Alamy; (c) bee emerging from a bucket

Williams, G. C. 1966. *Adaptation and Natural Selection: A Critique of Some Current Evolutionary Thought*. Princeton: Princeton University Press.

Williams, G. C. 1992. *Natural Selection: Domains, Levels, and Challenges*. Oxford: Oxford University Press.

Williams, G. C. 1996. *Plan and Purpose in Nature*. London: Weidenfeld & Nicolson.

Williams, R. 2006. *Unintelligent Design: Why God Isn't as Smart as She Thinks She Is*. Sydney: Allen & Unwin.

Wilson, E. O. 1984. *Biophilia*. Cambridge, Mass.: Harvard University Press.（『バイオフィリア――人間と生物の絆』（狩野秀之訳、ちくま学芸文庫）

Wilson, E. O. 1992. *The Diversity of Life*. Cambridge, Mass.: Harvard University Press.（『生命の多様性』大貫昌子・牧野俊一訳、岩波現代文庫）

Wolpert, L. 1991. *The Triumph of the Embryo*. Oxford: Oxford University Press.

Wolpert, L.; Beddington, R.; Brockes, J.; Jessell, T.; Lawrence, P.; and Meyerowitz, E. 1998. *Principles of Development*. London and Oxford: Current Biology / Oxford University Press.

Young, M. and Edis, T. 2004. *Why Intelligent Design Fails: A Scientific Critique of the New Creationism*. New Brunswick, NJ: Rutgers University Press.

Zimmer, C. 1998. *At the Water's Edge: Macroevolution and the Transformation of Life*. New York: Free Press.（『水辺で起きた大進化』渡辺政隆訳、早川書房）

Zimmer, C. 2002. *Evolution: The Triumph of an Idea*. London: Heinemann.（『「進化」大全――ダーウィン思想：史上最大の科学革命』渡辺政隆訳、光文社）

accident"', *Journal of Biosciences*, 31, 459–63.

Southwood, R. 2003. *The Story of Life*. Oxford: Oxford University Press.（『生命進化の物語』垂水雄二訳、八坂書房）

Stringer, C. and McKie, R. 1996. *African Exodus: The Origins of Modern Humanity*. London: Jonathan Cape.（『出アフリカ記——人類の起源』河合信和訳、岩波書店）

Sulston, J. E. 2003. '*C. elegans*: the cell lineage and beyond', in T. Frängsmyr, ed., *Les Prix Nobel, The Nobel Prizes 2002: Nobel Prizes, Presentations, Biographies and Lectures*, 363–81. Stockholm: The Nobel Foundation.

Sykes, B. 2001. *The Seven Daughters of Eve: The Science that Reveals our Genetic Ancestry*. London: Bantam.（『イヴの七人の娘たち』大野晶子訳、ヴィレッジブックス）

Thompson, D. A. W. 1942. *On Growth and Form*. Cambridge: Cambridge University Press.（『生物のかたち』柳田友道ほか訳、東京大学出版会）

Thompson, S. P. and Gardner, M. 1998. *Calculus Made Easy: Being a Very-Simplest Introduction to Those Beautiful Methods of Reckoning Which Are Generally Called by the Terrifying Names of the Differential Calculus and the Integral Calculus*. Basingstoke: Palgrave Macmillan.

Thomson, K. S. 1991. *Living Fossil: The Story of the Coelacanth*. London: Hutchinson Radius.

Trivers, R. 2002. *Natural Selection and Social Theory*. Oxford: Oxford University Press.

Trut, L. N. 1999. 'Early canid domestication: the farm-fox experiment', *American Scientist*, 87, 160–9.

Tudge, C. 2000. *The Variety of Life: A Survey and a Celebration of All the Creatures that Have Ever Lived*. Oxford: Oxford University Press.

Wallace, A. R. 1871. *Contributions to the Theory of Natural Selection: A Series of Essays*. London: Macmillan.

Weiner, J. 1994. *The Beak of the Finch: A Story of Evolution in our Time*. London: Jonathan Cape.（『フィンチの嘴——ガラパゴスで起きている種の変貌』樋口広芳・黒沢令子訳、ハヤカワ・ノンフィクション文庫）

Wickler, W. 1968. *Mimicry in Plants and Animals*. London: Weidenfeld & Nicolson.（『擬態——自然も嘘をつく』羽田節子訳、平凡社）

学』青木薫訳、ハヤカワ・ノンフィクション文庫)

Sarich, V. M. and Wilson, A. C. 1967. 'Immunological time scale for hominid evolution', *Science*, 158, 1200–3.

Schopf, J. W. 1999. *Cradle of Life: The Discovery of Earth's Earliest Fossils*. Princeton: Princeton University Press. (『失われた化石記録——光合成の謎を解く』阿部勝巳訳、松井孝典監修、講談社現代新書)

Schuenke, M.; Schulte, E.; Schumacher, U.; and Rude, J. 2006. *Atlas of Anatomy*. Stuttgart: Thieme.

Sclater, A. 2003. 'The extent of Charles Darwin's knowledge of Mendel', *Georgia Journal of Science*, 61, 134–7.

Scott, E. C. 2004. *Evolution vs. Creationism: An Introduction*. Westport, Conn.: Greenwood.

Shermer, M. 2002. *In Darwin's Shadow: The Life and Science of Alfred Russel Wallace*. Oxford: Oxford University Press.

Shubin, N. 2008. *Your Inner Fish: A Journey into the 3.5 Billion-Year History of the Human Body*. London: Allen Lane. (『ヒトのなかの魚、魚のなかのヒト——最新科学が明らかにする人体進化35億年の旅』垂水雄二訳、早川書房)

Sibson, F. 1848. 'On the blow-hole of the porpoise', *Philosophical Transactions of the Royal Society of London*, 138, 117–23.

Simons, D. J. and Chabris, C. F. 1999. 'Gorillas in our midst: sustained inattentional blindness for dynamic events', *Perception*, 28, 1059–74.

Simpson, G. G. 1953. *The Major Features of Evolution*. New York: Columbia University Press.

Simpson, G. G. 1980. *Splendid Isolation: The Curious History of South American Mammals*. New Haven: Yale University Press.

Skelton, P. 1993. *Evolution: A Biological and Palaeontological Approach*. Wokingham: Addison-Wesley.

Smith, J. L. B. 1956. *Old Fourlegs: The Story of the Coelacanth*. London: Longmans. (『生きた化石——シーラカンス発見物語』梶谷善久訳、恒和出版)

Smolin, L. 1997. *The Life of the Cosmos*. London: Weidenfeld & Nicolson. (『宇宙は自ら進化した——ダーウィンから量子重力理論へ』野本陽代訳、日本放送出版協会)

Söll, D. and RajBhandary, U. L. 2006. 'The genetic code – thawing the "frozen

Oxford English Dictionary, 2nd edn, 1989. Oxford: Oxford University Press.

Pagel, M. 2002. *Encyclopedia of Evolution*, 2 vols. Oxford: Oxford University Press.

Penny, D.; Foulds, L. R.; and Hendy, M. D. 1982. 'Testing the theory of evolution by comparing phylogenetic trees constructed from five different protein sequences', *Nature*, 297, 197–200.

Pringle, J. W. S. 1948. 'The gyroscopic mechanism of the halteres of Diptera', *Philosophical Transactions of the Royal Society of London*, Series B, Biological Sciences, 223, 347–84.

Prothero, D. R. 2007. *Evolution: What the Fossils Say and Why It Matters*. New York: Columbia University Press.

Quammen, D. 1996. *The Song of the Dodo: Island Biogeography in an Age of Extinctions*. London: Hutchinson.（『ドードーの歌――美しい世界の島々からの警鐘』鈴木主税訳、河出書房新社）

Reisz, R. R. and Head, J. J. 2008. 'Palaeontology: turtle origins out to sea', *Nature*, 456, 450–1.

Reznick, D. N.; Shaw, F. H.; Rodd, H.; and Shaw, R. G. 1997. 'Evaluation of the rate of evolution in natural populations of guppies (*Poecilia reticulata*)', *Science*, 275, 1934–7.

Ridley, Mark 1994. *A Darwin Selection*, 2nd rev. edn. London: Fontana.

Ridley, Mark 2000. *Mendel's Demon: Gene Justice and the Complexity of Life*. London: Weidenfeld & Nicolson.

Ridley, Mark 2004. *Evolution*, 3rd edn. Oxford: Blackwell.

Ridley, Matt 1993. *The Red Queen: Sex and the Evolution of Human Nature*. London: Viking.（『赤の女王――性とヒトの進化』長谷川真理子訳、翔泳選書）

Ridley, Matt 1999. *Genome: The Autobiography of a Species in 23 Chapters*. London: Fourth Estate.（『ゲノムが語る23の物語』中村桂子・斉藤隆央訳、紀伊國屋書店）

Ruse, M. 1982. *Darwinism Defended: A Guide to the Evolution Controversies*. Reading, Mass.: Addison-Wesley.

Sagan, C. 1981. *Cosmos*. London: Macdonald.（『コスモス』木村繁訳、朝日文庫）

Sagan, C. 1996. *The Demon-Haunted World: Science as a Candle in the Dark*. London: Headline.（『悪霊にさいなまれる世界――「知の闇を照らす灯」としての科

Mendel, G. 2008. *Experiments in Plant Hybridisation*. New York: Cosimo Classics.

Meyer, R. L. 1998. 'Roger Sperry and his chemoaffinity hypothesis', *Neuropsychologia*, 36, 957–80.

Miller, J. D.; Scott, E. C.; and Okamoto, S. 2006. 'Public acceptance of evolution', *Science*, 313, 765–6.

Miller, K. R. 1999. *Finding Darwin's God: A Scientist's Search for Common Ground between God and Evolution*. New York: Cliff Street Books.

Miller, K. R. 2008. *Only a Theory: Evolution and the Battle for America's Soul*. New York: Viking.

Monod, J. 1972. *Chance and Necessity: An Essay on the Natural Philosophy of Modern Biology*. London: Collins.（『偶然と必然――現代生物学の思想的な問いかけ』渡辺格・村上光彦訳、みすず書房）

Morris, D. 2008. *Dogs: The Ultimate Dictionary of Over 1,000 Dog Breeds*. London: Trafalgar Square.（『デズモンド・モリスの犬種事典―― 1000 種類を越える犬たちが勢揃いした究極の研究書』池田奈々子ほか訳、誠文堂新光社）

Morton, O. 2007. *Eating the Sun: How Plants Power the Planet*. London: Fourth Estate.

Nesse, R. M. and Williams, G. C. 1994. *The Science of Darwinian Medicine*. London: Orion.

Odell, G. M.; Oster, G.; Burnside, B.; and Alberch, P. 1980. 'A mechanical model for epithelial morphogenesis', *Journal of Mathematical Biology*, 9, 291–5.

Owen, D. F. 1980. *Camouflage and Mimicry*. Oxford: Oxford University Press.

Owen, R. 1841. 'Notes on the anatomy of the Nubian giraffe (Camelopardalis)', *Transactions of the Zoological Society of London*, 2, 217–48.

Owen, R. 1849. 'Notes on the birth of the giraffe at the Zoological Society's gardens, and description of the foetal membranes and some of the natural and morbid appearances observed in the dissection of the young animal', *Transactions of the Zoological Society of London*, 3, 21–8.

Owen, R. B.; Crossley, R.; Johnson, T. C.; Tweddle, D.; Kornfield, I.; Davison, S.; Eccles, D. H.; and Engstrom, D. E. 1989. 'Major low levels of Lake Malawi and their implications for speciation rates in cichlid fishes', *Proceedings of the Royal Society of London*, Series B, 240, 519–53.

Kingdon, J. 1990. *Island Africa*. London: Collins.

Kingdon, J. 1993. *Self-Made Man and his Undoing*. London: Simon & Schuster. (『自分をつくりだした生物——ヒトの進化と生態系』管啓次郎訳、青土社)

Kingdon, J. 2003. *Lowly Origin: Where, When, and Why our Ancestors First Stood Up*. Princeton and Oxford: Princeton University Press.

Kitcher, P. 1983. *Abusing Science: The Case Against Creationism*. Milton Keynes: Open University Press.

Leakey, R. 1994. *The Origin of Humankind*. London: Weidenfeld & Nicolson. (『ヒトはいつから人間になったか』馬場悠男訳、草思社)

Leakey, R. and Lewin, R. 1992. *Origins Reconsidered: In Search of What Makes Us Human*. London: Little, Brown.

Leakey, R. and Lewin, R. 1996. *The Sixth Extinction: Biodiversity and its Survival*. London: Weidenfeld & Nicolson.

Lenski, R. E. and Travisano, M. 1994. 'Dynamics of adaptation and diversification: a 10,000-generation experiment with bacterial populations', *Proceedings of the National Academy of Sciences*, 91, 6808–14.

Li, C.; Wu, X.-C.; Rieppel, O.; Wang, L.-T.; and Zhao, L.-J. 2008. 'An ancestral turtle from the Late Triassic of southwestern China', *Nature*, 456, 497–501.

Lorenz, K. 2002. *Man Meets Dog*, 2nd edn. London: Routledge. (『人イヌにあう』小原秀雄訳、ハヤカワ・ノンフィクション文庫)

Malthus, T. R. 2007. *An Essay on the Principle of Population*. New York: Dover. (First publ. 1798.) (『人口論』永井義雄訳、中公文庫。ほかに『人口の原理』などの邦訳題で、いくつかの翻訳がある)

Marchant, J. 1916. *Alfred Russel Wallace: Letters and Reminiscences*, vol. 1. London: Cassell.

Martin, J. W. 1993. 'The samurai crab', *Terra*, 31, 30–4.

Maynard Smith, J. 2008. *The Theory of Evolution*, 3rd edn. Cambridge: Cambridge University Press.

Mayr, E. 1963. *Animal Species and Evolution*. Cambridge, Mass.: Harvard University Press.

Mayr, E. 1982. *The Growth of Biological Thought: Diversity, Evolution, and Inheritance*. Cambridge, Mass.: Harvard University Press.

Medawar, P. B. 1982. *Pluto's Republic*. Oxford: Oxford University Press.

I.; Van Damme, R.; and Irschick, D. J. 2008. 'Rapid large-scale evolutionary divergence in morphology and performance associated with exploitation of a different dietary resource', *Proceedings of the National Academy of Sciences*, 105, 4792–5.

Herrel, A.; Vanhooydonck, B.; and Van Damme, R. 2004. 'Omnivory in lacertid lizards: adaptive evolution or constraint?' *Journal of Evolutionary Biology*, 17, 974–84.

Horvitz, H. R. 2003. 'Worms, life and death', in T. Frängsmyr, ed., *Les Prix Nobel, The Nobel Prizes 2002: Nobel Prizes, Presentations, Biographies and Lectures*, 320–51. Stockholm: The Nobel Foundation.

Huxley, J. 1942. *Evolution: The Modern Synthesis*. London: Allen & Unwin.

Huxley, J. 1957. *New Bottles for New Wine: Essays*. London: Chatto & Windus.

Ji, Q.; Luo, Z.-X.; Yuan, C.-X.; Wible, J. R.; Zhang, J.-P.; and Georgi, J. A. 2002. 'The earliest known eutherian mammal', *Nature*, 416, 816–22.

Johanson, D. and Edgar, B. 1996. *From Lucy to Language*. New York: Simon & Schuster.

Johanson, D. C. and Edey, M. A. 1981. *Lucy: The Beginnings of Humankind*. London: Granada.（『ルーシー――謎の女性と人類の進化』渡辺毅訳、どうぶつ社）

Jones, S. 1993. *The Language of the Genes: Biology, History and the Evolutionary Future*. London: HarperCollins.（『遺伝子＝生・老・病・死の設計図』河田学訳、白揚社）

Jones, S. 1999. *Almost Like a Whale: The Origin of Species Updated*. London: Doubleday.

Joyce, W. G. and Gauthier, J. A. 2004. 'Palaeoecology of Triassic stem turtles sheds new light on turtle origins', *Proceedings of the Royal Society of London*, Series B, 271, 1–5.

Keynes, R. 2001. *Annie's Box: Charles Darwin, his Daughter and Human Evolution*. London: Fourth Estate.（『ダーウィンと家族の絆――長女アニーとその早すぎる死が進化論を生んだ』渡辺政隆・松下展子訳、白日社）

Kimura, M. 1983. *The Neutral Theory of Molecular Evolution*. Cambridge: Cambridge University Press.（『分子進化の中立説』向井輝美・日下部真一訳、紀伊國屋書店）

University of Chicago Press.

Goldschmidt, T. 1996. *Darwin's Dreampond: Drama in Lake Victoria*. Cambridge, Mass.: MIT Press.（『ダーウィンの箱庭　ヴィクトリア湖』丸武志訳、草思社）

Gould, S. J. 1977. *Ontogeny and Phylogeny*. Cambridge, Mass.: Harvard University Press.（『個体発生と系統発生——進化の観念史と発生学の最前線』仁木帝都・渡辺政隆訳、工作舎）

Gould, S. J. 1978. *Ever since Darwin: Reflections in Natural History*. London: Burnett Books / Andre Deutsch.（『ダーウィン以来——進化論への招待』浦本昌紀・寺田鴻訳、ハヤカワ・ノンフィクション文庫）

Gould, S. J. 1983. *Hen's Teeth and Horse's Toes*. New York: W. W. Norton.（『ニワトリの歯——進化論の新地平』渡辺政隆・三中信宏訳、ハヤカワ・ノンフィクション文庫）

Grafen, A. 1989. *Evolution and its Influence*. Oxford: Clarendon Press.

Gribbin, J. and Cherfas, J. 2001. *The First Chimpanzee: In Search of Human Origins*. London: Penguin.

Haeckel, E. 1974. *Art Forms in Nature*. New York: Dover.（『生物の驚異的な形』小畠郁生監修、戸田裕之訳、河出書房新社。ドイツ語原書からの翻訳）

Haldane, J. B. S. 1985. *On Being the Right Size and Other Essays*. Oxford: Oxford University Press.

Hallam, A. and Wignall, P. B. 1997. *Mass Extinctions and their Aftermath*. Oxford: Oxford University Press.

Hamilton, W. D. 1996. *Narrow Roads of Gene Land*, vol. 1: *Evolution of Social Behaviour*. Oxford: W. H. Freeman / Spektrum.

Hamilton, W. D. 2001. *Narrow Roads of Gene Land*, vol. 2: *Evolution of Sex*. Oxford: Oxford University Press.

Harrison, D. F. N. 1980. 'Biomechanics of the giraffe larynx and trachea', *Acta Oto-Laryngology and Otology*, 89, 258–64.

Harrison, D. F. N. 1981. 'Fibre size frequency in the recurrent laryngeal nerves of man and giraffe', *Acta Oto-Laryngology and Otology*, 91, 383–9.

Helmholtz, H. von. 1881. *Popular Lectures on Scientific Subjects*, 2nd edn, trans. E. Atkinson. London: Longmans.

Herrel, A.; Huyghe, K.; Vanhooydonck, B.; Backeljau, T.; Breugelmans, K.; Grbac,

Desmond, A. and Moore, J. 1991. *Darwin: The Life of a Tormented Evolutionist*. London: Michael Joseph.（『ダーウィン——世界を変えたナチュラリストの生涯』渡辺政隆訳、工作舎）

Diamond, J. 1991. *The Rise and Fall of the Third Chimpanzee: Evolution and Human Life*. London: Radius.（『人間はどこまでチンパンジーか？——人類進化の栄光と翳り』長谷川真理子・長谷川寿一訳、新曜社）

Domning, D. P. 2001. 'The earliest known fully quadrupedal sirenian', *Nature*, 413, 625–7.

Dubois, E. 1935. 'On the gibbon-like appearance of Pithecanthropus erectus', *Proceedings of the Section of Sciences of the Koninklijke Akademie van Wetenschappen*, 38, 578–85.

Dudley, J. W. and Lambert, R. J. 1992. 'Ninety generations of selection for oil and protein in maize', *Maydica*, 37, 81–7.

Eltz, T.; Roubik, D. W.; and Lunau, K. 2005. 'Experience-dependent choices ensure species-specific fragrance accumulation in male orchid bees', *Behavioral Ecology and Sociobiology*, 59, 149–56.

Endler, J. A. 1980. 'Natural selection on color patterns in Poecilia reticulata', *Evolution*, 34, 76–91.

Endler, J. A. 1983. 'Natural and sexual selection on color patterns in poeciliid fishes', *Environmental Biology of Fishes*, 9, 173–90.

Endler, J. A. 1986. *Natural Selection in the Wild*. Princeton: Princeton University Press.

Fisher, R. A. 1999. *The Genetical Theory of Natural Selection: A Complete Variorum Edition*. Oxford: Oxford University Press.

Fortey, R. 1997. *Life: An Unauthorised Biography. A Natural History of the First Four Thousand Million Years of Life on Earth*. London: HarperCollins.（『生命40億年全史』渡辺政隆訳、草思社）

Fortey, R. 2000. *Trilobite: Eyewitness to Evolution*. London: HarperCollins.（『三葉虫の謎——「進化の目撃者」の驚くべき生態』垂水雄二訳、早川書房）

Futuyma, D. J. 1998. *Evolutionary Biology*, 3rd edn. Sunderland, Mass.: Sinauer.（『進化生物学』岸由二ほか訳、蒼樹書房。これは第2版の訳で、第3版の翻訳ではない）

Gillespie, N. C. 1979. *Charles Darwin and the Problem of Creation*. Chicago:

Poyser.

Davies, P. C. W. 1998. *The Fifth Miracle: The Search for the Origin of Life*. London: Allen Lane, The Penguin Press.

Davies, P. C. W. and Lineweaver, C. H. 2005. 'Finding a second sample of life on earth', *Astrobiology*, 5, 154–63.

Dawkins, R. 1986. *The Blind Watchmaker*. London: Longman.（『盲目の時計職人——自然淘汰は偶然か？』日高敏隆監修、中嶋康裕・遠藤彰・遠藤知二・疋田努訳、早川書房）

Dawkins, R. 1989. 'The evolution of evolvability', in C. E. Langton, ed., *Artificial Life*, 201–20. Reading, Mass.: Addison-Wesley.

Dawkins, R. 1995. *River Out of Eden*. London: Weidenfeld & Nicolson.（『遺伝子の川』垂水雄二訳、草思社）

Dawkins, R. 1996. *Climbing Mount Improbable*. London: Viking.（早川書房近刊）

Dawkins, R. 1998. *Unweaving the Rainbow*. London: Penguin.（『虹の解体——いかにして科学は驚異への扉を開いたか』福岡伸一訳、早川書房）

Dawkins, R. 1999. *The Extended Phenotype*, rev. edn. Oxford: Oxford University Press.（『延長された表現型——自然淘汰の単位としての遺伝子』（日高敏隆・遠藤彰・遠藤知二訳、紀伊國屋書店。増補版ではなく、初版の翻訳）

Dawkins, R. 2004. *The Ancestor's Tale: A Pilgrimage to the Dawn of Life*. London: Weidenfeld & Nicolson.（『祖先の物語——ドーキンスの生命史』垂水雄二訳、小学館）

Dawkins, R. 2006. *The Selfish Gene*, 30th anniversary edn. Oxford: Oxford University Press. (First publ. 1976.)（『利己的な遺伝子・増補新装版』日高敏隆・岸由二・羽田節子・垂水雄二訳、紀伊國屋書店）

Dawkins, R. and Krebs, J. R. 1979. 'Arms races between and within species', *Proceedings of the Royal Society of London*, Series B, 205, 489–511.

de Panafieu, J.-B. and Gries, P. 2007. *Evolution in Action: Natural History through Spectacular Skeletons*. London: Thames & Hudson.（『骨から見る生物の進化』吉田春美訳、小畠郁生監訳、河出書房新社。英語版からではなく、フランス語原書からの翻訳）

Dennett, D. 1995. *Darwin's Dangerous Idea: Evolution and the Meanings of Life*. London: Allen Lane.（『ダーウィンの危険な思想——生命の意味と進化』山口泰司監訳、石川幹人・大崎博・久保田俊彦・斎藤孝訳、青土社）

Darwin, C. 1845. *Journal of researches into the natural history and geology of the countries visited during the voyage of H.M.S. Beagle round the world, under the Command of Capt. Fitz Roy, R.N.,* 2nd edn. London: John Murray. (『ビーグル号航海記』島地威雄訳、岩波文庫。ほかにも数種の訳本がある。子供向けではあるが、読みやすさという点で『ダーウィン先生地球航海記』〔荒俣宏訳、平凡社〕は推奨できる)

Darwin, C. 1859. *On the Origin of Species by Means of Natural Selection,* 1st edn. London: John Murray. (『種の起原』八杉龍一訳、岩波文庫。ほかにも数種の訳本がでている。なかでも、まだ上巻しか出版されていないが、「光文社古典新訳文庫」の渡辺政隆訳は読みやすさと正確さで推奨できる)

Darwin, C. 1868. *The Variation of Animals and Plants under Domestication,* 2 vols. London: John Murray. (『家畜・栽培植物の変異』〔『ダーウィン全集』の 4 巻、5 巻。上巻は永野為武・篠遠嘉人訳、下巻は篠遠喜人・湯浅明訳、白揚社〕)

Darwin, C. 1871. *The Descent of Man, and Selection in Relation to Sex,* 2 vols. London: John Murray. (『人間の進化と性淘汰』〔『ダーウィン著作集』〕長谷川眞理子訳、文一総合出版。ほかにもいくつか翻訳・抄訳がある)

Darwin, C. 1872. *The Expression of the Emotions in Man and Animals.* London: John Murray. (『人及び動物の表情について』浜中浜太郎訳、岩波文庫)

Darwin, C. 1882. *The Various Contrivances by which Orchids are Fertilised by Insects.* London: John Murray. (『蘭の受精』〔『ダーウィン全集』〕正宗嚴敬訳、白揚社)

Darwin, C. 1887a. *The Life and Letters of Charles Darwin,* vol. 1. London: John Murray.

Darwin, C. 1887b. *The Life and Letters of Charles Darwin,* vol. 2. London: John Murray.

Darwin, C. 1887c. *The Life and Letters of Charles Darwin,* vol. 3. London: John Murray.

Darwin, C. 1903. *More Letters of Charles Darwin: A Record of his Work in a Series of Hitherto Unpublished Letters,* 2 vols. London: John Murray.

Darwin, C. and Wallace, A. R. 1859. 'On the tendency of species to form varieties; and on the perpetuation of varieties and species by natural means of selection', *Journal of the Proceedings of the Linnaean Society (Zoology)*, 3, 45–62.

Davies, N. B. 2000. *Cuckoos, Cowbirds and Other Cheats.* London: T. & A. D.

Cain, A. J. 1954. *Animal Species and their Evolution*. London: Hutchinson.

Cairns-Smith, A. G. 1985. *Seven Clues to the Origin of Life: A Scientific Detective Story*. Cambridge: Cambridge University Press.（『生命の起源を解く七つの鍵』石川統訳、岩波書店）

Carroll, S. B. 2006. *The Making of the Fittest: DNA and the Ultimate Forensic Record of Evolution*. New York: W. W. Norton.

Censky, E. J., Hodge, K. and Dudley, J. 1998. 'Over-water dispersal of lizards due to hurricanes', *Nature*, 395, 556.

Charlesworth, B. and Charlesworth, D. 2003. *Evolution: A Very Short Introduction*. Oxford: Oxford University Press.

Clack, J. A. 2002. *Gaining Ground: The Origin and Evolution of Tetrapods*. Bloomington: Indiana University Press.（『手足を持った魚たち——脊椎動物の上陸戦略』池田比佐子訳、真鍋真校定、講談社）

Comins, N. F. 1993. *What If the Moon Didn't Exist? Voyages to Earths that Might Have Been*. New York: HarperCollins.（『もしも月がなかったら——ありえたかもしれない地球への10の旅』竹内均監修、増田まもる訳、東京書籍）

Conway Morris, S. 2003. *Life's Solution: Inevitable Humans in a Lonely Universe*. Cambridge: Cambridge University Press.

Coppinger, R. and Coppinger, L. 2001. *Dogs: A Startling New Understanding of Canine Origin, Behaviour and Evolution*. New York: Scribner.

Cott, H. B. 1940. *Adaptive Coloration in Animals*. London: Methuen.

Coyne, J. A. 2009. *Why Evolution is True*. Oxford: Oxford University Press.

Coyne, J. A. and Orr, H. A. 2004. *Speciation*. Sunderland, MA: Sinauer.

Crick, F. H. C. 1981. *Life Itself: Its Origin and Nature*. London: Macdonald.（『生命——この宇宙なるもの』中村桂子訳、新思索社）

Cronin, H. 1991. *The Ant and the Peacock: Altruism and Sexual Selection from Darwin to Today*. Cambridge: Cambridge University Press.（『性選択と利他行動——クジャクとアリの進化論』長谷川真理子訳、工作舎）

Damon, P. E.; Donahue, D. J.; Gore, B. H.; Hatheway, A. L.; Jull, A. J. T.; Linick, T. W.; Sercel, P. J.; Toolin, L. J.; Bronk, R.; Hall, E. T.; Hedges, R. E. M.; Housley, R.; Law, I. A.; Perry, C.; Bonani, G.; Trumbore, S.; Woelfli, W.; Ambers, J. C.; Bowman, S. G. E.; Leese, M. N.; and Tite, M. S. 1989. 'Radiocarbon dating of the Shroud of Turin', *Nature*, 337, 611–15.

参考文献

Adams, D. and Carwardine, M. 1991. *Last Chance to See*. London: Pan.

Atkins, P. W. 1984. *The Second Law*. New York: Scientific American.（『エントロピーと秩序——熱力学第二法則への招待』米沢富美子・森弘之訳、日経サイエンス社）

Atkins, P. W. 1995. *The Periodic Kingdom*. London: Weidenfeld & Nicolson.（『元素の王国』細矢治夫訳、草思社）

Atkins, P. W. 2001. *The Elements of Physical Chemistry: With Applications in Biology*. New York: W. H. Freeman.（『物理化学要論』千原秀昭・稲葉章訳、東京化学同人）

Atkins, P. W. and Jones, L. 1997. *Chemistry: Molecules, Matter and Change,* 3rd rev. edn. New York: W. H. Freeman.

Ayala, F. J. 2006. *Darwin and Intelligent Design*. Minneapolis: Fortress.（『キリスト教は進化論と共存できるか？——ダーウィンと知的設計』藤井清久訳、教文館）

Barash, D. P. and Barash, N. R. 2005. *Madame Bovary's Ovaries: A Darwinian Look at Literature*. New York: Delacorte.

Barlow, G. W. 2002. *The Cichlid Fishes: Nature's Grand Experiment in Evolution,* 1st pb edn. Cambridge, Mass.: Basic Books.

Berry, R. J. and Hallam, A. 1986. *The Collins Encyclopedia of Animal Evolution*. London: Collins.（『進化と遺伝』〔『動物大百科』第 19 巻、長野敬監修、平凡社〕）

Bodmer, W. and McKie, R. 1994. *The Book of Man: The Quest to Discover Our Genetic Heritage*. London: Little, Brown.（『ヒトを探る、ゲノムを探る』長野敬・平田肇訳、三田出版会）

Brenner, S. 2003. 'Nature's gift to science', in T. Frängsmyr, ed., *Les Prix Nobel, The Nobel Prizes 2002: Nobel Prizes, Presentations, Biographies and Lectures,* 274–82. Stockholm: The Nobel Foundation.

Brooks, A. C. and Buss, I. O. 1962. 'Trend in tusk size of the Uganda elephant', *Mammalia*, 26, 10–34.

Browne, J. 1996. *Charles Darwin,* vol. 1: *Voyaging*. London: Pimlico.

Browne, J. 2003. *Charles Darwin,* vol. 2: *The Power of Place*. London: Pimlico.

付　録

589　**一九八二年以来**　ギャラップの世論調査の数字は、'Evolution, creationism, intelligent design', http://www.gallup.com/poll/21814/Evolution-Creationism-Intelligent-Design.aspx による。

590　**二〇〇八年に、ピュー・リサーチ・センターが同じような世論調査を公表した**　ピュー世論調査の数字は、'Public divided on origins of life', conducted 17 July 2005, http://pewforum.org/surveys/origins/ による。

591　**英国についてはどうだろう?……どう比べればいいのだろう?**　イプソス・モリ調査の数字は、'BBC survey on the origins of life', conducted 5-10 Jan. 2006, http://www.ipsos-mori.com/content/bbc-survey-on-the-origins-of-life.ashx による。

594　**さらに大がかりな調査**　ユーロバロメーター 224 調査の数字は、'Europeans, science and technology', conducted Jan.-Feb. 2005, http://ec.europa.eu/public_opinion/archives/ebs/ebs_224_report_en.pdf による。

594　**トルコのたった一つ上にしかこないという嘆かわしい事実は、最近になって大きく世に知られるようになっている**　Miller et al. (2006).

596　**彼らが持ち寄った戦慄すべき話のいくつかは、広く関心を寄せられる価値がある**　'Emory workshop teaches how to teach evolution', *Atlanta Journal-Constitution*, 24 Oct. 2008.

597　**「イスラム教徒医学生がロンドンでダーウィンの進化論を誤りだとして否定するチラシを配布」**　'Academics fight rise of creationism at universities', *Guardian*, 21 Feb. 2006.

598　**「これは本物の社会的変化である**　'Creationism debate moves to Britain', *Independent*, 18 May 2006.

第12章

526　**哺乳類のなかでもっとも速く走ることができる五種**　http://www.petsdo.com/blog/top-twenty-20-fastest-land-animals-including-humans からのリスト。

528　**一九七九年に、同僚のジョン・クレブスと私が共著で発表した論文**　Dawkins and Krebs (1979).

528　**人を欺く外見が必要以上に詳細であると言い切るのは**　Cott (1940), 158-9.

530　**意外に思われるかもしれないが、同種内の雄と雌のあいだ、親と子のあいだにさえ、軍拡競争はある**　Dawkins (2006), ch.8（「世代間の争い」), ch.9（「雄と雌の争い」）を参照。

539　**「悪魔に仕える牧師なら……どんな本を書いたことだろう」**　Darwin (1903).

539　**「自然は親切でもないし、不親切でもないのだ**　Dawkins (1995), ch.4（「神の効用関数」).

544　**興味深いことに、痛みを感じないという異常をもつ人々がおり**　たとえば、http://news.bbc.co.uk/2/hi/health/4195437.stm, http://www.msnbc.msn.com/id/6379795 を参照、

545　**スティーヴン・ジェイ・グールドは、「モラルなき自然」についてのすぐれたエッセイで、そうした問題について省察している**　Gould (1983) に再録されている。

第13章

549　**「かくして、自然の戦いから**　Darwin (1859), 490.

550　**「論理的な推論ではないかもしれないが**　Darwin (1859), 243.

552　**「われわれにできるのは**　Darwin (1859), 78.

556　**「世論にこびへつらい、……ずっと後悔しています**　Darwin (1887c).

563　**彼らの論文の一つから引用すれば、偶然に凍結されたものが「解凍される」ような進化の経路**　Söll and RajBhandary (2006).

563　**そして物理学者のポール・デイヴィスは……筋の通った主張をしている**　Davies and Lineweaver (2005).

566　**周回する月がなかったとしたら、生活がどんなにちがったものになっていただろうかという興味深い憶測を誘うものではある**　Comins (1993).

573　**「同じ主題について、父は一八七一年にこう書いている**　Darwin (1887c).

584　**宇宙論者が指摘するように、私たちが空に星を見ることができるのは偶然ではない**　たとえば、Smolin (1997) を参照。

rebuttal/aog/Answers/2007/answers_v2_n2_tectonics.htm において、「古い地球の創造論者」によって詳細に退けられている。

405　**種分化についてのもっとも権威のある最近の本**　Coyne and Orr (2004).

第10章

447　**この方法によってであった**　Sarich and Wilson (1967),

453　**こうした線に沿っての最初の大規模な研究は、デイヴィッド・ペニー教授に率いられたニュージーランドの遺伝学者グループによってなされた**　Penny et al. (1982).

463　**ヒルズのウェブサイトから彼のツリーをダウンロードする価値は十分にある**　www.zo.utexas.edu/faculty/antisense/DownloadfilesToL.html.

471　**「カギムシの物語へのエピローグ」で、ヤン・ウォンと私が詳細に論じた**　Dawkins (2004).

第11章

476　**「動物園の聡明な飼育員であるサットン氏は**　Darwin (1872), 95, 96, 97.

477　**一八四五年にダーウィンが、自分の属するロイヤル・ソサエティに出した……手紙**　Sibson (1848).

485　**J・W・S・プリングルは……主たる功績は、平均棍の使い道の解明であった**　Pringle (1948).

493　**「もし、光学技術者がこうした欠点のすべてをもった機器を私に売りたがったとすれば**　Helmholtz (1881), 194.

496　**「なぜなら眼は、光学機器において考えられるかぎりの、ありとあらゆる欠陥をもっており**　Helmholtz (1881), 201.

505　**「よく発達した喉頭と社会的な性質をもつにもかかわらず、キリンは低いうめき声、ないし泣くような声しか出すことができない」**　Harrison (1980).

515　**どうしても自分を納得させることができません**　Darwin (1887b).

515（注）　**もう一人別のオーストラリア人、創造論者に愛されているマイケル・デントンと混同しないように**　M. Denton, *Nature's Destiny* (New York: Free Press, 2002).

516　**「切れ端を寄せ集めてつくったパッチワーク」**　C. S. Pittendrigh, 'Adaptation, natural selection, and behavior', in A. Roe and G. G. Simpson, eds., *Behavior and Evolution* (New Haven: Yale University Press, 1958).

イド（Boids）」と呼んだ　http://www.red3d.com/cwr/boids/.

336　**明晰なる数理生物学者ジョージ・オスターと共同する一団の科学者によって、この過程が解明された**　Odell et al. (1980).

341　**ノーベル賞を受賞した発生学者、ロジャー・スペリによる初期の古典的な実験**　Meyer (1998).

354　**新しく孵化したばかりの幼虫の、五五八個の細胞すべての完璧な系統樹**　エレガンスセンチュウの細胞系統樹は http://www.wormatlas.org/userguides.html/lineage.htm による。この wormatlas.org サイト全体が、これらの小さな動物について集められた情報の宝庫である。また私は、エレガンスセンチュウについてのシドニー・ブレナー、ロバート・ホルヴィッツおよびジョン・サルストンのノーベル賞受賞講演―― Brenner (2003), Horvitz (2003), Sulston (2003) ――を強く推奨する。これらは http://nobelprize.org/nobel_prizes/medicine/laureates/2002/index.html でも読むことができる。

第9章

367　**内部にすんでいる小さな線虫**　http://bayercropscience.co.uk/pdfs/nematodesguide.pdf.

373　**最初の研究を主導したエレン・センスキー博士**　Censky et al. (1998).

376　**「密接な類縁関係をもつ鳥の小さな一グループのなかに、このような段階的な変異と多様性を見るとき**　Darwin (1945), 380.

377　**「それは醜悪な外見の動物で**　Darwin (1845), 385-6.

379　**「ここから、真に驚くべき事実を知ることになる**　Darwin (1845), 396.

380　**「私の関心が最初に激しくかき立てられたのは**　Darwin (1845), 394-5.

380　**「このカメは異なる島ごとにちがっていて**　Darwin (1945), 394.

386　**「ほとんどすべての岩の露頭と島が、独特のムブナ動物相をもっている**　Owen et al (1989).

391　**「大洋島に、いくつかの目が丸ごとすっぽり欠如していることに関して**　Darwin (1859), 393.

392　**「北から南に向かって旅する博物学者は**　Darwin (1859), 349.

405　**彼らはこれにどう対処しているのだろう？　実際、非常に奇妙なのだ**　少なくとも彼らのうちの一部は混乱している。他の人々は正直でないのかもしれない。http://www.ansewersingenesis.org/articles/am/v2/n2/a-catastrophic-breaup にある「若い地球論者たち」の意見は、http://www.answersincreation.org/

268　**オドントケリスに関する「News and Views」のコメント論文**　Reisz and Head (2008).

271　**プロガノケリス**　Joyce and Gauthier (2004).

274　**私は別の本で、DNAのことを「遺伝子版死者の書」と表現した**　Dawkins (1998), ch.10.

第7章

281　**「ピテカントロプス［ジャワ原人］は人類ではなく**　Dubois (1935), また http://www.talkorigins.org/pdf/fossil-hominids.pdf にも引用されている。

282　**しかしながら、創造論者の団体〈アンサーズ・イン・ジェネシス〉はこれを、現在では使うべきではないとされる疑わしい論拠のリストに付け加えている**　http://www.answersingenesis.org/home/area/faq/dont_use.asp.

284　**「グルジア原人」**　http://www.talkorigins.org/faqs/homs/d2700.html.

285　**私たち人類はチンパンジーの末裔ではない**　http://www.talkorigins.org/faqs/homs/chimp.html.

288　**模式標本というのは、学名を与えられ、博物館で正式にまっさらのラベルを与えられる最初の新種個体のことである**　http://www.talkorigins.org/faqs/homes/typespec.html には、ヒト科の動物の模式標本についての有益なリストがある。

289（注）　**ほぼまちがいなく、二〇世紀におけるダーウィンのもっとも偉大な後継者の一人**　彼自身の個性あふれる回想録が挿入されたハミルトンの論文集 Hamilton (1996, 2001) を参照。第2巻には、私自身の彼への弔辞が収録されている。

293　**つぎの表のような、さまざまな呼び方をされてきた**　http://www.mos.org/evolution/fossils/browse.php.

299　**「モーニングアフターピル……は小児性愛者の最良の友」**　'Morning-after pill blocked by politics', *Atlanta Journal-Constitution*, 24 June 2004.

第8章

315（注）　**すべての醜く冴えないもの**　Python (Monty) Pictures の許可を得て再録した歌詞。テリー・ジョーンズとエリック・アイドルに感謝する。

322　**ユーチューブで見ることができる驚くほどすばらしい映像**　たとえば、http://www.youtube.com/watch?v=XH-groCeKbE.

324　**クレイグ・レイノルズは、こうした線に沿ったプログラム……を書き、それを「ボ**

ド・レズニックがいた　Reznick et al. (1997).

225　**一部の動物学者は、シャミセンガイが、ほとんど完全に変化しないままの「生きた化石」であるという主張に異議を唱えている**　たとえば、Christian C.Emig, 'Proof that *Lingula* (Brachiopoda) is not a living-fossil, and emended diagnoses of the Family Lingulidae', *Carnets de Géologie*, letter 2003/01 (2003).

第6章

227　**「失われた」とはどういう意味なのか?**　www.talkorigins.org/faqs/faq-transitional/part2c.html#arti.およびhttp://web.archive.org/web/19990203140657/gly.fsu.edu/tour/article_7.html.

232　**「すでに進化の進んだ状態で」**　Dawkins (1986), 229.

237　**「もし人間がカエルや魚を経て、サルから生まれたものなら、なぜ、化石記録に『カエル猿』が含まれていないのか?」**　'Darwins' evolutionary theory is tottering nonsense, built on too many suppositions', *Sydney Morning Herald*, 7 May 2006.

237　**《サンデー・タイムズ》(ロンドン)の記事についた長いコメントのリスト**　http://www.timesonline.co.uk/tol/news/uk/education/article 4448420.ece.

239　**その一つがエオマイアと呼ばれるものである**　Ji et al. (2002).

241　**『創造のアトラス』**　信じられないことに、この悪名高い高価な光沢紙の無駄が、現在私の手許に、少なくとも3冊ある。

241　**釣り用のルアー(疑似餌)をトビケラとして示している**　これは以下のサイトではっきり見ることができる。http://www.grahamowengallery.com/fishing/more-fly-tying.html.

253　**「私たちはまっすぐ博物館に向かった」**　Smith (1956), 41.

260　**ティクターリクを掘り当てた!　この名は忘れることができない**　http://www90.homepage.villanova.edu/lowell.gustafson/anthropology/tiktaalik.html.

265　**「歩くマナティー」といえるペゾシレンの化石**　Domning (2001).

266　**驚くべきニュースが飛び込んできた**　Natalia Rybczynski, Mary Dawson and Richard Tedford, 'A semi-aquatic Arctic mammalian carnivore from the Miocene epoch and origin of Pinnipedia', *Nature* 458 (2009), pp.1021-4. ナタリア・リプチンスキーがこの新しい化石について熱弁をふるっている短い映像をhttp://nature.ca/pujila/ne_vid_e.cfmで見ることができる。

268　**オドントケリス・セミテスタケア**　Li et al. (2008).

原　注

第4章

165（注）　**遺憾ながら、……流布している伝説は誤りらしい**　周期律表がメンデレーエフの夢に現れたという伝説については、G. W. Baylor, 'What do we really know about Mendeleev's dream of the periodic Table? A note on dreams of scientific problem solving', *Dreaming* 11: 2 (2001), 89-92 に論じられている。

170　**火成岩の凝固のしかたの幸運な側面は、それが一瞬のうちに起こることである**　「アイソクロン〔等時性〕年代決定法」という方法の巧妙な精緻化については、Chris Stassen によって、そのすばらしいウェブサイト 'Talk.Origins'（www.talkorigins.org/faqs/isochron-dating.htm）で、くわしく述べられている。

174　**賞を貰っている創造論者のウェブサイトから直接引用したもの**　http://homepage.ntlworld.com/malcombowden/creat.htm より。

180　**この布切れは三つに分けられ**　トリノの聖骸布の年代決定は Damon et al. (1989) による。

182　**他のさまざまな年代決定法……については、ここでは触れることもしなかった**　その他の方法の完全なリストは、http://www.usd.edu/esci/age/current_scientific_clocks.html# を参照。

第5章

188　**上に掲げたグラフは、一九六二年にウガンダ動物保護局が公表したデータを示している**　Brooks and Buss (1962).

191　**この年に、研究者たちが実験のため、ポド・コピステ島から五つがいのシクラカベカナヘビを運んできて、ポド・ムルカル島に放した**　ポド・ムルカル島のトカゲに関する研究は、Herrel et al. (2008) および Herrel et al. (2004) より。

194　**このすべてのことが……大腸菌（*Escherichia coli*）を用いた壮大な長期的実験によって達成されたのだった**　レンスキーの大腸菌の研究は Lenski and Travisano (1994) による。加えて、レンスキー・グループの刊行物は、http://myxo.css.msu.edu/cgi-bin/lenski/prefman.pl?group=aad に集められている。

214　**有名な科学ブログの賢者、ポール・ザカリー・マイヤーズ**　http://scienceblogs.com/pharyngula/2008/06/Lenski_gives_conservapdia_a_le.php

217　**ジョン・エンドラーが頑なな隣の乗客にくわしく説明した実験**　グッピー研究は Endler (1980, 1983, 1986) による。

222　**それを取り上げた人間の一人に、カリフォルニア大学リバーサイド校のデイヴィッ**

ていたと言われているこの問題は、Sclater (2003) で取り上げられている。

88 **（オバマ大統領が楽しそうに自らのことをそう呼ぶように）雑種や合いの子** 'Puppies and economy fill winner's first day', *Guardian*, 8 Nov. 2008.

89 **他の遺伝的な経路が、もとのプロポーションを保ったままだがミニチュアサイズの犬種をつくりだす** Fred Lanting, 'Pituitary dwarfism in the German Shephered dog', *Dog World*, Dec. 1984, http://www.fredlanting.org/2008/07/pituitary-dwarfism-in-the-german-shephered-dog-part-1/ に転載されている。

第3章

110 **標本の口吻を慎重に計測し** Wallace (1871).

119 **「*Dorippe* と怒った日本の侍の顔との類似は** Julian Huxley, 'Evolution's copycats', *Life*, 30 June 1952. また、Huxley (1957) にも 'Life's improbable likenesses' として収録されている。

120 **この理論の真偽について意見を投票できるウェブサイトさえある** http://www.pollsb.com/polls/view/13022/the-heike-crab-seems-to-have-a-samurai-face-on-its-back-what-s-the-explanation にある Samurai crab poll より。

120 **信頼すべき懐疑論者が……指摘した** Martin (1993).

129 **拝啓ダーウィン様** Marchant (1916), 170.

132 **イリノイ州試験場が……かなり古い昔に実験を始めた** Dudley and Lambert (1992).

133 **虫歯に対する抵抗性に関して人為淘汰された、一七世代ほどにわたるラット** Ridley (2004), 48.

143 **「人間との交流をしきりに確立したがり」** Trut (1999), 163.

145 **いわゆるクモラン** この問題を扱っているウェブサイトとしては、以下のようなものがある。http://arhomeandgarden.org/plantoftheweek/articles/orchid_red_spider_8-29-08.htm, http://www.orchidflowerhq.com/Brassiacare.php, http://www.absoluteastronomy.com/topics/Brassia, http://en.wikipedia.org/wiki/Brassia.

147 **この講演を収録した「紫外線の庭園」と題する記録で、それを見ることができる** richarddawkins.net の *Growing Up in the Universe* という DVD で入手できる。

147 **種ごとに、さまざまな供給源から集めてきた材料から特徴的なカクテルを調合する** Eltz et al. (2005).

149 **掃除魚の習性については別の本で論じたことがある** Dawkins (2006), 186-7.

原　注

はじめに

41　**新しい自然淘汰の見方を示した**　『利己的な遺伝子』（1976年、30周年記念版、2006年）と『延長された表現型』（改訂版、1999年）。

41　**そのあとに書いた3冊の本**　『盲目の時計職人』（1986年）、『遺伝子の川』（1995年）および『不可能の山に登る』（1996年）。

42　**私のいちばん大部な本**　『祖先の物語』（2004年）。

第1章

49　**2004年に私たちは《サンデー・タイムズ》に連名記事を投稿した**　‘Education:questionable foundations’, *Sunday Times*, 20 June 2004.

59　**私はときどき、地球外生命体と「コンタクト」したという人からの手紙を受け取る**　Sagan (1996).

61　**「われわれはすべて、五分前に……出現したのかもしれない」**　Bertrand Russell, *Religion and Science* (Oxford: Oxford University Press, 1997), 70.

62　**有名な一例は、イリノイ大学のダニエル・J・サイモンズ教授がおこなった実験である**　Simons and Chabris (1999).

64　**テキサス州だけでも、法廷でDNA証拠が認められるようになって以来、三五人の死刑囚が無罪放免になっている**　The Innocence Project, http//www.innocenceproject.org.

64　**ジョージ・W・ブッシュは知事在任中の六年間に、平均して二週間に一度、死刑執行令に署名した**　総計152人。‘Bushs lethal legacy: more executions’, *Independent*, 15 Aug. 2007を参照。

66　**ダーウィンは自伝のなかで……説明している**　Darwin (1887a), 83.

66　**マット・リドレーの推測によれば、ハリエット・マーティノーの影響のもとで**　Matt Ridley, ‘The natural order of things’, *Spectator*, 7 Jan. 2009.

第2章

83　**親愛なるウォレス様**　Marchant (1916), 169-70.

85（注）　**根強い、しかし誤った噂が存在する**　ダーウィンがメンデルの研究を知っ

進化《しんか》の存在証明《そんざいしょうめい》

2009年11月20日　初版印刷

2009年11月25日　初版発行

＊

著　者　リチャード・ドーキンス

訳　者　垂《たる》　水《み》　雄《ゆう》　二《じ》

発行者　早　川　　浩

＊

印刷所　中央精版印刷株式会社

製本所　中央精版印刷株式会社

＊

発行所　株式会社　早川書房

東京都千代田区神田多町2−2

電話　03-3252-3111（大代表）

振替　00160-3-47799

http://www.hayakawa-online.co.jp

定価はカバーに表示してあります

ISBN978-4-15-209090-4　C0045

Printed and bound in Japan

乱丁・落丁本は小社制作部宛お送り下さい。

送料小社負担にてお取りかえいたします。